2025년 대비

산업안전지도사 및 산업보건지도사 3개년 기출문제집

(2024-2022)

2025년 개정·시행 법령 반영

정명재안전닷컴 (http://www.safetyjmj.com/)
정명재안전닷컴 네이버 카페 (https://cafe.naver.com/onlyone369)

머리말

2025년 대비 3개년 산업안전지도사 및 산업보건지도사 기출문제집을 선보인다.
본서는 기출문제에 대한 상세한 해설 및 유제를 통한 연습을 할 수 있도록 구성하였고 주요 문제와 주제에 대해서는 암기법을 소개하고 있다.

2025년 개정 법률(산업안전보건법령)을 반영하여 기출문제 해설을 하였다.
시험을 준비하는 수험생에게 있어 기출문제를 통한 공부는 합격에 이르는 지름길이라 할 수 있다.
기출문제를 공부하는 동안 주요 조문 및 주제에 대한 이해와 암기를 할 수 있다.

제1과목(산업안전보건법령)에서는 고득점을 확보할 수 있도록 조문을 반복하여 읽고 이해하는 힘과 암기하려는 노력이 선행되어야 한다.
제2과목(산업안전일반, 산업위생일반)에서는 반복되는 기출문제 유형을 파악하고 신유형에 대비한 준비를 해야 한다.
제3과목(기업진단지도)은 모든 수험생이 어려워하는 과목으로 알려져 있지만 어느 정도 공부를 하다 보면 금세 재미있는 과목으로 바뀌기도 한다.

꿈을 간직하고 그 꿈을 이루기 위해 노력하는 수험생들을 많이 만나고 있다.
일하면서 공부를 해야 하는 직장인 및 자영업 수험생들도 최근에는 증가 추세이다.
처음에는 낯설고 어려운 공부일 수 있지만, 한 장 한 장 페이지를 넘기며 본서를 읽고 반복하는 노력을 한다면 좋은 결과로 이어질 것을 믿는다.

오랫동안 新刊(신간)을 기다려 온 수험생들에게 감사함을 전하며, 본서가 합격을 바라는 간절한 그 마음에 좋은 길잡이가 되었으면 하는 바람이다.

동영상 강의: 정명재안전닷컴(https://safetyjmj.com)

2024. 12. 3. 신림동에서 정명재

목 차

1. 2024년 기출문제

2. 2023년 기출문제

3. 2022년 기출문제

CHAPTER 01

2024 기출문제

제1과목 산업안전보건법령

01 산업안전보건법령상 산업안전보건위원회에 관한 내용으로 옳지 않은 것은? [2024년 기출]

① 사업주는 사업장의 안전 및 보건에 관한 중요 사항을 심의·의결하기 위하여 근로자위원과 사용자위원이 같은 수로 구성되는 산업안전보건위원회를 구성·운영하여야 한다.

② 사업주는 공정안전보고서를 작성할 때 산업안전보건위원회가 설치되어 있지 아니한 사업장의 경우에는 근로자대표의 의견을 들어야 한다.

③ 산업안전보건위원회의 회의는 근로자위원 및 사용자위원 각 과반수의 출석으로 개의(開議)하고 출석위원 과반수의 찬성으로 의결한다.

④ 사업주는 산업안전보건위원회 또는 근로자대표가 요구하면 작업환경측정 결과에 대한 설명회 등을 개최하여야 한다.

⑤ 사업주는 산업안전보건위원회가 요구할 때에는 개별 근로자의 건강진단 결과를 본인의 동의가 없어도 공개할 수 있다.

해설

제15조(안전보건관리책임자) ① 사업주는 사업장을 실질적으로 총괄하여 관리하는 사람에게 해당 사업장의 다음 각 호의 업무를 총괄하여 관리하도록 하여야 한다.

1. 사업장의 산업재해 예방계획의 수립에 관한 사항
2. 제25조 및 제26조에 따른 안전보건관리규정의 작성 및 변경에 관한 사항
3. 제29조에 따른 안전보건교육에 관한 사항
4. 작업환경측정 등 작업환경의 점검 및 개선에 관한 사항
5. 제129조부터 제132조까지에 따른 근로자의 건강진단 등 건강관리에 관한 사항
6. 산업재해의 원인 조사 및 재발 방지대책 수립에 관한 사항
7. 산업재해에 관한 통계의 기록 및 유지에 관한 사항
8. 안전장치 및 보호구 구입 시 적격품 여부 확인에 관한 사항
9. 그 밖에 근로자의 유해·위험 방지조치에 관한 사항으로서 고용노동부령으로 정하는 사항

② 제1항 각 호의 업무를 총괄하여 관리하는 사람(이하 "안전보건관리책임자"라 한다)은 제17조에 따른 안전관리자와 제18조에 따른 보건관리자를 지휘·감독한다.

③ 안전보건관리책임자를 두어야 하는 사업의 종류와 사업장의 상시근로자 수, 그 밖에 필요한 사항은 대통령령으로 정한다.

제24조(산업안전보건위원회) ① 사업주는 사업장의 안전 및 보건에 관한 중요 사항을 심의·의결하기 위하여 사업장에 근로자위원과 사용자위원이 같은 수로 구성되는 산업안전보건위원회를 구성·운영하여야 한다.

② 사업주는 다음 각 호의 사항에 대해서는 제1항에 따른 산업안전보건위원회(이하 "산업안전보건위

원회"라 한다)의 심의·의결을 거쳐야 한다.

1. 제15조제1항 제1호부터 제5호까지 및 제7호에 관한 사항
2. 제15조제1항 제6호에 따른 사항 중 중대재해에 관한 사항
3. 유해하거나 위험한 기계·기구·설비를 도입한 경우 안전 및 보건 관련 조치에 관한 사항
4. 그 밖에 해당 사업장 근로자의 안전 및 보건을 유지·증진시키기 위하여 필요한 사항

③ 산업안전보건위원회는 대통령령으로 정하는 바에 따라 회의를 개최하고 그 결과를 회의록으로 작성하여 보존하여야 한다.

④ 사업주와 근로자는 제2항에 따라 산업안전보건위원회가 심의·의결한 사항을 성실하게 이행하여야 한다.

⑤ 산업안전보건위원회는 이 법, 이 법에 따른 명령, 단체협약, 취업규칙 및 제25조에 따른 안전보건관리규정에 반하는 내용으로 심의·의결해서는 아니 된다.

⑥ 사업주는 산업안전보건위원회의 위원에게 직무 수행과 관련한 사유로 불리한 처우를 해서는 아니 된다.

⑦ 산업안전보건위원회를 구성하여야 할 사업의 종류 및 사업장의 상시근로자 수, 산업안전보건위원회의 구성·운영 및 의결되지 아니한 경우의 처리방법, 그 밖에 필요한 사항은 대통령령으로 정한다.

제125조(작업환경측정) ① 사업주는 유해인자로부터 근로자의 건강을 보호하고 쾌적한 작업환경을 조성하기 위하여 인체에 해로운 작업을 하는 작업장으로서 고용노동부령으로 정하는 작업장에 대하여 고용노동부령으로 정하는 자격을 가진 자로 하여금 작업환경측정을 하도록 하여야 한다.

② 제1항에도 불구하고 도급인의 사업장에서 관계수급인 또는 관계수급인의 근로자가 작업을 하는 경우에는 도급인이 제1항에 따른 자격을 가진 자로 하여금 작업환경측정을 하도록 하여야 한다.

③ 사업주(제2항에 따른 도급인을 포함한다. 이하 이 조 및 제127조에서 같다)는 제1항에 따른 작업환경측정을 제126조에 따라 지정받은 기관(이하 "작업환경측정기관"이라 한다)에 위탁할 수 있다. 이 경우 필요한 때에는 작업환경측정 중 시료의 분석만을 위탁할 수 있다.

④ 사업주는 근로자대표(관계수급인의 근로자대표를 포함한다. 이하 이 조에서 같다)가 요구하면 작업환경측정 시 근로자대표를 참석시켜야 한다.

⑤ 사업주는 작업환경측정 결과를 기록하여 보존하고 고용노동부령으로 정하는 바에 따라 고용노동부장관에게 보고하여야 한다. 다만, 제3항에 따라 사업주로부터 작업환경측정을 위탁받은 작업환경측정기관이 작업환경측정을 한 후 그 결과를 고용노동부령으로 정하는 바에 따라 고용노동부장관에게 제출한 경우에는 작업환경측정 결과를 보고한 것으로 본다.

⑥ 사업주는 작업환경측정 결과를 해당 작업장의 근로자(관계수급인 및 관계수급인 근로자를 포함한다. 이하 이 항, 제127조 및 제175조제5항제15호에서 같다)에게 알려야 하며, 그 결과에 따라 근로자의 건강을 보호하기 위하여 해당 시설·설비의 설치·개선 또는 건강진단의 실시 등의 조치를 하여야 한다.

⑦ 사업주는 산업안전보건위원회 또는 근로자대표가 요구하면 작업환경측정 결과에 대한 설명회 등을 개최하여야 한다. 이 경우 제3항에 따라 작업환경측정을 위탁하여 실시한 경우에는 작업환경측정기관에 작업환경측정 결과에 대하여 설명하도록 할 수 있다.

⑧ 제1항 및 제2항에 따른 작업환경측정의 방법·횟수, 그 밖에 필요한 사항은 고용노동부령으로 정한다.

제132조(건강진단에 관한 사업주의 의무) ① 사업주는 제129조부터 제131조까지의 규정에 따른 건강

진단을 실시하는 경우 근로자대표가 요구하면 근로자대표를 참석시켜야 한다.

② 사업주는 산업안전보건위원회 또는 근로자대표가 요구할 때에는 직접 또는 제129조부터 제131조까지의 규정에 따른 건강진단을 한 건강진단기관에 건강진단 결과에 대하여 설명하도록 하여야 한다. 다만, 개별 근로자의 건강진단 결과는 본인의 동의 없이 공개해서는 아니 된다.

③ 사업주는 제129조부터 제131조까지의 규정에 따른 건강진단의 결과를 근로자의 건강 보호 및 유지 외의 목적으로 사용해서는 아니 된다.

④ 사업주는 제129조부터 제131조까지의 규정 또는 다른 법령에 따른 건강진단의 결과 근로자의 건강을 유지하기 위하여 필요하다고 인정할 때에는 작업장소 변경, 작업 전환, 근로시간 단축, 야간근로(오후 10시부터 다음 날 오전 6시까지 사이의 근로를 말한다)의 제한, 작업환경측정 또는 시설·설비의 설치·개선 등 고용노동부령으로 정하는 바에 따라 적절한 조치를 하여야 한다.

⑤ 제4항에 따라 적절한 조치를 하여야 하는 사업주로서 고용노동부령으로 정하는 사업주는 그 조치 결과를 고용노동부령으로 정하는 바에 따라 고용노동부장관에게 제출하여야 한다.

동의(=심의·의결)	의견(=심의)
제26조(안전보건관리규정의 작성·변경 절차) 사업주는 안전보건관리규정을 작성하거나 변경할 때에는 산업안전보건위원회의 **심의·의결**을 거쳐야 한다. 다만, 산업안전보건위원회가 설치되어 있지 아니한 사업장의 경우에는 근로자대표의 **동의**를 받아야 한다.	**제44조(공정안전보고서의 작성·제출)** ① 사업주는 사업장에 대통령령으로 정하는 유해하거나 위험한 설비가 있는 경우 그 설비로부터의 위험물질 누출, 화재 및 폭발 등으로 인하여 사업장 내의 근로자에게 즉시 피해를 주거나 사업장 인근 지역에 피해를 줄 수 있는 사고로서 대통령령으로 정하는 사고(이하 "중대산업사고"라 한다)를 예방하기 위하여 대통령령으로 정하는 바에 따라 공정안전보고서를 작성하고 고용노동부장관에게 제출하여 심사를 받아야 한다. 이 경우 공정안전보고서의 내용이 중대산업사고를 예방하기 위하여 적합하다고 통보받기 전에는 관련된 유해하거나 위험한 설비를 가동해서는 아니 된다. ② 사업주는 제1항에 따라 공정안전보고서를 작성할 때 산업안전보건위원회의 심의를 거쳐야 한다. 다만, 산업안전보건위원회가 설치되어 있지 아니한 사업장의 경우에는 근로자대표의 **의견**을 들어야 한다. **제49조(안전보건개선계획의 수립·시행 명령)** ① 고용노동부장관은 다음 각 호의 어느 하나에 해당하는 사업장으로서 산업재해 예방을 위하여 종합적인 개선조치를 할 필요가 있다고 인정되는 사업장의 사업주에게 고용노동부령으로 정하는 바에 따라 그 사업장, 시설, 그 밖의 사항에 관한 안전 및 보건에 관한 개선계획(이하 "안전보건개선계획"이라 한다)을 수립하여

시행할 것을 명할 수 있다. 이 경우 대통령령으로 정하는 사업장의 사업주에게는 제47조에 따라 안전보건진단을 받아 안전보건개선계획을 수립하여 시행할 것을 명할 수 있다.

1. 산업재해율이 같은 업종의 규모별 평균 산업재해율보다 높은 사업장
2. 사업주가 필요한 안전조치 또는 보건조치를 이행하지 아니하여 중대재해가 발생한 사업장
3. 대통령령으로 정하는 수 이상의 직업성 질병자가 발생한 사업장
4. 제106조에 따른 유해인자의 노출기준을 초과한 사업장

② 사업주는 안전보건개선계획을 수립할 때에는 산업안전보건위원회의 **심의**를 거쳐야 한다. 다만, 산업안전보건위원회가 설치되어 있지 아니한 사업장의 경우에는 근로자대표의 **의견**을 들어야 한다.

정답 ⑤

02 산업안전보건법령상 산업재해 발생에 관한 설명으로 옳지 않은 것은? [2024년 기출]

① 고용노동부장관은 산업재해로 인한 사망자가 연간 2명 이상 발생한 사업장의 경우 산업재해를 예방하기 위하여 산업재해발생건수 등을 공표하여야 한다.

② 중대재해가 발생한 사실을 알게 된 사업주가 사업장 소재지를 관할하는 지방고용노동관서의 장에게 보고하는 방법에는 전화·팩스가 포함된다.

③ 사업주는 산업재해조사표에 근로자대표의 확인을 받아야 하지만, 근로자대표가 없는 경우에는 재해자 본인의 확인을 받아 산업재해조사표를 제출할 수 있다.

④ 고용노동부장관은 중대재해가 발생하였을 때에는 그 원인 규명 또는 산업재해예방대책 수립을 위하여 그 발생 원인을 조사할 수 있다.

⑤ 사업주는 산업재해로 사망자가 발생한 경우에는 지체 없이 산업재해조사표를 작성하여 한국산업안전보건공단에 제출하여야 한다.

해설

제10조(산업재해 발생건수 등의 공표) ① 고용노동부장관은 산업재해를 예방하기 위하여 대통령령으로 정하는 사업장의 근로자 산업재해 발생건수, 재해율 또는 그 순위 등(이하 "산업재해발생건수

등"이라 한다)을 공표하여야 한다.

② **고용노동부장관은 도급인의 사업장(도급인이 제공하거나 지정한 경우로서 도급인이 지배·관리하는 대통령령으로 정하는 장소를 포함한다. 이하 같다) 중 대통령령으로 정하는 사업장에서** 관계수급인 근로자가 작업을 하는 경우에 도급인의 산업재해발생건수등에 관계수급인의 산업재해발생건수등을 포함하여 제1항에 따라 공표하여야 한다.

③ 고용노동부장관은 제2항에 따라 산업재해발생건수등을 공표하기 위하여 도급인에게 관계수급인에 관한 자료의 제출을 요청할 수 있다. 이 경우 요청을 받은 자는 정당한 사유가 없으면 이에 따라야 한다.

④ 제1항 및 제2항에 따른 공표의 절차 및 방법, 그 밖에 필요한 사항은 고용노동부령으로 정한다.

영 제10조(<u>공표대상 사업장</u>) ① 법 제10조제1항에서 "대통령령으로 정하는 사업장"이란 다음 각 호의 어느 하나에 해당하는 사업장을 말한다. → **(암기법 : 사망2/만/중산/은폐/3·2)**

1. 산업재해로 인한 사망자(이하 "사망재해자"라 한다)가 연간 2명 이상 발생한 사업장
2. 사망만인율(死亡萬人率 : 연간 상시근로자 1만명당 발생하는 사망재해자 수의 비율을 말한다)이 규모별 같은 업종의 평균 사망만인율 이상인 사업장
3. 법 제44조제1항 전단에 따른 중대산업사고가 발생한 사업장
4. 법 제57조제1항을 위반하여 산업재해 발생 사실을 은폐한 사업장
5. 법 제57조제3항에 따른 산업재해의 발생에 관한 보고를 최근 3년 이내 2회 이상 하지 않은 사업장

② 제1항 제1호부터 제3호까지의 규정에 해당하는 사업장은 해당 사업장이 관계수급인의 사업장으로서 법 제63조에 따른 도급인이 관계수급인 근로자의 산업재해 예방을 위한 조치의무를 위반하여 관계수급인 근로자가 산업재해를 입은 경우에는 도급인의 사업장(도급인이 제공하거나 지정한 경우로서 도급인이 지배·관리하는 제11조 각 호에 해당하는 장소를 포함한다. 이하 같다)의 법 제10조제1항에 따른 산업재해발생건수등을 함께 공표한다.

시행규칙 제7조(도급인과 관계수급인의 통합 산업재해 관련 자료 제출) ① 지방고용노동관서의 장은 법 제10조제2항에 따라 도급인의 산업재해 발생건수, 재해율 또는 그 순위 등(이하 "산업재해발생건수등"이라 한다)에 관계수급인의 산업재해발생건수등을 포함하여 <u>공표하기 위하여 필요하면</u> 법 제10조제3항에 따라 영 제12조 각 호의 어느 하나에 해당하는 사업이 이루어지는 사업장으로서 해당 사업장의 **상시근로자 수가 500명 이상인 사업장의 도급인**에게 도급인의 사업장(도급인이 제공하거나 지정한 경우로서 도급인이 지배·관리하는 영 제11조 각 호에 해당하는 장소를 포함한다. 이하 같다)에서 작업하는 <u>관계수급인 근로자의 산업재해 발생에 관한 자료를 제출하도록 공표의 대상이 되는 연도의 다음 연도 3월 15일까지 요청해야 한다</u>.

② <u>제1항에 따라 자료의 제출을 요청받은 도급인은 그 해 4월 30일까지 별지 제1호서식의 통합 산업재해 현황 조사표를 작성하여 지방고용노동관서의 장에게 제출(전자문서로 제출하는 것을 포함한다)해야 한다</u>.

③ 제1항에 따른 도급인은 그의 관계수급인에게 별지 제1호서식의 통합 산업재해 현황 조사표의 작성에 필요한 자료를 요청할 수 있다.

시행규칙 제8조(공표방법) 법 제10조제1항 및 제2항에 따른 공표는 관보, 「신문 등의 진흥에 관한 법률」 제9조제1항에 따라 그 보급지역을 전국으로 하여 등록한 일반일간신문 <u>또는</u> 인터넷

등에 게재하는 방법으로 한다.

제54조(중대재해 발생 시 사업주의 조치) ① 사업주는 중대재해가 발생하였을 때에는 즉시 해당 작업을 중지시키고 근로자를 작업장소에서 대피시키는 등 안전 및 보건에 관하여 필요한 조치를 하여야 한다.

② 사업주는 중대재해가 발생한 사실을 알게 된 경우에는 고용노동부령으로 정하는 바에 따라 지체 없이 고용노동부장관에게 보고하여야 한다. 다만, 천재지변 등 부득이한 사유가 발생한 경우에는 그 사유가 소멸되면 지체 없이 보고하여야 한다.

시행규칙 제3조(중대재해의 범위) 법 제2조제2호에서 "고용노동부령으로 정하는 재해"란 다음 각 호의 어느 하나에 해당하는 재해를 말한다. → **(암기법 : 사부질//1/3·2/10)**

1. 사망자가 1명 이상 발생한 재해
2. 3개월 이상의 요양이 필요한 부상자가 동시에 2명 이상 발생한 재해
3. 부상자 또는 직업성 질병자가 동시에 10명 이상 발생한 재해

시행규칙 제67조(중대재해 발생 시 보고) 사업주는 중대재해가 발생한 사실을 알게 된 경우에는 법 제54조 제2항에 따라 지체 없이 다음 각 호의 사항을 **사업장 소재지를 관할하는 지방고용노동관서의 장**에게 전화·팩스 또는 그 밖의 적절한 방법으로 보고해야 한다.

1. 발생 개요 및 피해 상황
2. 조치 및 전망
3. 그 밖의 중요한 사항

제56조(중대재해 원인조사 등) ① 고용노동부장관은 중대재해가 발생하였을 때에는 그 원인 규명 또는 산업재해 예방대책 수립을 위하여 그 발생 원인을 조사할 수 있다.

② 고용노동부장관은 중대재해가 발생한 사업장의 사업주에게 안전보건개선계획의 수립·시행, 그 밖에 필요한 조치를 명할 수 있다.

③ 누구든지 중대재해 발생 현장을 훼손하거나 제1항에 따른 고용노동부장관의 원인조사를 방해해서는 아니 된다.

④ 중대재해가 발생한 사업장에 대한 원인조사의 내용 및 절차, 그 밖에 필요한 사항은 고용노동부령으로 정한다.

제57조(산업재해 발생 은폐 금지 및 보고 등) ① 사업주는 산업재해가 발생하였을 때에는 그 발생 사실을 은폐해서는 아니 된다.

② 사업주는 고용노동부령으로 정하는 바에 따라 산업재해의 발생원인 등을 기록하여 보존하여야 한다.

③ 사업주는 고용노동부령으로 정하는 산업재해에 대해서는 그 발생 개요·원인 및 보고 시기, 재발방지 계획 등을 고용노동부령으로 정하는 바에 따라 고용노동부장관에게 보고하여야 한다.

제170조(벌칙) 다음 각 호의 어느 하나에 해당하는 자는 1년 이하의 징역 또는 1천만원 이하의 벌금에 처한다.

1. 제41조제3항(제166조의2에서 준용하는 경우를 포함한다)을 위반하여 해고나 그 밖의 불리한 처우를 한 자
2. 제56조제3항(제166조의2에서 준용하는 경우를 포함한다)을 위반하여 중대재해 발생 현장을

훼손하거나 고용노동부장관의 원인조사를 방해한 자

3. 제57조제1항(제166조의2에서 준용하는 경우를 포함한다)을 위반하여 산업재해 발생 사실을 은폐한 자 또는 그 발생 사실을 은폐하도록 교사(敎唆)하거나 공모(共謀)한 자
4. 제65조제1항, 제80조제1항·제2항·제4항, 제85조제2항·제3항, 제92조제1항, 제141조제4항 또는 제162조를 위반한 자
5. 제85조제4항 또는 제92조제2항에 따른 명령을 위반한 자
6. 제101조에 따른 조사, 수거 또는 성능시험을 방해하거나 거부한 자
7. 제153조제1항을 위반하여 다른 사람에게 자기의 성명이나 사무소의 명칭을 사용하여 지도사의 직무를 수행하게 하거나 자격증·등록증을 대여한 사람
8. 제153조제2항을 위반하여 지도사의 성명이나 사무소의 명칭을 사용하여 지도사의 직무를 수행하거나 자격증·등록증을 대여받거나 이를 알선한 사람

시행규칙 제72조(산업재해 기록 등) 사업주는 산업재해가 발생한 때에는 법 제57조제2항에 따라 다음 각 호의 사항을 기록·보존해야 한다. 다만, 제73조제1항에 따른 산업재해조사표의 사본을 보존하거나 제73조제5항에 따른 요양신청서의 사본에 재해 재발방지 계획을 첨부하여 보존한 경우에는 그렇지 않다.

1. 사업장의 개요 및 근로자의 인적사항
2. 재해 발생의 일시 및 장소
3. **재해 발생의 원인 및 과정** → 원인 및 결과(×)
4. 재해 재발방지 계획

시행규칙 제73조(산업재해 발생 보고 등) ① 사업주는 **산업재해로 사망자가 발생하거나 3일 이상의 휴업이 필요한 부상을 입거나 질병에 걸린 사람이 발생한 경우**에는 법 제57조제3항에 따라 **해당 산업재해가 발생한 날부터 1개월 이내**에 별지 제30호서식의 산업재해조사표를 작성하여 관할 지방고용노동관서의 장에게 제출(전자문서로 제출하는 것을 포함한다)해야 한다.

② 제1항에도 불구하고 다음 각 호의 모두에 해당하지 않는 사업주가 법률 제11882호 산업안전보건법 일부개정법률 제10조제2항의 개정규정의 시행일인 2014년 7월 1일 이후 해당 사업장에서 처음 발생한 산업재해에 대하여 지방고용노동관서의 장으로부터 별지 제30호서식의 산업재해조사표를 작성하여 제출하도록 명령을 받은 경우 그 명령을 받은 날부터 15일 이내에 이를 이행한 때에는 제1항에 따른 보고를 한 것으로 본다. 제1항에 따른 보고기한이 지난 후에 자진하여 별지 제30호서식의 산업재해조사표를 작성·제출한 경우에도 또한 같다.

1. 안전관리자 또는 보건관리자를 두어야 하는 사업주
2. 법 제62조제1항에 따라 안전보건총괄책임자를 지정해야 하는 도급인
3. 법 제73조제2항에 따라 건설재해예방전문지도기관의 지도를 받아야 하는 건설공사도급인(법 제69조제1항의 건설공사도급인을 말한다. 이하 같다)
4. 산업재해 발생사실을 은폐하려고 한 사업주

③ 사업주는 제1항에 따른 산업재해조사표에 근로자대표의 확인을 받아야 하며, 그 기재 내용에 대하여 근로자대표의 이견이 있는 경우에는 그 내용을 첨부해야 한다. 다만, 근로자대표가 없는 경우에는 재해자 본인의 확인을 받아 산업재해조사표를 제출할 수 있다.

④ 제1항부터 제3항까지의 규정에서 정한 사항 외에 산업재해발생 보고에 필요한 사항은 고용노

동부장관이 정한다.

⑤ 「산업재해보상보험법」 제41조에 따라 요양급여의 신청을 받은 근로복지공단은 지방고용노동관서의 장 또는 공단으로부터 요양신청서 사본, 요양업무 관련 전산입력자료, 그 밖에 산업재해 예방업무 수행을 위하여 필요한 자료의 송부를 요청받은 경우에는 이에 협조해야 한다.

정답 ⑤

03 산업안전보건법령상 상시근로자 수가 200명인 경우에 안전보건관리규정을 작성해야 하는 사업의 종류에 해당하는 것은? [2024년 기출]

① 농업

② 정보서비스업

③ 부동산임대업

④ 금융 및 보험업

⑤ 사업지원 서비스업

해설

제2장 안전보건관리체제 등

제2절 안전보건관리규정

제25조(안전보건관리규정의 작성) ① 사업주는 사업장의 안전 및 보건을 유지하기 위하여 다음 각 호의 사항이 포함된 안전보건관리규정을 작성하여야 한다.

1. 안전 및 보건에 관한 관리조직과 그 직무에 관한 사항
2. 안전보건교육에 관한 사항
3. 작업장의 안전 및 보건 관리에 관한 사항
4. 사고 조사 및 대책 수립에 관한 사항
5. 그 밖에 안전 및 보건에 관한 사항

② 제1항에 따른 안전보건관리규정(이하 "안전보건관리규정"이라 한다)은 단체협약 또는 취업규칙에 반할 수 없다. 이 경우 안전보건관리규정 중 단체협약 또는 취업규칙에 반하는 부분에 관하여는 그 단체협약 또는 취업규칙으로 정한 기준에 따른다.

③ 안전보건관리규정을 작성하여야 할 사업의 종류, 사업장의 상시근로자 수 및 안전보건관리규정에 포함되어야 할 세부적인 내용, 그 밖에 필요한 사항은 고용노동부령으로 정한다.

제26조(안전보건관리규정의 작성·변경 절차) 사업주는 안전보건관리규정을 작성하거나 변경할 때에는 산업안전보건위원회의 심의·의결을 거쳐야 한다. 다만, 산업안전보건위원회가 설치되어 있지 아니한 사업장의 경우에는 근로자대표의 동의를 받아야 한다.

제27조(안전보건관리규정의 준수) 사업주와 근로자는 안전보건관리규정을 지켜야 한다.

제28조(다른 법률의 준용) 안전보건관리규정에 관하여 이 법에서 규정한 것을 제외하고는 그 성질에 반하지 아니하는 범위에서 「근로기준법」 중 취업규칙에 관한 규정을 준용한다.

시행규칙 제25조(안전보건관리규정의 작성) ① 법 제25조 제3항에 따라 안전보건관리규정을 작성해야 할 사업의 종류 및 상시근로자 수는 별표 2와 같다.

② 제1항에 따른 사업의 사업주는 안전보건관리규정을 작성해야 할 사유가 발생한 날부터 30일 이내에 별표 3의 내용을 포함한 안전보건관리규정을 작성해야 한다. 이를 변경할 사유가 발생한 경우에도 또한 같다.

③ 사업주가 제2항에 따라 안전보건관리규정을 작성할 때에는 소방·가스·전기·교통 분야 등의 다른 법령에서 정하는 안전관리에 관한 규정과 통합하여 작성할 수 있다.

■ 산업안전보건법 시행규칙 [별표 2]

안전보건관리규정을 작성해야 할 사업의 종류 및 상시근로자 수(제25조제1항 관련)

사업의 종류	상시근로자 수
1. 농업 2. 어업 3. 소프트웨어 개발 및 공급업 4. 컴퓨터 프로그래밍, 시스템 통합 및 관리업 4의2. 영상·오디오물 제공 서비스업 5. 정보서비스업 6. 금융 및 보험업 7. 임대업; 부동산 제외 8. 전문, 과학 및 기술 서비스업(연구개발업은 제외한다) 9. 사업지원 서비스업 10. 사회복지 서비스업	300명 이상
11. 제1호부터 제4호까지, 제4호의2 및 제5호부터 제10호까지의 사업을 제외한 사업	100명 이상

■ 산업안전보건법 시행규칙 [별표 3]

안전보건관리규정의 세부 내용(제25조제2항 관련)

1. 총칙
   가. 안전보건관리규정 작성의 목적 및 적용 범위에 관한 사항
   나. 사업주 및 근로자의 재해 예방 책임 및 의무 등에 관한 사항
   다. 하도급 사업장에 대한 안전·보건관리에 관한 사항
2. 안전·보건 관리조직과 그 직무
   가. 안전·보건 관리조직의 구성방법, 소속, 업무 분장 등에 관한 사항

나. 안전보건관리책임자(안전보건총괄책임자), 안전관리자, 보건관리자, 관리감독자의 직무 및 선임에 관한 사항
다. 산업안전보건위원회의 설치·운영에 관한 사항
라. 명예산업안전감독관의 직무 및 활동에 관한 사항
마. 작업지휘자 배치 등에 관한 사항

3. 안전·보건교육
가. 근로자 및 관리감독자의 안전·보건교육에 관한 사항
나. 교육계획의 수립 및 기록 등에 관한 사항

4. 작업장 안전관리
가. 안전·보건관리에 관한 계획의 수립 및 시행에 관한 사항
나. 기계·기구 및 설비의 방호조치에 관한 사항
다. 유해·위험기계등에 대한 자율검사프로그램에 의한 검사 또는 안전검사에 관한 사항
라. 근로자의 안전수칙 준수에 관한 사항
마. 위험물질의 보관 및 출입 제한에 관한 사항
바. 중대재해 및 중대산업사고 발생, 급박한 산업재해 발생의 위험이 있는 경우 작업중지에 관한 사항
사. 안전표지·안전수칙의 종류 및 게시에 관한 사항과 그 밖에 안전관리에 관한 사항

5. 작업장 보건관리
가. 근로자 건강진단, 작업환경측정의 실시 및 조치절차 등에 관한 사항
나. 유해물질의 취급에 관한 사항
다. 보호구의 지급 등에 관한 사항
라. 질병자의 근로 금지 및 취업 제한 등에 관한 사항
마. 보건표지·보건수칙의 종류 및 게시에 관한 사항과 그 밖에 보건관리에 관한 사항

6. 사고 조사 및 대책 수립
가. 산업재해 및 중대산업사고의 발생 시 처리 절차 및 긴급조치에 관한 사항
나. 산업재해 및 중대산업사고의 발생원인에 대한 조사 및 분석, 대책 수립에 관한 사항
다. 산업재해 및 중대산업사고 발생의 기록·관리 등에 관한 사항

7. 위험성평가에 관한 사항
가. 위험성평가의 실시 시기 및 방법, 절차에 관한 사항
나. 위험성 감소대책 수립 및 시행에 관한 사항

8. 보칙
가. 무재해운동 참여, 안전·보건 관련 제안 및 포상·징계 등 산업재해 예방을 위하여 필요하다고 판단하는 사항
나. 안전·보건 관련 문서의 보존에 관한 사항
다. 그 밖의 사항
사업장의 규모·업종 등에 적합하게 작성하며, 필요한 사항을 추가하거나 그 사업장에 관련되지 않는 사항은 제외할 수 있다.

정답 ③

04 산업안전보건법령상 근로자의 안전 및 보건에 유해하거나 위험한 작업으로서 사업주가 이를 도급하여 자신의 사업장에서 수급인의 근로자가 그 작업을 하도록 해서는 아니 되는 작업을 모두 고른 것은? (단, 제시된 내용 외의 다른 상황은 고려하지 않음) [2024년 기출]

ㄱ. 도금작업
ㄴ. 수은을 제련, 주입, 가공 및 가열하는 작업
ㄷ. 카드뮴을 제련, 주입, 가공 및 가열하는 작업
ㄹ. 망간을 제련, 주입, 가공 및 가열하는 작업

① ㄱ
② ㄹ
③ ㄱ, ㄴ, ㄷ
④ ㄴ, ㄷ, ㄹ
⑤ ㄱ, ㄴ, ㄷ, ㄹ

해설

제58조(유해한 작업의 도급금지) ① 사업주는 근로자의 안전 및 보건에 유해하거나 위험한 작업으로서 다음 각 호의 어느 하나에 해당하는 작업을 도급하여 자신의 사업장에서 수급인의 근로자가 그 작업을 하도록 해서는 아니 된다. → **(암기법 : 도금/수납카-제주가가)**
1. 도금작업
2. 수은, 납 또는 카드뮴을 제련, 주입, 가공 및 가열하는 작업
3. **제118조제1항에 따른 허가대상물질**을 제조하거나 사용하는 작업

② 사업주는 제1항에도 불구하고 다음 각 호의 어느 하나에 해당하는 경우에는 제1항 각 호에 따른 작업을 도급하여 자신의 사업장에서 수급인의 근로자가 그 작업을 하도록 할 수 있다.
1. 일시·간헐적으로 하는 작업을 도급하는 경우
2. 수급인이 보유한 기술이 전문적이고 사업주(수급인에게 도급을 한 도급인으로서의 사업주를 말한다)의 사업 운영에 필수 불가결한 경우로서 고용노동부장관의 승인을 받은 경우

③ 사업주는 제2항제2호에 따라 고용노동부장관의 승인을 받으려는 경우에는 고용노동부령으로 정하는 바에 따라 고용노동부장관이 실시하는 안전 및 보건에 관한 평가를 받아야 한다.

④ 제2항제2호에 따른 승인의 유효기간은 3년의 범위에서 정한다.

⑤ 고용노동부장관은 제4항에 따른 유효기간이 만료되는 경우에 사업주가 유효기간의 연장을 신청하면 승인의 유효기간이 만료되는 날의 다음 날부터 3년의 범위에서 고용노동부령으로 정하는 바에 따라 그 기간의 연장을 승인할 수 있다. 이 경우 사업주는 제3항에 따른 안전 및 보건에 관한 평가를 받아야 한다.

⑥ 사업주는 제2항제2호 또는 제5항에 따라 승인을 받은 사항 중 고용노동부령으로 정하는 사항을 변경하려는 경우에는 고용노동부령으로 정하는 바에 따라 변경에 대한 승인을 받아야 한다.

⑦ 고용노동부장관은 제2항제2호, 제5항 또는 제6항에 따라 승인, 연장승인 또는 변경승인을 받은

자가 제8항에 따른 기준에 미달하게 된 경우에는 승인, 연장승인 또는 변경승인을 취소하여야 한다.

⑧ 제2항 제2호, 제5항 또는 제6항에 따른 승인, 연장승인 또는 변경승인의 기준·절차 및 방법, 그 밖에 필요한 사항은 고용노동부령으로 정한다.

제118조(유해·위험물질의 제조 등 허가) ① 제117조제1항 각 호의 어느 하나에 해당하는 물질로서 대체물질이 개발되지 아니한 물질 등 대통령령으로 정하는 물질(이하 "허가대상물질"이라 한다)을 제조하거나 사용하려는 자는 고용노동부장관의 허가를 받아야 한다. 허가받은 사항을 변경할 때에도 또한 같다.

② 허가대상물질의 제조·사용설비, 작업방법, 그 밖의 허가기준은 고용노동부령으로 정한다.

③ 제1항에 따라 허가를 받은 자(이하 "허가대상물질제조·사용자"라 한다)는 그 제조·사용설비를 제2항에 따른 허가기준에 적합하도록 유지하여야 하며, 그 기준에 적합한 작업방법으로 허가대상물질을 제조·사용하여야 한다.

④ 고용노동부장관은 허가대상물질제조·사용자의 제조·사용설비 또는 작업방법이 제2항에 따른 허가기준에 적합하지 아니하다고 인정될 때에는 그 기준에 적합하도록 제조·사용설비를 수리·개조 또는 이전하도록 하거나 그 기준에 적합한 작업방법으로 그 물질을 제조·사용하도록 명할 수 있다.

⑤ 고용노동부장관은 허가대상물질제조·사용자가 다음 각 호의 어느 하나에 해당하면 그 허가를 취소하거나 6개월 이내의 기간을 정하여 영업을 정지하게 할 수 있다. 다만, 제1호에 해당할 때에는 그 허가를 취소하여야 한다.

1. 거짓이나 그 밖의 부정한 방법으로 허가를 받은 경우
2. 제2항에 따른 허가기준에 맞지 아니하게 된 경우
3. 제3항을 위반한 경우
4. 제4항에 따른 명령을 위반한 경우
5. 자체검사 결과 이상을 발견하고도 즉시 보수 및 필요한 조치를 하지 아니한 경우

⑥ 제1항에 따른 허가의 신청절차, 그 밖에 필요한 사항은 고용노동부령으로 정한다.

영 제88조(허가 대상 유해물질) 법 제118조제1항 전단에서 "대체물질이 개발되지 아니한 물질 등 대통령령으로 정하는 물질"이란 다음 각 호의 물질을 말한다.

1. α -나프틸아민[134-32-7] 및 그 염(α -Naphthylamine and its salts)
2. 디아니시딘[119-90-4] 및 그 염(Dianisidine and its salts)
3. 디클로로벤지딘[91-94-1] 및 그 염(Dichlorobenzidine and its salts)
4. 베릴륨(Beryllium; 7440-41-7)
5. 벤조트리클로라이드(Benzotrichloride; 98-07-7)
6. 비소[7440-38-2] 및 그 무기화합물(Arsenic and its inorganic compounds)
7. 염화비닐(Vinyl chloride; 75-01-4)
8. 콜타르피치[65996-93-2] 휘발물(Coal tar pitch volatiles)
9. 크롬광 가공(열을 가하여 소성 처리하는 경우만 해당한다)(Chromite ore processing)
10. 크롬산 아연(Zinc chromates; 13530-65-9 등)
11. o-톨리딘[119-93-7] 및 그 염(o-Tolidine and its salts)
12. 황화니켈류(Nickel sulfides; 12035-72-2, 16812-54-7)

13. 제1호부터 제4호까지 또는 제6호부터 제12호까지의 어느 하나에 해당하는 물질을 포함한 혼합물(포함된 중량의 비율이 1퍼센트 이하인 것은 제외한다)
14. 제5호의 물질을 포함한 혼합물(포함된 중량의 비율이 0.5퍼센트 이하인 것은 제외한다)
15. 그 밖에 보건상 해로운 물질로서 산업재해보상보험및예방심의위원회의 심의를 거쳐 고용노동부장관이 정하는 유해물질

정답 ③

05 산업안전보건법령상 안전보건표지에 관한 설명으로 옳은 것은? [2024년 기출]

① 지시표지의 색채는 바탕은 파란색, 관련 그림은 흰색으로 한다.
② 방사성물질 경고의 경고표지는 바탕은 무색, 기본모형은 빨간색으로 한다.
③ 안전보건표지의 성질상 설치하거나 부착하는 것이 곤란한 경우에도 해당 물체에 직접 도색할 수 없다.
④「외국인 근로자의 고용 등에 관한 법률」제2조에 따른 외국인근로자를 사용하는 사업주는 안전보건표지를 고용노동부장관이 정하는 바에 따라 해당 외국인 근로자의 모국어와 영어로 작성하여야 한다.
⑤ 안전보건표지의 표시를 명확히 하기 위하여 필요한 경우에는 그 안전보건표지의 주위에 표시사항을 글자로 덧붙여 적을 수 있으며, 이 경우 그 글자는 검정색 바탕에 노란색 한글고딕체로 표기해야 한다.

해설

제37조(안전보건표지의 설치·부착) ① 사업주는 유해하거나 위험한 장소·시설·물질에 대한 경고, 비상시에 대처하기 위한 지시·안내 또는 그 밖에 근로자의 안전 및 보건 의식을 고취하기 위한 사항 등을 그림, 기호 및 글자 등으로 나타낸 표지(이하 이 조에서 "안전보건표지"라 한다)를 근로자가 쉽게 알아 볼 수 있도록 설치하거나 붙여야 한다. 이 경우 「외국인근로자의 고용 등에 관한 법률」 제2조에 따른 외국인근로자(같은 조 단서에 따른 사람을 포함한다)를 사용하는 사업주는 안전보건표지를 고용노동부장관이 정하는 바에 따라 **해당 외국인근로자의 모국어**로 작성하여야 한다.
② 안전보건표지의 종류, 형태, 색채, 용도 및 설치·부착 장소, 그 밖에 필요한 사항은 고용노동부령으로 정한다.

시행규칙 제38조(안전보건표지의 종류·형태·색채 및 용도 등) ① 법 제37조제2항에 따른 안전보건표지의 종류와 형태는 **별표 6**과 같고, 그 용도 , 설치·부착 장소, 형태 및 색채는 **별표 7**과 같다.

② 안전보건표지의 표시를 명확히 하기 위하여 필요한 경우에는 그 안전보건표지의 주위에 표시사항을 글자로 덧붙여 적을 수 있다. 이 경우 글자는 흰색 바탕에 검은색 한글고딕체로 표기해야 한다.

③ 안전보건표지에 사용되는 색채의 색도기준 및 용도는 별표 8과 같고, 사업주는 사업장에 설치하거나 부착한 안전보건표지의 색도기준이 유지되도록 관리해야 한다.

④ 안전보건표지에 관하여 법 또는 법에 따른 명령에서 규정하지 않은 사항으로서 다른 법 또는 다른 법에 따른 명령에서 규정한 사항이 있으면 그 부분에 대해서는 그 법 또는 명령을 적용한다.

시행규칙 제39조(안전보건표지의 설치 등) ① 사업주는 법 제37조에 따라 안전보건표지를 설치하거나 부착할 때에는 별표 7의 구분에 따라 근로자가 쉽게 알아볼 수 있는 장소·시설 또는 물체에 설치하거나 부착해야 한다.

② 사업주는 안전보건표지를 설치하거나 부착할 때에는 흔들리거나 쉽게 파손되지 않도록 견고하게 설치하거나 부착해야 한다.

③ 안전보건표지의 성질상 설치하거나 부착하는 것이 곤란한 경우에는 해당 물체에 직접 도색할 수 있다.

시행규칙 제40조(안전보건표지의 제작) ① 안전보건표지는 그 종류별로 별표 9에 따른 기본모형에 의하여 별표 7의 구분에 따라 제작해야 한다.

② 안전보건표지는 그 표시내용을 근로자가 빠르고 쉽게 알아볼 수 있는 크기로 제작해야 한다.

③ 안전보건표지 속의 그림 또는 부호의 크기는 안전보건표지의 크기와 비례해야 하며, 안전보건표지 전체 규격의 30퍼센트 이상이 되어야 한다.

④ 안전보건표지는 쉽게 파손되거나 변형되지 않는 재료로 제작해야 한다.

⑤ 야간에 필요한 안전보건표지는 야광물질을 사용하는 등 쉽게 알아볼 수 있도록 제작해야 한다.

분류	종류	색채
금지표지 → (암기법 : 탑차사물)	1. 출입금지 2. 보행금지 3. **차량통행금지** 4. **사용금지** 5. **탑승금지** 6. 금연 7. 화기금지 8. **물체이동금지**	바탕은 흰색, 기본모형은 빨간색, 관련 부호 및 그림은 검은색
경고표지	1. **인화성물질 경고** 2. **산화성물질 경고** 3. **폭발성물질 경고** 4. **급성독성물질 경고** 5. **부식성물질 경고** 6. 방사성물질 경고	바탕은 노란색, 기본모형, 관련 부호 및 그림은 검은색. **다만, 인화성물질 경고, 산화성물질 경고, 폭발성물질 경고, 급성독성물질 경고, 부식성물질 경고 및 발암성·변이원성·생식독성·**

	7. 고압전기 경고 8. 매달린 물체 경고 9. 낙하물체 경고 10. 고온 경고 11. 저온 경고 12. 몸균형상실 경고 13. 레이저광선 경고 **14. 발암성·변이원성·생식독성·전신독성·호흡기과민성 물질 경고 → (암기법 : 변/발/호(흡기)/생/전)** 15. 위험장소 경고	**전신독성·호흡기과민성 물질 경고의 경우 바탕은 무색, 기본모형은 빨간색(검은색도 가능) → (암기법 : 부/산/인/급/폭발)**
지시표지	1. 보안경 착용 2. 방독마스크 착용 3. 방진마스크 착용 4. 보안면 착용 5. 안전모 착용 6. 귀마개 착용 7. 안전화 착용 8. 안전장갑 착용 9. 안전복 착용	바탕은 파란색, 관련 그림은 흰색
안내표지	1. 녹십자 표지 2. 응급구호 표지 3. 들것 4. 세안장치 5. 비상용기구 6. 비상구 7. 좌측비상구 8. 우측비상구	바탕은 흰색, 기본모형 및 관련 부호는 녹색, 바탕은 녹색, 관련 부호 및 그림은 흰색
출입금지표지	1. 허가대상유해물질 취급 2. 석면취급 및 해체·제거 3. 금지유해물질 취급	글자는 흰색 바탕에 흑색 다음 글자는 적색. - ~제조/사용/보관 - 석면취급/해체 중 - 발암물질 취급 중

표지	금지 (원)	경고 (노란색)	경고 (마름모)	지시	안내	출입금지
바탕	흰	노	무	파	흰	흰
글자·모형·그림	검	검	빨(검)	흰	녹	적

■ 산업안전보건법 시행규칙 [별표 6]

안전보건표지의 종류와 형태(제38조제1항 관련)

1. 금지표지	101 출입금지	102 보행금지	103 차량통행금지	104 사용금지	105 탑승금지	106 금연

107 화기금지	108 물체이동금지	2. 경고표지	201 인화성물질 경고	202 산화성물질 경고	203 폭발성물질 경고	204 급성독성물질 경고

205 부식성물질 경고	206 방사성물질 경고	207 고압전기 경고	208 매달린 물체 경고	209 낙하물 경고	210 고온 경고	211 저온 경고

212 몸균형 상실 경고	213 레이저광선 경고	214 발암성·변이원성·생식독성·전신독성·호흡기 과민성 물질 경고	215 위험장소 경고	3. 지시표지	301 보안경 착용	302 방독마스크 착용

303 방진마스크 착용	304 보안면 착용	305 안전모 착용	306 귀마개 착용	307 안전화 착용	308 안전장갑 착용	309 안전복 착용

4. 안내표지	401 녹십자표지	402 응급구호표지	403 들것	404 세안장치	405 비상용기구	406 비상구
				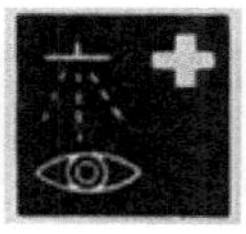	 	

407 좌측 비상구	408 우측 비상구	5. 관계자외 출입금지	501 허가대상물질 작업장	502 석면취급/해체 작업장	503 금지대상물질의 취급 실험실 등
			**관계자외 출입금지** **(허가물질 명칭)** **제조/사용/보관 중** 보호구/보호복 착용 흡연 및 음식물 섭취 금지	**관계자외 출입금지** **석면 취급/해체 중** 보호구/보호복 착용 흡연 및 음식물 섭취 금지	**관계자외 출입금지** **발암물질 취급 중** 보호구/보호복 착용 흡연 및 음식물 섭취 금지

6. 문자추가시 예시문		
		▶ 내 자신의 건강과 복지를 위하여 안전을 늘 생각한다. ▶ 내 가정의 행복과 화목을 위하여 안전을 늘 생각한다. ▶ 내 자신의 실수로써 동료를 해치지 않도록 안전을 늘 생각한다. ▶ 내 자신이 일으킨 사고로 인한 회사의 재산과 손실을 방지하기 위하여 안전을 늘 생각한다. ▶ 내 자신의 방심과 불안전한 행동이 조국의 번영에 장애가 되지 않도록 하기 위하여 안전을 늘 생각한다.

■ 산업안전보건법 시행규칙 [별표 8]

안전보건표지의 색도기준 및 용도

(제38조제3항 관련)

색채	색도기준	용도	사용례
빨간색	7.5R 4/14	금지	정지신호, 소화설비 및 그 장소, 유해행위의 금지
		경고	화학물질 취급장소에서의 유해·위험 경고
노란색	5Y 8.5/12	경고	화학물질 취급장소에서의 유해·위험 경고 이외의 위험경고, 주의표지 또는 기계방호물
파란색	2.5PB 4/10	지시	특정 행위의 지시 및 사실의 고지
녹색	2.5G 4/10	안내	비상구 및 피난소, 사람 또는 차량의 통행표지
흰색	**N9.5**		**파란색 또는 녹색에 대한 보조색**
검은색	N0.5		문자 및 빨간색 또는 노란색에 대한 보조색

참고

1. 허용 오차 범위 H=± 2, V=± 0.3, C=± 1(H는 색상, V는 명도, C는 채도를 말한다)
2. 위의 색도기준은 한국산업규격(KS)에 따른 색의 3속성에 의한 표시방법(KSA 0062 기술표준원 고시 제2008-0759)에 따른다.

정답 ①

06 산업안전보건법령상 안전보건관리책임자에 관한 설명으로 옳지 않은 것은? [2024년 기출]

① 안전보건관리책임자는 안전관리자와 보건관리자를 지휘·감독한다.
② 사업주가 안전보건관리책임자에게 총괄하여 관리하도록 하여야 하는 사항에는 해당 사업장의「산업안전보건법」제36조(위험성평가의 실시)에 따른 위험성평가의 실시에 관한 사항도 포함된다.
③ 상시 근로자 수가 100명인 1차 금속 제조업의 사업장에는 안전보건관리책임자를 두어야 한다.
④ 건설업의 경우 공사금액이 10억 원인 사업장에는 안전보건관리책임자를 두어야 한다.
⑤ 사업주는 안전보건관리책임자의 선임에 관한 서류를 3년 동안 보존하여야 한다.

해설

제15조(안전보건관리책임자) ① 사업주는 사업장을 실질적으로 총괄하여 관리하는 사람에게 해당 사업장의 다음 각 호의 업무를 총괄하여 관리하도록 하여야 한다.
1. 사업장의 산업재해 예방계획의 수립에 관한 사항
2. 제25조 및 제26조에 따른 안전보건관리규정의 작성 및 변경에 관한 사항
3. 제29조에 따른 안전보건교육에 관한 사항
4. 작업환경측정 등 작업환경의 점검 및 개선에 관한 사항
5. 제129조부터 제132조까지에 따른 근로자의 건강진단 등 건강관리에 관한 사항
6. 산업재해의 원인 조사 및 재발 방지대책 수립에 관한 사항
7. 산업재해에 관한 통계의 기록 및 유지에 관한 사항
8. 안전장치 및 보호구 구입 시 적격품 여부 확인에 관한 사항
9. 그 밖에 근로자의 유해·위험 방지조치에 관한 사항으로서 고용노동부령으로 정하는 사항

> **시행규칙 제9조(안전보건관리책임자의 업무)** 법 제15조제1항 제9호에서 “고용노동부령으로 정하는 사항”이란 법 제36조에 따른 위험성평가의 실시에 관한 사항과 안전보건규칙에서 정하는 근로자의 위험 또는 건강장해의 방지에 관한 사항을 말한다.

② 제1항 각 호의 업무를 총괄하여 관리하는 사람(이하 “안전보건관리책임자”라 한다)은 제17조에 따른 안전관리자와 제18조에 따른 보건관리자를 지휘·감독한다.
③ 안전보건관리책임자를 두어야 하는 사업의 종류와 사업장의 상시근로자 수, 그 밖에 필요한 사항은 대통령령으로 정한다.

> **영 제14조(안전보건관리책임자의 선임 등)** ① 법 제15조제2항에 따른 안전보건관리책임자(이하 “안전보건관리책임자”라 한다)를 두어야 하는 사업의 종류 및 사업장의 상시근로자 수(건설공사의 경우에는 건설공사 금액을 말한다. 이하 같다)는 별표 2와 같다.
> ② 사업주는 안전보건관리책임자가 법 제15조제1항에 따른 업무를 원활하게 수행할 수 있도록 권한·시설·장비·예산, 그 밖에 필요한 지원을 해야 한다.
> ③ 사업주는 안전보건관리책임자를 선임했을 때에는 그 선임 사실 및 법 제15조제1항 각 호에

따른 업무의 수행내용을 증명할 수 있는 서류를 갖추어 두어야 한다.

제164조(서류의 보존) ① 사업주는 다음 각 호의 서류를 3년(**제2호의 경우 2년**을 말한다) 동안 보존하여야 한다. 다만, 고용노동부령으로 정하는 바에 따라 보존기간을 연장할 수 있다.

1. 안전보건관리책임자·안전관리자·보건관리자·안전보건관리담당자 및 산업보건의의 선임에 관한 서류
2. 제24조제3항 및 제75조제4항에 따른 회의록
3. 안전조치 및 보건조치에 관한 사항으로서 고용노동부령으로 정하는 사항을 적은 서류
4. 제57조제2항에 따른 산업재해의 발생원인 등 기록
5. 제108조제1항 본문 및 제109조제1항에 따른 화학물질의 유해성·위험성 조사에 관한 서류
6. 제125조에 따른 작업환경측정에 관한 서류
7. 제129조부터 제131조까지의 규정에 따른 건강진단에 관한 서류

② 안전인증 또는 안전검사의 업무를 위탁받은 안전인증기관 또는 안전검사기관은 안전인증·안전검사에 관한 사항으로서 고용노동부령으로 정하는 서류를 3년 동안 보존하여야 하고, 안전인증을 받은 자는 제84조제5항에 따라 안전인증대상기계등에 대하여 기록한 서류를 3년 동안 보존하여야 하며, 자율안전확인대상기계등을 제조하거나 수입하는 자는 자율안전기준에 맞는 것임을 증명하는 서류를 2년 동안 보존하여야 하고, 제98조제1항에 따라 자율안전검사를 받은 자는 자율검사프로그램에 따라 실시한 검사 결과에 대한 서류를 2년 동안 보존하여야 한다.

③ 일반석면조사를 한 건축물·설비소유주등은 그 결과에 관한 서류를 그 건축물이나 설비에 대한 해체·제거작업이 종료될 때까지 보존하여야 하고, 기관석면조사를 한 건축물·설비소유주등과 석면조사기관은 그 결과에 관한 서류를 3년 동안 보존하여야 한다.

④ 작업환경측정기관은 작업환경측정에 관한 사항으로서 고용노동부령으로 정하는 사항을 적은 서류를 3년 동안 보존하여야 한다.

⑤ 지도사는 그 업무에 관한 사항으로서 고용노동부령으로 정하는 사항을 적은 서류를 5년 동안 보존하여야 한다.

⑥ 석면해체·제거업자는 제122조제3항에 따른 석면해체·제거작업에 관한 서류 중 고용노동부령으로 정하는 서류를 30년 동안 보존하여야 한다.

⑦ 제1항부터 제6항까지의 경우 전산입력자료가 있을 때에는 그 서류를 대신하여 전산입력자료를 보존할 수 있다.

시행규칙 제241조(서류의 보존) ① 법 제164조제1항 단서에 따라 제188조에 따른 **작업환경측정 결과**를 기록한 서류는 보존(전자적 방법으로 하는 보존을 포함한다)기간을 **5년**으로 한다. 다만, 고용노동부장관이 정하여 고시하는 물질에 대한 기록이 포함된 서류는 그 보존기간을 30년으로 한다.

② 법 제164조제1항 단서에 따라 사업주는 제209조제3항에 따라 송부 받은 **건강진단 결과표 및 법 제133조 단서에 따라 근로자가 제출한 건강진단 결과를 증명하는 서류(이들 자료가 전산입력된 경우에는 그 전산입력된 자료를 말한다)를 5년간 보존**해야 한다. 다만, 고용노동부장관이 정하여 고시하는 물질을 취급하는 근로자에 대한 건강진단 결과의 서류 또는 전산입력자료는 30년간 보존해야 한다.

③ 법 제164조제2항에서 "고용노동부령으로 정하는 서류"란 다음 각 호의 서류를 말한다.

1. 제108조제1항에 따른 안전인증 신청서(첨부서류를 포함한다) 및 제110조에 따른 심사와 관련하여 인증기관이 작성한 서류
2. 제124조에 따른 안전검사 신청서 및 검사와 관련하여 안전검사기관이 작성한 서류

④ 법 제164조제4항에서 "고용노동부령으로 정하는 사항"이란 다음 각 호를 말한다.

1. 측정 대상 사업장의 명칭 및 소재지
2. 측정 연월일
3. 측정을 한 사람의 성명
4. 측정방법 및 측정 결과
5. 기기를 사용하여 분석한 경우에는 분석자·분석방법 및 분석자료 등 분석과 관련된 사항

⑤ 법 제164조제5항에서 "고용노동부령으로 정하는 사항"이란 다음 각 호를 말한다.

1. 의뢰자의 성명(법인인 경우에는 그 명칭을 말한다) 및 주소
2. 의뢰를 받은 연월일
3. 실시항목
4. 의뢰자로부터 받은 보수액

⑥ 법 제164조제6항에서 "고용노동부령으로 정하는 사항"이란 다음 각 호를 말한다.

1. 석면해체·제거작업장의 명칭 및 소재지
2. 석면해체·제거작업 근로자의 인적사항(성명, 생년월일 등을 말한다)
3. 작업의 내용 및 작업기간

■ **산업안전보건법 시행령 [별표 2] 〈개정 2024. 6. 25.〉**

안전보건관리책임자를 두어야 하는 사업의 종류 및 사업장의 상시근로자 수
(제14조제1항 관련)

사업의 종류	사업장의 상시근로자 수
1. 토사석 광업 2. 식료품 제조업, 음료 제조업 3. 목재 및 나무제품 제조업; 가구 제외 4. 펄프, 종이 및 종이제품 제조업 5. 코크스, 연탄 및 석유정제품 제조업 6. 화학물질 및 화학제품 제조업; 의약품 제외 7. 의료용 물질 및 의약품 제조업 8. 고무 및 플라스틱제품 제조업 9. 비금속 광물제품 제조업 10. 1차 금속 제조업 11. 금속가공제품 제조업; 기계 및 가구 제외 12. 전자부품, 컴퓨터, 영상, 음향 및 통신장비 제조업 13. 의료, 정밀, 광학기기 및 시계 제조업	상시 근로자 50명 이상

14. 전기장비 제조업 15. 기타 기계 및 장비 제조업 16. 자동차 및 트레일러 제조업 17. 기타 운송장비 제조업 18. 가구 제조업 19. 기타 제품 제조업 20. 서적, 잡지 및 기타 인쇄물 출판업 21. 해체, 선별 및 원료 재생업 22. 자동차 종합 수리업, 자동차 전문 수리업	
23. 농업 24. 어업 25. 소프트웨어 개발 및 공급업 26. 컴퓨터 프로그래밍, 시스템 통합 및 관리업 26의2. 영상·오디오물 제공 서비스업 27. 정보서비스업 28. 금융 및 보험업 29. 임대업; 부동산 제외 30. 전문, 과학 및 기술 서비스업(연구개발업은 제외한다) 31. 사업지원 서비스업 32. 사회복지 서비스업	상시 근로자 300명 이상
33. 건설업	**공사금액 20억 원 이상**
34. 제1호부터 제26호까지, 제26호의2 및 제27호부터 제33호까지의 사업을 제외한 사업	상시 근로자 100명 이상

정답 ④

07 산업안전보건법령상 안전관리자 및 보건관리자 등에 관한 설명으로 옳지 않은 것은? [2024년 기출]

① 지방고용노동관서의 장은 보건관리자가 질병으로 1개월 이상 직무를 수행할 수 없게 된 경우에는 사업주에게 보건관리자를 정수 이상으로 증원하게 할 것을 명할 수 있다.

② 건설업을 제외한 사업으로서 상시근로자 300명 미만을 사용하는 사업장의 사업주는 안전관리전문기관에 안전관리자의 업무를 위탁할 수 있다.

③ 전기장비 제조업 중 상시근로자 300명 이상을 사용하는 사업장의 사업주는 보건관리자에게 보건관리자의 업무만을 전담하도록 하여야 한다.

④ 식료품 제조업 중 상시근로자 300명 이상을 사용하는 사업장의 사업주는 안전관리자에게 안전관리자의 업무만을 전담하도록 하여야 한다.

⑤ 안전관리자와 보건관리자가 수행하는 업무에는 산업안전보건위원회 또는 안전 및 보건에 관한 노사협의체에서 심의·의결한 업무도 포함된다.

해설

제17조(안전관리자) ① 사업주는 사업장에 제15조제1항 각 호의 사항 중 안전에 관한 기술적인 사항에 관하여 사업주 또는 안전보건관리책임자를 보좌하고 관리감독자에게 지도·조언하는 업무를 수행하는 사람(이하 "안전관리자"라 한다)을 두어야 한다.

② 안전관리자를 두어야 하는 사업의 종류와 사업장의 상시근로자 수, 안전관리자의 수·자격·업무·권한·선임방법, 그 밖에 필요한 사항은 대통령령으로 정한다.

③ 대통령령으로 정하는 사업의 종류 및 사업장의 상시근로자 수에 해당하는 사업장의 사업주는 안전관리자에게 그 업무만을 전담하도록 하여야 한다.

④ 고용노동부장관은 산업재해 예방을 위하여 필요한 경우로서 고용노동부령으로 정하는 사유에 해당하는 경우에는 사업주에게 안전관리자를 제2항에 따라 대통령령으로 정하는 수 이상으로 늘리거나 교체할 것을 명할 수 있다.

⑤ 대통령령으로 정하는 사업의 종류 및 사업장의 상시근로자 수에 해당하는 사업장의 사업주는 제21조에 따라 지정받은 안전관리 업무를 전문적으로 수행하는 기관(이하 "안전관리전문기관"이라 한다)에 안전관리자의 업무를 위탁할 수 있다.

제18조(보건관리자) ① 사업주는 사업장에 제15조제1항 각 호의 사항 중 보건에 관한 기술적인 사항에 관하여 사업주 또는 안전보건관리책임자를 보좌하고 관리감독자에게 지도·조언하는 업무를 수행하는 사람(이하 "보건관리자"라 한다)을 두어야 한다.

② 보건관리자를 두어야 하는 사업의 종류와 사업장의 상시근로자 수, 보건관리자의 수·자격·업무·권한·선임방법, 그 밖에 필요한 사항은 대통령령으로 정한다.

③ 대통령령으로 정하는 사업의 종류 및 사업장의 상시근로자 수에 해당하는 사업장의 사업주는 보건관리자에게 그 업무만을 전담하도록 하여야 한다.

④ 고용노동부장관은 산업재해 예방을 위하여 필요한 경우로서 고용노동부령으로 정하는 사유에 해당하는 경우에는 사업주에게 보건관리자를 제2항에 따라 대통령령으로 정하는 수 이상으로 늘리

거나 교체할 것을 명할 수 있다.

⑤ 대통령령으로 정하는 사업의 종류 및 사업장의 상시근로자 수에 해당하는 사업장의 사업주는 제21조에 따라 지정받은 보건관리 업무를 전문적으로 수행하는 기관(이하 "보건관리전문기관"이라 한다)에 보건관리자의 업무를 위탁할 수 있다.

영 제16조(안전관리자의 선임 등) ① 법 제17조제1항에 따라 안전관리자를 두어야 하는 사업의 종류와 사업장의 상시근로자 수, 안전관리자의 수 및 선임방법은 별표 3과 같다.

② 법 제17조제3항에서 "대통령령으로 정하는 사업의 종류 및 사업장의 상시근로자 수에 해당하는 사업장"이란 제1항에 따른 사업 중 상시근로자 300명 이상을 사용하는 사업장[건설업의 경우에는 공사금액이 120억원(「건설산업기본법 시행령」 별표 1의 종합공사를 시공하는 업종의 건설업종란 제1호에 따른 토목공사업의 경우에는 150억원) 이상인 사업장]을 말한다.

③ 제1항 및 제2항을 적용할 경우 제52조에 따른 사업으로서 도급인의 사업장에서 이루어지는 도급사업의 공사금액 또는 관계수급인의 상시근로자는 각각 해당 사업의 공사금액 또는 상시근로자로 본다. 다만, 별표 3의 기준에 해당하는 도급사업의 공사금액 또는 관계수급인의 상시근로자의 경우에는 그렇지 않다.

④ 제1항에도 불구하고 같은 사업주가 경영하는 둘 이상의 사업장이 다음 각 호의 어느 하나에 해당하는 경우에는 그 둘 이상의 사업장에 1명의 안전관리자를 공동으로 둘 수 있다. 이 경우 해당 사업장의 상시근로자 수의 합계는 300명 이내[건설업의 경우에는 공사금액의 합계가 120억원(「건설산업기본법 시행령」 별표 1의 종합공사를 시공하는 업종의 건설업종란 제1호에 따른 토목공사업의 경우에는 150억원) 이내]이어야 한다.

1. 같은 시·군·구(자치구를 말한다) 지역에 소재하는 경우
2. 사업장 간의 경계를 기준으로 15킬로미터 이내에 소재하는 경우

⑤ 제1항부터 제3항까지의 규정에도 불구하고 도급인의 사업장에서 이루어지는 도급사업에서 도급인이 고용노동부령으로 정하는 바에 따라 그 사업의 관계수급인 근로자에 대한 안전관리를 전담하는 안전관리자를 선임한 경우에는 그 사업의 관계수급인은 해당 도급사업에 대한 안전관리자를 선임하지 않을 수 있다.

⑥ 사업주는 안전관리자를 선임하거나 법 제17조제5항에 따라 안전관리자의 업무를 안전관리전문기관에 위탁한 경우에는 고용노동부령으로 정하는 바에 따라 선임하거나 위탁한 날부터 **14일 이내**에 고용노동부장관에게 그 사실을 증명할 수 있는 서류를 제출해야 한다. 법 제17조제4항에 따라 안전관리자를 늘리거나 교체한 경우에도 또한 같다.

시행규칙 제12조(안전관리자 등의 증원·교체임명 명령) ① 지방고용노동관서의 장은 다음 각 호의 어느 하나에 해당하는 사유가 발생한 경우에는 법 제17조제4항·제18조제4항 또는 제19조제3항에 따라 사업주에게 안전관리자·보건관리자 또는 안전보건관리담당자(이하 이 조에서 "관리자"라 한다)를 정수 이상으로 증원하게 하거나 교체하여 임명할 것을 명할 수 있다. 다만, 제4호에 해당하는 경우로서 직업성 질병자 발생 당시 사업장에서 해당 화학적 인자(因子)를 사용하지 않은 경우에는 그렇지 않다.

1. 해당 사업장의 **연간재해율**이 같은 업종의 평균재해율의 2배 이상인 경우
2. **중대재해**가 연간 2건 이상 발생한 경우. 다만, 해당 사업장의 전년도 사망만인율이 같은 업종의 평균 사망만인율 이하인 경우는 제외한다.

3. 관리자가 **질병**이나 그 밖의 사유로 3개월 이상 직무를 수행할 수 없게 된 경우
4. 별표 22 제1호에 따른 **화학적 인자로 인한 직업성 질병자**가 연간 3명 이상 발생한 경우. 이 경우 직업성 질병자의 발생일은 「산업재해보상보험법 시행규칙」 제21조제1항에 따른 요양급여의 결정일로 한다.

② 제1항에 따라 관리자를 정수 이상으로 증원하게 하거나 교체하여 임명할 것을 명하는 경우에는 미리 사업주 및 해당 관리자의 의견을 듣거나 소명자료를 제출받아야 한다. 다만, 정당한 사유 없이 의견진술 또는 소명자료의 제출을 게을리한 경우에는 그렇지 않다.

③ 제1항에 따른 관리자의 정수 이상 증원 및 교체임명 명령은 별지 제4호서식에 따른다.

정답 ①

08 산업안전보건법령상 관계수급인 근로자가 도급인의 사업장에서 작업을 하는 경우 도급인이 이행해야 하는 사항에 해당하는 것을 모두 고른 것은? [2024년 기출]

ㄱ. 작업장 순회점검
ㄴ. 관계수급인이「산업안전보건법」제29조(근로자에 대한 안전보건교육) 제1항에 따라 근로자에게 정기적으로 하는 안전보건교육을 위한 장소 및 자료의 제공 등 지원
ㄷ. 도급인과 수급인을 구성원으로 하는 안전 및 보건에 관한 협의체의 구성 및 운영
ㄹ. 작업 장소에서 발파작업을 하는 경우에 대비한 경보체계 운영과 대피방법 등 훈련

① ㄱ
② ㄴ, ㄹ
③ ㄷ, ㄹ
④ ㄱ, ㄴ, ㄷ
⑤ ㄱ, ㄴ, ㄷ, ㄹ

해설

제63조(도급인의 안전조치 및 보건조치) 도급인은 관계수급인 근로자가 도급인의 사업장에서 작업을 하는 경우에 자신의 근로자와 관계수급인 근로자의 산업재해를 예방하기 위하여 안전 및 보건 시설의 설치 등 필요한 안전조치 및 보건조치를 하여야 한다. 다만, 보호구 착용의 지시 등 관계수급인 근로자의 작업행동에 관한 직접적인 조치는 제외한다.

제64조(도급에 따른 산업재해 예방조치) ① 도급인은 관계수급인 근로자가 도급인의 사업장에서 작업을 하는 경우 다음 각 호의 사항을 이행하여야 한다.
1. 도급인과 수급인을 구성원으로 하는 안전 및 보건에 관한 협의체의 구성 및 운영

2. 작업장 순회점검
3. 관계수급인이 근로자에게 하는 제29조제1항부터 제3항까지의 규정에 따른 안전보건교육을 위한 장소 및 자료의 제공 등 지원
4. 관계수급인이 근로자에게 하는 제29조제3항에 따른 안전보건교육의 실시 확인
5. 다음 각 목의 어느 하나의 경우에 대비한 경보체계 운영과 대피방법 등 훈련
가. 작업 장소에서 발파작업을 하는 경우
나. 작업 장소에서 화재·폭발, 토사·구축물 등의 붕괴 또는 지진 등이 발생한 경우
6. 위생시설 등 고용노동부령으로 정하는 시설의 설치 등을 위하여 필요한 장소의 제공 또는 도급인이 설치한 위생시설 이용의 협조
7. 같은 장소에서 이루어지는 도급인과 관계수급인 등의 작업에 있어서 관계수급인 등의 작업시기·내용, 안전조치 및 보건조치 등의 확인
8. 제7호에 따른 확인 결과 관계수급인 등의 작업 혼재로 인하여 화재·폭발 등 대통령령으로 정하는 위험이 발생할 우려가 있는 경우 관계수급인 등의 작업시기·내용 등의 조정

② 제1항에 따른 도급인은 고용노동부령으로 정하는 바에 따라 자신의 근로자 및 관계수급인 근로자와 함께 정기적으로 또는 수시로 작업장의 안전 및 보건에 관한 점검을 하여야 한다.

③ 제1항에 따른 안전 및 보건에 관한 협의체 구성 및 운영, 작업장 순회점검, 안전보건교육 지원, 그 밖에 필요한 사항은 고용노동부령으로 정한다.

정답 ⑤

09 산업안전보건법령상 주요 구조 부분을 변경하는 경우 안전인증을 받아야 하는 기계 및 설비에 해당하지 않는 것은? (단, 안전인증을 면제받는 경우는 고려하지 않음) [2024년 기출]

① 원심기
② 프레스
③ 롤러기
④ 압력용기
⑤ 고소작업대

해설

제84조(안전인증) ① 유해·위험기계등 중 근로자의 안전 및 보건에 위해(危害)를 미칠 수 있다고 인정되어 대통령령으로 정하는 것(이하 "안전인증대상기계등"이라 한다)을 제조하거나 수입하는 자(고용노동부령으로 정하는 안전인증대상기계등을 설치·이전하거나 주요 구조 부분을 변경하는 자를 포함한다. 이하 이 조 및 제85조부터 제87조까지의 규정에서 같다)는 안전인증대상기계등이 안전인증기준에 맞는지에 대하여 고용노동부장관이 실시하는 안전인증을 받아야 한다.

② 고용노동부장관은 다음 각 호의 어느 하나에 해당하는 경우에는 고용노동부령으로 정하는 바에 따라 제1항에 따른 안전인증의 전부 또는 일부를 면제할 수 있다.
1. 연구·개발을 목적으로 제조·수입하거나 수출을 목적으로 제조하는 경우
2. 고용노동부장관이 정하여 고시하는 외국의 안전인증기관에서 인증을 받은 경우
3. 다른 법령에 따라 안전성에 관한 검사나 인증을 받은 경우로서 고용노동부령으로 정하는 경우

③ 안전인증대상기계등이 아닌 유해·위험기계등을 제조하거나 수입하는 자가 그 유해·위험기계등의 안전에 관한 성능 등을 평가받으려면 고용노동부장관에게 안전인증을 신청할 수 있다. 이 경우 고용노동부장관은 안전인증기준에 따라 안전인증을 할 수 있다.

④ 고용노동부장관은 제1항 및 제3항에 따른 안전인증(이하 "안전인증"이라 한다)을 받은 자가 안전인증기준을 지키고 있는지를 3년 이하의 범위에서 고용노동부령으로 정하는 주기마다 확인하여야 한다. 다만, 제2항에 따라 안전인증의 일부를 면제받은 경우에는 고용노동부령으로 정하는 바에 따라 확인의 전부 또는 일부를 생략할 수 있다.

⑤ 제1항에 따라 안전인증을 받은 자는 안전인증을 받은 안전인증대상기계등에 대하여 고용노동부령으로 정하는 바에 따라 제품명·모델명·제조수량·판매수량 및 판매처 현황 등의 사항을 기록하여 보존하여야 한다.

⑥ 고용노동부장관은 근로자의 안전 및 보건에 필요하다고 인정하는 경우 안전인증대상기계등을 제조·수입 또는 판매하는 자에게 고용노동부령으로 정하는 바에 따라 해당 안전인증대상기계등의 제조·수입 또는 판매에 관한 자료를 공단에 제출하게 할 수 있다.

⑦ 안전인증의 신청 방법·절차, 제4항에 따른 확인의 방법·절차, 그 밖에 필요한 사항은 고용노동부령으로 정한다.

시행규칙 제107조(안전인증대상기계등) 법 제84조제1항에서 "고용노동부령으로 정하는 안전인증대상기계등"이란 다음 각 호의 기계 및 설비를 말한다.

1. **설치·이전하는 경우 안전인증을 받아야 하는 기계**
   가. 크레인
   나. 리프트
   다. 곤돌라
2. **주요 구조 부분을 변경하는 경우 안전인증을 받아야 하는 기계 및 설비**
   가. 프레스
   나. 전단기 및 절곡기(折曲機)
   다. 크레인
   라. 리프트
   마. 압력용기
   바. 롤러기
   사. 사출성형기(射出成形機)
   아. 고소(高所)작업대
   자. 곤돌라

정답 ①

10 산업안전보건법령상 용어의 정의로 옳은 것은? [2024년 기출]

① "작업환경측정"이란 작업환경 실태를 파악하기 위하여 해당 근로자 또는 작업장에 대하여 사업주가 유해인자에 대한 측정계획을 수립한 후 시료(試料)를 채취하고 분석·평가하는 것을 말한다.

② "중대재해"란 근로자가 사망하거나 부상을 입을 수 있는 설비에서의 누출·화재·폭발 사고를 말한다.

③ "건설공사발주자"란 건설공사를 도급하는 자로서 건설공사의 시공을 주도하여 총괄·관리하는 자를 말한다.

④ "산업재해"란 근로자가 업무에 관계되는 건설물·설비·원재료·가스·증기·분진 등에 의하거나 작업 또는 그 밖의 업무로 인하여 사망 또는 3일 이상의 휴업이 필요한 질병에 걸리는 것을 말한다.

⑤ "위험성평가"란 산업재해를 예방하기 위하여 잠재적 위험성을 발견하고 그 개선대책을 수립할 목적으로 조사·평가하는 것을 말한다.

해설

제2조(정의) 이 법에서 사용하는 용어의 뜻은 다음과 같다. 〈개정 2023. 8. 8.〉

1. "산업재해"란 노무를 제공하는 사람이 업무에 관계되는 건설물·설비·원재료·가스·증기·분진 등에 의하거나 작업 또는 그 밖의 업무로 인하여 사망 또는 부상하거나 질병에 걸리는 것을 말한다.
2. "중대재해"란 산업재해 중 사망 등 재해 정도가 심하거나 다수의 재해자가 발생한 경우로서 **고용노동부령**으로 정하는 재해를 말한다.
3. "근로자"란 「근로기준법」 제2조제1항 제1호에 따른 근로자를 말한다.
4. "사업주"란 근로자를 사용하여 사업을 하는 자를 말한다.
5. "근로자대표"란 근로자의 과반수로 조직된 노동조합이 있는 경우에는 그 노동조합을, 근로자의 과반수로 조직된 노동조합이 없는 경우에는 근로자의 과반수를 대표하는 자를 말한다.
6. "도급"이란 명칭에 관계없이 물건의 제조·건설·수리 또는 서비스의 제공, 그 밖의 업무를 타인에게 맡기는 계약을 말한다.
7. "도급인"이란 물건의 제조·건설·수리 또는 서비스의 제공, 그 밖의 업무를 도급하는 사업주를 말한다. 다만, 건설공사발주자는 제외한다.
8. "수급인"이란 도급인으로부터 물건의 제조·건설·수리 또는 서비스의 제공, 그 밖의 업무를 도급받은 사업주를 말한다.
9. "관계수급인"이란 도급이 여러 단계에 걸쳐 체결된 경우에 각 단계별로 도급받은 사업주 전부를 말한다.
10. "건설공사발주자"란 건설공사를 도급하는 자로서 건설공사의 시공을 주도하여 총괄·관리하지 아니하는 자를 말한다. 다만, 도급받은 건설공사를 다시 도급하는 자는 제외한다.
11. "건설공사"란 다음 각 목의 어느 하나에 해당하는 공사를 말한다.
    가. 「건설산업기본법」 제2조제4호에 따른 건설공사
    나. 「전기공사업법」 제2조제1호에 따른 전기공사
    다. 「정보통신공사업법」 제2조제2호에 따른 정보통신공사

라. 「소방시설공사업법」에 따른 소방시설공사

마. 「국가유산수리 등에 관한 법률」에 따른 국가유산 수리공사

12. "안전보건진단"이란 산업재해를 예방하기 위하여 잠재적 위험성을 발견하고 그 개선대책을 수립할 목적으로 조사·평가하는 것을 말한다.

13. "작업환경측정"이란 **작업환경 실태를 파악**하기 위하여 **해당 근로자 또는 작업장**에 대하여 사업주가 유해인자에 대한 측정계획을 수립한 후 시료(試料)를 채취하고 분석·평가하는 것을 말한다.

시행규칙 제3조(중대재해의 범위) 법 제2조제2호에서 "고용노동부령으로 정하는 재해"란 다음 각 호의 어느 하나에 해당하는 재해를 말한다.

1. 사망자가 1명 이상 발생한 재해
2. 3개월 이상의 요양이 필요한 부상자가 동시에 2명 이상 발생한 재해
3. 부상자 또는 직업성 질병자가 동시에 10명 이상 발생한 재해

○ 근로기준법

제2조(정의) ① 이 법에서 사용하는 용어의 뜻은 다음과 같다.

1. **"근로자"란 직업의 종류와 관계없이 임금을 목적으로 사업이나 사업장에 근로를 제공하는 사람을 말한다.**
2. "사용자"란 사업주 또는 사업 경영 담당자, 그 밖에 근로자에 관한 사항에 대하여 사업주를 위하여 행위 하는 자를 말한다.

○ 노동조합법

제2조(정의) 이 법에서 사용하는 용어의 정의는 다음과 같다.

1. "근로자"라 함은 직업의 종류를 불문하고 임금·급료 기타 이에 준하는 수입에 의하여 생활하는 자를 말한다.

○ 사업장 위험성평가에 관한 지침 〈시행 2025.1.2〉

제3조(정의) ① 이 고시에서 사용하는 용어의 뜻은 다음과 같다.

1. "유해·위험요인"이란 유해·위험을 일으킬 잠재적 가능성이 있는 것의 고유한 특징이나 속성을 말한다.
2. "위험성"이란 유해·위험요인이 사망, 부상 또는 질병으로 이어질 수 있는 가능성과 중대성 등을 고려한 위험의 정도를 말한다.
3. "위험성평가"란 사업주가 스스로 유해·위험요인을 파악하고 해당 유해·위험요인의 위험성 수준을 결정하여, 위험성을 낮추기 위한 적절한 조치를 마련하고 실행하는 과정을 말한다.
4. "근로자"란 기간제, 단시간, 파견 등 고용형태 및 국적과 관계없이 「산업안전보건법」 제2조제3호에 따른 근로자를 말한다.

정답 ①

11 **산업안전보건법령상 유해하거나 위험한 기계·기구에 대한 방호조치 등에 관한 설명으로 옳은 것을 모두 고른 것은? [2024년 기출]**

> ㄱ. 진공포장기·래핑기를 제외한 포장기계에는 구동부 방호 연동장치를 설치해야 한다.
> ㄴ. 회전기계에 물체 등이 말려 들어갈 부분이 있는 기계는 물림점을 묻힘형으로 하여야 한다.
> ㄷ. 예초기 및 금속절단기에는 날접촉 예방장치를 설치해야 하고, 원심기에는 회전체 접촉 예방장치를 설치해야 한다.
> ㄹ. 근로자가 방호조치를 해체하려는 경우에는 사업주의 허가를 받아야 한다.

① ㄱ
② ㄱ, ㄴ
③ ㄴ, ㄷ
④ ㄷ, ㄹ
⑤ ㄱ, ㄷ, ㄹ

해설

시행규칙 제98조(방호조치) ① 법 제80조제1항에 따라 영 제70조 및 영 별표 20의 기계·기구에 설치해야 할 방호장치는 다음 각 호와 같다.

1. 영 별표 20 제1호에 따른 예초기 : 날접촉 예방장치
2. 영 별표 20 제2호에 따른 원심기 : 회전체 접촉 예방장치
3. 영 별표 20 제3호에 따른 공기압축기 : 압력방출장치
4. 영 별표 20 제4호에 따른 금속절단기 : 날접촉 예방장치
5. 영 별표 20 제5호에 따른 지게차 : 헤드 가드, 백레스트(backrest), 전조등, 후미등, 안전벨트
6. 영 별표 20 제6호에 따른 포장기계 : 구동부 방호 연동장치

② 법 제80조제2항에서 "고용노동부령으로 정하는 방호조치"란 다음 각 호의 방호조치를 말한다.

1. 작동 부분의 **돌기부분은 묻힘형**으로 하거나 덮개를 부착할 것
2. **동력전달부분 및 속도조절부분**에는 덮개를 부착하거나 **방호망**을 설치할 것
3. **회전기계의 물림점**(롤러나 톱니바퀴 등 반대방향의 두 회전체에 물려 들어가는 위험점)에는 덮개 또는 **울**을 설치할 것

③ 제1항 및 제2항에 따른 방호조치에 필요한 사항은 고용노동부장관이 정하여 고시한다.

시행규칙 제99조(방호조치 해체 등에 필요한 조치) ① 법 제80조제4항에서 "고용노동부령으로 정하는 경우"란 다음 각 호의 경우를 말하며, 그에 필요한 안전조치 및 보건조치는 다음 각 호에 따른다.

1. 방호조치를 해체하려는 경우 : 사업주의 허가를 받아 해체할 것
2. 방호조치 해체 사유가 소멸된 경우 : 방호조치를 지체 없이 원상으로 회복시킬 것
3. 방호조치의 기능이 상실된 것을 발견한 경우 : 지체 없이 사업주에게 신고할 것

② 사업주는 제1항 제3호에 따른 신고가 있으면 즉시 수리, 보수 및 작업중지 등 적절한 조치를 해야 한다.

■ **산업안전보건법 시행령 [별표 20]**

유해·위험 방지를 위한 방호조치가 필요한 기계·기구(제70조 관련)

1. 예초기
2. 원심기
3. 공기압축기
4. 금속절단기
5. 지게차
6. 포장기계(**진공포장기, 래핑기로 한정**한다)

정답 ④

12 산업안전보건법 시행규칙의 일부이다. (　)에 들어갈 숫자로 옳은 것은? [2024년 기출]

■ **산업안전보건법 시행규칙 [별표 4]**

안전보건교육 교육과정별 교육시간(제26조 제1항 등 관련)

1. 근로자 안전보건교육(제26조 제1항, 제28조 제1항 관련)

교육과정	교육대상	교육시간
마. 건설업 기초안전·보건교육	건설 일용근로자	(　)시간 이상

① 1
② 2
③ 4
④ 6
⑤ 8

해설

■ 산업안전보건법 시행규칙 [별표 4]

안전보건교육 교육과정별 교육시간(제26조제1항 등 관련)

1. 근로자 안전보건교육(제26조제1항, 제28조제1항 관련)

<table>
<tr><th>교육과정</th><th colspan="2">교육대상</th><th>교육시간</th></tr>
<tr><td rowspan="3">가. 정기교육</td><td colspan="2">1) 사무직 종사 근로자</td><td>매반기 6시간 이상</td></tr>
<tr><td rowspan="2">2) 그 밖의 근로자</td><td>가) 판매업무에 직접 종사하는 근로자</td><td>매반기 6시간 이상</td></tr>
<tr><td>나) 판매업무에 직접 종사하는 근로자 외의 근로자</td><td>매반기 12시간 이상</td></tr>
<tr><td rowspan="3">나. 채용 시 교육</td><td colspan="2">1) 일용근로자 및 근로계약기간이 1주일 이하인 기간제근로자</td><td>1시간 이상</td></tr>
<tr><td colspan="2">2) 근로계약기간이 1주일 초과 1개월 이하인 기간제근로자</td><td>4시간 이상</td></tr>
<tr><td colspan="2">3) 그 밖의 근로자</td><td>8시간 이상</td></tr>
<tr><td rowspan="2">다. 작업내용 변경 시 교육</td><td colspan="2">1) 일용근로자 및 근로계약기간이 1주일 이하인 기간제근로자</td><td>1시간 이상</td></tr>
<tr><td colspan="2">2) 그 밖의 근로자</td><td>2시간 이상</td></tr>
<tr><td rowspan="3">라. 특별교육</td><td colspan="2">1) 일용근로자 및 근로계약기간이 1주일 이하인 기간제근로자 : 별표 5 제1호라목(제39호는 제외한다)에 해당하는 작업에 종사하는 근로자에 한정한다.</td><td>2시간 이상</td></tr>
<tr><td colspan="2">2) 일용근로자 및 근로계약기간이 1주일 이하인 기간제근로자 : 별표 5 제1호 라목 제39호(* 타워크레인을 사용하는 작업 시 신호업무를 하는 작업)에 해당하는 작업에 종사하는 근로자에 한정한다.</td><td>8시간 이상</td></tr>
<tr><td colspan="2">3) 일용근로자 및 근로계약기간이 1주일 이하인 기간제근로자를 제외한 근로자 : 별표 5 제1호라목에 해당하는 작업에 종사하는 근로자에 한정한다.</td><td>가) 16시간 이상(최초 작업에 종사하기 전 4시간 이상 실시하고 12시간은 3개월 이내에서 분할하여 실시 가능)
나) 단기간 작업 또는 간헐적 작업인 경우에는 2시간 이상</td></tr>
<tr><td>마. 건설업 기초안전·보건교육</td><td colspan="2">건설 일용근로자</td><td>4시간 이상</td></tr>
</table>

비고

1. 위 표의 적용을 받는 "일용근로자"란 근로계약을 1일 단위로 체결하고 그 날의 근로가 끝나면 근로관계가 종료되어 계속 고용이 보장되지 않는 근로자를 말한다.
2. 일용근로자가 위 표의 나목 또는 라목에 따른 교육을 받은 날 이후 1주일 동안 같은 사업장에서 같은 업무의 일용근로자로 다시 종사하는 경우에는 이미 받은 위 표의 나목 또는 라목에 따른 교육을 면제한다.
3. 다음 각 목의 어느 하나에 해당하는 경우는 위 표의 가목부터 라목까지의 규정에도 불구하고 해당 교육과정별 교육시간의 2분의 1 이상을 그 교육시간으로 한다.
   가. 영 별표 1 제1호에 따른 사업
   나. 상시근로자 50명 미만의 도매업, 숙박 및 음식점업
4. 근로자가 다음 각 목의 어느 하나에 해당하는 안전교육을 받은 경우에는 그 시간만큼 위 표의 가목에 따른 해당 반기의 정기교육을 받은 것으로 본다.
   가. 「원자력안전법 시행령」 제148조제1항에 따른 방사선작업종사자 정기교육
   나. 「항만안전특별법 시행령」 제5조제1항제2호에 따른 정기안전교육
   다. 「화학물질관리법 시행규칙」 제37조제4항에 따른 유해화학물질 안전교육
5. 근로자가 「항만안전특별법 시행령」 제5조제1항제1호에 따른 신규안전교육을 받은 때에는 그 시간만큼 위 표의 나목에 따른 채용 시 교육을 받은 것으로 본다.
6. 방사선 업무에 관계되는 작업에 종사하는 근로자가 「원자력안전법 시행규칙」 제138조제1항제2호에 따른 방사선작업종사자 신규교육 중 직장교육을 받은 때에는 그 시간만큼 위 표의 라목에 따른 특별교육 중 별표 5 제1호라목의 33.란에 따른 특별교육을 받은 것으로 본다.

1의2. 관리감독자 안전보건교육(제26조제1항 관련)

교육과정	교육시간
가. 정기교육	연간 16시간 이상
나. 채용 시 교육	8시간 이상
다. 작업내용 변경 시 교육	2시간 이상
라. 특별교육	16시간 이상(최초 작업에 종사하기 전 4시간 이상 실시하고, 12시간은 3개월 이내에서 분할하여 실시 가능)
	단기간 작업 또는 간헐적 작업인 경우에는 2시간 이상

2. 안전보건관리책임자 등에 대한 교육(제29조제2항 관련)

교육대상	교육시간	
	신규교육	보수교육
가. 안전보건관리책임자	6시간 이상	6시간 이상
나. 안전관리자, 안전관리전문기관의 종사자	34시간 이상	24시간 이상
다. 보건관리자, 보건관리전문기관의 종사자	34시간 이상	24시간 이상
라. 건설재해예방전문지도기관의 종사자	34시간 이상	24시간 이상
마. 석면조사기관의 종사자	34시간 이상	24시간 이상
바. 안전보건관리담당자	-	8시간 이상
사. 안전검사기관, 자율안전검사기관의 종사자	34시간 이상	24시간 이상

3. 특수형태근로종사자에 대한 안전보건교육(제95조제1항 관련)

교육과정	교육시간
가. 최초 노무제공 시 교육	2시간 이상(단기간 작업 또는 간헐적 작업에 노무를 제공하는 경우에는 1시간 이상 실시하고, 특별교육을 실시한 경우는 면제)
나. 특별교육	16시간 이상(최초 작업에 종사하기 전 4시간 이상 실시하고 12시간은 3개월 이내에서 분할하여 실시가능)
	단기간 작업 또는 간헐적 작업인 경우에는 2시간 이상

비고 영 제67조제13호라목에 해당하는 사람이 「화학물질관리법」 제33조제1항에 따른 유해화학물질 안전교육을 받은 경우에는 그 시간만큼 가목에 따른 최초 노무제공 시 교육을 실시하지 않을 수 있다.

4. 검사원 성능검사 교육(제131조제2항 관련)

교육과정	교육대상	교육시간
성능검사 교육	-	28시간 이상

정답 ③

13 산업안전보건법령상 보건관리자에 대한 직무교육에 관한 내용이다. (   )에 들어갈 내용을 순서대로 옳게 나열한 것은? (단, 직무교육을 면제받는 경우는 고려하지 않음)

> 사업주가 보건관리자에게 안전보건교육기관에서 직무와 관련한 안전보건교육을 이수하도록 하여야 하는 경우, 의사인 보건관리자는 해당 직위에 선임된 후 (ㄱ) 이내에 직무를 수행하는 데 필요한 신규교육을 받아야 하며, 신규교육을 이수한 후 매 (ㄴ)이 되는 날을 기준으로 전후 (ㄷ) 사이에 고용노동부장관이 실시하는 안전보건에 관한 보수교육을 받아야 한다.

① ㄱ : 3개월, ㄴ : 1년, ㄷ : 3개월
② ㄱ : 3개월, ㄴ : 1년, ㄷ : 6개월
③ ㄱ : 3개월, ㄴ : 2년, ㄷ : 6개월
④ ㄱ : 1년, ㄴ : 1년, ㄷ : 3개월
⑤ ㄱ : 1년, ㄴ : 2년, ㄷ : 6개월

해설

시행규칙 제29조(안전보건관리책임자 등에 대한 직무교육) ① 법 제32조제1항 각 호 외의 부분 본문에 따라 다음 각 호의 어느 하나에 해당하는 사람은 해당 직위에 선임(위촉의 경우를 포함한다.

이하 같다)되거나 채용된 후 3개월(보건관리자가 의사인 경우는 1년을 말한다) 이내에 직무를 수행하는 데 필요한 **신규교육**을 받아야 하며, 신규교육을 이수한 후 매 2년이 되는 날을 기준으로 전후 6개월 사이에 고용노동부장관이 실시하는 안전보건에 관한 **보수교육**을 받아야 한다. 〈개정 2023. 9. 27.〉

1. 법 제15조제1항에 따른 안전보건관리책임자
2. 법 제17조제1항에 따른 안전관리자(「기업활동 규제완화에 관한 특별조치법」 제30조제3항에 따라 안전관리자로 채용된 것으로 보는 사람을 포함한다)
3. 법 제18조제1항에 따른 보건관리자
4. 법 제19조제1항에 따른 안전보건관리담당자
5. 법 제21조제1항에 따른 안전관리전문기관 또는 보건관리전문기관에서 안전관리자 또는 보건관리자의 위탁 업무를 수행하는 사람
6. 법 제74조제1항에 따른 건설재해예방전문지도기관에서 지도업무를 수행하는 사람
7. 법 제96조제1항에 따라 지정받은 안전검사기관에서 검사업무를 수행하는 사람
8. 법 제100조제1항에 따라 지정받은 자율안전검사기관에서 검사업무를 수행하는 사람
9. 법 제120조제1항에 따른 석면조사기관에서 석면조사 업무를 수행하는 사람

② 제1항에 따른 신규교육 및 보수교육(이하 "직무교육"이라 한다)의 교육시간은 별표 4와 같고, 교육내용은 별표 5와 같다.

③ 직무교육을 실시하기 위한 집체교육, 현장교육, 인터넷원격교육 등의 교육 방법, 직무교육 기관의 관리, 그 밖에 교육에 필요한 사항은 고용노동부장관이 정하여 고시한다.

정답 ⑤

14 산업안전보건법령상 기계 등을 대여 받은 자가 그 설치·해체 작업이 이루어지는 동안 작업과정 전반(全般)을 영상으로 기록하여 대여기간 동안 보관하여야 하는 기계 등에 해당하는 것은? [2024년 기출]

① 파워 셔블
② 타워크레인
③ 고소작업대
④ 버킷굴착기
⑤ 콘크리트 펌프

해설

시행규칙 제101조(기계 등을 대여받는 자의 조치) ① 법 제81조에 따라 기계등을 대여받는 자는 그가 사용하는 근로자가 아닌 사람에게 해당 기계등을 조작하도록 하는 경우에는 다음 각 호의 조치를 해야 한다. 다만, 해당 기계등을 구입할 목적으로 기종(機種)의 선정 등을 위하여 일시적으로 대여받는 경우에는 그렇지 않다.

1. 해당 기계등을 조작하는 사람이 관계 법령에서 정하는 자격이나 기능을 가진 사람인지 확인할 것
2. 해당 기계등을 조작하는 사람에게 다음 각 목의 사항을 주지시킬 것
   가. 작업의 내용
   나. 지휘계통
   다. 연락·신호 등의 방법
   라. 운행경로, 제한속도, 그 밖에 해당 기계등의 운행에 관한 사항
   마. 그 밖에 해당 기계등의 조작에 따른 산업재해를 방지하기 위하여 필요한 사항

② **타워크레인을 대여받은 자는 다음 각 호의 조치를 해야 한다.**
1. 타워크레인을 사용하는 작업 중에 타워크레인 장비 간 또는 타워크레인과 인접 구조물 간 충돌위험이 있으면 **충돌방지장치**를 설치하는 등 충돌방지를 위하여 필요한 조치를 할 것
2. **타워크레인 설치·해체 작업이 이루어지는 동안 작업과정 전반(全般)을 영상으로 기록하여 대여기간 동안 보관할 것**

③ 해당 기계등을 대여하는 자가 제100조제2호 각 목의 사항을 적은 서면을 발급하지 않는 경우 해당 기계등을 대여받은 자는 해당 사항에 대한 정보 제공을 요구할 수 있다.

④ 기계등을 대여받은 자가 기계등을 대여한 자에게 해당 기계등을 반환하는 경우에는 해당 기계등의 수리·보수 및 점검 내역과 부품교체 사항 등이 있는 경우 해당 사항에 대한 정보를 제공해야 한다.

정답 ②

15 산업안전보건법령상 안전검사대상기계 등에 대해 안전검사를 면제할 수 있는 경우가 아닌 것은? [2024년 기출]

① 「고압가스 안전관리법」 제17조 제2항에 따른 검사를 받은 경우
② 「원자력안전법」 제22조 제1항에 따른 검사를 받은 경우
③ 「에너지이용 합리화법」 제39조 제4항에 따른 검사를 받은 경우
④ 「전기용품 및 생활용품 안전관리법」 제8조에 따른 안전검사를 받은 경우
⑤ 「위험물안전관리법」 제18조에 따른 정기점검 또는 정기검사를 받은 경우

해설

제93조(안전검사) ① 유해하거나 위험한 기계·기구·설비로서 대통령령으로 정하는 것(이하 "안전검사대상기계등"이라 한다)을 사용하는 사업주(근로자를 사용하지 아니하고 사업을 하는 자를 포함한다. 이하 이 조, 제94조, 제95조 및 제98조에서 같다)는 안전검사대상기계등의 안전에 관한 성능이 고용노동부장관이 정하여 고시하는 검사기준에 맞는지에 대하여 고용노동부장관이 실시하

는 검사(이하 "안전검사"라 한다)를 받아야 한다. 이 경우 안전검사대상기계등을 사용하는 사업주와 소유자가 다른 경우에는 안전검사대상기계등의 소유자가 안전검사를 받아야 한다.

② 제1항에도 불구하고 안전검사대상기계등이 다른 법령에 따라 안전성에 관한 검사나 인증을 받은 경우로서 고용노동부령으로 정하는 경우에는 안전검사를 면제할 수 있다.

③ 안전검사의 신청, 검사 주기 및 검사합격 표시방법, 그 밖에 필요한 사항은 고용노동부령으로 정한다. 이 경우 검사 주기는 안전검사대상기계등의 종류, 사용연한(使用年限) 및 위험성을 고려하여 정한다.

시행규칙 제109조(안전인증의 면제) ① 법 제84조제1항에 따른 안전인증대상기계등(이하 "안전인증대상기계등" 이라 한다)이 다음 각 호의 어느 하나에 해당하는 경우에는 법 제84조제1항에 따른 **안전인증을 전부 면제**한다. 〈개정 2024. 6. 28.〉

1. 연구·개발을 목적으로 제조·수입하거나 수출을 목적으로 제조하는 경우
2. 「건설기계관리법」 제13조제1항제1호부터 제3호까지에 따른 검사를 받은 경우 또는 같은 법 제18조에 따른 형식승인을 받거나 같은 조에 따른 형식신고를 한 경우
3. 「고압가스 안전관리법」 제17조제1항에 따른 검사를 받은 경우
4. 「광산안전법」 제9조에 따른 검사 중 광업시설의 설치공사 또는 변경공사가 완료되었을 때에 받는 검사를 받은 경우
5. 「방위사업법」 제28조제1항에 따른 품질보증을 받은 경우
6. 「선박안전법」 제7조에 따른 검사를 받은 경우
7. 「에너지이용 합리화법」 제39조제1항 및 제2항에 따른 검사를 받은 경우
8. 「원자력안전법」 제16조제1항에 따른 검사를 받은 경우
9. 「위험물안전관리법」 제8조제1항 또는 제20조제3항에 따른 검사를 받은 경우
10. **「전기사업법」 제63조 또는 「전기안전관리법」 제9조에 따른 검사를 받은 경우**
11. 「항만법」 제33조제1항제1호·제2호 및 제4호에 따른 검사를 받은 경우
12. 「소방시설 설치 및 관리에 관한 법률」 제37조제1항에 따른 형식승인을 받은 경우

② 안전인증대상기계등이 다음 각 호의 어느 하나에 해당하는 인증 또는 시험을 받았거나 그 일부 항목이 법 제83조제1항에 따른 안전인증기준(이하 "안전인증기준"이라 한다)과 같은 수준 이상인 것으로 인정되는 경우에는 **해당 인증 또는 시험이나 그 일부 항목에 한정하여 법 제84조제1항에 따른 안전인증을 면제**한다.

1. 고용노동부장관이 정하여 고시하는 외국의 안전인증기관에서 인증을 받은 경우
2. 국제전기기술위원회(IEC)의 국제방폭전기기계·기구 상호인정제도(IECEx Scheme)에 따라 인증을 받은 경우
3. 「국가표준기본법」에 따른 시험·검사기관에서 실시하는 시험을 받은 경우
4. 「산업표준화법」 제15조에 따른 인증을 받은 경우
5. **「전기용품 및 생활용품 안전관리법」 제5조에 따른 안전인증을 받은 경우**

③ 법 제84조제2항제1호에 따라 안전인증이 면제되는 안전인증대상기계등을 제조하거나 수입하는 자는 해당 공산품의 출고 또는 통관 전에 별지 제43호서식의 안전인증 면제신청서에 다음 각 호의 서류를 첨부하여 안전인증기관에 제출해야 한다.

1. 제품 및 용도설명서
2. 연구·개발을 목적으로 사용되는 것임을 증명하는 서류

④ 안전인증기관은 제3항에 따라 안전인증 면제신청을 받으면 이를 확인하고 별지 제44호서식의 안전인증 면제확인서를 발급해야 한다.

시행규칙 제125조(안전검사의 면제) 법 제93조제2항에서 "고용노동부령으로 정하는 경우"란 다음 각 호의 어느 하나에 해당하는 경우를 말한다. 〈개정 2024. 6. 28.〉

1. 「건설기계관리법」 제13조제1항제1호·제2호 및 제4호에 따른 검사를 받은 경우(안전검사 주기에 해당하는 시기의 검사로 한정한다)
2. 「고압가스 안전관리법」 제17조제2항에 따른 검사를 받은 경우
3. 「광산안전법」 제9조에 따른 검사 중 광업시설의 설치·변경공사 완료 후 일정한 기간이 지날 때마다 받는 검사를 받은 경우
4. 「선박안전법」 제8조부터 제12조까지의 규정에 따른 검사를 받은 경우
5. 「에너지이용 합리화법」 제39조제4항에 따른 검사를 받은 경우
6. 「원자력안전법」 제22조제1항에 따른 검사를 받은 경우
7. 「위험물안전관리법」 제18조에 따른 정기점검 또는 정기검사를 받은 경우
8. **「전기안전관리법」 제11조에 따른 검사를 받은 경우**
9. 「항만법」 제33조제1항제3호에 따른 검사를 받은 경우
10. 「소방시설 설치 및 관리에 관한 법률」 제22조제1항에 따른 자체점검을 받은 경우
11. 「화학물질관리법」 제24조제3항 본문에 따른 정기검사를 받은 경우

제89조(자율안전확인의 신고) ① 안전인증대상기계등이 아닌 유해·위험기계등으로서 대통령령으로 정하는 것(이하 "자율안전확인대상기계등"이라 한다)을 제조하거나 수입하는 자는 자율안전확인대상기계등의 안전에 관한 성능이 고용노동부장관이 정하여 고시하는 안전기준(이하 "자율안전기준"이라 한다)에 맞는지 확인(이하 "자율안전확인"이라 한다)하여 고용노동부장관에게 신고(신고한 사항을 변경하는 경우를 포함한다)하여야 한다. 다만, 다음 각 호의 어느 하나에 해당하는 경우에는 신고를 면제할 수 있다.

1. 연구·개발을 목적으로 제조·수입하거나 수출을 목적으로 제조하는 경우
2. 제84조제3항에 따른 안전인증을 받은 경우(제86조제1항에 따라 안전인증이 취소되거나 안전인증표시의 사용 금지 명령을 받은 경우는 제외한다)
3. 다른 법령에 따라 안전성에 관한 검사나 인증을 받은 경우로서 고용노동부령으로 정하는 경우

② 고용노동부장관은 제1항 각 호 외의 부분 본문에 따른 신고를 받은 경우 그 내용을 검토하여 이 법에 적합하면 신고를 수리하여야 한다.

③ 제1항 각 호 외의 부분 본문에 따라 신고를 한 자는 자율안전확인대상기계등이 자율안전기준에 맞는 것임을 증명하는 서류를 보존하여야 한다.

④ 제1항 각 호 외의 부분 본문에 따른 신고의 방법 및 절차, 그 밖에 필요한 사항은 고용노동부령으로 정한다.

시행규칙 제119조(신고의 면제) 법 제89조 제1항 제3호에서 "고용노동부령으로 정하는 경우"란 다음 각 호의 어느 하나에 해당하는 경우를 말한다.

1. 「농업기계화촉진법」 제9조에 따른 검정을 받은 경우
2. 「산업표준화법」 제15조에 따른 인증을 받은 경우

3. 「전기용품 및 생활용품 안전관리법」 제5조 및 제8조에 따른 안전인증 및 안전검사를 받은 경우
4. 국제전기기술위원회의 국제방폭전기기계·기구 상호인정제도에 따라 인증을 받은 경우

안전인증 일부 면제한다	자율안전확인신고 면제할 수 있다
1. 고용노동부장관이 정하여 고시하는 외국의 안전인증기관에서 인증을 받은 경우 2. 국제전기기술위원회(IEC)의 국제방폭전기기계·기구 상호인정제도(IECEx Scheme)에 따라 인증을 받은 경우 3. 「국가표준기본법」에 따른 시험·검사기관에서 실시하는 시험을 받은 경우 4. 「산업표준화법」 제15조에 따른 인증을 받은 경우 5. 「전기용품 및 생활용품 안전관리법」 제5조에 따른 안전인증을 받은 경우	1. 연구·개발을 목적으로 제조·수입하거나 수출을 목적으로 제조하는 경우 2. 제84조제3항에 따른 안전인증을 받은 경우(제86조제1항에 따라 안전인증이 취소되거나 안전인증표시의 사용 금지 명령을 받은 경우는 제외한다) 3. 「농업기계화촉진법」 제9조에 따른 검정을 받은 경우 4. 「산업표준화법」 제15조에 따른 인증을 받은 경우 5. 「전기용품 및 생활용품 안전관리법」 제5조 및 제8조에 따른 안전인증 및 안전검사를 받은 경우 6. 국제전기기술위원회의 국제방폭전기기계·기구 상호인정제도에 따라 인증을 받은 경우

정답 ④

16 산업안전보건법령상 일반건강진단을 실시한 것으로 보는 건강진단에 해당하지 않는 것은? [2024년 기출]

① 「선원법」에 따른 건강진단
② 「학교보건법」에 따른 건강검사
③ 「항공안전법」에 따른 신체검사
④ 「국민건강보험법」에 따른 건강검진
⑤ 「교육공무원법」에 따른 신체검사

해설

시행규칙 제196조(일반건강진단 실시의 인정) 법 제129조제1항 단서에서 "고용노동부령으로 정하는 건강진단"이란 다음 각 호 어느 하나에 해당하는 건강진단을 말한다.
1. 「국민건강보험법」에 따른 건강검진

2. 「선원법」에 따른 건강진단
3. 「진폐의 예방과 진폐근로자의 보호 등에 관한 법률」에 따른 정기 건강진단
4. 「학교보건법」에 따른 건강검사
5. 「항공안전법」에 따른 신체검사
6. 그 밖에 제198조제1항에서 정한 법 제129조제1항에 따른 일반건강진단(이하 “일반건강진단”이라 한다)의 검사항목을 모두 포함하여 실시한 건강진단 → **(암기법 : 국/선/진/학/항공)**

정답 ⑤

17 산업안전보건법령상 자율안전확인대상기계 등에 해당하는 것을 모두 고른 것은? [2024년 기출]

ㄱ. 용접용 보안면
ㄴ. 고정형 목재가공용 모떼기 기계
ㄷ. 롤러기 급정지장치
ㄹ. 추락 및 감전 위험방지용 안전모
ㅁ. 휴대용 연마기
ㅂ. 차광 및 비산물 위험방지용 보안경

① ㄱ, ㅁ
② ㄴ, ㄷ
③ ㄱ, ㄹ, ㅁ, ㅂ
④ ㄴ, ㄷ, ㄹ, ㅂ
⑤ ㄱ, ㄴ, ㄷ, ㄹ, ㅁ, ㅂ

해설

영 제74조(안전인증대상기계등) ① 법 제84조제1항에서 “대통령령으로 정하는 것”이란 다음 각 호의 어느 하나에 해당하는 것을 말한다.
1. 다음 각 목의 어느 하나에 해당하는 기계 또는 설비 → (암기법 : 크리곤/전프압사고롤)
가. 프레스
나. 전단기 및 절곡기(折曲機)
다. 크레인
라. 리프트
마. 압력용기
바. 롤러기

사. 사출성형기(射出成形機)

아. 고소(高所) 작업대

자. 곤돌라

2. 다음 각 목의 어느 하나에 해당하는 방호장치 → (암기법 : 전프/양/보/압(안파)/절(방)활선/방폭/가/산업용로봇방호장치

가. 프레스 및 전단기 방호장치

나. 양중기용(揚重機用) 과부하 방지장치

다. 보일러 압력방출용 안전밸브

라. 압력용기 압력방출용 안전밸브

마. 압력용기 압력방출용 파열판

바. 절연용 방호구 및 활선작업용(活線作業用) 기구

사. 방폭구조(防爆構造) 전기기계·기구 및 부품

아. 추락·낙하 및 붕괴 등의 위험 방지 및 보호에 필요한 가설기자재로서 고용노동부장관이 정하여 고시하는 것

자. 충돌·협착 등의 위험 방지에 필요한 **산업용 로봇 방호장치**로서 고용노동부장관이 정하여 고시하는 것

3. 다음 각 목의 어느 하나에 해당하는 보호구 → (암기법 : 모자/안경/보안면/귀/안전화/안전장갑//보호복/안전대//방독/방진마스크//송기/전동식)

가. 추락 및 감전 위험방지용 안전모

나. 안전화

다. 안전장갑

라. 방진마스크

마. 방독마스크

바. 송기(送氣)마스크

사. 전동식 호흡보호구

아. 보호복

자. 안전대

차. 차광(遮光) 및 비산물(飛散物) 위험방지용 보안경

카. 용접용 보안면

타. 방음용 귀마개 또는 귀덮개

② 안전인증대상기계등의 세부적인 종류, 규격 및 형식은 고용노동부장관이 정하여 고시한다.

영 제77조(자율안전확인대상기계등) ① 법 제89조제1항 각 호 외의 부분 본문에서 "대통령령으로 정하는 것"이란 다음 각 호의 어느 하나에 해당하는 것을 말한다.

1. 다음 각 목의 어느 하나에 해당하는 기계 또는 설비 → **(암기법 : 공/고/자/식/컨/산/인/연/파/혼)**

가. 연삭기(研削機) 또는 연마기. 이 경우 휴대형은 제외한다.

나. 산업용 로봇

다. 혼합기

라. 파쇄기 또는 분쇄기

마. 식품가공용 기계(파쇄·절단·혼합·제면기만 해당한다)

바. 컨베이어

사. 자동차정비용 리프트

아. 공작기계(선반, 드릴기, 평삭·형삭기, 밀링만 해당한다)

자. 고정형 목재가공용 기계(둥근톱, 대패, 루타기, 띠톱, 모떼기 기계만 해당한다)

차. 인쇄기

2. 다음 각 목의 어느 하나에 해당하는 방호장치 → **(암기법 : 목/동/아·가/교/가/연/롤)**

가. 아세틸렌 용접장치용 또는 가스집합 용접장치용 안전기

나. 교류 아크용접기용 자동전격방지기

다. 롤러기 급정지장치

라. 연삭기 덮개

마. 목재 가공용 둥근톱 반발 예방장치와 날 접촉 예방장치

바. 동력식 수동대패용 칼날 접촉 방지장치

사. 추락·낙하 및 붕괴 등의 위험 방지 및 보호에 필요한 가설기자재(제74조제1항제2호아목의 가설기자재는 제외한다)로서 고용노동부장관이 정하여 고시하는 것

3. **다음 각 목의 어느 하나에 해당하는 보호구 → (암기법 : 안전모/보안경/보안면)**

가. 안전모(제74조제1항제3호가목의 안전모는 제외한다)

나. 보안경(제74조제1항제3호차목의 보안경은 제외한다)

다. 보안면(제74조제1항제3호카목의 보안면은 제외한다)

② 자율안전확인대상기계등의 세부적인 종류, 규격 및 형식은 고용노동부장관이 정하여 고시한다.

정답 ②

18 산업안전보건법령상 유해인자의 유해성·위험성 분류기준 중 물리적 인자의 분류기준으로 옳지 않은 것은? [2024년 기출]

① 소음 : 소음성난청을 유발할 수 있는 85데시벨(A) 이상의 시끄러운 소리

② 진동 : 착암기, 손망치 등의 공구를 사용함으로써 발생되는 백랍병·레이노 현상·말초순환장애 등의 국소 진동 및 차량 등을 이용함으로써 발생되는 관절통·디스크·소화장애 등의 전신 진동

③ 방사선 : 직접·간접으로 공기 또는 세포를 전리하는 능력을 가진 알파선·베타선·감마선·엑스선·중성자선 등의 전자선

④ 에어로졸 : 재충전이 가능한 금속·유리 또는 플라스틱 용기에 압축가스·액화가스 또는 용해가스를 충전하고 내용물을 가스에 현탁시킨 고체나 액상입자로, 액상 또는 가스상에서 폼·페이스트·분말상으로 배출되는 분사장치를 갖춘 것

⑤ 이상기온 : 고열·한랭·다습으로 인하여 열사병·동상·피부질환 등을 일으킬 수 있는 기온

해설

■ 산업안전보건법 시행규칙 [별표 18]

유해인자의 유해성·위험성 분류기준(제141조 관련)

1. 화학물질의 분류기준
 가. 물리적 위험성 분류기준
  1) 폭발성 물질 : 자체의 화학반응에 따라 주위환경에 손상을 줄 수 있는 정도의 온도·압력 및 속도를 가진 가스를 발생시키는 고체·액체 또는 혼합물
  2) 인화성 가스 : 20℃, 표준압력(101.3㎪)에서 공기와 혼합하여 인화되는 범위에 있는 가스와 54℃ 이하 공기 중에서 자연발화하는 가스를 말한다.(혼합물을 포함한다)
  3) 인화성 액체 : 표준압력(101.3㎪)에서 인화점이 93℃ 이하인 액체
  4) 인화성 고체 : 쉽게 연소되거나 마찰에 의하여 화재를 일으키거나 촉진할 수 있는 물질
  5) 에어로졸 : 재충전이 불가능한 금속·유리 또는 플라스틱 용기에 압축가스·액화가스 또는 용해가스를 충전하고 내용물을 가스에 현탁시킨 고체나 액상입자로, 액상 또는 가스상에서 폼·페이스트·분말상으로 배출되는 분사장치를 갖춘 것
  6) 물반응성 물질 : 물과 상호작용을 하여 자연발화되거나 인화성 가스를 발생시키는 고체·액체 또는 혼합물
  7) 산화성 가스 : 일반적으로 산소를 공급함으로써 공기보다 다른 물질의 연소를 더 잘 일으키거나 촉진하는 가스
  8) 산화성 액체 : 그 자체로는 연소하지 않더라도, 일반적으로 산소를 발생시켜 다른 물질을 연소시키거나 연소를 촉진하는 액체
  9) 산화성 고체 : 그 자체로는 연소하지 않더라도 일반적으로 산소를 발생시켜 다른 물질을 연소시키거나 연소를 촉진하는 고체
  10) 고압가스 : 20℃, 200킬로파스칼(㎪) 이상의 압력 하에서 용기에 충전되어 있는 가스 또는 냉동액화가스 형태로 용기에 충전되어 있는 가스(압축가스, 액화가스, 냉동액화가스, 용해가스로 구분한다)
  11) 자기반응성 물질 : 열적(熱的)인 면에서 불안정하여 산소가 공급되지 않아도 강렬하게 발열·분해하기 쉬운 액체·고체 또는 혼합물
  12) 자연발화성 액체 : 적은 양으로도 공기와 접촉하여 5분 안에 발화할 수 있는 액체
  13) 자연발화성 고체 : 적은 양으로도 공기와 접촉하여 5분 안에 발화할 수 있는 고체
  14) 자기발열성 물질 : 주위의 에너지 공급 없이 공기와 반응하여 스스로 발열하는 물질(자기발화성 물질은 제외한다)
  15) 유기과산화물 : 2가의 -O-O-구조를 가지고 1개 또는 2개의 수소 원자가 유기라디칼에 의하여 치환된 과산화수소의 유도체를 포함한 액체 또는 고체 유기물질
  16) 금속 부식성 물질 : 화학적인 작용으로 금속에 손상 또는 부식을 일으키는 물질
 나. 건강 및 환경 유해성 분류기준
  1) 급성 독성 물질 : 입 또는 피부를 통하여 1회 투여 또는 24시간 이내에 여러 차례로 나누어 투여하거나 호흡기를 통하여 4시간 동안 흡입하는 경우 유해한 영향을 일으키는 물질
  2) 피부 부식성 또는 자극성 물질 : 접촉 시 피부조직을 파괴하거나 자극을 일으키는 물질(피부 부식성 물질 및 피부 자극성 물질로 구분한다)

3) 심한 눈 손상성 또는 자극성 물질 : 접촉 시 눈 조직의 손상 또는 시력의 저하 등을 일으키는 물질(눈 손상성 물질 및 눈 자극성 물질로 구분한다)
4) 호흡기 과민성 물질 : 호흡기를 통하여 흡입되는 경우 기도에 과민반응을 일으키는 물질
5) 피부 과민성 물질 : 피부에 접촉되는 경우 피부 알레르기 반응을 일으키는 물질
6) 발암성 물질 : 암을 일으키거나 그 발생을 증가시키는 물질
7) 생식세포 변이원성 물질 : 자손에게 유전될 수 있는 사람의 생식세포에 돌연변이를 일으킬 수 있는 물질
8) 생식독성 물질 : 생식기능, 생식능력 또는 태아의 발생·발육에 유해한 영향을 주는 물질
9) 특정 표적장기 독성 물질(1회 노출) : 1회 노출로 특정 표적장기 또는 전신에 독성을 일으키는 물질
10) 특정 표적장기 독성 물질(반복 노출) : 반복적인 노출로 특정 표적장기 또는 전신에 독성을 일으키는 물질
11) 흡인 유해성 물질 : 액체 또는 고체 화학물질이 입이나 코를 통하여 직접적으로 또는 구토로 인하여 간접적으로, 기관 및 더 깊은 호흡기관으로 유입되어 화학적 폐렴, 다양한 폐 손상이나 사망과 같은 심각한 급성 영향을 일으키는 물질
12) 수생 환경 유해성 물질 : 단기간 또는 장기간의 노출로 수생생물에 유해한 영향을 일으키는 물질
13) 오존층 유해성 물질 : 「오존층 보호를 위한 특정물질의 제조규제 등에 관한 법률」 제2조제1호에 따른 특정물질

2. **물리적 인자의 분류기준**
가. 소음 : 소음성난청을 유발할 수 있는 85데시벨(A) 이상의 시끄러운 소리
나. 진동 : 착암기, 손망치 등의 공구를 사용함으로써 발생되는 백랍병·레이노 현상·말초순환장애 등의 국소 진동 및 차량 등을 이용함으로써 발생되는 관절통·디스크·소화장애 등의 전신 진동
다. 방사선 : 직접·간접으로 공기 또는 세포를 전리하는 능력을 가진 알파선·베타선·감마선·엑스선·중성자선 등의 전자선
라. 이상기압 : 게이지 압력이 제곱센티미터당 1킬로그램 초과 또는 미만인 기압
마. 이상기온 : 고열·한랭·다습으로 인하여 열사병·동상·피부질환 등을 일으킬 수 있는 기온

3. 생물학적 인자의 분류기준
가. 혈액매개 감염인자 : 인간면역결핍바이러스, B형·C형간염바이러스, 매독바이러스 등 혈액을 매개로 다른 사람에게 전염되어 질병을 유발하는 인자
나. 공기매개 감염인자 : 결핵·수두·홍역 등 공기 또는 비말감염 등을 매개로 호흡기를 통하여 전염되는 인자
다. 곤충 및 동물매개 감염인자 : 쯔쯔가무시증, 렙토스피라증, 유행성출혈열 등 동물의 배설물 등에 의하여 전염되는 인자 및 탄저병, 브루셀라병 등 가축 또는 야생동물로부터 사람에게 감염되는 인자

비고
제1호에 따른 화학물질의 분류기준 중 가목에 따른 물리적 위험성 분류기준별 세부 구분기준과 나목에 따른 건강 및 환경 유해성 분류기준의 단일물질 분류기준별 세부 구분기준 및 혼합물질의 분류기준은 고용노동부장관이 정하여 고시한다.

정답 ④

19 산업안전보건법령상 제조 등이 금지되는 유해물질로서 대체물질이 개발되지 아니하여 고용노동부장관이 허가를 받아서 제조·사용할 수 있는 '허가 대상 유해물질'에 해당하는 것은? (단, 제시된 내용 외의 다른 상황은 고려하지 않음) [2024년 기출]

① β −나프틸아민과 그 염
② 4−니트로디페닐과 그 염
③ 염화비닐
④ 폴리클로리네이티드 터페닐
⑤ 황린 성냥

해설

영 제87조(제조 등이 금지되는 유해물질) 법 제117조제1항 각 호 외의 부분에서 "대통령령으로 정하는 물질"이란 다음 각 호의 물질을 말한다.

1. β −나프틸아민[91−59−8]과 그 염(β −Naphthylamine and its salts)
2. 4−니트로디페닐[92−93−3]과 그 염(4−Nitrodiphenyl and its salts)
3. 백연[1319−46−6]을 포함한 페인트(포함된 중량의 비율이 2퍼센트 이하인 것은 제외한다)
4. 벤젠[71−43−2]을 포함하는 고무풀(포함된 중량의 비율이 5퍼센트 이하인 것은 제외한다)
5. 석면(Asbestos; 1332−21−4 등)
6. 폴리클로리네이티드 터페닐(Polychlorinated terphenyls; 61788−33−8 등)
7. 황린(黃燐)[12185−10−3] 성냥(Yellow phosphorus match)
8. 제1호, 제2호, 제5호 또는 제6호에 해당하는 물질을 포함한 혼합물(포함된 중량의 비율이 1퍼센트 이하인 것은 제외한다)
9. 「화학물질관리법」 제2조제5호에 따른 금지물질(같은 법 제3조제1항제1호부터 제12호까지의 규정에 해당하는 화학물질은 제외한다)
10. 그 밖에 보건상 해로운 물질로서 산업재해보상보험및예방심의위원회의 심의를 거쳐 고용노동부장관이 정하는 유해물질

영 제88조(허가 대상 유해물질) 법 제118조제1항 전단에서 "대체물질이 개발되지 아니한 물질 등 대통령령으로 정하는 물질"이란 다음 각 호의 물질을 말한다.

1. α −나프틸아민[134−32−7] 및 그 염(α −Naphthylamine and its salts)
2. 디아니시딘[119−90−4] 및 그 염(Dianisidine and its salts)
3. 디클로로벤지딘[91−94−1] 및 그 염(Dichlorobenzidine and its salts)
4. 베릴륨(Beryllium; 7440−41−7)
5. 벤조트리클로라이드(Benzotrichloride; 98−07−7)
6. 비소[7440−38−2] 및 그 무기화합물(Arsenic and its inorganic compounds)
7. 염화비닐(Vinyl chloride; 75−01−4)
8. 콜타르피치[65996−93−2] 휘발물(Coal tar pitch volatiles)
9. 크롬광 가공(열을 가하여 소성 처리하는 경우만 해당한다)(Chromite ore processing)

10. 크롬산 아연(Zinc chromates; 13530-65-9 등)
11. o-톨리딘[119-93-7] 및 그 염(o-Tolidine and its salts)
12. 황화니켈류(Nickel sulfides; 12035-72-2, 16812-54-7)
13. 제1호부터 제4호까지 또는 제6호부터 제12호까지의 어느 하나에 해당하는 물질을 포함한 혼합물(포함된 중량의 비율이 1퍼센트 이하인 것은 제외한다)
14. 제5호의 물질을 포함한 혼합물(포함된 중량의 비율이 0.5퍼센트 이하인 것은 제외한다)
15. 그 밖에 보건상 해로운 물질로서 산업재해보상보험및예방심의위원회의 심의를 거쳐 고용노동부장관이 정하는 유해물질

정답 ③

20 산업안전보건법령상 작업환경측정기관으로 지정 받을 수 있는 자에 해당하지 않는 것은? [2024년 기출]

① 지방자치단체 소속기관
② 「의료법」에 따른 종합병원
③ 「고등교육법」제2조 제1호에 따른 대학
④ 작업환경측정 업무를 하려는 법인
⑤ 「산업안전보건법」에 따라 자격증을 취득한 산업보건지도사

해설

영 제95조(작업환경측정기관의 지정 요건) 법 제126조제1항에 따라 작업환경측정기관으로 지정받을 수 있는 자는 다음 각 호의 어느 하나에 해당하는 자로서 작업환경측정기관의 유형별로 별표 29에 따른 인력·시설 및 장비를 갖추고 법 제126조제2항에 따라 고용노동부장관이 실시하는 작업환경측정기관의 측정·분석능력 확인에서 적합 판정을 받은 자로 한다.
1. 국가 또는 지방자치단체의 소속기관
2. 「의료법」에 따른 종합병원 또는 병원
3. 「고등교육법」 제2조제1호부터 제6호까지의 규정에 따른 대학 또는 그 부속기관
4. 작업환경측정 업무를 하려는 법인
5. 작업환경측정 대상 사업장의 부속기관(해당 부속기관이 소속된 사업장 등 고용노동부령으로 정하는 범위로 한정하여 지정받으려는 경우로 한정한다)

정답 ⑤

21 산업안전보건법령상 휴게실 설치·관리기준 준수대상 사업장에 관한 규정의 일부이다. [ ]에 들어갈 숫자를 옳게 나열한 것은? [2024년 기출]

> **시행령 제96조의2(휴게시설 설치·관리기준 준수 대상 사업장의 사업주)** 법 제128조의2 제2항에서 "사업의 종류 및 사업장의 상시 근로자 수 등 대통령령으로 정하는 기준에 해당하는 사업장"이란 다음 각 호의 어느 하나에 해당하는 사업장을 말한다.
>
> 1. 상시근로자(관계수급인의 근로자를 포함한다. 이하 제2호에서 같다) [ㄱ]명 이상을 사용하는 사업장(건설업의 경우에는 관계수급인의 공사금액을 포함한 해당 공사의 총공사금액이 [ㄴ]억원 이상인 사업장으로 한정한다.)
> 2. 생략

① ㄱ : 10, ㄴ : 20

② ㄱ : 10, ㄴ : 120

③ ㄱ : 20, ㄴ : 10

④ ㄱ : 20, ㄴ : 20

⑤ ㄱ : 20, ㄴ : 120

해설

> **영 제96조의2(휴게시설 설치·관리기준 준수 대상 사업장의 사업주)** 법 제128조의2제2항에서 "사업의 종류 및 사업장의 상시 근로자 수 등 대통령령으로 정하는 기준에 해당하는 사업장"이란 다음 각 호의 어느 하나에 해당하는 사업장을 말한다.
>
> 1. 상시근로자(관계수급인의 근로자를 포함한다. 이하 제2호에서 같다) **20명 이상**을 사용하는 사업장(건설업의 경우에는 관계수급인의 공사금액을 포함한 해당 공사의 총공사금액이 **20억원 이상**인 사업장으로 한정한다)
> 2. 다음 각 목의 어느 하나에 해당하는 직종(「통계법」 제22조제1항에 따라 통계청장이 고시하는 한국표준직업분류에 따른다)의 상시근로자가 2명 이상인 사업장으로서 상시근로자 10명 이상 20명 미만을 사용하는 사업장(건설업은 제외한다)
>   가. 전화 상담원
>   나. 돌봄 서비스 종사원
>   다. 텔레마케터
>   라. 배달원
>   마. 청소원 및 환경미화원
>   바. 아파트 경비원
>   사. 건물 경비원

■ 산업안전보건법 시행규칙 [별표 21의2]

휴게시설 설치·관리기준(제194조의2 관련)

1. 크기
   가. 휴게시설의 최소 바닥면적은 6제곱미터로 한다. 다만, 둘 이상의 사업장의 근로자가 공동으로 같은 휴게시설(이하 이 표에서 "공동휴게시설"이라 한다)을 사용하게 하는 경우 공동휴게시설의 바닥면적은 6제곱미터에 사업장의 개수를 곱한 면적 이상으로 한다.
   나. 휴게시설의 바닥에서 천장까지의 높이는 2.1미터 이상으로 한다.
   다. 가목 본문에도 불구하고 근로자의 휴식 주기, 이용자 성별, 동시 사용인원 등을 고려하여 최소면적을 근로자대표와 협의하여 6제곱미터가 넘는 면적으로 정한 경우에는 근로자대표와 협의한 면적을 최소 바닥면적으로 한다.
   라. 가목 단서에도 불구하고 근로자의 휴식 주기, 이용자 성별, 동시 사용인원 등을 고려하여 공동휴게시설의 바닥면적을 근로자대표와 협의하여 정한 경우에는 근로자대표와 협의한 면적을 공동휴게시설의 최소 바닥면적으로 한다.
2. 위치 : 다음 각 목의 요건을 모두 갖춰야 한다.
   가. 근로자가 이용하기 편리하고 가까운 곳에 있어야 한다. 이 경우 공동휴게시설은 각 사업장에서 휴게시설까지의 왕복 이동에 걸리는 시간이 휴식시간의 20퍼센트를 넘지 않는 곳에 있어야 한다.
   나. 다음의 모든 장소에서 떨어진 곳에 있어야 한다.
      1) 화재·폭발 등의 위험이 있는 장소
      2) 유해물질을 취급하는 장소
      3) 인체에 해로운 분진 등을 발산하거나 소음에 노출되어 휴식을 취하기 어려운 장소
3. 온도
   적정한 온도(18℃ ~ 28℃)를 유지할 수 있는 냉난방 기능이 갖춰져 있어야 한다.
4. 습도
   적정한 습도(50% ~ 55%. 다만, 일시적으로 대기 중 상대습도가 현저히 높거나 낮아 적정한 습도를 유지하기 어렵다고 고용노동부장관이 인정하는 경우는 제외한다)를 유지할 수 있는 습도 조절 기능이 갖춰져 있어야 한다.
5. 조명
   적정한 밝기(100럭스 ~ 200럭스)를 유지할 수 있는 조명 조절 기능이 갖춰져 있어야 한다.
6. 창문 등을 통하여 환기가 가능해야 한다.
7. 의자 등 휴식에 필요한 비품이 갖춰져 있어야 한다.
8. 마실 수 있는 물이나 식수 설비가 갖춰져 있어야 한다.
9. 휴게시설임을 알 수 있는 표지가 휴게시설 외부에 부착돼 있어야 한다.
10. 휴게시설의 청소·관리 등을 하는 담당자가 지정돼 있어야 한다. 이 경우 공동휴게시설은 사업장마다 각각 담당자가 지정돼 있어야 한다.
11. 물품 보관 등 휴게시설 목적 외의 용도로 사용하지 않도록 한다.

비고

다음 각 목에 해당하는 경우에는 다음 각 목의 구분에 따라 제1호부터 제6호까지의 규정에 따른 휴게시설 설치·관리기준의 일부를 적용하지 않는다.

가. 사업장 전용면적의 총 합이 300제곱미터 미만인 경우 : 제1호 및 제2호의 기준

나. 작업장소가 일정하지 않거나 전기가 공급되지 않는 등 작업특성상 실내에 휴게시설을 갖추기 곤

란한 경우로서 그늘막 등 간이 휴게시설을 설치한 경우 : 제3호부터 제6호까지의 규정에 따른 기준
다. 건조 중인 선박 등에 휴게시설을 설치하는 경우 : 제4호의 기준

정답 ④

22 산업안전보건법령상 1일 6시간을 초과하여 근무할 수 없는 작업은? [2024년 기출]

① 갱 내에서 하는 작업
② 잠함 또는 잠수 작업 등 높은 기압에서 하는 작업
③ 현저히 덥고 뜨거운 장소에서 하는 작업
④ 강렬한 소음이 발생하는 장소에서 하는 작업
⑤ 라듐방사선이나 엑스선, 그 밖의 유해 방사선을 취급하는 작업

해설

제139조(유해·위험작업에 대한 근로시간 제한 등) ① 사업주는 유해하거나 위험한 작업으로서 높은 기압에서 하는 작업 등 대통령령으로 정하는 작업에 종사하는 **근로자에게는 1일 6시간, 1주 34시간을 초과하여 근로하게 해서는 아니 된다.**
② 사업주는 대통령령으로 정하는 유해하거나 위험한 작업에 종사하는 근로자에게 필요한 안전조치 및 보건조치 외에 작업과 휴식의 적정한 배분 및 근로시간과 관련된 근로조건의 개선을 통하여 근로자의 건강 보호를 위한 조치를 하여야 한다.
영 제99조(유해·위험작업에 대한 근로시간 제한 등) ① **법 제139조제1항에서 "높은 기압에서 하는 작업 등 대통령령으로 정하는 작업"이란 잠함(潛函) 또는 잠수 작업 등 높은 기압에서 하는 작업을 말한다.**
② 제1항에 따른 작업에서 잠함·잠수 작업시간, 가압·감압방법 등 해당 근로자의 안전과 보건을 유지하기 위하여 필요한 사항은 고용노동부령으로 정한다.
③ 법 제139조제2항에서 "대통령령으로 정하는 유해하거나 위험한 작업"이란 다음 각 호의 어느 하나에 해당하는 작업을 말한다.
1. 갱(坑) 내에서 하는 작업
2. 다량의 고열물체를 취급하는 작업과 현저히 덥고 뜨거운 장소에서 하는 작업
3. 다량의 저온물체를 취급하는 작업과 현저히 춥고 차가운 장소에서 하는 작업
4. 라듐방사선이나 엑스선, 그 밖의 유해 방사선을 취급하는 작업
5. 유리·흙·돌·광물의 먼지가 심하게 날리는 장소에서 하는 작업
6. 강렬한 소음이 발생하는 장소에서 하는 작업
7. 착암기(바위에 구멍을 뚫는 기계) 등에 의하여 신체에 강렬한 진동을 주는 작업

8. 인력(人力)으로 중량물을 취급하는 작업
9. 납·수은·크롬·망간·카드뮴 등의 중금속 또는 이황화탄소·유기용제, 그 밖에 고용노동부령으로 정하는 특정 화학물질의 먼지·증기 또는 가스가 많이 발생하는 장소에서 하는 작업

정답 ②

23 산업안전보건법령상 1년 이하의 징역 또는 1천만원 이하의 벌금에 처해질 수 있는 자는? [2024년 기출]

① 물질안전보건자료대상물질을 양도하면서 양도받는 자에게 물질안전보건자료를 제공하지 아니한 자
② 자격대여행위의 금지를 위반하여 다른 사람에게 지도사자격증을 대여한 사람
③ 중대재해 발생 사실을 보고하지 아니하거나 거짓으로 보고한 사업주
④ 정당한 사유 없이 역학조사를 거부·방해하거나 기피한 근로자
⑤ 물질안전보건자료의 일부 비공개 승인 신청 시 영업비밀과 관련되어 보호사유를 거짓으로 작성하여 신청한 자

해설

제12장 벌칙

제167조(벌칙) ① 제38조제1항부터 제3항까지(제166조의2에서 준용하는 경우를 포함한다), 제39조제1항(제166조의2에서 준용하는 경우를 포함한다) 또는 제63조(제166조의2에서 준용하는 경우를 포함한다)를 **위반하여 근로자를 사망에 이르게 한 자는 7년 이하의 징역 또는 1억원 이하의 벌금에 처한다.**

② 제1항의 죄로 형을 선고받고 그 형이 확정된 후 5년 이내에 다시 제1항의 죄를 저지른 자는 그 형의 2분의 1까지 가중한다.

제168조(벌칙) 다음 각 호의 어느 하나에 해당하는 자는 5년 이하의 징역 또는 5천만원 이하의 벌금에 처한다.

1. 제38조제1항부터 제3항까지(제166조의2에서 준용하는 경우를 포함한다), 제39조제1항(제166조의2에서 준용하는 경우를 포함한다), 제51조(제166조의2에서 준용하는 경우를 포함한다), 제54조제1항(제166조의2에서 준용하는 경우를 포함한다), 제117조제1항, 제118조제1항, 제122조제1항 또는 제157조제3항(제166조의2에서 준용하는 경우를 포함한다)을 위반한 자
2. 제42조제4항 후단, 제53조제3항(제166조의2에서 준용하는 경우를 포함한다), 제55조제1항(제166조의2에서 준용하는 경우를 포함한다)·제2항(제166조의2에서 준용하는 경우를 포함한다) 또는 제118조제5항에 따른 명령을 위반한 자

제169조(벌칙) 다음 각 호의 어느 하나에 해당하는 자는 3년 이하의 징역 또는 3천만원 이하의 벌금에 처한다.

1. 제44조제1항 후단, 제63조(제166조의2에서 준용하는 경우를 포함한다), 제76조, 제81조, 제82조제2항, 제84조제1항, 제87조제1항, 제118조제3항, 제123조제1항, 제139조제1항 또는 제140조제1항(제166조의2에서 준용하는 경우를 포함한다)을 위반한 자
2. 제45조제1항 후단, 제46조제5항, 제53조제1항(제166조의2에서 준용하는 경우를 포함한다), 제87조제2항, 제118조제4항, 제119조제4항 또는 제131조제1항(제166조의2에서 준용하는 경우를 포함한다)에 따른 명령을 위반한 자
3. 제58조제3항 또는 같은 조 제5항 후단(제59조제2항에 따라 준용되는 경우를 포함한다)에 따른 안전 및 보건에 관한 평가 업무를 제165조제2항에 따라 위탁받은 자로서 그 업무를 거짓이나 그 밖의 부정한 방법으로 수행한 자
4. 제84조제1항 및 제3항에 따른 안전인증 업무를 제165조제2항에 따라 위탁받은 자로서 그 업무를 거짓이나 그 밖의 부정한 방법으로 수행한 자
5. 제93조제1항에 따른 안전검사 업무를 제165조제2항에 따라 위탁받은 자로서 그 업무를 거짓이나 그 밖의 부정한 방법으로 수행한 자
6. 제98조에 따른 자율검사프로그램에 따른 안전검사 업무를 거짓이나 그 밖의 부정한 방법으로 수행한 자

제170조(벌칙) 다음 각 호의 어느 하나에 해당하는 자는 1년 이하의 징역 또는 1천만원 이하의 벌금에 처한다. **→ (암기법 : 해/방/은폐/대여/위반)**

1. 제41조제3항(제166조의2에서 준용하는 경우를 포함한다)을 위반하여 해고나 그 밖의 불리한 처우를 한 자
2. 제56조제3항(제166조의2에서 준용하는 경우를 포함한다)을 위반하여 중대재해 발생 현장을 훼손하거나 고용노동부장관의 원인조사를 방해한 자
3. 제57조제1항(제166조의2에서 준용하는 경우를 포함한다)을 위반하여 산업재해 발생 사실을 은폐한 자 또는 그 발생 사실을 은폐하도록 교사(教唆)하거나 공모(共謀)한 자
4. 제65조제1항, 제80조제1항·제2항·제4항, 제85조제2항·제3항, 제92조제1항, 제141조제4항 또는 제162조를 위반한 자
5. 제85조제4항 또는 제92조제2항에 따른 명령을 위반한 자
6. 제101조에 따른 조사, 수거 또는 성능시험을 방해하거나 거부한 자
7. 제153조제1항을 위반하여 다른 사람에게 자기의 성명이나 사무소의 명칭을 사용하여 지도사의 직무를 수행하게 하거나 자격증·등록증을 대여한 사람
8. 제153조제2항을 위반하여 지도사의 성명이나 사무소의 명칭을 사용하여 지도사의 직무를 수행하거나 자격증·등록증을 대여받거나 이를 알선한 사람

제170조의2(벌칙) 제174조제1항에 따라 이수명령을 부과받은 사람이 보호관찰소의 장 또는 교정시설의 장의 이수명령 이행에 관한 지시에 따르지 아니하여 「보호관찰 등에 관한 법률」 또는 「형의 집행 및 수용자의 처우에 관한 법률」에 따른 경고를 받은 후 재차 정당한 사유 없이 이수명령 이행에 관한 지시에 따르지 아니한 경우에는 다음 각 호에 따른다.

1. 벌금형과 병과된 경우는 500만원 이하의 벌금에 처한다.
2. 징역형 이상의 실형과 병과된 경우에는 1년 이하의 징역 또는 1천만원 이하의 벌금에 처한다.

제171조(벌칙) 다음 각 호의 어느 하나에 해당하는 자는 1천만원 이하의 벌금에 처한다.

1. 제69조제1항·제2항, 제89조제1항, 제90조제2항·제3항, 제108조제2항, 제109조제2항 또는

제138조제1항(제166조의2에서 준용하는 경우를 포함한다)·제2항을 위반한 자

2. 제90조제4항, 제108조제4항 또는 제109조제3항에 따른 명령을 위반한 자
3. 제125조제6항을 위반하여 해당 시설·설비의 설치·개선 또는 건강진단의 실시 등의 조치를 하지 아니한 자
4. 제132조제4항을 위반하여 작업장소 변경 등의 적절한 조치를 하지 아니한 자

제172조(벌칙) 제64조제1항제1호부터 제5호까지, 제7호, 제8호 또는 같은 조 제2항을 위반한 자는 500만원 이하의 벌금에 처한다.

제173조(양벌규정) 법인의 대표자나 법인 또는 개인의 대리인, 사용인, 그 밖의 종업원이 그 법인 또는 개인의 업무에 관하여 제167조제1항 또는 제168조부터 제172조까지의 어느 하나에 해당하는 위반행위를 하면 그 행위자를 벌하는 외에 그 법인에게 다음 각 호의 구분에 따른 벌금형을, 그 개인에게는 해당 조문의 벌금형을 과(科)한다. 다만, 법인 또는 개인이 그 위반행위를 방지하기 위하여 해당 업무에 관하여 상당한 주의와 감독을 게을리하지 아니한 경우에는 그러하지 아니하다.

1. 제167조제1항의 경우 : 10억원 이하의 벌금
2. 제168조부터 제172조까지의 경우 : 해당 조문의 벌금형

제174조(형벌과 수강명령 등의 병과) ① 법원은 제38조제1항부터 제3항까지(제166조의2에서 준용하는 경우를 포함한다), 제39조제1항(제166조의2에서 준용하는 경우를 포함한다) 또는 제63조(제166조의2에서 준용하는 경우를 포함한다)를 위반하여 근로자를 사망에 이르게 한 사람에게 유죄의 판결(선고유예는 제외한다)을 선고하거나 약식명령을 고지하는 경우에는 200시간의 범위에서 산업재해 예방에 필요한 수강명령 또는 산업안전보건프로그램의 이수명령(이하 "이수명령"이라 한다)을 병과(併科)할 수 있다.

② 제1항에 따른 수강명령은 형의 집행을 유예할 경우에 그 집행유예기간 내에서 병과하고, 이수명령은 벌금 이상의 형을 선고하거나 약식명령을 고지할 경우에 병과한다.

③ 제1항에 따른 수강명령 또는 이수명령은 형의 집행을 유예할 경우에는 그 집행유예기간 내에, 벌금형을 선고하거나 약식명령을 고지할 경우에는 형 확정일부터 6개월 이내에, 징역형 이상의 실형(實刑)을 선고할 경우에는 형기 내에 각각 집행한다.

④ 제1항에 따른 수강명령 또는 이수명령이 벌금형 또는 형의 집행유예와 병과된 경우에는 보호관찰소의 장이 집행하고, 징역형 이상의 실형과 병과된 경우에는 교정시설의 장이 집행한다. 다만, 징역형 이상의 실형과 병과된 이수명령을 모두 이행하기 전에 석방 또는 가석방되거나 미결구금일수 산입 등의 사유로 형을 집행할 수 없게 된 경우에는 보호관찰소의 장이 남은 이수명령을 집행한다.

⑤ 제1항에 따른 수강명령 또는 이수명령은 다음 각 호의 내용으로 한다.

1. 안전 및 보건에 관한 교육
2. 그 밖에 산업재해 예방을 위하여 필요한 사항

⑥ 수강명령 및 이수명령에 관하여 이 법에서 규정한 사항 외의 사항에 대해서는 「보호관찰 등에 관한 법률」을 준용한다.

제175조(과태료) ① 다음 각 호의 어느 하나에 해당하는 자에게는 5천만원 이하의 과태료를 부과한다.

1. 제119조제2항에 따라 기관석면조사를 하지 아니하고 건축물 또는 설비를 철거하거나 해체한 자
2. 제124조제3항을 위반하여 건축물 또는 설비를 철거하거나 해체한 자

② 다음 각 호의 어느 하나에 해당하는 자에게는 3천만원 이하의 과태료를 부과한다.

1. 제29조제3항(제166조의2에서 준용하는 경우를 포함한다) 또는 제79조제1항을 위반한 자
2. 제54조제2항(제166조의2에서 준용하는 경우를 포함한다)을 위반하여 중대재해 발생 사실을 보고하지 아니하거나 거짓으로 보고한 자

③ 다음 각 호의 어느 하나에 해당하는 자에게는 1천500만원 이하의 과태료를 부과한다.

1. 제47조제3항 전단을 위반하여 안전보건진단을 거부·방해하거나 기피한 자 또는 같은 항 후단을 위반하여 안전보건진단에 근로자대표를 참여시키지 아니한 자
2. 제57조제3항(제166조의2에서 준용하는 경우를 포함한다)에 따른 보고를 하지 아니하거나 거짓으로 보고한 자

2의2. 제64조제1항제6호를 위반하여 위생시설 등 고용노동부령으로 정하는 시설의 설치 등을 위하여 필요한 장소의 제공을 하지 아니하거나 도급인이 설치한 위생시설 이용에 협조하지 아니한 자

2의3. 제128조의2제1항을 위반하여 휴게시설을 갖추지 아니한 자(같은 조 제2항에 따른 대통령령으로 정하는 기준에 해당하는 사업장의 사업주로 한정한다)

3. 제141조제2항을 위반하여 정당한 사유 없이 역학조사를 거부·방해하거나 기피한 자
4. 제141조제3항을 위반하여 역학조사 참석이 허용된 사람의 역학조사 참석을 거부하거나 방해한 자

④ 다음 각 호의 어느 하나에 해당하는 자에게는 1천만원 이하의 과태료를 부과한다.

1. 제10조제3항 후단을 위반하여 관계수급인에 관한 자료를 제출하지 아니하거나 거짓으로 제출한 자
2. 제14조제1항을 위반하여 안전 및 보건에 관한 계획을 이사회에 보고하지 아니하거나 승인을 받지 아니한 자
3. 제41조제2항(제166조의2에서 준용하는 경우를 포함한다), 제42조제1항·제5항·제6항, 제44조제1항 전단, 제45조제2항, 제46조제1항, 제67조제1항·제2항, 제70조제1항, 제70조제2항 후단, 제71조제3항 후단, 제71조제4항, 제72조제1항·제3항·제5항(건설공사도급인만 해당한다), 제77조제1항, 제78조, 제85조제1항, 제93조제1항 전단, 제95조, 제99조제2항 또는 제107조제1항 각 호 외의 부분 본문을 위반한 자
4. 제47조제1항 또는 제49조제1항에 따른 명령을 위반한 자
5. 제82조제1항 전단을 위반하여 등록하지 아니하고 타워크레인을 설치·해체하는 자
6. 제125조제1항·2항에 따라 작업환경측정을 하지 아니한 자

6의2. 제128조의2제2항을 위반하여 휴게시설의 설치·관리기준을 준수하지 아니한 자

7. 제129조제1항 또는 제130조제1항부터 제3항까지의 규정에 따른 근로자 건강진단을 하지 아니한 자
8. 제155조제1항(제166조의2에서 준용하는 경우를 포함한다) 또는 제2항(제166조의2에서 준용하는 경우를 포함한다)에 따른 근로감독관의 검사·점검 또는 수거를 거부·방해 또는 기피한 자

⑤ 다음 각 호의 어느 하나에 해당하는 자에게는 500만원 이하의 과태료를 부과한다.

1. 제15조제1항, 제16조제1항, 제17조제1항·제3항, 제18조제1항·제3항, 제19조제1항 본문, 제22조제1항 본문, 제24조제1항·제4항, 제25조제1항, 제26조, 제29조제1항·제2항(제166조의

2에서 준용하는 경우를 포함한다), 제31조제1항, 제32조제1항(제1호부터 제4호까지의 경우만 해당한다), 제37조제1항, 제44조제2항, 제49조제2항, 제50조제3항, 제62조제1항, 제66조, 제68조제1항, 제75조제6항, 제77조제2항, 제90조제1항, 제94조제2항, 제122조제2항, 제124조제1항(증명자료의 제출은 제외한다), 제125조제7항, 제132조제2항, 제137조제3항 또는 제145조제1항을 위반한 자

2. 제17조제4항, 제18조제4항 또는 제19조제3항에 따른 명령을 위반한 자
3. 제34조 또는 제114조제1항을 위반하여 이 법 및 이 법에 따른 명령의 요지, 안전보건관리규정 또는 물질안전보건자료를 게시하지 아니하거나 갖추어 두지 아니한 자
4. 제53조제2항(제166조의2에서 준용하는 경우를 포함한다)을 위반하여 고용노동부장관으로부터 명령받은 사항을 게시하지 아니한 자

4의2. 제108조제1항에 따른 유해성·위험성 조사보고서를 제출하지 아니하거나 제109조제1항에 따른 유해성·위험성 조사 결과 또는 유해성·위험성 평가에 필요한 자료를 제출하지 아니한 자

5. 제110조제1항부터 제3항까지의 규정을 위반하여 물질안전보건자료, 화학물질의 명칭·함유량 또는 변경된 물질안전보건자료를 제출하지 아니한 자
6. 제110조제2항제2호를 위반하여 국외제조자로부터 물질안전보건자료에 적힌 화학물질 외에는 제104조에 따른 분류기준에 해당하는 화학물질이 없음을 확인하는 내용의 서류를 거짓으로 제출한 자
7. 제111조제1항을 위반하여 물질안전보건자료를 제공하지 아니한 자
8. 제112조제1항 본문을 위반하여 승인을 받지 아니하고 화학물질의 명칭 및 함유량을 대체자료로 적은 자
9. 제112조제1항 또는 제5항에 따른 비공개 승인 또는 연장승인 신청 시 영업비밀과 관련되어 보호사유를 거짓으로 작성하여 신청한 자
10. 제112조제10항 각 호 외의 부분 후단을 위반하여 대체자료로 적힌 화학물질의 명칭 및 함유량 정보를 제공하지 아니한 자
11. 제113조제1항에 따라 선임된 자로서 같은 항 각 호의 업무를 거짓으로 수행한 자
12. 제113조제1항에 따라 선임된 자로서 같은 조 제2항에 따라 고용노동부장관에게 제출한 물질안전보건자료를 해당 물질안전보건자료대상물질을 수입하는 자에게 제공하지 아니한 자
13. 제125조제1항 및 제2항에 따른 작업환경측정 시 고용노동부령으로 정하는 작업환경측정의 방법을 준수하지 아니한 사업주(같은 조 제3항에 따라 작업환경측정기관에 위탁한 경우는 제외한다)
14. 제125조제4항 또는 제132조제1항을 위반하여 근로자대표가 요구하였는데도 근로자대표를 참석시키지 아니한 자
15. 제125조제6항을 위반하여 작업환경측정 결과를 해당 작업장 근로자에게 알리지 아니한 자
16. 제155조제3항(제166조의2에서 준용하는 경우를 포함한다)에 따른 명령을 위반하여 보고 또는 출석을 하지 아니하거나 거짓으로 보고한 자

⑥ 다음 각 호의 어느 하나에 해당하는 자에게는 300만원 이하의 과태료를 부과한다.

1. 제32조제1항(제5호의 경우만 해당한다)을 위반하여 소속 근로자로 하여금 같은 항 각 호 외의 부분 본문에 따른 안전보건교육을 이수하도록 하지 아니한 자
2. 제35조를 위반하여 근로자대표에게 통지하지 아니한 자

3. 제40조(제166조의2에서 준용하는 경우를 포함한다), 제108조제5항, 제123조제2항, 제132조제3항, 제133조 또는 제149조를 위반한 자
4. 제42조제2항을 위반하여 자격이 있는 자의 의견을 듣지 아니하고 유해위험방지계획서를 작성·제출한 자
5. 제43조제1항 또는 제46조제2항을 위반하여 확인을 받지 아니한 자
6. 제73조제1항을 위반하여 지도계약을 체결하지 아니한 자
6의2. 제73조제2항을 위반하여 지도를 실시하지 아니한 자 또는 지도에 따라 적절한 조치를 하지 아니한 자
7. 제84조제6항에 따른 자료 제출 명령을 따르지 아니한 자
8. 삭제
9. 제111조제2항 또는 제3항을 위반하여 물질안전보건자료의 변경 내용을 반영하여 제공하지 아니한 자
10. 제114조제3항(제166조의2에서 준용하는 경우를 포함한다)을 위반하여 해당 근로자를 교육하는 등 적절한 조치를 하지 아니한 자
11. 제115조제1항 또는 같은 조 제2항 본문을 위반하여 경고표시를 하지 아니한 자
12. 제119조제1항에 따라 일반석면조사를 하지 아니하고 건축물이나 설비를 철거하거나 해체한 자
13. 제122조제3항을 위반하여 고용노동부장관에게 신고하지 아니한 자
14. 제124조제1항에 따른 증명자료를 제출하지 아니한 자
15. 제125조제5항, 제132조제5항 또는 제134조제1항·제2항에 따른 보고, 제출 또는 통보를 하지 아니하거나 거짓으로 보고, 제출 또는 통보한 자
16. 제155조제1항(제166조의2에서 준용하는 경우를 포함한다)에 따른 질문에 대하여 답변을 거부·방해 또는 기피하거나 거짓으로 답변한 자
17. 제156조제1항(제166조의2에서 준용하는 경우를 포함한다)에 따른 검사·지도 등을 거부·방해 또는 기피한 자
18. 제164조제1항부터 제6항까지의 규정을 위반하여 서류를 보존하지 아니한 자

⑦ 제1항부터 제6항까지의 규정에 따른 과태료는 대통령령으로 정하는 바에 따라 고용노동부장관이 부과·징수한다.

정답 ②

24 산업안전보건법령상 근로감독관 등에 관한 설명으로 옳지 않은 것은? [2024년 기출]

① 근로감독관은 기계·설비 등에 대한 검사에 필요한 한도에서 무상으로 제품·원재료 또는 기구를 수거할 수 있다.

② 근로감독관은「산업안전보건법」에 따른 명령의 시행을 위하여 근로자에게 출석을 명할 수 있다.

③ 근로자는 사업장의「산업안전보건법」위반 사실을 근로감독관에게 신고할 수 있다.

④ 한국산업안전보건공단 소속 직원이 지도업무 등을 하였을 때에는 그 결과를 근로감독관 및 사업주에게 즉시 보고하여야 한다.

⑤「의료법」에 따른 한의사는 5일의 입원치료가 필요한 부상이 환자의 업무와 관련성이 있다고 판단할 경우 치료과정에서 알게 된 정보를 고용노동부장관에게 신고할 수 있다.

해설

제10장 근로감독관 등

제155조(근로감독관의 권한) ①「근로기준법」 제101조에 따른 근로감독관(이하 "근로감독관"이라 한다)은 이 법 또는 이 법에 따른 명령을 시행하기 위하여 필요한 경우 다음 각 호의 장소에 출입하여 사업주, 근로자 또는 안전보건관리책임자 등(이하 "관계인"이라 한다)에게 질문을 하고, 장부, 서류, 그 밖의 물건의 검사 및 안전보건 점검을 하며, 관계 서류의 제출을 요구할 수 있다.

1. 사업장
2. 제21조제1항, 제33조제1항, 제48조제1항, 제74조제1항, 제88조제1항, 제96조제1항, 제100조제1항, 제120조제1항, 제126조제1항 및 제129조제2항에 따른 기관의 사무소
3. 석면해체·제거업자의 사무소
4. 제145조제1항에 따라 등록한 지도사의 사무소

② 근로감독관은 기계·설비 등에 대한 검사를 할 수 있으며, 검사에 필요한 한도에서 무상으로 제품·원재료 또는 기구를 수거할 수 있다. 이 경우 근로감독관은 해당 사업주 등에게 그 결과를 서면으로 알려야 한다.

③ 근로감독관은 이 법 또는 이 법에 따른 명령의 시행을 위하여 관계인에게 보고 또는 출석을 명할 수 있다.

④ 근로감독관은 이 법 또는 이 법에 따른 명령을 시행하기 위하여 제1항 각 호의 어느 하나에 해당하는 장소에 출입하는 경우에 그 신분을 나타내는 증표를 지니고 관계인에게 보여 주어야 하며, 출입 시 성명, 출입시간, 출입 목적 등이 표시된 문서를 관계인에게 내주어야 한다. → 직급(×)

제156조(공단 소속 직원의 검사 및 지도 등) ① 고용노동부장관은 제165조제2항에 따라 공단이 위탁받은 업무를 수행하기 위하여 필요하다고 인정할 때에는 공단 소속 직원에게 사업장에 출입하여 산업재해 예방에 필요한 검사 및 지도 등을 하게 하거나, 역학조사를 위하여 필요한 경우 관계자에게 질문하거나 필요한 서류의 제출을 요구하게 할 수 있다.

② 제1항에 따라 **공단 소속 직원이** 검사 또는 지도업무 등을 하였을 때에는 그 결과를 **고용노동부장관에게 보고**하여야 한다.

③ 공단 소속 직원이 제1항에 따라 사업장에 출입하는 경우에는 제155조제4항을 준용한다. 이 경우 "근로감독관"은 "공단 소속 직원"으로 본다.

제157조(감독기관에 대한 신고) ① 사업장에서 이 법 또는 이 법에 따른 명령을 위반한 사실이 있으면 근로자는 그 사실을 고용노동부장관 또는 근로감독관에게 신고할 수 있다.

② 「의료법」 제2조에 따른 **의사·치과의사 또는 한의사는 3일 이상의 입원치료**가 필요한 부상 또는 질병이 환자의 **업무와 관련성이 있다고 판단**할 경우에는 「의료법」 제19조 제1항에도 불구하고 치료과정에서 알게 된 정보를 **고용노동부장관에게 신고할 수 있다**.

③ 사업주는 제1항에 따른 신고를 이유로 해당 근로자에 대하여 해고나 그 밖의 불리한 처우를 해서는 아니 된다. → **위반 시 벌칙 : 5년, 5천만원**

정답 ④

25 산업안전보건법령상 지도사의 위반행위에 대해서 지도사 등록을 필수적으로 취소하여야 하는 경우를 모두 고른 것은? [2024년 기출]

ㄱ. 부정한 방법으로 갱신등록을 한 경우
ㄴ. 업무정지 기간 중에 업무를 수행한 경우
ㄷ. 업무 관련 서류를 거짓으로 작성한 경우
ㄹ. 직무의 수행과정에서 고의로 인하여 중대재해가 발생한 경우
ㅁ. 보증보험에 가입하지 아니하거나 그 밖에 필요한 조치를 하지 아니한 경우

① ㄱ, ㅁ
② ㄷ, ㄹ
③ ㄱ, ㄴ, ㄷ
④ ㄴ, ㄹ, ㅁ
⑤ ㄱ, ㄴ, ㄷ, ㄹ, ㅁ

해설

제145조(지도사의 등록) ① 지도사가 그 직무를 수행하려는 경우에는 고용노동부령으로 정하는 바에 따라 고용노동부장관에게 등록하여야 한다.

② 제1항에 따라 등록한 지도사는 그 직무를 조직적·전문적으로 수행하기 위하여 법인을 설립할 수 있다.

③ 다음 각 호의 어느 하나에 해당하는 사람은 제1항에 따른 등록을 할 수 없다.

1. 피성년후견인 또는 피한정후견인
2. 파산선고를 받고 복권되지 아니한 사람

3. 금고 이상의 실형을 선고받고 그 집행이 끝나거나(집행이 끝난 것으로 보는 경우를 포함한다) 집행이 면제된 날부터 2년이 지나지 아니한 사람
4. 금고 이상의 형의 집행유예를 선고받고 그 유예기간 중에 있는 사람
5. 이 법을 위반하여 벌금형을 선고받고 1년이 지나지 아니한 사람
6. 제154조에 따라 등록이 취소(이 항 제1호 또는 제2호에 해당하여 등록이 취소된 경우는 제외한다)된 후 2년이 지나지 아니한 사람

④ 제1항에 따라 등록을 한 지도사는 고용노동부령으로 정하는 바에 따라 5년마다 등록을 갱신하여야 한다.

⑤ 고용노동부령으로 정하는 지도실적이 있는 지도사만이 제4항에 따른 갱신등록을 할 수 있다. 다만, 지도실적이 기준에 못 미치는 지도사는 고용노동부령으로 정하는 보수교육을 받은 경우 갱신등록을 할 수 있다.

⑥ 제2항에 따른 법인에 관하여는 「상법」 중 합명회사에 관한 규정을 적용한다.

제146조(지도사의 교육) 지도사 자격이 있는 사람(제143조제2항에 해당하는 사람 중 대통령령으로 정하는 실무경력이 있는 사람은 제외한다)이 직무를 수행하려면 제145조에 따른 등록을 하기 전 1년의 범위에서 고용노동부령으로 정하는 연수교육을 받아야 한다.

제147조(지도사에 대한 지도 등) 고용노동부장관은 공단에 다음 각 호의 업무를 하게 할 수 있다.

1. 지도사에 대한 지도·연락 및 정보의 공동이용체제의 구축·유지
2. 제142조제1항 및 제2항에 따른 지도사의 직무 수행과 관련된 사업주의 불만·고충의 처리 및 피해에 관한 분쟁의 조정
3. 그 밖에 지도사 직무의 발전을 위하여 필요한 사항으로서 고용노동부령으로 정하는 사항

제148조(손해배상의 책임) ① 지도사는 직무 수행과 관련하여 고의 또는 과실로 의뢰인에게 손해를 입힌 경우에는 그 손해를 배상할 책임이 있다.

② 제145조제1항에 따라 등록한 지도사는 제1항에 따른 손해배상책임을 보장하기 위하여 대통령령으로 정하는 바에 따라 보증보험에 가입하거나 그 밖에 필요한 조치를 하여야 한다.

제149조(유사명칭의 사용 금지) 제145조제1항에 따라 등록한 지도사가 아닌 사람은 산업안전지도사, 산업보건지도사 또는 이와 유사한 명칭을 사용해서는 아니 된다.

제150조(품위유지와 성실의무 등) ① 지도사는 항상 품위를 유지하고 신의와 성실로써 공정하게 직무를 수행하여야 한다.

② 지도사는 제142조제1항 또는 제2항에 따른 직무와 관련하여 작성하거나 확인한 서류에 기명·날인하거나 서명하여야 한다.

제151조(금지 행위) 지도사는 다음 각 호의 행위를 해서는 아니 된다.

1. 거짓이나 그 밖의 부정한 방법으로 의뢰인에게 법령에 따른 의무를 이행하지 아니하게 하는 행위
2. 의뢰인에게 법령에 따른 신고·보고, 그 밖의 의무를 이행하지 아니하게 하는 행위
3. 법령에 위반되는 행위에 관한 지도·상담

제152조(관계 장부 등의 열람 신청) 지도사는 제142조제1항 및 제2항에 따른 직무를 수행하는 데 필요하면 사업주에게 관계 장부 및 서류의 열람을 신청할 수 있다. 이 경우 그 신청이 제142조제1항 또는 제2항에 따른 직무의 수행을 위한 것이면 열람을 신청받은 사업주는 정당한 사유 없이 이를 거부해서는 아니 된다.

제153조(자격대여행위 및 대여알선행위 등의 금지) ① 지도사는 다른 사람에게 자기의 성명이나 사무소의 명칭을 사용하여 지도사의 직무를 수행하게 하거나 그 자격증이나 등록증을 대여해서는 아니 된다.

② 누구든지 지도사의 자격을 취득하지 아니하고 그 지도사의 성명이나 사무소의 명칭을 사용하여 지도사의 직무를 수행하거나 자격증·등록증을 대여받아서는 아니 되며, 이를 알선하여서도 아니 된다.

제154조(등록의 취소 등) 고용노동부장관은 지도사가 다음 각 호의 어느 하나에 해당하는 경우에는 그 등록을 취소하거나 2년 이내의 기간을 정하여 그 업무의 정지를 명할 수 있다. 다만, 제1호부터 제3호까지의 규정에 해당할 때에는 그 등록을 취소하여야 한다.

1. **거짓이나 그 밖의 부정한 방법으로 등록 또는 갱신등록을 한 경우**
2. **업무정지 기간 중에 업무를 수행한 경우**
3. **업무 관련 서류를 거짓으로 작성한 경우**
4. 제142조에 따른 직무의 수행과정에서 고의 또는 과실로 인하여 중대재해가 발생한 경우
5. 제145조제3항제1호부터 제5호까지의 규정 중 어느 하나에 해당하게 된 경우
6. 제148조제2항에 따른 보증보험에 가입하지 아니하거나 그 밖에 필요한 조치를 하지 아니한 경우
7. 제150조제1항을 위반하거나 같은 조 제2항에 따른 기명·날인 또는 서명을 하지 아니한 경우
8. 제151조, 제153조제1항 또는 제162조를 위반한 경우

정답 ③

26 안전보건교육규정에서 정의하는 교육에 관한 내용으로 옳지 않은 것은? [2024년 기출]

① "비대면 실시간교육"이란 정보통신매체를 활용하여 강사와 교육생이 쌍방향으로 실시간 소통하면서 이루어지는 교육을 말한다.

② "인터넷 원격교육"이란 정보통신매체를 활용하여 교육이 실시되고 훈련생관리 등이 웹상으로 이루어지는 교육을 말한다.

③ "현장교육"이란 사업장의 생산시설 또는 근무 장소에서 실시하는 교육을 말한다.

④ "안전보건관리담당자 양성교육"이란 안전보건총괄책임자 자격을 부여하기 위한 양성교육을 말한다.

⑤ "전문화교육"이란 직무교육기관이 근로자 등 및 직무교육대상자의 전문성을 높이기 위해 업종 또는 관련 분야별로 개발·운영하는 교육을 말한다.

해설

제2조(정의) ① 이 고시에서 사용하는 용어의 뜻은 다음 각 호와 같다.

1. "사업주등"이란 다음 각 목의 어느 하나에 해당하는 자를 말한다.
   가. 사업주
   나. 「산업안전보건법」(이하 "법"이라 한다) 제166조의2에 따른 현장실습산업체의 장(이하 "현장실습산업체의 장"이라 한다)
   다. 「파견근로자 보호 등에 관한 법률」 제2조제4호에 따른 사용사업주(이하 "사용사업주"라 한다)
2. "근로자등"이란 다음 각 목의 어느 하나에 해당하는 사람을 말한다.
   가. 근로자
   나. 법 제166조의2에 따른 현장실습생(이하 "현장실습생"이라 한다)
   다. 「파견근로자 보호 등에 관한 법률」 제2조제5호에 따른 파견근로자(이하 "파견근로자"라 한다)
3. "근로자등 안전보건교육"이란 법 제29조제1항부터 제3항까지의 규정에 따라 사업주가 근로자에게, 현장실습산업체의 장이 현장실습생에게, 사용사업주가 파견근로자에게 실시하여야 하는 다음 각 목의 안전보건교육을 말한다.
   가. 정기교육 : 법 제29조제1항에 따라 정기적으로 실시하여야 하는 교육
   나. 채용 시 교육 : 법 제29조제2항에 따라 다음 어느 하나의 경우에 해당할 때 근로자등의 직무 배치 전 실시하여야 하는 교육
      1) 사업주가 근로자를 채용하는 경우(법 제29조제2항 단서의 경우에는 제외한다)
      2) 현장실습산업체의 장이 현장실습생과 현장실습계약을 체결하는 경우
      3) 사용사업주가 파견근로자로부터 근로자파견의 역무를 제공받는 경우

다. 작업내용 변경 시 교육 : 법 제29조제2항에 따라 근로자등이 기존에 수행하던 작업내용과 다른 작업을 수행하게 될 경우 변경된 작업을 수행하기 전 실시하여야 하는 교육

라. 특별교육 : 법 제29조제3항에 따라 근로자등이 「산업안전보건법 시행규칙」(이하 "규칙"이라 한다) 별표 5제1호라목의 어느 하나에 해당하는 작업을 수행하게 될 경우 나목 또는 다목에 따른 교육 외에 추가로 실시하여야 하는 교육

4. "건설업 기초안전보건교육"이란 법 제31조제1항에 따라 건설업의 사업주가 건설 일용근로자를 채용할 때 해당 근로자로 하여금 이수하도록 하여야 하는 안전보건교육을 말한다.

5. "직무교육"이란 법 제32조제1항에 따라 사업주(같은 항 제5호 각 목의 경우에는 해당 기관의 장을 말한다)가 같은 항 각 호에 해당하는 사람(이하 "직무교육대상자"라 한다)으로 하여금 이수하도록 하여야 하는 직무와 관련한 다음 각 목의 안전보건교육을 말한다.

가. 신규교육 : 규칙 제29조제1항에 따라 직무교육대상자가 선임, 위촉 또는 채용된 경우 이수하여야 하는 교육

나. 보수교육 : 규칙 제29조제1항에 따라 직무교육대상자가 신규교육을 이수한 날을 기준으로 2년마다 이수하여야 하는 교육

6. "특수형태근로종사자 안전보건교육"이란 법 제77조제2항에 따라 「산업안전보건법 시행령」(이하 "영"이라 한다) 제68조에 따른 특수형태근로종사자로부터 노무를 제공받는 자(이하 "특고노무수령자"라 한다)가 해당 특수형태근로종사자에게 실시하여야 하는 다음 각 목의 안전보건교육을 말한다.

가. 최초 노무제공 시 교육 : 규칙 제95조제1항에 따라 영 제68조에 따른 특수형태근로종사자의 직무 배치 전 실시하여야 하는 교육

나. 특별교육 : 규칙 제95조제1항에 따라 영 제68조에 따른 특수형태근로종사자가 규칙 별표 5제1호라목의 어느 하나에 해당하는 작업을 수행하게 될 경우 해당 작업을 수행하기 전 실시하여야 하는 교육

7. "성능검사 교육"이란 법 제98조제1항제2호 및 규칙 제131조에 따른 교육으로서 자율안전검사의 검사원 자격을 부여하기 위한 안전에 관한 성능검사 교육을 말한다.

8. "안전관리자 양성교육"이란 법 제17조, 영 별표 4 제7호의2, 제11호 및 제12호에 따른 교육으로서 안전관리자 자격을 부여하기 위한 교육을 말한다.

9. "안전보건관리담당자 양성교육"이란 법 제19조 및 영 제24조제2항제3호에 따른 교육으로서 안전보건관리담당자 자격을 부여하기 위한 안전보건교육을 말한다.

10. "전문화교육"이란 직무교육기관이 근로자등 및 직무교육대상자의 전문성을 높이기 위해 업종 또는 관련 분야별로 개발·운영하는 교육을 말한다.

11. "안전보건교육기관"이란 법 제33조제1항에 따라 고용노동부장관에게 등록한 다음 각 목의 교육기관을 말한다.

가. 근로자 안전보건교육기관 : 영 제40조제1항에 따라 고용노동부장관에게 등록한 교육기관으로서 제3호와 제6호에 따른 교육을 실시할 수 있는 교육기관

나. 건설업 기초안전보건교육기관 : 영 제40조제2항에 따라 고용노동부장관에게 등록한 교육기관으로서 제4호에 따른 교육을 실시할 수 있는 교육기관

다. 직무교육기관 : 영 제40조제3항에 따라 고용노동부장관에게 등록한 교육기관으로서 제5호와 제10호에 따른 교육을 실시할 수 있는 교육기관

12. “집체교육”이란 교육 전용시설 또는 그 밖에 교육을 실시하기에 적합한 시설(생산시설 또는 근무 장소는 제외한다)에서 강의, 발표, 토의 및 토론, 세미나 또는 체험·실습 방식 등으로 실시하는 교육을 말한다.
13. “현장교육”이란 사업장의 생산시설 또는 근무장소에서 실시하는 교육을 말한다(작업 전 안전점검회의(TBM), 위험예지훈련 등 작업 전·후 실시하는 단시간 안전보건 교육을 포함한다).
14. “인터넷 원격교육”이란 정보통신매체를 활용하여 교육이 실시되고 훈련생관리 등이 웹상으로 이루어지는 교육을 말한다.
15. “비대면 실시간교육”이란 정보통신매체를 활용하여 강사와 교육생이 쌍방향으로 실시간 소통하면서 이루어지는 교육을 말한다.
16. “우편통신교육”이란 인쇄매체 또는 전자문서로 된 교육교재를 이용하여 교육이 실시되고 교육생관리 등이 웹상으로 이루어지는 교육을 말한다.

정답 ④

27 산업안전보건법령상 안전보건개선계획서에 관한 내용으로 옳지 않은 것은? [2024년 기출]

① 안전보건개선계획서에는 시설, 안전보건관리체제, 안전보건교육, 산업재해 예방 및 작업환경의 개선을 위하여 필요한 사항이 포함되어야 한다.

② 사업주는 안전보건개선계획 수립·시행 명령을 받은 날부터 60일 이내에 관할 지방고용노동관서의 장에게 해당 계획서를 제출해야 한다.

③ 지방고용노동관서의 장이 안전보건개선계획서를 접수한 경우에는 접수일부터 30일 이내에 심사하여 사업주에게 그 결과를 알려야 한다.

④ 지방고용노동관서의 장은 안전보건개선계획서의 적정 여부 확인을 공단 또는 지도사에게 요청할 수 있다.

⑤ 고용노동부장관은 산업재해 예방을 위하여 종합적인 개선조치를 할 필요가 있다고 인정되는 사업장의 사업주에게 고용노동부령으로 정하는 바에 따라 그 사업장, 시설, 그 밖의 사항에 관한 안전 및 보건에 관한 개선계획을 수립하여 시행할 것을 명할 수 있다.

해설

제49조(안전보건개선계획의 수립·시행 명령) ① 고용노동부장관은 다음 각 호의 어느 하나에 해당하는 사업장으로서 산업재해 예방을 위하여 종합적인 개선조치를 할 필요가 있다고 인정되는 사업장의 사업주에게 고용노동부령으로 정하는 바에 따라 그 사업장, 시설, 그 밖의 사항에 관한 안전 및 보건에 관한 개선계획(이하 “안전보건개선계획”이라 한다)을 수립하여 시행할 것을 명할 수 있다. 이 경우 대통령령으로 정하는 사업장의 사업주에게는 제47조에 따라 안전보건진단을

받아 안전보건개선계획을 수립하여 시행할 것을 명할 수 있다.

1. 산업재해율이 같은 업종의 규모별 평균 산업재해율보다 높은 사업장
2. 사업주가 필요한 안전조치 또는 보건조치를 이행하지 아니하여 중대재해가 발생한 사업장
3. 대통령령으로 정하는 수 이상의 직업성 질병자가 발생한 사업장
4. 제106조에 따른 유해인자의 노출기준을 초과한 사업장

② 사업주는 안전보건개선계획을 수립할 때에는 산업안전보건위원회의 심의를 거쳐야 한다. 다만, 산업안전보건위원회가 설치되어 있지 아니한 사업장의 경우에는 근로자대표의 의견을 들어야 한다.

제50조(안전보건개선계획서의 제출 등) ① 제49조제1항에 따라 안전보건개선계획의 수립·시행 명령을 받은 사업주는 고용노동부령으로 정하는 바에 따라 안전보건개선계획서를 작성하여 고용노동부장관에게 제출하여야 한다.

② 고용노동부장관은 제1항에 따라 제출받은 안전보건개선계획서를 고용노동부령으로 정하는 바에 따라 심사하여 그 결과를 사업주에게 서면으로 알려 주어야 한다. 이 경우 고용노동부장관은 근로자의 안전 및 보건의 유지·증진을 위하여 필요하다고 인정하는 경우 해당 안전보건개선계획서의 보완을 명할 수 있다.

③ 사업주와 근로자는 제2항 전단에 따라 심사를 받은 안전보건개선계획서(같은 항 후단에 따라 보완한 안전보건개선계획서를 포함한다)를 준수하여야 한다.

시행규칙 제61조(안전보건개선계획의 제출 등) ① 법 제50조제1항에 따라 안전보건개선계획서를 제출해야 하는 사업주는 법 제49조제1항에 따른 안전보건개선계획서 수립·시행 명령을 받은 날부터 **60일** 이내에 관할 지방고용노동관서의 장에게 해당 계획서를 제출(전자문서로 제출하는 것을 포함한다)해야 한다.

② 제1항에 따른 안전보건개선계획서에는 시설, 안전보건관리체제, 안전보건교육, 산업재해 예방 및 작업환경의 개선을 위하여 필요한 사항이 포함되어야 한다.

시행규칙 제62조(안전보건개선계획서의 검토 등) ① 지방고용노동관서의 장이 제61조에 따른 안전보건개선계획서를 접수한 경우에는 접수일부터 **15일** 이내에 심사하여 사업주에게 그 결과를 알려야 한다.

② 법 제50조제2항에 따라 지방고용노동관서의 장은 안전보건개선계획서에 제61조제2항에서 정한 사항이 적정하게 포함되어 있는지 검토해야 한다. **이 경우 지방고용노동관서의 장은 안전보건개선계획서의 적정 여부 확인을 공단 또는 지도사에게 요청할 수 있다.**

정답 ③

28 버드(F. Bird)의 재해 구성비율에 해당하는 것은? [2024년 기출]

① 1 : 20 : 200
② 1 : 29 : 300
③ 1 : 10 : 29 : 300
④ 1 : 10 : 30 : 600
⑤ 1 : 10 : 40 : 600

해설

○ 버드(F. Bird)의 재해 구성비율
1 : 중상 또는 폐질
10 : 경상
30 : 무상해·사고(물적 손실)
600 : 무상해·무사고
참고 하인리히는 1 : 29 : 300 = 사망 또는 중상 : 경상 : 무상해

정답 ④

29 산업안전보건법령상 안전보건관리담당자의 업무가 아닌 것은? [2024년 기출]

① 산업재해에 관한 통계의 유지·관리·분석을 위한 보좌 및 지도·조언
② 위험성평가에 관한 보좌 및 지도·조언
③ 작업환경측정 및 개선에 관한 보좌 및 지도·조언
④ 안전보건교육 실시에 관한 보좌 및 지도·조언
⑤ 산업 안전보건과 관련된 안전장치 및 보호구 구입 시 적격품 선정에 관한 보좌 및 지도조언

해설

제19조(안전보건관리담당자) ① 사업주는 사업장에 안전 및 보건에 관하여 사업주를 보좌하고 관리감독자에게 지도·조언하는 업무를 수행하는 사람(이하 "안전보건관리담당자"라 한다)을 두어야 한다. 다만, 안전관리자 또는 보건관리자가 있거나 이를 두어야 하는 경우에는 그러하지 아니하다.
② 안전보건관리담당자를 두어야 하는 사업의 종류와 사업장의 상시근로자 수, 안전보건관리담당자의 수·자격·업무·권한·선임방법, 그 밖에 필요한 사항은 대통령령으로 정한다.
③ 고용노동부장관은 산업재해 예방을 위하여 필요한 경우로서 고용노동부령으로 정하는 사유에 해

당하는 경우에는 사업주에게 안전보건관리담당자를 제2항에 따라 대통령령으로 정하는 수 이상으로 늘리거나 교체할 것을 명할 수 있다.

④ 대통령령으로 정하는 사업의 종류 및 사업장의 상시근로자 수에 해당하는 사업장의 사업주는 안전관리전문기관 또는 보건관리전문기관에 안전보건관리담당자의 업무를 위탁할 수 있다.

영 제24조(안전보건관리담당자의 선임 등) ① 다음 각 호의 어느 하나에 해당하는 사업의 사업주는 법 제19조제1항에 따라 상시근로자 20명 이상 50명 미만인 사업장에 안전보건관리담당자를 1명 이상 선임해야 한다.

1. 제조업
2. 임업
3. 하수, 폐수 및 분뇨 처리업
4. 폐기물 수집, 운반, 처리 및 원료 재생업
5. 환경 정화 및 복원업

② 안전보건관리담당자는 해당 사업장 소속 근로자로서 다음 각 호의 어느 하나에 해당하는 요건을 갖추어야 한다.

1. 제17조에 따른 안전관리자의 자격을 갖추었을 것
2. 제21조에 따른 보건관리자의 자격을 갖추었을 것
3. 고용노동부장관이 정하여 고시하는 안전보건교육을 이수했을 것

③ 안전보건관리담당자는 제25조 각 호에 따른 업무에 지장이 없는 범위에서 다른 업무를 겸할 수 있다.

④ 사업주는 제1항에 따라 안전보건관리담당자를 선임한 경우에는 그 선임 사실 및 제25조 각 호에 따른 업무를 수행했음을 증명할 수 있는 서류를 갖추어 두어야 한다.

영 제25조(안전보건관리담당자의 업무) 안전보건관리담당자의 업무는 다음 각 호와 같다.

1. 법 제29조에 따른 안전보건**교육** 실시에 관한 보좌 및 지도·조언
2. 법 제36조에 따른 **위험성평가**에 관한 보좌 및 지도·조언
3. 법 제125조에 따른 **작업환경측정 및 개선**에 관한 보좌 및 지도·조언
4. 법 제129조부터 제131조까지의 규정에 따른 각종 **건강진단**에 관한 보좌 및 지도·조언
5. **산업재해 발생의 원인 조사, 산업재해 통계의 기록 및 유지**를 위한 보좌 및 지도·조언
6. **산업 안전·보건과 관련된 안전장치 및 보호구 구입 시 적격품 선정**에 관한 보좌 및 지도·조언 → **(암기법 : 위험성/교육//(건강)진단/적격/(산업재해)원인/(작업환경)측정)**

정답 ①

30 안전보건교육 방법에서 하버드학파의 5단계 교수법을 순서대로 옳게 나열한 것은? [2024년 기출]

ㄱ. 준비시킨다(preparation)	ㄴ. 총괄시킨다(generalization)
ㄷ. 교시한다(presentation)	ㄹ. 연합한다(association)
ㅁ. 응용시킨다(application)	

① ㄱ→ㄴ→ㄷ→ㄹ→ㅁ

② ㄱ→ㄴ→ㄹ→ㄷ→ㅁ

③ ㄱ→ㄷ→ㄹ→ㄴ→ㅁ

④ ㄱ→ㄷ→ㄹ→ㅁ→ㄴ

⑤ ㄱ→ㄹ→ㄷ→ㅁ→ㄴ

해설

ㅇ 하버드학파의 5단계 교수법 → (암기법 : 준비!/교/련/총/응용)

1) 준비시킨다(Preparation)

2) 교시한다(Presentation)

3) 연합한다(Association)

4) 총괄시킨다(Generalization)

5) 응용시킨다(Application)

정답 ③

31 다음에서 설명하고 있는 안전관리의 생산성 측면 효과로 옳지 않은 것은? [2024년 기출]

안전관리란 생산성의 향상과 손실(Loss)의 최소화를 위하여 행하는 것으로 비능률적 요소인 사고가 발생하지 않는 상태를 유지하기 위한 활동이다.

① 근로자의 사기진작

② 사회적 신뢰성 유지 및 확보

③ 이윤 증대

④ 비용 절감

⑤ 생산시설의 고급화 및 다양화

해설

○ **안전관리의 생산성 측면 효과**

1. 근로자의 사기 진작
2. 생산성 향상
3. 이윤 증대
4. 비용 절감(손실 감소)
5. 사회적 신뢰성 유지 및 확보

정답 ⑤

32 안전교육의 지도원칙으로 옳지 않은 것은? [2024년 기출]

① 피교육자 중심 교육

② 동기부여

③ 어려운 부분에서 쉬운 부분으로 진행

④ 오관(감각기관) 활용

⑤ 기능적 이해

해설

③ 어려운 부분부터 지도를 하면 흥미가 떨어진다. 오관(五官)이란 5가지 감각 기관으로 눈, 코, 혀, 귀, 피부(시각, 후각, 미각, 청각, 촉각)를 이른다.

정답 ③

33 안전보건교육규정에서 정하고 있는 "직무교육의 방법"의 일부 내용이다. (　)에 들어갈 것으로 옳은 것은? [2024년 기출]

> 교육형태 : 다음 각 목에 따른 교육형태 중 어느 하나 또는 혼합한 방식으로 할 것. 다만, 총 교육시간의 (ㄱ)분의 (ㄴ) 이상을 가목이나 나목 또는 (ㄷ)목의 형태로 할 것
> 가. 집체교육
> 나. 현장교육
> 다. 인터넷 원격교육
> 라. 비대면 실시간교육

① ㄱ : 2, ㄴ : 1, ㄷ : 다
② ㄱ : 2, ㄴ : 1, ㄷ : 라
③ ㄱ : 3, ㄴ : 1, ㄷ : 다
④ ㄱ : 3, ㄴ : 2, ㄷ : 다
⑤ ㄱ : 3, ㄴ : 2, ㄷ : 라

해설

제15조(직무교육의 방법) ① 사업주는 직무교육대상자에게 직무교육기관이 개설·운영하는 직무교육과정이나 전문화교육과정을 이수하도록 하여야 한다.

② 직무교육기관이 직무교육과정을 개설·운영할 때에는 다음 각 호의 사항을 준수하여야 한다.

1. 교육내용 : 규칙 별표 5에 따른 교육내용의 범위에서 직무교육대상자가 직무를 수행하는 데 필요한 실무적인 사항, 사례, 새로운 기술 등에 초점을 맞춰 직무교육기관이 정할 것
2. 교육시간 : 규칙 별표 4에 따른 교육시간 이상으로 할 것
3. 교육형태 : 다음 각 목에 따른 교육형태 중 어느 하나 또는 혼합한 방식으로 할 것. 다만, 총 교육시간의 3분의 2 이상을 가목이나 나목 또는 라목의 형태로 할 것
   가. 집체교육
   나. 현장교육
   다. 인터넷 원격교육
   라. 비대면 실시간교육
4. 교재 : 규칙 제36조제1항에 따라 직무교육대상자별 교육내용에 적합한 교재를 사용할 것
5. 강사 : 영 별표 12제2호와 이 고시 별표 1제5호에 따른 기준을 만족하는 사람(소속 강사가 아닌 사람을 포함한다)으로 할 것. 다만, 강사가 직접 출연할 수 없는 동영상이나 만화 등을 활용한 인터넷 원격교육을 할 때에는 본문에 따른 강사가 교육내용을 감수하는 등 교육과정 제작에 참여하도록 할 것

③ 직무교육기관이 현장교육, 인터넷 원격교육 및 비대면 실시간교육의 형태로 교육할 때에는 제4조부터 제6조까지의 규정을 준용한다. 이 경우 "근로자등 안전보건교육 또는 특수형태근로종사자 안전보건교육"은 "직무교육"으로 본다.

정답 ⑤

34 제조물 책임법상 결함에 해당되는 것을 모두 고른 것은? [2024년 기출]

ㄱ. 제조상 결함	ㄴ. 배송상 결함
ㄷ. 설계상 결함	ㄹ. 표시상 결함

① ㄱ, ㄴ

② ㄷ, ㄹ

③ ㄱ, ㄷ, ㄹ

④ ㄴ, ㄷ, ㄹ

⑤ ㄱ, ㄴ, ㄷ, ㄹ

해설

③ 반복되는 문제 유형이다.

제2조(정의) 이 법에서 사용하는 용어의 뜻은 다음과 같다.

1. "제조물"이란 제조되거나 가공된 동산(다른 동산이나 부동산의 일부를 구성하는 경우를 포함한다)을 말한다.
2. "결함"이란 해당 제조물에 다음 각 목의 어느 하나에 해당하는 제조상·설계상 또는 표시상의 결함이 있거나 그 밖에 통상적으로 기대할 수 있는 안전성이 결여되어 있는 것을 말한다.
   가. "제조상의 결함"이란 제조업자가 제조물에 대하여 제조상·가공상의 주의의무를 이행하였는지에 관계없이 **제조물이 원래 의도한 설계와 다르게 제조·가공됨으로써 안전하지 못하게 된 경우**를 말한다.
   나. "설계상의 결함"이란 제조업자가 합리적인 **대체설계(代替設計)**를 채용하였더라면 피해나 위험을 줄이거나 피할 수 있었음에도 대체설계를 채용하지 아니하여 해당 제조물이 안전하지 못하게 된 경우를 말한다.
   다. "표시상의 결함"이란 제조업자가 합리적인 **설명·지시·경고 또는 그 밖의 표시**를 하였더라면 해당 제조물에 의하여 발생할 수 있는 피해나 위험을 줄이거나 피할 수 있었음에도 이를 하지 아니한 경우를 말한다.
3. "제조업자"란 다음 각 목의 자를 말한다.
   가. 제조물의 제조·가공 또는 수입을 업(業)으로 하는 자
   나. 제조물에 성명·상호·상표 또는 그 밖에 식별(識別) 가능한 기호 등을 사용하여 자신을 가목의 자로 표시한 자 또는 가목의 자로 오인(誤認)하게 할 수 있는 표시를 한 자

정답 ③

35 재해조사의 1단계(사실 확인)에 포함되는 활동을 모두 고른 것은? [2024년 기출]

ㄱ. 재해 발생 작업의 지휘·감독 상황 조사
ㄴ. 재해 발생의 직접 원인(불안전 상태와 불안전 행동) 판단
ㄷ. 재해 발생 기계·설비의 위험방호설비 확인

① ㄱ
② ㄴ
③ ㄱ, ㄷ
④ ㄴ, ㄷ
⑤ ㄱ, ㄴ, ㄷ

해설

③ 반복되는 문제 유형이다.

○ 재해조사 5단계

0단계 : 재해 상황의 파악
1단계 : **사실의 확인**
2단계 : **직접적인 원인**과 문제점 발견
3단계 : **기본원인(4M)과 근본적 문제점** 해결
4단계 : 동종 및 유사재해 예방대책의 수립

○ 사실의 확인(5W1H 원칙)

1) Man : 피해자 및 공동작업자 인적사항, 불안전 행동 유무에 관한 관계자 사실 청취
2) Machine : 레이아웃, 안전장치, 보호구
3) Media : 작업형태, 작업원인, 작업자세, 작업장소, 작업환경의 조사
4) Management : 작업 중 지도·지휘의 조사, 교육훈련, 점검, 보고, 사고 또는 재해 발생 시 조치

정답 ③

36 재해 통계에 관한 내용으로 옳은 것은? [2024년 기출]

① 강도율 계산 시 사망 재해의 경우 10,000일의 근로손실일수를 산정한다.
② 도수율(빈도율)은 연 근로시간 100,000시간당 재해 발생 건수를 의미한다.
③ 재해율(천인율)은 연 평균 근로자 1,000명당 재해 발생 건수를 의미한다.
④ 종합재해지수(FSI)는 도수율과 강도율을 곱한 값이다.
⑤ 안전성 비교(Safety T Score)는 현재의 안전성을 과거와 비교한 것으로서 −2이하인 경우 과거에 비해 안전성이 개선된 것을 의미한다.

해설

○ 재해 통계(산업재해통계업무처리규정 참조)

1) 강도율

연근로시간 1,000시간당 총요양근로손실일수를 말한다.

■ $\text{강도율} = \dfrac{\text{총요양근로손실일수}}{\text{연근로시간수}} \times 1{,}000$

2) 도수율(빈도율)

연근로시간 1,000,000시간당 재해건수를 말한다.

■ $\text{도수율(빈도율)} = \dfrac{\text{재해건수}}{\text{연근로시간수}} \times 1{,}000{,}000$

3) 재해율

산재보험적용근로자수 100명당 발생하는 재해자수의 비율이다.

여기서 "산재보험적용근로자수"란 산업재해보상보험법이 적용되는 근로자를 말한다.

■ $\text{재해율} = \dfrac{\text{재해자수}}{\text{산재보험적용근로자수}} \times 100$

4) 종합재해지수

재해빈도와 재해강도를 종합한 위험도 비교 지수를 말한다.

사업장 재해위험도 및 안전관심을 높이는 데 사용된다.

■ $\text{종합재해지수(FSI)} = \sqrt{(\text{강도율} \times \text{도수율})}$

5) 안전성 비교(Safety T Score)

현재의 안전성을 과거와 비교한 것으로 과거의 상해발생률(빈도율, 도수율)을 비교한다. (−)이면 과거보다 좋은 것이다.

$$\text{Safety T Score} = \frac{\text{현재빈도율} - \text{과거빈도율}}{\sqrt{\frac{\text{과거빈도율}}{\text{연근로시간수}} \times 1,000,000}}$$

Safety T Score		
−2 이하	−2~2	2 이상
과거보다 안전도가 좋다	과거와 차이가 없다	과거보다 안전도가 나쁘다

정답 ⑤

37 재해 발생 시 조치사항으로 옳지 않은 것은? [2024년 기출]

① 재해 피해자 구출과 응급조치를 가장 먼저 실시한다.

② 재해 조사를 위하여 현장을 보존하고 촬영 등의 기록을 실시한다.

③ 재해 조사 담당 인력에 안전관리자를 포함시킨다.

④ 재해 조사는 2차 재해 발생 우려가 없는지 확인 후 가능하면 신속히 실시한다.

⑤ 빠른 복구를 위해 재해 조사는 재해 발생 현장으로 대상 범위를 한정하여 실시한다.

해설

⑤ 재해 발생 시 재해조사는 객관적인 입장에서 2인 이상 실시하여야 한다. 재해 발생 규모 등을 고려하여 조사 대상 범위를 정한다.

정답 ⑤

38 인간-기계 시스템에 관한 설명으로 옳은 것은? [2024년 기출]

① 인간-기계 인터페이스는 인간-기계 시스템을 구성하는 요소이다.

② 인간-기계 시스템에서 표시장치는 인간의 반응을 표시하는 장치를 의미한다.

③ 작업자가 전동 공구를 사용하여 제품을 조립하는 과정은 인간-기계 시스템에 해당하지 않는다.

④ 인간의 주관적 반응은 인간-기계 시스템의 평가기준 중 시스템 기준(system-descriptive criteria)에 해당한다.

⑤ 인간-기계 시스템을 평가할 때 심박수는 인간 성능에 관한 척도(performance measure)에 해당한다.

해설

② 인간-기계 시스템에서 인간과 기계가 만나는 면을 인터페이스(interface)라고 한다. 예를 들어 인간과 컴퓨터는 모니터(표시장치, display)와 마우스나 키보드(조종 장치) 등에서 만나고 있다. 표시장치는 주로 시각적 정보로 수치, 속도, 변화량, 그래프 등이 있고, 청각적 표시장치로는 주파수, 소리 등이 있다. 표시장치는 기계 장치 중 정보를 제시하는 부분을 의미한다. 반면에 조작 장치(조종 장치)는 신체를 이용해 기계장치를 조작하는 부분이다.

③ 작업자가 전동 공구 등을 사용하여 제품을 조립하는 과정은 인간-기계 시스템에 해당한다.

④ 인간의 주관적 반응(선호도, 만족도, 고통의 정도 등)은 인간-기계 시스템의 평가기준 중 시스템 기준(system-descriptive criteria)이 아니고 인간기준에 해당한다. 시스템 기준은 객관적 반응을 의미한다. 시스템 기준은 시스템이 의도한 바를 달성한 정도를 말하며, 인간기준(인적기준)은 인간의 성능(감각, 정신, 근육활동 등), 주관적 반응(주관적 지각도, 감각기관을 통한 정보 판단), 생리학적 지표(심박수, 혈압, 호흡수, 피부반응, 체온 등), 사고나 상해의 빈도 등이 있다.

⑤ 인간-기계 시스템을 평가할 때 심박수는 생리학적 지표에 해당한다.
인간 성능에 관한 척도(performance measure)에는 감각, 정신, 근육활동이 있다.

정답 ①

39 산업안전보건기준에 관한 규칙상 소음 및 진동에 의한 건강장해의 예방에 관한 내용으로 옳지 않은 것은? [2024년 기출]

① 1일 8시간 작업을 기준으로 90데시벨의 소음이 발생한 작업은 소음작업에 해당한다.
② 105데시벨의 소음이 1일 30분 발생하는 작업은 강렬한 소음작업에 해당한다.
③ 임팩트 렌치(impact wrench)를 사용하는 작업은 진동작업에 속한다.
④ 1초 간격으로 125데시벨의 소음이 1일 1만회 발생하는 작업은 충격소음작업에 해당한다.
⑤ 청력보존 프로그램 시행 대상 사업장에서 소음의 유해성과 예방에 관한 교육과 정기적 청력검사를 실시해야 한다.

해설

제512조(정의) 이 장에서 사용하는 용어의 뜻은 다음과 같다. 〈개정 2024. 6. 28.〉

1. "**소음**작업"이란 1일 8시간 작업을 기준으로 85데시벨 **이상**의 소음이 발생하는 작업을 말한다.
2. "**강렬한 소음**작업"이란 다음 각목의 어느 하나에 해당하는 작업을 말한다.
   가. 90데시벨 **이상**의 소음이 1일 8시간 이상 발생하는 작업
   나. 95데시벨 이상의 소음이 1일 4시간 이상 발생하는 작업
   다. 100데시벨 이상의 소음이 1일 2시간 이상 발생하는 작업
   라. 105데시벨 이상의 소음이 1일 1시간 이상 발생하는 작업
   마. 110데시벨 이상의 소음이 1일 30분 이상 발생하는 작업
   바. 115데시벨 이상의 소음이 1일 15분 이상 발생하는 작업
3. "**충격소음**작업"이란 소음이 **1초 이상의 간격으로 발생**하는 작업으로서 다음 각 목의 어느 하나에 해당하는 작업을 말한다.
   가. 120데시벨을 **초과**하는 소음이 1일 1만회 이상 발생하는 작업
   나. 130데시벨을 초과하는 소음이 1일 1천회 이상 발생하는 작업
   다. 140데시벨을 초과하는 소음이 1일 1백회 이상 발생하는 작업
4. "진동작업"이란 다음 각 목의 어느 하나에 해당하는 기계·기구를 사용하는 작업을 말한다. →
   (암기법 : 동력~해머·연삭기/임착체엔)
   가. 착암기(鑿巖機)
   나. 동력을 이용한 해머
   다. 체인톱
   라. 엔진 커터(engine cutter)
   마. 동력을 이용한 연삭기
   바. 임팩트 렌치(impact wrench)
   사. 그 밖에 진동으로 인하여 건강장해를 유발할 수 있는 기계·기구
5. "청력보존 프로그램"이란 다음 각 목의 사항이 포함된 소음성 난청을 예방·관리하기 위한 종합적인 계획을 말한다.
   가. 소음노출 평가

나. 소음노출에 대한 **공학적 대책** → 위험성 감소대책에는 근원적(본질적) 대책·공학적(안전장치 등)·관리적·개인보호구 지급 등이 있다.
다. 청력보호구의 지급과 착용
라. 소음의 유해성 및 예방 관련 교육
마. 정기적 청력검사
바. 청력보존 프로그램 수립 및 시행 관련 기록·관리체계
사. 그 밖에 소음성 난청 예방·관리에 필요한 사항

정답 ②

40 인간의 시각 기능에 관한 설명으로 옳지 않은 것은? [2024년 기출]

① 명순응은 암순응에 비해 시간이 짧게 걸린다.
② 암순응 과정에서 원추세포와 간상세포의 순으로 순응 단계가 진행된다.
③ 눈에서 물체까지의 거리가 멀어질수록 수정체의 두께를 두껍게 하여 초점을 맞춘다.
④ 최소가분시력(minimum separable acuity)은 일정 거리에서 구분할 수 있는 표적의 최소 크기에 따라 정해진다.
⑤ 가장 민감한 빛의 파장은 간상세포가 원추세포에 비해 짧다.

해설

1. 간상세포와 원추세포

간상세포(rod cell)는 빛의 밝기에 민감하게 반응하고, 원추세포(cone cell)는 0.1럭스 이상의 밝은 빛에 대해 주로 색깔을 감지하는 역할을 한다.
인간의 망막에는 1억 3천만 개의 간상세포가 있어 이들은 한 개의 광자에도 반응할 만큼 민감하다. 그 민감도는 원추세포의 100배에 이른다.
간상세포는 원추세포보다 더 민감하여 야간(밤)에는 시각 대부분을 담당하고 간상세포는 498nm의 파장의 빛(초록색, 파란색)에 가장 민감하지만 640nm 이상의 파장은 감지하지 못한다. 반면에 원추세포는 비교적 파장이 긴 노란색에서 녹색 사이의 빛에 민감하며 파장이 긴 564nm인 빛에 가장 민감하다. 참고로 빨간색 계열이 파장이 가장 길고 보라색 계열이 파장이 가장 짧다.

2. 암순응과 명순응

암순응이란 밝은 곳에서 어두운 곳으로 들어갔을 때, 처음에는 보이지 않던 것이 시간이 지남에 따라 차차 보이기 시작하는 현상이다. 처음에는 원추세포가 주로 작용하여 감도를 약 10배로 증가시키지만, 암순응이 진행됨에 따라 간상세포의 감도가 높아져서 원추세포를 대신하게 된다. 즉, 암순응에는 원추세포가 먼저 반응한다.

3. 최소가분시력

눈이 식별할 수 있는 표적의 최소공간으로 $\frac{1}{시각}$로 구한다.

즉, 최소가분시력은 시각의 역수이다.

$$시각 = \frac{물체의\ 크기(mm)}{물체와의\ 거리(mm)} \times 3438$$

예제 **5m 떨어진 곳에서 1mm 벌어진 틈을 구분할 수 있는 사람의 시력은?**

풀이

시각을 먼저 구한다.

$시각 = \frac{1(mm)}{5,000(mm)} \times 3438$ 따라서 시력은 약 1.45

4. 거리에 따른 수정체 변화

수정체는 빛이 통과할 때 빛을 모아 주어 망막에 상이 맺히도록 하며, 초점을 맞추기 위해 수정체의 두께를 조절한다.

수정체는 먼 거리를 볼 때는 얇아지고, 가까운 거리를 볼 때는 두꺼워지면서 초점을 맞추는 역할을 한다.

정답 ③

41 제품 설계에 인체 측정치를 적용하는 절차를 순서대로 옳게 나열한 것은? [2024년 기출]

ㄱ. 설계에 필요한 인체치수 선택
ㄴ. 적절한 인체측정 자료 선택
ㄷ. 필요한 여유치 결정
ㄹ. 인체측정 자료 응용 원리 결정

① ㄱ→ㄴ→ㄹ→ㄷ
② ㄱ→ㄹ→ㄴ→ㄷ
③ ㄴ→ㄱ→ㄷ→ㄹ
④ ㄴ→ㄷ→ㄱ→ㄹ
⑤ ㄹ→ㄴ→ㄱ→ㄷ

해설

○ 인체 측정(Anthropometry)

인체측정치의 응용 시 중요한 개념은 평균치 인간은 존재하기 힘들다는 것이다.

인체 측정치의 적용절차는 다음과 같다. → (암기법 : 응용/자료/여유)

1) 설계에 필요한 인체치수 선택
2) 사용할 집단의 정의
3) **적용할 인체 자료 응용원리 결정(→ 조절형, 극단형, 평균치 설계 순)**
4) **적절한 인체 측정 자료의 선택**
5) **특수복장 착용에 대한 적절한 여유 고려**
6) 설계할 치수 결정
7) 모형을 제작하여 모의실험

정답 ②

42 산업안전보건기준에 관한 규칙상 근골격계부담작업으로 인한 건강장해 예방과 관련된 내용으로 옳지 않은 것은? [2024년 기출 변경]

① 근골격계질환 예방과 관련하여 노사 간 이견(異見)이 없는 근로자 수 80명인 사업장에서 연간 업무상 질병으로 인정받은 근골격계질환자가 5명 발생한 경우에 근골격계질환 예방관리 프로그램을 수립 및 시행해야 한다.

② 근로자가 근골격계부담작업을 하는 경우에 해당 작업에 대해 3년마다 유해요인조사를 실시하여야 한다.

③ 근골격계부담작업에 해당하는 새로운 작업·설비를 도입한 경우에는 1개월 이내에 유해요인조사를 실시해야 한다.

④ 5킬로그램 이상의 중량물을 들어 올리는 작업을 하는 경우에는 취급하는 물품의 중량과 무게중심에 대해 작업장 주변에 안내표시하여야 한다.

⑤ 근골격계부담작업 유해요인조사를 실시할 때 작업과 관련된 근골격계질환 징후와 증상 유무를 조사해야 한다.

해설

제3편 보건기준

제12장 근골격계부담작업으로 인한 건강장해의 예방

제1절 통칙

제656조(정의) 이 장에서 사용하는 용어의 뜻은 다음과 같다.

1. "근골격계부담작업"이란 법 제39조제1항제5호에 따른 작업으로서 작업량·작업속도·작업강도 및 작업장 구조 등에 따라 고용노동부장관이 정하여 고시하는 작업을 말한다.
2. "근골격계질환"이란 반복적인 동작, 부적절한 작업자세, 무리한 힘의 사용, 날카로운 면과의 신체접촉, 진동 및 온도 등의 요인에 의하여 발생하는 건강장해로서 목, 어깨, 허리, 팔·다리의 신경·근육 및 그 주변 신체조직 등에 나타나는 질환을 말한다.
3. "근골격계질환 예방관리 프로그램"이란 유해요인 조사, 작업환경 개선, 의학적 관리, 교육·훈련, 평가에 관한 사항 등이 포함된 근골격계질환을 예방관리하기 위한 종합적인 계획을 말한다.

제2절 유해요인 조사 및 개선 등

제657조(유해요인 조사) ① 사업주는 근로자가 근골격계부담작업을 하는 경우에 **3년**마다 다음 각 호의 사항에 대한 유해요인조사를 하여야 한다. 다만, 신설되는 사업장의 경우에는 **신설일부터 1년 이내**에 최초의 유해요인 조사를 하여야 한다.

1. 설비·작업공정·작업량·작업속도 등 **작업장** 상황
2. **작업시간·작업자세·작업방법 등 작업조건**
3. 작업과 관련된 근골격계질환 징후와 증상 유무 등

② 사업주는 다음 각 호의 어느 하나에 해당하는 사유가 발생하였을 경우에 제1항에도 불구하고 **1개월 이내**에 조사대상 및 조사방법 등을 검토하여 유해요인 조사를 해야 한다. 다만, 제1호에 해당하는 경우로서 해당 근골격계질환에 대하여 최근 1년 이내에 유해요인 조사를 하고 그 결과를 반영하여 제659조에 따른 작업환경 개선에 필요한 조치를 한 경우는 제외한다. 〈개정 2024. 6. 28.〉

1. 법에 따른 임시건강진단 등에서 근골격계질환자가 발생하였거나 근로자가 근골격계질환으로 「산업재해보상보험법 시행령」 별표 3 제2호가목·마목 및 제12호라목에 따라 업무상 질병으로 인정받은 경우(근골격계부담작업이 아닌 작업에서 근골격계질환자가 발생하였거나 근골격계부담작업이 아닌 작업에서 발생한 근골격계질환에 대해 업무상 질병으로 인정 받은 경우를 포함한다)
2. 근골격계부담작업에 해당하는 새로운 작업·설비를 도입한 경우
3. 근골격계부담작업에 해당하는 업무의 양과 작업공정 등 작업환경을 변경한 경우

③ 사업주는 유해요인 조사에 근로자 대표 또는 해당 작업 근로자를 참여시켜야 한다.

제658조(유해요인 조사 방법 등) 사업주는 유해요인 조사를 하는 경우에 근로자와의 면담, 증상 설문조사, 인간공학적 측면을 고려한 조사 등 적절한 방법으로 하여야 한다. 이 경우 제657조제2항제1호에 해당하는 경우에는 고용노동부장관이 정하여 고시하는 방법에 따라야 한다.

제659조(작업환경 개선) 사업주는 유해요인 조사 결과 근골격계질환이 발생할 우려가 있는 경우에

인간공학적으로 설계된 인력작업 보조설비 및 편의설비를 설치하는 등 작업환경 개선에 필요한 조치를 하여야 한다.

제660조(통지 및 사후조치) ① 근로자는 근골격계부담작업으로 인하여 운동범위의 축소, 쥐는 힘의 저하, 기능의 손실 등의 징후가 나타나는 경우 그 사실을 사업주에게 통지할 수 있다.

② 사업주는 근골격계부담작업으로 인하여 제1항에 따른 징후가 나타난 근로자에 대하여 의학적 조치를 하고 필요한 경우에는 제659조에 따른 작업환경 개선 등 적절한 조치를 하여야 한다.

제661조(유해성 등의 주지) ① 사업주는 근로자가 근골격계부담작업을 하는 경우에 다음 각 호의 사항을 근로자에게 알려야 한다.

1. 근골격계부담작업의 유해요인
2. 근골격계질환의 징후와 증상
3. 근골격계질환 발생 시의 대처요령
4. 올바른 작업자세와 작업도구, 작업시설의 올바른 사용방법
5. 그 밖에 근골격계질환 예방에 필요한 사항

② 사업주는 제657조제1항과 제2항에 따른 유해요인 조사 및 그 결과, 제658조에 따른 조사방법 등을 해당 근로자에게 알려야 한다.

③ 사업주는 근로자대표의 요구가 있으면 설명회를 개최하여 제657조제2항제1호에 따른 유해요인 조사 결과를 해당 근로자와 같은 방법으로 작업하는 근로자에게 알려야 한다.

제662조(근골격계질환 예방관리 프로그램 시행) ① 사업주는 다음 각 호의 어느 하나에 해당하는 경우에 근골격계질환 예방관리 프로그램을 수립하여 시행하여야 한다.

1. 근골격계질환으로 「산업재해보상보험법 시행령」 별표 3 제2호가목·마목 및 제12호라목에 따라 업무상 질병으로 인정받은 근로자가 연간 10명 이상 발생한 사업장 또는 5명 이상 발생한 사업장으로서 발생 비율이 그 사업장 근로자 수의 10퍼센트 이상인 경우
2. 근골격계질환 예방과 관련하여 노사 간 이견(異見)이 지속되는 사업장으로서 고용노동부장관이 필요하다고 인정하여 근골격계질환 예방관리 프로그램을 수립하여 시행할 것을 명령한 경우

② 사업주는 근골격계질환 예방관리 프로그램을 작성·시행할 경우에 노사협의를 거쳐야 한다.

③ 사업주는 근골격계질환 예방관리 프로그램을 작성·시행할 경우에 인간공학·산업의학·산업위생·산업간호 등 분야별 전문가로부터 필요한 지도·조언을 받을 수 있다.

제3절 중량물을 인력(人力)으로 들어올리는 작업에 관한 특별 조치

제663조(중량물의 제한) 사업주는 근로자가 중량물을 인력으로 들어올리는 작업을 하는 경우에 과도한 무게로 인하여 근로자의 목·허리 등 근골격계에 무리한 부담을 주지 않도록 최대한 노력해야 한다. 〈개정 2024. 6. 28.〉

제664조(작업 시간과 휴식시간 등의 배분) 사업주는 근로자가 중량물을 인력으로 들어올리거나 운반하는 작업을 하는 경우에 근로자가 취급하는 물품의 중량·취급빈도·운반거리·운반속도 등 인체에 부담을 주는 작업의 조건에 따라 작업시간과 휴식시간 등을 적정하게 배분해야 한다. 〈개정 2024. 6. 28.〉

[제목개정 2024. 6. 28.]

제665조(중량의 표시 등) 사업주는 근로자가 5킬로그램 이상의 중량물을 인력으로 들어올리는 작업을 하는 경우에 다음 각 호의 조치를 해야 한다. 〈개정 2024. 6. 28.〉

1. 주로 취급하는 물품에 대하여 근로자가 쉽게 알 수 있도록 물품의 중량과 무게중심에 대하여 작업장 주변에 안내표시를 할 것
2. 취급하기 곤란한 물품은 손잡이를 붙이거나 갈고리, 진공빨판 등 적절한 보조도구를 활용할 것

제666조(작업자세 등) 사업주는 근로자가 중량물을 인력으로 들어올리는 작업을 하는 경우에 무게중심을 낮추거나 대상물에 몸을 밀착하도록 하는 등 근로자에게 신체의 부담을 줄일 수 있는 자세에 대하여 알려야 한다.

정답 ①

43 근골격계질환 예방을 위한 유해요인 평가방법에 관한 설명으로 옳은 것은? [2024년 기출]

① REBA는 손으로 물체를 잡을 때 손잡이 조건을 평가에 반영한다.

② NLE의 LI는 값이 클수록 안전한 작업이다.

③ REBA는 보행 동작을 평가에 반영한다.

④ NLE는 중량물의 수평 운반거리를 평가에 반영한다.

⑤ OWAS는 팔꿈치 각도를 평가에 반영한다.

해설

1. REBA(Rapid Entire Body Assessment)는 근골격계질환과 관련한 유해인자에 대한 개인작업자의 노출정도를 평가하기 위한 목적으로 개발, 특히 상지작업을 중심으로 한 RULA와 비교하여 간호사 등과 같이 예측하기 힘든 다양한 자세에서 이루어지는 서비스업에서의 전체적인 신체에 대한 부담정도와 위해인자에의 노출정도를 분석하는데 적합하다.
   REBA는 크게 신체부위별로 A그룹과 B그룹으로 나누어지는데 A그룹은 몸통, 목, 다리를 평가하고, B그룹은 위팔, 아래팔, 손목을 평가하는데 여기서 B그룹의 점수와 손잡이 조건을 더해 스코어(score)가 매겨진다.

2. NLE(NIOSH Lifting Equation)의 LI(Lifting Index)

$$LI = \frac{실제작업무게(kg)}{권장무게한계(RWL)}$$

위 공식을 자세히 보면 LI(들기지수)는 1보다 작을 때 안전함을 알 수 있다.
중량물의 수평 이동거리는 평가에 반영하지 않는다.

참고 미국 국립 직업안전위생연구소(National Institute for Occupational Safety and Health, NIOSH)

3. 평가도구와 신체부위, 평가항목

평가도구	신체부위	평가항목
OWAS	허리, 팔, 다리	작업자세, 힘(하중)
RULA	손/손목, 아래팔, 팔꿈치, 어깨, 목, 허리, 다리	작업자세, 힘(하중), 반복성/정적동작
JSI	손/손목	작업자세, 작업속도, 과도한 힘, 반복성, 노출시간
REBA	손/손목, 아래팔, 팔꿈치, 어깨, 목, 허리, 다리	작업자세, 힘(하중), 반복성/정적동작, **손잡이 상태**, 행동점수

유제

근골격계부담작업 유해성 평가를 위한 인간공학적 도구에 관한 내용으로 옳지 않은 것은? [2022년 기출]

① RULA는 하지 자세를 평가에 반영한다.
② REBA는 동작의 반복성을 평가에 반영한다.
③ QEC는 작업자의 주관적 평가 과정이 포함되어 있다.
④ OWAS는 중량물 취급 정도를 평가에 반영한다.
⑤ NLE는 중량물의 수평 이동거리를 평가에 반영한다.

해설

RULA는 신체를 그룹 A(위팔, 아래팔, 손목)과 그룹 B(목, 몸통, 다리)로 나누었다.

QEC(Quick Exposure Check)은 영국에서 개발된 것으로 평가는 관찰자(분석자)뿐만 아니라 작업을 직접 수행하는 작업자가 평가를 한다.

OWAS(Ovaco Work Analysis System)는 핀란드에서 개발된 것으로 상지, 허리, 하지, 중량 작업의 4가지 인자를 가지고 작업자세를 평가한 후 교차 체크(cross-check)한 값을 표에서 찾도록 되어 있다. OWAS는 여러 작업 중에서 개선을 필요로 하는 작업을 우선적으로 선정할 수 있다는 장점이 있는 반면, 작업 자세 특성이 정적인 자세에 초점이 맞추어져 있고 중량물 취급 작업 외에는 작업에 소요되는 힘과 반복성에 대한 위험성이 평가에 반영되지 않는 것이 한계로 지적되고 있다.

NLE의 LI에서 권장무게한계(RWL)는 23kg×수평계수×수직계수×**수직이동거리계수**×비대칭계수×빈도계수×결합계수이다.

정답 ⑤

정답 ①

44 정상 청력을 가진 성인이 느끼는 소리의 크기를 비교할 때, 1,000Hz 순음에서 80dB의 소리는 60dB의 소리에 비해 얼마나 더 크게 들리는가? [2024년 기출]

① 약 1.3배
② 약 2배
③ 약 2.6배
④ 약 4배
⑤ 약 8배

해설

일반적으로 1,000Hz의 순음의 경우에 40dB의 음을 기준으로 하여 감각적으로 그 크기가 2배가 되는 음압레벨을 실험적으로 구한 결과 약 10dB 증가할 때마다 2배로 크게 느껴진다. 즉, 1,000Hz의 순음의 경우에 40dB은 40phon으로 "1sone"이라 정의한다.
결론적으로 음량 수준이 10phon 증가하면 음량(sone)은 2배가 된다.

$$sone = 2^{\frac{(phon-40)}{10}}$$

dB(1kHz)	20	30	40	50	60
phon	20	30	40	50	60
Sone	0.25	0.5	1	2	4

정답 ④

45 산업안전보건법령상 유해위험방지계획서 제출 대상인 공사를 모두 고른 것은? [2024년 기출]

ㄱ. 지상높이 25미터 건축물 건설
ㄴ. 연면적 2만제곱미터 건축물 해체
ㄷ. 연면적 6천제곱미터 판매시설 건설
ㄹ. 깊이 12미터 굴착공사

① ㄴ
② ㄱ, ㄹ
③ ㄴ, ㄷ
④ ㄷ, ㄹ
⑤ ㄱ, ㄷ, ㄹ

해설

영 제42조(유해위험방지계획서 제출 대상) ① 법 제42조제1항제1호에서 "대통령령으로 정하는 사업의 종류 및 규모에 해당하는 사업"이란 다음 각 호의 어느 하나에 해당하는 사업으로서 전기 계약용량이 300킬로와트 이상인 경우를 말한다. → **(암기법 : 고목자식/금비가화/1차반전자/기타기·제)**

1. **금속가공제품 제조업; 기계 및 가구 제외**
2. 비금속 광물제품 제조업
3. 기타 기계 및 장비 제조업
4. 자동차 및 트레일러 제조업
5. 식료품 제조업
6. 고무제품 및 플라스틱제품 제조업
7. 목재 및 나무제품 제조업
8. 기타 제품 제조업
9. 1차 금속 제조업
10. 가구 제조업
11. 화학물질 및 화학제품 제조업
12. 반도체 제조업
13. 전자부품 제조업

② 법 제42조제1항제2호에서 "대통령령으로 정하는 **기계·기구 및 설비**"란 다음 각 호의 어느 하나에 해당하는 기계·기구 및 설비를 말한다. 이 경우 다음 각 호에 해당하는 기계·기구 및 설비의 구체적인 범위는 고용노동부장관이 정하여 고시한다. → **(암기법 : 용해로/건조/가스집합/밀폐(환기·배기)/화학설비)**

1. 금속이나 그 밖의 광물의 용해로
2. 화학설비
3. 건조설비
4. 가스집합 용접장치
5. 근로자의 건강에 상당한 장해를 일으킬 우려가 있는 물질로서 고용노동부령으로 정하는 물질의 밀폐·환기·배기를 위한 설비
6. 삭제

③ 법 제42조제1항제3호에서 "대통령령으로 정하는 크기 높이 등에 해당하는 **건설공사**"란 다음 각 호의 어느 하나에 해당하는 공사를 말한다. → **(암기법 : 31m/연면적3만/5천/굴10/50다리/터널/댐2)**

1. 다음 각 목의 어느 하나에 해당하는 건축물 또는 시설 등의 건설·개조 또는 해체(이하 "건설등"이라 한다) 공사
   가. 지상높이가 31미터 이상인 건축물 또는 인공구조물
   나. 연면적 3만제곱미터 이상인 건축물
   다. 연면적 5천제곱미터 이상인 시설로서 다음의 어느 하나에 해당하는 시설

1) 문화 및 집회시설(전시장 및 동물원·식물원은 제외한다)
2) 판매시설, 운수시설(고속철도의 역사 및 집배송시설은 제외한다)
3) 종교시설
4) 의료시설 중 종합병원
5) 숙박시설 중 관광숙박시설
6) 지하도상가
7) 냉동·냉장 창고시설

2. 연면적 5천제곱미터 이상인 냉동·냉장 창고시설의 설비공사 및 단열공사
3. 최대 지간(支間)길이(다리의 기둥과 기둥의 중심사이의 거리)가 50미터 이상인 다리의 건설 등 공사
4. 터널의 건설등 공사
5. 다목적댐, 발전용댐, 저수용량 2천만톤 이상의 용수 전용 댐 및 지방상수도 전용 댐의 건설 등 공사
6. 깊이 10미터 이상인 굴착공사

정답 ④

46

서로 독립인 기본사상 a, b, c로 구성된 아래의 결함수(Fault Tree)에서 정상사상 T에 관한 최소절단집합(minimal cut set)을 모두 구하면? [2024년 기출]

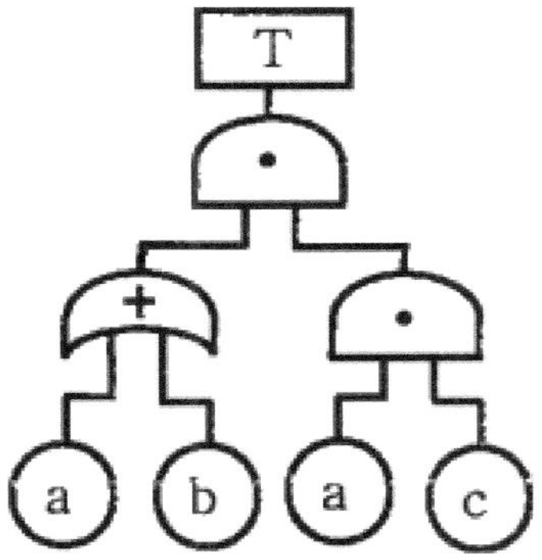

① {a, b}
② {a, c}
③ {b, c}
④ {a, b, c}
⑤ {a, c}, {a, b, c}

해설

병렬(OR게이트)은 세로, 직렬(AND게이트)은 가로를 이용해 구하면 된다. 최소절단집합은 이들의 공통을 찾으면 된다.

정답 ②

47

신뢰도가 A인 동일한 부품 3개를 그림과 같이 직렬 및 병렬로 연결하였을 때 전체시스템의 신뢰도는 0.8309였다. 이 부품의 신뢰도 A는 얼마인가? [2024년 기출]

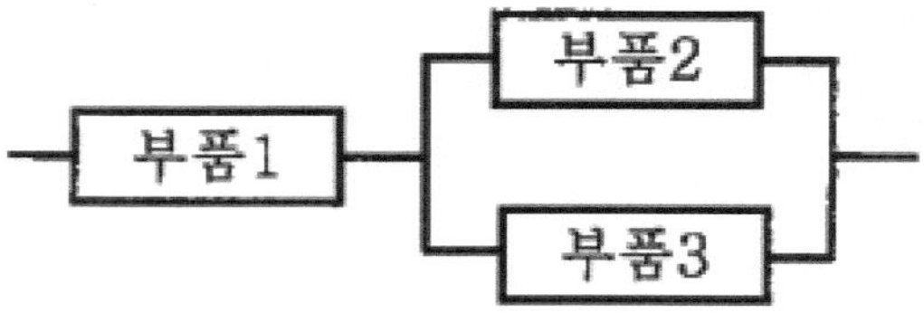

① 0.70

② 0.75

③ 0.80

④ 0.85

⑤ 0.90

해설

직렬은 곱하고 병렬은 1−[(1−A)(1−A)]를 이용한다.
객관식이므로 직접 수식을 풀지 말고 대입해서 푸는 것을 권한다.
$A \times \{1-[(1-A)(1-A)]\}$
$0.85 \times \{1-[(1-0.85)(1-0.85)]\} = 0.830875$

정답 ④

48 정성적, 귀납적인 시스템안전 분석기법으로 시스템에 영향을 미치는 모든 요소의 고장을 형태별로 분석하여 그 영향을 검토하는 기법은? [2024년 기출]

① ETA

② FMEA

③ THERP

④ FTA

⑤ PHA

해설

② 문제에서 "고장의 형태별(Failure mode)"이라는 단어를 유의해서 보아야 한다.

접근방식에 따른 위험분석 기법	
상향적(Bottom-up)·**귀납법**	하향식(Top-down)·**연역법**
1) FMEA 2) HAZOP 3) ETA 4) THERP * 귀납법은 관찰과 경험을 통해 자료를 수집하고 수집한 자료에서 비롯된 성향, 관련성을 가지고 결론을 도출하는 방식이다.	1) FTA 2) MORT(management oversight and risk tree : 경영소홀과 위험분석)는 tree를 중심으로 FTA와 같은 논리기법을 이용하여 관리, 설계, 생산, 보존 등으로 광범위하게 안전을 도모하는 것으로 "원자력 산업" 같은 고도의 안전을 달성하는 것을 목적으로 한다.

정량적 위험분석	정성적 위험분석
1) FTA (* MORT) 2) ETA 3) CCA 4) THERP	1) FMEA 2) PHA 등 다수

정답 ②

49

A부품의 고장확률 밀도함수는 지수분포를 따르며, 평균수명은 10^4시간이다. 이 부품을 10^3시간 작동시켰을 때의 신뢰도는 얼마인가? (단, 소수점 셋째자리에서 반올림하여 소수점 둘째자리까지 구한다.) [2024년 기출]

① 0.05
② 0.10
③ 0.15
④ 0.85
⑤ 0.90

해설

○ 고장확률 밀도함수

고장확률 밀도함수 $f(t)=\lambda \cdot e^{-\lambda t}$이다.
λ (고장률)가 일정할 때 지수분포를 따른다.
고장률과 수명은 역수관계이므로 여기서 신뢰도 $R(t)=e^{-\lambda t}$이다.

풀이 먼저 수명을 통해 고장률을 구한다.
$\lambda =10^{-4}$이다. 시간(t)는 10^3이므로 이를 신뢰도에 대입하면 $R(t)=0.9048$

정답 ⑤

50

사업장 위험성평가에 관한 지침에 따라 위험성평가 실시규정을 작성할 때 반드시 포함되어야 할 사항이 아닌 것은? [2024년 기출]

① 평가의 목적 및 방법
② 결과의 기록·보존
③ 위험성평가 인정신청서 작성방법
④ 근로자에 대한 참여·공유방법 및 유의사항
⑤ 평가담당자 및 책임자의 역할

해설

제9조(사전준비) ① 사업주는 위험성평가를 효과적으로 실시하기 위하여 최초 위험성평가 시 **다음 각 호의 사항이 포함된 위험성평가 실시규정을 작성**하고, 지속적으로 관리하여야 한다.

1. 평가의 목적 및 방법

2. 평가담당자 및 책임자의 역할

3. 평가시기 및 절차

4. 근로자에 대한 참여·공유방법 및 유의사항

5. 결과의 기록·보존

② 사업주는 위험성평가를 실시하기 전에 다음 각 호의 사항을 확정하여야 한다.

1. 위험성의 수준과 그 수준을 판단하는 기준

2. 허용 가능한 위험성의 수준(이 경우 법에서 정한 기준 이상으로 위험성의 수준을 정하여야 한다)

③ 사업주는 다음 각 호의 사업장 안전보건정보를 사전에 조사하여 위험성평가에 활용할 수 있다.

1. 작업표준, 작업절차 등에 관한 정보

2. 기계·기구, 설비 등의 사양서, 물질안전보건자료(MSDS) 등의 유해·위험요인에 관한 정보

3. 기계·기구, 설비 등의 공정 흐름과 작업 주변의 환경에 관한 정보

4. 법 제63조에 따른 작업을 하는 경우로서 같은 장소에서 사업의 일부 또는 전부를 도급을 주어 행하는 작업이 있는 경우 혼재 작업의 위험성 및 작업 상황 등에 관한 정보

5. 재해사례, 재해통계 등에 관한 정보

6. 작업환경측정결과, 근로자 건강진단결과에 관한 정보

7. 그 밖에 위험성평가에 참고가 되는 자료 등

정답 ③

26 다음에서 설명하는 역학조사 연구방법은? [2024년 기출]

- 특정요인에 노출된 집단과 노출되지 않은 집단의 질병 발생률 또는 사망률을 비교하기 위해 추적 조사하는 연구방법이다.
- 한 가지의 노출에 의하여 발생하는 다양한 결과를 검정할 수 있다.
- 오랜 기간 동안 많은 사람을 추적하므로 연구대상자 탈락문제, 시간과 비용이 많이 드는 문제점이 있다.

① 단면 연구
② 환자군 연구
③ 코호트 연구
④ 실험 연구
⑤ 사례 연구

해설

○ 역학조사 연구방법

1. 관찰연구와 실험연구

역학 연구방법은 크게 관찰연구와 실험연구로 구분할 수 있고, 관찰연구(Observational study)는 기술역학(사례연구, 사례군 연구, 생태학적 연구, 단면연구)과 분석역학(비교군을 가지고 있으면서 두 군의 발병 빈도 차이를 관찰하는 연구로 환자-대조군 연구, 코호트 연구)이 있다.

실험연구는 무작위배정 등 여러 연구조건들을 연구자가 직접 배정하거나 통제하는 반면, 준실험연구는 무작위 배정을 적용하지 않은 상태의 비교집단을 가진 실험적 연구이다.

2. 역학연구 설계에 따른 인과성에 대한 근거 수준

연구설계 중 실험적 연구일수록 해당 연구의 인과적 연관성의 근거수준이 더욱 높아진다. 즉, **사례**연구〈사례군 연구〈**생**태학적 연구〈**단면**연구〈**환자**-대조군 연구〈**코**호트 연구〈**준실험연구**〈**실험연구** 순서이다.

정답 ③

27 비가역적(irreversible)인 건강상태에 관한 설명으로 옳은 것은? [2024년 기출]

① 인체의 방어기전에 의해 다시 회복할 수 있는 상태이다.

② 과학적인 방법을 이용하여 유해인자에 대한 양, 정도, 중요성, 상태를 근거로 노출의 타당성을 결정하는 것이다.

③ 유해인자에 노출되면 일시적인 불쾌감과 작업능률 저하가 일어난다.

④ 다시 회복할 수 없는 건강상태로서 인체의 조직이나 기관에 기능상 장해가 일어난 경우이다.

⑤ 유해인자 노출에 대하여 적응할 수 있는 항상성 유지 단계이다.

해설

○ Hatch 박사(1972)의 양-반응관계와 허용설정단계

1. 기관장애과 기능장애

기관장애가 온 후에 기능장해가 온다.

2. 기관장애 진전 3단계

1) 항상성(homeostasis) 유지 단계 : 유해인자 노출에 대하여 적응할 수 있는 단계로 정상상태를 유지할 수 있는 단계

2) 보상(compensation) 단계 : 방어기전을 동원하여 기능장애를 방어할 수 있는 단계로 "허용농도 설정단계"를 말한다.

3) 고장(breakdown) 단계 : 보상이 불가능하여 기관이 파괴되는 단계

정답 ④

28 화학물질 및 물리적 인자의 노출기준에서 "Skin" 표시 물질의 의미로 옳은 것은? [2024년 기출]

① 피부자극성이 있는 물질이다.

② TLV-STEL이나 TLV-Ceiling이 미설정 되어 있는 물질에 적용한다.

③ 소화기 흡수에 대한 급성독성 유발물질이다.

④ 호흡기 노출에 주의하라는 것이다.

⑤ 점막과 눈 그리고 경피로 흡수되어 전신 영향을 일으킬 수 있는 물질을 말한다.

해설

제2조(정의) ① 이 고시에서 사용하는 용어의 뜻은 다음과 같다.

1. "노출기준"이란 근로자가 유해인자에 노출되는 경우 노출기준 이하 수준에서는 거의 모든 근로자에게 건강상 나쁜 영향을 미치지 아니하는 기준을 말하며, 1일 작업시간동안의 시간가중평균노출기준(Time Weighted Average, TWA), 단시간노출기준(Short Term Exposure Limit, STEL) 또는 최고노출기준(Ceiling, C)으로 표시한다.
2. "시간가중평균노출기준(TWA)"이란 1일 8시간 작업을 기준으로 하여 유해인자의 측정치에 발생시간을 곱하여 8시간으로 나눈 값을 말하며, 다음 식에 따라 산출한다.

$$\text{TWA환산값}=\frac{C1\,T1+C2\,T2+\ldots Cn\,Tn}{8(\text{시간})}$$

주) C : 유해인자의 측정치(단위 : ppm, mg/㎥, 개/㎤)

주) T : 유해인자의 발생시간(단위 : 시간)

3. "단시간노출기준(STEL)"이란 15분간의 시간가중평균노출값으로서 노출농도가 시간가중평균노출기준(TWA)을 초과하고 단시간노출기준(STEL) 이하인 경우에는 1회 노출 지속시간이 15분 미만이어야 하고, 이러한 상태가 1일 4회 이하로 발생하여야 하며, 각 노출의 간격은 60분 이상이어야 한다.
4. "최고노출기준(C)"이란 근로자가 1일 작업시간동안 잠시라도 노출되어서는 아니 되는 기준을 말하며, 노출기준 앞에 "C"를 붙여 표시한다.

② 이 고시에서 특별히 규정하지 아니한 용어는 「산업안전보건법」(이하 "법"이라 한다), 「산업안전보건법 시행령」(이하 "영"이라 한다), 「산업안전보건법 시행규칙」(이하 "규칙"이라 한다) 및 「산업안전보건기준에 관한 규칙」(이하 "안전보건규칙"이라 한다)이 정하는 바에 따른다.

* Skin 표시 물질은 점막과 눈 그리고 경피로 흡수되어 전신 영향을 일으킬 수 있는 물질을 말함(피부자극성을 뜻하는 것이 아님)

정답 ⑤

29

반감기($T_{1/2}$)가 87.5일인 S-35가 0.5㎎이 있을 때, 방사능은 약 몇 Ci인가? (단, $A_i=A_0\times0.693/T_{1/2}$, 아보가드로수=$6.023\times10^{23}$, 1Ci=$3.7\times10^{10}$dps) [2024년 기출]

① 21.3

② 26.3

③ 32.2

④ 36.4

⑤ 41.7

해설

○ 방사능

방사선의 세기(양)를 방사능이라고 하는데 단위로는 큐리(Ci) 또는 베크럴(Bq)을 사용한다. 1Ci는 1초 동안 3.7×10^{10}개의 원자핵이 붕괴하면서 발생시키는 방사선량으로 1g의 라듐이 내는 방사능의 세기이다. **따라서 1Ci=3.7×10^{10}Bq**에 해당한다.

참고로 dps(Disintegration Per Second)는 매초 1개의 붕괴수로 Bq로 표기한다.

보통 계산문제는 단서조항에서 공식을 주는 경우가 많으니 이를 참고하면 오히려 쉽게 풀이할 수도 있다.

예제 **Ra-226가 1g의 방사능은 얼마인가? (단, 반감기는 1,620년이다)**

$$\textbf{방사능(Bq)} = \frac{0.693}{\text{반감기}} \times \frac{\text{질량}}{\text{질량수}} \times \textbf{아보가드로수}(6.023 \times 10^{23})$$

여기서 주의할 것은 단위 통일을 해야 한다는 것이다. 매 초당 계산이므로 초(second)로 환산하고 질량은 g(그램) 단위로 일치시키도록 한다.

참고로 아보가드로수는 1mol 안에 아보가드로수만큼의 원자가 들어있다는 의미이다.

풀이를 해 보면, 다음과 같다.

$$\text{방사능(Bq)} = \frac{0.693}{1620 \times 365 \times 24 \times 60 \times 60} \times \frac{1}{226} \times \text{아보가드로수}$$

$$= 0.977(\text{Ci})$$

문제의 풀이를 해 본다.

$$\text{방사능(Bq)} = \frac{0.693}{87.5 \times 24 \times 60 \times 60} \times \frac{0.0005}{35} \times \text{아보가드로수}$$

$$= 788726190476(\text{Bq}) = 21.3(\text{Ci})$$

이를 다시 Ci로 환산하면 된다.

정답 ①

30 ACGIH TLV의 종류가 아닌 것은? [2024년 기출]

① TLV-C
② TLV-SL
③ TLV-STEL
④ TLV-CA
⑤ TLV-TWA

해설

○ ACGIH(American Conference of Governmental Industrial Hygienists, 미국산업위생전문가협회)의 TLV(허용농도)

1. 주의사항은 다음과 같다.
   1) TLV는 대기오염 평가 및 지표에 적용할 수 없다.
   2) TLV는 안전농도와 위험농도를 명확히 구분하는 경계선이 아니다.
   3) TLV는 독성의 강도를 비교할 수 있는 지표가 아니다.
   4) 24시간 또는 정상작업시간을 초과한 노출에 대한 독성평가에는 적용할 수 없다.
   5) 기존의 질병이나 육체적 조건을 판단하기 위한 척도로는 사용할 수 없다.
   6) 작업조건이 미국과 다른 나라에서는 ACGIH-TLV를 그대로 적용할 수 없다.
   7) TLV는 반드시 산업위생전문가에 의해 적용되어야 한다.
   8) 권고사항일 뿐 법적 구속력은 없다.

2. ACGIH TLV의 종류
   1) TLV-TWA(Time-Weighted Average : 시간가중평균농도)
   2) TLV-STEL(Short-Term Exposure Limit : 단시간 노출 허용농도)
   3) TLV-SL(Surface Limit) → 작업장 시설·장비 표면에 대한 접촉으로 인한 직·간접적인 부작용이 초래되지 않는 허용농도
   4) TLV-C(Ceiling : 최고허용농도)

3. 노출기준의 종류

기관명(미국)	노출기준 종류
ACGIH(미국산업위생전문가협의회)	TLV(Threshold Limit Values)
OSHA(미국산업안전보건청)	PEL(Permissible Exposure Limits)*법적기준
NIOSH(미국국립산업안전보건연구원)	REL(Recommended Exposure Limits)
AIHA(미국산업위생학회)	WEEL(Workplace Environmental Exposure Level)

정답 ④

31 고온의 조리과정에서 발생되는 조리흄(emissions from high-temperature)에 관한 국제암연구소(IARC)의 분류로 옳은 것은? [2024년 기출]

① Group-1(carcinogenic to humans)

② Group-2A(probably carcinogenic to humans)

③ Group-2B(possibly carcinogenic to humans)

④ Group-3(not classifiable as to its carcinogenic to humans)

⑤ Group-4(carcinogenic to animals)

해설

* carcinogen은 발암물질 즉, 종양을 발생시키는 물질이다.

○ IARC 발암성 분류 기준

구분	발암성물질 분류 기준
Group 1	- 인체발암물질 - 인간발암성의 충분한 증거
Group 2A	- 인체발암성물질 - 인간발암성의 제한된 증거와 동물실험에서 충분한 증거가 있는 것 또는 인간발암성의 증거가 부적당하나 동물실험에서 충분한 증거가 있고, 동물의 발암기전이 사람에서도 작용한다는 유력한 증거가 있는 것
Group 2B	- 인체발암가능물질 - 인간발암성의 증거가 제한적이고 동물실험에서는 불충분한 증거가 있는 것 또는 인간발암성의 증거가 부적당하나 동물실험에서는 충분한 증거가 있는 것
Group 3	- 인체발암성 비분류물질 - 인간발암성의 증거가 부적당하고 동물실험에서 부적당하거나 제한된 증거가 있는 것. 단, 인간발암성의 증거가 부적당하나 동물실험에서는 충분한 증거가 있고 동물의 발암기전이 사람에서는 작용하지 않는다는 유력한 증거가 있는 것
Group 4	- 인체비발암성 추정물질 - 인간과 실험동물에서 발암성이 없다는 증거가 있는 것

WHO(세계보건기구) 산하 국제암연구소(IARC)는 발암물질을 구분하고 있다. IARC는 발암물질을 그룹으로 분류하는데 인과관계가 규명된 정도에 따라 1, 2A, 2B, 3, 4그룹으로 분류한다. 그룹1은 '인체 발암성(Carcinogenic to humans)', 그룹 2A는 '거의 확실히 인체 발암 가능(Probably carcino genic to humans)', 그룹 2B는 '발암 가능성 있음(Possibly carcinogenic to humans)'이다.

CAS No.	Agent	Group	Volume	Year	Additional information
	Frying, emissions from high-temperature	2A	95	2010	
	High-temperature frying (see Frying)				

정답 ②

32

직경 30㎝인 원형덕트의 유량이 93.26㎥/min, 정압 -59.58mmH_2O일 때, 전압(TP, mmH_2O)은 약 얼마인가? [2024년 기출]

① −45
② −30
③ −15
④ 30
⑤ 45

해설

전압(Total pressure) = 정압(Static pressure) + 동압(Velocity pressure)

전압은 정압과 동압(속도압)의 합이므로 문제에서 주어진 것은 정압이 이미 구해져 있으므로 '동압'만 구하면 된다.

한편, 속도(V)와 속도압(VP)의 관계를 미리 알고 있어야 한다.

속도(V : m/s)=4.043√(VP : mmH_2O)

동압을 구하기 위해서는 속도를 알아야 하는데 유량 공식을 통해 속도를 구하면 된다.

1) 속도 구하기

Q(유량)=A(단면적)×V(속도)=(π ×D^2/4)×V

D : 직경

여기서 주의할 것은 속도의 단위가 m/s이기에 유량 93.26㎥/min에서 단위 변환을 해야 한다는 것이다. 그러면 93.26㎥/60s=1.554㎥/s

$$1.554\text{m}^3/\text{s} = \frac{\pi \times 0.3^2}{4} \times 속도(V)$$

속도(V)=21.98

2) 속도압(동압)구하기

속도(V : m/s)=4.043√(VP : mmH_2O)

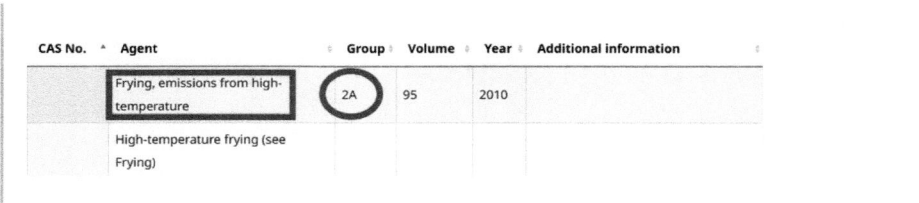

속도압(동압)=29.55

3) 전압 구하기

전압=정압+속도압(동압)=-30

정답 ②

33 입자상 물질에 관한 설명으로 옳지 않은 것은? [2024년 기출]

① 입자상 물질의 크기를 표시하는 데는 공기역학적(유체역학적) 직경과 물리적(기하학적) 직경 등이 있다.

② 공기 중 입자상 물질의 시료 채취 시 주된 메커니즘은 차단, 간섭, 관성 충돌 및 확산이다.

③ 방진 마스크의 여과효율을 검정할 때는 국제적으로 1.0㎛의 먼지를 사용한다.

④ 흉곽성 입자상 물질의 평균 입경(D_{50})은 10㎛이다.

⑤ 흡입성 입자상 물질은 호흡기에 침착하면 독성을 나타낸다.

해설

③ 방진 마스크의 여과효율 검정 시 사용하는 먼지의 크기는 0.3㎛까지 걸러줄 수 있는 것을 사용한다.

○ 입자상 물질

1. 입자크기별 기준(ACGIH, TLV)

   1) **흡입**성 입자상 물질(IPM)

      비강, 인후두, 기관 등 호흡기에 침착 시 독성을 유발하는 분진으로 평균입경은 100㎛(폐침착의 50%에 해당하는 입자 크기)

   2) **흉**곽성 입자상 물질(TPM)

      기도, 하기도에 침착하여 독성을 유발하는 물질로 평균입경 10㎛

   3) **호**흡성 입자상 물질(RPM)

      가스 교환 부위인 폐포에 침착 시 독성유발물질로 평균입경 4㎛

2. 여과포집 원리6가지 → **(암기법 : 직관/산중/정체)**

   1) **직**접차단(간섭)

   2) **관**성충돌

   3) 확**산**

   4) **중**력침강

   5) **정**전기 침강

6) **체**질

3. 입자크기별 포집효율(기전에 따름)
   1) 입경 0.1㎛ 미만 : 확산
   2) 입경 0.1~0.5㎛ : 직접차단(간섭), 확산
   3) 입경 0.5㎛ 이상 : 직접차단(간섭), 관성충돌

   참고 입경 0.3㎛일 경우 포집 효율이 가장 낮다.

4. 공기역학적 직경 및 기하학적 직경
   1) 공기역학적 직경(유체역학적 직경)
      구형인 먼지의 직경으로 대상 먼지와 침강속도가 같고 단위밀도가 1g/㎤

   2) 기하학적 직경(물리적 직경)
      (1) 마틴 직경
         먼지의 면적을 2등분하는 선의 길이로 "과소평가 우려"가 있다.
      (2) 페렛 직경
         먼지의 한쪽 끝 가장자리와 다른 쪽 가장자리 사이의 거리로 "과대평가 우려"가 있다.
      (3) 등면적 직경
         먼지면적과 동일면적 원의 직경으로 가장 정확하다.

5. 방진 마스크 등급과 사용 장소

특급 방진 마스크	1급 방진 마스크	2급 방진 마스크
1) 베릴륨 등과 같이 독성이 강한 물질을 함유한 분진 등 발생장소 2) 석면 취급 장소	1) 금속 흄 등과 같이 열적으로 생기는 분진 등 발생장소 2) 기계적으로 생기는 분진 등 발생장소 3) 용접 작업장소	특급 및 1급 방진 마스크 착용장소를 제외한 분진 등 발생 장소

정답 ③

34 유해화학물질에 관한 설명으로 옳지 않은 것은? [2024년 기출]

① 공기 중 유해화학물질의 주된 침입경로는 호흡기이다.

② 물리적 성상과 화학적 성질 또는 생물학적 작용에 따라 분류한다.

③ 인체 대사과정을 거쳐 배출 및 축적되는 속도에 따라 생체시료의 채취시기를 적절히 정해야 한다.

④ Hatch의 양-반응 관계에서 유해인자가 인체에 미치는 장애는 기관장애가 먼저 오고 기능장애가 나타난다.

⑤ 흡입된 유해화학물질의 폐 흡수율은 공기/혈액(물) 분배계수가 클수록 증가한다.

해설

⑤ 물질의 폐 흡수율은 폐포를 통하여 체내에 흡수되고 나머지는 외부로 배출된다. 물질의 폐 흡수율은 그 물질이 함유된 공기를 혈액(물)으로 나눈 값에 의하여 결정된다. 즉, “K=함유된 공기/혈액(물)”으로 분배계수가 작을수록 폐 흡수율은 증가한다.

정답 ⑤

35 니켈화합물에 관한 설명으로 옳은 것을 모두 고른 것은? [2024년 기출]

ㄱ. 직업적 노출로 인하여 알레르기성 접촉성 피부염과 폐암을 포함한 호흡기계에 악영향이 나타난다.

ㄴ. 인체에 흡수되면 혈액에서 주로 단백질과 결합된 상태로 발견되며, 신장 기능에 악영향을 준다.

ㄷ. 국내 노출기준은 불용성 무기화합물 $1.0mg/m^3$, 수용성 무기화합물 $5.0mg/m^3$로 규정한다.

① ㄷ

② ㄱ, ㄴ

③ ㄱ, ㄷ

④ ㄴ, ㄷ

⑤ ㄱ, ㄴ, ㄷ

해설

② 국내에서 니켈과 관련된 직업병 사례는 폐암을 비롯하여, 천식, 피부염, 심혈관 및 신장 질환 등이 발생했다. 주로 용접작업에 종사한 작업자에게서 많이 발생한다.

○ 화학물질 및 물리적 인자의 노출기준 731종 中.

43	니켈(가용성화합물)	Nickel (Soluble compounds, as Ni)	0.1	[7440-02-0] 발암성 1A
44	니켈(불용성 무기화합물)	Nickel(Insoluble Inorganic compounds, as Ni)	0.2	[7440-02-0] 발암성 1A
45	니켈(금속)	Nickel(Metal)	1	[7440-02-0] 발암성 2

■ 산업안전보건법 시행규칙 [별표 19]

유해인자별 노출 농도의 허용기준(제145조제1항 관련)

유해인자		허용기준			
		시간가중평균값(TWA)		단시간 노출값(STEL)	
		ppm	mg/m³	ppm	mg/m³
1. 6가크롬	불용성		0.01		
	수용성		0.05		
2. 납 및 그 무기화합물			0.05		
3. 니켈 화합물(불용성 무기화합물로 한정한다)(Nickel and its insoluble inorganic compounds)			0.2		
4. 니켈카르보닐		0.001			
5. 디메틸포름아미드		10			
6. 디클로로메탄		50			
7. 1,2-디클로로프로판		10		110	
8. 망간 및 그 무기화합물			1		
9. 메탄올		200		250	
10. 메틸렌 비스(페닐 이소시아네이트)		0.005			
11. 베릴륨 및 그 화합물			0.002		0.01
12. 벤젠		0.5		2.5	
13. 1,3-부타디엔		2		10	
14. 2-브로모프로판		1			
15. 브롬화 메틸		1			
16. 산화에틸렌		1			
17. 석면(제조·사용하는 경우만 해당한다)(Asbestos)			0.1개/㎤		

18. 수은 및 그 무기화합물		0.025		
19. 스티렌	20		40	
20. 시클로헥사논	25		50	
21. 아닐린	2			
22. 아크릴로니트릴	2			
23. 암모니아	25		35	
24. 염소	0.5		1	
25. 염화비닐	1			
26. 이황화탄소	1			
27. 일산화탄소	30		200	
28. 카드뮴 및 그 화합물		0.01 (호흡성 분진인 경우 0.002)		
29. 코발트 및 그 무기화합물		0.02		
30. 콜타르피치 휘발물		0.2		
31. 톨루엔	50		150	
32. 톨루엔-2,4-디이소시아네이트	0.005		0.02	
33. 톨루엔-2,6-디이소시아네이트	0.005		0.02	
34. 트리클로로메탄	10			
35. 트리클로로에틸렌	10		25	
36. 포름알데히드	0.3			
37. n-헥산	50			
38. 황산		0.2		0.6

비고

1. "시간가중평균값(TWA, Time-Weighted Average)"이란 1일 8시간 작업을 기준으로 한 평균 노출농도로서 산출공식은 다음과 같다.

$$TWA\text{환산값} = \frac{C_1 \cdot T_1 + C_1 \cdot T_1 + \cdots\cdots + C_n \cdot T_n}{8}$$

주) C : 유해인자의 측정농도(단위 : ppm, mg/m³ 또는 개/㎤)
T : 유해인자의 발생시간(단위 : 시간)

2. "단시간 노출값(STEL, Short-Term Exposure Limit)"이란 15분 간의 시간가중평균값으로서 노출 농도가 시간가중평균값을 초과하고 단시간 노출값 이하인 경우에는 ① 1회 노출 지속시간이 15분 미만이어야 하고, ② 이러한 상태가 1일 4회 이하로 발생해야 하며, ③ 각 회의 간격은 60

분 이상이어야 한다.

3. "등"이란 해당 화학물질에 이성질체 등 동일 속성을 가지는 2개 이상의 화합물이 존재할 수 있는 경우를 말한다.

○ 국내 발암성 정보물질의 표기

1A : 사람에게 충분한 발암성 증거가 있는 물질

1B : 시험동물에서 발암성 증거가 충분히 있거나, 시험동물과 사람 모두에서 제한된 발암성 증거가 있는 물질

2 : 사람이나 동물에서 제한된 증거가 있지만, 구분1로 분류하기에는 증거가 충분하지 않은 물질

정답 ②

36 사업장 근로자의 업무적합성평가 기본지침에 관한 설명으로 옳지 않은 것은? [2024년 기출]

① 해당 업무 근로자 및 동료 근로자들의 건강에 악영향을 미치지 않으면서 평가하는 것이다.

② 직무를 확인하고, 신체 및 심리적 기능을 평가한다.

③ 기능평가는 노동능력평가로도 불리며, 질병진단과 관련하여 평가한다.

④ 업무수행 적합여부 판정은 고용노동부고시에 따라 가/나/다/라로 판정한다.

⑤ 사후관리조치는 평가 완료 후 사업주가 제시하며, 개인중재와 작업중재가 있다.

해설

○ 사업장 근로자의 업무적합성평가 기본지침(KOSHA-GUIDE H-195-2021)

1. "업무적합성평가"란 해당 업무에 종사하는 근로자 및 그 동료 근로자들의 건강에 나쁜 영향을 미치지 않으면서 그 업무 수행이 적합한지를 직업환경의학전문의 등 직업의학분야 전문의사가 평가하는 행위를 말한다.
   '당해 근로자의 건강을 악화시킬 우려가 있는가', '동료 근로자의 건강 및 안전에 좋지 않은 영향을 미칠 것인가', '신체적 및 심리적으로 업무수행에 적합한가'라는 세 가지 측면에서 평가한다. 평가 후 필요시 병의원, 사업장 의사나 근로자건강센터 등에서 업무적합성평가서를 발급받을 수 있다.

2. "사후관리조치"란 직업환경의학전문의가 업무적합성평가 후 근로자의 건강관리와 적절한 업무수행을 위해 추가적으로 제시하는 조치사항을 말한다.
   사후관리조치는 개인을 대상으로 하는 개인중재와 작업장 또는 작업을 대상으로 하는 작업중재가 있다.

3. “개인중재”란 근로자 개인에 대한 생활습관 관리 및 의학적 관리에 대한 개입을 말한다. 건강상담, 혈액 등 의학적 추적검사, 약물 치료 등이 대표적인 예이다.

4. “작업중재”란 근로자 개인, 작업 단위 또는 작업장 전체를 대상으로 작업환경을 개선하거나 작업조건 변경에 개입하는 것을 말한다. 즉 보호구 제공 및 착용, 작업시간(근무시간 단축, 근로제한 및 금지 등), 작업부하(중량물 취급 제한 등), 작업절차, 작업자세, 편의제공(보조 장비 제공과 작업환경개선) 등에 대하여 검토하고 대책을 수립하는 것을 의미한다.

사후관리조치 종류 및 중재방안	
개인중재	1) 생활습관 관리 : 건강상담 2) 의학적 관리 : 추적검사, 검진주기 단축, 근무 중 치료
작업중재	1) 보호구 제공 및 착용 2) 근무상 조치 : 작업전환, 근무시간 단축(연장근무제한), 근로제한 및 금지 3) 작업환경관리 : 작업환경개선, 작업관리 4) 편의제공

5. 기능평가(질병진단)

노동능력평가로도 불리며, 질병진단과 관련하여 평가된다. 하지만 질병명 자체보다는 질병으로 인한 신체적, 심리적 기능 정도에 초점을 두어 평가한다. 이런 이유로 질병명이 동일해도 병의 진전정도, 기능의 손상수준 그리고 업무강도와 내용에 따라 기능평가의 종류는 크게 달라질 수 있다는 사실을 이해하는 것이 중요하다.

6. 업무수행 적합여부 판정

‘가’ 판정	현재 조건하에서 현재 업무 가능: 건강관리상 현재의 조건하에서 작업이 가능한 경우를 말한다.
‘나’ 판정	일정 조건하에서 현재 업무 가능: 일정한 조건(환경개선, 보호구착용, 건강진단주기의 단축 등)하에서 현재의 작업이 가능한 경우를 말한다.
‘다’ 판정	일정 기간 현재 업무 불가: 건강장해가 우려되어 한시적으로 현재의 작업을 할 수 없는 경우(건강상 또는 근로 조건상의 문제가 해결된 후 업무복귀 가능)를 말한다.
‘라’ 판정	영구적으로 현재업무 불가와 같이 업무수행적합 여부: 건강장해의 악화 또는 영구적인 장해의 발생이 우려되어 현재의 작업을 해서 안 되는 경우를 말한다.

정답 ⑤

37 피로에 관한 설명으로 옳지 않은 것은? [2024년 기출]

① 전신피로와 국소피로로 구분할 수 있다.
② 국소피로는 지속적이고 반복적인 일부 근육의 운동으로 인하여 주관적 및 객관적 변화가 초래된 상태이다.
③ 근육 운동에 필요한 에너지는 호기성 및 혐기성 대사를 통해서 얻어진다.
④ 근육 운동이 시작된 직후에는 주로 호기성 대사에 의해 에너지가 공급된다.
⑤ 혐기성 대사의 최종 분해산물은 젖산(lactate)이다.

해설

국소 피로는 신체 일부에 오는 피로로 조금만 쉬면 곧 정상으로 돌아가지만, 전신피로는 온 몸이 피곤상태로 빠지는 것으로 피로감이 크고 회복이 느린 피로이다.
호기성 운동은 적은 강도에서 장기간 하는 운동이며, 혐기성 운동은 짧은 기간 동안 격렬한 운동이다. 운동을 시작하면 먼저 "혐기성 에너지원"이 소모되다가 약 2분이 경과되면 "호기성 대사"가 시작된다.

정답 ④

38 유해물질의 체내흡수량(absorbed dose)을 결정하는 요소가 아닌 것은? [2024년 기출]

① 공기 중 농도
② 노출시간
③ 폐환기율
④ 체내잔류율
⑤ 반수 치사량

해설

체내흡수량(mg)=공기 중 유해물질 농도×노출시간×**폐환기율**×**체내 잔류율**

정답 ⑤

39 화학물질의 분류·표시 및 물질안전보건자료에 관한 기준에서 정하는 물질안전보건자료의 작성 원칙에 관한 설명으로 옳지 않은 것은? [2024년 기출]

① 물질안전보건자료는 한글로 작성하는 것을 원칙으로 하되 화학물질명, 외국기관명 등의 고유명사는 영어로 표기할 수 있다.

② 실험실에서 시험·연구목적으로 사용하는 시약으로서 물질안전보건자료가 외국어로 작성된 경우에는 한국어로 번역하지 아니할 수 있다.

③ 각 작성항목은 빠짐없이 작성하여야 하나 부득이 어느 항목에 대해 관련 정보를 얻을 수 없는 경우에는 작성란에 "해당 없음"이라고 기재한다.

④ 물질안전보건자료 작성에 필요한 용어, 작성에 필요한 기술지침은 한국산업안전보건공단이 정할 수 있다.

⑤ 작성 시 시험결과를 반영하고자 하는 경우에는 해당국가의 우수실험실기준(GLP) 및 국제공인시험기관 인정(KOLAS)에 따라 수행한 시험결과를 우선적으로 고려하여야 한다.

해설

③ 반복되는 문제 유형이다.

제10조(작성항목) ① 물질안전보건자료 작성 시 포함되어야 할 항목 및 그 순서는 다음 각 호에 따른다.① 물질안전보건자료는 한글로 작성하는 것을 원칙으로 하되 화학물질명, 외국기관명 등의 고유명사는 영어로 표기할 수 있다.

② 실험실에서 시험·연구목적으로 사용하는 시약으로서 물질안전보건자료가 외국어로 작성된 경우에는 한국어로 번역하지 아니할 수 있다.

③ 각 작성항목은 빠짐없이 작성하여야 하나 부득이 어느 항목에 대해 관련 정보를 얻을 수 없는 경우에는 작성란에 "해당 없음"이라고 기재한다.

④ 물질안전보건자료 작성에 필요한 용어, 작성에 필요한 기술지침은 한국산업안전보건공단이 정할 수 있다.

⑤ 작성 시 시험결과를 반영하고자 하는 경우에는 해당국가의 우수실험실기준(GLP) 및 국제공인시험기관 인정(KOLAS)에 따라 수행한 시험결과를 우선적으로 고려하여야 한다.

1. 화학제품과 회사에 관한 정보
2. 유해성·위험성
3. 구성성분의 명칭 및 함유량
4. 응급조치요령
5. 폭발·화재시 대처방법
6. 누출사고시 대처방법
7. 취급 및 저장방법
8. 노출방지 및 개인보호구
9. 물리화학적 특성
10. 안정성 및 반응성

11. 독성에 관한 정보
12. 환경에 미치는 영향
13. 폐기 시 주의사항
14. 운송에 필요한 정보
15. 법적규제 현황
16. 그 밖의 참고사항

② 제1항 각 호에 대한 세부작성 항목 및 기재사항은 별표 4와 같다. 다만, 물질안전보건자료의 작성자는 근로자의 안전보건의 증진에 필요한 경우에는 세부항목을 추가하여 작성할 수 있다.

제11조(작성원칙) ① 물질안전보건자료는 한글로 작성하는 것을 원칙으로 하되 화학물질명, 외국기관명 등의 고유명사는 영어로 표기할 수 있다.

② 제1항에도 불구하고 실험실에서 시험·연구목적으로 사용하는 시약으로서 물질안전보건자료가 외국어로 작성된 경우에는 한국어로 번역하지 아니할 수 있다.

③ 제10조제1항 각 호의 작성 시 시험결과를 반영하고자 하는 경우에는 해당국가의 우수실험실기준(GLP) 및 국제공인시험기관 인정(KOLAS)에 따라 수행한 시험결과를 우선적으로 고려하여야 한다.

④ 외국어로 되어있는 물질안전보건자료를 번역하는 경우에는 자료의 신뢰성이 확보될 수 있도록 최초 작성기관명 및 시기를 함께 기재하여야 하며, 다른 형태의 관련 자료를 활용 하여 물질안전보건자료를 작성하는 경우에는 참고문헌의 출처를 기재하여야 한다.

⑤ 물질안전보건자료 작성에 필요한 용어, 작성에 필요한 기술지침은 한국산업안전보건공단이 정할 수 있다.

⑥ 물질안전보건자료의 작성단위는「계량에 관한 법률」이 정하는 바에 의한다.

⑦ 각 작성항목은 빠짐없이 작성하여야 한다. 다만, 부득이 어느 항목에 대해 **관련 정보를 얻을 수 없는 경우에는 작성란에 "자료 없음"**이라고 기재하고, **적용이 불가능하거나 대상이 되지 않는 경우에는 작성란에 "해당 없음"**이라고 기재한다.

⑧ 제10조제1항제1호에 따른 화학제품에 관한 정보 중 용도는 별표 5에서 정하는 용도분류체계에서 하나 이상을 선택하여 작성할 수 있다. 다만, 법 제110조제1항 및 제3항에 따라 작성된 물질안전보건자료를 제출할 때에는 별표 5에서 정하는 용도분류체계에서 하나 이상을 선택하여야 한다.

⑨ 혼합물 내 함유된 화학물질 중 규칙 별표 18제1호가목에 해당하는ㅁ 화학물질의 함유량이 한계농도인 1% 미만이거나 동 별표 제1호나목에 해당하는 화학물질의 함유량이 별표 6에서 정한 한계농도 미만인 경우 제10조제1항 각호에 따른 항목에 대한 정보를 기재하지 아니할 수 있다. 이 경우 화학물질이 규칙 별표18 제1호가목과 나목 모두 해당할 때에는 낮은 한계농도를 기준으로 한다.

⑩ 제10조제1항제3호에 따른 구성 성분의 함유량을 기재하는 경우에는 함유량의 ± 5퍼센트포인트(%P) 내에서 범위(하한 값 ~ 상한 값)로 함유량을 대신하여 표시할 수 있다.

⑪ 물질안전보건자료를 작성할 때에는 취급근로자의 건강보호목적에 맞도록 성실하게 작성하여야 한다.

정답 ③

40 호흡보호구의 선정·사용 및 관리에 관한 지침에서 사용하는 용어의 정의로 옳지 않은 것은? [2024년 기출]

① “방독마스크”라 함은 흡입공기 중 가스·증기 상 유해물질을 막아주기 위해 착용하는 호흡보호구를 말한다.

② “보호계수(Protection Factor, PF)”란 잘 훈련된 착용자가 보호구를 착용했을 때 각 호흡보호구가 제공할 수 있는 보호계수의 기대치를 말한다.

③ “송기식 마스크”라 함은 작업장이 아닌 장소의 공기를 호스 등을 통하여 공급하여 흡입할 수 있도록 만들어진 호흡보호구를 말한다.

④ “즉시위험건강농도(IDLH)”라 함은 생명 또는 건강에 즉각적으로 위험을 초래하는 농도로서 그 이상의 농도에서 30분간 노출되면 사망 또는 회복 불가능한 건강장해를 일으킬 수 있는 농도를 말한다.

⑤ “유해비”라 함은 공기 중 오염물질 농도와 노출기준과의 비로 호흡보호구 착용장소의 오염정도를 나타내는 척도를 말한다.

해설

○ **호흡보호구의 선정·사용 및 관리에 관한 지침(KOSHA GUIDE H-82-2020)**

1. 이 지침은 유해 작업장에서 일하는 근로자의 건강을 보호하기 위하여 호흡용 보호구를 지급·착용하여야 하는 경우에 적용한다. 다만 다음의 보호구에는 적용하지 아니한다.
   1) 수중호흡장치
   2) 항공기 산소장치
   3) 군용 방독마스크
   4) 의료용 흡입기와 구급소생기

2. 용어의 정의
   1) “호흡보호구”라 함은 산소결핍공기의 흡입으로 인한 건강장해예방 또는 유해물질로 오염된 공기 등을 흡입함으로써 발생할 수 있는 건강장해를 예방하기 위한 보호구를 말한다.

   2) “방독마스크”라 함은 흡입공기 중 가스·증기 상 유해물질을 막아주기 위해 착용하는 호흡보호구를 말한다.

   3) “방진마스크”라 함은 흡입공기 중 입자상(분진, 흄, 미스트 등) 유해물질을 막아주기 위해 착용하는 호흡보호구를 말한다.

   4) “송기식 마스크”라 함은 작업장이 아닌 장소의 공기를 호스 등을 통하여 공급하여 흡입할 수 있도록 만들어진 호흡보호구를 말한다.

5) “자급식 마스크”란 착용자의 몸에 지닌 압력공기실린더, 압력산소실린더 또는 산소발생장치가 작동되어 호흡용 공기가 공급되도록 만들어진 호흡보호구를 말한다.

6) “밀착도 검사(fit test)”라 함은 착용자의 얼굴에 호흡보호구가 효과적으로 밀착되는지 확인하기 위한 검사를 말한다.

7) “보호계수(Protection Factor, PF)”라 함은 호흡보호구 바깥쪽에서의 공기 중 오염물질 농도와 안쪽에서의 오염물질 농도비로 착용자 보호의 정도를 나타내는 척도를 말한다.

8) “할당보호계수(Assigned Protection Factor, APF)”란 잘 훈련된 착용자가 보호구를 착용했을 때 각 호흡보호구가 제공할 수 있는 보호계수의 기대치를 말한다. → 할당보호계수가 큰 것이 안전한 것을 의미한다.

9) “즉시위험건강농도(IDLH, Immediately Dangerous to Life or Health)”라 함은 생명 또는 건강에 즉각적으로 위험을 초래하는 농도로서 그 이상의 농도에서 30분간 노출되면 사망 또는 회복 불가능한 건강장해를 일으킬 수 있는 농도를 말한다.

10) “밀착형 호흡보호구”란 호흡보호구의 안면부가 얼굴이나 두부에 직접 닿는 호흡보호구를 말한다.

11) “유해비”라 함은 공기 중 오염물질 농도와 노출기준과의 비로 호흡보호구 착용장소의 오염정도를 나타내는 척도를 말한다.

3. 호흡보호구 종류

분류	공기정화식		공기공급식	
종류	비전동식	전동식	송기식	자급식

4. 정화통 종류 및 외부 측면 표시 색

종류	표시 색
유기화합물용 정화통	갈색
할로겐용 정화통	회색
황화수소용 정화통	
시안화수소 정화통	
아황산용 정화통	노랑색

암모니아용 정화통	녹색
복합용 및 겸용의 정화통	복합용의 경우 해당가스 모두 표시 겸용의 경우 백색과 해당가스 모두 표시

* "겸용"이란 방독 및 방진마스크의 성능이 포함된 것을 말한다.
* "복합용"이란 2종류 이상의 유해물질에 대한 해독능력이 있는 전동식보호구를 말한다.

5. 호흡보호구별 할당보호계수

호흡보호구 종류	안면부 형태	(양압) 할당보호계수	(음압) 할당보호계수
비전동식	반면형	N/A(해당 없음)	10
	전면형		50
전동식	반면형	50	N/A
	전면형	1,000	
	후드형	1,000	
송기식	반면형	50	
	전면형	1,000	
	후드형	1,000	
자급식	공기호흡기	1,000	

* N/A(Not Application : 해당 없음)

예제 **톨루엔의 노출기준은 50ppm인데, 공기 중 오염물질의 농도를 측정한 결과 1,500ppm이다. 어떤 호흡보호구를 선정하여야 하는가?**

풀이를 알아보자.
① 유해비 = 1,500ppm/50ppm = 30
② 할당보호계수가 유해비 30보다 큰 호흡보호구를 선정한다.
③ 비전동식 음압 반면형 방독마스크는 적용 불가

정답 ②

41 직무스트레스 예방을 위한 국내의 근로시간 관련 지침에 관한 설명으로 옳지 않은 것은? [2024년 기출]

① 근무 중 적절한 휴식시간을 제공한다.

② 1일 11시간 이상의 연장 근로와 야간 근로는 최소한으로 한다.

③ 주 7일 근무를 해야 하는 상황에서도 한 달에 두 번은 이틀의 휴일을 제공한다.

④ 1개월간 주당 평균근로시간이 52시간 이상인 경우 근로자의 신청을 받아 보건관리자에 의한 면접지도를 실시한다.

⑤ 최소한 하루에 5시간 이상의 수면시간을 확보한다.

해설

○ 장시간 근로자 보건관리 지침(KOSHA GUIDE H-47-2021)

장시간 근로자의 보건관리 시 사업주 조치사항은 다음과 같다.

1. 하루에 11시간 이상의 연장근로와 야간 근로는 최소한으로 하여야 한다.
2. 생리주기와 수면주기를 고려하여 졸음을 방지하기 위해서는 연속적인 야간근로가 4회를 넘지 않아야 한다.
3. 가능하면 근무시간 종료 후 11시간 이상의 휴식시간은 확보되어야 식사와 이동 시간을 제외하고 최소한 6시간의 수면시간을 확보할 수 있다.
4. 가능하면 최소한 1주일에 한 번 정도는 온전한 하루 즉 연속된 24시간을 쉴 수 있도록 일정을 짜야 한다.
5. 일주일 7일의 근무를 해야 하는 상황에서도 한 달에 두 번은 이틀을 충분히 쉴 수 있는 휴일을 제공한다.
6. 근무 중 적절한 휴식시간을 제공한다.
7. 근로자 1인 근무는 사고 위험이 증가하기 때문에 피하도록 한다.
8. 유해물질 노출 작업을 하는 경우에는 12시간 근무를 피하도록 한다.
9. 근무일정은 최소 1주일 전에는 알 수 있도록 하여야 하며, 근로자 본인의 동의를 구해야 가족생활과 다른 사회생활에 어려움을 최소화 할 수 있다.
10. 사업주는 근로자의 1개월간 주당 평균 52시간 이상인 경우 근로자의 신청을 받아 보건관리자에 의한 면접지도를 실시하도록 한다.

정답 ⑤

42 유해인자에 관한 생물학적 노출지표의 연결이 옳지 않은 것은? [2024년 기출]

① 디클로로메탄 : 혈중 메트헤모글로빈
② 메틸 n-부틸케톤 : 소변 중 2,5-헥산디온
③ 2-에톡시에탄올 : 소변 중 2-에톡시초산
④ 일산화탄소 : 혈중 카복시헤모글로빈 또는 호기 중 일산화탄소
⑤ 아세톤 : 소변 중 아세톤

해설

○ 생물학적 노출지표 검사시료 채취 지침(KOSHA GUIDE H-216-2022)

유해물질명	시료채취		지표물질명	채취량
	종류	시기		
p-니트로아닐린 p-니트로클로로벤젠 디니트로톨루엔 N,N-디메틸아세트아닐린	혈액	수시	메트헤모글로빈	3㎖ 이상
디클로로메탄	혈액	당일	**카복시헤모글로빈**	3㎖ 이상
N,N-디메틸아세트아미드	소변	당일	N-메틸아세트아미드	10㎖ 이상
디메틸포름아미드	소변	당일	N-메틸포름아미드	10㎖ 이상
1,2-디클로로프로판	소변	당일	1,2-디클로로프로판	10㎖ 이상
메틸클로로포름	소변	주말	삼염화초산 총삼염화에탄올	10㎖ 이상
트리클로로에틸렌	소변	주말	삼염화초산 총삼염화물	10㎖ 이상
크실렌	소변	당일	메틸마뇨산	10㎖ 이상
톨루엔	소변	당일	O(오르소)-클레졸	10㎖ 이상
퍼클로로에틸렌	소변	주말	삼염화초산	10㎖ 이상
n-헥산	소변	당일	2,5-헥산디온	10㎖ 이상
납	혈액	수시	납	3㎖ 이상
수은	소변	작업 전	수은	10㎖ 이상
인듐	혈청	수시	인듐	3㎖ 이상
카드뮴	혈액	수시	카드뮴	3㎖ 이상
일산화탄소	혈액	당일	**카복시헤모글로빈 호기 중 일산화탄소**	3㎖ 이상
메틸 n-부틸케톤	소변	당일	2,5-헥산디온	10㎖ 이상
2-에톡시에탄올	소변	주말	2-에톡시초산	10㎖ 이상
아세톤	소변	당일	아세톤	10㎖ 이상

* 헤모글로빈이 일산화탄소와 결합하면 "카복시헤모글로빈"이 되어 산소 운반능력을 상실한다. "메트헤모글로빈"은 산화물에 반응하여 산소운반기능을 하지 못하는 것을 말한다. 즉 헤모글로빈의 제일철이 제이철로 산화되어 형성되며 산소운반능력을 잃게 된다.
2023. 8. 24 개정으로 일산화탄소 혈액 중 카복시헤모글로빈의 생물학적 노출평가 기준값 오류 수정으로 5% 이하에서 3.5% 이하로 수정됨에 주의한다. 호기가스는 일산화탄소 분석에 유일하게 쓰인다.

정답 ①

43 인체의 부위 중 하지부가 아닌 것은? [2024년 기출]

① 삼각근부
② 대퇴부
③ 슬부
④ 하퇴부
⑤ 둔부

해설

① 어깨·상지부에는 극상근, 극하근, 소원근, 삼각근, 상완이두근, 상완삼두근, 상완요골근 등이 있다.

정답 ①

44 인체의 계(system)에 관한 설명으로 옳지 않은 것은? [2024년 기출]

① 호흡계는 코, 인·후두, 기관, 기관지, 폐 등으로 구성되어 신체의 호흡을 담당한다.
② 근육계는 뼈대근, 심장근, 평활근, 근막, 건(힘줄), 건초(힘줄집), 윤활낭 등으로 구성된 능동적 운동장치이다.
③ 감각계는 눈, 코, 귀, 혀 등으로 구성되어 신체의 감각을 받아들인다.
④ 소화계는 위, 소장, 대장의 소화를 담당하는 장기와 간, 췌장, 담낭 등으로 구성된다.
⑤ 내분비계는 심장, 혈액, 혈관, 림프, 비장, 흉선으로 구성되어 영양분을 운반하고 림프구 및 항체를 생산한다.

해설

소화계 중 췌장은 강한 산성의 위산을 중화시키는 중탄산염을 분비해 위장관을 보호하는 역할을 하는 고마운 장기다. 담낭(쓸개)은 간에서 분비된 담즙을 저장하고 있다가 식사 후에는 담즙을 장(腸)으로 짜줘 지방 성분을 소화시키는 일을 한다.
순환계는 심장, 혈관, 혈액을 포함한다. 림프계는 흉선, 비장, 골수, 편도, 충수 등이 대표적이다. 림프계는 면역 체계의 필수적인 부분으로 순환계를 보완하는 척추동물의 기관계로 모세혈관의 얇은 벽을 통해 조직에 스며드는 액체(조직액)를 말한다.

정답 ⑤

45 산업재해조사에 관한 설명으로 옳지 않은 것은? [2024년 기출]

① 산업재해발생의 책임 소재를 밝히고 산업재해가 발생한 날로부터 60일 이내에 산업재해조사표를 작성하여 제출하여야 한다.
② 사람의 불안전한 행동유무에 대하여 육하원칙에 의거 기술한다.
③ 산업재해 발생 과정에서 관련 있었던 물질, 재료를 확인한다.
④ 산업재해 조사 중 파악된 사실에서 재해의 직접원인을 확정하고 원인과 연관된 제반 기준에 어긋난 문제점 유무와 이유를 분명히 한다.
⑤ 재발방지 대책을 수립하기 위함이다.

해설

육하원칙은 기사문에 들어가야 할 여섯 가지 요소다. '누가, 언제, 어디서, 무엇을, 어떻게, 왜' 이렇게 여섯 가지가 필수적으로 포함돼야 한다는 것이다.
누가 Who, 언제 When, 어디서 Where, 무엇을 What, 어떻게 How, 왜 Why,가 있다.

시행규칙 제72조(산업재해 기록 등) 사업주는 산업재해가 발생한 때에는 법 제57조제2항에 따라 다음 각 호의 사항을 기록·보존해야 한다. 다만, 제73조제1항에 따른 산업재해조사표의 사본을 보존하거나 제73조제5항에 따른 요양신청서의 사본에 재해 재발방지 계획을 첨부하여 보존한 경우에는 그렇지 않다.
1. 사업장의 개요 및 근로자의 인적사항
2. 재해 발생의 일시 및 장소
3. **재해 발생의 원인 및 과정** → 원인 및 결과(×)
4. 재해 재발방지 계획

시행규칙 제73조(산업재해 발생 보고 등) ① 사업주는 산업재해로 사망자가 발생하거나 3일 이상의

휴업이 필요한 부상을 입거나 질병에 걸린 사람이 발생한 경우에는 법 제57조제3항에 따라 **해당 산업재해가 발생한 날부터 1개월 이내**에 별지 제30호서식의 산업재해조사표를 작성하여 관할 지방고용노동관서의 장에게 제출(전자문서로 제출하는 것을 포함한다)해야 한다.

② 제1항에도 불구하고 다음 각 호의 모두에 해당하지 않는 사업주가 법률 제11882호 산업안전보건법 일부개정법률 제10조제2항의 개정규정의 시행일인 2014년 7월 1일 이후 해당 사업장에서 처음 발생한 산업재해에 대하여 지방고용노동관서의 장으로부터 별지 제30호서식의 산업재해조사표를 작성하여 제출하도록 명령을 받은 경우 그 명령을 받은 날부터 15일 이내에 이를 이행한 때에는 제1항에 따른 보고를 한 것으로 본다. 제1항에 따른 보고기한이 지난 후에 자진하여 별지 제30호서식의 산업재해조사표를 작성·제출한 경우에도 또한 같다.

1. 안전관리자 또는 보건관리자를 두어야 하는 사업주
2. 법 제62조제1항에 따라 안전보건총괄책임자를 지정해야 하는 도급인
3. 법 제73조제2항에 따라 건설재해예방전문지도기관의 지도를 받아야 하는 건설공사도급인(법 제69조제1항의 건설공사도급인을 말한다. 이하 같다)
4. 산업재해 발생사실을 은폐하려고 한 사업주

③ 사업주는 제1항에 따른 산업재해조사표에 근로자대표의 확인을 받아야 하며, 그 기재 내용에 대하여 근로자대표의 이견이 있는 경우에는 그 내용을 첨부해야 한다. 다만, 근로자대표가 없는 경우에는 재해자 본인의 확인을 받아 산업재해조사표를 제출할 수 있다.

④ 제1항부터 제3항까지의 규정에서 정한 사항 외에 산업재해발생 보고에 필요한 사항은 고용노동부장관이 정한다.

⑤ 「산업재해보상보험법」 제41조에 따라 요양급여의 신청을 받은 근로복지공단은 지방고용노동관서의 장 또는 공단으로부터 요양신청서 사본, 요양업무 관련 전산입력자료, 그 밖에 산업재해예방업무 수행을 위하여 필요한 자료의 송부를 요청받은 경우에는 이에 협조해야 한다.

정답 ①

46 재해의 발생형태에 따른 원인 분석 방법에 관한 설명으로 옳지 않은 것은? [2024년 기출]

① 파레토도는 좌표의 가로축에 중요도가 높은 순서로 요인을 기재하고, 세로축에 각 요인의 도수를 고려한 누적치로 막대형 그래프를 작성한다.

② 특성요인도는 재해특성과 요인 관계를 도표로 그려 어골상으로 세분화하여 연쇄관계를 나타내는 형태로 표현한다.

③ 웨버의 사고연쇄반응이론은 직업성질환과 역학조사를 위하여 개발한 기법이다.

④ 크로스분석은 불안전한 상태와 불안전한 행동이 서로 밀접한 관계를 유지할 때 사용하는 방법이다.

⑤ 관리도(control chart)는 월별 재해추이 등을 그래프로 그려 관리구역을 설정하고 대책을 수립하는데 활용한다.

해설

1. 웨버(Weaver)의 사고연쇄반응이론
   1) 유전과 환경
   2) 인간의 실수(인간의 결함)
   3) 불안전행동 및 불안전 상태
   4) 사고(재해)
   5) 상해

2. 크로스분석은 두 가지 또는 그 이상의 요인이 서로 밀접한 상호관계를 유지할 때 사용하는 방법이다.

3. 관리도는 품질의 산포를 관리하기 위하여 하나의 중심선과 두 개의 관리선(관리 상한선, 관리 하한선)을 설정한 그래프를 말한다.

정답 ③

47 산업재해통계 업무처리규정상 산업재해통계의 산출방법에 관한 설명으로 옳지 않은 것은? [2024년 기출]

① 총 요양근로손실일수는 재해자의 총 요양기간을 합산하여 산출하되 사망, 부상 또는 질병이나 장애자의 요양 근로 손실 일수는 등급별로 차이를 두지 아니한다.

② 도수율(빈도율)=(재해건수/연근로시간수)×1,000,000

③ 임금근로자수는 통계청의 경제활동인구조사상 임금근로자수이다.

④ 고혈압 등 개인지병, 방화 등에 의한 재해 중 재해원인이 사업주의 법 위반 등에 기인하지 아니한 것이 명백한 경우에는 산업재해조사 대상 사고 사망자수에서 제외한다.

⑤ 휴업재해율=(휴업재해자수/임금근로자수)×100

해설

① 해당 사업장의 폐지, 재해발생 후 84일 이상 요양 중 사망한 재해로서 목격자 등 참고인의 소재불명 등으로 재해발생에 대하여 원인규명이 불가능하여 재해조사의 실익이 없다고 지방관서의 장이 인정하는 재해, 고혈압 등 개인지병, 방화 등에 의한 재해 중 재해원인이 사업주의 법 위반 등에 기인하지 아니한 것이 명백한 경우에는 산업재해조사 대상 사고 사망자수에서 제외한다.

○ 신체장해등급이 결정되었을 때는 다음과 같이 등급별 근로손실일수를 적용한다.

구 분	사망	신 체 장 해 자 등 급											
		1~3	4	5	6	7	8	9	10	11	12	13	14
근로손실일수 (일)	7,500	7,500	5,500	4,000	3,000	2,200	1,500	1,000	600	400	200	100	50

※ 부상 및 질병자의 요양근로손실일수는 요양신청서에 기재된 요양일수를 말한다.

정답 ①

48 직업성 질환 역학조사 실시 사례가 아닌 것은? [2024년 기출]

① 핸드폰 부품을 생산하는 사업장에서 CNC 절삭작업과 검사작업을 하는 근로자가 고농도의 메탄올 증기를 흡입하여 급성 중독을 일으킴에 따라 역학조사를 실시하였다.

② 2-브로모프로판을 포함한 화학물질을 사용하는 전자사업장 근로자에서 생식기계, 조혈기계, 건강장해가 집단 발생하여 이에 따른 역학조사를 실시하였다.

③ 주민이 집단적으로 원인모를 피부병과 암에 시달린다는 주장이 제기되어 역학조사를 실시하였다.

④ 반도체 제조공장에서 다양한 종류의 암이 발생하여 취급화학물질과 작업환경에 대한 역학조사를 실시하였다.

⑤ 의료용 금속부품을 도장하는 사업장 근로자가 세척조 내부에서 청소작업을 하다가 TCE 증기에 중독되어 사망하였고 이에 따라 역학조사를 실시하였다.

해설

③ 직업성 질환의 예방을 위하여 "근로자의 질병과 작업장의 유해요인의 상관관계"에 관하여 실시하는 조사를 말한다.

정답 ③

49 산업안전보건법령상 사업주가 근로자를 고기압 업무에 종사하도록 해서는 안 되는 질병에 해당하지 않는 것은? [2024년 기출]

① 감압증에 의한 장해 또는 그 후유증

② 만성전립선염, 요로감염 등 비뇨기계의 질병

③ 빈혈증, 심장판막증, 관상동맥경화증, 고혈압증, 그 밖의 혈액 또는 순환기계의 질병

④ 정신신경증, 알코올중독, 신경통 그 밖의 정신신경계의 질병

⑤ 메니에르씨병, 중이염, 그 밖의 이관(耳管 : 유스타키오관, 중이와 인두를 연결)협착을 수반하는 귀 질환

해설

시행규칙 제221조(질병자 등의 근로 제한) ① 사업주는 법 제129조부터 제130조에 따른 건강진단 결과 유기화합물·금속류 등의 유해물질에 중독된 사람, 해당 유해물질에 중독될 우려가 있다고 의사가 인정하는 사람, 진폐의 소견이 있는 사람 또는 방사선에 피폭된 사람을 해당 유해물질 또는 방사선을 취급하거나 해당 유해물질의 분진·증기 또는 가스가 발산되는 업무 또는 해당 업무로 인하여 근로자의 건강을 악화시킬 우려가 있는 업무에 종사하도록 해서는 안 된다.

② 사업주는 다음 각 호의 어느 하나에 해당하는 질병이 있는 근로자를 고기압 업무에 종사하도록 해서는 안 된다.

1. 감압증이나 그 밖에 고기압에 의한 장해 또는 그 후유증
2. 결핵, 급성상기도감염, 진폐, 폐기종, 그 밖의 호흡기계의 질병
3. 빈혈증, 심장판막증, 관상동맥경화증, 고혈압증, 그 밖의 혈액 또는 순환기계의 질병
4. 정신신경증, 알코올중독, 신경통, 그 밖의 정신신경계의 질병
5. 메니에르씨병, 중이염, 그 밖의 이관(耳管)협착을 수반하는 귀 질환
6. 관절염, 류마티스, 그 밖의 운동기계의 질병
7. 천식, 비만증, 바세도우씨병, 그 밖에 알레르기성·내분비계·물질대사 또는 영양장해 등과 관련된 질병

③ 사업주는 다음 각 호의 어느 하나에 해당하는 경우에는 미리 보건관리자(의사인 보건관리자만 해당한다), 산업보건의 또는 건강진단을 실시한 의사의 의견을 들어야 한다. 〈신설 2023. 9. 27.〉

1. 제1항 또는 제2항에 따라 근로를 제한하려는 경우
2. 제1항 또는 제2항에 따라 근로가 제한된 근로자 중 건강이 회복된 근로자를 다시 근로하게 하려는 경우

정답 ②

50 산업보건통계에 관한 설명으로 옳은 것을 모두 고른 것은? [2024년 기출]

ㄱ. 비(ratio)는 하나의 측정값을 다른 측정값으로 나눈 값으로, 분자는 분모에 포함된다.
ㄴ. 중앙값은 자료를 작은 것부터 큰 것으로 나열했을 때, 가운데에 위치한 값이다.
ㄷ. 분율(proportion)은 분자가 분모에 포함되는 것으로 비율 또는 구성비라고도 한다.
ㄹ. 명목형 자료는 각 범주들 간에 어떤 방식으로든 순서가 매겨진다.

① ㄱ, ㄴ
② ㄱ, ㄷ
③ ㄴ, ㄷ
④ ㄱ, ㄴ, ㄹ
⑤ ㄴ, ㄷ, ㄹ

해설

1. 비(ratio)

분자가 분모에 포함되지 않는 각각의 측정값을 나눈 값으로 각각의 독립된 형태로 A:B 또는 $\frac{A}{B}$, 남자이면서 여자일 수 없듯이 성비가 대표적이다.

2. 분율 (proportion)

어떤 집단에서 어떤 특성을 가진 소집단의 상대적 비중을 나타낸 값으로 A가 B에 포함되어 있는 형태로 $\frac{A}{A+B}$, 성비 중 남아 백분율이 대표적이다.

비율(proportion) 또는 구성비라고도 한다.

3. 범주형 자료

범주형 자료는 명목형 자료와 순서형 자료로 나눌 수 있다.

1) 순서형 자료(ordinal data)

소형, 중형, 대형 등의 크기나 매우 불만족, 불만족, 보통, 만족, 매우 만족 등의 만족도에 관한 리커트 5점 척도 등이 대표적이다.

2) 명목형 자료(nominal data)

관측치 간에 순서가 없는 데이터로 단순히 어떤 특성을 분류하는 것이다. 예로 성별(남/여), 혈액형(A/B/O/AB형), 생존여부 등이 있다.

정답 ③

51 테일러(F. Taylor)의 과학적 관리법(scientific management)에 관한 설명으로 옳은 것을 모두 고른 것은? [2024년 기출]

ㄱ. 고임금 고노무비	ㄴ. 개방체계
ㄷ. 차별성과급 제도	ㄹ. 시간연구
ㅁ. 작업장의 사회적 조건	ㅂ. 과업의 표준

① ㄱ
② ㄴ, ㅁ
③ ㄱ, ㄷ, ㅂ
④ ㄴ, ㄹ, ㅁ
⑤ ㄷ, ㄹ, ㅂ

해설

1. 테일러(F. Taylor)의 과학적 관리법
   과학적 관리법은 스미스(Smith)의 분업의 원리에 그 바탕을 두고 있다. 즉 노동의 분업(division of labor)
   1) 동작연구와 시간연구
      일일 최대 과업량 배정
   2) 고임금과 저노무비(차별적 성과급제)
      이는 노동자 입장에서는 고임금이지만, 기업 입장에서는 저노무비를 지향한다는 것인데 생산성의 향상으로 인해 기인한 것이다. 이렇게 생산성 향상을 통한 고임금, 저노무비 시스템을 구축함으로써 노사 간 공동 번영을 실현할 수 있다고 보았다. 동작연구와 시간연구를 통해 설정된 표준 과업 또는 표준 시간을 달성한 자에게는 높은 임금을 지급, 실패한 자에게는 낮은 임금을 지급하는 것을 "차별적 성과급제"라 한다.
   3) 직능별 직장 제도(기능식 직장 제도)
      작업을 분담하여 감독하는 직능별 직장인(감독자, foreman)들에게 작업지도표에 따라 작업을 지도하게 하는 제도이다.
   4) 과업관리
      과업을 과학적으로 설정하여 노동자의 조직적인 태업을 방지
   5) 기획부 제도
      각 기획부를 두어 작업자들을 관리하여 생산작업에 집중하도록 한다.

2. 포드의 경영이론

1) 이동조립방법에 의해 작업능률 향상, 컨베이어 시스템에 의한 유동작업을 기반.

2) 저가격-고임금 원리

노동자에게는 높은 임금을 일반대중인 소비자에게는 낮은 가격의 차를 제공하는 봉사주의.

3) 생산의 표준화(3S)

컨베이어 시스템에 의한 대량생산 시스템 방식.

① 공정의 전문화, 기계 및 공구의 전문화(specialization)

② 부품의 표준화(standardization)

③ 제품의 단순화(simplication)

4) 동시관리(management of synchronization)

생산의 표준화를 통해 달성하는 것으로 동시관리의 전제조건은 바로 생산의 표준화이다.

정답 ⑤

52 조직에서 생산적 행동(Productive behavior)과 반생산적 행동(Counterproductive work behavior : CWB)에 관한 설명으로 옳지 않은 것은? [2024년 기출]

① 조직시민행동(Organization Citizenship Behavior : OCB)은 생산적 행동에 속한다.

② OCB는 친사회적 행동이며 역할 외 행동이라고도 한다.

③ 일탈행동(Deviance)은 CWB에 속하지만 조직에 해로운 행동은 아니다.

④ 조직시민행동은 OCB-I(Individual)와 OCB-O(Organizational)로 분류되기도 한다.

⑤ CWB는 개인적 범주와 조직적 범주로 분류할 수 있다.

해설

1. 조직시민행동(Organization Citizenship Behavior : OCB)

Katz와 Kahn(1978)은 조직이 원활하게 운영되고 성장하기 위한 필수적 행동요소로 역할 외 행동(extra-role behavior)의 중요성을 강조하였다.

그들은 연구에서 공식적 역할행동에 따른 제한적 행동만을 하는 구성원들로 이루어진 조직은 아주 쉽게 붕괴될 것이라고 주장.

Organ(1988)은 "조직시민행동(OCB)"이란 공식적으로 직무기술서에 명시되어 있지 않은 행동을 통하여 성과를 높이는 행동이라고 정의하였다.

2. OCB-I(Individual)와 OCB-O(Organizational)

조직시민행동은 구성원이 취하는 행동이 다른 개인(구성원)을 위한 것인지, 아니면 조직 전체를 향한 것인지에 따라 구분하기도 한다.

OCB-I(Individual)	OCB-O(Organizational)
1) 예의행동(courtesy) 2) 이타적 행동(altruism)	1) 성실한(conscientious) 행동 2) 시민덕목행동(civic virtue) 3) 신사적 행동(sportsmanship)

3. 일탈행동
일탈행동이란 사회 또는 집단의 규범을 위반하는 행위를 가리킨다.
조직과 구성원들에게 경제적, 신체적, 심리적 위협을 가하는 부정적인 행동이다.

정답 ③

53 직무평가에 관한 설명으로 옳은 것을 모두 고른 것은? [2024년 기출]

ㄱ. 직무평가 대상은 직무 자체임
ㄴ. 다른 직무들과의 상대적 가치를 평가
ㄷ. 직무수행자를 평가
ㄹ. 종업원의 기업목표달성 공헌도 평가
ㅁ. 직무의 중요성, 난이도, 위험도의 반영

① ㄱ, ㄷ
② ㄱ, ㄴ, ㄹ
③ ㄱ, ㄴ, ㅁ
④ ㄷ, ㄹ, ㅁ
⑤ ㄴ, ㄷ, ㄹ, ㅁ

해설

○ 직무분석과 직무평가

1. 직무분석
직무의 내용과 성격에 관련된 모든 중요한 정보를 수집하고 이들 정보를 관리 목적에 적합하게 정리하는 체계적 과정이다.
직무분석의 결과에 의해 얻어진, 직무에 관한 정보를 조직적이고 체계적으로 정리한 설명서라 할 수 있다.

1) 직무기술서(Job Description)

직무수행과 관련된 과업 등 직무정보를 일정한 양식에 기술한 문서로 "직무" 자체에 관한 사항을 적는다.

2) 직무명세서(Job Specification)

해당 직무 수행을 위한 지식, 기술, 능력, 자격 등의 요건을 기술하며 직무에 필요한 "사람"에 대한 특징을 보여준다.

2. 과업중심 직무분석과 작업자 중심 직무분석

직무조사의 세부기법으로 관찰법, 면접법, 설문지법, 작업기록법, 중요사건기록법 등이 있다.

3. 직무평가

직무평가란 각 직무의 중요성, 난이도, 위험도 등을 평가하여 직무의 상대적 가치를 정하는 체계적 방법으로서 직무급 산정의 토대가 된다.

1) 직무평가 대상은 "직무 그 자체"이지 직무수행자가 아니다.
2) 직무의 "상대적 가치"를 평가(중요도, 곤란도, 위험도, 숙련도, 책임, 난이도, 복잡성 등)하는 것이지 절대적 가치를 평가하는 것이 아니다.
3) "가치"가 개입되는 판단 작업이지 기계적으로 도출되는 과학적 과정이 아니다.
4) 직무평가는 "조직의 전략 및 가치체계"가 반영되어야 하며 어느 회사나 어느 조직에서건 보편적 기준이 적용되는 것이 아니다.

4. 직무평가의 목적

직접적인 목표는 임금과 급여에 대한 내적 및 외적 일관성을 확보하는데 있다.

직무평가의 목적은 직무의 상대적 가치에 따른 임금의 결정에 그치지 않고, 인적자원관리의 전반적인 효율적 활용을 위함이다.

1) 임금수준 결정(직무급 산정, 임금의 공정성 확보)
2) 인력의 확보와 배치의 합리성 제고
3) 인력개발의 합리성 제고

5. 직무평가의 방법

비계량적 방법으로 서열법, 분류법(등급법)이 있고, 계량적 방법으로는 점수법과 요소비교법이 있다.

구분	직무 vs 직무	직무 기준 간 비교
종합적 평가(정성적)	서열법	분류법(등급법)
분석적 평가(정량적)	요소비교법	점수법

정답 ③

54 노동쟁의조정에 관한 설명으로 옳지 않은 것은? [2024년 기출]

① 노동쟁의조정은 노동위원회가 담당한다.
② 노동쟁의조정은 조정, 중재, 긴급조정 등이 있다.
③ 노동쟁의조정 방법은 있어서 임의조정제도는 허용되지 않는다.
④ 확정된 중재내용은 단체협약과 동일한 효력을 갖는다.
⑤ 노동쟁의조정 중 조정은 노동위원회에서 조정안을 작성하여 관계당사자들에게 제시하는 방법이다.

해설

"쟁의조정"이란 노동쟁의에 중립적이고 공정한 제3자가 조정위원이 되어 노사 당사자 간의 의견을 충분히 듣고 서로 상대방의 입장을 이해하여 타협이 이루어지도록 설득하는 것을 말한다.
조정과 중재 차이를 보면 "조정"은 분쟁당사자간의 합의를 도출하는 절차인데 반해, "중재"는 당사자가 선정한 중재인이 당사자의 의견을 들은 후에 중재판정을 내리는 절차이다. 조정은 노동위원회에서 조정안을 작성하여 관계당사자들에게 제시하는 방법이고, 확정된 중재내용은 단체협약과 동일한 효력을 갖는다.

정답 ③

55 조직설계에 영향을 미치는 기술유형을 학자들이 제시한 것이다. ( )에 들어갈 내용으로 옳은 것은? [2024년 기출]

- 우드워드(J. Woodward) : 소량단위 생산기술, (ㄱ), 연속공정생산기술
- 페로우(C. Perrow) : 일상적 기술, 비일상적 기술, (ㄴ), 공학적 기술
- 톰슨(J. Tompson) : (ㄷ), 연속형 기술, 집약형 기술

① ㄱ : 대량생산기술, ㄴ : 장인기술, ㄷ : 중개형 기술
② ㄱ : 대량생산기술, ㄴ : 중개형 기술, ㄷ : 장인기술
③ ㄱ : 중개형 기술, ㄴ : 장인기술, ㄷ : 대량생산기술
④ ㄱ : 장인기술, ㄴ : 중개형 기술, ㄷ : 대량생산기술
⑤ ㄱ : 장인기술, ㄴ : 대량생산기술, ㄷ : 중개형 기술

해설

유제 1

기술과 조직구조에 관한 설명으로 옳은 것은 모두 고른 것은? [2016년 기출]

ㄱ. 모든 조직은 한 가지 이상의 기술을 가지고 있다.
ㄴ. 비일상적 활동에 관여하는 조직은 기계적 구조를, 일상적 활동에 관여하는 조직은 유기적 구조를 선호한다.
ㄷ. 조직구조의 영향요인으로 기술에 대하여 최초로 관심을 가진 학자는 우드워드(J. Woodward)이다.
ㄹ. 톰슨(J. Tompson)은 기술유형을 체계적으로 분류한 학자로 중개형 기술, 연속형 기술, 집중형 기술로 유형화하였다.
ㅁ. 여러 가지 기술을 구별하는 공통적인 주제는 일상성의 정도(degree of ro utineness)

① ㄱ, ㄴ
② ㄷ, ㄹ
③ ㄴ, ㄷ, ㄹ
④ ㄷ, ㄹ, ㅁ
⑤ ㄱ, ㄷ, ㄹ, ㅁ

해설

페로우(C. Perrow)는 기술을 "분석가능성 차원과 다양성 차원"을 기준으로 분류하였다.
일상적 기술은 기계적 구조로 비일상적 기술은 유기적 구조를 선호한다.
문제가 분석가능하고 과업의 다양성이 모두 높은 것은 공학적 기술, 반대로 모두 낮은 것은 장인기술이다.

정답 ⑤

유제 2

상황적합적 조직구조이론에 관한 설명으로 옳지 않은 것은?

① 우드워드(J. Woodward)는 기술을 단위생산기술, 대량생산기술, 연속공정기술로 나누었는데, 대량생산에는 기계적 구조가 적합하고, 연속공정에는 유기적 구조가 적합하다고 주장하였다.
② 번즈와 스토커(Burns & Stalker)는 안정적인 환경에서는 기계적인 조직이, 불확실한 환경에서는 유기적인 조직이 효과적이라고 주장하였다.

③ 톰슨(J. Tompson)은 기술을 단위작업 간의 상호의존성에 따라 중개형, 장치형(연속형), 집약형으로 유형화하고 이에 적합한 조직구조와 조정형태를 제시하였다.
④ 페로우(C. Perrow)는 기술을 다양성 차원과 분석가능성 차원을 기준으로 일상적 기술, 공학적 기술, 장인기술, 비일상적 기술로 유형화하였다.
⑤ 블라우(P. Blau), 차일드(J. Child)는 환경의 불확실성을 상황변수로 연구하였다.

해설

번즈와 스토커(Burns & Stalker)에 따르면 환경요인이 비교적 단순하고 상대적으로 안정적이며 자원의 여유가 많은 환경에 직면한 조직의 경우에는 기계적 조직이 형성되는 반면 환경오염이 복잡하고 변동성이 크며 상대적으로 자원의 여유가 적은 환경에 직면한 조직의 경우에는 유기적 조직이 형성된다. 즉 환경의 불확실성을 상황변수로 연구한 학자는 번즈와 스토커(Burns & Stalker)이다. 상황변수로는 환경, 기술, 규모, 전략을 꼽는다. 즉 환경이 조직구조를 결정한다고 본다.

참고 톰슨(J. Tompson)의 기술유형과 상호의존성

기술유형	중개형 기술	연속형 기술	집약형 기술
상호의존성	집합적(pooled) 상호의존성	순차적(sequential) 상호의존성	교호적(reciprocal) 상호의존성
조정기제	표준화	계획	상호조정

정답 ⑤

유제 3 **조직의 기술과 구조에 대한 설명으로 옳은 것만을 모두 고르면?**

ㄱ. 우드워드(Woodward)의 견해에 따르면 대량생산기술을 사용하는 조직에는 기계적 구조가, 단위·소량생산과 연속공정생산기술을 가진 조직에는 유기적 구조가 효과적이다.
ㄴ. 페로우(Perrow)의 견해에 따르면 문제의 분석가능성이 높고 예외적 사건의 발생빈도가 높은 유형은 공학적 기술(engineering)에, 문제의 분석가능성이 낮고 예외적인 사건의 발생빈도가 낮은 유형은 장인기술(craft)에 해당한다.
ㄷ. 톰슨(Thompson)의 견해에 따르면 집약기술은 과업활동의 표준화를, 중개기술은 조직의 빈번한 상호작용을 필요로 한다.

① ㄱ

② ㄱ, ㄴ

③ ㄱ, ㄷ

④ ㄴ, ㄷ

⑤ ㄱ, ㄴ, ㄷ

해설

정답 ②

정답 ①

56 수요예측 방법 중 주관적(정성적) 접근방법에 해당하지 않는 것은?

① 델파이법

② 이동평균법

③ 시장조사법

④ 자료유추법

⑤ 판매원 의견종합법

해설

○ 정량적 수요예측

이동평균법의 종류에는 단순이동평균법과 가중이동평균법이 있다.

단순이동평균법은 평균의 계산기간을 순차로 한 개씩 이동시켜가면서 기간별 평균을 계산하는 방법인 반면 가중이동평균법은 최근 자료에 더 큰 가중치를 부여함으로써 단순이동평균법보다 수요의 변화를 모형에 더 반영하고자 하는 예측기법이다.

한편, 지수평활법은 이동평균법의 약점인 가중치 선정기준의 불합리성과 대상기간을 정하는 비합리성을 보다 합리적으로 개선한 가중이동평균법의 하나이다. 과거 관측치에 가중치를 지수적으로 감소시켜 평균을 산출하는 방법으로 최근 데이터에 더 큰 가중치를 부여한다.

아래 예제를 통해 이해하도록 한다.

1. 단순이동평균법

예제 1 **(주)절대 안전의 고소작업대 판매대수 자료이다. 판매대수에 대한 4기간(월) 단순이동평균법을 적용하여 8월의 예측판매량을 구하라.**

월	2	3	4	5	6	7
판매량	5	10	13	18	27	30

해설

8월 예측치=(4월+5월+6월+7월의 판매량)÷4기간= $\frac{(13+18+27+30)}{4}$ =22

2. 가중이동평균법

예제 2

(주)절대 안전의 지게차 판매대수에 대한 4기간(월) 가중이동평균을 적용하여 8월의 예측판매량을 구하면? (단, 가중치 0.1, 0.2, 0.3, 0.4를 적용)

월	2	3	4	5	6	7
판매량	5	10	13	18	27	30

해설

[(4월 판매량×0.1)+(5월 판매량×0.2)+(6월 판매량×0.3)+(7월 판매량×0.4)]
=[(13×0.1)+(18×0.2)+(27×0.3)+(30×0.4)]
=25

3. 지수평활법

평활상수(α : 알파)가 작을수록 최근값의 가중치가 낮으므로 "평활효과"가 크다고 할 수 있다.

평활효과가 크면 변동의 효과는 줄어들게 되는 것인데 평활상수 알파(α)는 0에서 1사이의 값을 가지고, 1에 가까울수록 최근값에 가중치가 크므로 평활효과는 작다고 볼 수 있다. 즉, 최근 추세를 평활치에 크게 반영하는 것이다. 따라서 평활이 주목적이므로 알파(α)는 작은 값을 사용하게 되는데 0.1, 0.2, 0.3을 크게 넘지 않는 것이 좋다.

○ 지수평활법 공식

차기 예측치=직전 예측치+α (직전 실제치−직전 예측치)
(단, $0 \leq \alpha \leq 1$)

예제 3

어느 제품의 4개월간 수요량을 지수평활법에 의해 예측하고자 한다. 다음 표를 활용하여 2월~4월 수요예측값을 구하시오. (단, 지수평활상수는 0.4이다.)

월	1	2	3	4
실제수요	20	15	20	15
예측수요	15			

해설

2월 수요예측값=1월 수요예측값+α (1월 실제수요값−1월 수요예측값)=17
3월 수요예측값=2월 수요예측값+α (2월 실제수요값−2월 수요예측값)=16.2
4월 수요예측값=3월 수요예측값+α (3월 실제수요값−3월 수요예측값)=17.72

참고 수요예측 분류

주관적 예측(정성적 예측)	객관적 예측(정량적 예측)	
	시계열 분석 예측법	인과형 예측법
1) 델파이법 2) 시장(소비자) 조사법 3) 자료(수명주기)유추법 4) 패널동의법 5) 판매원의견합성법 6) 중역의견법	1) 최소자승법 2) 이동평균법 3) 지수평활법	1) 회귀분석 2) 계량경제모델

정답 ②

57 총괄생산계획 기법 중 휴리스틱 계획기법에 해당하지 않는 것은? [2024년 기출]

① 선형계획법
② 매개변수에 의한 생산계획
③ 생산전환 탐색법
④ 서어치 디시즌 롤(search decision role)
⑤ 경영계수이론

해설

○ 의사결정기법

1. 확실한 상황 하에서의 의사결정
의사결정에 필요한 모든 정보가 완전히 알려져 있는 경우로 손익분기법, 선형계획법, 비선형계획법, 할당법, 정수계획법, 동적계획법 등이 있다. 여기서 선형계획법은 일차방정식이 성립할 경우, 그래프를 이용한 도해법 및 선형대수학에 기반한 심플렉스법이 있다. 반면 현실세계의 실제적인 의사결정문제들은 선형함수만으로 모형화 하는 것이 불가능할 수 있으며 비선형관계에 있는 것도 많다. 산출량과 투입량 간에는 수확체증의 법칙 또는 수확체감의 법칙이 작용하는 경우에 비선형계획법을 적용한다.

2. 위험한 상황 하에서의 의사결정
확실한 상황과 불확실한 상황의 중간적인 상태에 해당하는 의사결정이다.
사전정보를 이용한 의사결정, 사전정보와 표본정보를 이용한 의사결정, 의사결정수, PERT(Program Evaluation and Review Technic : 프로젝트 일정계획 및 통제를 위한 관리기법), 재고모형, 대기행렬이론, 시뮬레이션, 마르코프 연쇄(Markov chain : 시간에 따른 상태의 변화) 등이 있다.

3. 불확실한 상황 하에서의 의사결정
휴리스틱 계획기법(Heuristic Programming Method)에서 “Heuristic”이란 찾아내다(find out) 또는 발견하다(discover)라는 뜻으로 경험에 기반하여 문제를 해결하거나 학습하고 발견하는 방법을 말한다.
“어림법, 주먹구구법, 발견법” 등으로 불리기도 한다. 수리적 최적화 기법과는 달리 인간의 직관력이나 경험을 활용하여 실험이나 시행착오에 의한 학습으로 과학적인 시행착오법이라고도 하며 문제점을 경험적 내지 탐색적 방법으로 해결하는 방법이다. 만족해(feasible solution : 만족할 만한 수준의 해법)를 구하는 것으로 모든 변수와 조건을 검토할 수 없기 때문에 가장 이상적인 방법을 구할 수 없을 때 사용한다.
1) **경**영계수 모델
2) **매**개변수에 의한 생산계획 모델
3) **생**산전환 탐색법(=지식기반 전문가 시스템으로 전문가들의 축적된 지식을 이용)
4) **서**치 디시즌 롤(search decision role : 탐색결정규칙)

예제 1

사람들의 사회적 판단 과정에는 몇 가지 휴리스틱(heuristic)이 영향을 미친다. 다음 중 휴리스틱에 해당하지 않는 것은?

① 대표성(representativeness)
② 가용성(availability)
③ 기저율(base-rate)
④ 닻 내리기(anchoring & adjustment)
⑤ 감정(affect)

해설

○ 휴리스틱 유형
1) “대표성(representativeness) 휴리스틱”은 어떤 사건이 전체를 대표한다고

보고 이를 통해 빈도와 확률을 판단하는 것으로 '하나를 보면 열을 안다'라는 속담이 대표적인 예이다.

2) "가용성(availability) 휴리스틱"은 기억의 가용성에 근거해 추정하는 방법으로 기억에서 잘 떠오르는 대상에 대하여 상대적으로 높은 평가를 내리는 현상을 말한다. 가용성을 "상기가능성"이라고도 한다. 예를 들어 '치킨'하면 ○○지!

3) "닻 내리기(anchoring & adjustment : 기준점과 조정 휴리스틱) 효과"는 초기에 주어진 정보 또는 무의식중에 입력된 정보가 '닻(anchor)'이 되어 의사결정에 기준점으로써 영향을 주는 것으로 "기준점 휴리스틱"이라고도 불린다.

4) "감정 휴리스틱"은 어떤 사건이나 상황에 대해 판단을 할 경우 경험으로 형성된 감정에 따라 평가를 다르게 하는 것으로 주로 광고에 많이 사용된다. 예를 들어 '자연산, 유기농, 프리미엄' 등의 수식어가 붙은 제품은 왠지 긍정적인 결과를 줄 것이라 기대하고 선택하는 것이 대표적이다.

5) "메타 휴리스틱(meta-heuristic)"이란 '상위 수준의 휴리스틱' 의미로 추상성이 매우 높은 문제에 대해 최적에 가까운 솔루션을 찾기 위해 탐색 공간을 효율적으로 탐색하도록 하는 전략이다.

정답 ③

예제 2 **(가), (나)와 관련된 휴리스틱 처리방식을 바르게 연결한 것은?**

(가) A는 지적이고 세련되며 정장을 자주 입는다. A가 변호사인지 엔지니어인지 묻는다면 여러분은 변호사라고 대답할 것이다.
(나) 상점에서 가격을 흥정할 때 상점 주인과 손님 중 어느 한쪽이 먼저 기준가격을 제시하면 그 기준가격을 중심으로 조정하여 최종가격을 결정하는 현상이 나타난다.

ㄱ. 가용성(availability) 휴리스틱
ㄴ. 대표성(representativeness) 휴리스틱
ㄷ. 닻 내림(anchoring & adjustment) 휴리스틱

① (가) : ㄱ, (나) : ㄴ
② (가) : ㄱ, (나) : ㄷ
③ (가) : ㄴ, (나) : ㄱ
④ (가) : ㄴ, (나) : ㄷ

⑤ (가) : ㄷ, (나) : ㄴ

해설

정답 ④

정답 ①

58 다음은 신 QC 7가지 도구 중 무엇에 관한 설명인가? [2024년 기출]

문제를 해결하는 활동에 필요한 실시사항을 시계열적인 순서에 따라 네트워크로 나타낸 화살표 그림을 이용하여 최적의 일정계획을 위한 진척도를 관리하는 방법

① 친화도
② 계통도
③ PDPC법(Process Decision Program Chart)
④ 애로우 다이어그램
⑤ 매트릭스 다이어그램

해설

○ 신 QC(Quality Control) 7가지 도구

기존 QC 7가지 도구에는 파레토 그림, 히스토그램, 특성요인도(어골도), 체크시트, 산점도, 그래프, 층별(stratification : 끼리끼리 모은다)이 있다.

기존 QC 7가지 기본도구는 분임조 활동에서 널리 쓰이는 기법인데 반해, 신 QC 7가지 도구는 PDCA사이클의 계획단계에서 주로 쓰이는 도구로 정의하기가 복잡한 성격의 문제를 정성적으로 분석하는데 효과적이다.

신 QC 7가지 도구에는 친화도(affinity diagram), 연관도(relation diagram), 계통도(tree diagram), 매트릭스도(matrix diagram), 매트릭스 데이터 해석법, PDPC(Process Decision Program Chart), 애로우 다이어그램(arrow diagram)이 있다.

1) PDPC법(Process Decision Program Chart : 과정결정계획도)
사전에 발생 가능한 여러 가지 상황을 예측하여 이에 대한 대비책을 빠짐없이 마련함으로써 프로세스(process)의 진행을 가급적 바람직한 방향으로 이끌어가지 위한 방법이다. 즉 우발 상황에 대한 대응책을 점검하기 위한 도구이다.

2) 애로우 다이어그램(Arrow Diagram)

여러 가지 작업을 복잡한 순서로 실시하여 목적을 달성할 경우, 각 작업을 어떠한 순서로 어떠한 시간배분으로 진행할 것인가를 '화살표'로 나타낸 것

3) 매트릭스도(matrix diagram)

목적과 수단 또는 현상과 요인의 대응관계를 행렬(matrix)의 형태로 정리하고 각 행과 열의 교점에 각 요소의 관련 유무, 관련의 정도를 표시하여 효과적 문제해결 방안을 찾고자 하는 방법

4) 친화도(affinity diagram)

도출된 아이디어를 유사성이 높은 것끼리 묶어서 구조화하여 데이터를 몇 개의 그룹으로 분류하고자 할 때 사용하는 방법

5) 연관도(relation diagram)

관련된 문제를 여러 가지 측면에서 '인과관계'로 정리하여 복잡한 문제의 원인을 분석하거나 도출할 때 사용

6) 계통도(tree diagram)

신 QC 7가지 도구 중 가장 빈번하게 쓰이는 도구로 목표를 달성하기 위한 목적과 수단을 계통적으로 전개하여 최적의 목적 달성 수단을 찾고자 하는 방법

정답 ④

59 도요타 생산방식의 주축을 이루는 JIT(Just In Time) 시스템의 장점에 해당되지 않는 것은? [2024년 기출]

① 한정된 수의 공급자와 친밀한 유대관계를 구축한다.
② 미래의 수요예측에 근거한 기본일정계획을 달성하기 위해 종속품목의 양과 시기를 결정한다.
③ JIT 생산으로 원자재, 재공품, 제품의 재고수준을 줄인다.
④ 유연한 설비배치와 다기능공으로 작업자 수를 줄인다.
⑤ 생산성의 낭비제거로 원가를 낮추고 생산성을 향상시킨다.

해설

1. JIT(Just In Time)

필요한 때 적기에 생산하여 적시에 공급하는 형태로 팔릴 만큼만 만들어서 판매하여 현장중심 개선과 낭비제거를 추구하는 Pull 방식이다. 도요타 생산방식(JIT)은 도요타 에이지의 부하 직원이었던 '오노 다이이치'에 의해 시작되었다.

참고 재공품은 제조를 위해 대기 중인 미완성품이고, 반제품은 그 자체로도 판매 가능한 미완성품

을 말한다. 예를 들어 컴퓨터 제조회사의 하드디스크나 메인보드, 메모리 등은 제품을 완성하기 위한 부속품이기는 하지만 그 자체로도 판매가 가능하기에 이는 재공품이 아닌 반제품이라 부른다.

2. MRP(Material Requirement Plan : 자재소요계획)

주일정계획(MPS : Master Production Schedule) 달성을 위한 원자재 및 부품(종속품목) 등의 소요에 대한 계획을 통합적으로 관리하기 위한 시스템이다.

1960년대 중반, IBM사에서 일하던 오릭키(J. Orlicky)가 처음 만들어낸 개념이다.

MRP 특징은 다음과 같다.

1) 종속품목 대상
2) 재고계획 및 일정계획에 관한 시스템
3) 전산화된 경영정보시스템
4) 컴퓨터 통합생산(CIM) 시스템
5) 수요예측에 기반한 계획생산으로 Push 방식

예제 1

JIT(Just In Time) 생산방식의 특징으로 옳지 않은 것은? [2019년 기출]

① 간판(kanban)을 이용한 푸시(push) 시스템
② 생산준비시간 단축과 소(小)로트 생산
③ U자형 라인 등 유연한 설비배치
④ 여러 설비를 다룰 수 있는 다기능 작업자 활용
⑤ 불필요한 재고와 과잉생산 배제

해설

① 간판(kanban) 보드에 모든 업무를 시각적으로 표현하며, 팀원은 이 보드를 보며 모든 작업의 상태를 파악할 수 있다. 리드타임(대기시간 : 가공시간+정체시간) 단축을 위한 소로트 생산(small lot production) 즉 생산 단위를 작게 하여 생산준비비용이나 시간 부담을 줄일 수 있다. 이를 통해 생산의 평준화(수요의 변동이 줄어드는 효과)를 실현할 수 있다. 그러나 소로트 생산에서는 생산 준비 횟수가 증가하므로 준비시간의 단축이 중요한 요소가 된다.

정답 ①

예제 2

JIT(Just In Time) 시스템의 특징에 관한 설명으로 옳은 것은? [2016년 기출]

① 수요예측을 통해 생산의 평준화를 실현한다.
② 팔리는 만큼만 만드는 Push 생산방식이다.

③ 숙련공을 육성하기 위해 작업자의 전문화를 추구한다.

④ Fool proof 시스템을 활용하여 오류를 방지한다.

⑤ 설비배치를 U라인으로 구성하여 준비교체 횟수를 최소화 한다.

해설

정답 ④

예제 3

도요타 생산방식(TPS : Toyota Production System)에서 낭비를 철저하게 제거하기 위한 방법으로 활용된 적시생산시스템(JIT : Just In Time)에 관한 설명으로 옳은 것만을 모두 고른 것은? [2014년 기출]

ㄱ. 기본적 요소는 간판(kanban)방식, 생산의 평준화, 생산준비시간의 단축과 대로트화, 작업 표준화, 설비배치와 단일기능공제도이다.

ㄴ. 오릭키(Orlicky)에 의하여 개발된 자재관리 및 재고통제기법으로, 종속 수요품의 소요량과 소요시기를 결정하기 위한 시스템이다.

ㄷ. 자동화, 작업자의 라인정지 권한 부여, 안돈(andon), 오작동방지, 5S의 활성화로 일관성 있는 고품질을 달성하고 있는 시스템이다.

ㄹ. 고객 주문에 의해 생산이 시작되며, 부품의 생산과 공급이 후속 공정의 필요에 의해 결정되는 풀(Pull) 시스템의 자재흐름 체계이다.

ㅁ. 생산준비비용(주문비용)과 재고유지비용의 균형점에서 로트 크기(lot size)를 결정하며, 로트 크기가 큰 것을 추구하는 시스템이다.

① ㄱ, ㄹ

② ㄴ, ㅁ

③ ㄷ, ㄹ

④ ㄱ, ㄷ, ㄹ

⑤ ㄴ, ㄷ, ㅁ

해설

정답 ③

○ 자동화(automation)

도요타 생산방식의 기본원리이자 사상이다.

자동화는 자율적인 품질관리(automation+autonomy : 자율성)로 현장의 자율 품질관리시스템으로 기계나 공정에 이상이 있을 때 곧바로 정지해 개선하는 시스템이다.

이를 위해 대부분의 기계에는 정위치 정지방식, 풀워크 시스템(full work system : 자동기계의 프로세스에 채용된 것으로 후 공정이 인수한 만큼만 만들도록 하여 프로세스 내의 표준 재공을 항상 일정하게 유지시켜 과잉 생산의 낭비를 줄인다), 착각 예방 및 불량 제거장치(Fool-Proof)가 구현되어져야 한다.

자동화를 구현하기 위한 수단으로 작업자의 동기부여를 위한 '소집단 활동과 제안제도', 자동화 개념을 실현하기 위한 '눈으로 보는 관리방식', 전사적 품질관리를 추진하기 위한 '기계별 관리방식' 등이다.

○ 안돈(andon) 방식

표시등(lamp)라는 의미를 갖는 일본말이 '안돈(andon)'으로 시각적 표시장치를 말한다. 현장의 작업자가 품질 등 문제 발생 시에 라인을 정지시킬 수 있는 권한을 갖는 것으로 스위치 하나만 누르면 전체 라인이 정지되는 시스템이다.

○ 5S

도요타의 JIT(Just In Time) 사상을 실천하기 위해 발생한 개념으로 정리, 정돈, 청소, 청결, 습관화(마음가짐)을 의미하는데 일본 발음의 영문 첫 단어를 따라 S가 5개 붙어 명명된 것이다.

○ 택트타임(tact time) 생산

택트타임(tact time)은 정해진 작업 시간 안에 고객이 요구하는 제품 수량을 생산하는데 걸리는 시간이다.

제품이 생산되어야 할 타이밍(timing)에 맞춰 생산될 수 있도록 물건을 만드는 방법으로 고객의 수요를 충족시키기 위해 생산되어야 할 제품의 단위 생산시간을 의미한다. 즉 생산라인 또는 프로세스의 속도를 규정한다. 택트타임(tact time)을 계산하여 제조업체는 고객요구에 맞게 생산속도를 설정함으로써 과잉생산, 대기 시간 및 초과 재고를 줄일 수 있게 된다.

참고 주문비용과 재고유지비용의 균형

로트(lot)란 일반적으로 제조업체에서 1회에 생산되는 특정수의 제품의 단위를 말한다.

전통적인 로트 사이즈(lot size) 결정방식인 EOQ(economic order quantity : 경제적 주문량)는 주문비용과 재고유지비용의 합계가 최소가 되는 최적의 비용을 말한다.

$$\text{EOQ} = \sqrt{\frac{2DS}{H}} = \sqrt{\frac{2 \times \text{연간수요} \times 1\text{회주문비용}}{\text{재고유지비}}}$$

정답 ②

60 유용성이 높은 인사 선발 도구에 관한 설명으로 옳지 않은 것은? [2024년 기출]

① 예측변인(predictor)의 타당도가 커질수록 전체 집단의 평균적인 준거수행(criterion)에 비해 합격한 집단의 평균적인 준거수행은 높아진다.

② 선발률(selection ratio)이 낮을수록 예측변인의 가치는 커진다.

③ 기초율(base rate)이 높을수록 사용한 선발 도구의 유용성 수준은 높아진다.

④ 선발률과 기초율의 상관은 0이다.

⑤ 예측변인의 점수와 준거수행으로 이루어진 산점도(scatter plot)가 1사분면은 높고 3사분면은 낮은 타원형을 이룬다.

해설

○ 인사선발

조직에 영향을 미치는 두 가지 중요한 요인은 예측변인의 타당도와 선발률이다.

1. 예측변인의 타당도

타당한 예측변인은 전체집단 중에서 보다 능력 있는 사람을 가려내고, 타당도가 없는 예측변인들은 아무런 효용성도 가지지 못한다.

예측변인(predictor)의 타당도가 커질수록 전체 집단의 평균적인 준거수행(criterion)에 비해 합격한 집단의 평균적인 준거수행은 높아지므로 예측변인의 가치가 더 커지게 된다.

2. 선발률(selection ratio)

어떤 직무에 채용한 사람 수(최종 합격자)를 그 직무에 지원한 전체 사람으로 나눈 값으로 0에서 1 사이의 값을 갖는다. 즉 선발률이 낮을수록 예측변인의 가치가 더 커진다.

* 선발률 $= \dfrac{\text{최종 합격자}}{\text{총 지원자}}$

3. 기초율(base rate)

총 지원자 중에서 성공적 직무수행자의 비율을 뜻한다. 즉 기초율이 높으면 총지원자 가운데 자격을 갖춘 적격의 지원자의 수가 많다는 것을 의미한다. 인사선발의 질적 성공을 측정하는 지표로 지원자 가운데 채용될 경우 직무수행에 성공할 지원자가 얼마나 되는가를 측정하는 지표로 사용된다. 만일 기초율이 1(100%)이라면 새로운 선발도구의 효용성은 의미가 없게 된다. 지원자들 가운데 선발 과정을 거치지 않고 무작위로 선택해 채용 시 일정기간 경과 후 업무수행에 성공적인 사람이 얼마나 되는가의 비율이라 생각하면 된다.

* 기초율 $= \dfrac{\text{성공적 직무수행자}}{\text{총 지원자}}$

4. 직무 성공률(success rate)

선발된 인원(입사자) 중에서 일정기간 후 성공적인 직무수행자의 비율을 뜻한다.

$$* \text{ 직무성공률} = \frac{\text{성공적 직무수행자}}{\text{선발된 인원}}$$

참고1 기초율과 선발률의 상관관계

기초율이 동일하다면 선발률이 감소할수록 선발의 효과성은 증가할 것이다. 그리고 기초율이 100%(지원자 모두 고성과)라면 새로운 선발도구의 사용은 의미가 없게 된다.

기초율이 1(100%)에 가까울수록 채용결정의 정확도가 높다고 할 수 있지만 이런 경우는 현실에서는 흔치 않고 일반적으로 0.5수준의 근접하는 기초율이면 우수하다고 평가한다. 그렇다면 선발률은 낮을수록 많은 지원자가 몰렸다는 것이고 이는 까다로운 조건을 뚫고 선발되므로 수준은 더 높아지게 될 것이다.

참고2

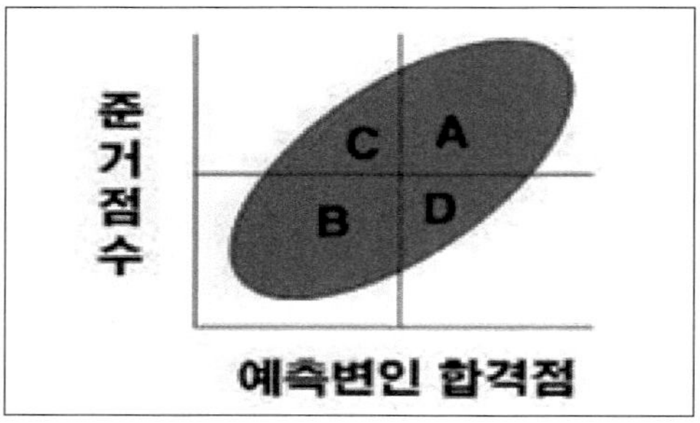

위 그림에서 A와 B가 많다면 문제가 없지만 문제는 C와 D이다. C는 능력이 되는데도 불합격한 1종 오류에 해당하고, D는 능력이 없음에도 합격한 2종 오류에 해당한다. A는 올바른 합격자, B는 올바른 불합격자, C는 잘못된 불합격자, D는 잘못된 합격자라 부르는데, 잘못된 불합격자는 다시 지원하여 뽑힐 가능성이 있는 반면, 잘못된 합격자는 다시 해고하기 위한 법적 절차가 까다롭기 때문에 선발체계는 되도록 지원자 분포의 폭을 좁히고 2종 오류를 최대한 줄이는 방향으로 설계된다. 선발도구의 유용성이 높은 경우 예측변인의 점수와 준거수행으로 이루어진 산점도(scatter plot)가 1사분면은 높고 3사분면은 낮은 타원형을 이룬다. 인사선발 과정의 궁극적인 목적은 올바른 합격자와 올바른 불합격자를 최대한 늘리고 잘못된 불합격자와 잘못된 합격자를 줄이는 것이다.

정답 ③, ④-복수정답

61 집단 또는 팀(team)에 관한 설명으로 옳지 않은 것은? [2024년 기출]

① 교차기능팀(cross functional team)은 조직 내의 다양한 부서에 근무하는 사람들로 이루어진 팀이다.

② '남만큼만 하기 효과(sucker effect)'는 사회적 태만(social loafing)의 한 현상이다.

③ 제니스(Janis)의 모형에서 집단사고(group think)의 선행요인 중 하나는 구성원들 간 낮은 응집성과 친밀성이다.

④ 다른 사람의 존재가 개인의 성과에 부정적 영향을 미치는 것을 사회적 억제(social inhibition)라고 한다.

⑤ 높은 집단 응집성은 그 집단에 긍정적 효과와 부정적 효과를 준다.

해설

1. 집단 응집성

높은 집단 응집성은 그 집단에 긍정적 효과와 부정적 효과를 준다.
긍정적 측면으로는 집단의 사기 증대 및 구성원의 만족 증대, 의사소통의 원활화 등이고, 반면 부정적 측면으로는 집단 내 구성원의 무조건적 동의가 발생하여 집단사고(group think)로 이어져 질이 저하될 수 있고, 외부집단에 대한 반감으로 인한 거부감이 발생하기도 한다.

2. 사회적 촉진과 사회적 억제, 사회적 태만과 사회적 보상

1) 사회적 촉진(social facilitation)

다른 사람의 존재가 개인의 성과를 향상시키는 것을 말한다. 동일한 작업을 하고 있는 다른 사람이 곁에 있으면 혼자서 작업하는 것보다 훨씬 빨리 하는 것으로 공동 수행자(coactor) 효과에 의한 것이지만 동일한 작업을 하지 않아도 단지 다른 사람이 지켜보고 있는 것만으로도 사회적 촉진이 일어나기도 한다. 이것을 관중효과(audience effect)라고 한다.

2) 사회적 억제(social inhibition)

다른 사람의 존재가 개인의 성적을 떨어뜨린다는 것으로 익숙하지 않은 작업이나 복잡한 작업의 경우에는 다른 사람의 존재가 성과 저하를 초래한다는 것이다.

3) 사회적 태만(social loafing)

많은 사람들 사이에 섞여 있으면 자신의 노력을 게을리 하는 경향을 말하는데 1913년 막스 링겔만은 줄다리기를 할 경우 집단으로 할 때 당기는 힘은 집단 구성원 개개인의 당기는 힘을 합친 것보다는 작다는 것을 발견하였다. 이러한 사회적 태만이 일어나는 이유로 책임 분산이 거론된다. 모두 함께 한다는 것이 한 사람 한 사람의 책임을 가볍게 해서 태만으로 연결된다는 것이다.

4) 사회적 보상(social compensation)

사회적 태만에 반대되는 현상으로 집단으로 과제를 수행할 때, 다른 집단 구성원들의 수행이 낮을 것으로 예상되면 부족한 부분을 보상하기 위해서 그 외 구성원들이 자기 자신의 평균 노력보다 더 많이 노력하는 현상을 말한다.

3. 집단사고의 특성

Janis(1983)에 따르면, 집단사고(group think)는 사람들이 응집력이 강한 집단에 몰입하여 집단 구성원들 간의 갈등을 최소화하려고, 의견의 일치를 유도하는 것이다.

1) 침묵을 합의로 간주하는 만장일치의 환상
2) 집단적 합의에 대한 이의 제기에 대한 자기 검열
3) 집단에 대한 과대평가로 집단이 실패할 리 없다는 환상
4) 집단사고는 토론을 통한 집단지성 활용이 불가능하다.

예제 1

집단 의사결정에 관한 설명으로 옳지 않은 것은? [2015년 기출]

① 팀의 혁신을 촉진할 수 있는 최적의 상황은 과업에 대한 구성원 간의 갈등이 중간 정도일 때이다.

② 집단극화는 집단 구성원의 소수가 모험적인 선택을 할 때 이를 따르는 상황에서 발생한다.

③ 집단사고는 개별 구성원의 생각으로는 좋지 않다고 생각하는 결정을 집단이 선택할 때 나타나는 현상이다.

④ 집단사고는 집단 응집성, 강력한 리더, 집단의 고립, 순응에 대한 압력 때문에 나타난다.

⑤ 집단사고를 예방하기 위해서 다양한 사회적 배경을 가진 집단 구성원이 있는 것이 좋다.

해설

집단사고를 방지하기 위해서는 집단 구성원의 소수가 모험적인 선택을 할 때, 즉 최소한 한 사람이라도 다른 견해를 가지는 것이 집단사고를 방지하는데 도움이 된다.

집단극화는 집단 토론 전 구성원들의 개인 의사결정이 토론을 거치면서 상대방의 의견을 이해하기보다는 자신의 의사결정의 확신을 갖게 된다는 것이다. 즉, 토론 후 극단적으로 보수적이거나 극단적으로 혁신적인 방향으로 나아가게 된다.

집단 구성원들의 개인 의사결정의 평균이 모험적인 경향을 가지고 있을 때 토론 후 더 모험적으로 이행하며, 개인 의사결정의 평균이 보수적인 경향을 갖고 있을 때 토론 후 집단 의사결정은 더 보수적인 쪽으로 극화된다.

정답 ②

예제 2

집단에서 일어나는 심리적 현상에 대한 설명으로 옳지 않은 것은?

① 응집성이 높은 집단이 응집성이 낮은 집단보다 집단사고를 나타낼 가능성이 높다.
② 집단극화 현상에 따르면, 집단의 최초 의견이 보수적일 경우 집단 토론을 하면 더 보수적인 의사결정을 하는 경향이 있다.
③ 사회적 태만현상은 일반적으로 집단 구성원들의 노력정도가 각 개인별로 평가될 때 증가한다.
④ 사회적 촉진 현상에 따르면, 타인의 존재는 비교적 잘 학습된 행동들의 수행을 촉진시키는 경향이 있다.
⑤ 개인에게 즉각적인 보상을 주지만 장기적으로는 개인과 집단전체에 해로운 결과를 초래하는 상황을 사회적 딜레마라고 한다.

해설

③ 사회적 딜레마의 대표적인 예로 '무임승차 문제'를 들 수 있다. 한 조직에서 모든 이들이 이기적으로 행동하지 않는 한, 개인은 이기적인 행동에서 이득을 얻고 전체 조직은 손해를 보는 상황을 말한다.

정답 ③

정답 ③

62 내적(intrinsic) 동기와 외적(extrinsic) 동기의 특징과 관계를 체계적으로 다루는 동기이론으로 옳은 것은? [2024년 기출]

① 알더퍼(Alderfer)의 ERG이론
② 아담스(Adams)의 형평이론(equity theory)
③ 로크(Locke)의 목표설정이론(goal-setting theory)
④ 맥클래란드(McClelland)의 성취동기이론(need for achievement theory)
⑤ 리안(Ryan)과 디시(Deci)의 자기결정이론(self-determination theory)

해설

1. 자기결정이론(Self-Determination Theory : SDT 이론)

인간의 동기와 성장을 설명하는 심리학 이론으로 심리학자 에드워드 데시(Edward Deci)와 리처드 라이언(Richard Ryan)에 의해 개발되었다.

이 이론은 내적(intrinsic) 동기와 외적(extrinsic) 동기가 어떻게 작용하는지를 설명하며, 개인의 자율성(autonomy), 유능성(competence), 관계성(relatedness)이라는 세 가지 기본 심리적 욕구를 충족시키는 것이 중요하다고 주장한다.

자기결정이론은 내적 동기(intrinsic motivation)가 외적 동기보다 더 지속적이고 효과적이라는 점을 강조한다. 내적 동기는 개인의 자율성, 유능성, 관계성이 충족될 때 촉진되며, 이는 장기적인 성과와 만족감을 증가시킨다.

자기결정이론 중 하나로 '인지평가이론(cognitive evaluation theory)'이 있다.

2. 인지평가이론

어떤 직무에 대해 내적 동기가 유발되어 있는 경우, 외적 보상이 주어지면 내적 동기가 감소된다는 것이다. 여기에서 내적 동기는 일 자체에서 느끼는 흥미나 성취감, 만족감을 말하고, 외적 보상은 급여, 포상금, 승진 등을 가리킨다.

정답 ⑤

63 산업심리학의 연구방법에 관한 설명으로 옳은 것은? [2024년 기출]

① 내적 타당도는 실험에서 종속변인의 변화가 독립변인과 가외변인(extraneous variable)의 영향에 따른 것이라고 신뢰하는 정도이다.

② 검사-재검사 신뢰도를 구할 때는 역균형화(counterbalancing)를 실시한다.

③ 쿠더 리차드슨 공식20(Kuder-Richardson formula 20)은 검사 문항들 간의 내적 일관성 정도를 알려준다.

④ 내용타당도와 안면타당도는 동일한 타당도이다.

⑤ 실험실 실험(laboratory experiment)보다 준실험(quasi-experiment)에서 통제를 더 많이 한다.

해설

○ 타당도(validity)

1. 내적 타당도(internal validity)는 연구나 실험에서 독립변인(원인)이 종속변인(결과)에서의 관찰된 변화를 일으켰음을 확실하게 입증하는 것을 말한다. 즉 독립변수 이외에 종속변인에 영향을 미칠 수 있는 변인들을 얼마나 잘 통제했느냐의 여부에 달려 있다. 가외변인은 철저하게 통제되어야 할 대상이다.

1) 내용타당도(content validity)

검사하는 문항들이 측정하고자 하는 내용영역을 얼마나 잘 반영하고 있는지를 말한다.

2) 안면타당도(face validity)

일반인(수검자)가 문항을 평가하는 것으로 '타당한 것처럼 보이는가?'를 평가하는 것이다.

3) 준거타당도(criterion-related validity : 기준타당도)

검사가 직무 성과나 학업성적 등의 특정 활동 영역의 준거를 얼마나 잘 예측해 주는지의 정도

① 동시타당도(공인타당도) : 검사와 준거를 동시에 측정하여 두 점수 간 상관계수 측정

② 예언타당도(예측타당도) : 검사를 먼저 실시하고 일정기간 후 준거를 측정하여 두 점수 간 상관계수 측정

4) 구성타당도(constructs validity : 구인타당도)

측정하고자 하는 심리적 구성개념을 얼마나 정확하게 측정하는지를 의미

① 수렴타당도 : 신개발 검사와 비슷한 기존 검사와의 상관계수 측정. 상관계수가 높을수록 수렴 타당도가 높다.

② 변별타당도 : 신개발 검사와 다른 구성 개념의 기존 검사와의 상관계수 측정. 상관계수가 낮을수록 변별타당도가 높다.

③ 요인분석법 : 문항들 간 상관관계를 분석하여 상관이 높은 문항들로 묶는 방법.

2. 외적 타당도(external validity)는 연구 결과를 일반화할 수 있는 정도를 말한다. 즉 실험결과가 독립변수로 인해 나타난 종속변수의 변화를 다른 상황에서도 적용했을 때 동일한 효과가 나타나는가를 알 수 있는 타당도이다.
내적 타당도와 외적 타당도는 상충관계(trade-off)를 가지므로 두 유형의 타당도를 동시에 높일 수는 없다. 즉, 내적 타당도를 높이려면 외적 타당도가 낮아질 수밖에 없다.
내적 타당도가 변인들을 최대한 통제해야 한다면, 외적 타당도는 변인들을 최대한 풀어놓아야 하므로, 이 둘을 동시에 만족시키는 단일 실험 사례는 사실상 존재하지 않는다.

3. 변인(variable)
변인 또는 변수는 variable의 번역어로 어떤 연구의 대상을 말한다.
1) 독립변인은 다른 변인에 영향을 주는 변인
2) 종속변인은 독립변인에 의해 변화되는 변인
3) 외적변인(extraneous variable)은 종속변인에 영향을 미치는 독립변인 이외의 변인으로 '가외변인'이라고도 한다.

○ 신뢰도(reliability)

동일 대상에게 같은 도구로 반복 측정하더라도 같은 결과가 나오는지 평가하는 방법이다. 즉 재현이 가능한 정도로 이해하면 쉽다. 반복 측정에서 결과가 같다면 신뢰도가 높다고 할 수 있다.
신뢰도와 타당도의 관계에서 신뢰도는 타당도가 되기 위한 필요조건이다.
신뢰도의 종류로는 검사-재검사(반복 측정) 신뢰도, 동형검사신뢰도, 반분신뢰도, 채점자 간 신뢰도, 크론바흐 알파 등이 있다.

참고1 역균형화

내적 타당도를 왜곡하는 것으로 검사효과(testing effect)나 순서효과(order effect)가 있다.
검사효과(testing effect)는 이전에 실시하는 검사에 참여한 경험이 이후에 실시하는 검사 결과를 왜곡시키는 현상으로 두 번 이상의 검사를 진행하는 실험설계에서 나타날 수 있다.
순서효과(order effect)는 서로 다른 종류의 여러 검사들을 참가자 내에서 순환적으로 경험시킬 경우, 검사가 제시되는 순서에 따라서 이후 시점의 검사 결과가 왜곡되는 경우인데 이를 방지하기 위해 참가자마다 전부 서로 다른 순서로 검사를 받도록 하는 역균형화(counterbalancing)기법이 사용된다.

참고2 쿠더 리차드슨 공식20(Kuder-Richardson formula 20)

측정 도구의 신뢰도를 측정하는 도구 중 하나이다.
문항 내적일관성 신뢰도(internal consistency reliability)는 검사를 구성하고 있는 문항간의 일관성을 측정하므로 검사도구가 얼마나 오차 없이 정확하게 측정하고자 하는 속성을 측정하였느냐 하는 문제이다. 즉 내적 일관성 척도를 측정하는 도구를 말한다.
Kuder와 M. W. Richardson이 1937년에 개발한 공식이다. 이를 통해 반분 신뢰도 추정방법이 일관적인 신뢰도를 산출하지 못하는 문제를 해결할 수 있다. 이외에도 대표적인 것이 크론바흐-알파가 있다.

Cronbach-α (크론바흐-알파) 계수가 0.6이상, 엄격하게 0.7이상이면 신뢰도가 높다고 할 수 있다. 즉, 결과값으로 0~1 사이의 값을 가지며, 1에 가까울수록 신뢰도가 높다고 해석된다.

참고3

실험실 실험(진실험)과 준실험을 구분하는 기준은 통제집단을 구성하는 여부인데 준실험은 통제집단을 구성하기는 했으나 실험집단과 통제집단(비교집단)간의 동질성을 확보하지 못한 경우이고 진실험은 동질성을 지닌 실험집단과 통제집단(비교집단)을 구성하는 실험설계방식이다.

실험실 실험(laboratory experiment)은 실험실과 같은 인공적인 공간에서 이루어지기 때문에 높은 내부 타당성을 갖게 되는 경향이 있지만, 외부 타당성은 크게 낮게 나타나는 결과를 가져온다. 왜냐하면, 실험실이라는 공간은 실제 세계를 전부 반영할 수 없기 때문이다.

실험연구는 크게 두 가지 범주로 집단화되는데 진실험설계(true experimental design)와 준실험설계(quasi-experimental design)가 있다.

진실험을 실험실 실험이라 부르기도 하는데 핵심은 무작위 배정이다.

준실험(유사실험)은 진실험설계의 조건을 일부 완화시킨 실험으로 무작위 배정하지 않는 연구방법이다.

구분	내적타당도	외적타당도	실현가능성
진실험	높다	낮다	낮다
준실험	낮다	높다	높다
비실험	낮다	가장 높다	가장 높다

정답 ③

64 라스무센(Rasmussen)의 인간행동 분류에 관한 설명으로 옳은 것을 모두 고른 것은? [2024년 기출]

ㄱ. 숙련기반행동(skill-based behavior)은 사람이 충분히 습득하여 자동적으로 하는 행동을 말한다.
ㄴ. 지식기반행동(knowledge-based behavior)은 입력된 정보를 그때마다 의식적이고 체계적으로 처리해서 나타난 행동을 말한다.
ㄷ. 규칙기반행동(rule-based behavior)은 친숙하지 않은 상황에서 기억 속의 규칙에 기반한 무의식적 행동을 말한다.
ㄹ. 수행기반행동(commission-based behavior)은 다수의 시행착오를 통해 학습한 행동을 말한다.

① ㄱ, ㄴ
② ㄴ, ㄷ
③ ㄷ, ㄹ
④ ㄱ, ㄴ, ㄷ
⑤ ㄱ, ㄷ, ㄹ

해설

○ 라스무센(Rasmussen)의 인간행동 분류-SRK 모형

숙련기반행동	규칙기반행동	지식기반행동
1) 무의식에 의한 행동 2) 행동 패턴에 의한 자동적 행동 3) 대부분 실행과정에서의 에러	1) 친숙한 상황에 적용되며 저장된 규칙을 적용하는 행동 2) 상황을 잘못 인식하여 에러 발생	1) 생소하고 특수한 친숙하지 않은 상황에서 나타나는 행동 2) 부적절한 추론이나 의사결정에 의해 에러 발생

정답 ①

65 스웨인(Swain)이 분류한 휴먼에러 유형에 해당하는 것을 모두 고른 것은? [2024년 기출]

ㄱ. 조작에러(performance error)
ㄴ. 시간에러(time error)
ㄷ. 위반에러(violation error)

① ㄱ
② ㄴ
③ ㄱ, ㄷ
④ ㄴ, ㄷ
⑤ ㄱ, ㄴ, ㄷ

해설

1. 스웨인(Swain)의 휴먼에러-심리적 행위에 의한 분류

미국의 심리학자 스웨인(Alan. D. Swain)은 원자력발전소의 휴먼에러 유형을 조사하는 과정에서 휴먼에러를 인간 행동(human behavior)의 관점에서 분류하는 방법을 주장하였다. 스웨인의 휴먼에러 분류는 결과를 기준으로 하였다. 즉, 해야 할 것으로부터 일탈한 상태로서의 분류라 할 수 있다.

1) 수행에러(commission error)
필요한 작업과 절차를 불확실하게 수행한 에러
2) 불필요한 수행 에러(extraneous error)
작업과 관계없는 행동을 한 에러
3) 생략에러(omission error)
필요한 작업이나 절차를 수행하지 않은 에러
4) 시간에러(time error)
필요한 작업과 절차의 수행 지연으로 인한 에러
5) 순서에러(sequence error)
필요한 작업 또는 절차의 순서 착오로 인한 에러

2. 리즌(Reason)의 휴먼에러 분류-원인 차원에서의 분류

불안전한 행동(Reason의 휴먼에러 분류)			
비의도적 행동		의도적 행동	
숙련기반에러		착오(mistake)	고의(violation)
실수(slip)	건망증(lapse)	1) 규칙기반착오 2) 지식기반착오	1) 일상적 위반 2) 상황적 위반 3) 예외적 위반

* Reason(리즌)의 휴먼에러는 라스무센의 SRK-행동모델을 사용한 것이다.
* Reason(리즌)은 휴먼에러를 예방하기 위한 방안으로 "스위스치즈모델(1990년)"을 제시하였다. 스위스치즈모델은 다차원의 다중 원인이 작용한다는 점을 강조한다. 각장의 치즈는 안전요소나 방호장치로 재해예방을 위한 방벽(방지체계)이고, 치즈의 구멍은 사고차단 실패요인을 의미한다.

❖ **읽기자료**

제임스 리즌 모델을 들여다 보면 각각의 원인이 모두 다른 것을 알 수 있다. 예를 들어보자.

적합하지 않은 안전모를 착용해 사고가 발생한 7건의 사례가 있다고 하자.

첫 번째 근로자는 안전모를 착용하고 있지 않았다. 그는 현장에 출입하기 전에 안전모 착용하는 것을 깜박 잊고 그냥 왔다. 이것은 의도하지 않은 행동 중에서 망각(lapse)으로 인한 기억의 실패에 해당한다.

두 번째 근로자의 안전모를 확인해보니 추락방지용 안전모(AB형)이 아니라 낙하·비래용 안전모(A형)안전모를 착용하고 있었다. 손에 잡히는 대로 가져온다는 것이 다른 것을 가져온 부주의에 의한 단순 실수(slip)였다.

세 번째 근로자는 전기작업자로 전기 작업에 필요한 AE형 안전모가 필요했지만 AB형 안전모를 착용했다. 그는 AB형 안전모가 전기작업자용 안전모인줄 알았다. 규칙을 잘못 알고 있던 규칙기반의 착오이다.

네 번째 근로자도 AE형의 안전모가 필요했지만 A형을 썼다. 그는 안전모가 다 동일한 것으로 알고 있었다. 안전모의 종류가 있는지도 몰랐고 교육을 받지도 못했다고 한다. 안전모의 종류가 있다는 지식을 알지 못했던 지식기반의 착오이다.

다섯 번째 근로자는 안전모를 착용하고 있지 않았다. 이 근로자는 전기작업에 필요한 AE형 안전모를 착용해야 하는 것을 알고 있었다. 그러나 감전위험이 높지 않다고 판단했고, 안전모 착용이 불편하다고 생각했다. 그리고 전기 작업 시 다른 근로자도 대부분 착용하지 않아 자기도 그렇게 했다고 한다. 이는 위반 중에서 일상적 위반에 행동이다.

여섯 번째 근로자도 안전모를 착용하고 있지 않았다. 이 근로자도 안전모를 착용해야 하는 것을 알고 있었지만, 현장 출입 시 자신의 안전모가 없는 것을 발견했고, 시간이 급해 어쩔 수 없이 그냥 들어왔다고 했다. 이것은 위반 중에서 상황적 위반에 해당한다.

일곱 번째 근로자는 전기 작업 시 A형 안전모를 착용하면 안 되는 것을 알지만 AB형이 없어서 우선 급한 대로 A형을 착용했다고 한다. 이 근로자는 예외적 위반을 했다고 볼 수 있다.

정답 ②

66 인간의 뇌파에 관한 설명으로 옳지 않은 것은? [2024년 기출]

① 델타(δ)파는 무의식, 실신 상태에서 주로 나타나는 뇌파이다.
② 세타(θ)파는 피로나 졸림 등의 상태에서 주로 나타나는 뇌파이다.
③ 알파(α)파는 편안한 휴식 상태에서 주로 나타나는 뇌파이다.
④ 베타(β)파는 적극적으로 활동할 때 주로 나타나는 뇌파이다.
⑤ 오메가(Ω)파는 과도한 집중과 긴장 상태에서 주로 나타나는 뇌파이다.

해설

⑤ 감마파(γ)는 과도한 집중과 긴장 상태에서 주로 나타나는 뇌파이다. 즉, 감마파는 스트레스로 인해 몸이 극도로 긴장하며 불안감을 느낄 때 나오는 파이다.

○ 인간의 의식수준

예제 **일본의 의학자인 하시모토 쿠니에가 제시한 의식수준 5단계(phase)의 의식상태와 신뢰성에 관한 내용으로 옳은 것은? [2021년 기출]**

① Phase 0의 의식상태는 무의식 상태이며 신뢰성은 0.3이다.
② Phase 1의 의식상태는 실신 상태이며 신뢰성은 0.6 이상이다.
③ Phase 2의 의식상태는 의식이 둔한 상태이며 신뢰성은 0.9이다.
④ Phase 3의 의식상태는 명석한 상태이며 신뢰성은 0.999999 이상이다.
⑤ Phase 4의 의식상태는 편안한 상태이며 신뢰성은 1.0이다.

해설

단계	특징	주의상태	신뢰도	뇌파
0	의식의 단절, 의식의 우회	무의식, 실신	0	델타(δ)파
1	의식수준 저하	졸음상태	0.9 이하	세타(θ)파
2		이완상태	0.9~0.99999	알파(α)파
3		적극 활동, 상쾌	0.999999 이상	베타(β)파
4	주의 일점집중	과긴장	0.9 이하	감마(γ)파

* 의식의 우회 : 작업 도중에 걱정거리, 고민거리, 욕구불만 등으로 의식의 흐름이 옆으로 빗나가는 현상으로 산업현장에서 흔히 발생하는 사고가 의식의 우회로 인해 발생한다.

정답 ④

정답 ⑤

67 면적에 관련한 착시현상으로 옳은 것은? [2024년 기출]

① 뮬러-라이어(Muller-Lyer) 착시
② 폰조(Ponzo) 착시
③ 포겐도르프(Poggendorf) 착시
④ 에빙하우스(Ebbinghaus) 착시
⑤ 죌러(Zoller) 착시

해설

길이(크기) 착시	방향 착시	면적 착시
1) 뮬러-라이어 착시 2) 폰조 착시	1) 죌러 착시 2) 포겐도르프 착시	1) 에빙하우스 착시 2) 델뵈프(Delboeuf) 착시

정답 ④

68 신체와 환경의 열교환 종류에 관한 설명으로 옳지 않은 것은? [2024년 기출]

① 대류(convection)는 피부와 공기의 온도 차이로 생긴 기류를 통해서 열을 교환하는 것이다.
② 반사(reflection)는 피부에서 열이 혼합되면서 열전달이 발생하는 것이다.
③ 증발(evaporation)은 땀이 피부의 열로 가열되어 수증기로 변하면서 열교환이 발생하는 것이다.
④ 복사(radiation)는 전자파에 의해 물체들 사이에서 일어나는 열전달 방법이다.
⑤ 전도(conduction)는 신체가 고체나 유체와 직접 접촉할 때 열이 전달되는 방법이다.

해설

② 반사(reflection)는 피부 표면에 조사된 전자기파 일부가 표면에서 튕겨져 나가는 것이다. 복사(radiation)는 전자기파 형태로 에너지가 전달되므로 전도나 대류와 달리 열을 전달하는 매질이 없다. 따라서 매질이 없는 진동 상태에서도 열전달이 가능한 특성이 있다.

정답 ②

69 산업안전보건기준에 관한 규칙에서 정하고 있는 특별관리물질이 아닌 것은? [2024년 기출]

① 디메틸포름아미드, 벤젠, 포름알데히드

② 납 및 그 무기화합물, 1-브로모프로판, 아크릴로니트릴

③ 아크릴아미드, 포름아미드, 사염화탄소

④ 트리클로로에틸렌, 2-브로모프로판, 1,3-부타디엔

⑤ 니트로글리세린, 트리에틸아민, 이황화탄소

해설

니트로글리세린은 혈관확장제(협심증 비상약)로 쓰인다. 다이너마이트 원료로 쓰이는 니트로글리세린이 응급약으로 쓰인다는 것이 아이러니하다. 즉 생명과 죽음의 두 얼굴을 가진 것이 니트로글리세린이다.

트리에틸아민은 합성세제, 계면활성제, 도료 등의 제조에 주로 쓰이는데 흡입이나 피부를 통해 신체에 흡수될 경우 눈 피부, 기도에 부식성이 있으며 폐부종을 발생시킬 수 있다.

이황화탄소는 살충제, 국소마취제, 각종 화합물 합성의 재료로 쓰이며 눈, 피부 그리고 기도에 자극성이 있으며 섭취하거나 폐에 흡인되어 폐렴을 유발하고 중추신경계에 영향을 미칠 수 있다.

원진레이온 사태로 1988년 처음으로 이황화탄소 중독자가 12명인 것이 '한겨레 신문'에 발표된 이후, 원진레이온은 1993년 회사를 폐업한다. 1994년 6월에는 이황화탄소 중독으로 판명된 사람이 무려 359명에 이른다.

제420조(정의) 이 장에서 사용하는 용어의 뜻은 다음과 같다.

1. "관리대상 유해물질"이란 근로자에게 상당한 건강장해를 일으킬 우려가 있어 법 제39조에 따라 건강장해를 예방하기 위한 보건상의 조치가 필요한 원재료·가스·증기·분진·흄, 미스트로서 별표 12에서 정한 유기화합물, 금속류, 산·알칼리류, 가스상태 물질류를 말한다.
2. "유기화합물"이란 상온·상압(常壓)에서 휘발성이 있는 액체로서 다른 물질을 녹이는 성질이 있는 유기용제(有機溶劑)를 포함한 탄화수소계화합물 중 별표 12 제1호에 따른 물질을 말한다.
3. "금속류"란 고체가 되었을 때 금속광택이 나고 전기·열을 잘 전달하며, 전성(展性)과 연성(延性)을 가진 물질 중 별표 12 제2호에 따른 물질을 말한다.
4. "산·알칼리류"란 수용액(水溶液) 중에서 해리(解離)하여 수소이온을 생성하고 염기와 중화하여 염을 만드는 물질과 산을 중화하는 수산화화합물로서 물에 녹는 물질 중 별표 12 제3호에 따른 물질을 말한다.
5. "가스상태 물질류"란 상온·상압에서 사용하거나 발생하는 가스 상태의 물질로서 별표 12 제4호에 따른 물질을 말한다.
6. "특별관리물질"이란 「산업안전보건법 시행규칙」 별표 18 제1호나목에 따른 발암성 물질, 생식세포 변이원성 물질, 생식독성(生殖毒性) 물질 등 근로자에게 중대한 건강장해를 일으킬 우려가 있는 물질로서 별표 12에서 특별관리물질로 표기된 물질을 말한다.
7. "유기화합물 취급 특별장소"란 유기화합물을 취급하는 다음 각 목의 어느 하나에 해당하는 장소를 말한다.

가. 선박의 내부
나. 차량의 내부
다. 탱크의 내부(반응기 등 화학설비 포함)
라. 터널이나 갱의 내부
마. 맨홀의 내부
바. 피트의 내부
사. 통풍이 충분하지 않은 수로의 내부
아. 덕트의 내부
자. 수관(水管)의 내부
차. 그 밖에 통풍이 충분하지 않은 장소

8. "임시작업"이란 일시적으로 하는 작업 중 월 24시간 미만인 작업을 말한다. 다만, 월 10시간 이상 24시간 미만인 작업이 매월 행하여지는 작업은 제외한다.
9. "단시간작업"이란 관리대상 유해물질을 취급하는 시간이 1일 1시간 미만인 작업을 말한다. 다만, 1일 1시간 미만인 작업이 매일 수행되는 경우는 제외한다.

■ **산업안전보건기준에 관한 규칙 [별표 12]**

관리대상 유해물질의 종류 중 특별관리물질

1. 유기화합물(123종)
 7) 2-니트로톨루엔(2-Nitrotoluene; 88-72-2)(특별관리물질)
 9) 디니트로톨루엔(Dinitrotoluene; 25321-14-6 등)(특별관리물질)
 12) N,N-디메틸아세트아미드(N,N-Dimethylacetamide; 127-19-5)(특별관리물질)
 13) 디메틸포름아미드(Dimethylformamide; 68-12-2)(특별관리물질)
 14) 디부틸 프탈레이트(Dibutyl phthalate; 84-74-2)(특별관리물질)
 25) 1,2-디클로로에탄(1,2-Dichloroethane; 107-06-2)(특별관리물질)
 27) 1,2-디클로로프로판(1,2-Dichloropropane; 78-87-5)(특별관리물질)
 31) 2-메톡시에탄올(2-Methoxyethanol; 109-86-4)(특별관리물질)
 32) 2-메톡시에틸 아세테이트(2-Methoxyethyl acetate; 110-49-6)(특별관리물질)
 46) 벤젠(Benzene; 71-43-2)(특별관리물질)
 47) 벤조(a)피렌[Benzo(a)pyrene; 50-32-8](특별관리물질)
 48) 1,3-부타디엔(1,3-Butadiene; 106-99-0)(특별관리물질)
 54) 1-브로모프로판(1-Bromopropane; 106-94-5)(특별관리물질)
 55) 2-브로모프로판(2-Bromopropane; 75-26-3)(특별관리물질)
 59) 사염화탄소(Carbon tetrachloride; 56-23-5)(특별관리물질)
 60) 스토다드 솔벤트(Stoddard solvent; 8052-41-3)(벤젠을 0.1% 이상 함유한 경우만 특별관리물질)
 71) 아크릴로니트릴(Acrylonitrile; 107-13-1)(특별관리물질)
 72) 아크릴아미드(Acrylamide; 79-06-1)(특별관리물질)

75) 2-에톡시에탄올(2-Ethoxyethanol; 110-80-5)(특별관리물질)

76) 2-에톡시에틸 아세테이트(2-Ethoxyethyl acetate; 111-15-9)(특별관리물질)

83) 에틸렌이민(Ethyleneimine; 151-56-4)(특별관리물질)

85) 2,3-에폭시-1-프로판올(2,3-Epoxy-1-propanol; 556-52-5 등)(특별관리물질)

86) 1,2-에폭시프로판(1,2-Epoxypropane; 75-56-9 등)(특별관리물질)

87) 에피클로로히드린(Epichlorohydrin; 106-89-8 등)(특별관리물질)

88) 와파린(Warfarin; 81-81-2)(특별관리물질)

109) 트리클로로에틸렌(Trichloroethylene; 79-01-6)(특별관리물질)

110) 1,2,3-트리클로로프로판(1,2,3-Trichloropropane; 96-18-4)(특별관리물질)

111) 퍼클로로에틸렌(Perchloroethylene; 127-18-4)(특별관리물질)

112) 페놀(Phenol; 108-95-2)(특별관리물질)

114) 포름아미드(Formamide; 75-12-7)(특별관리물질)

115) 포름알데히드(Formaldehyde; 50-00-0)(특별관리물질)

116) 프로필렌이민(Propyleneimine; 75-55-8)(특별관리물질)

122) 황산 디메틸(Dimethyl sulfate; 77-78-1)(특별관리물질)

123) 히드라진[302-01-2] 및 그 수화물(Hydrazine and its hydrates)(특별관리물질)

2. 금속류(25종) → **(암기법 : 수/납//불니//6가크/삼안//카)**

2) 납[7439-92-1] 및 그 무기화합물(Lead and its inorganic compounds)(특별관리물질)

3) 니켈[7440-02-0] 및 그 무기화합물, 니켈 카르보닐(Nickel and its inorganic compounds, Nickel carbonyl)(불용성화합물만 특별관리물질)

8) 산화붕소(Boron oxide; 1303-86-2)(특별관리물질)

10) 수은[7439-97-6] 및 그 화합물(Mercury and its compounds)(특별관리물질. 다만, 아릴화합물 및 알킬화합물은 특별관리물질에서 제외한다)

12) 안티몬[7440-36-0] 및 그 화합물(Antimony and its compounds) (삼산화안티몬만 특별관리물질)

22) 카드뮴[7440-43-9] 및 그 화합물(Cadmium and its compounds)(특별관리물질)

24) 크롬[7440-47-3] 및 그 화합물(Chromium and its compounds)(6가크롬 화합물만 특별관리물질)

3. 산·알칼리류(18종)

6) 사붕소산 나트륨(무수물, 오수화물)(Sodium tetraborate; 1330-43-4, 12179-04-3)(특별관리물질)

18) 황산(Sulfuric acid; 7664-93-9)(pH 2.0 이하인 강산은 특별관리물질)

4. 가스 상태 물질류(15종)

3) 산화에틸렌(Ethylene oxide; 75-21-8)(특별관리물질)

정답 ⑤

70 화학물질 및 물리적 인자의 노출기준에서 노출기준 사용상의 유의사항으로 옳지 않은 것은? [2024년 기출]

① 각 유해인자의 노출기준은 해당 유해인자가 단독으로 존재하는 경우의 노출기준이다.

② 노출기준은 1일 8시간 작업을 기준으로 하여 제정된 것이다.

③ 노출기준은 직업병진단에 사용하거나 노출기준 이하의 작업환경이라는 이유만으로 직업성질병의 이환을 부정하는 근거 또는 반증자료로 사용하여서는 아니 된다.

④ 노출기준은 대기오염의 평가 또는 관리상의 지표로 사용하여서는 아니 된다.

⑤ 상승작용을 하는 화학물질이 2종 이상 혼재하는 경우에는 유해인자별로 각각 독립적인 노출기준을 사용하여야 한다.

해설

제2조(정의) ① 이 고시에서 사용하는 용어의 뜻은 다음과 같다.

1. "노출기준"이란 근로자가 유해인자에 노출되는 경우 노출기준 이하 수준에서는 거의 모든 근로자에게 건강상 나쁜 영향을 미치지 아니하는 기준을 말하며, 1일 작업시간동안의 시간가중평균노출기준(Time Weighted Average, TWA), 단시간노출기준(Short Term Exposure Limit, STEL) 또는 최고노출기준(Ceiling, C)으로 표시한다.
2. "시간가중평균노출기준(TWA)"이란 1일 8시간 작업을 기준으로 하여 유해인자의 측정치에 발생시간을 곱하여 8시간으로 나눈 값을 말하며, 다음 식에 따라 산출한다.

$$\text{TWA환산값} = \frac{C1\,T1 + C2\,T2 + \ldots Cn\,Tn}{8(\text{시간})}$$

주) C : 유해인자의 측정치(단위 : ppm, mg/m^3, 개/cm^3)

주) T : 유해인자의 발생시간(단위 : 시간)

3. "단시간노출기준(STEL)"이란 15분간의 시간가중평균노출값으로서 노출농도가 시간가중평균노출기준(TWA)을 초과하고 단시간노출기준(STEL) 이하인 경우에는 1회 노출 지속시간이 15분 미만이어야 하고, 이러한 상태가 1일 4회 이하로 발생하여야 하며, 각 노출의 간격은 60분 이상이어야 한다.
4. "최고노출기준(C)"이란 근로자가 1일 작업시간동안 잠시라도 노출되어서는 아니 되는 기준을 말하며, 노출기준 앞에 "C"를 붙여 표시한다.

② 이 고시에서 특별히 규정하지 아니한 용어는 「산업안전보건법」(이하 "법"이라 한다), 「산업안전보건법 시행령」(이하 "영"이라 한다), 「산업안전보건법 시행규칙」(이하 "규칙"이라 한다) 및 「산업안전보건기준에 관한 규칙」(이하 "안전보건규칙"이라 한다)이 정하는 바에 따른다.

제3조(노출기준 사용상의 유의사항) ① 각 유해인자의 노출기준은 해당 유해인자가 단독으로 존재하는 경우의 노출기준을 말하며, 2종 또는 그 이상의 유해인자가 혼재하는 경우에는 각 유해인자의 상가작용으로 유해성이 증가할 수 있으므로 제6조에 따라 산출하는 노출기준을 사용하여야 한다.

② 노출기준은 1일 8시간 작업을 기준으로 하여 제정된 것이므로 이를 이용할 경우에는 근로시간, 작업의 강도, 온열조건, 이상기압 등이 노출기준 적용에 영향을 미칠 수 있으므로 이와 같은 제반요인을 특별히 고려하여야 한다.

③ 유해인자에 대한 감수성은 개인에 따라 차이가 있고, 노출기준 이하의 작업환경에서도 직업성 질병에 이환되는 경우가 있으므로 노출기준은 직업병진단에 사용하거나 노출기준 이하의 작업환경이라는 이유만으로 직업성질병의 이환을 부정하는 근거 또는 반증자료로 사용하여서는 아니 된다.

④ 노출기준은 대기오염의 평가 또는 관리상의 지표로 사용하여서는 아니 된다.

제4조(적용범위) ① 노출기준은 법 제39조에 따른 작업장의 유해인자에 대한 작업환경개선기준과 법 제125조에 따른 작업환경측정결과의 평가기준으로 사용할 수 있다.

② 이 고시에 유해인자의 노출기준이 규정되지 아니하였다는 이유로 법, 영, 규칙 및 안전보건규칙의 적용이 배제되지 아니하며, 이와 같은 유해인자의 노출기준은 미국산업위생전문가협회(American Conference of Governmental Industrial Hygienists, ACGIH)에서 매년 채택하는 노출기준(TLVs)을 준용한다.

제2장 노출기준

제5조(화학물질) ① 화학물질의 노출기준은 별표 1과 같다.

② 별표 1의 발암성, 생식세포 변이원성 및 생식독성 정보는 법상 규제 목적이 아닌 정보제공 목적으로 표시하는 것으로서 발암성은 국제암연구소(International Agency for Research on Cancer, IARC), 미국산업위생전문가협회(American Conference of Governmental Industrial Hygienists, ACGIH), 미국독성프로그램(National Toxicology Program, NTP), 「유럽연합의 분류·표시에 관한 규칙(European Regulation on the Classification, Labelling and Packaging of substances and mixtures, EU CLP)」 또는 미국산업안전보건청(American Occupational Safety & Health Administration, OSHA)의 분류를 기준으로, 생식세포 변이원성 및 생식독성은 유럽연합의 분류·표시에 관한 규칙(European Regulation on the Classification, Labelling and Packaging of substances and mixtures, EU CLP)을 기준으로 「화학물질의 분류·표시 및 물질안전보건자료에 관한 기준」에 따라 분류한다.

제6조(혼합물) ① 화학물질이 2종 이상 혼재하는 경우에 혼재하는 물질 간에 유해성이 인체의 서로 다른 부위에 작용한다는 증거가 없는 한 유해작용은 **가중**되므로 노출기준은 다음 식에 따라 산출하되, 산출되는 수치가 1을 초과하지 아니하는 것으로 한다.

$$\frac{C1}{T1} + \frac{C2}{T2} + ... + \frac{Cn}{Tn}$$

주) C : 화학물질 각각의 측정치
주) T : 화학물질 각각의 노출기준

② 제1항의 경우와는 달리 혼재하는 물질 간에 유해성이 인체의 서로 다른 부위에 유해작용을 하는 경우에 유해성이 각각 작용하므로 혼재하는 물질 중 어느 한 가지라도 노출기준을 넘는 경우 노출기준을 초과하는 것으로 한다.

제11조(표시단위) ① 가스 및 증기의 노출기준 표시단위는 피피엠(ppm)을 사용한다.

② 분진 및 미스트 등 에어로졸(Aerosol)의 노출기준 표시단위는 세제곱미터당 밀리그램(mg/m^3)을 사용한다. 다만, 석면 및 내화성세라믹섬유의 노출기준 표시단위는 세제곱센티미터당 개수(개/cm^3)를 사용한다.

③ 고온의 노출기준 표시단위는 습구흑구온도지수(이하"WBGT"라 한다)를 사용하며 다음 각 호의 식에 따라 산출한다.

1. 태양광선이 내리쬐는 옥외 장소 : WBGT(℃) = 0.7 × 자연습구온도 + 0.2 × 흑구온도 + 0.1 × 건구온도
2. 태양광선이 내리쬐지 않는 옥내 또는 옥외 장소 : WBGT(℃) = 0.7 × 자연습구온도 + 0.3 × 흑구온도

상가작용(addition)은 그 작용이 산술적 합과 같을 때를 말하며, 상승작용(synergism)은 그 작용이 산술적 합 이상으로 강하게 나타날 때를 말한다.

상가작용은 유해인자가 2종 이상 혼재하는 경우에 있어 혼재하는 유해인자가 인체의 같은 부위에 작용하여 가중하는 것으로 2+3=5의 예이다.

상승작용은 2+3=20이 예이다.

참고로 가승작용(potentiation)은 인체의 어떤 기관이나 계통에 영향을 나타내지 않는 물질이 독성이 있는 다른 물질과 복합적으로 노출되었을 때 그 독성이 커지는 것으로 2+0=10이 그 예이다.

길항작용(antagonism)은 두 가지 화학물이 함께 있었을 때 서로의 작용을 방해하는 것으로 교감신경과 부교감신경이 서로 반대되는 작용을 하는 것이며 2+3=1이 그 예이다.

정답 ⑤

71 작업환경측정 및 정도관리 등에 관한 고시에서 정하는 용어의 정의로 옳지 않은 것은? [2024년 기출]

① “정확도”란 일정한 물질에 대해 반복측정·분석을 했을 때 나타나는 자료 분석치의 변동크기가 얼마나 작은가 하는 수치상의 표현을 말한다.

② “직접채취방법”이란 시료공기를 흡수, 흡착 등의 과정을 거치지 아니하고 직접채취대 또는 진공채취병 등의 채취용기에 물질을 채취하는 방법을 말한다.

③ “호흡성분진”이란 호흡기를 통하여 폐포에 축적될 수 있는 크기의 분진을 말한다.

④ “흡입성분진”이란 호흡기의 어느 부위에 침착하더라도 독성을 일으키는 분진을 말한다.

⑤ “고체채취방법”이란 시료공기를 고체의 입자층을 통해 흡입, 흡착하여 해당 고체입자에 측정하려는 물질을 채취하는 방법을 말한다.

해설

제2조(정의) ① 이 고시에서 사용하는 용어의 뜻은 다음 각호와 같다.

1. "액체채취방법"이란 시료공기를 액체 중에 통과시키거나 액체의 표면과 접촉시켜 용해·반응·흡수·충돌 등을 일으키게 하여 해당 액체에 작업환경측정(이하 "측정"이라 한다)을 하려는 물질을 채취하는 방법을 말한다.
2. "고체채취방법"이란 시료공기를 고체의 입자층을 통해 흡입, 흡착하여 해당 고체입자에 측정하려는 물질을 채취하는 방법을 말한다.
3. "직접채취방법"이란 시료공기를 흡수, 흡착 등의 과정을 거치지 아니하고 직접채취대 또는 진공채취병 등의 채취용기에 물질을 채취하는 방법을 말한다.
4. "냉각응축채취방법"이란 시료공기를 냉각된 관 등에 접촉 응축시켜 측정하려는 물질을 채취하는 방법을 말한다.
5. "여과채취방법"이란 시료공기를 여과재를 통하여 흡인함으로써 해당 여과재에 측정하려는 물질을 채취하는 방법을 말한다.
6. "개인 시료채취"란 개인시료채취기를 이용하여 가스·증기·분진·흄(fume)·미스트(mist) 등을 근로자의 호흡위치(호흡기를 중심으로 반경 30㎝인 반구)에서 채취하는 것을 말한다.
7. "지역 시료채취"란 시료채취기를 이용하여 가스·증기·분진·흄(fume)·미스트(mist) 등을 근로자의 작업행동 범위에서 호흡기 높이에 고정하여 채취하는 것을 말한다.
8. "노출기준"이란 「산업안전보건법」(이하 "법"이라 한다) 제106조에서 정한 작업환경평가기준을 말한다.
9. "최고노출근로자"란 「산업안전보건법 시행규칙」(이하 "규칙"이라 한다) 별표 21에 따른 작업환경측정대상 유해인자의 발생 및 취급원에서 가장 가까운 위치의 근로자이거나 규칙 별표 21에 따른 작업환경측정대상 유해인자에 가장 많이 노출될 것으로 간주되는 근로자를 말한다.
10. "단위작업 장소"란 규칙 제186조제1항에 따라 **작업환경측정대상이 되는 작업장 또는 공정에서 정상적인 작업을 수행하는 동일 노출집단의 근로자가 작업을 하는 장소**를 말한다.
11. "호흡성분진"이란 호흡기를 통하여 **폐포**에 축적될 수 있는 크기의 분진을 말한다.
12. "흡입성분진"이란 호흡기의 **어느 부위에 침착**하더라도 독성을 일으키는 분진을 말한다.
13. "입자상 물질"이란 화학적인자가 공기중으로 분진·흄(fume)·미스트(mist) 등의 형태로 발생되는 물질을 말한다.
14. "가스상 물질"이란 화학적인자가 공기중으로 가스·증기의 형태로 발생되는 물질을 말한다.
15. "정도관리"란 법 제126조제2항에 따라 작업환경측정·분석 결과에 대한 정확성과 정밀도를 확보하기 위하여 작업환경측정기관의 측정·분석능력을 확인하고, 그 결과에 따라 지도·교육 등 측정·분석능력 향상을 위하여 행하는 모든 관리적 수단을 말한다.
16. "정확도"란 분석치가 참값에 얼마나 접근하였는가 하는 수치상의 표현을 말한다.
17. "정밀도"란 일정한 물질에 대해 반복측정·분석을 했을 때 나타나는 자료 분석치의 변동크기가 얼마나 작은가 하는 수치상의 표현을 말한다.

② 그 밖의 이 고시에서 사용하는 용어의 뜻은 이 고시에 특별한 규정이 없으면 법, 「산업안전보건

법 시행령」(이하 "영"이라 한다), 규칙, 「산업안전보건기준에 관한 규칙」(이하 "안전보건규칙"이라 한다) 및 관련 고시가 정하는 바에 따른다.

정답 ①

72 작업환경측정 및 정도관리 등에 관한 고시에서 정하는 시료채취에 관한 설명으로 옳은 것은? [2024년 기출]

① 8명이 있는 단위작업 장소에서는 평균 노출근로자 2명 이상에 대하여 동시에 개인 시료채취 방법으로 측정한다.

② 개인 시료채취 시 동일 작업근로자수가 20명을 초과하는 경우에는 매 5명당 1명 이상 추가하여 측정하여야 한다.

③ 개인 시료채취 시 동일 작업근로자수가 50명을 초과하는 경우에는 최대 시료 채취 근로자수를 10명으로 조정할 수 있다.

④ 지역 시료채취 방법으로 측정을 하는 경우 단위작업장소 내에서 1개 이상의 지점에 대하여 동시에 측정하여야 한다.

⑤ 지역시료 채취 시 단위작업 장소의 넓이가 50평방미터 이상인 경우에는 매 30평방미터마다 1개 지점 이상을 추가로 측정하여야 한다.

해설

⑤ 평방미터=제곱미터(m^2)

제19조(시료채취 근로자수) ① **단위작업 장소에서 최고 노출근로자 2명 이상에 대하여 동시에 개인 시료채취 방법으로 측정**하되, 단위작업 장소에 근로자가 1명인 경우에는 그러하지 아니하며, **동일 작업근로자수가 10명을 초과하는 경우에는 매 5명당 1명 이상 추가하여 측정하여야 한다.** 다만, 동일 작업근로자수가 100명을 초과하는 경우에는 최대 시료채취 근로자수를 20명으로 조정할 수 있다.

② **지역 시료채취 방법으로 측정을 하는 경우 단위작업장소 내에서 2개 이상의 지점에 대하여 동시에 측정**하여야 한다. 다만, 단위작업 장소의 넓이가 50평방미터 이상인 경우에는 매 30평방미터마다 1개 지점 이상을 추가로 측정하여야 한다.

정답 ⑤

73 다음 설명에 해당하는 중금속은? [2024년 기출]

- 중독의 임상증상은 급성 복부 산통의 위장계통 장해, 손처짐을 동반하는 팔과 손의 마비가 특징인 신경근육계통의 장해, 주로 급성 뇌병증이 심한 중추신경계통의 장해로 구분할 수 있다.
- 적혈구에 친화성이 높아 뼈조직에 결합된다.
- 중독으로 인한 빈혈증은 heme의 생합성 과정에 장해가 생겨 혈색소량이 감소하고 적혈구의 생존기간이 단축된다.

① 크롬
② 수은
③ 납
④ 비소
⑤ 망간

해설

망간	크롬	비소	수은	카드뮴
파킨슨병	비중격천공 피부궤양 천식 폐암	피부암 폐암 백혈병 림프종	故문송면(1988) 미나마타병 중추신경계	이따이이따이병 간/신장에 축적

○ 납(Pb)

혈액 내로 들어온 납(Pb)은 적혈구에 친화성이 높아 95%는 적혈구에 결합하여 혈색소 합성을 방해함으로써 빈혈을 초래한다. 혈액 검사는 주로 혈색소량을 측정한다. 납에 노출되면 헴(Heme) 합성에 장해가 와서 혈색소량이 감소하는데 헴(heme)은 혈액에서 산소를 결합시키는 데 필요한 헤모글로빈의 고리 모양의 철 함유 분자 성분이다. 즉, 납은 조혈작용을 억제하게 된다.

이렇게 납은 혈류를 통해 해당 장기로 이동되는데 체내에 흡수된 납은 성인의 경우 약90%(94%), 어린이의 경우 73%가 뼈에 축적된다.

이는 납의 작용이 칼슘이 골조직에서 나타내는 대사과정과 유사하기 때문인 것으로 알려져 있다.

납은 납작뼈보다 긴뼈에, 그리고 뼈의 중간부분보다는 양 끝에 더 많이 축적된다. 치아는 어느 뼈보다도 많은 납을 함유하고 있다. 뼈 속의 납 농도는 나이에 따라 증가하는데 50~60대에 최고에 이르고 이후부터는 점차 감소한다.

납은 주로 신장(75~80%)과 소화기(15%)를 통하여 배설되는데 땀, 모유, 털, 손톱, 상피세포, 치아 등을 통하여 배출되기도 한다.

정답 ③

74 포름알데히드에 관한 설명으로 옳은 것을 모두 고른 것은? [2024년 기출]

ㄱ. 자극성 냄새가 나는 무색기체이다.
ㄴ. 호흡기를 통해 빠르게 흡수되고 피부접촉에 의한 노출은 극히 적다.
ㄷ. 대사경로는 포름알데히드→포름산→이산화탄소이다.
ㄹ. 생물학적 모니터링을 위한 생체지표가 많이 존재하며 발암성은 없다.

① ㄱ, ㄹ
② ㄴ, ㄷ
③ ㄱ, ㄴ, ㄷ
④ ㄱ, ㄷ, ㄹ
⑤ ㄱ, ㄴ, ㄷ, ㄹ

해설

○ 포름알데히드

1. 용도

포름알데히드는 상온, 상압에서 무색의 기체로서 주로 37~50%의 농도의 '포로말린'이라는 수용액으로 판매된다. 특히 포름알데히드와 반응하여 얻어지는 페놀수지, 요소수지, 멜라민수지 등은 목재에 대한 접착력이 매우 우수하므로 합판이나 가구류의 접착제로 다량 사용하고 있다.

2. 물리·화학적 특성

1) 분자식
HCHO

2) 색상
무채색

3) 냄새
자극성 냄새

4) 우리나라 노출기준
TWA : 0.5ppm, STEL : 1ppm * 참고로 IARC(세계암연구소)에서는 포름알데히드를 1군 발암물질로 분류

5) 노출경로
흡입, 피부접촉을 통해 주로 흡수가 이루어진다. 체내 들어와 신속히 대사가 되어 인체 내에서 생성되는 포름알데히드와 합쳐진다. 매우 짧은 시간에 대사가 되므로 노출직후에 호흡기 입구의 점막이나 혈중에서 포름알데히드를 검출하기 어렵다. 따라서 특별한 생체지표가 존재하지 않는다.

6) 건강장해
눈과 호흡기의 자극제로서 일차적 자극성 및 알러지성 피부염을 유발하고 고농도에서 암을

유발할 가능성이 높은 물질이다.

3. 건강진단항목
   1) 임상검사
      혈액학적 검사 : 혈색소량, 혈구용적치
   2) 요검사 : 단백뇨
   3) 간기능검사 : 혈청지오티, 혈청지티피, 감마지티피

4. 대사
   포름알데히드는 인체 내에서 포름산염으로 대사되어 소변으로 배출되고 인체 내 반감기는 1~1.5분이다.
   메탄올을 잘못 마셨을 때, 실명이나 사망을 일으키는 것은 포름알데히드 때문이다. 메탄올이 신체 내부로 유입되면 포름알데히드 및 포름산이라는 물질로 변환되는데 특히 포름알데히드는 시신경을 손상시키고 단백질 조직을 변성시켜 굳혀버리는 효과를 갖기 때문이다.
   메탄올이 독성을 나타내는 대사단계는 '메탄올→포름알데히드→포름산→이산화탄소'의 과정을 거친다.

정답 없음. ㄱ과 ㄷ이 맞는 설명이다(전항 정답처리)

75 산업안전보건법령상 근로자 건강진단의 종류가 아닌 것은? [2024년 기출]

① 특수건강진단
② 배치전건강진단
③ 건강관리카드 소지자 건강진단
④ 종합건강진단
⑤ 임시건강진단

해설

제129조(일반건강진단) ① 사업주는 상시 사용하는 근로자의 건강관리를 위하여 건강진단(이하 "일반건강진단"이라 한다)을 실시하여야 한다. 다만, 사업주가 고용노동부령으로 정하는 건강진단을 실시한 경우에는 그 건강진단을 받은 근로자에 대하여 일반건강진단을 실시한 것으로 본다.
② 사업주는 제135조제1항에 따른 특수건강진단기관 또는 「건강검진기본법」 제3조제2호에 따른 건강검진기관(이하 "건강진단기관"이라 한다)에서 일반건강진단을 실시하여야 한다.
③ 일반건강진단의 주기·항목·방법 및 비용, 그 밖에 필요한 사항은 고용노동부령으로 정한다.
제130조(특수건강진단 등) ① 사업주는 다음 각 호의 어느 하나에 해당하는 근로자의 건강관리를

위하여 건강진단(이하 "특수건강진단"이라 한다)을 실시하여야 한다. 다만, 사업주가 고용노동부령으로 정하는 건강진단을 실시한 경우에는 그 건강진단을 받은 근로자에 대하여 해당 유해인자에 대한 특수건강진단을 실시한 것으로 본다.

1. 고용노동부령으로 정하는 유해인자에 노출되는 업무(이하 "특수건강진단대상업무"라 한다)에 종사하는 근로자
2. 제1호, 제3항 및 제131조에 따른 건강진단 실시 결과 직업병 소견이 있는 근로자로 판정받아 작업 전환을 하거나 작업 장소를 변경하여 해당 판정의 원인이 된 특수건강진단대상업무에 종사하지 아니하는 사람으로서 해당 유해인자에 대한 건강진단이 필요하다는 「의료법」 제2조에 따른 의사의 소견이 있는 근로자

② 사업주는 특수건강진단대상업무에 종사할 근로자의 배치 예정 업무에 대한 적합성 평가를 위하여 건강진단(이하 "배치전건강진단"이라 한다)을 실시하여야 한다. 다만, 고용노동부령으로 정하는 근로자에 대해서는 배치전건강진단을 실시하지 아니할 수 있다.

③ 사업주는 특수건강진단대상업무에 따른 유해인자로 인한 것이라고 의심되는 건강장해 증상을 보이거나 의학적 소견이 있는 근로자 중 보건관리자 등이 사업주에게 건강진단 실시를 건의하는 등 고용노동부령으로 정하는 근로자에 대하여 건강진단(이하 "수시건강진단"이라 한다)을 실시하여야 한다.

④ 사업주는 제135조제1항에 따른 특수건강진단기관에서 제1항부터 제3항까지의 규정에 따른 건강진단을 실시하여야 한다.

⑤ 제1항부터 제3항까지의 규정에 따른 건강진단의 시기·주기·항목·방법 및 비용, 그 밖에 필요한 사항은 고용노동부령으로 정한다.

제131조(임시건강진단 명령 등) ① 고용노동부장관은 같은 유해인자에 노출되는 근로자들에게 유사한 질병의 증상이 발생한 경우 등 고용노동부령으로 정하는 경우에는 근로자의 건강을 보호하기 위하여 사업주에게 특정 근로자에 대한 건강진단(이하 "임시건강진단"이라 한다)의 실시나 작업 전환, 그 밖에 필요한 조치를 명할 수 있다.

② 임시건강진단의 항목, 그 밖에 필요한 사항은 고용노동부령으로 정한다.

제137조(건강관리카드) ① 고용노동부장관은 고용노동부령으로 정하는 건강장해가 발생할 우려가 있는 업무에 종사하였거나 종사하고 있는 사람 중 고용노동부령으로 정하는 요건을 갖춘 사람의 직업병 조기발견 및 지속적인 건강관리를 위하여 건강관리카드를 발급하여야 한다.

② 건강관리카드를 발급받은 사람이 「산업재해보상보험법」 제41조에 따라 요양급여를 신청하는 경우에는 건강관리카드를 제출함으로써 해당 재해에 관한 의학적 소견을 적은 서류의 제출을 대신할 수 있다.

③ 건강관리카드를 발급받은 사람은 그 건강관리카드를 타인에게 양도하거나 대여해서는 아니 된다.

④ 건강관리카드를 발급받은 사람 중 제1항에 따라 건강관리카드를 발급받은 업무에 종사하지 아니하는 사람은 고용노동부령으로 정하는 바에 따라 특수건강진단에 준하는 건강진단을 받을 수 있다.

⑤ 건강관리카드의 서식, 발급 절차, 그 밖에 필요한 사항은 고용노동부령으로 정한다.

시행규칙 제215조(건강관리카드 소지자의 건강진단) ① 법 제137조제1항에 따른 건강관리카드(이하 "카드"라 한다)를 발급받은 근로자가 카드의 발급 대상 업무에 더 이상 종사하지 않는 경우에는 공단 또는 특수건강진단기관에서 실시하는 건강진단을 매년(카드 발급 대상 업무에서 종사하지 않게 된 첫 해는 제외한다) 1회 받을 수 있다. 다만, 카드를 발급받은 근로자(이하 "카드소지자"

라 한다)가 카드의 발급 대상 업무와 같은 업무에 재취업하고 있는 기간 중에는 그렇지 않다.

② 공단은 제1항 본문에 따라 건강진단을 받는 카드소지자에게 교통비 및 식비를 지급할 수 있다.

③ 카드소지자는 건강진단을 받을 때에 해당 건강진단을 실시하는 의료기관에 카드 또는 주민등록증 등 신분을 확인할 수 있는 증명서를 제시해야 한다.

④ 제3항에 따른 의료기관은 건강진단을 실시한 날부터 30일 이내에 건강진단 실시 결과를 카드소지자 및 공단에 송부해야 한다.

⑤ 제3항에 따른 의료기관은 건강진단 결과에 따라 카드소지자의 건강 유지를 위하여 필요하면 건강상담, 직업병 확진 의뢰 안내 등 고용노동부장관이 정하는 바에 따른 조치를 하고, 카드소지자에게 해당 조치 내용에 대하여 설명해야 한다.

⑥ 카드소지자에 대한 건강진단의 실시방법과 그 밖에 필요한 사항은 고용노동부장관이 정하여 고시한다.

정답 ④

* 51번~68번 산업안전지도사 기업진단·지도 문제와 공통 내용임.

69 **다음은 하인리히(H. Heinrich)의 재해예방이론 4원칙과 사고예방원리 5단계이다. ( )에 들어갈 내용으로 옳은 것은? [2024년 기출]**

> ○ 재해예방이론 4원칙
> (ㄱ), 원인계기의 원칙, (ㄴ), 대책선정의 원칙
> ○ 사고예방원리 5단계
> 1단계 : 안전관리조직 2단계 : 사실의 발견 3단계 : (ㄷ)
> 4단계 : 시정책의 선정 5단계 : 시정책의 적용

① ㄱ : 손실가능의 원칙, ㄴ : 예방불가의 원칙, ㄷ : 위험성 파악
② ㄱ : 손실우연의 원칙, ㄴ : 예방가능의 원칙, ㄷ : 분석·평가
③ ㄱ : 손실가능의 원칙, ㄴ : 예방가능의 원칙, ㄷ : 위험성 파악
④ ㄱ : 손실우연의 원칙, ㄴ : 예방불가의 원칙, ㄷ : 분석·평가
⑤ ㄱ : 손실가능의 원칙, ㄴ : 예방불가의 원칙, ㄷ : 분석·평가

해설

○ 하인리히(H. Heinrich) → (암기법 : 방/실/인/대)

1. 재해예방이론 4원칙
   1) 손실우연의 원칙
      손실의 대소 또는 손실의 종류는 우연에 의해 정해진다.
   2) 원인계기의 원칙
      사고발생과 그 원인 사이에는 반드시 필연적인 인과관계가 있다.
   3) 예방가능의 원칙
      인적 재해의 특성은 천재지변과는 달리 그 발생을 미연에 방지할 수 있다.
   4) 대책선정의 원칙
      안전사고에 대한 예방책으로는 기술적(Engineering), 교육적(Education), 관리적(Enforcement) 3E 대책이 중요하다.

2. 사고예방원리 5단계
   1) 안전관리조직(Organization)

2) 사실의 발견(Fact Finding)
3) 평가·분석(Analysis)
4) 시정책의 선정(Selection of Remedy)
5) 시정책의 적용(Application of Remedy)

정답 ②

70 보호구의 구비요건에 관한 내용으로 옳은 것을 모두 고른 것은? [2024년 기출]

ㄱ. 겉모양과 보기가 좋을 것
ㄴ. 유해·위험요인에 대한 방호성능이 충분할 것
ㄷ. 착용이 간편할 것
ㄹ. 금속성 재료는 내식성이 없는 것

① ㄱ
② ㄴ, ㄹ
③ ㄱ, ㄴ, ㄷ
④ ㄴ, ㄷ, ㄹ
⑤ ㄱ, ㄴ, ㄷ, ㄹ

해설

○ 보호구 구비요건
1. 사용 목적에 적합해야 한다.
2. 착용이 간편해야 한다.
3. 작업에 방해가 되지 않아야 한다.
4. 품질이 우수해야 한다.
5. 구조, 끝마무리가 양호해야 한다.
6. 겉모양과 보기가 좋아야 한다.
7. 유해·위험에 대한 방호성능이 충분할 것
8. 금속성 재료는 내식성일 것

정답 ③

71 사업장 위험성평가에 관한 지침에서 위험성 감소를 위한 대책 수립의 고려 순서로 옳은 것은? [2024년 기출]

ㄱ. 개인용 보호구의 사용
ㄴ. 위험한 작업의 폐지·변경, 유해·위험물질 대체 등의 조치 또는 설계나 계획 단계에서 위험성을 제거 또는 저감하는 조치
ㄷ. 사업장 작업절차서 정비 등의 관리적 대책
ㄹ. 연동장치, 환기장치 설치 등의 공학적 대책

① ㄱ→ㄴ→ㄹ→ㄷ
② ㄴ→ㄷ→ㄹ→ㄱ
③ ㄴ→ㄹ→ㄷ→ㄱ
④ ㄷ→ㄹ→ㄴ→ㄱ
⑤ ㄹ→ㄷ→ㄴ→ㄱ

해설

제12조(위험성 감소대책 수립 및 실행) ① 사업주는 제11조제2항에 따라 허용 가능한 위험성이 아니라고 판단한 경우에는 위험성의 수준, 영향을 받는 근로자 수 및 **다음 각 호의 순서를 고려하여** 위험성 감소를 위한 대책을 수립하여 실행하여야 한다. 이 경우 법령에서 정하는 사항과 그 밖에 근로자의 위험 또는 건강장해를 방지하기 위하여 필요한 조치를 반영하여야 한다.

1. 위험한 작업의 폐지·변경, 유해·위험물질 대체 등의 조치 또는 설계나 계획 단계에서 위험성을 제거 또는 저감하는 조치
2. 연동장치, 환기장치 설치 등의 공학적 대책
3. 사업장 작업절차서 정비 등의 관리적 대책
4. 개인용 보호구의 사용

② 사업주는 위험성 감소대책을 실행한 후 해당 공정 또는 작업의 위험성의 수준이 사전에 자체 설정한 허용 가능한 위험성의 수준인지를 확인하여야 한다.

③ 제2항에 따른 확인 결과, 위험성이 자체 설정한 허용 가능한 위험성 수준으로 내려오지 않는 경우에는 허용 가능한 위험성 수준이 될 때까지 추가의 감소대책을 수립·실행하여야 한다.

④ 사업주는 중대재해, 중대산업사고 또는 심각한 질병이 발생할 우려가 있는 위험성으로서 제1항에 따라 수립한 위험성 감소대책의 실행에 많은 시간이 필요한 경우에는 즉시 잠정적인 조치를 강구하여야 한다.

정답 ③

72

안전보건경영시스템 이해를 위한 지침 상 안전보건경영시스템의 관리체계의 흐름을 나타낸 그림이다. A 단계의 활동에 관한 설명으로 옳지 않은 것은? [2024년 기출]

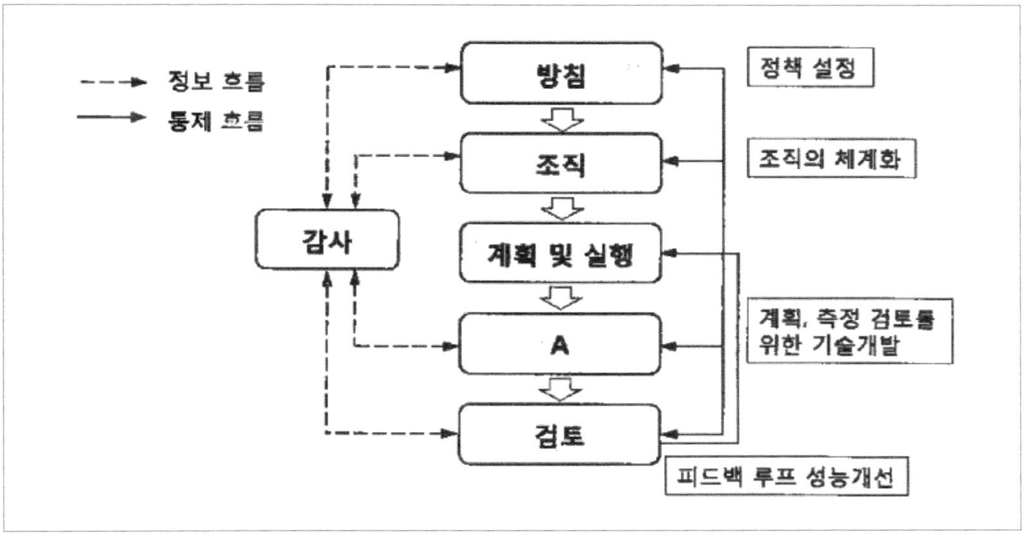

① 안전보건의 문제점이 발생한 때에는 재해, 아차사고 등에 대한 사례를 통하여 잘못된 점을 확인하여야 한다.

② 위험성이 가장 큰 부분을 우선적으로 해결하여야 한다.

③ 잠재적으로 심각한 피해를 미치는 사건을 자세히 살펴보아야 한다.

④ 발생한 일과 원인에 대하여 조사하고, 기록하여야 한다.

⑤ 안전보건 실적을 측정할 수 있는 기준을 설정하여야 한다.

해설

안전보건경영시스템 관리체계는 5단계로 이루어진다.

1) 1단계 – 안전보건방침 설정

안전보건 방침은 근로자를 적재적소에 배치하고, 장비, 재료 등을 선택하는데 중요한 영향을 미친다.

2) 2단계 – 조직의 체계화

안전보건 방침이 효과적으로 진행되도록 근로자의 참여를 보장하고 역량, 책임, 협력 및 의사소통의 능동적인 안전보건 문화를 장려하여야 한다.

3) 3단계 – 계획 설정 및 실행

안전보건 계획은 목표 설정, 유해위험요인 확인, 위험성 평가, 능동적 문화의 실행 및 개발을 위하여 설정되어야 한다.

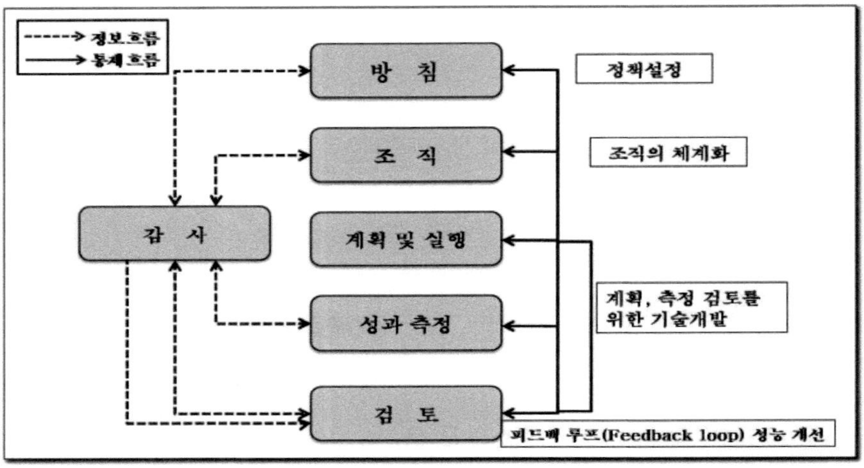

<그림 1> 안전보건경영시스템 관리체계의 흐름

안전보건 계획은 다음 사항을 준수하여야 한다.

① 유해위험요인을 확인하고 위험성을 평가하여 이를 제거 또는 감소시킬 수 있는 방안을 결정하여야 한다.

② 안전보건 관련 법령을 준수하여야 한다.

③ 안전보건에 대한 경영자와 관리자의 의견이 일치하여야 한다.

④ 구매·공급에 대한 정책은 안전보건 측면을 고려하여 결정하여야 한다.

⑤ 심각하고 급박한 위험을 다루기 위한 절차를 마련하여야 한다.

⑥ 인근 주민, 협력 업체와 협력하여야 한다.

⑦ <u>안전보건 실적을 측정할 수 있는 기준을 설정하여야 한다</u>.

4) 4단계 – 성과 측정

① 재정, 생산, 판매, 재해손실일수 등을 통하여 안전보건의 성과를 측정하여야 한다.

② 안전보건의 문제점이 발생한 때에는 재해, 아차사고 등에 대한 사례를 통하여 잘못된 점을 확인하여야 한다.

③ 위험성이 가장 큰 부분을 우선적으로 해결하여야 한다.

④ 잠재적으로 심각한 피해를 미치는 사건을 자세히 살펴보아야 한다.

⑤ 발생한 일과 원인에 대하여 조사하고, 기록하여야 한다.

5) 5단계 – 검토 및 감사

안전보건에 대한 검토 결과를 확인하고, 안전보건 성과의 향상 방안을 마련하기 위해 감사를 수행하여야 한다.

정답 ⑤

73 사업장 위험성평가에 관한 지침에서 위험성평가의 실시에 관한 내용으로 옳지 않은 것은? [2024년 기출]

① 사업주는 사업이 성립된 날로부터 3개월이 되는 날까지 위험성평가의 대상이 되는 유해·위험요인에 대한 최초 위험성평가의 실시에 착수하여야 한다.

② 사업주는 사업장 건설물의 설치·이전·변경 또는 해체로 추가적인 유해·위험요인이 생기는 경우에는 해당 유해·위험요인에 대한 수시 위험성평가를 실시하여야 한다.

③ 사업주는 중대산업사고 발생 작업을 대상으로 작업을 재개하기 전에 수시 위험성평가를 실시하여야 한다.

④ 사업주는 실시한 위험성평가의 결과에 대한 적정성을 기계·기구, 설비 등의 기간 경과에 의한 성능 저하를 고려하여 1년마다 정기적으로 재검토하여야 한다.

⑤ 사업주는 1개월 미만의 기간 동안 이루어지는 작업 또는 공사의 경우에는 특별한 사정이 없는 한 작업 또는 공사 개시 후 지체 없이 최초 위험성평가를 실시하여야 한다.

해설

제15조(위험성평가의 실시 시기) ① 사업주는 사업이 성립된 날(사업 개시일을 말하며, 건설업의 경우 실착공일을 말한다)로부터 1개월이 되는 날까지 제5조의2제1항에 따라 위험성평가의 대상이 되는 유해·위험요인에 대한 최초 위험성평가의 실시에 착수하여야 한다. 다만, 1개월 미만의 기간 동안 이루어지는 작업 또는 공사의 경우에는 특별한 사정이 없는 한 작업 또는 공사 개시 후 지체 없이 **최초 위험성평가**를 실시하여야 한다.

② 사업주는 다음 각 호의 어느 하나에 해당하여 추가적인 유해·위험요인이 생기는 경우에는 해당 유해·위험요인에 대한 **수시 위험성평가**를 실시하여야 한다. 다만, 제5호에 해당하는 경우에는 재해발생 작업을 대상으로 작업을 재개하기 전에 실시하여야 한다.

1. 사업장 건설물의 설치·이전·변경 또는 해체
2. 기계·기구, 설비, 원재료 등의 신규 도입 또는 변경
3. 건설물, 기계·기구, 설비 등의 정비 또는 보수(주기적·반복적 작업으로서 이미 위험성평가를 실시한 경우에는 제외)
4. 작업방법 또는 작업절차의 신규 도입 또는 변경
5. 중대산업사고 또는 산업재해(휴업 이상의 요양을 요하는 경우에 한정한다) 발생
6. 그 밖에 사업주가 필요하다고 판단한 경우

③ 사업주는 다음 각 호의 사항을 고려하여 제1항에 따라 실시한 위험성평가의 결과에 대한 적정성을 1년마다 **정기적으로 재검토**(이때, 해당 기간 내 제2항에 따라 실시한 위험성평가의 결과가 있는 경우 함께 적정성을 재검토하여야 한다)하여야 한다. 재검토 결과 허용 가능한 위험성 수준이 아니라고 검토된 유해·위험요인에 대해서는 제12조에 따라 위험성 감소대책을 수립하여 실행하여야 한다.

1. 기계·기구, 설비 등의 기간 경과에 의한 성능 저하
2. 근로자의 교체 등에 수반하는 안전·보건과 관련되는 지식 또는 경험의 변화

3. 안전·보건과 관련되는 새로운 지식의 습득

4. 현재 수립되어 있는 위험성 감소대책의 유효성 등

④ 사업주가 사업장의 상시적인 위험성평가를 위해 다음 각 호의 사항을 이행하는 경우 제2항과 제3항의 수시평가와 정기평가를 실시한 것으로 본다.

1. 매월 1회 이상 근로자 제안제도 활용, 아차사고 확인, 작업과 관련된 근로자를 포함한 사업장 순회점검 등을 통해 사업장 내 유해·위험요인을 발굴하여 제11조의 위험성결정 및 제12조의 위험성 감소대책 수립·실행을 할 것

2. 매주 안전보건관리책임자, 안전관리자, 보건관리자, 관리감독자 등(도급사업주의 경우 수급사업장의 안전·보건 관련 관리자 등을 포함한다)을 중심으로 제1호의 결과 등을 논의·공유하고 이행상황을 점검할 것

3. 매 작업일마다 제1호와 제2호의 실시결과에 따라 근로자가 준수하여야 할 사항 및 주의하여야 할 사항을 작업 전 안전점검회의 등을 통해 공유·주지할 것

정답 ①

74 다음은 정전작업의 5대 안전수칙이다. 정전작업 절차를 순서대로 옳게 나열한 것은? [2024년 기출]

ㄱ. 전원 투입의 방지	ㄴ. 작업 전 전원차단
ㄷ. 작업장소의 보호	ㄹ. 단락접지 시행
ㅁ. 작업장소의 무전압 여부 확인	

① ㄱ→ㄴ→ㄹ→ㅁ→ㄷ

② ㄱ→ㄴ→ㅁ→ㄷ→ㄹ

③ ㄴ→ㄱ→ㄷ→ㄹ→ㅁ

④ ㄴ→ㄱ→ㅁ→ㄹ→ㄷ

⑤ ㄴ→ㅁ→ㄱ→ㄷ→ㄹ

해설

○ 정전작업의 5대 안전수칙 → (암기법 : 차단/전/무/단(락)/보호)

1. 작업 전 전원 차단
2. 전원 투입 방지
3. 검전기로 무전압 여부 확인
4. 단락 접지

5. 작업장소의 보호

정답 ④

75 **산업안전보건법령상 인화성 가스의 정의에 관한 내용이다. ( )에 들어갈 것으로 옳은 것은? [2024년 기출]**

> "인화성 가스"란 인화한계 농도의 최저한도가 (ㄱ)% 이하 또는 최고한도와 최저한도의 차가 (ㄴ)% 이상인 것으로서 표준압력(101.3㎪)에서 20℃에서 가스 상태인 물질을 말한다.

① ㄱ : 12, ㄴ : 10

② ㄱ : 12, ㄴ : 11

③ ㄱ : 13, ㄴ : 11

④ ㄱ : 13, ㄴ : 12

⑤ ㄱ : 15, ㄴ : 12

해설

○ **산업안전보건법 시행령 [별표 13 – 유해·위험물질 규정량]**

1. "인화성 가스"란 인화한계 농도의 최저한도가 13% 이하 또는 최고한도와 최저한도의 차가 12% 이상인 것으로서 표준압력(101.3㎪)에서 20℃에서 가스 상태인 물질을 말한다.

2. "인화성 액체"란 표준압력(101.3㎪)에서 인화점이 60℃ 이하이거나 고온·고압의 공정운전조건으로 인하여 화재·폭발위험이 있는 상태에서 취급되는 가연성 물질을 말한다.

정답 ④

CHAPTER 02

2023 기출문제

01 산업안전보건법령상 산업재해발생건수 등의 공표대상 사업장에 해당하지 않는 것은? [2023년 기출]

① 산업재해로 인한 사망자가 연간 2명 이상 발생한 사업장
② 사망만인율(死亡萬人率)이 규모별 같은 업종의 평균 사망만인율 이상인 사업장
③ 중대산업사고가 발생한 사업장
④ 사업주가 산업재해 발생 사실을 은폐한 사업장
⑤ 사업주가 산업재해 발생에 관한 보고를 최근 3년 이내 1회 이상 하지 않은 사업장

해설

법 제10조(산업재해 발생건수 등의 공표) ① 고용노동부장관은 산업재해를 예방하기 위하여 대통령령으로 정하는 사업장의 근로자 산업재해 발생건수, 재해율 또는 그 순위 등(이하 "산업재해발생건수등"이라 한다)을 공표하여야 한다.

② 고용노동부장관은 **도급인의 사업장**(도급인이 제공하거나 지정한 경우로서 도급인이 지배·관리하는 대통령령으로 정하는 장소를 포함한다. 이하 같다) 중 대통령령으로 정하는 사업장에서 관계수급인 근로자가 작업을 하는 경우에 **도급인의 산업재해발생건수등에 관계수급인의 산업재해발생건수등을 포함하여 제1항에 따라 공표하여야 한다**.

③ 고용노동부장관은 제2항에 따라 산업재해발생건수등을 공표하기 위하여 도급인에게 관계수급인에 관한 자료의 제출을 요청할 수 있다. 이 경우 요청을 받은 자는 정당한 사유가 없으면 이에 따라야 한다.

④ 제1항 및 제2항에 따른 공표의 절차 및 방법, 그 밖에 필요한 사항은 고용노동부령으로 정한다.

영 제10조(공표대상 사업장) ① 법 제10조제1항에서 "대통령령으로 정하는 사업장"이란 다음 각 호의 어느 하나에 해당하는 사업장을 말한다. → **사망2/만/중산/은폐/32**

1. 산업재해로 인한 사망자(이하 "사망재해자"라 한다)가 연간 2명 이상 발생한 사업장
2. 사망만인율(死亡萬人率 : 연간 상시근로자 1만명당 발생하는 사망재해자 수의 비율을 말한다)이 규모별 같은 업종의 평균 사망만인율 이상인 사업장
3. 법 제44조제1항 전단에 따른 **중대산업사고**가 발생한 사업장 → **중대재해**(×)
4. 법 제57조제1항을 위반하여 산업재해 발생 사실을 은폐한 사업장
5. 법 제57조제3항에 따른 산업재해의 발생에 관한 보고를 최근 3년 이내 2회 이상 하지 않은 사업장

② 제1항제1호부터 제3호까지의 규정에 해당하는 사업장은 해당 사업장이 관계수급인의 사업장으로서 법 제63조에 따른 도급인이 관계수급인 근로자의 산업재해 예방을 위한 조치의무를 위반하여 관계수급인 근로자가 산업재해를 입은 경우에는 도급인의 사업장(도급인이 제공하거나 지정한 경

우로서 도급인이 지배·관리하는 제11조 각 호에 해당하는 장소를 포함한다. 이하 같다)의 법 제10조제1항에 따른 산업재해발생건수등을 함께 공표한다.

영 제11조(도급인이 지배·관리하는 장소) 법 제10조제2항에서 "대통령령으로 정하는 장소"란 다음 각 호의 어느 하나에 해당하는 **장소**를 말한다.

1. 토사(土砂)·구축물·인공구조물 등이 붕괴될 우려가 있는 장소
2. 기계·기구 등이 넘어지거나 무너질 우려가 있는 장소
3. 안전난간의 설치가 필요한 장소
4. 비계(飛階) 또는 거푸집을 설치하거나 해체하는 장소
5. 건설용 리프트를 운행하는 장소
6. 지반(地盤)을 굴착하거나 발파작업을 하는 장소
7. 엘리베이터홀 등 근로자가 추락할 위험이 있는 장소
8. 석면이 붙어 있는 물질을 파쇄하거나 해체하는 작업을 하는 장소
9. 공중 전선에 가까운 장소로서 시설물의 설치·해체·점검 및 수리 등의 작업을 할 때 감전의 위험이 있는 장소
10. 물체가 떨어지거나 날아올 위험이 있는 장소
11. 프레스 또는 전단기(剪斷機)를 사용하여 작업을 하는 장소
12. 차량계(車輛系) 하역운반기계 또는 차량계 건설기계를 사용하여 작업하는 장소
13. 전기 기계·기구를 사용하여 감전의 위험이 있는 작업을 하는 장소
14. 「철도산업발전기본법」 제3조제4호에 따른 철도차량(「도시철도법」에 따른 도시철도차량을 포함한다)에 의한 충돌 또는 협착의 위험이 있는 작업을 하는 장소
15. 그 밖에 화재·폭발 등 사고발생 위험이 높은 장소로서 고용노동부령으로 정하는 장소

영 제12조(통합공표 대상 사업장 등) 법 제10조 제2항에서 "대통령령으로 정하는 사업장"이란 다음 각 호의 어느 하나에 해당하는 사업이 이루어지는 **사업장**으로서 도급인이 사용하는 상시근로자 수가 **500명 이상이고** 도급인 사업장의 사고사망만인율(**질병으로 인한 사망재해자를 제외**하고 산출한 사망만인율을 말한다. 이하 같다)보다 관계수급인의 근로자를 포함하여 산출한 사고사망만인율이 높은 사업장을 말한다.

1. 제조업
2. 철도운송업
3. 도시철도운송업
4. 전기업

○ 상시근로자

상시근로자는 파견직을 제외하고 일용직이나 계약직 등 고용 형태와 관계없이 사업장에서 일하는 모든 근로자를 말한다. 즉, 사업장에서 일하는 1일 평균 근로자 수를 뜻한다.

상시근로자수는 파견 근로자를 제외하고 통상근로자, 기간제근로자, 단시간근로자 등 고용형태를 불문하고 하나의 사업 또는 사업장에서 근로하는 모든 근로자를 포함하여 산정한다.(근로기준법 시행령 제7조의 2)

정답 ⑤

유제 **산업안전보건법령상 산업재해발생건수등의 통합공표 대상 사업장에 대한 설명으로 옳은 것은?**

① 제조업으로서 도급인이 사용하는 상시근로자 수가 300명이고 도급인 사업장의 사고사망만인율(질병으로 인한 사망재해자를 제외)보다 관계수급인의 근로자를 포함하여 산출한 사고사망만인율이 높은 사업장

② 전기업으로서 도급인이 사용하는 상시근로자 수가 400명이고 도급인 사업장의 사고사망만인율(질병으로 인한 사망재해자를 포함)보다 관계수급인의 근로자를 포함하여 산출한 사고사망만인율이 높은 사업장

③ 도시철도업으로서 도급인이 사용하는 상시근로자 수가 500명이고 도급인 사업장의 사고사망만인율(질병으로 인한 사망재해자를 제외)보다 관계수급인의 근로자를 포함하여 산출한 사고사망만인율이 높은 사업장

④ 도시철도운송업으로서 도급인이 사용하는 상시근로자 수가 600명이고 도급인 사업장의 사고사망만인율(질병으로 인한 사망재해자를 제외)보다 관계수급인의 근로자를 포함하여 산출한 사고사망만인율이 높은 사업장

⑤ 철도운송업으로서 도급인이 사용하는 상시근로자 수가 700명이고 도급인 사업장의 사고사망만인율(질병으로 인한 사망재해자를 포함)보다 관계수급인의 근로자를 포함하여 산출한 사고사망만인율이 높은 사업장

해설

정답 ④

02 산업안전보건법령상 상시근로자 100명인 사업장에 안전보건관리책임자를 두어야 하는 사업을 모두 고른 것은? [2023년 기출]

ㄱ. 식료품 제조업, 음료 제조업
ㄴ. 1차 금속 제조업
ㄷ. 농업
ㄹ. 금융 및 보험업

① ㄱ, ㄴ
② ㄴ, ㄷ
③ ㄷ, ㄹ
④ ㄱ, ㄴ, ㄹ
⑤ ㄱ, ㄴ, ㄷ, ㄹ

해설

법 제15조(안전보건관리책임자) ① 사업주는 사업장을 실질적으로 총괄하여 관리하는 사람에게 해당 사업장의 다음 각 호의 업무를 총괄하여 관리하도록 하여야 한다.

1. 사업장의 **산업재해 예방계획의 수립**에 관한 사항
2. 제25조 및 제26조에 따른 안전보건관리**규정**의 작성 및 변경에 관한 사항
3. 제29조에 따른 안전보건**교육**에 관한 사항
4. 작업환경**측정** 등 작업환경의 점검 및 개선에 관한 사항
5. 제129조부터 제132조까지에 따른 근로자의 건강**진단** 등 건강관리에 관한 사항
6. **산업재해의 원인 조사 및 재발 방지대책 수립**에 관한 사항
7. **산업재해에 관한 통계의 기록 및 유지**에 관한 사항
8. 안전장치 및 보호구 구입 시 **적격**품 여부 확인에 관한 사항
9. 그 밖에 근로자의 유해·위험 방지조치에 관한 사항으로서 **고용노동부령**으로 정하는 사항 → **산재3/교규측정진단/적격/위험성(평가)/(위험)방지**

시행규칙 제9조(안전보건관리책임자의 업무) 법 제15조 제1항 제9호에서 "고용노동부령으로 정하는 사항"이란 법 제36조에 따른 **위험성평가의 실시에 관한 사항과 안전보건규칙에서 정하는 근로자의 위험 또는 건강장해의 방지에 관한 사항**을 말한다.

② 제1항 각 호의 업무를 총괄하여 관리하는 사람(이하 "안전보건관리책임자"라 한다)은 제17조에 따른 안전관리자와 제18조에 따른 보건관리자를 지휘·감독한다.

③ 안전보건관리책임자를 두어야 하는 사업의 종류와 사업장의 상시근로자 수, 그 밖에 필요한 사항은 대통령령으로 정한다.

영 제14조(안전보건관리책임자의 선임 등) ① 법 제15조제2항에 따른 안전보건관리책임자(이하 "안전보건관리책임자"라 한다)를 두어야 하는 사업의 종류 및 사업장의 상시근로자 수(건설공사의

경우에는 건설공사 금액을 말한다. 이하 같다)는 별표 2와 같다.

② 사업주는 안전보건관리책임자가 법 제15조제1항에 따른 업무를 원활하게 수행할 수 있도록 권한·시설·장비·예산, 그 밖에 필요한 지원을 해야 한다.

③ 사업주는 안전보건관리책임자를 선임했을 때에는 그 선임 사실 및 법 제15조제1항 각 호에 따른 업무의 수행내용을 증명할 수 있는 서류를 갖추어 두어야 한다.

영[별표2]안전보건관리책임자를 두어야 하는 사업의 종류 및 사업장의 상시근로자 수 (제14조제1항 관련)

사업의 종류	사업장의 상시근로자 수
1. 토사석 광업 2. 식료품 제조업, 음료 제조업 3. 목재 및 나무제품 제조업; 가구 제외 4. 펄프, 종이 및 종이제품 제조업 5. 코크스, 연탄 및 석유정제품 제조업 6. 화학물질 및 화학제품 제조업; 의약품 제외 7. **의료용 물질 및 의약품 제조업** 8. 고무 및 플라스틱제품 제조업 9. 비금속 광물제품 제조업 10. 1차 금속 제조업 11. 금속가공제품 제조업; 기계 및 가구 제외 12. 전자부품, 컴퓨터, 영상, 음향 및 통신장비 제조업 13. 의료, 정밀, 광학기기 및 시계 제조업 14. 전기장비 제조업 15. 기타 기계 및 장비 제조업 16. 자동차 및 트레일러 제조업 17. 기타 운송장비 제조업 18. **가구 제조업** 19. 기타 제품 제조업 20. 서적, 잡지 및 기타 인쇄물 출판업 21. 해체, 선별 및 원료 재생업 22. 자동차 종합 수리업, 자동차 전문 수리업	상시 근로자 50명 이상
23. 농업 24. 어업 25. 소프트웨어 개발 및 공급업 26. 컴퓨터 프로그래밍, 시스템 통합 및 관리업 **26의2. 영상·오디오물 제공 서비스업** 27. 정보서비스업 28. 금융 및 보험업 29. 임대업; **부동산 제외** 30. 전문, 과학 및 기술 서비스업(**연구개발업은 제외한다**)	상시 근로자 300명 이상 → 농사/고기//컴퓨터/소프트웨어/정보(서비스)/시스템//금융/보험/임대업//서비스업

31. 사업지원 서비스업 32. 사회복지 서비스업	
33. 건설업	**공사금액 20억원 이상**
34. 제1호부터 제33호까지의 사업을 제외한 사업	상시 근로자 100명 이상

정답 ①

유제 **산업안전보건법령상 안전보건관리책임자를 두어야 하는 사업의 종류와 상시근로자수를 옳게 연결한 것은?**

① 토사석 광업 - 상시 근로자 30명 이상

② 전문, 과학 및 기술서비스업(연구개발업은 제외) - 상시 근로자 100명 이상

③ 임업 - 상시 근로자 300명 이상

④ 건설업 - 공사금액 50억 원 이상

⑤ 부동산 임대업 - 상시근로자 100명 이상

해설

정답 ⑤

03

산업안전보건법령상 사업주가 소속 근로자에게 정기적인 안전보건교육을 실시하여야 하는 사업에 해당하는 것은? (단, 다른 감면조건은 고려하지 않음) [2023년 기출]

① 소프트웨어 개발 및 공급업

② 금융 및 보험업

③ 사업지원 서비스업

④ 사회복지 서비스업

⑤ 사진처리업

해설

영 [별표1] 법의 일부를 적용하지 않는 사업 또는 사업장 및 적용 제외 법 규정(제2조제1항 관련)

대상 사업 또는 사업장	적용 제외 법 규정
1. 다음 각 목의 어느 하나에 해당하는 사업 가. 「광산안전법」 적용 사업(광업 중 광물의 채광·채굴·선광 또는 제련 등의 공정으로 한정하며, 제조공정은 제외한다) 나. 「원자력안전법」 적용 사업(발전업 중 원자력 발전설비를 이용하여 전기를 생산하는 사업장으로 한정한다) 다. 「항공안전법」 적용 사업(항공기, 우주선 및 부품 제조업과 창고 및 운송관련 서비스업, 여행사 및 기타 여행보조 서비스업 중 항공 관련 사업은 각각 제외한다) 라. 「선박안전법」 적용 사업(선박 및 보트 건조업은 제외한다)	제15조부터 제17조까지, 제20조제1호, 제21조(다른 규정에 따라 준용되는 경우는 제외한다), 제24조(다른 규정에 따라 준용되는 경우는 제외한다), 제2장제2절, **제29조(보건에 관한 사항은 제외한다)**, 제30조(보건에 관한 사항은 제외한다), 제31조, 제38조, 제51조(보건에 관한 사항은 제외한다), 제52조(보건에 관한 사항은 제외한다), 제53조(보건에 관한 사항은 제외한다), 제54조(보건에 관한 사항은 제외한다), 제55조, 제58조부터 제60조까지, 제62조, 제63조, 제64조(제1항제6호는 제외한다), 제65조, 제66조, 제72조, 제75조, 제88조, 제103조부터 제107조까지 및 제160조(제21조제4항 및 제88조제5항과 관련되는 과징금으로 한정한다)
2. 다음 각 목의 어느 하나에 해당하는 사업 가. 소프트웨어 개발 및 공급업 나. 컴퓨터 프로그래밍, 시스템 통합 및 관리업 다. 정보서비스업 라. 금융 및 보험업 마. 기타 전문서비스업 바. 건축기술, 엔지니어링 및 기타 과학기술 서비스업 사. 기타 전문, 과학 및 기술 서비스업(사진처리업은 제외한다) 아. 사업지원 서비스업 자. 사회복지 서비스업	**제29조(제3항에 따른 추가교육은 제외한다) 및 제30조 → 안전·보건정기교육 제외 사업**
3. **다음 각 목의 어느 하나에 해당하는 사업으로서 상시 근로자 50명 미만을 사용하는 사업장** 가. 농업 나. 어업 다. 환경 정화 및 복원업 라. 소매업; 자동차 제외 마. 영화, 비디오물, 방송프로그램 제작 및 배급업 바. 녹음시설 운영업	

사. 방송업
아. 부동산업(부동산 관리업은 제외한다)
자. 임대업; 부동산 제외
차. 연구개발업
카. 보건업(병원은 제외한다)
타. 예술, 스포츠 및 여가관련 서비스업
파. 협회 및 단체
하. 기타 개인 서비스업(세탁업은 제외한다)

법 제3장 안전보건교육

제29조(근로자에 대한 안전보건교육) ① 사업주는 소속 근로자에게 고용노동부령으로 정하는 바에 따라 정기적으로 안전보건교육을 하여야 한다.

② 사업주는 **근로자를 채용할 때와 작업내용을 변경할 때**에는 그 근로자에게 고용노동부령으로 정하는 바에 따라 해당 작업에 필요한 안전보건교육을 하여야 한다. 다만, 제31조제1항에 따른 안전보건교육을 이수한 건설 일용근로자를 채용하는 경우에는 그러하지 아니하다.

③ 사업주는 근로자를 유해하거나 위험한 작업에 채용하거나 그 작업으로 작업내용을 변경할 때에는 제2항에 따른 안전보건교육 외에 고용노동부령으로 정하는 바에 따라 유해하거나 위험한 작업에 필요한 안전보건교육을 추가로 하여야 한다.

④ 사업주는 제1항부터 제3항까지의 규정에 따른 안전보건교육을 제33조에 따라 고용노동부장관에게 등록한 안전보건교육기관에 위탁할 수 있다.

제30조(근로자에 대한 안전보건교육의 면제 등) ① 사업주는 제29조제1항에도 불구하고 다음 각 호의 어느 하나에 해당하는 경우에는 같은 항에 따른 안전보건교육의 전부 또는 일부를 하지 아니할 수 있다.

1. 사업장의 산업재해 발생 정도가 고용노동부령으로 정하는 기준에 해당하는 경우
2. 근로자가 제11조제3호에 따른 시설에서 건강관리에 관한 교육 등 고용노동부령으로 정하는 교육을 이수한 경우
3. 관리감독자가 산업 안전 및 보건 업무의 전문성 제고를 위한 교육 등 고용노동부령으로 정하는 교육을 이수한 경우

② 사업주는 제29조제2항 또는 제3항에도 불구하고 해당 근로자가 채용 또는 변경된 작업에 경험이 있는 등 고용노동부령으로 정하는 경우에는 같은 조 제2항 또는 제3항에 따른 안전보건교육의 전부 또는 일부를 하지 아니할 수 있다.

제31조(건설업 기초안전보건교육) ① 건설업의 사업주는 건설 일용근로자를 채용할 때에는 그 근로자로 하여금 제33조에 따른 안전보건교육기관이 실시하는 안전보건교육을 이수하도록 하여야 한다. 다만, 건설 일용근로자가 그 사업주에게 채용되기 전에 안전보건교육을 이수한 경우에는 그러하지 아니하다.

② 제1항 본문에 따른 안전보건교육의 시간·내용 및 방법, 그 밖에 필요한 사항은 고용노동부령으로 정한다.

제32조(안전보건관리책임자 등에 대한 직무교육) ① 사업주(제5호의 경우는 같은 호 각 목에 따른 기관의 장을 말한다)는 다음 각 호에 해당하는 사람에게 제33조에 따른 안전보건교육기관에서 직무와 관련한 안전보건교육을 이수하도록 하여야 한다. 다만, 다음 각 호에 해당하는 사람이

다른 법령에 따라 안전 및 보건에 관한 교육을 받는 등 고용노동부령으로 정하는 경우에는 안전보건교육의 전부 또는 일부를 하지 아니할 수 있다.

1. 안전보건관리책임자
2. 안전관리자
3. 보건관리자
4. 안전보건관리담당자
5. 다음 각 목의 기관에서 안전과 보건에 관련된 업무에 종사하는 사람
   가. 안전관리전문기관
   나. 보건관리전문기관
   다. 제74조에 따라 지정받은 건설재해예방전문지도기관
   라. 제96조에 따라 지정받은 안전검사기관
   마. 제100조에 따라 지정받은 자율안전검사기관
   바. 제120조에 따라 지정받은 석면조사기관

② 제1항 각 호 외의 부분 본문에 따른 안전보건교육의 시간·내용 및 방법, 그 밖에 필요한 사항은 고용노동부령으로 정한다.

제33조(안전보건교육기관) ① 제29조제1항부터 제3항까지의 규정에 따른 안전보건교육, 제31조제1항 본문에 따른 안전보건교육 또는 제32조제1항 각 호 외의 부분 본문에 따른 안전보건교육을 하려는 자는 대통령령으로 정하는 인력·시설 및 장비 등의 요건을 갖추어 고용노동부장관에게 등록하여야 한다. 등록한 사항 중 대통령령으로 정하는 중요한 사항을 변경할 때에도 또한 같다.

② 고용노동부장관은 제1항에 따라 등록한 자(이하 "안전보건교육기관"이라 한다)에 대하여 평가하고 그 결과를 공개할 수 있다. 이 경우 평가의 기준·방법 및 결과의 공개에 필요한 사항은 고용노동부령으로 정한다.

③ 제1항에 따른 등록 절차 및 업무 수행에 관한 사항, 그 밖에 필요한 사항은 고용노동부령으로 정한다.

④ 안전보건교육기관에 대해서는 제21조제4항 및 제5항을 준용한다. 이 경우 "안전관리전문기관 또는 보건관리전문기관"은 "안전보건교육기관"으로, "지정"은 "등록"으로 본다.

시행규칙 제3장 안전보건교육

시행규칙 제26조(교육시간 및 교육내용 등) ① 법 제29조제1항부터 제3항까지의 규정에 따라 사업주가 근로자에게 실시해야 하는 안전보건교육의 교육시간은 별표 4와 같고, 교육내용은 별표 5와 같다. 이 경우 사업주가 법 제29조제3항에 따른 **유해하거나 위험한 작업에 필요한 안전보건교육(이하 "특별교육"이라 한다)**을 실시한 때에는 해당 근로자에 대하여 법 제29조제2항에 따라 채용할 때 해야 하는 교육(이하 "채용 시 교육"이라 한다) 및 작업내용을 변경할 때 해야 하는 교육(이하 "작업내용 변경 시 교육"이라 한다)을 실시한 것으로 본다.

② 제1항에 따른 교육을 실시하기 위한 교육방법과 그 밖에 교육에 필요한 사항은 고용노동부장관이 정하여 고시한다.

③ 사업주가 법 제29조제1항부터 제3항까지의 규정에 따른 **안전보건교육을 자체적**으로 실시하는 경우에 교육을 할 수 있는 사람은 다음 각 호의 어느 하나에 해당하는 사람으로 한다.

1. 다음 각 목의 어느 하나에 해당하는 사람
   가. 법 제15조제1항에 따른 안전보건관리책임자

나. 법 제16조제1항에 따른 **관리감독자**

다. 법 제17조제1항에 따른 안전관리자(안전관리전문기관에서 안전관리자의 위탁업무를 수행하는 사람을 포함한다)

라. 법 제18조제1항에 따른 보건관리자(보건관리전문기관에서 보건관리자의 위탁업무를 수행하는 사람을 포함한다)

마. 법 제19조제1항에 따른 안전보건관리담당자(안전관리전문기관 및 보건관리전문기관에서 안전보건관리담당자의 위탁업무를 수행하는 사람을 포함한다)

바. 법 제22조제1항에 따른 산업보건의

2. 공단에서 실시하는 해당 분야의 강사요원 교육과정을 이수한 사람

3. 법 제142조에 따른 산업안전지도사 또는 산업보건지도사(이하 "지도사"라 한다)

4. 산업안전보건에 관하여 학식과 경험이 있는 사람으로서 고용노동부장관이 정하는 기준에 해당하는 사람

시행규칙 제27조(안전보건교육의 면제) ① 전년도에 산업재해가 발생하지 않은 사업장의 사업주의 경우 법 제29조제1항에 따른 근로자 정기교육(이하 "근로자 정기교육"이라 한다)을 그 다음 연도에 한정하여 별표 4에서 정한 실시기준 시간의 100분의 50 범위에서 면제할 수 있다.

② 영 제16조 및 제20조에 따른 안전관리자 및 보건관리자를 선임할 의무가 없는 사업장의 사업주가 법 제11조제3호에 따라 노무를 제공하는 자의 건강 유지·증진을 위하여 설치된 근로자건강센터(이하 "근로자건강센터"라 한다)에서 실시하는 안전보건교육, 건강상담, 건강관리프로그램 등 근로자 건강관리 활동에 해당 사업장의 근로자를 참여하게 한 경우에는 해당 시간을 제26조제1항에 따른 교육 중 해당 반기(관리감독자의 지위에 있는 사람의 경우 해당 연도)의 근로자 정기교육 시간에서 면제할 수 있다. 이 경우 사업주는 해당 사업장의 근로자가 근로자건강센터에서 실시하는 건강관리 활동에 참여한 사실을 입증할 수 있는 서류를 갖춰 두어야 한다. **〈개정 2023. 9. 27.〉**

③ 법 제30조 제1항 제3호에 따라 관리감독자가 다음 각 호의 어느 하나에 해당하는 교육을 이수한 경우 별표 4에서 정한 근로자 정기교육시간을 면제할 수 있다.

1. 법 제32조제1항 각 호 외의 부분 본문에 따라 영 제40조제3항에 따른 직무교육기관(이하 "직무교육기관"이라 한다)에서 실시한 전문화교육

2. 법 제32조제1항 각 호 외의 부분 본문에 따라 직무교육기관에서 실시한 인터넷 원격교육

3. 법 제32조제1항 각 호 외의 부분 본문에 따라 공단에서 실시한 안전보건관리담당자 양성교육

4. 법 제98조제1항제2호에 따른 검사원 성능검사 교육

5. 그 밖에 고용노동부장관이 근로자 정기교육 면제대상으로 인정하는 교육

④ 사업주는 법 제30조제2항에 따라 해당 근로자가 채용되거나 변경된 작업에 경험이 있을 경우 채용 시 교육 또는 특별교육 시간을 다음 각 호의 기준에 따라 실시할 수 있다.

1. 「통계법」 제22조에 따라 통계청장이 고시한 한국표준산업분류의 세분류 중 같은 종류의 업종에 6개월 이상 근무한 경험이 있는 근로자를 이직 후 1년 이내에 채용하는 경우 : 별표 4에서 정한 채용 시 교육시간의 100분의 50 이상

2. 별표 5의 특별교육 대상작업에 6개월 이상 근무한 경험이 있는 근로자가 다음 각 목의 어느 하나에 해당하는 경우 : 별표 4에서 정한 특별교육 시간의 100분의 50 이상

가. 근로자가 이직 후 1년 이내에 채용되어 이직 전과 동일한 특별교육 대상작업에 종사하는 경우

나. 근로자가 같은 사업장 내 다른 작업에 배치된 후 1년 이내에 배치 전과 동일한 특별교육 대상작업에 종사하는 경우

3. 채용 시 교육 또는 특별교육을 이수한 근로자가 같은 도급인의 사업장 내에서 이전에 하던 업무와 동일한 업무에 종사하는 경우 : 소속 사업장의 변경에도 불구하고 해당 근로자에 대한 채용 시 교육 또는 특별교육 면제

4. 그 밖에 고용노동부장관이 채용 시 교육 또는 특별교육 면제 대상으로 인정하는 교육

시행규칙 제28조(건설업 기초안전보건교육의 시간·내용 및 방법 등) ① 법 제31조제1항에 따라 건설 일용근로자를 채용할 때 실시하는 안전보건교육(이하 "건설업 기초안전보건교육"이라 한다)의 교육시간은 별표 4에 따르고, 교육내용은 별표 5에 따른다.

② 건설업 기초안전보건교육을 하기 위하여 등록한 기관(이하 "건설업 기초안전·보건교육기관"이라 한다)이 건설업 기초안전보건교육을 할 때에는 별표 5의 교육내용에 적합한 교육교재를 사용해야 하고, 영 별표 11의 인력기준에 적합한 사람을 배치해야 한다.

③ 제1항 및 제2항에서 정한 사항 외에 교육생 관리, 교육 과정 편성, 교육방법 등 교육에 필요한 사항은 고용노동부장관이 정하여 고시한다.

시행규칙 제29조(안전보건관리책임자 등에 대한 직무교육) ① 법 제32조제1항 각 호 외의 부분 본문에 따라 다음 각 호의 어느 하나에 해당하는 사람은 해당 직위에 선임(위촉의 경우를 포함한다. 이하 같다)되거나 채용된 후 **3개월(보건관리자가 의사인 경우는 1년을 말한다) 이내에 직무를 수행하는 데 필요한 신규교육**을 받아야 하며, 신규교육을 이수한 후 **매 2년이 되는 날을 기준으로 전후 6개월 사이**에 고용노동부장관이 실시하는 안전보건에 관한 보수교육을 받아야 한다.

1. 법 제15조제1항에 따른 안전보건관리책임자
2. 법 제17조제1항에 따른 안전관리자(「기업활동 규제완화에 관한 특별조치법」 제30조제3항에 따라 안전관리자로 채용된 것으로 보는 사람을 포함한다)
3. 법 제18조제1항에 따른 보건관리자
4. 법 제19조제1항에 따른 안전보건관리담당자
5. 법 제21조제1항에 따른 안전관리전문기관 또는 보건관리전문기관에서 안전관리자 또는 보건관리자의 위탁 업무를 수행하는 사람
6. 법 제74조제1항에 따른 건설재해예방전문지도기관에서 지도업무를 수행하는 사람
7. 법 제96조제1항에 따라 지정받은 안전검사기관에서 검사업무를 수행하는 사람
8. 법 제100조제1항에 따라 지정받은 자율안전검사기관에서 검사업무를 수행하는 사람
9. 법 제120조제1항에 따른 석면조사기관에서 석면조사 업무를 수행하는 사람

② 제1항에 따른 신규교육 및 보수교육(이하 "직무교육"이라 한다)의 교육시간은 별표 4와 같고, 교육내용은 별표 5와 같다.

③ 직무교육을 실시하기 위한 집체교육, 현장교육, 인터넷원격교육 등의 교육 방법, 직무교육 기관의 관리, 그 밖에 교육에 필요한 사항은 고용노동부장관이 정하여 고시한다.

시행규칙 제30조(직무교육의 면제) ① 법 제32조제1항 각 호 외의 부분 단서에 따라 다음 각 호의 어느 하나에 해당하는 사람에 대해서는 **직무교육 중 신규교육을 면제한다**.

1. 법 제19조제1항에 따른 **안전보건관리담당자**
2. **영 별표 4 제6호에 해당하는 사람**
3. **영 별표 4 제7호에 해당하는 사람**

6. 「고등교육법」에 따른 **이공계 전문대학** 또는 이와 같은 수준 이상의 학교에서 학위를 취득하고, 해당 사업의 **관리감독자로서의 업무**(건설업의 경우는 시공실무경력)를 **3년**(**4년제 이공계 대학 학위 취득자는 1년**) 이상 담당한 후 고용노동부장관이 지정하는 기관이 실시하는 교육(1998년 12월 31일까지의 교육만 해당한다)을 받고 정해진 시험에 합격한 사람. 다만, 관리감독자로 종사한 사업과 같은 업종(한국표준산업분류에 따른 대분류를 기준으로 한다)의 사업장이면서, 건설업의 경우를 제외하고는 상시근로자 300명 미만인 사업장에서만 안전관리자가 될 수 있다.

7. 「초·중등교육법」에 따른 **공업계 고등학교** 또는 이와 같은 수준 이상의 학교를 **졸업하고, 해당 사업의 관리감독자로서의 업무**(건설업의 경우는 시공실무경력)를 **5년 이상 담당**한 후 고용노동부장관이 지정하는 기관이 실시하는 교육(1998년 12월 31일까지의 교육만 해당한다)을 받고 정해진 시험에 합격한 사람. 다만, 관리감독자로 종사한 사업과 같은 종류인 업종(한국표준산업분류에 따른 대분류를 기준으로 한다)의 사업장이면서, 건설업의 경우를 제외하고는 별표 3 제28호 또는 제33호의 사업을 하는 사업장(상시근로자 50명 이상 1천명 미만인 경우만 해당한다)에서만 안전관리자가 될 수 있다.

7의2. **「초·중등교육법」에 따른 공업계 고등학교를 졸업하거나 「고등교육법」에 따른 학교에서 공학 또는 자연과학 분야 학위를 취득하고, 건설업을 제외한 사업에서 실무경력이 5년 이상인 사람으로서 고용노동부장관이 지정하는 기관이 실시하는 교육(2028년 12월 31일까지의 교육만 해당한다)을 받고 정해진 시험에 합격한 사람. 다만, 건설업을 제외한 사업의 사업장이면서 상시근로자 300명 미만인 사업장에서만 안전관리자가 될 수 있다.**

② 영 별표 4 제8호 각 목의 어느 하나에 해당하는 사람, **「기업활동 규제완화에 관한 특별조치법」 제30조제3항제4호 또는 제5호에 따라 안전관리자로 채용된 것으로 보는 사람**, 보건관리자로서 영 별표 6 제2호 또는 제3호에 해당하는 사람이 해당 법령에 따른 교육기관에서 제29조제2항의 교육내용 중 고용노동부장관이 정하는 내용이 포함된 교육을 이수하고 해당 교육기관에서 발행하는 확인서를 제출하는 경우에는 **직무교육 중 보수교육을 면제한다.**

③ 제29조제1항 각 호의 어느 하나에 해당하는 사람이 고용노동부장관이 정하여 고시하는 안전·보건에 관한 교육을 이수한 경우에는 직무교육 중 보수교육을 면제한다.

시행규칙 제31조(안전보건교육기관 등록신청 등) ① 영 제40조제1항 및 제3항에 따라 안전보건교육기관으로 등록하려는 자는 다음 각 호의 구분에 따라 관련 서류를 첨부하여 주된 사무소의 소재지를 관할하는 지방고용노동청장에게 제출해야 한다.

1. 영 제40조제1항에 따라 **근로자안전보건교육기관으로 등록**하려는 자 : 별지 제9호서식의 근로자안전보건교육기관 등록 신청서에 다음 각 목의 서류를 첨부
   가. 영 제40조제1항에 따른 법인 또는 산업안전보건관련 학과가 있는 「고등교육법」 제2조에 따른 학교에 해당함을 증명하는 서류
   나. 영 별표 10에 따른 인력기준을 갖추었음을 증명할 수 있는 자 격증(**국가기술자격증은 제외한다**), 졸업증명서, 경력증명서 또는 재직증명서 등 서류
   다. 영 별표 10에 따른 시설 및 장비 기준을 갖추었음을 증명할 수 있는 서류와 시설·장비 명세서
   라. 최초 1년간의 교육사업계획서

2. 영 제40조제3항에 따라 **직무교육기관으로 등록**하려는 자 : 별지 제10호서식의 직무교육기관 등록 신청서에 다음 각 목의 서류를 첨부
   가. 영 제40조제3항 각 호의 어느 하나에 해당함을 증명하는 서류
   나. 영 별표 12에 따른 인력기준을 갖추었음을 증명할 수 있는 자격증(**국가기술자격증은 제외한다**), 졸업증명서, 경력증명서 또는 재직증명서 등 서류
   다. 영 별표 12에 따른 시설 및 장비 기준을 갖추었음을 증명할 수 있는 서류와 시설·장비명세서
   라. 최초 1년간의 교육사업계획서

② 제1항에 따른 신청서를 제출받은 지방고용노동청장은 「전자정부법」 제36조제1항에 따른 행정정보의 공동이용을 통하여 다음 각 호의 서류를 확인해야 한다. 다만, 신청인이 제1호 및 제3호의 서류의 확인에 동의하지 않는 경우에는 그 사본을 첨부하도록 해야 한다.
1. 국가기술자격증
2. 법인등기사항증명서(법인만 해당한다)
3. 사업자등록증(개인만 해당한다)

③ <u>지방고용노동청장은 제1항에 따른 등록 신청이 영 제40조제1항 또는 제3항에 따른 등록 요건에 적합하다고 인정되면 그 신청서를 받은 날부터 20일 이내에 별지 제11호서식 또는 별지 제12호서식의 근로자안전보건교육기관 등록증 또는 직무교육기관 등록증을 신청인에게 발급해야 한다</u>.

④ 제3항에 따라 등록증을 발급받은 사람이 등록증을 분실하거나 등록증이 훼손된 경우에는 재발급 신청을 할 수 있다.

⑤ 법 제33조제1항에 따라 안전보건교육기관이 등록받은 사항을 변경하려는 경우에는 별지 제9호서식 또는 별지 제10호서식의 변경등록 신청서에 변경내용을 증명하는 서류와 등록증을 첨부하여 지방고용노동청장에게 제출해야 한다. 이 경우 변경등록신청서의 처리에 관하여는 제3항을 준용한다.

⑥ 안전보건교육기관이 해당 업무를 폐지하거나 등록이 취소된 경우 지체 없이 제3항 및 제5항에 따른 등록증을 지방고용노동청장에게 반납해야 한다.

⑦ 제1항부터 제6항까지에서 규정한 사항 외에 교육 과정 편성, 교육방법 등 안전보건교육기관의 운영 등에 필요한 사항은 고용노동부장관이 정하여 고시한다. **〈신설 2023. 9. 27.〉**

시행규칙 제32조(안전보건교육기관의 평가 등) ① 공단이 법 제33조제2항에 따라 안전보건교육기관을 평가하는 기준은 다음 각 호와 같다.
1. 인력·시설 및 장비의 보유수준과 활용도
2. 교육과정의 운영체계 및 업무성과
3. 교육서비스의 적정성 및 만족도

② 제1항에 따른 안전보건교육기관에 대한 평가 방법 및 평가 결과의 공개에 관하여는 제17조제2항부터 제8항까지의 규정을 준용한다. 이 경우 "안전관리전문기관 또는 보건관리전문기관"은 "안전보건교육기관"으로 본다.

시행규칙 제33조(건설업 기초안전·보건교육기관의 등록신청 등) ① 건설업 기초안전·보건교육기관으로 등록하려는 자는 별지 제13호서식의 건설업 기초안전·보건교육기관 등록신청서에 다음 각 호의 서류를 첨부하여 공단에 제출해야 한다.
1. 영 제40조제2항의 자격에 해당함을 증명하는 서류

2. 영 별표 11에 따른 인력기준을 갖추었음을 증명할 수 있는 자격증(국가기술자격증은 제외한다), 졸업증명서, 경력증명서 및 재직증명서 등 서류

3. 영 별표 11에 따른 시설·장비기준을 갖추었음을 증명할 수 있는 서류와 시설·장비 명세서

② 제1항에 따른 등록신청서를 제출받은 공단은 「전자정부법」 제36조제1항에 따른 행정정보의 공동이용을 통하여 다음 각 호의 서류를 확인해야 한다. 다만, 제1호 및 제3호의 서류의 경우 신청인이 그 확인에 동의하지 않으면 그 사본을 첨부하도록 해야 한다.

1. 국가기술자격증

2. 법인등기사항증명서(법인만 해당한다)

3. 사업자등록증(개인만 해당한다)

③ 공단은 제1항에 따른 등록신청서를 접수한 경우 접수일부터 15일 이내에 영 제40조제2항에 따른 요건에 적합한지를 확인하고 적합한 경우 그 결과를 고용노동부장관에게 보고해야 한다.

④ 고용노동부장관은 제3항에 따른 보고를 받은 날부터 7일 이내에 등록 적합 여부를 공단에 통보해야 하고, 공단은 등록이 적합하다는 통보를 받은 경우 지체 없이 별지 제14호서식의 건설업 기초안전·보건교육기관 등록증을 신청인에게 발급해야 한다.

⑤ 건설업 기초안전·보건교육기관이 등록사항을 변경하려는 경우에는 별지 제13호서식의 건설업 기초안전·보건교육기관 변경신청서에 변경내용을 증명하는 서류 및 등록증(등록증의 기재사항에 변경이 있는 경우만 해당한다)을 첨부하여 공단에 제출해야 한다.

⑥ 제5항에 따른 등록 변경에 관하여는 제3항 및 제4항을 준용한다. 다만, 고용노동부장관이 정하는 경미한 사항의 경우 공단은 변경내용을 확인한 후 적합한 경우에는 지체 없이 등록사항을 변경하고, 등록증을 변경하여 발급(등록증의 기재사항에 변경이 있는 경우만 해당한다)할 수 있다.

시행규칙 제34조(건설업 기초안전·보건교육기관 등록 취소 등) ① 공단은 법 제33조제4항에 따른 취소 등 사유에 해당하는 사실을 확인한 경우에는 그 사실을 증명할 수 있는 서류를 첨부하여 해당 등록기관의 주된 사무소의 소재지를 관할하는 지방고용노동관서의 장에게 보고해야 한다.

② 지방고용노동관서의 장은 법 제33조제4항에 따라 등록 취소 등을 한 경우에는 그 사실을 공단에 통보해야 한다.

시행규칙 제35조(직무교육의 신청 등) ① 직무교육을 받으려는 자는 별지 제15호서식의 직무교육 수강신청서를 직무교육기관의 장에게 제출해야 한다.

② **직무교육기관의 장은 직무교육을 실시하기 15일 전까지 교육 일시 및 장소 등을 직무교육 대상자에게 알려야 한다.**

③ 직무교육을 이수한 사람이 다른 사업장으로 전직하여 신규로 선임되어 선임신고를 하는 경우에는 전직 전에 받은 교육이수증명서를 제출하면 해당 교육을 이수한 것으로 본다.

④ 직무교육기관의 장이 직무교육을 실시하려는 경우에는 매년 12월 31일까지 다음 연도의 교육 실시계획서를 고용노동부장관에게 제출(전자문서로 제출하는 것을 포함한다)하여 승인을 받아야 한다.

시행규칙 제36조(교재 등) ① 사업주 또는 법 제33조제1항에 따른 안전보건교육기관이 법 제29조·제31조 및 제32조에 따른 교육을 실시할 때에는 별표 5에 따른 안전보건교육의 교육대상별 교육내용에 적합한 교재를 사용해야 한다.

② 안전보건교육기관이 사업주의 위탁을 받아 제26조에 따른 교육을 실시하였을 때에는 고용노동부장관이 정하는 교육 실시확인서를 발급해야 한다.

■ 산업안전보건법 시행규칙 [별표 4] 〈개정 2023. 9. 27.〉

안전보건교육 교육과정별 교육시간(제26조제1항 등 관련)

1. 근로자 안전보건교육(제26조제1항, 제28조제1항 관련)

교육과정	교육대상		교육시간
가. 정기교육	1) 사무직 종사 근로자		매반기 6시간 이상
	2) 그 밖의 근로자	가) 판매업무에 직접 종사하는 근로자	매반기 6시간 이상
		나) 판매업무에 직접 종사하는 근로자 외의 근로자	매반기 12시간 이상
나. 채용 시 교육	1) 일용근로자 및 근로계약기간이 1주일 이하인 기간제근로자		1시간 이상
	2) 근로계약기간이 1주일 초과 1개월 이하인 기간제근로자		4시간 이상
	3) 그 밖의 근로자		8시간 이상
다. 작업내용 변경 시 교육	1) 일용근로자 및 근로계약기간이 1주일 이하인 기간제근로자		1시간 이상
	2) 그 밖의 근로자		2시간 이상
라. 특별교육	1) 일용근로자 및 근로계약기간이 1주일 이하인 기간제근로자 : 별표 5 제1호 라목(제39호는 제외한다)에 해당하는 작업에 종사하는 근로자에 한정한다.		2시간 이상
	2) 일용근로자 및 근로계약기간이 1주일 이하인 기간제근로자 : 별표 5 제1호 라목제39호에 해당하는 작업에 종사하는 근로자에 한정한다. → **타워크레인 신호수**		8시간 이상
	3) 일용근로자 및 근로계약기간이 1주일 이하인 기간제근로자를 제외한 근로자 : 별표 5 제1호라목에 해당하는 작업에 종사하는 근로자에 한정한다.		가) 16시간 이상(최초 작업에 종사하기 전 4시간 이상 실시하고 12시간은 3개월 이내에서 분할하여 실시 가능) 나) 단기간 작업 또는 간헐적 작업인 경우에는 2시간 이상
마. 건설업 기초	건설 일용근로자		4시간 이상

안전·보건교육		

비고

1. 위 표의 적용을 받는 "일용근로자"란 근로계약을 1일 단위로 체결하고 그 날의 근로가 끝나면 근로관계가 종료되어 계속 고용이 보장되지 않는 근로자를 말한다.
2. 일용근로자가 위 표의 나목 또는 라목에 따른 교육을 받은 날 이후 1주일 동안 같은 사업장에서 같은 업무의 일용근로자로 다시 종사하는 경우에는 이미 받은 위 표의 나목 또는 라목에 따른 교육을 면제한다.
3. 다음 각 목의 어느 하나에 해당하는 경우는 위 표의 가목부터 라목까지의 규정에도 불구하고 **해당 교육과정별 교육시간의 2분의 1 이상을 그 교육시간**으로 한다.
   가. 영 별표 1 제1호에 따른 사업 *
   나. 상시근로자 50명 미만의 도매업, 숙박 및 음식점업
4. 근로자가 다음 각 목의 어느 하나에 해당하는 안전교육을 받은 경우에는 그 시간만큼 위 표의 가목에 따른 해당 반기의 정기교육을 받은 것으로 본다.
   가. 「원자력안전법 시행령」 제148조제1항에 따른 방사선작업종사자 정기교육
   나. 「항만안전특별법 시행령」 제5조제1항제2호에 따른 정기안전교육
   다. 「화학물질관리법 시행규칙」 제37조제4항에 따른 유해화학물질 안전교육
5. 근로자가 「항만안전특별법 시행령」 제5조제1항제1호에 따른 신규안전교육을 받은 때에는 그 시간만큼 위 표의 나목에 따른 채용 시 교육을 받은 것으로 본다.
6. 방사선 업무에 관계되는 작업에 종사하는 근로자가 「원자력안전법 시행규칙」 제138조제1항제2호에 따른 방사선작업종사자 신규교육 중 직장교육을 받은 때에는 그 시간만큼 위 표의 라목에 따른 특별교육 중 별표 5 제1호라목의 33.란에 따른 특별교육을 받은 것으로 본다.

1의2. 관리감독자 안전보건교육(제26조제1항 관련)

교육과정	교육시간
가. 정기교육	연간 16시간 이상
나. 채용 시 교육	8시간 이상
다. 작업내용 변경 시 교육	2시간 이상
라. 특별교육	16시간 이상(최초 작업에 종사하기 전 4시간 이상 실시하고, 12시간은 3개월 이내에서 분할하여 실시 가능)
	단기간 작업 또는 간헐적 작업인 경우에는 2시간 이상

2. 안전보건관리책임자 등에 대한 교육(제29조제2항 관련)

교육대상	교육시간	
	신규교육	보수교육
가. 안전보건관리책임자	6시간 이상	6시간 이상
나. 안전관리자, 안전관리전문기관의 종사자	34시간 이상	24시간 이상
다. 보건관리자, 보건관리전문기관의 종사자	34시간 이상	24시간 이상

라. 건설재해예방전문지도기관의 종사자	34시간 이상	24시간 이상
마. 석면조사기관의 종사자	34시간 이상	24시간 이상
바. 안전보건관리담당자	–	8시간 이상
사. 안전검사기관, 자율안전검사기관의 종사자	34시간 이상	24시간 이상

3. 특수형태근로종사자에 대한 안전보건교육(제95조제1항 관련)

교육과정	교육시간
가. 최초 노무제공 시 교육	2시간 이상(단기간 작업 또는 간헐적 작업에 노무를 제공하는 경우에는 1시간 이상 실시하고, 특별교육을 실시한 경우는 면제)
나. 특별교육	16시간 이상(최초 작업에 종사하기 전 4시간 이상 실시하고 12시간은 3개월 이내에서 분할하여 실시가능)
	단기간 작업 또는 간헐적 작업인 경우에는 2시간 이상

비고 영 제67조 제13호 라목에 해당하는 사람이 「화학물질관리법」 제33조제1항에 따른 유해화학물질 안전교육을 받은 경우에는 그 시간만큼 가목에 따른 최초 노무제공 시 교육을 실시하지 않을 수 있다.

4. 검사원 성능검사 교육(제131조제2항 관련)

교육과정	교육대상	교육시간
성능검사 교육	–	28시간 이상

*** 영 [별표1의 제1호]**

1. 다음 각 목의 어느 하나에 해당하는 사업
   가. 「광산안전법」 적용 사업(광업 중 광물의 채광·채굴·선광 또는 제련 등의 공정으로 한정하며, 제조공정은 제외한다)
   나. 「원자력안전법」 적용 사업(발전업 중 원자력 발전설비를 이용하여 전기를 생산하는 사업장으로 한정한다)
   다. 「항공안전법」 적용 사업(항공기, 우주선 및 부품 제조업과 창고 및 운송관련 서비스업, 여행사 및 기타 여행보조 서비스업 중 항공 관련 사업은 각각 제외한다)
   라. 「선박안전법」 적용 사업(선박 및 보트 건조업은 제외한다)

■ 산업안전보건법 시행규칙 [별표 5] 〈개정 2023. 9. 27.〉

안전보건교육 교육대상별 교육내용(제26조제1항 등 관련)

1. 근로자 안전보건교육(제26조제1항 관련)

가. 정기교육

교육내용
○ 산업안전 및 사고 예방에 관한 사항 ○ 산업보건 및 직업병 예방에 관한 사항 ○ 위험성 평가에 관한 사항 ○ 건강증진 및 질병 예방에 관한 사항 ○ 유해·위험 작업환경 관리에 관한 사항 ○ 산업안전보건법령 및 산업재해보상보험 제도에 관한 사항 ○ 직무스트레스 예방 및 관리에 관한 사항 ○ 직장 내 괴롭힘, 고객의 폭언 등으로 인한 건강장해 예방 및 관리에 관한 사항

나. 삭제 〈2023. 9. 27.〉

다. 채용 시 교육 및 작업내용 변경 시 교육

교육내용
○ 산업안전 및 사고 예방에 관한 사항 ○ 산업보건 및 직업병 예방에 관한 사항 ○ 위험성 평가에 관한 사항 ○ 산업안전보건법령 및 산업재해보상보험 제도에 관한 사항 ○ 직무스트레스 예방 및 관리에 관한 사항 ○ 직장 내 괴롭힘, 고객의 폭언 등으로 인한 건강장해 예방 및 관리에 관한 사항 ○ 기계·기구의 위험성과 작업의 순서 및 동선에 관한 사항 ○ 작업 개시 전 점검에 관한 사항 ○ 정리정돈 및 청소에 관한 사항 ○ 사고 발생 시 긴급조치에 관한 사항 ○ 물질안전보건자료에 관한 사항

라. 특별교육 대상 작업별 교육

작업명	교육내용
〈공통내용〉 제1호부터 제39호까지의 작업	다목과 같은 내용
〈개별내용〉 1. 고압실 내 작업(잠함공법이나 그 밖의 압기공법으로 대기압을 넘는 기압인 작업실 또는 수갱 내부에서 하는 작업만 해당한다)	○ 고기압 장해의 인체에 미치는 영향에 관한 사항 ○ 작업의 시간·작업 방법 및 절차에 관한 사항 ○ 압기공법에 관한 기초지식 및 보호구 착용에 관한 사항 ○ 이상 발생 시 응급조치에 관한 사항 ○ 그 밖에 안전·보건관리에 필요한 사항

2. 아세틸렌 용접장치 또는 가스집합 용접장치를 사용하는 금속의 용접·용단 또는 가열작업(발생기·도관 등에 의하여 구성되는 용접장치만 해당한다)	○ 용접 흄, 분진 및 유해광선 등의 유해성에 관한 사항 ○ 가스용접기, 압력조정기, 호스 및 취관두(불꽃이 나오는 용접기의 앞부분) 등의 기기점검에 관한 사항 ○ 작업방법·순서 및 응급처치에 관한 사항 ○ 안전기 및 보호구 취급에 관한 사항 ○ 화재예방 및 초기대응에 관한사항 ○ 그 밖에 안전·보건관리에 필요한 사항
3. 밀폐된 장소(탱크 내 또는 환기가 극히 불량한 좁은 장소를 말한다)에서 하는 용접작업 또는 습한 장소에서 하는 전기용접 작업	○ 작업순서, 안전작업방법 및 수칙에 관한 사항 ○ 환기설비에 관한 사항 ○ 전격 방지 및 보호구 착용에 관한 사항 ○ 질식 시 응급조치에 관한 사항 ○ 작업환경 점검에 관한 사항 ○ 그 밖에 안전·보건관리에 필요한 사항
4. 폭발성·물반응성·자기반응성·자기발열성 물질, 자연발화성 액체·고체 및 인화성 액체의 제조 또는 취급작업(시험연구를 위한 취급작업은 제외한다)	○ 폭발성·물반응성·자기반응성·자기발열성 물질, 자연발화성 액체·고체 및 인화성 액체의 성질이나 상태에 관한 사항 ○ 폭발 한계점, 발화점 및 인화점 등에 관한 사항 ○ 취급방법 및 안전수칙에 관한 사항 ○ 이상 발견 시의 응급처치 및 대피 요령에 관한 사항 ○ 화기·정전기·충격 및 자연발화 등의 위험방지에 관한 사항 ○ 작업순서, 취급주의사항 및 방호거리 등에 관한 사항 ○ 그 밖에 안전·보건관리에 필요한 사항
5. 액화석유가스·수소가스 등 인화성 가스 또는 폭발성 물질 중 가스의 발생장치 취급 작업	○ 취급가스의 상태 및 성질에 관한 사항 ○ 발생장치 등의 위험 방지에 관한 사항 ○ 고압가스 저장설비 및 안전취급방법에 관한 사항 ○ 설비 및 기구의 점검 요령 ○ 그 밖에 안전·보건관리에 필요한 사항
6. 화학설비 중 반응기, 교반기·추출기의 사용 및 세척작업	○ 각 계측장치의 취급 및 주의에 관한 사항 ○ 투시창·수위 및 유량계 등의 점검 및 밸브의 조작주의에 관한 사항 ○ 세척액의 유해성 및 인체에 미치는 영향에 관한 사항 ○ 작업 절차에 관한 사항 ○ 그 밖에 안전·보건관리에 필요한 사항
7. 화학설비의 탱크 내 작업	○ 차단장치·정지장치 및 밸브 개폐장치의 점검에 관한 사항 ○ 탱크 내의 산소농도 측정 및 작업환경에 관한 사항 ○ 안전보호구 및 이상 발생 시 응급조치에 관한 사항 ○ 작업절차·방법 및 유해·위험에 관한 사항 ○ 그 밖에 안전·보건관리에 필요한 사항
8. 분말·원재료 등을 담은 호퍼(하부가 깔대기 모양으로 된 저장통)·저장창고 등 저장탱	○ 분말·원재료의 인체에 미치는 영향에 관한 사항 ○ 저장탱크 내부작업 및 복장보호구 착용에 관한 사항 ○ 작업의 지정·방법·순서 및 작업환경 점검에 관한 사항

크의 내부작업	○ 팬·풍기(風旗) 조작 및 취급에 관한 사항 ○ 분진 폭발에 관한 사항 ○ 그 밖에 안전·보건관리에 필요한 사항
9. 다음 각 목에 정하는 설비에 의한 물건의 가열·건조작업 가. 건조설비 중 위험물 등에 관계되는 설비로 속부피가 1세제곱미터 이상인 것 나. 건조설비 중 가목의 위험물 등 외의 물질에 관계되는 설비로서, 연료를 열원으로 사용하는 것(그 최대연소소비량이 매 시간당 10킬로그램 이상인 것만 해당한다) 또는 전력을 열원으로 사용하는 것(정격소비전력이 10킬로와트 이상인 경우만 해당한다)	○ 건조설비 내외면 및 기기기능의 점검에 관한 사항 ○ 복장보호구 착용에 관한 사항 ○ 건조 시 유해가스 및 고열 등이 인체에 미치는 영향에 관한 사항 ○ 건조설비에 의한 화재·폭발 예방에 관한 사항
10. 다음 각 목에 해당하는 집재장치(집재기·가선·운반기구·지주 및 이들에 부속하는 물건으로 구성되고, 동력을 사용하여 원목 또는 장작과 숯을 담아 올리거나 공중에서 운반하는 설비를 말한다)의 조립, 해체, 변경 또는 수리작업 및 이들 설비에 의한 집재 또는 운반 작업 가. 원동기의 정격출력이 7.5킬로와트를 넘는 것 나. 지간의 경사거리 합계가 350미터 이상인 것 다. 최대사용하중이 200킬로그램 이상인 것	○ 기계의 브레이크 비상정지장치 및 운반경로, 각종 기능 점검에 관한 사항 ○ 작업 시작 전 준비사항 및 작업방법에 관한 사항 ○ 취급물의 유해·위험에 관한 사항 ○ 구조상의 이상 시 응급처치에 관한 사항 ○ 그 밖에 안전·보건관리에 필요한 사항
11. 동력에 의하여 작동되는 프레스기계를 5대 이상 보유한 사업장에서 해당 기계로 하는 작업	○ 프레스의 특성과 위험성에 관한 사항 ○ 방호장치 종류와 취급에 관한 사항 ○ 안전작업방법에 관한 사항 ○ 프레스 안전기준에 관한 사항

	○ 그 밖에 안전·보건관리에 필요한 사항
12. 목재가공용 기계[둥근톱기계, 띠톱기계, 대패기계, 모떼기기계 및 라우터기(목재를 자르거나 홈을 파는 기계)만 해당하며, 휴대용은 제외한다]를 5대 이상 보유한 사업장에서 해당 기계로 하는 작업	○ 목재가공용 기계의 특성과 위험성에 관한 사항 ○ 방호장치의 종류와 구조 및 취급에 관한 사항 ○ 안전기준에 관한 사항 ○ 안전작업방법 및 목재 취급에 관한 사항 ○ 그 밖에 안전·보건관리에 필요한 사항
13. 운반용 등 하역기계를 5대 이상 보유한 사업장에서의 해당 기계로 하는 작업	○ 운반하역기계 및 부속설비의 점검에 관한 사항 ○ 작업순서와 방법에 관한 사항 ○ 안전운전방법에 관한 사항 ○ 화물의 취급 및 작업신호에 관한 사항 ○ 그 밖에 안전·보건관리에 필요한 사항
14. 1톤 이상의 크레인을 사용하는 작업 또는 1톤 미만의 크레인 또는 호이스트를 5대 이상 보유한 사업장에서 해당 기계로 하는 작업(제40호의 작업은 제외한다)	○ 방호장치의 종류, 기능 및 취급에 관한 사항 ○ 걸고리·와이어로프 및 비상정지장치 등의 기계·기구 점검에 관한 사항 ○ 화물의 취급 및 안전작업방법에 관한 사항 ○ 신호방법 및 공동작업에 관한 사항 ○ 인양 물건의 위험성 및 낙하·비래(飛來)·충돌재해 예방에 관한 사항 ○ 인양물이 적재될 지반의 조건, 인양하중, 풍압 등이 인양물과 타워크레인에 미치는 영향 ○ 그 밖에 안전·보건관리에 필요한 사항
15. 건설용 리프트·곤돌라를 이용한 작업	○ 방호장치의 기능 및 사용에 관한 사항 ○ 기계, 기구, 달기체인 및 와이어 등의 점검에 관한 사항 ○ 화물의 권상·권하 작업방법 및 안전작업 지도에 관한 사항 ○ 기계·기구에 특성 및 동작원리에 관한 사항 ○ 신호방법 및 공동작업에 관한 사항 ○ 그 밖에 안전·보건관리에 필요한 사항
16. 주물 및 단조(금속을 두들기거나 눌러서 형체를 만드는 일) 작업	○ 고열물의 재료 및 작업환경에 관한 사항 ○ 출탕·주조 및 고열물의 취급과 안전작업방법에 관한 사항 ○ 고열작업의 유해·위험 및 보호구 착용에 관한 사항 ○ 안전기준 및 중량물 취급에 관한 사항 ○ 그 밖에 안전·보건관리에 필요한 사항
17. 전압이 75볼트 이상인 정전 및 활선작업	○ 전기의 위험성 및 전격 방지에 관한 사항 ○ 해당 설비의 보수 및 점검에 관한 사항 ○ 정전작업·활선작업 시의 안전작업방법 및 순서에 관한 사항 ○ 절연용 보호구, 절연용 보호구 및 활선작업용 기구 등의 사용

	에 관한 사항 ○ 그 밖에 안전·보건관리에 필요한 사항
18. 콘크리트 파쇄기를 사용하여 하는 파쇄작업(2미터 이상인 구축물의 파쇄작업만 해당한다)	○ 콘크리트 해체 요령과 방호거리에 관한 사항 ○ 작업안전조치 및 안전기준에 관한 사항 ○ 파쇄기의 조작 및 공통작업 신호에 관한 사항 ○ 보호구 및 방호장비 등에 관한 사항 ○ 그 밖에 안전·보건관리에 필요한 사항
19. 굴착면의 높이가 2미터 이상이 되는 지반 굴착(터널 및 수직갱 외의 갱 굴착은 제외한다)작업	○ 지반의 형태·구조 및 굴착 요령에 관한 사항 ○ 지반의 붕괴재해 예방에 관한 사항 ○ 붕괴 방지용 구조물 설치 및 작업방법에 관한 사항 ○ 보호구의 종류 및 사용에 관한 사항 ○ 그 밖에 안전·보건관리에 필요한 사항
20. 흙막이 지보공의 보강 또는 동바리를 설치하거나 해체하는 작업	○ 작업안전 점검 요령과 방법에 관한 사항 ○ 동바리의 운반·취급 및 설치 시 안전작업에 관한 사항 ○ 해체작업 순서와 안전기준에 관한 사항 ○ 보호구 취급 및 사용에 관한 사항 ○ 그 밖에 안전·보건관리에 필요한 사항
21. 터널 안에서의 굴착작업(굴착용 기계를 사용하여 하는 굴착작업 중 근로자가 칼날 밑에 접근하지 않고 하는 작업은 제외한다) 또는 같은 작업에서의 터널 거푸집 지보공의 조립 또는 콘크리트 작업	○ 작업환경의 점검 요령과 방법에 관한 사항 ○ 붕괴 방지용 구조물 설치 및 안전작업 방법에 관한 사항 ○ 재료의 운반 및 취급·설치의 안전기준에 관한 사항 ○ 보호구의 종류 및 사용에 관한 사항 ○ 소화설비의 설치장소 및 사용방법에 관한 사항 ○ 그 밖에 안전·보건관리에 필요한 사항
22. 굴착면의 높이가 2미터 이상이 되는 암석의 굴착작업	○ 폭발물 취급 요령과 대피 요령에 관한 사항 ○ 안전거리 및 안전기준에 관한 사항 ○ 방호물의 설치 및 기준에 관한 사항 ○ 보호구 및 신호방법 등에 관한 사항 ○ 그 밖에 안전·보건관리에 필요한 사항
23. 높이가 2미터 이상인 물건을 쌓거나 무너뜨리는 작업(하역기계로만 하는 작업은 제외한다)	○ 원부재료의 취급 방법 및 요령에 관한 사항 ○ 물건의 위험성·낙하 및 붕괴재해 예방에 관한 사항 ○ 적재방법 및 전도 방지에 관한 사항 ○ 보호구 착용에 관한 사항 ○ 그 밖에 안전·보건관리에 필요한 사항
24. 선박에 짐을 쌓거나 부리거나 이동시키는 작업	○ 하역 기계·기구의 운전방법에 관한 사항 ○ 운반·이송경로의 안전작업방법 및 기준에 관한 사항 ○ 중량물 취급 요령과 신호 요령에 관한 사항 ○ 작업안전 점검과 보호구 취급에 관한 사항

	○ 그 밖에 안전·보건관리에 필요한 사항
25. 거푸집 동바리의 조립 또는 해체작업	○ 동바리의 조립방법 및 작업 절차에 관한 사항 ○ 조립재료의 취급방법 및 설치기준에 관한 사항 ○ 조립 해체 시의 사고 예방에 관한 사항 ○ 보호구 착용 및 점검에 관한 사항 ○ 그 밖에 안전·보건관리에 필요한 사항
26. 비계의 조립·해체 또는 변경작업	○ 비계의 조립순서 및 방법에 관한 사항 ○ 비계작업의 재료 취급 및 설치에 관한 사항 ○ 추락재해 방지에 관한 사항 ○ 보호구 착용에 관한 사항 ○ 비계상부 작업 시 최대 적재하중에 관한 사항 ○ 그 밖에 안전·보건관리에 필요한 사항
27. 건축물의 골조, 다리의 상부구조 또는 탑의 금속제의 부재로 구성되는 것(5미터 이상인 것만 해당한다)의 조립● 해체 또는 변경작업	○ 건립 및 버팀대의 설치순서에 관한 사항 ○ 조립 해체 시의 추락재해 및 위험요인에 관한 사항 ○ 건립용 기계의 조작 및 작업신호 방법에 관한 사항 ○ 안전장비 착용 및 해체순서에 관한 사항 ○ 그 밖에 안전·보건관리에 필요한 사항
28. 처마 높이가 5미터 이상인 목조건축물의 구조 부재의 조립이나 건축물의 지붕 또는 외벽 밑에서의 설치작업	○ 붕괴·추락 및 재해 방지에 관한 사항 ○ 부재의 강도·재질 및 특성에 관한 사항 ○ 조립·설치 순서 및 안전작업방법에 관한 사항 ○ 보호구 착용 및 작업 점검에 관한 사항 ○ 그 밖에 안전·보건관리에 필요한 사항
29. 콘크리트 인공구조물(그 높이가 2미터 이상인 것만 해당한다)의 해체 또는 파괴작업	○ 콘크리트 해체기계의 점점에 관한 사항 ○ 파괴 시의 안전거리 및 대피 요령에 관한 사항 ○ 작업방법·순서 및 신호 방법 등에 관한 사항 ○ 해체·파괴 시의 작업안전기준 및 보호구에 관한 사항 ○ 그 밖에 안전·보건관리에 필요한 사항
30. 타워크레인을 설치(상승작업을 포함한다)·해체하는 작업	○ 붕괴·추락 및 재해 방지에 관한 사항 ○ 설치·해체 순서 및 안전작업방법에 관한 사항 ○ 부재의 구조·재질 및 특성에 관한 사항 ○ 신호방법 및 요령에 관한 사항 ○ 이상 발생 시 응급조치에 관한 사항 ○ 그 밖에 안전·보건관리에 필요한 사항
31. 보일러(소형 보일러 및 다음 각 목에서 정하는 보일러는 제외한다)의 설치 및 취급 작업 가. 몸통 반지름이 750밀리	○ 기계 및 기기 점화장치 계측기의 점검에 관한 사항 ○ 열관리 및 방호장치에 관한 사항 ○ 작업순서 및 방법에 관한 사항 ○ 그 밖에 안전·보건관리에 필요한 사항

미터 이하이고 그 길이가 1,300밀리미터 이하인 증기보일러 나. 전열면적이 3제곱미터 이하인 증기보일러 다. 전열면적이 14제곱미터 이하인 온수보일러 라. 전열면적이 30제곱미터 이하인 관류보일러(물관을 사용하여 가열시키는 방식의 보일러)	
32. 게이지 압력을 제곱센티미터당 1킬로그램 이상으로 사용하는 압력용기의 설치 및 취급작업	○ 안전시설 및 안전기준에 관한 사항 ○ 압력용기의 위험성에 관한 사항 ○ 용기 취급 및 설치기준에 관한 사항 ○ 작업안전 점검 방법 및 요령에 관한 사항 ○ 그 밖에 안전·보건관리에 필요한 사항
33. 방사선 업무에 관계되는 작업(의료 및 실험용은 제외한다)	○ 방사선의 유해·위험 및 인체에 미치는 영향 ○ 방사선의 측정기기 기능의 점검에 관한 사항 ○ 방호거리·방호벽 및 방사선물질의 취급 요령에 관한 사항 ○ 응급처치 및 보호구 착용에 관한 사항 ○ 그 밖에 안전·보건관리에 필요한 사항
34. 밀폐공간에서의 작업	○ 산소농도 측정 및 작업환경에 관한 사항 ○ 사고 시의 응급처치 및 비상 시 구출에 관한 사항 ○ 보호구 착용 및 보호 장비 사용에 관한 사항 ○ 작업내용·안전작업방법 및 절차에 관한 사항 ○ 장비·설비 및 시설 등의 안전점검에 관한 사항 ○ 그 밖에 안전·보건관리에 필요한 사항
35. 허가 또는 관리 대상 유해물질의 제조 또는 취급작업	○ 취급물질의 성질 및 상태에 관한 사항 ○ 유해물질이 인체에 미치는 영향 ○ 국소배기장치 및 안전설비에 관한 사항 ○ 안전작업방법 및 보호구 사용에 관한 사항 ○ 그 밖에 안전·보건관리에 필요한 사항
36. 로봇작업	○ 로봇의 기본원리·구조 및 작업방법에 관한 사항 ○ 이상 발생 시 응급조치에 관한 사항 ○ 안전시설 및 안전기준에 관한 사항 ○ 조작방법 및 작업순서에 관한 사항
37. 석면해체·제거작업	○ 석면의 특성과 위험성 ○ 석면해체·제거의 작업방법에 관한 사항 ○ 장비 및 보호구 사용에 관한 사항 ○ 그 밖에 안전·보건관리에 필요한 사항

38. 가연물이 있는 장소에서 하는 화재위험작업	○ 작업준비 및 작업절차에 관한 사항 ○ 작업장 내 위험물, 가연물의 사용·보관·설치 현황에 관한 사항 ○ 화재위험작업에 따른 인근 인화성 액체에 대한 방호조치에 관한 사항 ○ 화재위험작업으로 인한 불꽃, 불티 등의 흩날림 방지 조치에 관한 사항 ○ 인화성 액체의 증기가 남아 있지 않도록 환기 등의 조치에 관한 사항 ○ 화재감시자의 직무 및 피난교육 등 비상조치에 관한 사항 ○ 그 밖에 안전·보건관리에 필요한 사항
39. 타워크레인을 사용하는 작업시 신호업무를 하는 작업	○ 타워크레인의 기계적 특성 및 방호장치 등에 관한 사항 ○ 화물의 취급 및 안전작업방법에 관한 사항 ○ 신호방법 및 요령에 관한 사항 ○ 인양 물건의 위험성 및 낙하·비래·충돌재해 예방에 관한 사항 ○ 인양물이 적재될 지반의 조건, 인양하중, 풍압 등이 인양물과 타워크레인에 미치는 영향 ○ 그 밖에 안전·보건관리에 필요한 사항

1의2. 관리감독자 안전보건교육(제26조제1항 관련)

가. 정기교육

교육내용
○ 산업안전 및 사고 예방에 관한 사항 ○ 산업보건 및 직업병 예방에 관한 사항 ○ 위험성평가에 관한 사항 ○ 유해·위험 작업환경 관리에 관한 사항 ○ 산업안전보건법령 및 산업재해보상보험 제도에 관한 사항 ○ 직무스트레스 예방 및 관리에 관한 사항 ○ 직장 내 괴롭힘, 고객의 폭언 등으로 인한 건강장해 예방 및 관리에 관한 사항 ○ 작업공정의 유해·위험과 재해 예방대책에 관한 사항 ○ 사업장 내 안전보건관리체제 및 안전·보건조치 현황에 관한 사항 ○ 표준안전 작업방법 결정 및 지도·감독 요령에 관한 사항 ○ 현장근로자와의 의사소통능력 및 강의능력 등 안전보건교육 능력 배양에 관한 사항 ○ 비상시 또는 재해 발생 시 긴급조치에 관한 사항 ○ 그 밖의 관리감독자의 직무에 관한 사항

나. 채용 시 교육 및 작업내용 변경 시 교육

교육내용
○ 산업안전 및 사고 예방에 관한 사항 ○ 산업보건 및 직업병 예방에 관한 사항

○ 위험성평가에 관한 사항
○ 산업안전보건법령 및 산업재해보상보험 제도에 관한 사항
○ 직무스트레스 예방 및 관리에 관한 사항
○ 직장 내 괴롭힘, 고객의 폭언 등으로 인한 건강장해 예방 및 관리에 관한 사항
○ 기계·기구의 위험성과 작업의 순서 및 동선에 관한 사항
○ 작업 개시 전 점검에 관한 사항
○ 물질안전보건자료에 관한 사항
○ 사업장 내 안전보건관리체제 및 안전·보건조치 현황에 관한 사항
○ 표준안전 작업방법 결정 및 지도·감독 요령에 관한 사항
○ 비상시 또는 재해 발생 시 긴급조치에 관한 사항
○ 그 밖의 관리감독자의 직무에 관한 사항

다. 특별교육 대상 작업별 교육

작업명	교육내용
〈공통내용〉	**나목과 같은 내용**
〈개별내용〉	제1호라목에 따른 교육내용(공통내용은 제외한다)과 같음

2. 건설업 기초안전보건교육에 대한 내용 및 시간(제28조제1항 관련)

교육 내용	시간
가. 건설공사의 종류(건축·토목 등) 및 시공 절차	1시간
나. 산업재해 유형별 위험요인 및 안전보건조치	2시간
다. 안전보건관리체제 현황 및 산업안전보건 관련 근로자 권리·의무	1시간

3. 안전보건관리책임자 등에 대한 교육(제29조제2항 관련)

교육대상	교육내용	
	신규과정	보수과정
가. 안전보건관리 책임자	1) 관리책임자의 책임과 직무에 관한 사항 2) 산업안전보건법령 및 안전·보건조치에 관한 사항	1) 산업안전·보건정책에 관한 사항 2) 자율안전·보건관리에 관한 사항
나. 안전관리자 및 안전관리전문기관 종사자	1) 산업안전보건법령에 관한 사항 2) 산업안전보건개론에 관한 사항 3) 인간공학 및 산업심리에 관한 사항 4) 안전보건교육방법에 관한 사항 5) 재해 발생 시 응급처치에 관한 사항 6) 안전점검·평가 및 재해 분석기법에 관한 사항	1) 산업안전보건법령 및 정책에 관한 사항 2) 안전관리계획 및 안전보건개선계획의 수립·평가·실무에 관한 사항 3) 안전보건교육 및 무재해운동 추진실무에 관한 사항 4) 산업안전보건관리비 사용기준 및 사용방법에 관한 사항

	7) 안전기준 및 개인보호구 등 분야별 재해예방 실무에 관한 사항 8) 산업안전보건관리비 계상 및 사용기준에 관한 사항 9) 작업환경 개선 등 산업위생 분야에 관한 사항 10) 무재해운동 추진기법 및 실무에 관한 사항 11) 위험성평가에 관한 사항 12) 그 밖에 안전관리자의 직무 향상을 위하여 필요한 사항	5) 분야별 재해 사례 및 개선 사례에 관한 연구와 실무에 관한 사항 6) 사업장 안전 개선기법에 관한 사항 7) 위험성평가에 관한 사항 8) 그 밖에 안전관리자 직무 향상을 위하여 필요한 사항
다. 보건관리자 및 보건관리전문기관 종사자	1) 산업안전보건법령 및 작업환경측정에 관한 사항 2) 산업안전보건개론에 관한 사항 3) 안전보건교육방법에 관한 사항 4) 산업보건관리계획 수립·평가 및 산업역학에 관한 사항 5) 작업환경 및 직업병 예방에 관한 사항 6) 작업환경 개선에 관한 사항(소음·분진·관리대상 유해물질 및 유해광선 등) 7) 산업역학 및 통계에 관한 사항 8) 산업환기에 관한 사항 9) 안전보건관리의 체제·규정 및 보건관리자 역할에 관한 사항 10) 보건관리계획 및 운용에 관한 사항 11) 근로자 건강관리 및 응급처치에 관한 사항 12) 위험성평가에 관한 사항 13) 감염병 예방에 관한 사항 14) 자살 예방에 관한 사항 15) 그 밖에 보건관리자의 직무 향상을 위하여 필요한 사항	1) 산업안전보건법령, 정책 및 작업환경 관리에 관한 사항 2) 산업보건관리계획 수립·평가 및 안전보건교육 추진 요령에 관한 사항 3) 근로자 건강 증진 및 구급환자 관리에 관한 사항 4) 산업위생 및 산업환기에 관한 사항 5) 직업병 사례 연구에 관한 사항 6) 유해물질별 작업환경 관리에 관한 사항 7) 위험성평가에 관한 사항 8) 감염병 예방에 관한 사항 9) 자살 예방에 관한 사항 10) 그 밖에 보건관리자 직무 향상을 위하여 필요한 사항
라. 건설재해예방전문지도기관 종사자	1) 산업안전보건법령 및 정책에 관한 사항 2) 분야별 재해사례 연구에 관한 사항 3) 새로운 공법 소개에 관한 사항 4) 사업장 안전관리기법에 관한 사항 5) 위험성평가의 실시에 관한 사항	1) 산업안전보건법령 및 정책에 관한 사항 2) 분야별 재해사례 연구에 관한 사항 3) 새로운 공법 소개에 관한 사항 4) 사업장 안전관리기법에 관한 사항 5) 위험성평가의 실시에 관한 사항 6) 그 밖에 직무 향상을 위하여 필요한

	6) 그 밖에 직무 향상을 위하여 필요한 사항	사항
마. 석면조사기관 종사자	1) 석면 제품의 종류 및 구별 방법에 관한 사항 2) 석면에 의한 건강유해성에 관한 사항 3) 석면 관련 법령 및 제도(법, 「석면안전관리법」 및 「건축법」 등)에 관한 사항 4) 법 및 산업안전보건 정책방향에 관한 사항 5) 석면 시료채취 및 분석 방법에 관한 사항 6) 보호구 착용 방법에 관한 사항 7) 석면조사결과서 및 석면지도 작성 방법에 관한 사항 8) 석면 조사 실습에 관한 사항	1) 석면 관련 법령 및 제도(법, 「석면안전관리법」 및 「건축법」 등)에 관한 사항 2) 실내공기오염 관리(또는 작업환경측정 및 관리)에 관한 사항 3) 산업안전보건 정책방향에 관한 사항 4) 건축물·설비 구조의 이해에 관한 사항 5) 건축물·설비 내 석면함유 자재 사용 및 시공·제거 방법에 관한 사항 6) 보호구 선택 및 관리방법에 관한 사항 7) 석면해체·제거작업 및 석면 흩날림 방지 계획 수립 및 평가에 관한 사항 8) 건축물 석면조사 시 위해도평가 및 석면지도 작성·관리 실무에 관한 사항 9) 건축 자재의 종류별 석면조사실무에 관한 사항
바. 안전보건관리 담당자		1) 위험성평가에 관한 사항 2) 안전·보건교육방법에 관한 사항 3) 사업장 순회점검 및 지도에 관한 사항 4) 기계·기구의 적격품 선정에 관한 사항 5) 산업재해 통계의 유지·관리 및 조사에 관한 사항 6) 그 밖에 안전보건관리담당자 직무 향상을 위하여 필요한 사항
사. 안전검사기관 및 자율안전 검사기관	1) 산업안전보건법령에 관한 사항 2) 기계, 장비의 주요장치에 관한 사항 3) 측정기기 작동 방법에 관한 사항 4) 공통점검 사항 및 주요 위험요인별 점검내용에 관한 사항 5) 기계, 장비의 주요안전장치에 관한 사항 6) 검사시 안전보건 유의사항 7) 기계·전기·화공 등 공학적 기초 지식에 관한 사항 8) 검사원의 직무윤리에 관한 사항 9) 그 밖에 종사자의 직무 향상을	1) 산업안전보건법령 및 정책에 관한 사항 2) 주요 위험요인별 점검내용에 관한 사항 3) 기계, 장비의 주요장치와 안전장치에 관한 심화과정 4) 검사시 안전보건 유의 사항 5) 구조해석, 용접, 피로, 파괴, 피해예측, 작업환기, 위험성평가 등에 관한 사항 6) 검사대상 기계별 재해 사례 및 개선사례에 관한 연구와 실무에 관한 사항 7) 검사원의 직무윤리에 관한 사항

	위하여 필요한 사항	8) 그 밖에 종사자의 직무 향상을 위하여 필요한 사항

4. 특수형태근로종사자에 대한 안전보건교육(제95조제1항 관련)

가. 최초 노무제공 시 교육

교육내용
아래의 내용 중 특수형태근로종사자의 직무에 적합한 내용을 교육해야 한다. ○ 산업안전 및 사고 예방에 관한 사항 ○ 산업보건 및 직업병 예방에 관한 사항 ○ 건강증진 및 질병 예방에 관한 사항 ○ 유해·위험 작업환경 관리에 관한 사항 ○ 산업안전보건법령 및 산업재해보상보험 제도에 관한 사항 ○ 직무스트레스 예방 및 관리에 관한 사항 ○ 직장 내 괴롭힘, 고객의 폭언 등으로 인한 건강장해 예방 및 관리에 관한 사항 ○ 기계·기구의 위험성과 작업의 순서 및 동선에 관한 사항 ○ 작업 개시 전 점검에 관한 사항 ○ 정리정돈 및 청소에 관한 사항 ○ 사고 발생 시 긴급조치에 관한 사항 ○ 물질안전보건자료에 관한 사항 ○ 교통안전 및 운전안전에 관한 사항 ○ 보호구 착용에 관한 사항

나. 특별교육 대상 작업별 교육 : 제1호 라목과 같다.

5. 검사원 성능검사 교육(제131조제2항 관련)

설비명	교육과정	교육내용
가. 프레스 및 전단기	성능검사 교육	○ 관계 법령 ○ 프레스 및 전단기 개론 ○ 프레스 및 전단기 구조 및 특성 ○ 검사기준 ○ 방호장치 ○ 검사장비 용도 및 사용방법 ○ 검사실습 및 체크리스트 작성 요령 ○ 위험검출 훈련
나. 크레인	성능검사 교육	○ 관계 법령 ○ 크레인 개론 ○ 크레인 구조 및 특성 ○ 검사기준 ○ 방호장치 ○ 검사장비 용도 및 사용방법 ○ 검사실습 및 체크리스트 작성 요령

		○ 위험검출 훈련 ○ 검사원 직무
다. 리프트	성능검사 교육	○ 관계 법령 ○ 리프트 개론 ○ 리프트 구조 및 특성 ○ 검사기준 ○ 방호장치 ○ 검사장비 용도 및 사용방법 ○ 검사실습 및 체크리스트 작성 요령 ○ 위험검출 훈련 ○ 검사원 직무
라. 곤돌라	성능검사 교육	○ 관계 법령 ○ 곤돌라 개론 ○ 곤돌라 구조 및 특성 ○ 검사기준 ○ 방호장치 ○ 검사장비 용도 및 사용방법 ○ 검사실습 및 체크리스트 작성 요령 ○ 위험검출 훈련 ○ 검사원 직무
마. 국소배기장치	성능검사 교육	○ 관계 법령 ○ 산업보건 개요 ○ 산업환기의 기본원리 ○ 국소환기장치의 설계 및 실습 ○ 국소배기장치 및 제진장치 검사기준 ○ 검사실습 및 체크리스트 작성 요령 ○ 검사원 직무
바. 원심기	성능검사 교육	○ 관계 법령 ○ 원심기 개론 ○ 원심기 종류 및 구조 ○ 검사기준 ○ 방호장치 ○ 검사장비 용도 및 사용방법 ○ 검사실습 및 체크리스트 작성 요령
사. 롤러기	성능검사 교육	○ 관계 법령 ○ 롤러기 개론 ○ 롤러기 구조 및 특성 ○ 검사기준 ○ 방호장치 ○ 검사장비의 용도 및 사용방법 ○ 검사실습 및 체크리스트 작성 요령

아. 사출성형기	성능검사 교육	○ 관계 법령 ○ 사출성형기 개론 ○ 사출성형기 구조 및 특성 ○ 검사기준 ○ 방호장치 ○ 검사장비 용도 및 사용방법 ○ 검사실습 및 체크리스트 작성 요령
자. 고소작업대	성능검사 교육	○ 관계 법령 ○ 고소작업대 개론 ○ 고소작업대 구조 및 특성 ○ 검사기준 ○ 방호장치 ○ 검사장비의 용도 및 사용방법 ○ 검사실습 및 체크리스트 작성 요령
차. 컨베이어	성능검사 교육	○ 관계 법령 ○ 컨베이어 개론 ○ 컨베이어 구조 및 특성 ○ 검사기준 ○ 방호장치 ○ 검사장비의 용도 및 사용방법 ○ 검사실습 및 체크리스트 작성 요령
카. 산업용 로봇	성능검사 교육	○ 관계 법령 ○ 산업용 로봇 개론 ○ 산업용 로봇 구조 및 특성 ○ 검사기준 ○ 방호장치 ○ 검사장비 용도 및 사용방법 ○ 검사실습 및 체크리스트 작성 요령
타. 압력용기	성능검사 교육	○ 관계 법령 ○ 압력용기 개론 ○ 압력용기의 종류, 구조 및 특성 ○ 검사기준 ○ 방호장치 ○ 검사장비 용도 및 사용방법 ○ 검사실습 및 체크리스트 작성 요령 ○ 이상 시 응급조치

6. 물질안전보건자료에 관한 교육(제169조제1항 관련)

교육내용
○ 대상화학물질의 명칭(또는 제품명)

○ 물리적 위험성 및 건강 유해성
○ 취급상의 주의사항
○ 적절한 보호구
○ 응급조치 요령 및 사고시 대처방법
○ 물질안전보건자료 및 경고표지를 이해하는 방법

영 [별표4] 안전관리자의 자격(제17조 관련)

안전관리자는 다음 각 호의 어느 하나에 해당하는 사람으로 한다.

1. 법 제143조제1항에 따른 산업안전지도사 자격을 가진 사람
2. 「국가기술자격법」에 따른 산업안전산업기사 이상의 자격을 취득한 사람
3. 「국가기술자격법」에 따른 건설안전산업기사 이상의 자격을 취득한 사람
4. 「고등교육법」에 따른 4년제 대학 이상의 학교에서 산업안전 관련 학위를 취득한 사람 또는 이와 같은 수준 이상의 학력을 가진 사람
5. 「고등교육법」에 따른 전문대학 또는 이와 같은 수준 이상의 학교에서 산업안전 관련 학위를 취득한 사람
6. 「고등교육법」에 따른 이공계 전문대학 또는 이와 같은 수준 이상의 학교에서 학위를 취득하고, 해당 사업의 관리감독자로서의 업무(건설업의 경우는 시공실무경력)를 3년(4년제 이공계 대학 학위 취득자는 1년) 이상 담당한 후 고용노동부장관이 지정하는 기관이 실시하는 교육(1998년 12월 31일까지의 교육만 해당한다)을 받고 정해진 시험에 합격한 사람. 다만, 관리감독자로 종사한 사업과 같은 업종(한국표준산업분류에 따른 대분류를 기준으로 한다)의 사업장이면서, 건설업의 경우를 제외하고는 상시근로자 300명 미만인 사업장에서만 안전관리자가 될 수 있다.
7. 「초·중등교육법」에 따른 공업계 고등학교 또는 이와 같은 수준 이상의 학교를 졸업하고, 해당 사업의 관리감독자로서의 업무(건설업의 경우는 시공실무경력)를 5년 이상 담당한 후 고용노동부장관이 지정하는 기관이 실시하는 교육(1998년 12월 31일까지의 교육만 해당한다)을 받고 정해진 시험에 합격한 사람. 다만, 관리감독자로 종사한 사업과 같은 종류인 업종(한국표준산업분류에 따른 대분류를 기준으로 한다)의 사업장이면서, 건설업의 경우를 제외하고는 별표 3 제28호 또는 제33호의 사업을 하는 사업장(상시근로자 50명 이상 1천명 미만인 경우만 해당한다)에서만 안전관리자가 될 수 있다.
8. 다음 각 목의 어느 하나에 해당하는 사람. 다만, 해당 법령을 적용받은 사업에서만 선임될 수 있다.
   가. 「고압가스 안전관리법」 제4조 및 같은 법 시행령 제3조제1항에 따른 허가를 받은 사업자 중 고압가스를 제조·저장 또는 판매하는 사업에서 같은 법 제15조 및 같은 법 시행령 제12조에 따라 선임하는 안전관리 책임자
   나. 「액화석유가스의 안전관리 및 사업법」 제5조 및 같은 법 시행령 제3조에 따른 허가를 받은 사업자 중 액화석유가스 충전사업·액화석유가스 집단공급사업 또는 액화석유가스 판매사업에서 같은 법 제34조 및 같은 법 시행령 제15조에 따라 선임하는 안전관리책임자
   다. 「도시가스사업법」 제29조 및 같은 법 시행령 제15조에 따라 선임하는 안전관리 책임자
   라. 「교통안전법」 제53조에 따라 교통안전관리자의 자격을 취득한 후 해당 분야에 채용된 교

통안전관리자

마. 「총포·도검·화약류 등의 안전관리에 관한 법률」 제2조제3항에 따른 화약류를 제조·판매 또는 저장하는 사업에서 같은 법 제27조 및 같은 법 시행령 제54조·제55조에 따라 선임하는 화약류제조보안책임자 또는 화약류관리보안책임자

바. 「전기안전관리법」 제22조에 따라 전기사업자가 선임하는 전기안전관리자

9. 제16조제2항에 따라 전담 안전관리자를 두어야 하는 사업장(건설업은 제외한다)에서 안전 관련 업무를 10년 이상 담당한 사람

10. 「건설산업기본법」 제8조에 따른 종합공사를 시공하는 업종의 건설현장에서 안전보건관리책임자로 10년 이상 재직한 사람

11. 「건설기술 진흥법」에 따른 토목·건축 분야 건설기술인 중 등급이 중급 이상인 사람으로서 고용노동부장관이 지정하는 기관이 실시하는 산업안전교육(2023년 12월 31일까지의 교육만 해당한다)을 이수하고 정해진 시험에 합격한 사람

12. 「국가기술자격법」에 따른 토목산업기사 또는 건축산업기사 이상의 자격을 취득한 후 해당 분야에서의 실무경력이 다음 각 목의 구분에 따른 기간 이상인 사람으로서 고용노동부장관이 지정하는 기관이 실시하는 산업안전교육(2023년 12월 31일까지의 교육만 해당한다)을 이수하고 정해진 시험에 합격한 사람

가. 토목기사 또는 건축기사 : 3년

나. 토목산업기사 또는 건축산업기사 : 5년

안전보건교육 교육대상별 교육내용(제26조제1항 등 관련)

1. 근로자 안전보건교육(제26조제1항 관련)

가. 정기교육

[암기법 : 안전/보건/법령(산재)/직장내/스트레스/위험성/건강증진/작업환경관리] = 6+2

교육내용
○ 산업안전 및 사고 예방에 관한 사항 ○ 산업보건 및 직업병 예방에 관한 사항 ○ **위험성 평가에 관한 사항** ○ 건강증진 및 질병 예방에 관한 사항 ○ 유해·위험 작업환경 관리에 관한 사항 ○ 산업안전보건법령 및 산업재해보상보험 제도에 관한 사항 ○ 직무스트레스 예방 및 관리에 관한 사항 ○ 직장 내 괴롭힘, 고객의 폭언 등으로 인한 건강장해 예방 및 관리에 관한 사항

나. 삭제 〈2023. 9. 27.〉

다. 채용 시 교육 및 작업내용 변경 시 교육

[암기법 : 안전/보건/법령(산재)/직장내/스트레스/위험성/~~건강증진/작업환경관리~~/작업개시전/사고/위험성과(작업의 순서 및 동선)/MSDS/정리] = 6+(2)+5

교육내용
○ 산업안전 및 사고 예방에 관한 사항 ○ 산업보건 및 직업병 예방에 관한 사항 ○ **위험성 평가에 관한 사항** ○ 산업안전보건법령 및 산업재해보상보험 제도에 관한 사항 ○ 직무스트레스 예방 및 관리에 관한 사항 ○ 직장 내 괴롭힘, 고객의 폭언 등으로 인한 건강장해 예방 및 관리에 관한 사항 ○ 기계·기구의 위험성과 작업의 순서 및 동선에 관한 사항 ○ 작업 개시 전 점검에 관한 사항 ○ 정리정돈 및 청소에 관한 사항 ○ 사고 발생 시 긴급조치에 관한 사항 ○ 물질안전보건자료에 관한 사항

1의2. 관리감독자 안전보건교육(제26조제1항 관련)

가. 정기교육

교육내용
[암기법 : 안전/보건/법령(산재)/직장내/스트레스/위험성/건강증진/작업환경관리//비상시/표준/체제/공정/능력배양]
○ 산업안전 및 사고 예방에 관한 사항 ○ 산업보건 및 직업병 예방에 관한 사항 ○ 위험성평가에 관한 사항 ○ 유해·위험 작업환경 관리에 관한 사항 ○ 산업안전보건법령 및 산업재해보상보험 제도에 관한 사항 ○ 직무스트레스 예방 및 관리에 관한 사항 ○ 직장 내 괴롭힘, 고객의 폭언 등으로 인한 건강장해 예방 및 관리에 관한 사항 ○ 작업**공정**의 유해·위험과 재해 예방대책에 관한 사항 ○ 사업장 내 **안전보건관리체제 및 안전·보건조치** 현황에 관한 사항 ○ **표준**안전 작업방법 결정 및 지도·감독 요령에 관한 사항 ○ 현장근로자와의 의사소통능력 및 강의능력 등 안전보건교육 **능력 배양**에 관한 사항 ○ **비상시** 또는 재해 발생 시 긴급조치에 관한 사항 ○ 그 밖의 관리감독자의 직무에 관한 사항

나. 채용 시 교육 및 작업내용 변경 시 교육

교육내용
[암기법 : 안전/보건/법령(산재)/직장내/스트레스/위험성/작업환경관리//작업개시전/사고/(기계기구의)위험성과(작업의 순서 및 동선)/MSDS/정리/비상/표준/체제]
○ 산업안전 및 사고 예방에 관한 사항

○ 산업보건 및 직업병 예방에 관한 사항
○ 위험성평가에 관한 사항
○ 산업안전보건법령 및 산업재해보상보험 제도에 관한 사항
○ 직무스트레스 예방 및 관리에 관한 사항
○ 직장 내 괴롭힘, 고객의 폭언 등으로 인한 건강장해 예방 및 관리에 관한 사항
○ 기계·기구의 **위험성과** 작업의 순서 및 동선에 관한 사항
○ **작업 개시 전** 점검에 관한 사항
○ **물질안전보건자료**에 관한 사항
○ 사업장 내 안전보건관리**체제** 및 안전·보건조치 현황에 관한 사항
○ **표준**안전 작업방법 결정 및 지도·감독 요령에 관한 사항
○ **비상**시 또는 재해 발생 시 긴급조치에 관한 사항
○ 그 밖의 관리감독자의 직무에 관한 사항

[연습1]

근로자 정기교육(8)	근로자 채용/작업내용 변경 시 교육(11)	관리감독자 정기교육(13)	관리감독자 채용/작업내용 변경 시 교육(13)
[암기법 : 안전/보건/법령(산재)/직장내/스트레스/위험성/건강증진/작업환경관리]	[암기법 : 안전/보건/법령(산재)/직장내/스트레스/위험성/~~건강증진~~/~~작업환경관리~~/작업개시전/사고/위험성과(작업의 순서 및 동선)/MSDS/정리]	[암기법 : 안전/보건/법령(산재)/직장내/스트레스/위험성/~~건강증진~~/작업환경관리//**비상시/표준/체제**/공정/능력배양]	[암기법 : 안전/보건/법령(산재)/직장내/스트레스/위험성/~~작업환경관리~~//작업개시전/~~사고~~/(기계·기구의)위험성과(작업의 순서 및 동선)/MSDS/~~정리~~/**비상/표준/체제**]

[연습2]

근로자 정기교육(8)	근로자 채용/작업내용 변경 시 교육(11)	관리감독자 정기교육(13)	관리감독자 채용/작업내용 변경 시 교육(13)
[암기법 : 안전/보건/법령(산재)/직장내/스트레스/위험/건강증진/작업환경관리]		[암기법 : 안전/보건/법령(산재)/직장내/스트레스/위험/~~건강증진~~/작업환경관리//비상시/표준/체제/공정/능력배양]	

[연습3]

근로자 정기교육(8)	근로자 채용/작업내용 변경 시 교육(11)	관리감독자 정기교육(13)	관리감독자 채용/작업내용 변경 시 교육(13)
	[암기법 : 안전/보건/법령(산재)/직장내/스트레스/위험/~~건강증진~~/~~작업환경관리~~/작업개시전/사고/위험성과(작업의 순서 및 동선)/MSDS/정리]		[암기법 : 안전/보건/법령(산재)/직장내/스트레스/위험/~~작업환경관리~~//작업개시전/사고/(기계기구의)위험성과(작업의 순서 및 동선)/MSDS/~~정리~~/비상/표준/체제]

[연습4]

근로자 정기교육(8)	근로자 채용/작업내용 변경 시 교육(11)	관리감독자 정기교육(13)	관리감독자 채용/작업내용 변경 시 교육(13)
[암기법 : 안전/보건/법령(산재)/직장내/스트레스/위험/건강증진/작업환경관리]			

[연습5] 직접 암기법을 적고 그 의미를 말해 보시오.

근로자 정기교육(8)	근로자 채용/작업내용 변경 시 교육(11)	관리감독자 정기교육(13)	관리감독자 채용/작업내용 변경 시 교육(13)

정답 ⑤

유제 1 **산업안전보건법령상 근로자 정기교육의 내용이 아닌 것은?**

① 산업안전 및 사고 예방에 관한 사항
② 위험성평가에 관한 사항
③ 유해·위험 작업환경관리에 관한 사항
④ 산업안전보건법령 및 산업재해보상보험제도에 관한 사항
⑤ 작업공정의 유해위험과 재해 예방대책에 관한 사항

해설

정답 ⑤

유제 2 **산업안전보건법령상 관리감독자 정기교육의 내용이 아닌 것은?**

① 산업안전 및 사고 예방에 관한 사항
② 위험성평가에 관한 사항
③ 유해·위험 작업환경관리에 관한 사항
④ 산업안전보건법령 및 산업재해보상보험제도에 관한 사항
⑤ 건강증진 및 질병 예방에 관한 사항

해설

정답 ⑤

유제 3 **산업안전보건법령상 근로자 채용 시 또는 작업내용 변경 시 교육내용이 아닌 것은?**

① 산업안전 및 사고 예방에 관한 사항
② 위험성평가에 관한 사항
③ 유해·위험 작업환경관리에 관한 사항
④ 기계·기구의 위험성과 작업의 순서 및 동선에 관한 사항
⑤ 사고 발생 시 긴급조치에 관한 사항

해설

정답 ③

유제 4

산업안전보건법령상 관리감독자 채용 시 또는 작업내용 변경 시 교육내용이 아닌 것은?

① 표준안전 작업방법 결정 및 지도·감독 요령에 관한 사항
② 물질안전보건자료에 관한 사항
③ 정리·정돈 및 청소에 관한 사항
④ 기계·기구의 위험성과 작업의 순서 및 동선에 관한 사항
⑤ 비상시 또는 재해 발생 시 긴급조치에 관한 사항

해설

정답 ③

유제 5

산업안전보건법령상 근로자 및 관리감독자의 안전보건교육 교육시간에 관한 내용으로 옳은 것은?

구분	교육과정	교육대상	교육시간
① 근로자	정기교육	사무직 종사자	매분기 6시간 이상
② 근로자	채용 시 교육	근로계약기간이 1주일 초과 1개월 이하인 기간제근로자	8시간 이상
③ 근로자	작업내용 변경 시 교육	일용근로자 및 근로계약기간이 1주일 이하인 기간제근로자	2시간 이상
④ 관리감독자	정기교육	관리감독자	연간 6시간 이상
⑤ 관리감독자	특별교육	관리감독자	단기간 작업 또는 간헐적 작업인 경우에는 2시간 이상

해설

정답 ⑤

유제 6

산업안전보건법령상 근로자 안전보건교육시간에 관한 설명으로 틀린 것은?

① 사무직 종사 근로자의 정기교육시간 : 매반기 6시간 이상
② 일용근로자 및 근로계약기간이 1주일 이하인 기간제근로자 채용 시 교육시간 : 1시간 이상
③ 일용근로자 및 근로계약기간이 1주일 이하인 기간제근로자 작업 내용 변경 시 교육시간 : 2시간 이상
④ 밀폐공간에서 하는 작업에 종사하는 일용근로자 및 근로계약기간이 1주일 이하인 기간제근로자의 교육시간 : 2시간 이상
⑤ 타워크레인 신호작업에 종사하는 일용근로자 및 근로계약기간이 1주일 이하인 기간제근로자의 교육시간 : 8시간 이상

해설

정답 ③

유제 7

산업안전보건법령상 안전보건교육 교육과정별 교육시간에 관한 설명으로 옳지 않은 것은?

① 사무직 종사 근로자는 매반기 6시간 이상 교육을 받아야 한다.
② 선박·보트 건조업 종사자의 경우 근로계약기간이 1주일 이하인 기간제 근로자는 채용 시 1시간 이상의 교육을 받아야 한다.
③ 상시근로자 30명인 도매업에서 종사하는 일용직 근로자는 채용 시 1시간 이상의 교육을 받아야 한다.
④ 타워크레인 신호작업에 종사하는 일용직 근로자는 특별교육을 8시간 이상 받아야 한다.
⑤ 근로계약기간이 1주일 초과 1개월 이하인 기간제 근로자는 채용 시 4시간 이상의 교육을 받아야 한다.

해설

정답 ③

유제 8 **산업안전보건법령상에 정해진 안전보건교육시간에서 교육시간의 2분의 1이상을 교육시간으로 정한 것에 해당하지 않는 것은?**

① 상시근로자 40명인 도·소매업
② 상시근로자 30명인 숙박업
③ 상시근로자 10명인 음식점업
④ 「선박안전법」 적용 사업(선박 및 보트 건조업은 제외한다)
⑤ 「원자력안전법」 적용 사업(발전업 중 원자력 발전설비를 이용하여 전기를 생산하는 사업장으로 한정한다)

해설

■ **산업안전보건법 시행규칙 [별표 4] 〈개정 2023. 9. 27.〉**

안전보건교육 교육과정별 교육시간(제26조제1항 등 관련)

1. 근로자 안전보건교육(제26조제1항, 제28조제1항 관련)

교육과정	교육대상		교육시간
가. **정기**교육	1) 사무직 종사 근로자		매반기 6시간 이상
	2) 그 밖의 근로자	가) 판매업무에 직접 종사하는 근로자	매반기 6시간 이상
		나) 판매업무에 직접 종사하는 근로자 외의 근로자	매반기 12시간 이상
나. **채용** 시 교육	1) 일용근로자 및 근로계약기간이 1주일 이하인 기간제근로자		1시간 이상
	2) 근로계약기간이 1주일 초과 1개월 이하인 기간제근로자		4시간 이상
	3) 그 밖의 근로자		8시간 이상
다. 작업내용 **변경** 시 교육	1) 일용근로자 및 근로계약기간이 1주일 이하인 기간제근로자		1시간 이상
	2) 그 밖의 근로자		2시간 이상
라. **특별교육**	1) 일용근로자 및 근로계약기간이 1주일 이하인 기간제근로자 : 별표 5 제1호 라목(제39호는 제외한다)에 해당하는 작업에 종사하는 근로자에 한정한다.		2시간 이상
	2) 일용근로자 및 근로계약기간이 1주일 이하인 기간제근로자 : 별표 5 제1호라목 제39호(***타워크레인 신호작업**)에 해당하는 작업에 종사하는 근로자에 한정한다.		8시간 이상

	3) 일용근로자 및 근로계약기간이 1주일 이하인 기간제근로자를 제외한 근로자 : 별표 5 제1호 라목에 해당하는 작업에 종사하는 근로자에 한정한다.	가) 16시간 이상(최초 작업에 종사하기 전 4시간 이상 실시하고 12시간은 3개월 이내에서 분할하여 실시 가능) 나) 단기간 작업 또는 간헐적 작업인 경우에는 2시간 이상
마. 건설업 기초 안전·보건교육	건설 일용근로자	4시간 이상

비고

1. 위 표의 적용을 받는 "일용근로자"란 근로계약을 1일 단위로 체결하고 그 날의 근로가 끝나면 근로관계가 종료되어 계속 고용이 보장되지 않는 근로자를 말한다.
2. 일용근로자가 위 표의 나목 또는 라목에 따른 교육을 받은 날 이후 1주일 동안 같은 사업장에서 같은 업무의 일용근로자로 다시 종사하는 경우에는 이미 받은 위 표의 나목 또는 라목에 따른 교육을 면제한다.
3. 다음 각 목의 어느 하나에 해당하는 경우는 위 표의 가목부터 라목까지의 규정에도 불구하고 해당 교육과정별 교육시간의 2분의 1 이상을 그 교육시간으로 한다.
   가. 영 별표 1 제1호에 따른 사업(*법의 일부를 적용받지 않는 사업)
   나. 상시근로자 50명 미만의 도매업, 숙박 및 음식점업
4. 근로자가 다음 각 목의 어느 하나에 해당하는 안전교육을 받은 경우에는 그 시간만큼 위 표의 가목에 따른 해당 반기의 정기교육을 받은 것으로 본다.
   가. 「원자력안전법 시행령」 제148조제1항에 따른 방사선작업종사자 정기교육
   나. 「항만안전특별법 시행령」 제5조제1항제2호에 따른 정기안전교육
   다. 「화학물질관리법 시행규칙」 제37조제4항에 따른 유해화학물질 안전교육
5. 근로자가 「항만안전특별법 시행령」 제5조제1항제1호에 따른 신규안전교육을 받은 때에는 그 시간만큼 위 표의 나목에 따른 채용 시 교육을 받은 것으로 본다.
6. 방사선 업무에 관계되는 작업에 종사하는 근로자가 「원자력안전법 시행규칙」 제138조제1항제2호에 따른 방사선작업종사자 신규교육 중 직장교육을 받은 때에는 그 시간만큼 위 표의 라목에 따른 특별교육 중 별표 5 제1호라목의 33.란에 따른 특별교육을 받은 것으로 본다.

영 별표 1 제1호에 따른 사업(*법의 일부를 적용받지 않는 사업)

1. 다음 각 목의 어느 하나에 해당하는 사업
   가. 「광산안전법」 적용 사업(광업 중 광물의 채광·채굴·선광 또는 제련 등의 공정으로 한정하며, 제조공정은 제외한다)
   나. 「원자력안전법」 적용 사업(발전업 중 원자력 발전설비를 이용하여 전기를 생산하는 사업장으로 한정한다)
   다. 「항공안전법」 적용 사업(항공기, 우주선 및 부품 제조업과 창고 및 운송관련 서비스업, 여행사 및 기타 여행보조 서비스업 중 항공 관련 사업은 각각 제외한다)
   라. 「선박안전법」 적용 사업(**선박 및 보트 건조업은 제외**한다)

1의2. 관리감독자 안전보건교육(제26조제1항 관련)

교육과정	교육시간
가. 정기교육	연간 16시간 이상
나. 채용 시 교육	8시간 이상
다. 작업내용 변경 시 교육	2시간 이상
라. 특별교육	16시간 이상(최초 작업에 종사하기 전 4시간 이상 실시하고, 12시간은 3개월 이내에서 분할하여 실시 가능)
	단기간 작업 또는 간헐적 작업인 경우에는 2시간 이상

2. 안전보건관리책임자 등에 대한 교육(제29조제2항 관련)

교육대상	교육시간	
	신규교육	보수교육
가. 안전보건관리책임자	6시간 이상	6시간 이상
나. 안전관리자, 안전관리전문기관의 종사자	34시간 이상	24시간 이상
다. 보건관리자, 보건관리전문기관의 종사자	34시간 이상	24시간 이상
라. 건설재해예방전문지도기관의 종사자	34시간 이상	24시간 이상
마. 석면조사기관의 종사자	34시간 이상	24시간 이상
바. 안전보건관리담당자	-	8시간 이상
사. 안전검사기관, 자율안전검사기관의 종사자	34시간 이상	24시간 이상

3. 특수형태근로종사자에 대한 안전보건교육(제95조제1항 관련)

교육과정	교육시간
가. 최초 노무제공 시 교육	2시간 이상(단기간 작업 또는 간헐적 작업에 노무를 제공하는 경우에는 1시간 이상 실시하고, 특별교육을 실시한 경우는 면제)
나. 특별교육	16시간 이상(최초 작업에 종사하기 전 4시간 이상 실시하고 12시간은 3개월 이내에서 분할하여 실시가능)
	단기간 작업 또는 간헐적 작업인 경우에는 2시간 이상

비고 영 제67조제13호라목에 해당하는 사람이 「화학물질관리법」 제33조제1항에 따른 유해화학물질 안전교육을 받은 경우에는 그 시간만큼 가목에 따른 최초 노무제공 시 교육을 실시하지 않을 수 있다.

4. 검사원 성능검사 교육(제131조제2항 관련)

교육과정	교육대상	교육시간
성능검사 교육	-	28시간 이상

정답 ①

04 산업안전보건법령상 안전관리전문기관에 대하여 6개월 이내의 기간을 정하여 업무정지명령을 할 수 있는 사유에 해당하지 않는 것은? [2023년 기출]

① 지정받은 사항을 위반하여 업무를 수행한 경우
② 거짓이나 그 밖의 부정한 방법으로 지정을 받은 경우
③ 정당한 사유 없이 안전관리 또는 보건관리 업무의 수탁을 거부한 경우
④ 안전관리 또는 보건관리 업무와 관련된 비치서류를 보존하지 않은 경우
⑤ 안전관리 또는 보건관리 업무 수행과 관련한 대가 외에 금품을 받은 경우

해설

법 제21조(안전관리전문기관 등) ① 안전관리전문기관 또는 보건관리전문기관이 되려는 자는 대통령령으로 정하는 인력·시설 및 장비 등의 요건을 갖추어 고용노동부장관의 지정을 받아야 한다.
② 고용노동부장관은 안전관리전문기관 또는 보건관리전문기관에 대하여 평가하고 그 결과를 공개할 수 있다. 이 경우 평가의 기준·방법 및 결과의 공개에 필요한 사항은 고용노동부령으로 정한다.
③ 안전관리전문기관 또는 보건관리전문기관의 지정 절차, 업무 수행에 관한 사항, 위탁받은 업무를 수행할 수 있는 지역, 그 밖에 필요한 사항은 고용노동부령으로 정한다.
④ 고용노동부장관은 안전관리전문기관 또는 보건관리전문기관이 다음 각 호의 어느 하나에 해당할 때에는 그 지정을 취소하거나 6개월 이내의 기간을 정하여 그 업무의 정지를 명할 수 있다. 다만, 제1호 또는 제2호에 해당할 때에는 그 지정을 취소하여야 한다.
1. **거짓이나 그 밖의 부정한 방법으로 지정을 받은 경우**
2. **업무정지 기간 중에 업무를 수행한 경우**
3. 제1항에 따른 지정 요건을 충족하지 못한 경우
4. 지정받은 사항을 위반하여 업무를 수행한 경우
5. 그 밖에 **대통령령으로 정하는 사유**에 해당하는 경우
⑤ 제4항에 따라 지정이 취소된 자는 지정이 취소된 날부터 2년 이내에는 각각 해당 안전관리전문기관 또는 보건관리전문기관으로 지정받을 수 없다.

영 제28조(안전관리전문기관 등의 지정 취소 등의 사유) 법 제21조 제4항 제5호에서 "대통령령으로 정하는 사유에 해당하는 경우"란 다음 각 호의 경우를 말한다.
1. 안전관리 또는 보건관리 업무 관련 서류를 거짓으로 작성한 경우
2. 정당한 사유 없이 안전관리 또는 보건관리 업무의 수탁을 거부한 경우
3. 위탁받은 안전관리 또는 보건관리 업무에 차질을 일으키거나 업무를 게을리한 경우
4. 안전관리 또는 보건관리 업무를 수행하지 않고 위탁 수수료를 받은 경우
5. 안전관리 또는 보건관리 업무와 관련된 비치서류를 보존하지 않은 경우
6. 안전관리 또는 보건관리 업무 수행과 관련한 대가 외에 금품을 받은 경우
7. 법에 따른 관계 공무원의 지도·감독을 거부·방해 또는 기피한 경우

정답 ②

유제 1

산업안전보건법령상 안전관리전문기관의 지정 취소와 업무정지 조항인 법 제21조 제4항과 제5항을 준용하는 경우가 아닌 것은?

① 안전보건교육기관

② 자율안전검사기관

③ 건설재해예방전문지도기관

④ 타워크레인 설치·해체업으로 고용노동부장관에게 등록한 자

⑤ 유해인자별 특수건강진단 전문연구기관

해설

○ 산업안전보건법령상 안전관리전문기관·보건관리전문기관의 지정 취소와 업무정지 조항인 법 제21조 4항과 5항을 준용하는 경우

① 안전보건교육기관

② 안전보건진단기관

③ 건설재해예방전문지도기관

④ 타워크레인 설치·해체업으로 고용노동부장관에게 등록한 자

⑤ 안전인증기관

⑥ 안전검사기관

⑦ 자율안전검사기관

⑧ 석면조사기관

⑨ 석면해체·제거업으로 고용노동부장관에게 등록한 자

⑩ 작업환경측정기관

⑪ 특수건강진단기관

⑫ 고용노동부장관이 지정한 자격의 취득 또는 근로자의 기능 습득을 위하여 지정한 교육기관

* 작업환경전문연구기관(유해인자별·업종별) → (×)

* 유해인자별 특수건강진단 전문연구기관 → (×)

정답 ⑤

유제 2

산업안전보건법령상 내용이다. 다음 (   ) 안에 들어갈 숫자의 연결이 옳은 것은?

- 고용노동부장관은 자율안전검사기관이 업무정지기간 중 업무를 수행한 경우에는 그 지정을 취소하거나 (ㄱ)개월 이내의 기간을 정하여 그 업무의 정지를 명할 수 있다.
- 작업환경측정기관으로 지정받은 후 그 지정이 취소된 경우, 그 지정이 취소된 날로부터 (ㄴ)년 이내에는 해당 작업환경측정기관으로 지정받을 수 없다.

① ㄱ : 3, ㄴ : 1

② ㄱ : 3, ㄴ : 2

③ ㄱ : 6, ㄴ : 1

④ ㄱ : 6, ㄴ : 2

⑤ ㄱ : 6, ㄴ : 3

해설

정답 ④

유제 3

산업안전보건법령상 직무교육 중 신규교육이 면제되는 경우에 해당하지 않는 것은?

① 안전보건관리담당자

② 전문대학에서 산업안전관련 학위를 취득하고 관리감독자로서 업무를 3년 이상 담당한 후 고용노동부장관이 지정하는 기관이 실시하는 교육(1998년 12월 31일까지의 교육만 해당)을 받고 정해진 시험에 합격한 사람

③ 이공계 전문대학 학위를 취득하고 관리감독자로서 업무를 3년 이상 담당한 후 고용노동부장관이 지정하는 기관이 실시하는 교육(1998년 12월 31일까지의 교육만 해당)을 받고 정해진 시험에 합격한 사람

④ 4년제 이공계 대학학위를 취득하고 해당 사업의 관리감독자로서 업무를 1년 이상 담당한 후 고용노동부장관이 지정하는 기관이 실시하는 교육(1998년 12월 31일까지의 교육만 해당)을 받고 정해진 시험에 합격한 사람

⑤ 공업계 고등학교를 졸업하고 해당 사업의 관리감독자로서 업무를 5년 이상 담당한 후 고용노동부장관이 지정하는 기관이 실시하는 교육(1998년 12월 31일까지의 교육만 해당)을 받고 정해진 시험에 합격한 사람

해설

시행규칙 제30조(직무교육의 면제) ① 법 제32조제1항 각 호 외의 부분 단서에 따라 다음 각 호의 어느 하나에 해당하는 사람에 대해서는 **직무교육 중 신규교육을 면제**한다.

1. 법 제19조제1항에 따른 **안전보건관리담당자**
2. **영 별표 4 제6호에 해당하는 사람**
3. **영 별표 4 제7호에 해당하는 사람**

5. 「고등교육법」에 따른 전문대학 또는 이와 같은 수준 이상의 학교에서 산업안전 관련 학위를 취득한 사람
6. 「고등교육법」에 따른 **이공계 전문대학** 또는 이와 같은 수준 이상의 학교에서 학위를 취득하고, 해당 사업의 **관리감독자로서의 업무**(건설업의 경우는 시공실무경력)를 **3년(4년제 이공계 대학 학위 취득자는 1년)** 이상 담당한 후 고용노동부장관이 지정하는 기관이 실시하는 교육(1998년 12월 31일까지의 교육만 해당한다)을 받고 정해진 시험에 합격한 사람. 다만, 관리감독자로 종사한 사업과 같은 업종(한국표준산업분류에 따른 대분류를 기준으로 한다)의 사업장이면서, 건설업의 경우를 제외하고는 상시근로자 300명 미만인 사업장에서만 안전관리자가 될 수 있다.
7. 「초·중등교육법」에 따른 **공업계 고등학교** 또는 이와 같은 수준 이상의 학교를 **졸업하고, 해당 사업의 관리감독자로서의 업무**(건설업의 경우는 시공실무경력)를 **5년 이상 담당**한 후 고용노동부장관이 지정하는 기관이 실시하는 교육(1998년 12월 31일까지의 교육만 해당한다)을 받고 정해진 시험에 합격한 사람. 다만, 관리감독자로 종사한 사업과 같은 종류인 업종(한국표준산업분류에 따른 대분류를 기준으로 한다)의 사업장이면서, 건설업의 경우를 제외하고는 별표 3 제28호 또는 제33호의 사업을 하는 사업장(상시근로자 50명 이상 1천명 미만인 경우만 해당한다)에서만 안전관리자가 될 수 있다.

7의2. **「초·중등교육법」에 따른 공업계 고등학교를 졸업하거나 「고등교육법」에 따른 학교에서 공학 또는 자연과학 분야 학위를 취득하고, 건설업을 제외한 사업에서 실무경력이 5년 이상인 사람으로서 고용노동부장관이 지정하는 기관이 실시하는 교육(2028년 12월 31일까지의 교육만 해당한다)을 받고 정해진 시험에 합격한 사람. 다만, 건설업을 제외한 사업의 사업장이면서 상시근로자 300명 미만인 사업장에서만 안전관리자가 될 수 있다.**

정답 ②

05 산업안전보건법령상 건설업체의 산업재해발생률 산출 계산식 상 사업주의 법 위반으로 인한 것이 아니라고 인정되는 재해에 의한 사고사망자로서 '사고사망자 수' 산정에서 제외되는 경우를 모두 고른 것은? [2023년 기출]

ㄱ. 방화, 근로자간 또는 타인간의 폭행에 의한 경우
ㄴ. 태풍 등 천재지변에 의한 불가항력적인 재해의 경우
ㄷ. 「도로교통법」에 따라 도로에서 발생한 교통사고로서 해당 공사의 공사용 차량·장비에 의한 사고에 의한 경우
ㄹ. 야유회 중의 사고 등 건설작업과 직접 관련이 없는 경우

① ㄱ, ㄷ
② ㄴ, ㄹ
③ ㄱ, ㄴ, ㄷ
④ ㄱ, ㄴ, ㄹ
⑤ ㄱ, ㄴ, ㄷ, ㄹ

해설

■ **산업안전보건법 시행규칙 [별표 1]**

건설업체 산업재해발생률 및 산업재해 발생 보고의무 위반건수의 산정 기준과 방법(제4조 관련)

1. 산업재해발생률 및 산업재해 발생 보고의무 위반에 따른 가감점 부여대상이 되는 건설업체는 매년 「건설산업기본법」 제23조에 따라 국토교통부장관이 시공능력을 고려하여 공시하는 건설업체 중 고용노동부장관이 정하는 업체로 한다.
2. 건설업체의 산업재해발생률은 다음의 계산식에 따른 업무상 사고사망만인율(이하 "사고사망만인율"이라 한다)로 산출하되, 소수점 셋째 자리에서 반올림한다.

$$\text{사고사망만인율}(‱) = \frac{\text{사고사망자 수}}{\text{상시근로자 수}} \times 10{,}000$$

* 건설업체 산업재해발생률이 기존 '환산재해율'$\left(\frac{\text{환산재해재수}}{\text{상시근로자수}} \times 100\text{명}\right)$에서 '사고사망만인율'로 개정됨에 주의하자.

3. 제2호의 계산식에서 사고사망자 수는 다음과 같은 기준과 방법에 따라 산출한다.
   가. 사고사망자 수는 사고사망만인율 산정 대상 연도의 1월 1일부터 12월 31일까지의 기간 동안 해당 업체가 시공하는 국내의 건설 현장(자체사업의 건설 현장은 포함한다. 이하 같다)에서

사고사망재해를 입은 근로자 수를 합산하여 산출한다. 다만, 별표 18 제2호마목에 따른 이상기온에 기인한 질병사망자는 포함한다.

1) 「건설산업기본법」 제8조에 따른 종합공사를 시공하는 업체의 경우에는 해당 업체의 소속 사고사망자 수에 그 업체가 시공하는 건설현장에서 그 업체로부터 도급을 받은 업체(그 도급을 받은 업체의 하수급인을 포함한다. 이하 같다)의 사고사망자 수를 합산하여 산출한다.

2) 「건설산업기본법」 제29조제3항에 따라 종합공사를 시공하는 업체(A)가 발주자의 승인을 받아 종합공사를 시공하는 업체(B)에 도급을 준 경우에는 해당 도급을 받은 종합공사를 시공하는 업체(B)의 사고사망자 수와 그 업체로부터 도급을 받은 업체(C)의 사고사망자 수를 도급을 한 종합공사를 시공하는 업체(A)와 도급을 받은 종합공사를 시공하는 업체(B)에 반으로 나누어 각각 합산한다. 다만, 그 산업재해와 관련하여 법원의 판결이 있는 경우에는 산업재해에 책임이 있는 종합공사를 시공하는 업체의 사고사망자 수에 합산한다.

3) 제73조제1항에 따른 산업재해조사표를 제출하지 않아 고용노동부장관이 산업재해 발생연도 이후에 산업재해가 발생한 사실을 알게 된 경우에는 그 알게 된 연도의 사고사망자 수로 산정한다.

나. 둘 이상의 업체가 「국가를 당사자로 하는 계약에 관한 법률」 제25조에 따라 공동계약을 체결하여 공사를 공동이행 방식으로 시행하는 경우 해당 현장에서 발생하는 사고사망자 수는 공동수급업체의 출자 비율에 따라 분배한다.

다. 건설공사를 하는 자(도급인, 자체사업을 하는 자 및 그의 수급인을 포함한다)와 설치, 해체, 장비 임대 및 물품 납품 등에 관한 계약을 체결한 사업주의 소속 근로자가 그 건설공사와 관련된 업무를 수행하는 중 사고사망재해를 입은 경우에는 건설공사를 하는 자의 사고사망자 수로 산정한다.

라. 사고사망자 중 다음의 어느 하나에 해당하는 경우로서 사업주의 법 위반으로 인한 것이 아니라고 인정되는 재해에 의한 사고사망자는 사고사망자 수 산정에서 제외한다.

1) 방화, 근로자간 또는 타인간의 폭행에 의한 경우

2) 「도로교통법」에 따라 도로에서 발생한 교통사고에 의한 경우(**해당 공사의 공사용 차량·장비에 의한 사고는 제외**한다)

3) 태풍·홍수·지진·눈사태 등 천재지변에 의한 불가항력적인 재해의 경우

4) 작업과 관련이 없는 제3자의 과실에 의한 경우(**해당 목적물 완성을 위한 작업자간의 과실은 제외**한다)

5) 그 밖에 야유회, 체육행사, 취침·휴식 중의 사고 등 건설작업과 직접 관련이 없는 경우

마. 재해 발생 시기와 사망 시기의 연도가 다른 경우에는 재해 발생 연도의 다음연도 3월 31일 이전에 사망한 경우에만 산정 대상 연도의 사고사망자수로 산정한다.

4. 제2호의 계산식에서 상시근로자 수는 다음과 같이 산출한다.

$$\text{상시근로자 수} = \frac{\text{연간 국내공사 실적액} \times \text{노무비율}}{\text{건설업 월평균임금} \times 12}$$

* 상시근로자란 실제 상시 고용상태에 있는 근로자로 사용자가 직접 고용한 통상근로자, 기간제, 단시간 근로자 등 고용형태를 불문하고 근무하는 모든 사람이 해당되며 객관적으로 상시

사업자에서 근로를 한다고 판단될 수 있는 근로자들 또한 상시근로자에 포함된다. 상시근로자 수는 상시 5명 이상 사용 사업장에만 적용되는 근로기준법 규정(연장, 야간 및 휴일근로 가산임금이나 해고의 제한, 휴업수당 등)의 적용여부를 가르게 되므로 중요한 개념이다. '상시'란 임금지급기초일수가 매월 16일 이상을 의미한다.

가. '연간 국내공사 실적액'은 「건설산업기본법」에 따라 설립된 건설업자의 단체, 「전기공사업법」에 따라 설립된 공사업자단체, 「정보통신공사업법」에 따라 설립된 정보통신공사협회, 「소방시설공사업법」에 따라 설립된 한국소방시설협회에서 산정한 업체별 실적액을 합산하여 산정한다.

나. '노무비율'은 「고용보험 및 산업재해보상보험의 보험료징수 등에 관한 법률 시행령」 제11조제1항에 따라 고용노동부장관이 고시하는 일반 건설공사의 노무비율(하도급 노무비율은 제외한다)을 적용한다.

다. '건설업 월평균임금'은 「고용보험 및 산업재해보상보험의 보험료징수 등에 관한 법률 시행령」 제2조제1항제3호가목에 따라 고용노동부장관이 고시하는 건설업 월평균임금을 적용한다.

5. 고용노동부장관은 제3호라목에 따른 사고사망자 수 산정 여부 등을 심사하기 위하여 다음 각 목의 어느 하나에 해당하는 사람 각 1명 이상으로 심사단을 구성·운영할 수 있다.

가. 전문대학 이상의 학교에서 건설안전 관련 분야를 전공하는 조교수 이상인 사람

나. 공단의 전문직 2급 이상 임직원

다. 건설안전기술사 또는 산업안전지도사(건설안전 분야에만 해당한다) 등 건설안전 분야에 학식과 경험이 있는 사람

6. 산업재해 발생 보고의무 위반건수는 다음 각 목에서 정하는 바에 따라 산정한다.

가. 건설업체의 산업재해 발생 보고의무 위반건수는 국내의 건설현장에서 발생한 산업재해의 경우 법 제57조제3항에 따른 보고의무를 위반(제73조제1항에 따른 보고기한을 넘겨 보고의무를 위반한 경우는 제외한다)하여 과태료 처분을 받은 경우만 해당한다.

나. 「건설산업기본법」 제8조에 따른 종합공사를 시공하는 업체의 산업재해 발생 보고의무 위반건수에는 해당 업체로부터 도급받은 업체(그 도급을 받은 업체의 하수급인을 포함한다)의 산업재해 발생 보고의무 위반건수를 합산한다.

다. 「건설산업기본법」 제29조제3항에 따라 종합공사를 시공하는 업체(A)가 발주자의 승인을 받아 종합공사를 시공하는 업체(B)에 도급을 준 경우에는 해당 도급을 받은 종합공사를 시공하는 업체(B)의 산업재해 발생 보고의무 위반건수와 그 업체로부터 도급을 받은 업체(C)의 산업재해 발생 보고의무 위반건수를 도급을 준 종합공사를 시공하는 업체(A)와 도급을 받은 종합공사를 시공하는 업체(B)에 반으로 나누어 각각 합산한다.

라. 둘 이상의 건설업체가 「국가를 당사자로 하는 계약에 관한 법률」 제25조에 따라 공동계약을 체결하여 공사를 공동이행 방식으로 시행하는 경우 산업재해 발생 보고의무 위반건수는 공동수급업체의 출자비율에 따라 분배한다.

정답 ④

06 산업안전보건법령상 도급인의 안전조치 및 보건조치에 관한 설명으로 옳은 것은? [2023년 기출]

① 건설업의 도급인은 작업장의 정기 안전·보건점검을 분기에 1회 이상 실시하여야 한다.

② 토사석 광업의 도급인은 3일에 1회 이상 작업장 순회점검을 실시하여야 한다.

③ 안전 및 보건에 관한 협의체는 도급인 및 그의 수급인 전원으로 구성해야 한다.

④ 안전 및 보건에 관한 협의체는 분기별 1회 이상 정기적으로 회의를 개최하고 그 결과를 기록·보존해야 한다.

⑤ 관계수급인의 공사금액을 포함한 해당 공사의 총 공사금액이 10억 원 이상인 건설업은 안전보건총괄책임자 지정 대상사업에 해당한다.

해설

제5장 도급 시 산업재해 예방

제2절 도급인의 안전조치 및 보건조치

제62조(안전보건총괄책임자) ① 도급인은 관계수급인 근로자가 도급인의 사업장에서 작업을 하는 경우에는 그 사업장의 안전보건관리책임자를 도급인의 근로자와 관계수급인 근로자의 산업재해를 예방하기 위한 업무를 총괄하여 관리하는 안전보건총괄책임자로 지정하여야 한다. 이 경우 안전보건관리책임자를 두지 아니하여도 되는 사업장에서는 그 사업장에서 사업을 총괄하여 관리하는 사람을 안전보건총괄책임자로 지정하여야 한다.

② 제1항에 따라 안전보건총괄책임자를 지정한 경우에는 「건설기술 진흥법」 제64조제1항제1호에 따른 안전총괄책임자를 둔 것으로 본다.

③ 제1항에 따라 안전보건총괄책임자를 지정하여야 하는 사업의 종류와 사업장의 상시근로자 수, 안전보건총괄책임자의 직무·권한, 그 밖에 필요한 사항은 **대통령령**으로 정한다.

영 제52조(안전보건총괄책임자 지정 대상사업) 법 제62조제1항에 따른 안전보건총괄책임자(이하 "안전보건총괄책임자"라 한다)를 지정해야 하는 사업의 종류 및 사업장의 **상시근로자 수는 관계수급인에게 고용된 근로자를 포함한 상시근로자가 100명(선박 및 보트 건조업, 1차 금속 제조업 및 토사석 광업의 경우에는 50명) 이상인 사업이나 관계수급인의 공사금액을 포함한 해당 공사의 총공사금액이 20억원 이상인 건설업으로 한다.**

제53조(안전보건총괄책임자의 직무 등) ① 안전보건총괄책임자의 직무는 다음 각 호와 같다. → **(암기법 : 위/중/예/조/사)**

1. 법 제36조에 따른 위험성평가의 실시에 관한 사항
2. 법 제51조 및 제54조에 따른 작업의 중지
3. 법 제64조에 따른 도급 시 산업재해 예방조치
4. 법 제72조제1항에 따른 산업안전보건관리비의 관계수급인 간의 사용에 관한 협의·**조정** 및 그 집행의 감독
5. 안전인증대상기계등과 자율안전확인대상기계등의 **사용** 여부 확인

② 안전보건총괄책임자에 대한 지원에 관하여는 제14조제2항을 준용한다. 이 경우 "안전보건관리책임자"는 "안전보건총괄책임자"로, "법 제15조제1항"은 "제1항"으로 본다.

③ 사업주는 안전보건총괄책임자를 선임했을 때에는 그 선임 사실 및 제1항 각 호의 직무의 수행내용을 증명할 수 있는 서류를 갖추어 두어야 한다.

제63조(도급인의 안전조치 및 보건조치) 도급인은 관계수급인 근로자가 도급인의 사업장에서 작업을 하는 경우에 자신의 근로자와 관계수급인 근로자의 산업재해를 예방하기 위하여 안전 및 보건시설의 설치 등 필요한 안전조치 및 보건조치를 하여야 한다. 다만, 보호구 착용의 지시 등 관계수급인 근로자의 작업행동에 관한 직접적인 조치는 제외한다.

법 제64조(도급에 따른 산업재해 예방조치) ① 도급인은 관계수급인 근로자가 도급인의 사업장에서 작업을 하는 경우 다음 각 호의 사항을 이행하여야 한다.

1. **도급인과 수급인을 구성원으로 하는 안전 및 보건에 관한 협의체의 구성 및 운영**
2. **작업장 순회점검**
3. 관계수급인이 근로자에게 하는 제29조제1항부터 제3항까지의 규정에 따른 안전보건교육을 위한 장소 및 자료의 제공 등 지원
4. 관계수급인이 근로자에게 하는 제29조제3항에 따른 안전보건교육의 실시 확인
5. 다음 각 목의 어느 하나의 경우에 대비한 경보체계 운영과 대피방법 등 훈련
   가. 작업 장소에서 발파작업을 하는 경우
   나. 작업 장소에서 화재·폭발, 토사·구축물 등의 붕괴 또는 지진 등이 발생한 경우
6. 위생시설 등 고용노동부령으로 정하는 시설의 설치 등을 위하여 필요한 장소의 제공 또는 도급인이 설치한 위생시설 이용의 협조
7. 같은 장소에서 이루어지는 도급인과 관계수급인 등의 작업에 있어서 관계수급인 등의 작업시기·내용, 안전조치 및 보건조치 등의 확인
8. 제7호에 따른 확인 결과 관계수급인 등의 작업 혼재로 인하여 화재·폭발 등 대통령령으로 정하는 위험이 발생할 우려가 있는 경우 관계수급인 등의 작업시기·내용 등의 조정

② 제1항에 따른 도급인은 고용노동부령으로 정하는 바에 따라 자신의 근로자 및 관계수급인 근로자와 함께 정기적으로 또는 수시로 작업장의 안전 및 보건에 관한 점검을 하여야 한다.

③ 제1항에 따른 안전 및 보건에 관한 협의체 구성 및 운영, 작업장 순회점검, 안전보건교육 지원, 그 밖에 필요한 사항은 **고용노동부령**으로 정한다.

시행규칙 제5장 도급 시 산업재해 예방

제2절 도급인의 안전조치 및 보건조치

시행규칙 제79조(협의체의 구성 및 운영) ① 법 제64조 제1항 제1호에 따른 안전 및 보건에 관한 협의체(이하 이 조에서 "협의체"라 한다)는 도급인 및 그의 수급인 전원으로 구성해야 한다.

② 협의체는 다음 각 호의 사항을 협의해야 한다.

1. **작업의 시작 시간**
2. **작업 또는 작업장 간의 연락방법**
3. **재해발생 위험이 있는 경우 대피방법**
4. **작업장에서의 법 제36조에 따른 위험성평가의 실시에 관한 사항**
5. **사업주와 수급인 또는 수급인 상호 간의 연락 방법 및 작업공정의 조정**

③ 협의체는 매월 1회 이상 정기적으로 회의를 개최하고 그 결과를 기록·보존해야 한다.

시행규칙 제80조(도급사업 시의 안전·보건조치 등) ① 도급인은 법 제64조 제1항 제2호에 따른 작

업장 순회점검을 다음 각 호의 구분에 따라 실시해야 한다.

1. 다음 각 목의 사업 : 2일에 1회 이상

   가. 건설업

   나. 제조업

   다. 토사석 광업

   라. 서적, 잡지 및 기타 인쇄물 출판업

   마. 음악 및 기타 오디오물 출판업

   바. 금속 및 비금속 원료 재생업

2. 제1호 각 목의 사업을 제외한 사업 : 1주일에 1회 이상

② 관계수급인은 제1항에 따라 도급인이 실시하는 순회점검을 거부·방해 또는 기피해서는 안 되며 점검 결과 도급인의 시정요구가 있으면 이에 따라야 한다.

③ 도급인은 법 제64조제1항제3호에 따라 관계수급인이 실시하는 근로자의 안전·보건교육에 필요한 장소 및 자료의 제공 등을 요청받은 경우 협조해야 한다.

시행규칙 제82조(도급사업의 합동 안전·보건점검) ① 법 제64조제2항에 따라 도급인이 작업장의 안전 및 보건에 관한 점검을 할 때에는 다음 각 호의 사람으로 점검반을 구성해야 한다.

1. 도급인(같은 사업 내에 지역을 달리하는 사업장이 있는 경우에는 그 사업장의 안전보건관리책임자)
2. 관계수급인(같은 사업 내에 지역을 달리하는 사업장이 있는 경우에는 그 사업장의 안전보건관리책임자)
3. 도급인 및 관계수급인의 근로자 각 1명(관계수급인의 근로자의 경우에는 해당 공정만 해당한다)

② 법 제64조제2항에 따른 정기 안전·보건점검의 실시 횟수는 다음 각 호의 구분에 따른다.

1. 다음 각 목의 사업 : 2개월에 1회 이상

   가. 건설업

   나. 선박 및 보트 건조업

2. 제1호의 사업을 제외한 사업 : 분기에 1회 이상

정답 ③

07 산업안전보건법령상 안전보건관리규정의 세부 내용 중 작업장 안전관리에 관한 사항에 해당하지 않는 것은? [2023년 기출]

① 안전·보건관리에 관한 계획의 수립 및 시행에 관한 사항
② 기계·기구 및 설비의 방호조치에 관한 사항
③ 보호구의 지급 등에 관한 사항
④ 위험물질의 보관 및 출입 제한에 관한 사항
⑤ 안전표시·안전수칙의 종류 및 게시에 관한 사항

해설

법 제25조(안전보건관리규정의 작성) ① 사업주는 사업장의 안전 및 보건을 유지하기 위하여 다음 각 호의 사항이 포함된 안전보건관리규정을 작성하여야 한다.

1. 안전 및 보건에 관한 관리조직과 그 직무에 관한 사항
2. 안전보건교육에 관한 사항
3. 작업장의 안전 및 보건 관리에 관한 사항
4. 사고 조사 및 대책 수립에 관한 사항
5. 그 밖에 안전 및 보건에 관한 사항

② 제1항에 따른 안전보건관리규정(이하 "안전보건관리규정"이라 한다)은 단체협약 또는 취업규칙에 반할 수 없다. 이 경우 안전보건관리규정 중 단체협약 또는 취업규칙에 반하는 부분에 관하여는 그 단체협약 또는 취업규칙으로 정한 기준에 따른다.

③ 안전보건관리규정을 작성하여야 할 사업의 종류, 사업장의 상시근로자 수 및 안전보건관리규정에 포함되어야 할 세부적인 내용, 그 밖에 필요한 사항은 **고용노동부령**으로 정한다.

법 제26조(안전보건관리규정의 작성·변경 절차) 사업주는 안전보건관리규정을 작성하거나 변경할 때에는 산업안전보건위원회의 심의·의결을 거쳐야 한다. 다만, 산업안전보건위원회가 설치되어 있지 아니한 사업장의 경우에는 근로자대표의 동의를 받아야 한다.

법 제27조(안전보건관리규정의 준수) 사업주와 근로자는 안전보건관리규정을 지켜야 한다.

법 제28조(다른 법률의 준용) 안전보건관리규정에 관하여 이 법에서 규정한 것을 제외하고는 그 성질에 반하지 아니하는 범위에서 「근로기준법」 중 취업규칙에 관한 규정을 준용한다.

시행규칙 제25조(안전보건관리규정의 작성) ① 법 제25조제3항에 따라 안전보건관리규정을 작성해야 할 사업의 종류 및 상시근로자 수는 **별표** 2와 같다.

② 제1항에 따른 사업의 사업주는 안전보건관리규정을 작성해야 할 사유가 발생한 날부터 **30일** 이내에 **별표** 3의 내용을 포함한 안전보건관리규정을 작성해야 한다. 이를 변경할 사유가 발생한 경우에도 또한 같다.

③ 사업주가 제2항에 따라 안전보건관리규정을 작성할 때에는 소방·가스·전기·교통 분야 등의 다른 법령에서 정하는 안전관리에 관한 규정과 통합하여 작성할 수 있다.

■ 산업안전보건법 시행규칙 [별표 2]

안전보건관리규정을 작성해야 할 사업의 종류 및 상시근로자 수(제25조제1항 관련)

사업의 종류	상시근로자 수
1. 농업 2. 어업 3. 소프트웨어 개발 및 공급업 4. 컴퓨터 프로그래밍, 시스템 통합 및 관리업 4의2. 영상·오디오물 제공 서비스업 5. 정보서비스업 6. 금융 및 보험업 7. 임대업; 부동산 제외 8. 전문, 과학 및 기술 서비스업(연구개발업은 제외한다) 9. 사업지원 서비스업 10. 사회복지 서비스업	300명 이상
11. 제1호부터 제10호까지의 사업을 제외한 사업	100명 이상

■ 산업안전보건법 시행규칙 [별표 3]

안전보건관리규정의 세부 내용(제25조제2항 관련)

1. 총칙 → **(암기법 : 조직과 직무/교/관/사/위)**
   가. 안전보건관리규정 작성의 목적 및 적용 범위에 관한 사항
   나. 사업주 및 근로자의 재해 예방 책임 및 의무 등에 관한 사항
   다. 하도급 사업장에 대한 안전·보건관리에 관한 사항
2. 안전·보건 관리조직과 그 직무
   가. 안전·보건 관리조직의 구성방법, 소속, 업무 분장 등에 관한 사항
   나. 안전보건관리책임자(안전보건총괄책임자), 안전관리자, 보건관리자, 관리감독자의 직무 및 선임에 관한 사항
   다. 산업안전보건위원회의 설치·운영에 관한 사항
   라. 명예산업안전감독관의 직무 및 활동에 관한 사항
   마. 작업지휘자 배치 등에 관한 사항
3. 안전·보건교육
   가. 근로자 및 관리감독자의 안전·보건교육에 관한 사항
   나. 교육계획의 수립 및 기록 등에 관한 사항
4. **작업장 안전관리**
   가. 안전·보건관리에 관한 계획의 수립 및 시행에 관한 사항
   나. 기계·기구 및 설비의 방호조치에 관한 사항
   다. 유해·위험기계등에 대한 자율검사프로그램에 의한 검사 또는 안전검사에 관한 사항

라. 근로자의 안전수칙 준수에 관한 사항
마. 위험물질의 보관 및 출입 제한에 관한 사항
바. 중대재해 및 중대산업사고 발생, 급박한 산업재해 발생의 위험이 있는 경우 작업중지에 관한 사항
사. 안전표지·안전수칙의 종류 및 게시에 관한 사항과 그 밖에 안전관리에 관한 사항

5. **작업장 보건관리**
가. 근로자 건강진단, 작업환경측정의 실시 및 조치절차 등에 관한 사항
나. 유해물질의 취급에 관한 사항
다. 보호구의 지급 등에 관한 사항
라. 질병자의 근로 금지 및 취업 제한 등에 관한 사항
마. 보건표지·보건수칙의 종류 및 게시에 관한 사항과 그 밖에 보건관리에 관한 사항

6. 사고 조사 및 대책 수립
가. 산업재해 및 중대산업사고의 발생 시 처리 절차 및 긴급조치에 관한 사항
나. 산업재해 및 중대산업사고의 발생원인에 대한 조사 및 분석, 대책 수립에 관한 사항
다. 산업재해 및 중대산업사고 발생의 기록·관리 등에 관한 사항

7. 위험성평가에 관한 사항
가. 위험성평가의 실시 시기 및 방법, 절차에 관한 사항
나. 위험성 감소대책 수립 및 시행에 관한 사항

8. 보칙
가. 무재해운동 참여, 안전·보건 관련 제안 및 포상·징계 등 산업재해 예방을 위하여 필요하다고 판단하는 사항
나. 안전·보건 관련 문서의 보존에 관한 사항
다. 그 밖의 사항

사업장의 규모·업종 등에 적합하게 작성하며, 필요한 사항을 추가하거나 그 사업장에 관련되지 않는 사항은 제외할 수 있다.

정답 ③(최종정답 전항 정답처리)

08 산업안전보건법 제58조(유해한 작업의 도급금지) 규정의 일부이다. (   )에 들어갈 숫자로 옳은 것은? [2023년 기출]

> **제58조(유해한 작업의 도급금지)** ①~④ 〈생략〉
>
> ⑤ 고용노동부장관은 제4항에 따른 유효기간이 만료되는 경우에 사업주가 유효기간의 연장을 신청하면 승인의 유효기간이 만료되는 날의 다음날부터 (   )년의 범위에서 고용노동부령으로 정하는 바에 따라 그 기간의 연장을 승인할 수 있다. 〈이하 생략〉

① 1

② 2

③ 3

④ 4

⑤ 5

해설

법 제58조(유해한 작업의 도급금지) ① 사업주는 근로자의 안전 및 보건에 유해하거나 위험한 작업으로서 다음 각 호의 어느 하나에 해당하는 작업을 도급하여 자신의 사업장에서 수급인의 근로자가 그 작업을 하도록 해서는 아니 된다.

1. 도금작업
2. 수은, 납 또는 카드뮴을 제련, 주입, 가공 및 가열하는 작업
3. 제118조제1항에 따른 허가대상물질을 제조하거나 사용하는 작업

② 사업주는 제1항에도 불구하고 다음 각 호의 어느 하나에 해당하는 경우에는 제1항 각 호에 따른 작업을 도급하여 자신의 사업장에서 수급인의 근로자가 그 작업을 하도록 할 수 있다.

1. 일시·간헐적으로 하는 작업을 도급하는 경우
2. 수급인이 보유한 기술이 전문적이고 사업주(수급인에게 도급을 한 도급인으로서의 사업주를 말한다)의 사업 운영에 필수 불가결한 경우로서 고용노동부장관의 승인을 받은 경우

③ 사업주는 제2항 제2호에 따라 고용노동부장관의 승인을 받으려는 경우에는 고용노동부령으로 정하는 바에 따라 고용노동부장관이 실시하는 안전 및 보건에 관한 평가를 받아야 한다.

④ 제2항제2호에 따른 승인의 유효기간은 3년의 범위에서 정한다.

⑤ 고용노동부장관은 제4항에 따른 유효기간이 만료되는 경우에 사업주가 유효기간의 연장을 신청하면 승인의 유효기간이 만료되는 날의 다음 날부터 3년의 범위에서 고용노동부령으로 정하는 바에 따라 그 기간의 연장을 승인할 수 있다. 이 경우 사업주는 제3항에 따른 안전 및 보건에 관한 평가를 받아야 한다.

⑥ 사업주는 제2항제2호 또는 제5항에 따라 승인을 받은 사항 중 고용노동부령으로 정하는 사항을 변경하려는 경우에는 고용노동부령으로 정하는 바에 따라 변경에 대한 승인을 받아야 한다.

⑦ 고용노동부장관은 제2항 제2호, 제5항 또는 제6항에 따라 승인, 연장승인 또는 변경승인을 받은 자가 제8항에 따른 기준에 미달하게 된 경우에는 승인, 연장승인 또는 변경승인을 취소하여야

한다.

⑧ 제2항 제2호, 제5항 또는 제6항에 따른 **승인, 연장승인 또는 변경승인의 기준·절차 및 방법, 그 밖에 필요한 사항은 고용노동부령으로 정한다.**

시행규칙 제5장 도급 시 산업재해 예방

제1절 도급의 제한

시행규칙 제74조(안전 및 보건에 관한 평가의 내용 등) ① 사업주는 법 제58조제2항제2호에 따른 승인 및 같은 조 제5항에 따른 연장승인을 받으려는 경우 법 제165조제2항, 영 제116조제2항에 따라 고용노동부장관이 고시하는 기관을 통하여 안전 및 보건에 관한 평가를 받아야 한다.

② 제1항의 안전 및 보건에 관한 평가에 대한 내용은 **별표 12**와 같다.

시행규칙 제75조(도급승인 등의 절차·방법 및 기준 등) ① 법 제58조제2항제2호에 따른 승인, 같은 조 제5항 또는 제6항에 따른 연장승인 또는 변경승인을 받으려는 자는 별지 제31호서식의 도급승인 신청서, 별지 제32호서식의 연장신청서 및 별지 제33호서식의 변경신청서에 **다음 각 호의 서류를 첨부**하여 관할 지방고용노동관서의 장에게 제출해야 한다.

1. 도급대상 작업의 공정 관련 서류 일체(기계·설비의 종류 및 운전조건, 유해·위험물질의 종류·사용량, **유해·위험요인의 발생 실태 및 종사 근로자 수** 등에 관한 사항이 포함되어야 한다)
2. 도급작업 안전보건관리계획서(안전작업절차, 도급 시 안전·보건관리 및 도급작업에 대한 안전·보건시설 등에 관한 사항이 포함되어야 한다)
3. 제74조에 따른 안전 및 보건에 관한 평가 결과(**법 제58조제6항에 따른 변경승인은 해당되지 않는다)**

② 법 제58조제2항 제2호에 따른 승인, 같은 조 제5항 또는 제6항에 따른 연장승인 또는 변경승인의 작업별 도급승인 기준은 다음 각 호와 같다.

1. 공통 : 작업공정의 안전성, 안전보건관리계획 및 안전 및 보건에 관한 평가 결과의 적정성
2. 법 제58조제1항 제1호 및 제2호에 따른 작업 : 안전보건규칙 제5조, 제7조, 제8조, 제10조, 제11조, 제17조, 제19조, 제21조, 제22조, 제33조, 제72조부터 제79조까지, 제81조, 제83조부터 제85조까지, 제225조, 제232조, 제299조, 제301조부터 제305조까지, 제422조, 제429조부터 제435조까지, 제442조부터 제444조까지, 제448조, 제450조, 제451조 및 제513조에서 정한 기준
3. 법 제58조제1항 제3호에 따른 작업 : 안전보건규칙 제5조, 제7조, 제8조, 제10조, 제11조, 제17조, 제19조, 제21조, 제22조까지, 제33조, 제72조부터 제79조까지, 제81조, 제83조부터 제85조까지, 제225조, 제232조, 제299조, 제301조부터 제305조까지, 제453조부터 제455조까지, 제459조, 제461조, 제463조부터 제466조까지, 제469조부터 제474조까지 및 제513조에서 정한 기준

③ 지방고용노동관서의 장은 필요한 경우 법 제58조제2항제2호에 따른 승인, 같은 조 제5항 또는 제6항에 따른 연장승인 또는 변경승인을 신청한 사업장이 제2항에 따른 도급승인 기준을 준수하고 있는지 공단으로 하여금 확인하게 할 수 있다.

④ 제1항에 따라 도급승인 신청을 받은 지방고용노동관서의 장은 제2항에 따른 도급승인 기준을 충족한 경우 신청서가 접수된 날부터 14일 이내에 별지 제34호서식에 따른 승인서를 신청인에게 발급해야 한다.

시행규칙 제76조(도급승인 변경 사항) 법 제58조제6항에서 “고용노동부령으로 정하는 사항”이란 다

음 각 호의 어느 하나에 해당하는 사항을 말한다.

1. 도급공정
2. 도급공정 사용 최대 유해화학 물질량
3. 도급기간(3년 미만으로 승인 받은 자가 승인일부터 3년 내에서 연장하는 경우만 해당한다)

시행규칙 제77조(도급승인의 취소) 고용노동부장관은 법 제58조제2항 제2호에 따른 승인, 같은 조 제5항 또는 제6항에 따른 연장승인 또는 변경승인을 받은 자가 다음 각 호의 어느 하나에 해당하는 경우에는 **승인을 취소해야 한다**.

1. 제75조제2항의 도급승인 기준에 미달하게 된 때
2. 거짓이나 그 밖의 부정한 방법으로 승인, 연장승인, 변경승인을 받은 경우
3. 법 제58조제5항 및 제6항에 따른 연장승인 및 변경승인을 받지 않고 사업을 계속한 경우

시행규칙 제78조(도급승인 등의 신청) ① 법 제59조에 따른 안전 및 보건에 유해하거나 위험한 작업의 도급에 대한 승인, 연장승인 또는 변경승인을 받으려는 자는 별지 제31호서식의 도급승인 신청서, 별지 제32호서식의 연장신청서 및 별지 제33호서식의 변경신청서에 다음 각 호의 서류를 첨부하여 관할 지방고용노동관서의 장에게 제출해야 한다.

1. 도급대상 작업의 공정 관련 서류 일체(기계·설비의 종류 및 운전조건, 유해·위험물질의 종류·사용량, 유해·위험요인의 발생 실태 및 종사 근로자 수 등에 관한 사항이 포함되어야 한다)
2. 도급작업 안전보건관리계획서(안전작업절차, 도급 시 안전·보건관리 및 도급작업에 대한 안전·보건시설 등에 관한 사항이 포함되어야 한다)
3. 안전 및 보건에 관한 평가 결과(변경승인은 해당되지 않는다)

② **제1항에도 불구하고 산업재해가 발생할 급박한 위험이 있어 긴급하게 도급을 해야 할 경우에는 제1항 제1호 및 제3호의 서류를 제출하지 않을 수 있다**.

③ 법 제59조에 따른 승인, 연장승인 또는 변경승인의 작업별 도급승인 기준은 다음 각 호와 같다.

1. 공통 : 작업공정의 안전성, 안전보건관리계획 및 안전 및 보건에 관한 평가 결과의 적정성
2. 영 제51조제1호에 따른 작업 : 안전보건규칙 제5조, 제7조, 제8조, 제10조, 제11조, 제17조, 제19조, 제21조, 제22조, 제33조, 제42조부터 제44조까지, 제72조부터 제79조까지, 제81조, 제83조부터 제85조까지, 제225조, 제232조, 제297조부터 제299조까지, 제301조부터 제305조까지, 제422조, 제429조부터 제435조까지, 제442조부터 제444조까지, 제448조, 제450조, 제451조, 제513조, 제619조, 제620조, 제624조, 제625조, 제630조 및 제631조에서 정한 기준
3. 영 제51조제2호에 따른 작업 : 고용노동부장관이 정한 기준

④ 제1항제3호에 따른 안전 및 보건에 관한 평가에 관하여는 제74조를 준용하고, 도급승인의 절차, 변경 및 취소 등에 관하여는 제75조제3항, 같은 조 제4항, 제76조 및 제77조의 규정을 준용한다. 이 경우 "법 제58조제2항제2호에 따른 승인, 같은 조 제5항 또는 제6항에 따른 연장승인 또는 변경승인"은 "법 제59조에 따른 승인, 연장승인 또는 변경승인"으로, "제75조제2항의 도급승인 기준"은 "제78조제3항의 도급승인 기준"으로 본다.

■ 산업안전보건법 시행규칙 [별표 12]

안전 및 보건에 관한 평가의 내용
(제74조제2항 및 제78조제4항 관련)

종류	평가항목
종합평가	**1. 작업조건 및 작업방법에 대한 평가** **2. 유해·위험요인에 대한 측정 및 분석** 가. 기계·기구 또는 그 밖의 설비에 의한 위험성 나. 폭발성·물반응성·자기반응성·자기발열성 물질, 자연발화성 액체·고체 및 인화성 액체 등에 의한 위험성 다. 전기·열 또는 그 밖의 에너지에 의한 위험성 라. 추락, 붕괴, 낙하, 비래 등으로 인한 위험성 마. 그 밖에 기계·기구·설비·장치·구축물·시설물·원재료 및 공정 등에 의한 위험성 바. 영 제88조에 따른 허가 대상 유해물질, 고용노동부령으로 정하는 관리 대상 유해물질 및 온도·습도·환기·소음·진동·분진, 유해광선 등의 유해성 또는 위험성 → **보건평가 대상** **3. 보호구, 안전·보건장비 및 작업환경 개선시설의 적정성** **4. 유해물질의 사용·보관·저장, 물질안전보건자료의 작성, 근로자 교육 및 경고표시 부착의 적정성** 가. 화학물질 안전보건 정보의 제공 나. 수급인 안전보건교육 지원에 관한 사항 다. 화학물질 경고표시 부착에 관한 사항 등 **5. 수급인의 안전보건관리 능력의 적정성** 가. 안전보건관리체제(안전·보건관리자, 안전보건관리담당자, 관리감독자 선임관계 등) 나. 건강검진 현황(신규자는 배치전건강진단 실시여부 확인 등) 다. 특별안전보건교육 실시 여부 등 **6. 그 밖에 작업환경 및 근로자 건강 유지·증진 등 보건관리의 개선을 위하여 필요한 사항**
안전평가	종합평가 항목 중 제1호의 사항, **제2호 가목부터 마목까지**의 사항, 제3호 중 안전 관련 사항, 제5호의 사항
보건평가	종합평가 항목 중 제1호의 사항, **제2호 바목의 사항**, 제3호 중 보건 관련 사항, 제4호·제5호 및 **제6호의 사항**

비고 세부 평가항목별로 평가 내용을 작성하고, 최종 의견('적정', '조건부 적정', '부적정' 등)을 첨부해야 한다.

정답 ③

유제 1

산업안전보건법령상 도급에 대한 승인, 연장승인 또는 변경승인을 받으려는 자는 신청서를 작성하여 관할 지방고용노동관서의 장에게 제출해야 한다. 다음 중 변경승인 신청 시 제출하지 않는 것은?

① 기계·설비의 종류 및 운전조건

② 유해·위험물질의 종류·사용량

③ 안전작업절차

④ 안전 및 보건에 대한 평가 결과

⑤ 도급작업에 대한 안전·보건시설

해설

정답 ④

유제 2

다음 중 도급에 대한 승인, 연장승인, 변경승인 신청 시 제출하는 서류 중 도급대상 작업의 공정 관련 서류 일체에 포함되는 것을 모두 고른 것은?

ㄱ. 안전작업절차

ㄴ. 종사근로자 수

ㄷ. 유해·위험요인의 발생 실태

ㄹ. 도급 시 안전보건관리

ㅁ. 기계·설비의 종류 및 운전조건

① ㄱ, ㄴ, ㄷ

② ㄴ, ㄷ, ㄹ

③ ㄴ, ㄷ, ㅁ

④ ㄴ, ㄹ, ㅁ

⑤ ㄱ, ㄴ, ㄷ, ㄹ

해설

시행규칙 제78조(도급승인 등의 신청) ① 법 제59조에 따른 안전 및 보건에 유해하거나 위험한 작업의 도급에 대한 승인, 연장승인 또는 변경승인을 받으려는 자는 별지 제31호서식의 도급승인 신청서, 별지 제32호서식의 연장신청서 및 별지 제33호서식의 변경신청서에 다음 각 호의 서류를 첨부하여 관할 지방고용노동관서의 장에게 제출해야 한다.

> 1. 도급대상 작업의 공정 관련 서류 일체(기계·설비의 **종류** 및 운전조건, 유해·위험물질의 **종류**·사용량, 유해·위험요인의 **발생 실태** 및 **종사 근로자 수** 등에 관한 사항이 포함되어야 한다)
> 2. 도급작업 안전보건관리계획서(안전작업절차, 도급 시 안전·보건관리 및 도급작업에 대한 안전·보건시설 등에 관한 사항이 포함되어야 한다)
> 3. 안전 및 보건에 관한 평가 결과(변경승인은 해당되지 않는다)

정답 ③

유제 3 **산업안전보건법령상 제58조(유해한 작업의 도급금지)에 관한 설명으로 옳은 것은?**

① 사업주는 일시·간헐적으로 하는 도급작업을 도급하는 경우에는 고용노동부장관의 승인을 받은 경우에 한하여 자신의 사업장에서 수급인의 근로자가 도급작업을 하도록 할 수 있다.

② ①에 따라 고용노동부장관의 승인을 받으려는 경우에는 고용노동부장관이 실시하는 안전 및 보건에 관한 평가를 받아야 한다.

③ ①에 따른 승인의 유효기간은 3년의 범위에서 정한다.

④ 지방고용노동관서의 장은 도급에 대한 승인을 신청한 사업장이 도급승인 기준을 준수하고 있는지 공단으로 하여금 확인하게 할 수 있다.

⑤ 산업재해가 발생할 급박할 위험이 있어 긴급하게 도급을 해야 할 경우에는 도급대상 작업의 공정 관련 서류 일체 또는 안전보건에 대한 평가 결과를 제출하지 않을 수 있다.

해설

정답 ④

유제 4 **산업안전보건법률 제58조에서 산업재해가 발생할 급박할 위험이 있어 긴급하게 도급을 해야 할 경우에도 도급 승인 신청 시 반드시 제출해야 하는 첨부서류는?**

① 도급작업 안전보건관리계획서

② 기계·설비의 종류 및 운전조건

③ 유해·위험물질의 종류 및 사용량

④ 안전 및 보건에 대한 평가 결과

⑤ 종사 근로자 수

해설

정답 ①

09 산업안전보건법령상 타워크레인 설치·해체업의 등록 등에 관한 설명으로 옳지 않은 것은? [2023년 기출]

① 타워크레인 설치·해체업을 등록한 자가 등록한 사항 중 업체의 소재지를 변경할 때에는 변경등록을 하여야 한다.

② 타워크레인을 설치하거나 해체하려는 자가「국가기술자격법」에 따른 비계기능사의 자격을 가진 사람 3명을 보유하였다면, 타워크레인 설치·해체업을 등록할 수 있다.

③ 송수신기는 타워크레인 설치·해체업의 장비기준에 포함된다.

④ 타워크레인 설치·해체업을 등록하려는 자는 설치·해체업 등록신청서에 관련서류를 첨부하여 주된 사무소의 소재지를 관할하는 지방고용노동관서의 장에게 제출해야 한다.

⑤ 타워크레인 설치·해체업의 등록이 취소된 자는 등록이 취소된 날부터 2년 이내에는 타워크레인 설치·해체업으로 등록받을 수 없다.

해설

법 제82조(타워크레인 설치·해체업의 등록 등) ① 타워크레인을 설치하거나 해체를 하려는 자는 대통령령으로 정하는 바에 따라 인력·시설 및 장비 등의 요건을 갖추어 고용노동부장관에게 등록하여야 한다. 등록한 사항 중 **대통령령**으로 정하는 중요한 사항을 변경할 때에도 또한 같다.

> **영 제72조(타워크레인 설치·해체업의 등록요건)** ① 법 제82조제1항 전단에 따라 타워크레인을 설치하거나 해체하려는 자가 갖추어야 하는 인력·시설 및 장비의 기준은 별표 22와 같다.
>
> **② 법 제82조제1항 후단에서 "대통령령으로 정하는 중요한 사항"이란 다음 각 호의 사항을 말한다.**
>
> 1. 업체의 명칭(상호)
> 2. 업체의 소재지
> 3. 대표자의 성명
>
> **영 제73조(타워크레인 설치·해체업의 등록 취소 등의 사유)** 법 제82조제4항에 따라 준용되는 법 **제21조 제4항 제5호**에서 "대통령령으로 정하는 사유에 해당하는 경우"란 다음 각 호의 어느 하나에 해당하는 경우를 말한다. → **임의취소사유(취소할 수, 6개월 이내 업무정지)**
>
> 1. 법 제38조에 따른 안전조치를 준수하지 않아 벌금형 또는 금고 이상의 형의 선고를 받은 경우
> 2. 법에 따른 관계 공무원의 지도·감독을 거부·방해 또는 기피한 경우

② 사업주는 제1항에 따라 등록한 자로 하여금 타워크레인을 설치하거나 해체하는 작업을 하도록 하여야 한다.

③ 제1항에 따른 등록 절차, 그 밖에 필요한 사항은 **고용노동부령**으로 정한다.

④ 제1항에 따라 등록한 자에 대해서는 제21조제4항 및 제5항을 준용한다. 이 경우 "안전관리전문기관 또는 보건관리전문기관"은 "제1항에 따라 등록한 자"로, "지정"은 "등록"으로 본다.

시행규칙 제106조(설치·해체업 등록신청 등) ① 법 제82조 제1항에 따라 타워크레인 설치·해체업을 등록하려는 자는 별지 제40호서식의 설치·해체업 등록신청서에 다음 각 호의 서류를 첨부하여

주된 사무소의 소재지를 관할하는 지방고용노동관서의 장에게 제출해야 한다.

1. 영 별표 22에 따른 인력기준에 해당하는 사람의 자격과 채용을 증명할 수 있는 서류
2. 건물임대차계약서 사본이나 그 밖에 사무실의 보유를 증명할 수 있는 서류와 장비 명세서

② 지방고용노동관서의 장은 제1항에 따른 타워크레인 설치·해체업 등록신청서를 접수하였을 때에 **영 별표 22의 기준**에 적합하면 그 등록신청서가 접수된 날부터 **20일 이내**에 별지 제41호서식의 등록증을 신청인에게 발급해야 한다.

③ 타워크레인 설치·해체업을 등록한 자에 대한 등록증의 재발급, 등록받은 사항의 변경 및 등록증의 반납 등에 관하여는 제16조제4항부터 제6항까지의 규정을 준용한다. 이 경우 "지정서"는 "등록증"으로, "안전관리전문기관 또는 보건관리전문기관"은 "타워크레인 설치·해체업을 등록한 자"로, "고용노동부장관 또는 지방고용노동청장"은 "지방고용노동관서의 장"으로 본다.

영 [별표22] 타워크레인 설치·해체업의 인력·시설 및 장비 기준(제72조제1항 관련)

1. 인력기준 : **다음 각 목의 어느 하나에 해당하는 사람 4명 이상을 보유할 것**
   가. 「국가기술자격법」에 따른 판금제관기능사 또는 **비계기능사의 자격을 가진 사람**
   나. 법 제140조제2항에 따라 지정된 **타워크레인 설치·해체작업 교육기관에서 지정된 교육을 이수하고 수료시험에 합격한 사람으로서 합격 후 5년이 지나지 않은 사람**
   다. 법 제140조제2항에 따라 지정된 타워크레인 설치·해체작업 교육기관에서 보수교육을 이수한 후 5년이 지나지 않은 사람
2. 시설기준 : 사무실
3. 장비기준
   가. 렌치류(토크렌치, 함마렌치 및 전동임팩트렌치 등 볼트, 너트, 나사 등을 죄거나 푸는 공구)
   나. 드릴링머신(회전축에 드릴을 달아 구멍을 뚫는 기계)
   다. 버니어캘리퍼스(자로 재기 힘든 물체의 두께, 지름 따위를 재는 기구)
   라. 트랜싯(각도를 측정하는 측량기기로 같은 수준의 기능 및 성능의 측량기기를 갖춘 경우도 인정한다)
   마. 체인블록 및 레버블록(체인 또는 레버를 이용하여 중량물을 달아 올리거나 수직·수평·경사로 이동시키는데 사용하는 기구)
   바. 전기테스터기
   사. **송수신기**

정답 ②

유제 1

산업안전보건법령상 타워크레인 설치·해체업의 등록 등에 관한 설명으로 옳지 않은 것은?

① 타워크레인 설치·해체업의 등록 시 인력 기준으로는 타워크레인 설치·해체작업 교육기관에서 지정된 교육을 이수하고 수료시험에 합격한 사람으로서 합격 후 5년이 지나지 않은 사람을 4명 이상 보유하고 있으면 된다.

② 타워크레인 설치·해체업을 등록한 자가 대표자 성명을 변경할 때에는 중요사항 변경에 해당되어 고용노동부장관에게 등록해야 한다.

③ 타워크레인 설치·해체업의 등록이 취소된 자는 등록이 취소된 날부터 2년 이내에는 타워크레인 설치·해체업으로 등록받을 수 없다.

④ 전기테스터기는 타워크레인 설치·해체업의 장비기준에 포함된다.

⑤ 타워크레인 설치·해체업의 등록받은 자가 안전조치를 준수하지 않아 금고 이상의 형의 선고를 받은 경우에는 그 등록을 취소해야 한다.

해설

정답 ⑤

유제 2

산업안전보건법령상 타워크레인 설치·해체업 등록에 관한 내용이다. 다음 (　　)안에 들어갈 숫자를 옳게 연결된 것은?

- 지방고용노동관서의 장은 타워크레인 설치·해체업 등록신청서를 접수하였을 때에 영 별표 22의 기준에 적합하면 그 등록신청서가 접수된 날부터 (ㄱ)일 이내에 등록증을 신청인에게 발급해야 한다.
- 타워크레인 설치·해체업의 등록이 취소된 자는 등록이 취소된 날부터 (ㄴ)년 이내에는 타워크레인 설치·해체업으로 등록받을 수 없다.

① ㄱ : 10, ㄴ : 1

② ㄱ : 14, ㄴ : 1

③ ㄱ : 14, ㄴ : 2

④ ㄱ : 20, ㄴ : 1

⑤ ㄱ : 20, ㄴ : 2

해설

정답 ⑤

10 산업안전보건법령상 안전검사를 면제할 수 있는 경우에 해당하지 않는 것은? [2023년 기출]

① 「방위사업법」제28조제1항에 따른 품질보증을 받은 경우
② 「선박안전법」제8조부터 제12조까지의 규정에 따른 검사를 받은 경우
③ 「에너지이용 합리화법」제39조제4항에 따른 검사를 받은 경우
④ 「항만법」제26조제1항제3호에 따른 검사를 받은 경우
⑤ 「화학물질관리법」제24조제3항 본문에 따른 정기검사를 받은 경우

해설

법 제93조(안전검사) ① 유해하거나 위험한 기계·기구·설비로서 대통령령으로 정하는 것(이하 "안전검사대상기계등"이라 한다)을 사용하는 사업주(근로자를 사용하지 아니하고 사업을 하는 자를 포함한다. 이하 이 조, 제94조, 제95조 및 제98조에서 같다)는 안전검사대상기계등의 안전에 관한 성능이 고용노동부장관이 정하여 고시하는 검사기준에 맞는지에 대하여 고용노동부장관이 실시하는 검사(이하 "안전검사"라 한다)를 받아야 한다. 이 경우 안전검사대상기계등을 사용하는 사업주와 소유자가 다른 경우에는 안전검사대상기계등의 소유자가 안전검사를 받아야 한다.
② 제1항에도 불구하고 안전검사대상기계등이 다른 법령에 따라 안전성에 관한 검사나 인증을 받은 경우로서 고용노동부령으로 정하는 경우에는 안전검사를 면제할 수 있다.
③ 안전검사의 신청, 검사 주기 및 검사합격 표시방법, 그 밖에 필요한 사항은 고용노동부령으로 정한다. 이 경우 검사 주기는 안전검사대상기계등의 종류, 사용연한(使用年限) 및 위험성을 고려하여 정한다.

영 제78조(안전검사대상기계등) ① 법 제93조제1항 전단에서 "대통령령으로 정하는 것"이란 다음 각 호의 어느 하나에 해당하는 것을 말한다. → **크리곤/전프압사/고롤/컨산원국/(제외) 국사롤크/(한정) 원고**

1. 프레스
2. **전단기**
3. 크레인(정격 하중이 2톤 미만인 것은 제외한다)
4. 리프트
5. 압력용기
6. 곤돌라
7. 국소 배기장치(이동식은 제외한다)
8. 원심기(산업용만 해당한다)
9. 롤러기(밀폐형 구조는 제외한다)
10. 사출성형기[형 체결력(型 締結力) 294킬로뉴턴(KN) 미만은 제외한다] [형 체결력(型 締結力) 294킬로뉴턴(KN) 미만은 제외한다]
11. 고소작업대(「자동차관리법」 제3조제3호 또는 제4호에 따른 화물자동차 또는 특수자동차에 탑재한 고소작업대로 한정한다)
12. 컨베이어

13. 산업용 로봇

② 법 제93조제1항에 따른 안전검사대상기계등의 세부적인 종류, 규격 및 형식은 고용노동부장관이 정하여 고시한다.

영 제78조(안전검사대상기계등) ① 법 제93조제1항 전단에서 "대통령령으로 정하는 것"이란 다음 각 호의 어느 하나에 해당하는 것을 말한다. 〈개정 2024. 6. 25.〉

1. 프레스
2. 전단기
3. 크레인(정격 하중이 2톤 미만인 것은 제외한다)
4. 리프트
5. 압력용기
6. 곤돌라
7. 국소 배기장치(이동식은 제외한다)
8. 원심기(산업용만 해당한다)
9. 롤러기(밀폐형 구조는 제외한다)
10. 사출성형기[형 체결력(型 締結力) 294킬로뉴턴(KN) 미만은 제외한다]
11. 고소작업대(「자동차관리법」 제3조제3호 또는 제4호에 따른 화물자동차 또는 특수자동차에 탑재한 고소작업대로 한정한다)
12. 컨베이어
13. 산업용 로봇
14. 혼합기
15. 파쇄기 또는 분쇄기

② 법 제93조제1항에 따른 안전검사대상기계등의 세부적인 종류, 규격 및 형식은 고용노동부장관이 정하여 고시한다.

[시행일 : 2026. 6. 26.] 제78조 제1항 제14호, 제78조 제1항 제15호

시행규칙 제109조(안전인증의 면제) ① 법 제84조제1항에 따른 안전인증대상기계등(이하 "안전인증대상기계등" 이라 한다)이 다음 각 호의 어느 하나에 해당하는 경우에는 법 제84조제1항에 따른 **안전인증을 전부 면제**한다. 〈개정 2024. 6. 28.〉

1. 연구·개발을 목적으로 제조·수입하거나 수출을 목적으로 제조하는 경우
2. 「건설기계관리법」 제13조제1항제1호부터 제3호까지에 따른 검사를 받은 경우 또는 같은 법 제18조에 따른 형식승인을 받거나 같은 조에 따른 형식신고를 한 경우
3. 「고압가스 안전관리법」 제17조제1항에 따른 검사를 받은 경우
4. 「광산안전법」 제9조에 따른 검사 중 광업시설의 설치공사 또는 변경공사가 완료되었을 때에 받는 검사를 받은 경우
5. **「방위사업법」 제28조제1항에 따른 품질보증을 받은 경우**
6. 「선박안전법」 제7조에 따른 검사를 받은 경우
7. 「에너지이용 합리화법」 제39조제1항 및 제2항에 따른 검사를 받은 경우
8. 「원자력안전법」 제16조제1항에 따른 검사를 받은 경우
9. 「위험물안전관리법」 제8조제1항 또는 제20조제3항에 따른 검사를 받은 경우

10. **「전기사업법」 제63조 또는 「전기안전관리법」 제9조에 따른 검사를 받은 경우**

11. 「항만법」 제33조제1항제1호·제2호 및 제4호에 따른 검사를 받은 경우

12. 「소방시설 설치 및 관리에 관한 법률」 제37조제1항에 따른 형식승인을 받은 경우

② 안전인증대상기계등이 다음 각 호의 어느 하나에 해당하는 인증 또는 시험을 받았거나 그 일부 항목이 법 제83조제1항에 따른 안전인증기준(이하 "안전인증기준"이라 한다)과 같은 수준 이상인 것으로 인정되는 경우에는 **해당 인증 또는 시험이나 그 일부 항목에 한정하여 법 제84조제1항에 따른 안전인증을 면제**한다.

1. 고용노동부장관이 정하여 고시하는 외국의 안전인증기관에서 인증을 받은 경우
2. 국제전기기술위원회(IEC)의 국제방폭전기기계·기구 상호인정제도(IECEx Scheme)에 따라 인증을 받은 경우
3. 「국가표준기본법」에 따른 시험·검사기관에서 실시하는 시험을 받은 경우
4. 「산업표준화법」 제15조에 따른 인증을 받은 경우
5. **「전기용품 및 생활용품 안전관리법」 제5조에 따른 안전인증을 받은 경우**

③ 법 제84조제2항제1호에 따라 안전인증이 면제되는 안전인증대상기계등을 제조하거나 수입하는 자는 해당 공산품의 출고 또는 통관 전에 별지 제43호서식의 안전인증 면제신청서에 다음 각 호의 서류를 첨부하여 안전인증기관에 제출해야 한다.

1. 제품 및 용도설명서
2. 연구·개발을 목적으로 사용되는 것임을 증명하는 서류

④ 안전인증기관은 제3항에 따라 안전인증 면제신청을 받으면 이를 확인하고 별지 제44호서식의 안전인증 면제확인서를 발급해야 한다.

시행규칙 제124조(안전검사의 신청 등) ① 법 제93조제1항에 따라 안전검사를 받아야 하는 자는 별지 제50호서식의 안전검사 신청서를 제126조에 따른 검사 주기 만료일 30일 전에 영 제116조제2항에 따라 안전검사 업무를 위탁받은 기관(이하 "안전검사기관"이라 한다)에 제출(전자문서로 제출하는 것을 포함한다)해야 한다.

② 제1항에 따른 안전검사 신청을 받은 안전검사기관은 **검사 주기 만료일 전후 각각 30일 이내에** 해당 기계·기구 및 설비별로 안전검사를 해야 한다. 이 경우 해당 검사기간 이내에 검사에 합격한 경우에는 검사 주기 만료일에 안전검사를 받은 것으로 본다.

시행규칙 제125조(안전검사의 면제) 법 제93조제2항에서 "고용노동부령으로 정하는 경우"란 다음 각 호의 어느 하나에 해당하는 경우를 말한다. 〈개정 2024. 6. 28.〉

1. 「건설기계관리법」 제13조제1항제1호·제2호 및 제4호에 따른 검사를 받은 경우(안전검사 주기에 해당하는 시기의 검사로 한정한다)
2. 「고압가스 안전관리법」 제17조제2항에 따른 검사를 받은 경우
3. 「광산안전법」 제9조에 따른 검사 중 광업시설의 설치·변경공사 완료 후 일정한 기간이 지날 때마다 받는 검사를 받은 경우
4. 「선박안전법」 제8조부터 제12조까지의 규정에 따른 검사를 받은 경우
5. 「에너지이용 합리화법」 제39조제4항에 따른 검사를 받은 경우
6. 「원자력안전법」 제22조제1항에 따른 검사를 받은 경우
7. 「위험물안전관리법」 제18조에 따른 정기점검 또는 정기검사를 받은 경우
8. **「전기안전관리법」 제11조에 따른 검사를 받은 경우**

9. 「항만법」 제33조제1항제3호에 따른 검사를 받은 경우

10. 「소방시설 설치 및 관리에 관한 법률」 제22조제1항에 따른 자체점검을 받은 경우

11. 「화학물질관리법」 제24조제3항 본문에 따른 정기검사를 받은 경우

시행규칙 제126조(안전검사의 주기와 합격표시 및 표시방법) ① 법 제93조제3항에 따른 안전검사대상기계등의 안전검사 주기는 다음 각 호와 같다.

1. 크레인(이동식 크레인은 제외한다), 리프트(이삿짐운반용 리프트는 제외한다) 및 곤돌라 : 사업장에 설치가 끝난 날부터 3년 이내에 최초 안전검사를 실시하되, 그 이후부터 2년마다(건설현장에서 사용하는 것은 최초로 설치한 날부터 6개월마다)
2. 이동식 크레인, 이삿짐운반용 리프트 및 고소작업대 : 「자동차관리법」 제8조에 따른 신규등록 이후 3년 이내에 최초 안전검사를 실시하되, 그 이후부터 2년마다
3. 프레스, 전단기, 압력용기, 국소 배기장치, 원심기, 롤러기, 사출성형기, 컨베이어 및 산업용 로봇 : 사업장에 설치가 끝난 날부터 3년 이내에 최초 안전검사를 실시하되, 그 이후부터 2년마다(공정안전보고서를 제출하여 확인을 받은 압력용기는 4년마다)

② 법 제93조제3항에 따른 안전검사의 합격표시 및 표시방법은 별표 16과 같다.

시행규칙 제126조(안전검사의 주기와 합격표시 및 표시방법) ① 법 제93조제3항에 따른 안전검사대상기계등의 안전검사 주기는 다음 각 호와 같다. 〈개정 2024. 6. 28.〉

1. 크레인(이동식 크레인은 제외한다), 리프트(이삿짐운반용 리프트는 제외한다) 및 곤돌라 : 사업장에 설치가 끝난 날부터 3년 이내에 최초 안전검사를 실시하되, 그 이후부터 2년마다(건설현장에서 사용하는 것은 최초로 설치한 날부터 6개월마다)
2. 이동식 크레인, 이삿짐운반용 리프트 및 고소작업대 : 「자동차관리법」 제8조에 따른 신규등록 이후 3년 이내에 최초 안전검사를 실시하되, 그 이후부터 2년마다
3. 프레스, 전단기, 압력용기, 국소 배기장치, 원심기, 롤러기, 사출성형기, 컨베이어, 산업용 로봇, **혼합기, 파쇄기 또는 분쇄기** : 사업장에 설치가 끝난 날부터 3년 이내에 최초 안전검사를 실시하되, 그 이후부터 2년마다(공정안전보고서를 제출하여 확인을 받은 압력용기는 4년마다)

② 법 제93조제3항에 따른 안전검사의 합격표시 및 표시방법은 별표 16과 같다

[시행일 : 2026. 6. 26.] 제126조 제1항 제3호

정답 ①

유제 1

산업안전보건법령상 안전검사에 관한 설명으로 옳은 것은?

① 절곡기는 사업장에 설치가 끝난 날부터 3년 이내에 최초 안전검사를 실시하되, 그 이후부터는 2년마다 안전검사를 실시한다.

② 공정안전보고서를 제출하여 확인을 받은 압력용기는 3년마다 안전검사를 실시한다.

③ 건설현장에서 사용하는 이동식 크레인은 최초로 설치한 날부터 6개월 마다 안전검사를 실시한다.

④ 안전검사 신청을 받은 안전검사기관은 검사 주기 만료일 전후 각각 30일 이내에 해당 기계·기구 및 설비별로 안전검사를 해야 한다.

⑤ 이동식 국소배기장치는 안전검사 대상이다.

해설

정답 ④

유제 2

다음 중 안전검사 대상이 아닌 것은?

① 전단기

② 절곡기

③ 2톤 이상의 크레인

④ 컨베이어

⑤ 형 체결력 294KN 이상의 사출성형기

해설

정답 ②

11 산업안전보건법령상 유해하거나 위험한 기계·기구에 대한 방호조치에 관한 설명으로 옳지 않은 것은? [2023년 기출]

① 동력으로 작동하는 금속절단기에 날접촉 예방장치를 설치하여야 사용에 제공할 수 있다.
② 동력으로 작동하는 기계·기구로서 속도조절 부분이 있는 것은 속도조절 부분에 덮개를 부착하거나 방호망을 설치하여야 양도할 수 있다.
③ 사업주는 방호조치가 정상적인 기능을 발휘할 수 있도록 방호조치와 관련되는 장치를 상시적으로 점검하고 정비하여야 한다.
④ 동력으로 작동하는 기계·기구의 방호조치를 해체하려는 경우 사업주의 허가를 받아야 한다.
⑤ 동력으로 작동하는 진공포장기에 구동부 방호 연동장치를 설치하지 않고 대여의 목적으로 진열한 자는 3년 이하의 징역 또는 3천만원 이하의 벌금에 처한다.

해설

법 제80조(유해하거나 위험한 기계·기구에 대한 방호조치) ① 누구든지 동력(動力)으로 작동하는 기계·기구로서 대통령령으로 정하는 것은 고용노동부령으로 정하는 유해·위험 방지를 위한 방호조치를 하지 아니하고는 양도, 대여, 설치 또는 사용에 제공하거나 양도·대여의 목적으로 진열해서는 아니 된다.
② 누구든지 동력으로 작동하는 기계·기구로서 다음 각 호의 어느 하나에 해당하는 것은 고용노동부령으로 정하는 방호조치를 하지 아니하고는 양도, 대여, 설치 또는 사용에 제공하거나 양도·대여의 목적으로 진열해서는 아니 된다.
1. 작동 부분에 돌기 부분이 있는 것
2. 동력전달 부분 또는 속도조절 부분이 있는 것
3. 회전기계에 물체 등이 말려 들어갈 부분이 있는 것
③ 사업주는 제1항 및 제2항에 따른 방호조치가 정상적인 기능을 발휘할 수 있도록 방호조치와 관련되는 장치를 상시적으로 점검하고 정비하여야 한다.
④ 사업주와 근로자는 제1항 및 제2항에 따른 방호조치를 해체하려는 경우 등 고용노동부령으로 정하는 경우에는 필요한 안전조치 및 보건조치를 하여야 한다.

영 제70조(방호조치를 해야 하는 유해하거나 위험한 기계·기구) 법 제80조제1항에서 "대통령령으로 정하는 것"이란 **별표 20**에 따른 기계·기구를 말한다.

시행규칙 제98조(방호조치) ① 법 제80조제1항에 따라 영 제70조 및 영 별표 20의 기계·기구에 설치해야 할 방호장치는 다음 각 호와 같다.
1. 영 별표 20 제1호에 따른 예초기 : 날접촉 예방장치
2. 영 별표 20 제2호에 따른 원심기 : 회전체 접촉 예방장치
3. 영 별표 20 제3호에 따른 공기압축기 : 압력방출장치
4. 영 별표 20 제4호에 따른 금속절단기 : 날접촉 예방장치
5. 영 별표 20 제5호에 따른 지게차 : 헤드 가드, 백레스트(backrest), 전조등, 후미등, 안전벨트

6. 영 별표 20 제6호에 따른 포장기계 : 구동부 방호 연동장치

② 법 제80조제2항에서 "고용노동부령으로 정하는 방호조치"란 다음 각 호의 방호조치를 말한다.

1. 작동 부분의 돌기부분은 묻힘형으로 하거나 덮개를 부착할 것
2. 동력전달부분 및 속도조절부분에는 덮개를 부착하거나 방호망을 설치할 것
3. 회전기계의 물림점(롤러나 톱니바퀴 등 반대방향의 두 회전체에 물려 들어가는 위험점)에는 덮개 또는 울을 설치할 것

③ 제1항 및 제2항에 따른 방호조치에 필요한 사항은 고용노동부장관이 정하여 고시한다.

영 [별표20] 유해·위험 방지를 위한 방호조치가 필요한 기계·기구(제70조 관련)

1. 예초기
2. 원심기
3. 공기압축기
4. 금속절단기
5. 지게차
6. 포장기계(진공포장기, 래핑기로 한정한다)

제167조(벌칙) ① 제38조제1항부터 제3항까지(제166조의2에서 준용하는 경우를 포함한다), 제39조제1항(제166조의2에서 준용하는 경우를 포함한다) 또는 제63조(제166조의2에서 준용하는 경우를 포함한다)를 위반하여 **근로자를 사망에 이르게 한 자는 7년 이하의 징역 또는 1억원 이하의 벌금에 처한다.**

② 제1항의 죄로 형을 선고받고 그 형이 확정된 후 5년 이내에 다시 제1항의 죄를 저지른 자는 그 형의 2분의 1까지 가중한다.

제168조(벌칙) 다음 각 호의 어느 하나에 해당하는 자는 **5년 이하의 징역 또는 5천만원** 이하의 벌금에 처한다.

1. 제38조제1항부터 제3항까지(제166조의2에서 준용하는 경우를 포함한다), 제39조제1항(제166조의2에서 준용하는 경우를 포함한다), 제51조(제166조의2에서 준용하는 경우를 포함한다), 제54조제1항(제166조의2에서 준용하는 경우를 포함한다), 제117조제1항, 제118조 제1항, 제122조제1항 또는 제157조제3항(제166조의2에서 준용하는 경우를 포함한다)을 위반한 자
2. **제42조(유해위험방지계획서) 제4항 후단**, 제53조제3항(제166조의2에서 준용하는 경우를 포함한다), 제55조제1항(제166조의2에서 준용하는 경우를 포함한다)·제2항(제166조의2에서 준용하는 경우를 포함한다) 또는 **제118조(허가대상물질) 제5항에 따른 명령을 위반한 자**

제169조(벌칙) 다음 각 호의 어느 하나에 해당하는 자는 3년 이하의 징역 또는 3천만원 이하의 벌금에 처한다.

1. 제44조 제1항 후단, 제63조(제166조의2에서 준용하는 경우를 포함한다), 제76조, 제81조, 제82조제2항, 제84조제1항, 제87조제1항, 제118조제3항, 제123조제1항, 제139조제1항 또는 제140조제1항(제166조의2에서 준용하는 경우를 포함한다)을 위반한 자
2. 제45조 제1항 후단, 제46조제5항, 제53조제1항(제166조의2에서 준용하는 경우를 포함한다), 제87조제2항, 제118조제4항, 제119조제4항 또는 제131조제1항(제166조의2에서 준용하

는 경우를 포함한다)에 따른 명령을 위반한 자

3. 제58조제3항 또는 같은 조 제5항 후단(제59조제2항에 따라 준용되는 경우를 포함한다)에 따른 안전 및 보건에 관한 평가 업무를 제165조제2항에 따라 위탁받은 자로서 그 업무를 거짓이나 그 밖의 부정한 방법으로 수행한 자
4. 제84조제1항 및 제3항에 따른 안전인증 업무를 제165조제2항에 따라 위탁받은 자로서 그 업무를 거짓이나 그 밖의 부정한 방법으로 수행한 자
5. 제93조제1항에 따른 안전검사 업무를 제165조제2항에 따라 위탁받은 자로서 그 업무를 거짓이나 그 밖의 부정한 방법으로 수행한 자
6. 제98조에 따른 자율검사프로그램에 따른 안전검사 업무를 거짓이나 그 밖의 부정한 방법으로 수행한 자

제170조(벌칙) 다음 각 호의 어느 하나에 해당하는 자는 1년 이하의 징역 또는 1천만원 이하의 벌금에 처한다.

1. 제41조제3항(제166조의2에서 준용하는 경우를 포함한다)을 위반하여 해고나 그 밖의 불리한 처우를 한 자
2. 제56조제3항(제166조의2에서 준용하는 경우를 포함한다)을 위반하여 중대재해 발생 현장을 훼손하거나 고용노동부장관의 원인조사를 방해한 자
3. 제57조제1항(제166조의2에서 준용하는 경우를 포함한다)을 위반하여 산업재해 발생 사실을 은폐한 자 또는 그 발생 사실을 은폐하도록 교사(教唆)하거나 공모(共謀)한 자
4. 제65조제1항, **제80조제1항·제2항·제4항,** 제85조제2항·제3항, 제92조제1항, 제141조제4항 또는 제162조를 **위반한 자**
5. 제85조제4항 또는 제92조제2항에 따른 명령을 위반한 자
6. 제101조에 따른 조사, 수거 또는 성능시험을 방해하거나 거부한 자
7. 제153조제1항을 위반하여 다른 사람에게 자기의 성명이나 사무소의 명칭을 사용하여 지도사의 직무를 수행하게 하거나 자격증·등록증을 대여한 사람
8. 제153조제2항을 위반하여 지도사의 성명이나 사무소의 명칭을 사용하여 지도사의 직무를 수행하거나 자격증·등록증을 대여받거나 이를 알선한 사람

정답 ⑤

유제 1

산업안전보건법령상 벌칙에 관한 내용 중 옳지 않은 것은?

① 원심기에 회전체 접촉 예방장치를 설치하지 않고 대여의 목적으로 진열한 자는 1년 이하의 징역 또는 1천만 원 이하의 벌금에 처한다.

② 산업재해 발생 사실은 은폐하도록 교사한 자는 1년 이하의 징역 또는 1천만 원 이하의 벌금에 처한다.

③ 고용노동부장관이 제출된 유해위험방지계획서를 심사한 후 그 결과를 사업주에게 서면으로 알리고 근로자의 안전 및 보건의 유지·증진을 위하여 필요하다고 인정하여 해당 작업 또는 건설공사 중지 명령을 내렸음에도 이를 위반한 경우 3년 이하의 징역 또는 3천만 원 이하의 벌금에 처한다.

④ 공정안전보고서의 내용이 중대산업사고를 예방하기 위하여 적합하다고 통보받기 전에는 관련된 유해하거나 위험한 설비를 가동해서는 아니 됨에도 불구하고 이를 가동한 경우 3년 이하의 징역 또는 3천만 원 이하의 벌금에 처한다.

⑤ 허가대상물질제조·사용자가 거짓이나 그 밖의 부정한 방법으로 허가를 받은 경우 그 허가를 취소하였음에도 불구하고 이를 어기고 영업을 하는 경우에는 5년 이하의 징역 또는 5천만 원 이하의 벌금에 처한다.

해설

정답 ③

유제 2

산업안전보건법령상 유해·위험방지를 위한 방호조치가 필요한 기계·기구에 해당하는 것은?

① 고소작업대

② 프레스

③ 공기압축기

④ 크레인

⑤ 절곡기

해설

정답 ③

12 산업안전보건법령상 주요 구조 부분을 변경하는 경우 안전인증을 받아야 하는 기계 및 설비에 해당하지 않는 것은? [2023년 기출]

① 컨베이어

② 프레스

③ 전단기 및 절곡기

④ 사출성형기

⑤ 롤러기

해설

영 제74조(안전인증대상기계 등) ① 법 제84조제1항에서 "대통령령으로 정하는 것"이란 다음 각 호의 어느 하나에 해당하는 것을 말한다.

1. 다음 각 목의 어느 하나에 해당하는 기계 또는 설비
   가. 프레스
   나. 전단기 및 절곡기(折曲機)
   다. 크레인
   라. 리프트
   마. 압력용기
   바. 롤러기
   사. 사출성형기(射出成形機)
   아. 고소(高所) 작업대
   자. 곤돌라
2. 다음 각 목의 어느 하나에 해당하는 방호장치
   가. 프레스 및 전단기 방호장치
   나. 양중기용(揚重機用) 과부하 방지장치
   다. 보일러 압력방출용 안전밸브
   라. 압력용기 압력방출용 안전밸브
   마. 압력용기 압력방출용 파열판
   바. 절연용 방호구 및 활선작업용(活線作業用) 기구
   사. 방폭구조(防爆構造) 전기기계·기구 및 부품
   아. 추락·낙하 및 붕괴 등의 위험 방지 및 보호에 필요한 가설기자재로서 고용노동부장관이 정하여 고시하는 것
   자. 충돌·협착 등의 위험 방지에 필요한 산업용 로봇 방호장치로서 고용노동부장관이 정하여 고시하는 것
3. 다음 각 목의 어느 하나에 해당하는 보호구
   가. 추락 및 감전 위험방지용 안전모
   나. 안전화

다. 안전장갑
라. 방진마스크
마. 방독마스크
바. 송기(送氣)마스크
사. 전동식 호흡보호구
아. 보호복
자. 안전대
차. 차광(遮光) 및 비산물(飛散物) 위험방지용 보안경
카. 용접용 보안면
타. 방음용 귀마개 또는 귀덮개

② 안전인증대상기계등의 세부적인 종류, 규격 및 형식은 고용노동부장관이 정하여 고시한다.

시행규칙 제107조(안전인증대상기계등) 법 제84조제1항에서 "고용노동부령으로 정하는 안전인증대상기계등"이란 다음 각 호의 기계 및 설비를 말한다.

1. 설치·이전하는 경우 안전인증을 받아야 하는 기계
   가. 크레인
   나. 리프트
   다. 곤돌라
2. 주요 구조 부분을 변경하는 경우 안전인증을 받아야 하는 기계 및 설비
   가. 프레스
   나. 전단기 및 절곡기(折曲機)
   다. 크레인
   라. 리프트
   마. 압력용기
   바. 롤러기
   사. 사출성형기(射出成形機)
   아. 고소(高所)작업대
   자. 곤돌라

영 제77조(자율안전확인대상기계등) ① 법 제89조제1항 각 호 외의 부분 본문에서 "대통령령으로 정하는 것"이란 다음 각 호의 어느 하나에 해당하는 것을 말한다.

1. 다음 각 목의 어느 하나에 해당하는 기계 또는 설비
   가. 연삭기(研削機) 또는 연마기. 이 경우 휴대형은 제외한다.
   나. 산업용 로봇
   다. 혼합기
   라. 파쇄기 또는 분쇄기
   마. 식품가공용 기계(파쇄·절단·혼합·제면기만 해당한다)
   바. 컨베이어
   사. 자동차정비용 리프트
   아. 공작기계(선반, 드릴기, 평삭·형삭기, 밀링만 해당한다)

자. 고정형 목재가공용 기계(둥근톱, 대패, 루타기, 띠톱, 모떼기 기계만 해당한다)

차. 인쇄기

2. 다음 각 목의 어느 하나에 해당하는 방호장치

가. 아세틸렌 용접장치용 또는 가스집합 용접장치용 안전기

나. 교류 아크용접기용 자동전격방지기

다. 롤러기 급정지장치

라. 연삭기 덮개

마. 목재 가공용 둥근톱 반발 예방장치와 날 접촉 예방장치

바. 동력식 수동대패용 칼날 접촉 방지장치

사. 추락·낙하 및 붕괴 등의 위험 방지 및 보호에 필요한 가설기자재(제74조제1항제2호아목의 가설기자재는 제외한다)로서 고용노동부장관이 정하여 고시하는 것

3. 다음 각 목의 어느 하나에 해당하는 보호구

가. 안전모(제74조제1항제3호가목의 안전모는 제외한다)

나. 보안경(제74조제1항제3호차목의 보안경은 제외한다)

다. 보안면(제74조제1항제3호카목의 보안면은 제외한다)

② 자율안전확인대상기계등의 세부적인 종류, 규격 및 형식은 고용노동부장관이 정하여 고시한다.

영 제78조(안전검사대상기계등) ① 법 제93조제1항 전단에서 “대통령령으로 정하는 것”이란 다음 각 호의 어느 하나에 해당하는 것을 말한다.

1. 프레스
2. 전단기
3. 크레인(정격 하중이 2톤 미만인 것은 제외한다)
4. 리프트
5. 압력용기
6. 곤돌라
7. 국소 배기장치(이동식은 제외한다)
8. 원심기(산업용만 해당한다)
9. 롤러기(밀폐형 구조는 제외한다)
10. 사출성형기[형 체결력(型 締結力) 294킬로뉴턴(KN) 미만은 제외한다] [형 체결력(型 締結力) 294킬로뉴턴(KN) 미만은 제외한다]
11. 고소작업대(「자동차관리법」 제3조제3호 또는 제4호에 따른 화물자동차 또는 특수자동차에 탑재한 고소작업대로 한정한다)
12. 컨베이어
13. 산업용 로봇

② 법 제93조제1항에 따른 안전검사대상기계등의 세부적인 종류, 규격 및 형식은 고용노동부장관이 정하여 고시한다.

정답 ①

13 산업안전보건법령상 상시근로자 30명인 도매업의 사업주가 일용근로자 및 근로계약기간이 1개월 이하인 기간제근로자를 제외한 근로자에게 실시해야 하는 안전보건교육 교육과정별 교육시간 중 채용 시 교육의 교육시간으로 옳은 것은?

① 30분 이상
② 1시간 이상
③ 2시간 이상
④ 3시간 이상
⑤ 4시간 이상

해설

■ **산업안전보건법 시행규칙 [별표 4] 〈개정 2023. 9. 27.〉**

안전보건교육 교육과정별 교육시간(제26조제1항 등 관련)

1. 근로자 안전보건교육(제26조제1항, 제28조제1항 관련)

교육과정	교육대상		교육시간
가. 정기교육	1) 사무직 종사 근로자		**매반기 6시간 이상**
	2) 그 밖의 근로자	가) 판매업무에 직접 종사하는 근로자	**매반기 6시간 이상**
		나) 판매업무에 직접 종사하는 근로자 외의 근로자	**매반기 12시간 이상**
나. 채용 시 교육	1) 일용근로자 및 근로계약기간이 1주일 이하인 기간제근로자		1시간 이상
	2) 근로계약기간이 1주일 초과 1개월 이하인 기간제근로자		4시간 이상
	3) 그 밖의 근로자		8시간 이상
다. 작업내용 변경 시 교육	1) 일용근로자 및 근로계약기간이 1주일 이하인 기간제근로자		1시간 이상
	2) 그 밖의 근로자		2시간 이상
라. 특별교육	1) 일용근로자 및 근로계약기간이 1주일 이하인 기간제근로자 : 별표 5 제1호 라목(제39호는 제외한다)에 해당하는 작업에 종사하는 근로자에 한정한다.		2시간 이상

	2) 일용근로자 및 근로계약기간이 1주일 이하인 기간제근로자 : 별표 5 제1호 라목 제39호에 해당하는 작업에 종사하는 근로자에 한정한다. → **타워크레인 신호수**	8시간 이상
	3) 일용근로자 및 근로계약기간이 1주일 이하인 기간제근로자를 제외한 근로자 : 별표 5 제1호라목에 해당하는 작업에 종사하는 근로자에 한정한다.	가) 16시간 이상(최초 작업에 종사하기 전 4시간 이상 실시하고 12시간은 3개월 이내에서 분할하여 실시 가능) 나) 단기간 작업 또는 간헐적 작업인 경우에는 2시간 이상
마. 건설업 기초 안전·보건교육	건설 일용근로자	4시간 이상

비고

1. 위 표의 적용을 받는 "일용근로자"란 근로계약을 1일 단위로 체결하고 그 날의 근로가 끝나면 근로관계가 종료되어 계속 고용이 보장되지 않는 근로자를 말한다.
2. 일용근로자가 위 표의 나목 또는 라목에 따른 교육을 받은 날 이후 1주일 동안 같은 사업장에서 같은 업무의 일용근로자로 다시 종사하는 경우에는 이미 받은 위 표의 나목 또는 라목에 따른 교육을 면제한다.
3. **다음 각 목의 어느 하나에 해당하는 경우는 위 표의 가목부터 라목까지의 규정에도 불구하고 해당 교육과정별 교육시간의 2분의 1 이상을 그 교육시간으로 한다.**
   가. 영 별표 1 제1호에 따른 사업
   나. 상시근로자 50명 미만의 도매업, 숙박 및 음식점업
4. 근로자가 다음 각 목의 어느 하나에 해당하는 안전교육을 받은 경우에는 그 시간만큼 위 표의 가목에 따른 해당 반기의 정기교육을 받은 것으로 본다.
   가. 「원자력안전법 시행령」 제148조제1항에 따른 방사선작업종사자 정기교육
   나. 「항만안전특별법 시행령」 제5조제1항제2호에 따른 정기안전교육
   다. 「화학물질관리법 시행규칙」 제37조제4항에 따른 유해화학물질 안전교육
5. 근로자가 「항만안전특별법 시행령」 제5조제1항제1호에 따른 신규안전교육을 받은 때에는 그 시간만큼 위 표의 나목에 따른 채용 시 교육을 받은 것으로 본다.
6. 방사선 업무에 관계되는 작업에 종사하는 근로자가 「원자력안전법 시행규칙」 제138조제1항제2호에 따른 방사선작업종사자 신규교육 중 직장교육을 받은 때에는 그 시간만큼 위 표의 라목에 따른 특별교육 중 별표 5 제1호라목의 33.란에 따른 특별교육을 받은 것으로 본다.

1의2. 관리감독자 안전보건교육(제26조제1항 관련)

교육과정	교육시간
가. 정기교육	연간 16시간 이상
나. 채용 시 교육	8시간 이상

다. 작업내용 변경 시 교육	2시간 이상
라. 특별교육	16시간 이상(최초 작업에 종사하기 전 4시간 이상 실시하고, 12시간은 3개월 이내에서 분할하여 실시 가능)
	단기간 작업 또는 간헐적 작업인 경우에는 2시간 이상

2. 안전보건관리책임자 등에 대한 교육(제29조제2항 관련)

교육대상	교육시간	
	신규교육	보수교육
가. 안전보건관리책임자	6시간 이상	6시간 이상
나. 안전관리자, 안전관리전문기관의 종사자	34시간 이상	24시간 이상
다. 보건관리자, 보건관리전문기관의 종사자	34시간 이상	24시간 이상
라. 건설재해예방전문지도기관의 종사자	34시간 이상	24시간 이상
마. 석면조사기관의 종사자	34시간 이상	24시간 이상
바. 안전보건관리담당자	-	8시간 이상
사. 안전검사기관, 자율안전검사기관의 종사자	34시간 이상	24시간 이상

3. 특수형태근로종사자에 대한 안전보건교육(제95조제1항 관련)

교육과정	교육시간
가. 최초 노무제공 시 교육	2시간 이상(단기간 작업 또는 간헐적 작업에 노무를 제공하는 경우에는 1시간 이상 실시하고, 특별교육을 실시한 경우는 면제)
나. 특별교육	16시간 이상(최초 작업에 종사하기 전 4시간 이상 실시하고 12시간은 3개월 이내에서 분할하여 실시가능)
	단기간 작업 또는 간헐적 작업인 경우에는 2시간 이상

비고 영 제67조 제13호 라목에 해당하는 사람이 「화학물질관리법」 제33조제1항에 따른 유해화학물질 안전교육을 받은 경우에는 그 시간만큼 가목에 따른 최초 노무제공 시 교육을 실시하지 않을 수 있다.

4. 검사원 성능검사 교육(제131조제2항 관련) → **안전검사 검사원을 의미함.**

교육과정	교육대상	교육시간
성능검사 교육	-	28시간 이상

영 [별표 1]

법의 일부를 적용하지 않는 사업 또는 사업장 및 적용 제외 법 규정(제2조제1항 관련)

대상 사업 또는 사업장	적용 제외 법 규정
1. 다음 각 목의 어느 하나에 해당하는 사업	제15조부터 제17조까지, 제20조제1호, 제21조

가. 「광산안전법」 적용 사업(광업 중 광물의 채광·채굴·선광 또는 제련 등의 공정으로 한정하며, 제조공정은 제외한다)
나. 「원자력안전법」 적용 사업(발전업 중 원자력 발전설비를 이용하여 전기를 생산하는 사업장으로 한정한다)
다. 「항공안전법」 적용 사업(항공기, 우주선 및 부품 제조업과 창고 및 운송관련 서비스업, 여행사 및 기타 여행보조 서비스업 중 항공 관련 사업은 각각 제외한다)
라. 「선박안전법」 적용 사업(선박 및 보트 건조업은 제외한다)

(다른 규정에 따라 준용되는 경우는 제외한다), 제24조(다른 규정에 따라 준용되는 경우는 제외한다), 제2장제2절, 제29조(보건에 관한 사항은 제외한다), 제30조(보건에 관한 사항은 제외한다), 제31조, 제38조, 제51조(보건에 관한 사항은 제외한다), 제52조(보건에 관한 사항은 제외한다), 제53조(보건에 관한 사항은 제외한다), 제54조(보건에 관한 사항은 제외한다), 제55조, 제58조부터 제60조까지, 제62조, 제63조, 제64조(제1항제6호는 제외한다), 제65조, 제66조, 제72조, 제75조, 제88조, 제103조부터 제107조까지 및 제160조(제21조제4항 및 제88조제5항과 관련되는 과징금으로 한정한다)

정답 ⑤

14 산업안전보건법령상 유해성·위험성 조사 제외 화학물질에 해당하는 것을 모두 고른 것은? (단, 고용노동부장관이 공표하거나 고시하는 물질은 고려하지 않음) [2023년 산업안전지도사]

ㄱ. 「농약관리법」제2조제1호 및 제3호에 따른 농약 및 원제
ㄴ. 「마약류 관리에 관한 법률」제2조제1호에 따른 마약류
ㄷ. 「사료관리법」제2조제1호에 따른 사료
ㄹ. 「생활주변방사선 안전관리법」제2조 제2호에 따른 원료물질

① ㄱ, ㄴ
② ㄷ, ㄹ
③ ㄱ, ㄴ, ㄷ
④ ㄴ, ㄷ, ㄹ
⑤ ㄱ, ㄴ, ㄷ, ㄹ

해설

영 제85조(유해성·위험성 조사 제외 화학물질) 법 제108조제1항 각 호 외의 부분 본문에서 "대통령령으로 정하는 화학물질"이란 다음 각 호의 어느 하나에 해당하는 화학물질을 말한다.
1. **원소**
2. **천연으로 산출된 화학물질**
3. 「건강기능식품에 관한 법률」 제3조제1호에 따른 건강기능식품

4. **「군수품관리법」 제2조 및 「방위사업법」 제3조 제2호에 따른 군수품**[「군수품관리법」 제3조에 따른 통상품(痛常品)은 제외한다]
5. 「농약관리법」 제2조제1호 및 제3호에 따른 농약 및 원제
6. 「마약류 관리에 관한 법률」 제2조제1호에 따른 마약류
7. 「비료관리법」 제2조제1호에 따른 비료
8. 「사료관리법」 제2조제1호에 따른 사료
9. 「생활화학제품 및 살생물제의 안전관리에 관한 법률」 제3조제7호 및 제8호에 따른 살생물물질 및 살생물제품
10. 「식품위생법」 제2조제1호 및 제2호에 따른 식품 및 식품첨가물
11. 「약사법」 제2조제4호 및 제7호에 따른 의약품 및 의약외품(醫藥外品)
12. 「원자력안전법」 제2조제5호에 따른 방사성물질
13. 「위생용품 관리법」 제2조제1호에 따른 위생용품
14. 「의료기기법」 제2조제1항에 따른 의료기기
15. 「총포·도검·화약류 등의 안전관리에 관한 법률」 제2조제3항에 따른 화약류
16. 「화장품법」 제2조제1호에 따른 화장품과 화장품에 사용하는 원료
17. 법 제108조제3항에 따라 고용노동부장관이 명칭, 유해성·위험성, 근로자의 건강장해 예방을 위한 조치 사항 및 연간 제조량·수입량을 공표한 물질로서 공표된 연간 제조량·수입량 이하로 제조하거나 수입한 물질
18. 고용노동부장관이 환경부장관과 협의하여 고시하는 화학물질 목록에 기록되어 있는 물질

영 제86조(물질안전보건자료의 작성·제출 제외 대상 화학물질 등) 법 제110조제1항 각 호 외의 부분 전단에서 "대통령령으로 정하는 것"이란 다음 각 호의 어느 하나에 해당하는 것을 말한다.

1. 「건강기능식품에 관한 법률」 제3조제1호에 따른 건강기능식품
2. 「농약관리법」 제2조제1호에 따른 농약
3. 「마약류 관리에 관한 법률」 제2조제2호 및 제3호에 따른 마약 및 향정신성의약품
4. 「비료관리법」 제2조제1호에 따른 비료
5. 「사료관리법」 제2조제1호에 따른 사료
6. **「생활주변방사선 안전관리법」 제2조제2호에 따른 원료물질**
7. 「생활화학제품 및 살생물제의 안전관리에 관한 법률」 제3조제4호 및 제8호에 따른 안전확인대상생활화학제품 및 살생물제품 중 일반소비자의 생활용으로 제공되는 제품
8. 「식품위생법」 제2조제1호 및 제2호에 따른 식품 및 식품첨가물
9. 「약사법」 제2조제4호 및 제7호에 따른 의약품 및 의약외품
10. 「원자력안전법」 제2조제5호에 따른 방사성물질
11. 「위생용품 관리법」 제2조제1호에 따른 위생용품
12. 「의료기기법」 제2조제1항에 따른 의료기기

12의2. 「첨단재생의료 및 첨단바이오의약품 안전 및 지원에 관한 법률」 제2조제5호에 따른 **첨단바이오의약품**

13. 「총포·도검·화약류 등의 안전관리에 관한 법률」 제2조제3항에 따른 화약류
14. **「폐기물관리법」 제2조제1호에 따른 폐기물**

15. 「화장품법」 제2조제1호에 따른 화장품
16. 제1호부터 제15호까지의 규정 외의 화학물질 또는 혼합물로서 일반소비자의 생활용으로 제공되는 것(일반소비자의 생활용으로 제공되는 화학물질 또는 혼합물이 사업장 내에서 취급되는 경우를 포함한다)
17. 고용노동부장관이 정하여 고시하는 연구·개발용 화학물질 또는 화학제품. 이 경우 법 제110조제1항부터 제3항까지의 규정에 따른 자료의 제출만 제외된다.
18. 그 밖에 고용노동부장관이 독성·폭발성 등으로 인한 위해의 정도가 적다고 인정하여 고시하는 화학물질

정답 ③

유제 **산업안전보건법령상 물질안전보건자료의 작성·제출 제외 대상 화학물질을 모두 고른 것은?**

ㄱ. 「농약관리법」제2조제1호에 따른 농약
ㄴ. 「총포·도검·화약류 등의 안전관리에 관한 법률」제2조 제3항에 따른 화약류
ㄷ. 「방위사업법」제3조 제2호에 따른 군수품
ㄹ. 천연으로 산출된 화학물질
ㅁ. 「폐기물관리법」제2조 제1호에 따른 폐기물

① ㄱ, ㄴ, ㄷ
② ㄱ, ㄴ, ㅁ
③ ㄴ, ㄷ, ㄹ
④ ㄴ, ㄹ, ㅁ
⑤ ㄷ, ㄹ, ㅁ

해설

정답 ②

15 산업안전보건법령상 자율안전확인의 신고에 관한 설명으로 옳지 않은 것은? [2023년 기출]

① 「산업표준화법」 제15조에 따른 인증을 받은 경우에는 자율안전확인의 신고를 면제할 수 있다.

② 롤러기 급정지장치는 자율안전확인대상기계등에 해당한다.

③ 자율안전확인의 표시는 「국가표준기본법 시행령」 제15조의7 제1항에 따른 표시기준 및 방법에 따른다.

④ 자율안전확인 표시의 사용 금지 공고내용에 사업장 소재지가 포함되어야 한다.

⑤ 고용노동부장관은 자율안전확인표시의 사용을 금지한 날부터 20일 이내에 그 사실을 관보 등에 공고하여야 한다.

해설

제6장 유해·위험 기계 등에 대한 조치

영 제74조(안전인증대상기계등) ① 법 제84조제1항에서 "대통령령으로 정하는 것"이란 다음 각 호의 어느 하나에 해당하는 것을 말한다.

1. **다음 각 목의 어느 하나에 해당하는 기계 또는 설비**
   가. 프레스
   나. 전단기 및 절곡기(折曲機)
   다. 크레인
   라. 리프트
   마. 압력용기
   바. 롤러기
   사. 사출성형기(射出成形機)
   아. 고소(高所) 작업대
   자. 곤돌라
2. **다음 각 목의 어느 하나에 해당하는 방호장치**
   가. 프레스 및 전단기 방호장치
   나. 양중기용(揚重機用) 과부하 방지장치
   다. 보일러 압력방출용 안전밸브
   라. 압력용기 압력방출용 안전밸브
   마. 압력용기 압력방출용 파열판
   바. 절연용 방호구 및 활선작업용(活線作業用) 기구
   사. 방폭구조(防爆構造) 전기기계·기구 및 부품
   아. 추락·낙하 및 붕괴 등의 위험 방지 및 보호에 필요한 가설기자재로서 고용노동부장관이 정하여 고시하는 것
   자. 충돌·협착 등의 위험 방지에 필요한 **산업용 로봇 방호장치**로서 고용노동부장관이 정하여 고시하는 것
3. **다음 각 목의 어느 하나에 해당하는 보호구**

가. 추락 및 감전 위험방지용 안전모
나. 안전화
다. 안전장갑
라. 방진마스크
마. 방독마스크
바. 송기(送氣)마스크
사. 전동식 호흡보호구
아. 보호복
자. 안전대
차. 차광(遮光) 및 비산물(飛散物) 위험방지용 보안경
카. 용접용 보안면
타. 방음용 귀마개 또는 귀덮개

② 안전인증대상기계등의 세부적인 종류, 규격 및 형식은 고용노동부장관이 정하여 고시한다.

영 제77조(자율안전확인대상기계등) ① 법 제89조제1항 각 호 외의 부분 본문에서 "대통령령으로 정하는 것"이란 다음 각 호의 어느 하나에 해당하는 것을 말한다.

1. **다음 각 목의 어느 하나에 해당하는 기계 또는 설비**
   가. 연삭기(研削機) 또는 연마기. 이 경우 휴대형은 제외한다.
   나. 산업용 로봇
   다. 혼합기
   라. 파쇄기 또는 분쇄기
   마. 식품가공용 기계(파쇄·절단·혼합·제면기만 해당한다)
   바. 컨베이어
   사. 자동차정비용 리프트
   아. 공작기계(선반, 드릴기, 평삭·형삭기, 밀링만 해당한다)
   자. 고정형 목재가공용 기계(둥근톱, 대패, 루타기, 띠톱, 모떼기 기계만 해당한다)
   차. 인쇄기
2. **다음 각 목의 어느 하나에 해당하는 방호장치**
   가. 아세틸렌 용접장치용 또는 가스집합 용접장치용 안전기
   나. 교류 아크용접기용 자동전격방지기
   다. 롤러기 급정지장치
   라. 연삭기 덮개
   마. 목재 가공용 둥근톱 반발 예방장치와 날 접촉 예방장치
   바. 동력식 수동대패용 칼날 접촉 방지장치
   사. 추락·낙하 및 붕괴 등의 위험 방지 및 보호에 필요한 가설기자재(제74조제1항제2호아목의 가설기자재는 제외한다)로서 고용노동부장관이 정하여 고시하는 것
3. **다음 각 목의 어느 하나에 해당하는 보호구**
   가. 안전모(제74조제1항제3호가목의 안전모는 제외한다)
   나. 보안경(제74조제1항제3호차목의 보안경은 제외한다)

다. 보안면(제74조제1항제3호카목의 보안면은 제외한다)

② 자율안전확인대상기계등의 세부적인 종류, 규격 및 형식은 고용노동부장관이 정하여 고시한다.

영 **제78조(안전검사대상기계등)** ① 법 제93조제1항 전단에서 "대통령령으로 정하는 것"이란 다음 각 호의 어느 하나에 해당하는 것을 말한다.

1. 프레스
2. 전단기
3. 크레인(정격 하중이 2톤 미만인 것은 제외한다)
4. 리프트
5. 압력용기
6. 곤돌라
7. 국소 배기장치(이동식은 제외한다)
8. 원심기(산업용만 해당한다)
9. 롤러기(밀폐형 구조는 제외한다)
10. 사출성형기[형 체결력(型 締結力) 294킬로뉴턴(KN) 미만은 제외한다]
11. 고소작업대(「자동차관리법」 제3조제3호 또는 제4호에 따른 화물자동차 또는 특수자동차에 탑재한 고소작업대로 한정한다)
12. 컨베이어
13. 산업용 로봇

② 법 제93조제1항에 따른 안전검사대상기계등의 세부적인 종류, 규격 및 형식은 고용노동부장관이 정하여 고시한다.

영 **제78조(안전검사대상기계등)** ① 법 제93조제1항 전단에서 "대통령령으로 정하는 것"이란 다음 각 호의 어느 하나에 해당하는 것을 말한다. **〈개정 2024. 6. 25.〉**

1. 프레스
2. 전단기
3. 크레인(정격 하중이 2톤 미만인 것은 제외한다)
4. 리프트
5. 압력용기
6. 곤돌라
7. 국소 배기장치(이동식은 제외한다)
8. 원심기(산업용만 해당한다)
9. 롤러기(밀폐형 구조는 제외한다)
10. 사출성형기[형 체결력(型 締結力) 294킬로뉴턴(KN) 미만은 제외한다]
11. 고소작업대(「자동차관리법」 제3조제3호 또는 제4호에 따른 화물자동차 또는 특수자동차에 탑재한 고소작업대로 한정한다)
12. 컨베이어
13. 산업용 로봇
14. **혼합기**
15. **파쇄기 또는 분쇄기**

② 법 제93조제1항에 따른 안전검사대상기계등의 세부적인 종류, 규격 및 형식은 고용노동부장관이 정하여 고시한다.

[시행일 : 2026. 6. 26.] 제78조제1항제14호, 제78조제1항제15호

제6장 유해·위험 기계 등에 대한 조치

제3절 자율안전확인의 신고

제89조(자율안전확인의 신고) ① 안전인증대상기계등이 아닌 유해·위험기계등으로서 대통령령으로 정하는 것(이하 "자율안전확인대상기계등"이라 한다)을 제조하거나 수입하는 자는 자율안전확인대상기계등의 안전에 관한 성능이 고용노동부장관이 정하여 고시하는 안전기준(이하 "자율안전기준"이라 한다)에 맞는지 확인(이하 "자율안전확인"이라 한다)하여 고용노동부장관에게 신고(신고한 사항을 변경하는 경우를 포함한다)하여야 한다. **다만, 다음 각 호의 어느 하나에 해당하는 경우에는 신고를 면제할 수 있다.**

1. 연구·개발을 목적으로 제조·수입하거나 수출을 목적으로 제조하는 경우

2. 제84조제3항에 따른 안전인증을 받은 경우(제86조제1항에 따라 안전인증이 취소되거나 안전인증표시의 사용 금지 명령을 받은 경우는 제외한다)

3. 다른 법령에 따라 안전성에 관한 검사나 인증을 받은 경우로서 고용노동부령으로 정하는 경우

② 고용노동부장관은 제1항 각 호 외의 부분 본문에 따른 신고를 받은 경우 그 내용을 검토하여 이 법에 적합하면 신고를 수리하여야 한다.

③ 제1항 각 호 외의 부분 본문에 따라 신고를 한 자는 자율안전확인대상기계등이 자율안전기준에 맞는 것임을 증명하는 서류를 보존하여야 한다.

④ 제1항 각 호 외의 부분 본문에 따른 신고의 방법 및 절차, 그 밖에 필요한 사항은 고용노동부령으로 정한다.

제90조(자율안전확인의 표시 등) ① 제89조제1항 각 호 외의 부분 본문에 따라 신고를 한 자는 자율안전확인대상기계등이나 이를 담은 용기 또는 포장에 고용노동부령으로 정하는 바에 따라 자율안전확인의 표시(이하 "자율안전확인표시"라 한다)를 하여야 한다.

② 제89조제1항 각 호 외의 부분 본문에 따라 신고된 자율안전확인대상기계등이 아닌 것은 자율안전확인표시 또는 이와 유사한 표시를 하거나 자율안전확인에 관한 광고를 해서는 아니 된다.

③ 제89조제1항 각 호 외의 부분 본문에 따라 신고된 자율안전확인대상기계등을 제조·수입·양도·대여하는 자는 자율안전확인표시를 임의로 변경하거나 제거해서는 아니 된다.

④ 고용노동부장관은 다음 각 호의 어느 하나에 해당하는 경우에는 자율안전확인표시나 이와 유사한 표시를 제거할 것을 명하여야 한다.

1. 제2항을 위반하여 자율안전확인표시나 이와 유사한 표시를 한 경우

2. 거짓이나 그 밖의 부정한 방법으로 제89조제1항 각 호 외의 부분 본문에 따른 신고를 한 경우

3. 제91조제1항에 따라 자율안전확인표시의 사용 금지 명령을 받은 경우

제91조(자율안전확인표시의 사용 금지 등) ① 고용노동부장관은 제89조제1항 각 호 외의 부분 본문에 따라 신고된 자율안전확인대상기계등의 안전에 관한 성능이 자율안전기준에 맞지 아니하게 된 경우에는 같은 항 각 호 외의 부분 본문에 따라 신고한 자에게 6개월 이내의 기간을 정하여 자율안전확인표시의 사용을 금지하거나 자율안전기준에 맞게 시정하도록 명할 수 있다.

② 고용노동부장관은 제1항에 따라 자율안전확인표시의 사용을 금지하였을 때에는 그 사실을 관보

등에 공고하여야 한다.

③ 제2항에 따른 공고의 내용, 방법 및 절차, 그 밖에 필요한 사항은 고용노동부령으로 정한다.

제92조(자율안전확인대상기계등의 제조 등의 금지 등) ① 누구든지 다음 각 호의 어느 하나에 해당하는 자율안전확인대상기계등을 제조·수입·양도·대여·사용하거나 양도·대여의 목적으로 진열할 수 없다.

1. 제89조제1항 각 호 외의 부분 본문에 따른 신고를 하지 아니한 경우(같은 항 각 호 외의 부분 단서에 따라 신고가 면제되는 경우는 제외한다)
2. 거짓이나 그 밖의 부정한 방법으로 제89조제1항 각 호 외의 부분 본문에 따른 신고를 한 경우
3. 자율안전확인대상기계등의 안전에 관한 성능이 자율안전기준에 맞지 아니하게 된 경우
4. 제91조제1항에 따라 자율안전확인표시의 사용 금지 명령을 받은 경우

② 고용노동부장관은 제1항을 위반하여 자율안전확인대상기계등을 제조·수입·양도·대여하는 자에게 고용노동부령으로 정하는 바에 따라 그 자율안전확인대상기계등을 수거하거나 파기할 것을 명할 수 있다.

시행규칙 제119조(신고의 면제) 법 제89조제1항 제3호에서 "고용노동부령으로 정하는 경우"란 다음 각 호의 어느 하나에 해당하는 경우를 말한다.

1. 「농업기계화촉진법」 제9조에 따른 검정을 받은 경우
2. 「산업표준화법」 제15조에 따른 인증을 받은 경우
3. 「전기용품 및 생활용품 안전관리법」 제5조 및 제8조에 따른 안전인증 및 안전검사를 받은 경우
4. 국제전기기술위원회의 국제방폭전기기계·기구 상호인정제도에 따라 인증을 받은 경우

시행규칙 제120조(자율안전확인대상기계등의 신고방법) ① 법 제89조제1항 본문에 따라 신고해야 하는 자는 같은 규정에 따른 자율안전확인대상기계등(이하 "자율안전확인대상기계등"이라 한다)을 출고하거나 수입하기 전에 별지 제48호서식의 자율안전확인 신고서에 다음 각 호의 서류를 첨부하여 공단에 제출(전자문서로 제출하는 것을 포함한다)해야 한다.

1. 제품의 설명서
2. 자율안전확인대상기계등의 자율안전기준을 충족함을 증명하는 서류

② 공단은 제1항에 따른 신고서를 제출받은 경우 「전자정부법」 제36조제1항에 따른 행정정보의 공동이용을 통하여 다음 각 호의 어느 하나에 해당하는 서류를 확인해야 한다. 다만, 제2호의 서류에 대해서는 신청인이 확인에 동의하지 않는 경우에는 그 사본을 첨부하도록 해야 한다.

1. 법인 : 법인등기사항증명서
2. 개인 : 사업자등록증

③ 공단은 제1항에 따라 자율안전확인의 신고를 받은 날부터 15일 이내에 별지 제49호서식의 자율안전확인 신고증명서를 신고인에게 발급해야 한다.

시행규칙 제121조(자율안전확인의 표시) 법 제90조제1항에 따른 자율안전확인의 표시 및 표시방법은 별표 14와 같다.

시행규칙 제122조(자율안전확인 표시의 사용 금지 공고내용 등) ① 지방고용노동관서의 장은 법 제91조제1항에 따라 자율안전확인표시의 사용을 금지한 경우에는 이를 고용노동부장관에게 보고해야 한다.

② **고용노동부장관은 법 제91조제3항에 따라 자율안전확인표시 사용을 금지한 날부터 30일 이내에**

다음 각 호의 사항을 관보나 인터넷 등에 공고해야 한다.

1. 자율안전확인대상기계등의 명칭 및 형식번호
2. 자율안전확인번호
3. 제조자(수입자)
4. 사업장 소재지
5. 사용금지 기간 및 사용금지 사유

시행규칙 제123조(자율안전확인대상기계등의 수거·파기명령) ① 지방고용노동관서의 장은 법 제92조 제2항에 따른 수거·파기명령을 할 때에는 그 사유와 이행에 필요한 기간을 정하여 제조·수입·양도 또는 대여하는 자에게 알려야 한다.

② 지방고용노동관서의 장은 제1항에 따라 수거·파기명령을 받은 자가 그 제품을 구성하는 부분품을 교체하여 결함을 개선하는 등 자율안전기준의 부적합 사유를 해소할 수 있는 경우에는 해당 부분품에 대해서만 수거·파기할 것을 명할 수 있다.

③ 제1항 및 제2항에 따라 수거·파기명령을 받은 자는 명령에 따른 필요한 조치를 이행하면 그 결과를 관할 지방고용노동관서의 장에게 보고해야 한다.

④ 지방고용노동관서의 장은 제3항에 따른 보고를 받은 경우에는 제1항과 제2항에 따른 명령 및 제3항에 따른 이행 결과 보고의 내용을 고용노동부장관에게 보고해야 한다.

안전인증 일부 면제한다	자율안전확인신고 면제할 수 있다
1. 고용노동부장관이 정하여 고시하는 외국의 안전인증기관에서 인증을 받은 경우 2. 국제전기기술위원회(IEC)의 국제방폭전기기계·기구 상호인정제도(IECEx Scheme)에 따라 인증을 받은 경우 3. 「국가표준기본법」에 따른 시험·검사기관에서 실시하는 시험을 받은 경우 4. 「산업표준화법」 제15조에 따른 인증을 받은 경우 5. 「전기용품 및 생활용품 안전관리법」 제5조에 따른 안전인증을 받은 경우 → **(암기법 : 외국/국/산/전기용품/방폭)**	1. 연구·개발을 목적으로 제조·수입하거나 수출을 목적으로 제조하는 경우 2. 제84조제3항에 따른 안전인증을 받은 경우(제86조제1항에 따라 안전인증이 취소되거나 안전인증표시의 사용 금지 명령을 받은 경우는 제외한다) 3. 「농업기계화촉진법」 제9조에 따른 검정을 받은 경우 4. 「산업표준화법」 제15조에 따른 인증을 받은 경우 5. 「전기용품 및 생활용품 안전관리법」 제5조 및 제8조에 따른 안전인증 및 안전검사를 받은 경우 6. 국제전기기술위원회의 국제방폭전기기계·기구 상호인정제도에 따라 인증을 받은 경우 → **(암기법 : 연구·개발·수출/인증//농/산/전기용품/방폭)**

■ 산업안전보건법 시행규칙 [별표 14]

<u>안전인증 및 자율안전확인의 표시 및 표시방법</u>

(제114조제1항 및 제121조 관련)

1. 표시

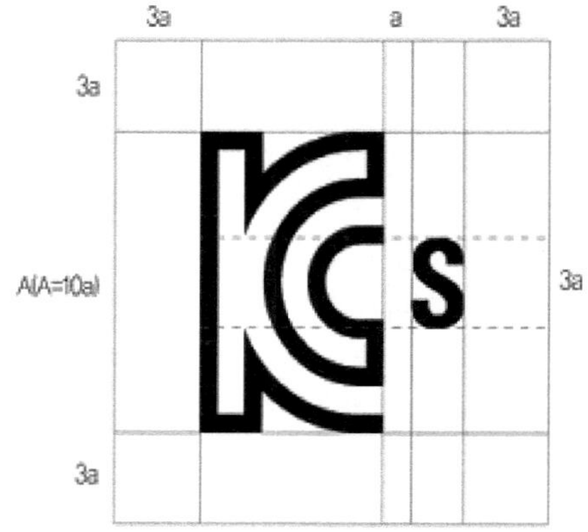

2. 표시방법

가. **표시는 「국가표준기본법 시행령」 제15조의7제1항에 따른 표시기준 및 방법에 따른다.**

나. 표시를 하는 경우 인체에 상해를 입힐 우려가 있는 재질이나 표면이 거친 재질을 사용해서는 안 된다.

정답 ⑤

16 산업안전보건법령상 안전보건관리책임자 등에 대한 직무교육 중 신규교육이 면제되는 사람에 관한 내용이다. ( )에 들어갈 숫자로 옳은 것은? [2023년 기출]

「고등교육법」에 따른 이공계 전문대학 또는 이와 같은 수준 이상의 학교에서 학위를 취득하고, 해당 사업의 관리감독자로서의 업무를 (ㄱ)년(4년제 이공계 대학 학위 취득자는 1년) 이상 담당한 후 고용노동부장관이 지정하는 기관이 실시하는 교육(1998년 12월 31일까지의 교육만 해당한다)을 받고 정해진 시험에 합격한 사람. 다만 관리감독자로 종사한 사업과 같은 업종(한국표준산업분류에 따른 대분류를 기준으로 한다)의 사업장이면서, 건설업의 경우를 제외하고는 상시근로자 (ㄴ)명 미만인 사업장에서만 안전관리자가 될 수 있다.

① ㄱ : 2, ㄴ : 200

② ㄱ : 2, ㄴ : 300

③ ㄱ : 3, ㄴ : 200

④ ㄱ : 3, ㄴ : 300

⑤ ㄱ : 5, ㄴ : 200

해설

시행규칙 제27조(안전보건교육의 면제) ① 전년도에 산업재해가 발생하지 않은 사업장의 사업주의 경우 법 제29조제1항에 따른 근로자 정기교육(이하 "근로자 정기교육"이라 한다)을 그 다음 연도에 한정하여 별표 4에서 정한 실시기준 시간의 100분의 50 범위에서 면제할 수 있다.

② 영 제16조 및 제20조에 따른 안전관리자 및 보건관리자를 선임할 의무가 없는 사업장의 사업주가 법 제11조제3호에 따라 노무를 제공하는 자의 건강 유지·증진을 위하여 설치된 근로자건강센터(이하 "근로자건강센터"라 한다)에서 실시하는 안전보건교육, 건강상담, 건강관리프로그램 등 근로자 건강관리 활동에 해당 사업장의 근로자를 참여하게 한 경우에는 해당 시간을 제26조제1항에 따른 교육 중 해당 반기(관리감독자의 지위에 있는 사람의 경우 해당 연도)의 근로자 정기교육 시간에서 면제할 수 있다. 이 경우 사업주는 해당 사업장의 근로자가 근로자건강센터에서 실시하는 건강관리 활동에 참여한 사실을 입증할 수 있는 서류를 갖춰 두어야 한다. 〈개정 2023. 9. 27.〉

③ **법 제30조 제1항 제3호에 따라 관리감독자가 다음 각 호의 어느 하나에 해당하는 교육을 이수한 경우 별표 4에서 정한 근로자 정기교육시간을 면제할 수 있다.**

1. 법 제32조제1항 각 호 외의 부분 본문에 따라 영 제40조제3항에 따른 직무교육기관(이하 "직무교육기관"이라 한다)에서 실시한 전문화교육
2. 법 제32조제1항 각 호 외의 부분 본문에 따라 직무교육기관에서 실시한 인터넷 원격교육
3. 법 제32조제1항 각 호 외의 부분 본문에 따라 공단에서 실시한 안전보건관리담당자 양성교육
4. 법 제98조제1항 제2호에 따른 검사원 성능검사 교육
5. 그 밖에 고용노동부장관이 근로자 정기교육 면제대상으로 인정하는 교육

④ 사업주는 법 제30조제2항에 따라 해당 근로자가 채용되거나 변경된 작업에 경험이 있을 경우 채용 시 교육 또는 특별교육 시간을 다음 각 호의 기준에 따라 실시할 수 있다.

1. 「통계법」 제22조에 따라 통계청장이 고시한 한국표준산업분류의 세분류 중 같은 종류의 업종에 6개월 이상 근무한 경험이 있는 근로자를 이직 후 1년 이내에 채용하는 경우 : 별표 4에서 정한 채용 시 교육시간의 100분의 50 이상
2. 별표 5의 특별교육 대상작업에 6개월 이상 근무한 경험이 있는 근로자가 다음 각 목의 어느 하나에 해당하는 경우 : 별표 4에서 정한 특별교육 시간의 100분의 50 이상
   가. 근로자가 이직 후 1년 이내에 채용되어 이직 전과 동일한 특별교육 대상작업에 종사하는 경우
   나. 근로자가 같은 사업장 내 다른 작업에 배치된 후 1년 이내에 배치 전과 동일한 특별교육 대상작업에 종사하는 경우
3. 채용 시 교육 또는 특별교육을 이수한 근로자가 같은 도급인의 사업장 내에서 이전에 하던 업무와 동일한 업무에 종사하는 경우 : 소속 사업장의 변경에도 불구하고 해당 근로자에 대한 채용 시 교육 또는 특별교육 면제
4. 그 밖에 고용노동부장관이 채용 시 교육 또는 특별교육 면제 대상으로 인정하는 교육

시행규칙 제29조(안전보건관리책임자 등에 대한 직무교육) ① 법 제32조제1항 각 호 외의 부분 본문에 따라 다음 각 호의 어느 하나에 해당하는 사람은 해당 직위에 선임(위촉의 경우를 포함한

다. 이하 같다)되거나 채용된 후 3개월(보건관리자가 의사인 경우는 1년을 말한다) 이내에 직무를 수행하는 데 필요한 신규교육을 받아야 하며, 신규교육을 이수한 후 매 2년이 되는 날을 기준으로 전후 6개월 사이에 고용노동부장관이 실시하는 안전보건에 관한 보수교육을 받아야 한다. 〈개정 2023. 9. 27.〉

1. 법 제15조제1항에 따른 안전보건관리책임자
2. 법 제17조제1항에 따른 안전관리자(「기업활동 규제완화에 관한 특별조치법」 제30조제3항에 따라 안전관리자로 채용된 것으로 보는 사람을 포함한다)
3. 법 제18조제1항에 따른 보건관리자
4. 법 제19조제1항에 따른 안전보건관리담당자
5. 법 제21조제1항에 따른 안전관리전문기관 또는 보건관리전문기관에서 안전관리자 또는 보건관리자의 위탁 업무를 수행하는 사람
6. 법 제74조제1항에 따른 건설재해예방전문지도기관에서 지도업무를 수행하는 사람
7. 법 제96조제1항에 따라 지정받은 안전검사기관에서 검사업무를 수행하는 사람
8. 법 제100조제1항에 따라 지정받은 자율안전검사기관에서 검사업무를 수행하는 사람
9. 법 제120조제1항에 따른 석면조사기관에서 석면조사 업무를 수행하는 사람

② 제1항에 따른 신규교육 및 보수교육(이하 "직무교육"이라 한다)의 교육시간은 별표 4와 같고, 교육내용은 별표 5와 같다.

③ 직무교육을 실시하기 위한 집체교육, 현장교육, 인터넷원격교육 등의 교육 방법, 직무교육 기관의 관리, 그 밖에 교육에 필요한 사항은 고용노동부장관이 정하여 고시한다.

시행규칙 제30조(직무교육의 면제) ① 법 제32조 제1항 각 호 외의 부분 단서에 따라 다음 각 호의 어느 하나에 해당하는 사람에 대해서는 **직무교육 중 신규교육을 면제한다**.

1. 법 제19조제1항에 따른 안전보건관리담당자
2. 영 별표 4 제6호에 해당하는 사람
3. 영 별표 4 제7호에 해당하는 사람

② 영 별표 4 제8호 각 목의 어느 하나에 해당하는 사람, **「기업활동 규제완화에 관한 특별조치법」 제30조제3항 제4호 또는 제5호에 따라 안전관리자로 채용된 것으로 보는 사람**, 보건관리자로서 영 별표 6 제2호 또는 제3호에 해당하는 사람이 해당 법령에 따른 교육기관에서 제29조제2항의 교육내용 중 고용노동부장관이 정하는 내용이 포함된 교육을 이수하고 해당 교육기관에서 발행하는 확인서를 제출하는 경우에는 **직무교육 중 보수교육을 면제한다.**

③ 제29조 제1항 각 호의 어느 하나에 해당하는 사람이 고용노동부장관이 정하여 고시하는 안전·보건에 관한 교육을 이수한 경우에는 직무교육 중 보수교육을 면제한다.

■ **산업안전보건법 시행령 [별표 4] 〈개정 2024. 3. 12.〉**

안전관리자의 자격(제17조 관련)

안전관리자는 다음 각 호의 어느 하나에 해당하는 사람으로 한다.

1. 법 제143조제1항에 따른 산업안전지도사 자격을 가진 사람
2. 「국가기술자격법」에 따른 산업안전산업기사 이상의 자격을 취득한 사람
3. 「국가기술자격법」에 따른 건설안전산업기사 이상의 자격을 취득한 사람

4. 「고등교육법」에 따른 4년제 대학 이상의 학교에서 산업안전 관련 학위를 취득한 사람 또는 이와 같은 수준 이상의 학력을 가진 사람
5. 「고등교육법」에 따른 전문대학 또는 이와 같은 수준 이상의 학교에서 산업안전 관련 학위를 취득한 사람
6. **「고등교육법」에 따른 이공계 전문대학 또는 이와 같은 수준 이상의 학교에서 학위를 취득하고, 해당 사업의 관리감독자로서의 업무(건설업의 경우는 시공실무경력)를 3년(4년제 이공계 대학 학위 취득자는 1년) 이상 담당한 후 고용노동부장관이 지정하는 기관이 실시하는 교육(1998년 12월 31일까지의 교육만 해당한다)을 받고 정해진 시험에 합격한 사람. 다만, 관리감독자로 종사한 사업과 같은 업종(한국표준산업분류에 따른 대분류를 기준으로 한다)의 사업장이면서, 건설업의 경우를 제외하고는 상시근로자 300명 미만인 사업장에서만 안전관리자가 될 수 있다.**
7. **「초·중등교육법」에 따른 공업계 고등학교 또는 이와 같은 수준 이상의 학교를 졸업하고, 해당 사업의 관리감독자로서의 업무(건설업의 경우는 시공실무경력)를 5년 이상 담당한 후 고용노동부장관이 지정하는 기관이 실시하는 교육(1998년 12월 31일까지의 교육만 해당한다)을 받고 정해진 시험에 합격한 사람. 다만, 관리감독자로 종사한 사업과 같은 종류인 업종(한국표준산업분류에 따른 대분류를 기준으로 한다)의 사업장이면서, 건설업의 경우를 제외하고는 별표 3 제27호 또는 제36호의 사업을 하는 사업장(상시근로자 50명 이상 1천명 미만인 경우만 해당한다)에서만 안전관리자가 될 수 있다.**

7의2. **「초·중등교육법」에 따른 공업계 고등학교를 졸업하거나 「고등교육법」에 따른 학교에서 공학 또는 자연과학 분야 학위를 취득하고, 건설업을 제외한 사업에서 실무경력이 5년 이상인 사람으로서 고용노동부장관이 지정하는 기관이 실시하는 교육(2028년 12월 31일까지의 교육만 해당한다)을 받고 정해진 시험에 합격한 사람. 다만, 건설업을 제외한 사업의 사업장이면서 상시근로자 300명 미만인 사업장에서만 안전관리자가 될 수 있다.**

8. 다음 각 목의 어느 하나에 해당하는 사람. 다만, 해당 법령을 적용받은 사업에서만 선임될 수 있다.
   가. 「고압가스 안전관리법」 제4조 및 같은 법 시행령 제3조제1항에 따른 허가를 받은 사업자 중 고압가스를 제조·저장 또는 판매하는 사업에서 같은 법 제15조 및 같은 법 시행령 제12조에 따라 선임하는 안전관리 책임자
   나. 「액화석유가스의 안전관리 및 사업법」 제5조 및 같은 법 시행령 제3조에 따른 허가를 받은 사업자 중 액화석유가스 충전사업·액화석유가스 집단공급사업 또는 액화석유가스 판매사업에서 같은 법 제34조 및 같은 법 시행령 제15조에 따라 선임하는 안전관리책임자
   다. 「도시가스사업법」 제29조 및 같은 법 시행령 제15조에 따라 선임하는 안전관리 책임자
   라. 「교통안전법」 제53조에 따라 교통안전관리자의 자격을 취득한 후 해당 분야에 채용된 교통안전관리자
   마. 「총포·도검·화약류 등의 안전관리에 관한 법률」 제2조제3항에 따른 화약류를 제조·판매 또는 저장하는 사업에서 같은 법 제27조 및 같은 법 시행령 제54조·제55조에 따라 선임하는 화약류제조보안책임자 또는 화약류관리보안책임자
   바. 「전기안전관리법」 제22조에 따라 전기사업자가 선임하는 전기안전관리자
9. 제16조제2항에 따라 전담 안전관리자를 두어야 하는 사업장(건설업은 제외한다)에서 안전 관련 업무를 10년 이상 담당한 사람

10. 「건설산업기본법」 제8조에 따른 종합공사를 시공하는 업종의 건설현장에서 안전보건관리책임자로 10년 이상 재직한 사람
11. 「건설기술 진흥법」에 따른 토목·건축 분야 건설기술인 중 등급이 중급 이상인 사람으로서 고용노동부장관이 지정하는 기관이 실시하는 산업안전교육(2025년 12월 31일까지의 교육만 해당한다)을 이수하고 정해진 시험에 합격한 사람
12. 「국가기술자격법」에 따른 토목산업기사 또는 건축산업기사 이상의 자격을 취득한 후 해당 분야에서의 실무경력이 다음 각 목의 구분에 따른 기간 이상인 사람으로서 고용노동부장관이 지정하는 기관이 실시하는 산업안전교육(2025년 12월 31일까지의 교육만 해당한다)을 이수하고 정해진 시험에 합격한 사람
    가. 토목기사 또는 건축기사 : 3년
    나. 토목산업기사 또는 건축산업기사 : 5년

정답 ④

17 산업안전보건법령상 서류의 보존기간이 3년인 것을 모두 고른 것은? [2023년 기출]

ㄱ. 산업보건의의 선임에 관한 서류
ㄴ. 산업재해의 발생원인 등 기록
ㄷ. 산업안전보건위원회의 회의록
ㄹ. 신규화학물질의 유해성·위험성 조사에 관한 서류

① ㄱ, ㄷ
② ㄴ, ㄹ
③ ㄱ, ㄴ, ㄹ
④ ㄴ, ㄷ, ㄹ
⑤ ㄱ, ㄴ, ㄷ, ㄹ

해설

제164조(서류의 보존) ① 사업주는 다음 각 호의 서류를 3년(**제2호의 경우 2년**을 말한다) 동안 보존하여야 한다. 다만, 고용노동부령으로 정하는 바에 따라 보존기간을 연장할 수 있다.
1. 안전보건관리책임자·안전관리자·보건관리자·안전보건관리담당자 및 산업보건의의 선임에 관한 서류
2. 제24조제3항 및 제75조제4항에 따른 회의록
3. 안전조치 및 보건조치에 관한 사항으로서 고용노동부령으로 정하는 사항을 적은 서류

4. 제57조제2항에 따른 산업재해의 발생원인 등 기록
5. 제108조제1항 본문 및 제109조제1항에 따른 화학물질의 유해성·위험성 조사에 관한 서류
6. 제125조에 따른 작업환경측정에 관한 서류
7. 제129조부터 제131조까지의 규정에 따른 건강진단에 관한 서류

② 안전인증 또는 안전검사의 업무를 위탁받은 안전인증기관 또는 안전검사기관은 안전인증·안전검사에 관한 사항으로서 고용노동부령으로 정하는 서류를 3년 동안 보존하여야 하고, 안전인증을 받은 자는 제84조제5항에 따라 안전인증대상기계등에 대하여 기록한 서류를 3년 동안 보존하여야 하며, 자율안전확인대상기계등을 제조하거나 수입하는 자는 자율안전기준에 맞는 것임을 증명하는 서류를 2년 동안 보존하여야 하고, 제98조제1항에 따라 자율안전검사를 받은 자는 자율검사프로그램에 따라 실시한 검사 결과에 대한 서류를 2년 동안 보존하여야 한다.

③ 일반석면조사를 한 건축물·설비소유주등은 그 결과에 관한 서류를 그 건축물이나 설비에 대한 해체·제거작업이 종료될 때까지 보존하여야 하고, 기관석면조사를 한 건축물·설비소유주등과 석면조사기관은 그 결과에 관한 서류를 3년 동안 보존하여야 한다.

④ 작업환경측정기관은 작업환경측정에 관한 사항으로서 고용노동부령으로 정하는 사항을 적은 서류를 3년 동안 보존하여야 한다.

⑤ 지도사는 그 업무에 관한 사항으로서 고용노동부령으로 정하는 사항을 적은 서류를 5년 동안 보존하여야 한다.

⑥ 석면해체·제거업자는 제122조제3항에 따른 석면해체·제거작업에 관한 서류 중 고용노동부령으로 정하는 서류를 30년 동안 보존하여야 한다.

⑦ 제1항부터 제6항까지의 경우 전산입력자료가 있을 때에는 그 서류를 대신하여 전산입력자료를 보존할 수 있다.

시행규칙 제241조(서류의 보존) ① 법 제164조제1항 단서에 따라 제188조에 따른 **작업환경측정 결과**를 기록한 서류는 보존(전자적 방법으로 하는 보존을 포함한다)기간을 **5년**으로 한다. 다만, 고용노동부장관이 정하여 고시하는 물질에 대한 기록이 포함된 서류는 그 보존기간을 30년으로 한다.

② 법 제164조제1항 단서에 따라 사업주는 제209조제3항에 따라 송부 받은 **건강진단 결과표 및 법 제133조 단서에 따라 근로자가 제출한 건강진단 결과를 증명하는 서류(이들 자료가 전산입력된 경우에는 그 전산입력된 자료를 말한다)를 5년간 보존**해야 한다. 다만, 고용노동부장관이 정하여 고시하는 물질을 취급하는 근로자에 대한 건강진단 결과의 서류 또는 전산입력 자료는 30년간 보존해야 한다.

③ 법 제164조제2항에서 "고용노동부령으로 정하는 서류"란 다음 각 호의 서류를 말한다.
1. 제108조제1항에 따른 안전인증 신청서(첨부서류를 포함한다) 및 제110조에 따른 심사와 관련하여 인증기관이 작성한 서류
2. 제124조에 따른 안전검사 신청서 및 검사와 관련하여 안전검사기관이 작성한 서류

④ 법 제164조제4항에서 "고용노동부령으로 정하는 사항"이란 다음 각 호를 말한다.
1. 측정 대상 사업장의 명칭 및 소재지
2. 측정 연월일
3. 측정을 한 사람의 성명

4. 측정방법 및 측정 결과
5. 기기를 사용하여 분석한 경우에는 분석자·분석방법 및 분석자료 등 분석과 관련된 사항

⑤ 법 제164조제5항에서 "고용노동부령으로 정하는 사항"이란 다음 각 호를 말한다.
1. 의뢰자의 성명(법인인 경우에는 그 명칭을 말한다) 및 주소
2. 의뢰를 받은 연월일
3. 실시항목
4. 의뢰자로부터 받은 보수액

⑥ 법 제164조제6항에서 "고용노동부령으로 정하는 사항"이란 다음 각 호를 말한다.
1. 석면해체·제거작업장의 명칭 및 소재지
2. 석면해체·제거작업 근로자의 인적사항(성명, 생년월일 등을 말한다)
3. 작업의 내용 및 작업기간

정답 ③

18 산업안전보건법령상 유해인자의 유해성·위험성 분류기준에 관한 설명으로 옳은 것을 모두 고른 것은? [2023년 기출]

ㄱ. 소음은 소음성난청을 유발할 수 있는 90데시벨(A) 이상의 시끄러운 소리이다.
ㄴ. 물과 상호작용을 하여 인화성 가스를 발생시키는 고체·액체 또는 혼합물은 물반응성 물질에 해당한다.
ㄷ. 20℃, 표준압력(101.3㎪)에서 공기와 혼합하여 인화되는 범위에 있는 가스는 인화성 가스에 해당한다.
ㄹ. 이상기압은 게이지 압력이 제곱센티미터당 1킬로그램 초과 또는 미만인 기압이다.

① ㄱ, ㄴ
② ㄷ, ㄹ
③ ㄱ, ㄴ, ㄷ
④ ㄴ, ㄷ, ㄹ
⑤ ㄱ, ㄴ, ㄷ, ㄹ

해설

■ 산업안전보건법 시행규칙 [별표 18]

유해인자의 유해성·위험성 분류기준(제141조 관련)

1. 화학물질의 분류기준
가. 물리적 위험성 분류기준
1) 폭발성 물질 : 자체의 화학반응에 따라 주위환경에 손상을 줄 수 있는 정도의 온도·압력 및 속도를 가진 가스를 발생시키는 고체·액체 또는 혼합물
2) 인화성 가스 : 20℃, 표준압력(101.3㎪)에서 공기와 혼합하여 인화되는 범위에 있는 가스와 54℃ 이하 공기 중에서 자연발화하는 가스를 말한다.(혼합물을 포함한다)
3) 인화성 액체 : 표준압력(101.3㎪)에서 인화점이 93℃ 이하인 액체
4) 인화성 고체 : 쉽게 연소되거나 마찰에 의하여 화재를 일으키거나 촉진할 수 있는 물질
5) 에어로졸 : 재충전이 불가능한 금속·유리 또는 플라스틱 용기에 압축가스·액화가스 또는 용해가스를 충전하고 내용물을 가스에 현탁시킨 고체나 액상입자로, 액상 또는 가스상에서 폼·페이스트·분말상으로 배출되는 분사장치를 갖춘 것
6) 물반응성 물질 : 물과 상호작용을 하여 자연발화되거나 인화성 가스를 발생시키는 고체·액체 또는 혼합물
7) 산화성 가스 : 일반적으로 산소를 공급함으로써 공기보다 다른 물질의 연소를 더 잘 일으키거나 촉진하는 가스
8) 산화성 액체 : 그 자체로는 연소하지 않더라도, 일반적으로 산소를 발생시켜 다른 물질을 연소시키거나 연소를 촉진하는 액체
9) 산화성 고체 : 그 자체로는 연소하지 않더라도 일반적으로 산소를 발생시켜 다른 물질을 연소시키거나 연소를 촉진하는 고체
10) 고압가스 : 20℃, 200킬로파스칼(㎪) 이상의 압력 하에서 용기에 충전되어 있는 가스 또는 냉동액화가스 형태로 용기에 충전되어 있는 가스(압축가스, 액화가스, 냉동액화가스, 용해가스로 구분한다)
11) 자기반응성 물질 : 열적(熱的)인 면에서 불안정하여 산소가 공급되지 않아도 강렬하게 발열·분해하기 쉬운 액체·고체 또는 혼합물
12) 자연발화성 액체 : 적은 양으로도 공기와 접촉하여 5분 안에 발화할 수 있는 액체
13) 자연발화성 고체 : 적은 양으로도 공기와 접촉하여 5분 안에 발화할 수 있는 고체
14) 자기발열성 물질 : 주위의 에너지 공급 없이 공기와 반응하여 스스로 발열하는 물질(자기발화성 물질은 제외한다)
15) 유기과산화물 : 2가의 -O-O-구조를 가지고 **1개 또는 2개**의 수소 원자가 유기라디칼에 의하여 치환된 과산화수소의 유도체를 포함한 액체 또는 고체 유기물질
16) 금속 부식성 물질 : 화학적인 작용으로 금속에 손상 또는 부식을 일으키는 물질
나. 건강 및 환경 유해성 분류기준

1) 급성 독성 물질 : 입 또는 피부를 통하여 1회 투여 또는 24시간 이내에 여러 차례로 나누어 투여하거나 호흡기를 통하여 4시간 동안 흡입하는 경우 유해한 영향을 일으키는 물질
2) 피부 부식성 또는 자극성 물질 : 접촉 시 피부조직을 파괴하거나 자극을 일으키는 물질(피부 부식성 물질 및 피부 자극성 물질로 구분한다)
3) 심한 눈 손상성 또는 자극성 물질 : 접촉 시 눈 조직의 손상 또는 시력의 저하 등을 일으키는 물질(눈 손상성 물질 및 눈 자극성 물질로 구분한다)
4) 호흡기 과민성 물질 : 호흡기를 통하여 흡입되는 경우 기도에 과민반응을 일으키는 물질
5) 피부 과민성 물질 : 피부에 접촉되는 경우 피부 알레르기 반응을 일으키는 물질
6) 발암성 물질 : 암을 일으키거나 그 발생을 증가시키는 물질
7) 생식세포 변이원성 물질 : 자손에게 유전될 수 있는 사람의 생식세포에 돌연변이를 일으킬 수 있는 물질
8) 생식독성 물질 : 생식기능, 생식능력 또는 태아의 발생·발육에 유해한 영향을 주는 물질
9) 특정 표적장기 독성 물질(1회 노출) : 1회 노출로 특정 표적장기 또는 전신에 독성을 일으키는 물질
10) 특정 표적장기 독성 물질(반복 노출) : 반복적인 노출로 특정 표적장기 또는 전신에 독성을 일으키는 물질
11) 흡인 유해성 물질 : 액체 또는 고체 화학물질이 입이나 코를 통하여 직접적으로 또는 구토로 인하여 간접적으로, 기관 및 더 깊은 호흡기관으로 유입되어 화학적 폐렴, 다양한 폐 손상이나 사망과 같은 심각한 급성 영향을 일으키는 물질
12) 수생 환경 유해성 물질 : 단기간 또는 장기간의 노출로 수생생물에 유해한 영향을 일으키는 물질
13) 오존층 유해성 물질 : 「오존층 보호를 위한 특정물질의 제조규제 등에 관한 법률」 제2조제1호에 따른 특정물질

2. 물리적 인자의 분류기준

가. 소음 : 소음성난청을 유발할 수 있는 **85데시벨(A)** 이상의 시끄러운 소리
나. 진동 : 착암기, 손망치 등의 공구를 사용함으로써 발생되는 백랍병·레이노 현상·말초순환장애 등의 국소 진동 및 차량 등을 이용함으로써 발생되는 관절통·디스크·소화장애 등의 전신 진동
다. 방사선 : 직접·간접으로 공기 또는 세포를 전리하는 능력을 가진 알파선·베타선·감마선·엑스선·중성자선 등의 전자선
라. 이상기압 : 게이지 압력이 제곱센티미터당 1킬로그램 초과 또는 미만인 기압
마. 이상기온 : 고열·한랭·다습으로 인하여 열사병·동상·피부질환 등을 일으킬 수 있는 기온

3. 생물학적 인자의 분류기준

가. 혈액매개 감염인자 : 인간면역결핍바이러스, B형·C형간염바이러스, 매독바이러스 등 혈액을 매개로 다른 사람에게 전염되어 질병을 유발하는 인자
나. 공기매개 감염인자 : 결핵·수두·홍역 등 공기 또는 비말감염 등을 매개로 호흡기를 통하여 전염되는 인자
다. 곤충 및 동물매개 감염인자 : 쯔쯔가무시증, 렙토스피라증, 유행성출혈열 등 동물의 배설물

등에 의하여 전염되는 인자 및 탄저병, 브루셀라병 등 가축 또는 야생동물로부터 사람에게 감염되는 인자

비고

제1호에 따른 화학물질의 분류기준 중 가목에 따른 물리적 위험성 분류기준별 세부 구분기준과 나목에 따른 건강 및 환경 유해성 분류기준의 단일물질 분류기준별 세부 구분기준 및 혼합물질의 분류기준은 고용노동부장관이 정하여 고시한다.

비교 작업환경측정 대상 유해인자

8시간 시간가중평균 80dB 이상의 소음

정답 ④

19 산업안전보건법령상 근로환경의 개선에 관한 설명으로 옳지 않은 것은? [2023년 기출]

① 도급인의 사업장에서 관계수급인 또는 관계수급인의 근로자가 작업을 하는 경우에는 도급인은 그 사업장에 소속된 사람 중 산업위생관리산업기사 이상의 자격을 가진 사람으로 하여금 작업환경측정을 하도록 하여야 한다.

② 사업주는 근로자대표가 요구하면 작업환경측정 시 근로자대표를 참석시켜야 한다.

③ 「의료법」에 따른 의원 또는 한의원은 작업환경측정기관으로 고용노동부장관의 승인을 받을 수 있다.

④ 한국산업안전보건공단은 작업환경측정 결과가 노출기준 미만인데도 직업병 유소견자가 발생한 경우에는 작업환경측정 신뢰성평가를 할 수 있다.

⑤ 사업주는 산업안전보건위원회 또는 근로자대표가 요구하면 작업환경측정 결과에 대한 설명회 등을 개최하여야 한다.

해설

제8장 근로자 보건관리

제1절 근로환경의 개선

제125조(작업환경측정) ① 사업주는 유해인자로부터 근로자의 건강을 보호하고 쾌적한 작업환경을 조성하기 위하여 인체에 해로운 작업을 하는 작업장으로서 고용노동부령으로 정하는 작업장에 대하여 고용노동부령으로 정하는 자격을 가진 자로 하여금 작업환경측정을 하도록 하여야 한다.

② 제1항에도 불구하고 도급인의 사업장에서 관계수급인 또는 관계수급인의 근로자가 작업을 하는 경우에는 도급인이 제1항에 따른 자격을 가진 자로 하여금 작업환경측정을 하도록 하여야 한다.

③ 사업주(제2항에 따른 도급인을 포함한다. 이하 이 조 및 제127조에서 같다)는 제1항에 따른 작

업환경측정을 제126조에 따라 지정받은 기관(이하 "작업환경측정기관"이라 한다)에 위탁할 수 있다. 이 경우 필요한 때에는 작업환경측정 중 시료의 분석만을 위탁할 수 있다.

④ 사업주는 근로자대표(관계수급인의 근로자대표를 포함한다. 이하 이 조에서 같다)가 요구하면 작업환경측정 시 근로자대표를 참석시켜야 한다.

⑤ 사업주는 작업환경측정 결과를 기록하여 보존하고 고용노동부령으로 정하는 바에 따라 고용노동부장관에게 보고하여야 한다. 다만, 제3항에 따라 사업주로부터 작업환경측정을 위탁받은 작업환경측정기관이 작업환경측정을 한 후 그 결과를 고용노동부령으로 정하는 바에 따라 고용노동부장관에게 제출한 경우에는 작업환경측정 결과를 보고한 것으로 본다.

⑥ 사업주는 작업환경측정 결과를 해당 작업장의 근로자(관계수급인 및 관계수급인 근로자를 포함한다. 이하 이 항, 제127조 및 제175조제5항제15호에서 같다)에게 알려야 하며, 그 결과에 따라 근로자의 건강을 보호하기 위하여 해당 시설·설비의 설치·개선 또는 건강진단의 실시 등의 조치를 하여야 한다.

⑦ 사업주는 산업안전보건위원회 또는 근로자대표가 요구하면 작업환경측정 결과에 대한 설명회 등을 개최하여야 한다. 이 경우 제3항에 따라 작업환경측정을 위탁하여 실시한 경우에는 작업환경측정기관에 작업환경측정 결과에 대하여 설명하도록 할 수 있다.

⑧ 제1항 및 제2항에 따른 작업환경측정의 방법·횟수, 그 밖에 필요한 사항은 고용노동부령으로 정한다.

제126조(작업환경측정기관) ① 작업환경측정기관이 되려는 자는 대통령령으로 정하는 인력·시설 및 장비 등의 요건을 갖추어 고용노동부장관의 지정을 받아야 한다.

② 고용노동부장관은 작업환경측정기관의 측정·분석 결과에 대한 정확성과 정밀도를 확보하기 위하여 작업환경측정기관의 측정·분석능력을 확인하고, 작업환경측정기관을 지도하거나 교육할 수 있다. 이 경우 측정·분석능력의 확인, 작업환경측정기관에 대한 교육의 방법·절차, 그 밖에 필요한 사항은 고용노동부장관이 정하여 고시한다.

③ 고용노동부장관은 작업환경측정의 수준을 향상시키기 위하여 필요한 경우 작업환경측정기관을 평가하고 그 결과(제2항에 따른 측정·분석능력의 확인 결과를 포함한다)를 공개할 수 있다. 이 경우 평가기준·방법 및 결과의 공개, 그 밖에 필요한 사항은 고용노동부령으로 정한다.

④ 작업환경측정기관의 유형, 업무 범위 및 지정 절차, 그 밖에 필요한 사항은 고용노동부령으로 정한다.

⑤ 작업환경측정기관에 관하여는 제21조제4항 및 제5항을 준용한다. 이 경우 "안전관리전문기관 또는 보건관리전문기관"은 "작업환경측정기관"으로 본다.

제127조(작업환경측정 신뢰성 평가) ① 고용노동부장관은 제125조제1항 및 제2항에 따른 작업환경측정 결과에 대하여 그 신뢰성을 평가할 수 있다.

② 사업주와 근로자는 고용노동부장관이 제1항에 따른 신뢰성을 평가할 때에는 적극적으로 협조하여야 한다.

③ 제1항에 따른 신뢰성 평가의 방법·대상 및 절차, 그 밖에 필요한 사항은 고용노동부령으로 정한다.

제128조(작업환경전문연구기관의 지정) ① 고용노동부장관은 작업장의 유해인자로부터 근로자의 건강을 보호하고 작업환경관리방법 등에 관한 전문연구를 촉진하기 위하여 유해인자별·업종별 작업환경전문연구기관을 지정하여 예산의 범위에서 필요한 지원을 할 수 있다.

② 제1항에 따른 유해인자별·업종별 작업환경전문연구기관의 지정기준, 그 밖에 필요한 사항은 고용

노동부장관이 정하여 고시한다.

제128조의2(휴게시설의 설치) ① 사업주는 근로자(관계수급인의 근로자를 포함한다. 이하 이 조에서 같다)가 신체적 피로와 정신적 스트레스를 해소할 수 있도록 휴식시간에 이용할 수 있는 휴게시설을 갖추어야 한다.

② 사업주 중 사업의 종류 및 사업장의 상시 근로자 수 등 대통령령으로 정하는 기준에 해당하는 사업장의 사업주는 제1항에 따라 휴게시설을 갖추는 경우 크기, 위치, 온도, 조명 등 고용노동부령으로 정하는 설치·관리기준을 준수하여야 한다.

영 제95조(작업환경측정기관의 지정 요건) 법 제126조제1항에 따라 작업환경측정기관으로 지정받을 수 있는 자는 다음 각 호의 어느 하나에 해당하는 자로서 작업환경측정기관의 유형별로 별표 29에 따른 인력·시설 및 장비를 갖추고 법 제126조제2항에 따라 고용노동부장관이 실시하는 작업환경측정기관의 측정·분석능력 확인에서 적합 판정을 받은 자로 한다.

1. **국가 또는 지방자치단체의 소속기관**
2. **「의료법」에 따른 종합병원 또는 병원** → * 병상 수 30개 이상이면 병원, 100개 이상이면 종합병원이다. 즉 30개 미만 병상 수인 의원은 작업환경측정기관이 될 수 없다.
3. **「고등교육법」 제2조제1호부터 제6호까지의 규정에 따른 대학 또는 그 부속기관**
4. **작업환경측정 업무를 하려는 법인**
5. **작업환경측정 대상 사업장의 부속기관(해당 부속기관이 소속된 사업장 등 고용노동부령으로 정하는 범위로 한정하여 지정받으려는 경우로 한정한다)**

영 제96조(작업환경측정기관의 지정 취소 등의 사유) 법 제126조제5항에 따라 준용되는 법 제21조제4항제5호에서 "대통령령으로 정하는 사유에 해당하는 경우"란 다음 각 호의 경우를 말한다.

1. 작업환경측정 관련 서류를 거짓으로 작성한 경우
2. 정당한 사유 없이 작업환경측정 업무를 거부한 경우
3. 위탁받은 작업환경측정 업무에 차질을 일으킨 경우
4. 법 제125조제8항에 따라 고용노동부령으로 정하는 작업환경측정 방법 등을 위반한 경우
5. 법 제126조제2항에 따라 고용노동부장관이 실시하는 작업환경측정기관의 측정·분석능력 확인을 1년 이상 받지 않거나 작업환경측정기관의 측정·분석능력 확인에서 부적합 판정을 받은 경우
6. 작업환경측정 업무와 관련된 비치서류를 보존하지 않은 경우
7. 법에 따른 관계 공무원의 지도·감독을 거부·방해 또는 기피한 경우

영 제96조의2(휴게시설 설치·관리기준 준수 대상 사업장의 사업주) 법 제128조의2제2항에서 "사업의 종류 및 사업장의 상시 근로자 수 등 대통령령으로 정하는 기준에 해당하는 사업장"이란 다음 각 호의 어느 하나에 해당하는 사업장을 말한다.

1. 상시근로자(관계수급인의 근로자를 포함한다. 이하 제2호에서 같다) 20명 이상을 사용하는 사업장(건설업의 경우에는 관계수급인의 공사금액을 포함한 해당 공사의 총공사금액이 20억원 이상인 사업장으로 한정한다)
2. **다음 각 목의 어느 하나에 해당하는 직종(「통계법」 제22조제1항에 따라 통계청장이 고시하는 한국표준직업분류에 따른다)의 상시근로자가 2명 이상**인 사업장으로서 상시근로자 10명 이상 20명 미만을 사용하는 사업장(건설업은 제외한다)

   가. 전화 상담원

나. 돌봄 서비스 종사원
다. 텔레마케터
라. 배달원
마. 청소원 및 환경미화원
바. 아파트 경비원
사. 건물 경비원

시행규칙 제186조(작업환경측정 대상 작업장 등) ① 법 제125조제1항에서 "고용노동부령으로 정하는 작업장"이란 별표 21의 작업환경측정 대상 유해인자에 노출되는 근로자가 있는 작업장을 말한다. 다만, 다음 각 호의 어느 하나에 해당하는 경우에는 작업환경측정을 하지 않을 수 있다.

1. 안전보건규칙 제420조제1호에 따른 관리대상 유해물질의 허용소비량을 초과하지 않는 작업장(그 관리대상 유해물질에 관한 작업환경측정만 해당한다)
2. 안전보건규칙 제420조제8호에 따른 임시 작업 및 같은 조 제9호에 따른 단시간 작업을 하는 작업장(고용노동부장관이 정하여 고시하는 물질을 취급하는 작업을 하는 경우는 제외한다)
3. 안전보건규칙 제605조제2호에 따른 분진작업의 적용 제외 작업장(분진에 관한 작업환경측정만 해당한다)
4. 그 밖에 작업환경측정 대상 유해인자의 노출 수준이 노출기준에 비하여 현저히 낮은 경우로서 고용노동부장관이 정하여 고시하는 작업장

② 안전보건진단기관이 안전보건진단을 실시하는 경우에 제1항에 따른 작업장의 유해인자 전체에 대하여 고용노동부장관이 정하는 방법에 따라 작업환경을 측정하였을 때에는 사업주는 법 제125조에 따라 해당 측정주기에 실시해야 할 해당 작업장의 작업환경측정을 하지 않을 수 있다.

시행규칙 제187조(작업환경측정자의 자격) 법 제125조제1항에서 "고용노동부령으로 정하는 자격을 가진 자"란 그 사업장에 소속된 사람 중 산업위생관리산업기사 이상의 자격을 가진 사람을 말한다.

시행규칙 제188조(작업환경측정 결과의 보고) ① 사업주는 법 제125조제1항에 따라 작업환경측정을 한 경우에는 별지 제82호서식의 작업환경측정 결과보고서에 별지 제83호서식의 작업환경측정 결과표를 첨부하여 제189조제1항 제3호에 따른 시료채취방법으로 시료채취(이하 이 조에서 "시료채취"라 한다)를 마친 날부터 30일 이내에 관할 지방고용노동관서의 장에게 제출해야 한다. 다만, 시료분석 및 평가에 상당한 시간이 걸려 시료채취를 마친 날부터 30일 이내에 보고하는 것이 어려운 사업장의 사업주는 고용노동부장관이 정하여 고시하는 바에 따라 그 사실을 증명하여 관할 지방고용노동관서의 장에게 신고하면 30일의 범위에서 제출기간을 연장할 수 있다.

② 법 제125조제5항 단서에 따라 작업환경측정기관이 작업환경측정을 한 경우에는 시료채취를 마친 날부터 30일 이내에 작업환경측정 결과표를 전자적 방법으로 지방고용노동관서의 장에게 제출해야 한다. 다만, 시료분석 및 평가에 상당한 시간이 걸려 시료채취를 마친 날부터 30일 이내에 보고하는 것이 어려운 작업환경측정기관은 고용노동부장관이 정하여 고시하는 바에 따라 그 사실을 증명하여 관할 지방고용노동관서의 장에게 신고하면 30일의 범위에서 제출기간을 연장할 수 있다.

③ 사업주는 작업환경측정 결과 노출기준을 초과한 작업공정이 있는 경우에는 법 제125조제6항에 따라 해당 시설·설비의 설치·개선 또는 건강진단의 실시 등 적절한 조치를 하고 시료채취를 마친 날부터 60일 이내에 해당 작업공정의 개선을 증명할 수 있는 서류 또는 개선 계획을 관할 지방

고용노동관서의 장에게 제출해야 한다.

④ 제1항 및 제2항에 따른 작업환경측정 결과의 보고내용, 방식 및 절차에 관한 사항은 고용노동부장관이 정하여 고시한다.

시행규칙 제189조(작업환경측정방법) ① 사업주는 법 제125조제1항에 따른 작업환경측정을 할 때에는 다음 각 호의 사항을 지켜야 한다.

1. 작업환경측정을 하기 전에 예비조사를 할 것
2. 작업이 정상적으로 이루어져 작업시간과 유해인자에 대한 근로자의 노출 정도를 정확히 평가할 수 있을 때 실시할 것
3. 모든 측정은 개인 시료채취방법으로 하되, 개인 시료채취방법이 곤란한 경우에는 지역 시료채취방법으로 실시할 것. 이 경우 그 사유를 별지 제83호서식의 작업환경측정 결과표에 분명하게 밝혀야 한다.
4. 법 제125조제3항에 따라 작업환경측정기관에 위탁하여 실시하는 경우에는 해당 작업환경측정기관에 공정별 작업내용, 화학물질의 사용실태 및 물질안전보건자료 등 작업환경측정에 필요한 정보를 제공할 것

② 사업주는 근로자대표 또는 해당 작업공정을 수행하는 근로자가 요구하면 제1항제1호에 따른 예비조사에 참석시켜야 한다.

③ 제1항에 따른 측정방법 외에 유해인자별 세부 측정방법 등에 관하여 필요한 사항은 고용노동부장관이 정한다.

시행규칙 제190조(작업환경측정 주기 및 횟수) ① 사업주는 작업장 또는 작업공정이 신규로 가동되거나 변경되는 등으로 제186조에 따른 **작업환경측정 대상 작업장이 된 경우에는 그 날부터 30일 이내에 작업환경측정을 하고, 그 후 반기(半期)에 1회 이상 정기적**으로 작업환경을 측정해야 한다. 다만, 작업환경측정 결과가 **다음 각 호의 어느 하나에 해당하는 작업장 또는 작업공정은 해당 유해인자에 대하여 그 측정일부터 3개월에 1회 이상 작업환경측정을 해야 한다.**

1. 별표 21 제1호에 해당하는 화학적 인자(고용노동부장관이 정하여 고시하는 물질만 해당한다)의 측정치가 노출기준을 초과하는 경우
2. 별표 21 제1호에 해당하는 화학적 인자(고용노동부장관이 정하여 고시하는 물질은 제외한다)의 측정치가 노출기준을 2배 이상 초과하는 경우

② 제1항에도 불구하고 사업주는 최근 1년간 작업공정에서 공정 설비의 변경, 작업방법의 변경, 설비의 이전, 사용 화학물질의 변경 등으로 작업환경측정 결과에 영향을 주는 변화가 없는 경우로서 다음 각 호의 어느 하나에 해당하는 경우에는 해당 유해인자에 대한 작업환경측정을 연**(年) 1회 이상** 할 수 있다. 다만, 고용노동부장관이 정하여 고시하는 물질을 취급하는 작업공정은 그렇지 않다.

1. 작업공정 내 소음의 작업환경측정 결과가 최근 2회 연속 85데시벨(dB) 미만인 경우
2. 작업공정 내 소음 외의 다른 모든 인자의 작업환경측정 결과가 최근 2회 연속 노출기준 미만인 경우

시행규칙 제191조(작업환경측정기관의 평가 등) ① 공단이 법 제126조제3항에 따라 작업환경측정기관을 평가하는 기준은 다음 각 호와 같다.

1. 인력·시설 및 장비의 보유 수준과 그에 대한 관리능력
2. 작업환경측정 및 시료분석 능력과 그 결과의 신뢰도

3. 작업환경측정 대상 사업장의 만족도

② 제1항에 따른 작업환경측정기관에 대한 평가 방법 및 평가 결과의 공개에 관하여는 제17조제2항부터 제8항까지의 규정을 준용한다. 이 경우 "안전관리전문기관 또는 보건관리전문기관"은 "작업환경측정기관"으로 본다.

시행규칙 제192조(작업환경측정기관의 유형과 업무 범위) 작업환경측정기관의 유형 및 유형별 작업환경측정기관이 작업환경측정을 할 수 있는 사업장의 범위는 다음 각 호와 같다.

1. 사업장 위탁측정기관 : 위탁받은 사업장
2. 사업장 자체측정기관 : 그 사업장(계열회사 사업장을 포함한다) 또는 그 사업장 내에서 사업의 일부가 도급계약에 의하여 시행되는 경우에는 수급인의 사업장

시행규칙 제193조(작업환경측정기관의 지정신청 등) ① 법 제126조제1항에 따른 작업환경측정기관으로 지정받으려는 자는 같은 조 제2항에 따라 작업환경측정·분석 능력이 적합하다는 고용노동부장관의 확인을 받은 후 별지 제6호서식의 작업환경측정기관 지정신청서에 다음 각 호의 서류를 첨부하여 측정을 하려는 지역을 관할하는 지방고용노동관서의 장에게 제출해야 한다. 다만, 사업장 부속기관의 경우에는 작업환경측정기관으로 지정받으려는 사업장의 소재지를 관할하는 지방고용노동관서의 장에게 제출해야 한다.

1. 정관
2. 정관을 갈음할 수 있는 서류(법인이 아닌 경우만 해당한다)
3. 법인등기사항증명서를 갈음할 수 있는 서류(법인이 아닌 경우만 해당한다)
4. 영 별표 29에 따른 인력기준에 해당하는 사람의 자격과 채용을 증명할 수 있는 자격증(국가기술자격증은 제외한다), 경력증명서 및 재직증명서 등의 서류
5. 건물임대차계약서 사본이나 그 밖에 사무실의 보유를 증명할 수 있는 서류와 시설·장비 명세서
6. 최초 1년간의 측정사업계획서(사업장 부속기관의 경우에는 측정대상 사업장의 명단 및 최종 작업환경측정 결과서 사본)

② 제1항에 따른 신청서를 제출받은 지방고용노동관서의 장은 「전자정부법」 제36조제1항에 따른 행정정보의 공동이용을 통하여 법인등기사항증명서(법인인 경우만 해당한다) 및 국가기술자격증을 확인해야 한다. 다만, 신청인이 국가기술자격증의 확인에 동의하지 않는 경우에는 그 사본을 첨부하도록 해야 한다.

③ 작업환경측정기관에 대한 지정서의 발급, 지정받은 사항의 변경, 지정서의 반납 등에 관하여는 제16조제3항부터 제6항까지의 규정을 준용한다. 이 경우 "고용노동부장관 또는 지방고용노동청장"은 "지방고용노동관서의 장"으로, "안전관리전문기관 또는 보건관리전문기관"은 "작업환경측정기관"으로 본다.

④ 작업환경측정기관의 수, 담당 지역, 그 밖에 필요한 사항은 고용노동부장관이 정하여 고시한다.

시행규칙 제194조(작업환경측정 신뢰성평가의 대상 등) ① 공단은 다음 각 호의 어느 하나에 해당하는 경우에는 법 제127조제1항에 따른 작업환경측정 신뢰성평가(이하 "신뢰성평가"라 한다)를 할 수 있다.

1. 작업환경측정 결과가 노출기준 미만인데도 직업병 유소견자가 발생한 경우
2. 공정설비, 작업방법 또는 사용 화학물질의 변경 등 작업 조건의 변화가 없는데도 유해인자 노출수준이 현저히 달라진 경우
3. 제189조에 따른 작업환경측정방법을 위반하여 작업환경측정을 한 경우 등 신뢰성평가의 필요

성이 인정되는 경우

② 공단이 제1항에 따라 신뢰성평가를 할 때에는 법 제125조제5항에 따른 작업환경측정 결과와 법 제164조제4항에 따른 작업환경측정 서류를 검토하고, 해당 작업공정 또는 사업장에 대하여 작업환경측정을 해야 하며, 그 결과를 해당 사업장의 소재지를 관할하는 지방고용노동관서의 장에게 보고해야 한다.

③ 지방고용노동관서의 장은 제2항에 따른 작업환경측정 결과 노출기준을 초과한 경우에는 사업주로 하여금 법 제125조제6항에 따라 해당 시설·설비의 설치·개선 또는 건강진단의 실시 등 적절한 조치를 하도록 해야 한다.

시행규칙 제194조의2(휴게시설의 설치·관리기준) 법 제128조의2제2항에서 "크기, 위치, 온도, 조명 등 고용노동부령으로 정하는 설치·관리기준"이란 별표 21의2의 휴게시설 설치·관리기준을 말한다.

■ **산업안전보건법 시행규칙 [별표 21]**

작업환경측정 대상 유해인자(제186조제1항 관련)

1. 화학적 인자
   가. 유기화합물(114종)
      1) 글루타르알데히드(Glutaraldehyde; 111-30-8)
      2) 니트로글리세린(Nitroglycerin; 55-63-0)
      3) 니트로메탄(Nitromethane; 75-52-5)
      4) 니트로벤젠(Nitrobenzene; 98-95-3)
      5) p-니트로아닐린(p-Nitroaniline; 100-01-6)
      6) p-니트로클로로벤젠(p-Nitrochlorobenzene; 100-00-5)
      7) 디니트로톨루엔(Dinitrotoluene; 25321-14-6 등)
      8) N,N-디메틸아닐린(N,N-Dimethylaniline; 121-69-7)
      9) 디메틸아민(Dimethylamine; 124-40-3)
      10) N,N-디메틸아세트아미드(N,N-Dimethylacetamide; 127-19-5)
      11) 디메틸포름아미드(Dimethylformamide; 68-12-2)
      12) 디에탄올아민(Diethanolamine; 111-42-2)
      13) 디에틸 에테르(Diethyl ether; 60-29-7)
      14) 디에틸렌트리아민(Diethylenetriamine; 111-40-0)
      15) 2-디에틸아미노에탄올(2-Diethylaminoethanol; 100-37-8)
      16) 디에틸아민(Diethylamine; 109-89-7)
      17) 1,4-디옥산(1,4-Dioxane; 123-91-1)
      18) 디이소부틸케톤(Diisobutylketone; 108-83-8)
      19) 1,1-디클로로-1-플루오로에탄(1,1-Dichloro-1-fluoroethane; 1717-00-6)
      20) 디클로로메탄(Dichloromethane; 75-09-2)
      21) o-디클로로벤젠(o-Dichlorobenzene; 95-50-1)
      22) 1,2-디클로로에탄(1,2-Dichloroethane; 107-06-2)
      23) 1,2-디클로로에틸렌(1,2-Dichloroethylene; 540-59-0 등)
      24) 1,2-디클로로프로판(1,2-Dichloropropane; 78-87-5)

25) 디클로로플루오로메탄(Dichlorofluoromethane; 75-43-4)
26) p-디히드록시벤젠(p-Dihydroxybenzene; 123-31-9)
27) 메탄올(Methanol; 67-56-1)
28) 2-메톡시에탄올(2-Methoxyethanol; 109-86-4)
29) 2-메톡시에틸 아세테이트(2-Methoxyethyl acetate; 110-49-6)
30) 메틸 n-부틸 케톤(Methyl n-butyl ketone; 591-78-6)
31) 메틸 n-아밀 케톤(Methyl n-amyl ketone; 110-43-0)
32) 메틸 아민(Methyl amine; 74-89-5)
33) 메틸 아세테이트(Methyl acetate; 79-20-9)
34) 메틸 에틸 케톤(Methyl ethyl ketone; 78-93-3)
35) 메틸 이소부틸 케톤(Methyl isobutyl ketone; 108-10-1)
36) 메틸 클로라이드(Methyl chloride; 74-87-3)
37) 메틸 클로로포름(Methyl chloroform; 71-55-6)
38) 메틸렌 비스(페닐 이소시아네이트)[Methylene bis(phenyl isocyanate); 101-68-8 등]
39) o-메틸시클로헥사논(o-Methylcyclohexanone; 583-60-8)
40) 메틸시클로헥사놀(Methylcyclohexanol; 25639-42-3 등)
41) 무수 말레산(Maleic anhydride; 108-31-6)
42) 무수 프탈산(Phthalic anhydride; 85-44-9)
43) 벤젠(Benzene; 71-43-2)
44) 1,3-부타디엔(1,3-Butadiene; 106-99-0)
45) n-부탄올(n-Butanol; 71-36-3)
46) 2-부탄올(2-Butanol; 78-92-2)
47) 2-부톡시에탄올(2-Butoxyethanol; 111-76-2)
48) 2-부톡시에틸 아세테이트(2-Butoxyethyl acetate; 112-07-2)
49) n-부틸 아세테이트(n-Butyl acetate; 123-86-4)
50) 1-브로모프로판(1-Bromopropane; 106-94-5)
51) 2-브로모프로판(2-Bromopropane; 75-26-3)
52) 브롬화 메틸(Methyl bromide; 74-83-9)
53) 비닐 아세테이트(Vinyl acetate; 108-05-4)
54) 사염화탄소(Carbon tetrachloride; 56-23-5)
55) 스토다드 솔벤트(Stoddard solvent; 8052-41-3)
56) 스티렌(Styrene; 100-42-5)
57) 시클로헥사논(Cyclohexanone; 108-94-1)
58) 시클로헥사놀(Cyclohexanol; 108-93-0)
59) 시클로헥산(Cyclohexane; 110-82-7)
60) 시클로헥센(Cyclohexene; 110-83-8)
61) 아닐린[62-53-3] 및 그 동족체(Aniline and its homologues)
62) 아세토니트릴(Acetonitrile; 75-05-8)
63) 아세톤(Acetone; 67-64-1)
64) 아세트알데히드(Acetaldehyde; 75-07-0)
65) 아크릴로니트릴(Acrylonitrile; 107-13-1)
66) 아크릴아미드(Acrylamide; 79-06-1)

67) 알릴 글리시딜 에테르(Allyl glycidyl ether; 106-92-3)
68) 에탄올아민(Ethanolamine; 141-43-5)
69) 2-에톡시에탄올(2-Ethoxyethanol; 110-80-5)
70) 2-에톡시에틸 아세테이트(2-Ethoxyethyl acetate; 111-15-9)
71) 에틸 벤젠(Ethyl benzene; 100-41-4)
72) 에틸 아세테이트(Ethyl acetate; 141-78-6)
73) 에틸 아크릴레이트(Ethyl acrylate; 140-88-5)
74) 에틸렌 글리콜(Ethylene glycol; 107-21-1)
75) 에틸렌 글리콜 디니트레이트(Ethylene glycol dinitrate; 628-96-6)
76) 에틸렌 클로로히드린(Ethylene chlorohydrin; 107-07-3)
77) 에틸렌이민(Ethyleneimine; 151-56-4)
78) 에틸아민(Ethylamine; 75-04-7)
79) 2,3-에폭시-1-프로판올(2,3-Epoxy-1-propanol; 556-52-5 등)
80) 1,2-에폭시프로판(1,2-Epoxypropane; 75-56-9 등)
81) 에피클로로히드린(Epichlorohydrin; 106-89-8 등)
82) 요오드화 메틸(Methyl iodide; 74-88-4)
83) 이소부틸 아세테이트(Isobutyl acetate; 110-19-0)
84) 이소부틸 알코올(Isobutyl alcohol; 78-83-1)
85) 이소아밀 아세테이트(Isoamyl acetate; 123-92-2)
86) 이소아밀 알코올(Isoamyl alcohol; 123-51-3)
87) 이소프로필 아세테이트(Isopropyl acetate; 108-21-4)
88) 이소프로필 알코올(Isopropyl alcohol; 67-63-0)
89) 이황화탄소(Carbon disulfide; 75-15-0)
90) 크레졸(Cresol; 1319-77-3 등)
91) 크실렌(Xylene; 1330-20-7 등)
92) 클로로벤젠(Chlorobenzene; 108-90-7)
93) 1,1,2,2-테트라클로로에탄(1,1,2,2-Tetrachloroethane; 79-34-5)
94) 테트라히드로푸란(Tetrahydrofuran; 109-99-9)
95) 톨루엔(Toluene; 108-88-3)
96) 톨루엔-2,4-디이소시아네이트(Toluene-2,4-diisocyanate; 584-84-9 등)
97) 톨루엔-2,6-디이소시아네이트(Toluene-2,6-diisocyanate; 91-08-7 등)
98) 트리에틸아민(Triethylamine; 121-44-8)
99) 트리클로로메탄(Trichloromethane; 67-66-3)
100) 1,1,2-트리클로로에탄(1,1,2-Trichloroethane; 79-00-5)
101) 트리클로로에틸렌(Trichloroethylene; 79-01-6)
102) 1,2,3-트리클로로프로판(1,2,3-Trichloropropane; 96-18-4)
103) 퍼클로로에틸렌(Perchloroethylene; 127-18-4)
104) 페놀(Phenol; 108-95-2)
105) 펜타클로로페놀(Pentachlorophenol; 87-86-5)
106) 포름알데히드(Formaldehyde; 50-00-0)
107) 프로필렌이민(Propyleneimine; 75-55-8)
108) n-프로필 아세테이트(n-Propyl acetate; 109-60-4)
109) 피리딘(Pyridine; 110-86-1)

110) 헥사메틸렌 디이소시아네이트(Hexamethylene diisocyanate; 822-06-0)
111) n-헥산(n-Hexane; 110-54-3)
112) n-헵탄(n-Heptane; 142-82-5)
113) 황산 디메틸(Dimethyl sulfate; 77-78-1)
114) 히드라진(Hydrazine; 302-01-2)
115) 1)부터 114)까지의 물질을 용량비율 1퍼센트 이상 함유한 혼합물

나. 금속류(24종)

1) 구리(Copper; 7440-50-8) (분진, 미스트, 흄)
2) 납[7439-92-1] 및 그 무기화합물(Lead and its inorganic compounds)
3) 니켈[7440-02-0] 및 그 무기화합물, 니켈 카르보닐[13463-39-3](Nickel and its inorganic compounds, Nickel carbonyl)
4) 망간[7439-96-5] 및 그 무기화합물(Manganese and its inorganic compounds)
5) 바륨[7440-39-3] 및 그 가용성 화합물(Barium and its soluble compounds)
6) 백금[7440-06-4] 및 그 가용성 염(Platinum and its soluble salts)
7) 산화마그네슘(Magnesium oxide; 1309-48-4)
8) 산화아연(Zinc oxide; 1314-13-2) (분진, 흄)
9) 산화철(Iron oxide; 1309-37-1 등) (분진, 흄)
10) 셀레늄[7782-49-2] 및 그 화합물(Selenium and its compounds)
11) 수은[7439-97-6] 및 그 화합물(Mercury and its compounds)
12) 안티몬[7440-36-0] 및 그 화합물(Antimony and its compounds)
13) 알루미늄[7429-90-5] 및 그 화합물(Aluminum and its compounds)
14) 오산화바나듐(Vanadium pentoxide; 1314-62-1) (분진, 흄)
15) 요오드[7553-56-2] 및 요오드화물(Iodine and iodides)
16) 인듐[7440-74-6] 및 그 화합물(Indium and its compounds)
17) 은[7440-22-4] 및 그 가용성 화합물(Silver and its soluble compounds)
18) 이산화티타늄(Titanium dioxide; 13463-67-7)
19) 주석[7440-31-5] 및 그 화합물(Tin and its compounds)(수소화 주석은 제외한다)
20) 지르코늄[7440-67-7] 및 그 화합물(Zirconium and its compounds)
21) 카드뮴[7440-43-9] 및 그 화합물(Cadmium and its compounds)
22) 코발트[7440-48-4] 및 그 무기화합물(Cobalt and its inorganic compounds)
23) 크롬[7440-47-3] 및 그 무기화합물(Chromium and its inorganic compounds)
24) 텅스텐[7440-33-7] 및 그 화합물(Tungsten and its compounds)
25) 1)부터 24)까지의 규정에 따른 물질을 중량비율 1퍼센트 이상 함유한 혼합물

다. 산 및 알칼리류(17종)

1) 개미산(Formic acid; 64-18-6)
2) 과산화수소(Hydrogen peroxide; 7722-84-1)
3) 무수 초산(Acetic anhydride; 108-24-7)
4) 불화수소(Hydrogen fluoride; 7664-39-3)
5) 브롬화수소(Hydrogen bromide; 10035-10-6)
6) 수산화 나트륨(Sodium hydroxide; 1310-73-2)
7) 수산화 칼륨(Potassium hydroxide; 1310-58-3)
8) 시안화 나트륨(Sodium cyanide; 143-33-9)
9) 시안화 칼륨(Potassium cyanide; 151-50-8)

10) 시안화 칼슘(Calcium cyanide; 592-01-8)
11) 아크릴산(Acrylic acid; 79-10-7)
12) 염화수소(Hydrogen chloride; 7647-01-0)
13) 인산(Phosphoric acid; 7664-38-2)
14) 질산(Nitric acid; 7697-37-2)
15) 초산(Acetic acid; 64-19-7)
16) 트리클로로아세트산(Trichloroacetic acid; 76-03-9)
17) 황산(Sulfuric acid; 7664-93-9)
18) 1)부터 17)까지의 물질을 중량비율 1퍼센트 이상 함유한 혼합물

라. 가스 상태 물질류(15종)
1) 불소(Fluorine; 7782-41-4)
2) 브롬(Bromine; 7726-95-6)
3) 산화에틸렌(Ethylene oxide; 75-21-8)
4) 삼수소화 비소(Arsine; 7784-42-1)
5) 시안화 수소(Hydrogen cyanide; 74-90-8)
6) 암모니아(Ammonia; 7664-41-7 등)
7) 염소(Chlorine; 7782-50-5)
8) 오존(Ozone; 10028-15-6)
9) 이산화질소(nitrogen dioxide; 10102-44-0)
10) 이산화황(Sulfur dioxide; 7446-09-5)
11) 일산화질소(Nitric oxide; 10102-43-9)
12) 일산화탄소(Carbon monoxide; 630-08-0)
13) 포스겐(Phosgene; 75-44-5)
14) 포스핀(Phosphine; 7803-51-2)
15) 황화수소(Hydrogen sulfide; 7783-06-4)
16) 1)부터 15)까지의 물질을 용량비율 1퍼센트 이상 함유한 혼합물

마. 영 제88조에 따른 허가 대상 유해물질(12종)
1) α -나프틸아민[134-32-7] 및 그 염(α -naphthylamine and its salts)
2) 디아니시딘[119-90-4] 및 그 염(Dianisidine and its salts)
3) 디클로로벤지딘[91-94-1] 및 그 염(Dichlorobenzidine and its salts)
4) 베릴륨[7440-41-7] 및 그 화합물(Beryllium and its compounds)
5) 벤조트리클로라이드(Benzotrichloride; 98-07-7)
6) 비소[7440-38-2] 및 그 무기화합물(Arsenic and its inorganic compounds)
7) 염화비닐(Vinyl chloride; 75-01-4)
8) 콜타르피치[65996-93-2] 휘발물(Coal tar pitch volatiles as benzene soluble aerosol)
9) 크롬광 가공[열을 가하여 소성(변형된 형태 유지) 처리하는 경우만 해당한다] (Chromite ore processing)
10) 크롬산 아연(Zinc chromates; 13530-65-9 등)
11) o-톨리딘[119-93-7] 및 그 염(o-Tolidine and its salts)
12) 황화니켈류(Nickel sulfides; 12035-72-2, 16812-54-7)
13) 1)부터 4)까지 및 6)부터 12)까지의 어느 하나에 해당하는 물질을 중량비율 1퍼센트 이상 함유한 혼합물

14) 5)의 물질을 중량비율 0.5퍼센트 이상 함유한 혼합물
바. 금속가공유[Metal working fluids(MWFs), 1종]
2. 물리적 인자(2종)
가. 8시간 시간가중평균 80dB 이상의 소음
나. 안전보건규칙 제558조에 따른 고열
3. 분진(7종)
가. 광물성 분진(Mineral dust)
1) 규산(Silica)
가) 석영(Quartz; 14808-60-7 등)
나) 크리스토발라이트(Cristobalite; 14464-46-1)
다) 트리디마이트(Trydimite; 15468-32-3)
2) 규산염(Silicates, less than 1% crystalline silica)
가) 소우프스톤(Soapstone; 14807-96-6)
나) 운모(Mica; 12001-26-2)
다) 포틀랜드 시멘트(Portland cement; 65997-15-1)
라) 활석(석면 불포함)[Talc(Containing no asbestos fibers); 14807-96-6]
마) 흑연(Graphite; 7782-42-5)
3) 그 밖의 광물성 분진(Mineral dusts)
나. 곡물 분진(Grain dusts)
다. 면 분진(Cotton dusts)
라. 목재 분진(Wood dusts)
마. 석면 분진(Asbestos dusts; 1332-21-4 등)
바. 용접 흄(Welding fume)
사. 유리섬유(Glass fibers)
4. 그 밖에 고용노동부장관이 정하여 고시하는 인체에 해로운 유해인자

비고 "등"이란 해당 화학물질에 이성질체 등 동일 속성을 가지는 2개 이상의 화합물이 존재할 수 있는 경우를 말한다.

■ 산업안전보건법 시행규칙 [별표 21의2] 〈신설 2022. 8. 18.〉

휴게시설 설치·관리기준(제194조의2 관련)

1. 크기
가. 휴게시설의 최소 바닥면적은 6제곱미터로 한다. 다만, 둘 이상의 사업장의 근로자가 공동으로 같은 휴게시설(이하 이 표에서 "공동휴게시설"이라 한다)을 사용하게 하는 경우 공동휴게시설의 바닥면적은 6제곱미터에 사업장의 개수를 곱한 면적 이상으로 한다.
나. 휴게시설의 바닥에서 천장까지의 높이는 2.1미터 이상으로 한다.
다. 가목 본문에도 불구하고 근로자의 휴식 주기, 이용자 성별, 동시 사용인원 등을 고려하여 최소면적을 근로자대표와 협의하여 6제곱미터가 넘는 면적으로 정한 경우에는 근로자대표와 협의한 면적을 최소 바닥면적으로 한다.
라. 가목 단서에도 불구하고 근로자의 휴식 주기, 이용자 성별, 동시 사용인원 등을 고려하여 공

동휴게시설의 바닥면적을 근로자대표와 협의하여 정한 경우에는 근로자대표와 협의한 면적을 공동휴게시설의 최소 바닥면적으로 한다.

2. 위치 : 다음 각 목의 요건을 모두 갖춰야 한다.
   가. 근로자가 이용하기 편리하고 가까운 곳에 있어야 한다. 이 경우 공동휴게시설은 각 사업장에서 휴게시설까지의 왕복 이동에 걸리는 시간이 휴식시간의 20퍼센트를 넘지 않는 곳에 있어야 한다.
   나. 다음의 모든 장소에서 떨어진 곳에 있어야 한다.
      1) 화재·폭발 등의 위험이 있는 장소
      2) 유해물질을 취급하는 장소
      3) 인체에 해로운 분진 등을 발산하거나 소음에 노출되어 휴식을 취하기 어려운 장소
3. 온도
   적정한 온도(18℃ ~ 28℃)를 유지할 수 있는 냉난방 기능이 갖춰져 있어야 한다.
4. 습도
   적정한 습도(50% ~ 55%. 다만, 일시적으로 대기 중 상대습도가 현저히 높거나 낮아 적정한 습도를 유지하기 어렵다고 고용노동부장관이 인정하는 경우는 제외한다)를 유지할 수 있는 습도 조절 기능이 갖춰져 있어야 한다.
5. 조명
   적정한 밝기(100럭스 ~ 200럭스)를 유지할 수 있는 조명 조절 기능이 갖춰져 있어야 한다.
6. 창문 등을 통하여 환기가 가능해야 한다.
7. 의자 등 휴식에 필요한 비품이 갖춰져 있어야 한다.
8. 마실 수 있는 물이나 식수 설비가 갖춰져 있어야 한다.
9. 휴게시설임을 알 수 있는 표지가 휴게시설 외부에 부착돼 있어야 한다.
10. 휴게시설의 청소·관리 등을 하는 담당자가 지정돼 있어야 한다. 이 경우 공동휴게시설은 사업장마다 각각 담당자가 지정돼 있어야 한다.
11. 물품 보관 등 휴게시설 목적 외의 용도로 사용하지 않도록 한다.

비고

다음 각 목에 해당하는 경우에는 다음 각 목의 구분에 따라 제1호부터 제6호까지의 규정에 따른 휴게시설 설치·관리기준의 일부를 적용하지 않는다.

가. 사업장 전용면적의 총 합이 300제곱미터 미만인 경우 : 제1호 및 제2호의 기준

나. 작업장소가 일정하지 않거나 전기가 공급되지 않는 등 작업특성상 실내에 휴게시설을 갖추기 곤란한 경우로서 그늘막 등 간이 휴게시설을 설치한 경우 : 제3호부터 제6호까지의 규정에 따른 기준

다. 건조 중인 선박 등에 휴게시설을 설치하는 경우 : 제4호의 기준

정답 ③

20 산업안전보건법령상 공정안전보고서에 관한 설명으로 옳지 않은 것은? [2023년 기출]

① 원유 정제처리업의 보유설비가 있는 사업장의 사업주는 공정안전보고서를 작성하여야 한다.

② 사업주가 공정안전보고서를 작성할 때, 산업안전보건위원회가 설치되어 있지 아니한 사업장의 경우에는 근로자대표의 의견을 들어야 한다.

③ 공정안전보고서에는 비상조치계획이 포함되어야 하고, 그 세부 내용에는 주민홍보계획을 포함해야 한다.

④ 원자력 설비는 공정안전보고서의 제출 대상인 유해하거나 위험한 설비에 해당한다.

⑤ 공정안전보고서 이행상태평가의 방법 등 이행상태평가에 필요한 세부적인 사항은 고용노동부장관이 정한다.

해설

제44조(공정안전보고서의 작성·제출) ① 사업주는 사업장에 대통령령으로 정하는 유해하거나 위험한 설비가 있는 경우 그 설비로부터의 위험물질 누출, 화재 및 폭발 등으로 인하여 사업장 내의 근로자에게 즉시 피해를 주거나 사업장 인근 지역에 피해를 줄 수 있는 사고로서 대통령령으로 정하는 사고(이하 "중대산업사고"라 한다)를 예방하기 위하여 대통령령으로 정하는 바에 따라 공정안전보고서를 작성하고 고용노동부장관에게 제출하여 심사를 받아야 한다. 이 경우 공정안전보고서의 내용이 중대산업사고를 예방하기 위하여 적합하다고 통보받기 전에는 관련된 유해하거나 위험한 설비를 가동해서는 아니 된다.

② 사업주는 제1항에 따라 공정안전보고서를 작성할 때 산업안전보건위원회의 심의를 거쳐야 한다. 다만, 산업안전보건위원회가 설치되어 있지 아니한 사업장의 경우에는 근로자대표의 의견을 들어야 한다.

제45조(공정안전보고서의 심사 등) ① 고용노동부장관은 공정안전보고서를 고용노동부령으로 정하는 바에 따라 심사하여 그 결과를 사업주에게 서면으로 알려 주어야 한다. 이 경우 근로자의 안전 및 보건의 유지·증진을 위하여 필요하다고 인정하는 경우에는 그 공정안전보고서의 변경을 명할 수 있다.

② 사업주는 제1항에 따라 심사를 받은 공정안전보고서를 사업장에 갖추어 두어야 한다.

제46조(공정안전보고서의 이행 등) ① 사업주와 근로자는 제45조제1항에 따라 심사를 받은 공정안전보고서(이 조 제3항에 따라 보완한 공정안전보고서를 포함한다)의 내용을 지켜야 한다.

② 사업주는 제45조제1항에 따라 심사를 받은 공정안전보고서의 내용을 실제로 이행하고 있는지 여부에 대하여 고용노동부령으로 정하는 바에 따라 고용노동부장관의 확인을 받아야 한다.

③ 사업주는 제45조제1항에 따라 심사를 받은 공정안전보고서의 내용을 변경하여야 할 사유가 발생한 경우에는 지체 없이 그 내용을 보완하여야 한다.

④ 고용노동부장관은 고용노동부령으로 정하는 바에 따라 공정안전보고서의 이행 상태를 정기적으로 평가할 수 있다.

⑤ 고용노동부장관은 제4항에 따른 평가 결과 제3항에 따른 보완 상태가 불량한 사업장의 사업주에게는 공정안전보고서의 변경을 명할 수 있으며, 이에 따르지 아니하는 경우 공정안전보고서를 다

시 제출하도록 명할 수 있다.

제169조(벌칙) 다음 각 호의 어느 하나에 해당하는 자는 3년 이하의 징역 또는 3천만원 이하의 벌금에 처한다.

1. **제44조제1항 후단**, 제63조(제166조의2에서 준용하는 경우를 포함한다), 제76조, 제81조, 제82조제2항, 제84조제1항, 제87조제1항, 제118조제3항, 제123조제1항, 제139조제1항 또는 제140조제1항(제166조의2에서 준용하는 경우를 포함한다)을 위반한 자
2. 제45조제1항 후단, 제46조제5항, 제53조제1항(제166조의2에서 준용하는 경우를 포함한다), 제87조제2항, 제118조제4항, 제119조제4항 또는 제131조제1항(제166조의2에서 준용하는 경우를 포함한다)에 따른 명령을 위반한 자
3. 제58조제3항 또는 같은 조 제5항 후단(제59조제2항에 따라 준용되는 경우를 포함한다)에 따른 안전 및 보건에 관한 평가 업무를 제165조제2항에 따라 위탁받은 자로서 그 업무를 거짓이나 그 밖의 부정한 방법으로 수행한 자
4. 제84조제1항 및 제3항에 따른 안전인증 업무를 제165조제2항에 따라 위탁받은 자로서 그 업무를 거짓이나 그 밖의 부정한 방법으로 수행한 자
5. 제93조제1항에 따른 안전검사 업무를 제165조제2항에 따라 위탁받은 자로서 그 업무를 거짓이나 그 밖의 부정한 방법으로 수행한 자
6. 제98조에 따른 자율검사프로그램에 따른 안전검사 업무를 거짓이나 그 밖의 부정한 방법으로 수행한 자

영 제43조(공정안전보고서의 제출 대상) ① 법 제44조제1항 전단에서 "대통령령으로 정하는 유해하거나 위험한 설비"란 다음 각 호의 어느 하나에 해당하는 사업을 하는 사업장의 경우에는 그 보유설비를 말하고, 그 외의 사업을 하는 사업장의 경우에는 별표 13에 따른 유해·위험물질 중 하나 이상의 물질을 같은 표에 따른 규정량 이상 제조·취급·저장하는 설비 및 그 설비의 운영과 관련된 모든 공정설비를 말한다.

1. 원유 정제처리업
2. 기타 석유정제물 재처리업
3. 석유화학계 기초화학물질 제조업 또는 합성수지 및 기타 플라스틱물질 제조업. 다만, 합성수지 및 기타 플라스틱물질 제조업은 별표 13 제1호 또는 제2호에 해당하는 경우로 한정한다.
4. 질소 화합물, 질소·인산 및 칼리질 화학비료 제조업 중 질소질 비료 제조
5. 복합비료 및 기타 화학비료 제조업 중 복합비료 제조(단순혼합 또는 배합에 의한 경우는 제외한다)
6. 화학 살균·살충제 및 농업용 약제 제조업[농약 원제(原劑) 제조만 해당한다]
7. 화약 및 불꽃제품 제조업

② 제1항에도 불구하고 다음 각 호의 설비는 유해하거나 위험한 설비로 보지 않는다. → (암기법 : 원/군/직접/도·소매/가스/운송) 즉, 공정안전보고서 제출대상이 아니다.

1. 원자력 설비
2. 군사시설
3. 사업주가 해당 사업장 내에서 직접 사용하기 위한 난방용 연료의 저장설비 및 사용설비
4. 도매·소매시설

5. 차량 등의 운송설비

6. 「액화석유가스의 안전관리 및 사업법」에 따른 액화석유가스의 충전·저장시설

7. 「도시가스사업법」에 따른 가스공급시설

8. 그 밖에 고용노동부장관이 누출·화재·폭발 등의 사고가 있더라도 그에 따른 피해의 정도가 크지 않다고 인정하여 고시하는 설비

③ 법 제44조제1항 전단에서 "대통령령으로 정하는 사고"란 다음 각 호의 어느 하나에 해당하는 사고를 말한다.

1. 근로자가 사망하거나 부상을 입을 수 있는 제1항에 따른 설비(제2항에 따른 설비는 제외한다. 이하 제2호에서 같다)에서의 누출·화재·폭발 사고

2. 인근 지역의 주민이 인적 피해를 입을 수 있는 제1항에 따른 설비에서의 누출·화재·폭발 사고

영 제44조(공정안전보고서의 내용) ① 법 제44조제1항 전단에 따른 공정안전보고서에는 다음 각 호의 사항이 포함되어야 한다.

1. 공정안전자료
2. 공정위험성 평가서
3. 안전운전계획
4. 비상조치계획
5. 그 밖에 공정상의 안전과 관련하여 고용노동부장관이 필요하다고 인정하여 고시하는 사항

② 제1항 제1호부터 제4호까지의 규정에 따른 사항에 관한 세부 내용은 고용노동부령으로 정한다.

시행규칙 제50조(공정안전보고서의 세부 내용 등) ① 영 제44조에 따라 공정안전보고서에 포함해야 할 세부내용은 다음 각 호와 같다.

1. 공정안전자료

가. 취급·저장하고 있거나 취급·저장하려는 유해·위험물질의 종류 및 수량

나. 유해·위험물질에 대한 물질안전보건자료

다. 유해하거나 위험한 설비의 목록 및 사양

라. 유해하거나 위험한 설비의 운전방법을 알 수 있는 공정도면

마. 각종 건물·설비의 배치도

바. 폭발위험장소 구분도 및 전기단선도

사. 위험설비의 안전설계·제작 및 설치 관련 지침서

2. 공정위험성평가서 및 잠재위험에 대한 사고예방·피해 최소화 대책(공정위험성평가서는 공정의 특성 등을 고려하여 다음 각 목의 위험성평가 기법 중 한 가지 이상을 선정하여 위험성평가를 한 후 그 결과에 따라 작성해야 하며, 사고예방·피해최소화 대책은 위험성평가 결과 잠재위험이 있다고 인정되는 경우에만 작성한다)

가. 체크리스트(Check List)

나. 상대위험순위 결정(Dow and Mond Indices)

다. 작업자 실수 분석(HEA)

라. 사고 예상 질문 분석(What-if)

마. 위험과 운전 분석(HAZOP)

바. 이상위험도 분석(FMECA)

사. 결함 수 분석(FTA)
아. 사건 수 분석(ETA)
자. 원인결과 분석(CCA)
차. 가목부터 자목까지의 규정과 같은 수준 이상의 기술적 평가기법

3. 안전운전계획
가. 안전운전지침서
나. 설비점검·검사 및 보수계획, 유지계획 및 지침서
다. 안전작업허가
라. 도급업체 안전관리계획
마. 근로자 등 교육계획
바. 가동 전 점검지침
사. 변경요소 관리계획
아. 자체감사 및 사고조사계획
자. 그 밖에 안전운전에 필요한 사항

4. 비상조치계획
가. 비상조치를 위한 장비·인력 보유현황
나. 사고발생 시 각 부서·관련 기관과의 비상연락체계
다. 사고발생 시 비상조치를 위한 조직의 임무 및 수행 절차
라. 비상조치계획에 따른 교육계획
마. 주민홍보계획
바. 그 밖에 비상조치 관련 사항

② 공정안전보고서의 세부내용별 작성기준, 작성자 및 심사기준, 그 밖에 심사에 필요한 사항은 고용노동부장관이 정하여 고시한다.

시행규칙 제51조(공정안전보고서의 제출 시기) 사업주는 영 제45조제1항에 따라 유해하거나 위험한 설비의 설치·이전 또는 주요 구조부분의 변경공사의 착공일(기존 설비의 제조·취급·저장 물질이 변경되거나 제조량·취급량·저장량이 증가하여 영 별표 13에 따른 유해·위험물질 규정량에 해당하게 된 경우에는 그 해당일을 말한다) 30일 전까지 공정안전보고서를 2부 작성하여 공단에 제출해야 한다.

시행규칙 제52조(공정안전보고서의 심사 등) ① 공단은 제51조에 따라 공정안전보고서를 제출받은 경우에는 제출받은 날부터 30일 이내에 심사하여 1부를 사업주에게 송부하고, 그 내용을 지방고용노동관서의 장에게 보고해야 한다.

② 공단은 제1항에 따라 공정안전보고서를 심사한 결과 「위험물안전관리법」에 따른 화재의 예방·소방 등과 관련된 부분이 있다고 인정되는 경우에는 그 관련 내용을 관할 소방관서의 장에게 통보해야 한다.

시행규칙 제53조(공정안전보고서의 확인 등) ① 공정안전보고서를 제출하여 심사를 받은 사업주는 법 제46조제2항에 따라 다음 각 호의 시기별로 공단의 확인을 받아야 한다. 다만, 화공안전 분야 산업안전지도사, 대학에서 조교수 이상으로 재직하고 있는 사람으로서 화공 관련 교과를 담당하고 있는 사람, 그 밖에 자격 및 관련 업무 경력 등을 고려하여 고용노동부장관이 정하여 고시하는 요건을 갖춘 사람에게 제50조 제3호 아목에 따른 자체감사를 하게 하고 그 결과를 공단에

제출한 경우에는 공단의 확인을 생략할 수 있다.

1. 신규로 설치될 유해하거나 위험한 설비에 대해서는 설치 과정 및 설치 완료 후 시운전단계에서 각 1회
2. 기존에 설치되어 사용 중인 유해하거나 위험한 설비에 대해서는 심사 완료 후 3개월 이내
3. 유해하거나 위험한 설비와 관련한 공정의 중대한 변경이 있는 경우에는 변경 완료 후 1개월 이내
4. 유해하거나 위험한 설비 또는 이와 관련된 공정에 중대한 사고 또는 결함이 발생한 경우에는 1개월 이내. 다만, 법 제47조에 따른 안전보건진단을 받은 사업장 등 고용노동부장관이 정하여 고시하는 사업장의 경우에는 공단의 확인을 생략할 수 있다.

② 공단은 사업주로부터 확인요청을 받은 날부터 1개월 이내에 제50조제1호부터 제4호까지의 내용이 현장과 일치하는지 여부를 확인하고, 확인한 날부터 15일 이내에 그 결과를 사업주에게 통보하고 지방고용노동관서의 장에게 보고해야 한다.

③ 제1항 및 제2항에 따른 확인의 절차 등에 관하여 필요한 사항은 고용노동부장관이 정하여 고시한다.

시행규칙 제54조(공정안전보고서 이행 상태의 평가) ① 법 제46조제4항에 따라 고용노동부장관은 같은 조 제2항에 따른 공**정안전보고서의 확인(신규로 설치되는 유해하거나 위험한 설비의 경우에는 설치 완료 후 시운전 단계에서의 확인을 말한다) 후 1년이 지난 날부터 2년 이내에 공정안전보고서 이행 상태의 평가(이하 "이행상태평가"라 한다)를 해야 한다**.

② 고용노동부장관은 제1항에 따른 이행상태평가 후 4년마다 이행상태평가를 해야 한다. 다만, 다음 각 호의 어느 하나에 해당하는 경우에는 1년 또는 2년마다 이행상태평가를 할 수 있다.

1. 이행상태평가 후 사업주가 이행상태평가를 요청하는 경우
2. 법 제155조에 따라 사업장에 출입하여 검사 및 안전·보건점검 등을 실시한 결과 제50조제1항제3호사목에 따른 변경요소 관리계획 미준수로 공정안전보고서 이행상태가 불량한 것으로 인정되는 경우 등 고용노동부장관이 정하여 고시하는 경우

③ 이행상태평가는 제50조제1항 각 호에 따른 공정안전보고서의 세부내용에 관하여 실시한다.

④ 이행상태평가의 방법 등 이행상태평가에 필요한 세부적인 사항은 고용노동부장관이 정한다.

정답 ④

21 산업안전보건법령상 유해위험방지계획서 제출 대상인 건설공사에 해당하지 않는 것은? (단, 자체심사 및 확인업체의 사업주가 착공하려는 건설공사는 제외함) [2023년 기출]

① 연면적 3천제곱미터 이상인 냉동·냉장 창고시설의 설비공사

② 최대 지간(支間)길이(다리의 기둥과 기둥의 중심사이의 거리)가 50미터 이상인 다리의 건설등 공사

③ 지상높이가 31미터 이상인 건축물의 건설등 공사

④ 저수용량 2천만톤 이상의 용수 전용 댐의 건설등 공사

⑤ 깊이 10미터 이상인 굴착공사

해설

영 제42조(유해위험방지계획서 제출 대상) ① 법 제42조제1항제1호에서 "대통령령으로 정하는 사업의 종류 및 규모에 해당하는 사업"이란 다음 각 호의 어느 하나에 해당하는 사업으로서 전기 계약용량이 300킬로와트 이상인 경우를 말한다. → **(암기법 : 고목자식/1차반전자/금비가화/기타기제)**

1. 금속가공제품 제조업; 기계 및 가구 제외
2. 비금속 광물제품 제조업
3. 기타 기계 및 장비 제조업
4. 자동차 및 트레일러 제조업
5. 식료품 제조업
6. 고무제품 및 플라스틱제품 제조업
7. 목재 및 나무제품 제조업
8. 기타 제품 제조업
9. 1차 금속 제조업
10. 가구 제조업
11. 화학물질 및 화학제품 제조업
12. 반도체 제조업
13. 전자부품 제조업

② 법 제42조제1항제2호에서 "대통령령으로 정하는 기계·기구 및 설비"란 다음 각 호의 어느 하나에 해당하는 기계·기구 및 설비를 말한다. 이 경우 다음 각 호에 해당하는 기계·기구 및 설비의 구체적인 범위는 고용노동부장관이 정하여 고시한다. → **(암기법 : 용해로/건조/가스(집합)/밀폐(환기·배기)/화학설비)**

1. 금속이나 그 밖의 광물의 용해로
2. 화학설비
3. 건조설비
4. 가스집합 용접장치
5. 근로자의 건강에 상당한 장해를 일으킬 우려가 있는 물질로서 고용노동부령으로 정하는 물질

의 밀폐·환기·배기를 위한 설비

6. 삭제 〈2021.11.19〉

③ 법 제42조제1항제3호에서 "대통령령으로 정하는 크기 높이 등에 해당하는 건설공사"란 다음 각 호의 어느 하나에 해당하는 공사를 말한다. → **[암기법 : 31/3만/5천-문판매운종교의박지냉동/50(미터)지/터널/2천만톤/10(미터)깊이]**

1. 다음 각 목의 어느 하나에 해당하는 건축물 또는 시설 등의 건설·개조 또는 해체(이하 "건설등"이라 한다) 공사

가. 지상높이가 31미터 이상인 건축물 또는 인공구조물

나. 연면적 3만제곱미터 이상인 건축물

다. 연면적 5천제곱미터 이상인 시설로서 다음의 어느 하나에 해당하는 시설

1) 문화 및 집회시설(전시장 및 동물원·식물원은 제외한다)

2) 판매시설, 운수시설(고속철도의 역사 및 집배송시설은 제외한다)

3) 종교시설

4) 의료시설 중 종합병원

5) 숙박시설 중 관광숙박시설

6) 지하도상가

7) 냉동·냉장 창고시설

2. 연면적 5천제곱미터 이상인 냉동·냉장 창고시설의 설비공사 및 단열공사

3. 최대 지간(支間)길이(다리의 기둥과 기둥의 중심사이의 거리)가 50미터 이상인 다리의 건설등 공사

4. 터널의 건설등 공사

5. 다목적댐, 발전용댐, 저수용량 2천만톤 이상의 용수 전용 댐 및 지방상수도 전용 댐의 건설등 공사

6. 깊이 10미터 이상인 굴착공사

정답 ①

22 산업안전보건법령상 건강진단 및 건강관리에 관한 설명으로 옳지 않은 것은? [2023년 기출]

① 사업주가「선원법」에 따른 건강진단을 실시한 경우에는 그 건강진단을 받은 근로자에 대하여 일반건강진단을 실시한 것으로 본다.

② 일반건강진단의 제1차 검사항목에 흉부방사선 촬영은 포함되지 않는다.

③ 사업주는 특수건강진단의 결과를 근로자의 건강 보호 및 유지 외의 목적으로 사용해서는 아니 된다.

④ 일반건강진단, 특수건강진단, 배치전건강진단, 수시건강진단, 임시건강진단의 비용은「국민건강보험법」에서 정한 기준에 따른다.

⑤ 사업주는 배치전건강진단을 실시하는 경우 근로자대표가 요구하면 근로자대표를 참석시켜야 한다.

해설

제129조(일반건강진단) ① 사업주는 상시 사용하는 근로자의 건강관리를 위하여 건강진단(이하 "일반건강진단"이라 한다)을 실시하여야 한다. 다만, 사업주가 고용노동부령으로 정하는 건강진단을 실시한 경우에는 그 건강진단을 받은 근로자에 대하여 일반건강진단을 실시한 것으로 본다.

② 사업주는 제135조제1항에 따른 특수건강진단기관 또는 「건강검진기본법」 제3조제2호에 따른 건강검진기관(이하 "건강진단기관"이라 한다)에서 일반건강진단을 실시하여야 한다.

③ 일반건강진단의 주기·항목·방법 및 비용, 그 밖에 필요한 사항은 고용노동부령으로 정한다.

제130조(특수건강진단 등) ① 사업주는 다음 각 호의 어느 하나에 해당하는 근로자의 건강관리를 위하여 건강진단(이하 "특수건강진단"이라 한다)을 실시하여야 한다. 다만, 사업주가 고용노동부령으로 정하는 건강진단을 실시한 경우에는 그 건강진단을 받은 근로자에 대하여 해당 유해인자에 대한 특수건강진단을 실시한 것으로 본다.

1. 고용노동부령으로 정하는 유해인자에 노출되는 업무(이하 "특수건강진단대상업무"라 한다)에 종사하는 근로자
2. 제1호, 제3항 및 제131조에 따른 건강진단 실시 결과 직업병 소견이 있는 근로자로 판정받아 작업 전환을 하거나 작업 장소를 변경하여 해당 판정의 원인이 된 특수건강진단대상업무에 종사하지 아니하는 사람으로서 해당 유해인자에 대한 건강진단이 필요하다는 「의료법」 제2조에 따른 의사의 소견이 있는 근로자

② 사업주는 특수건강진단대상업무에 종사할 근로자의 배치 예정 업무에 대한 적합성 평가를 위하여 건강진단(이하 "배치전건강진단"이라 한다)을 실시하여야 한다. 다만, 고용노동부령으로 정하는 근로자에 대해서는 배치전건강진단을 실시하지 아니할 수 있다.

③ 사업주는 특수건강진단대상업무에 따른 유해인자로 인한 것이라고 의심되는 건강장해 증상을 보이거나 의학적 소견이 있는 근로자 중 보건관리자 등이 사업주에게 건강진단 실시를 건의하는 등 고용노동부령으로 정하는 근로자에 대하여 건강진단(이하 "수시건강진단"이라 한다)을 실시하여야 한다.

④ 사업주는 제135조제1항에 따른 특수건강진단기관에서 제1항부터 제3항까지의 규정에 따른 건강진단을 실시하여야 한다.

⑤ 제1항부터 제3항까지의 규정에 따른 건강진단의 시기·주기·항목·방법 및 비용, 그 밖에 필요한

사항은 고용노동부령으로 정한다.

제131조(임시건강진단 명령 등) ① 고용노동부장관은 같은 유해인자에 노출되는 근로자들에게 유사한 질병의 증상이 발생한 경우 등 고용노동부령으로 정하는 경우에는 근로자의 건강을 보호하기 위하여 사업주에게 특정 근로자에 대한 건강진단(이하 "임시건강진단"이라 한다)의 실시나 작업전환, 그 밖에 필요한 조치를 명할 수 있다.

② 임시건강진단의 항목, 그 밖에 필요한 사항은 고용노동부령으로 정한다.

제132조(건강진단에 관한 사업주의 의무) ① **사업주는 제129조부터 제131조까지의 규정에 따른 건강진단을 실시하는 경우 근로자대표가 요구하면 근로자대표를 참석시켜야 한다.**

② 사업주는 산업안전보건위원회 또는 근로자대표가 요구할 때에는 직접 또는 제129조부터 제131조까지의 규정에 따른 건강진단을 한 건강진단기관에 건강진단 결과에 대하여 설명하도록 하여야 한다. 다만, 개별 근로자의 건강진단 결과는 본인의 동의 없이 공개해서는 아니 된다.

③ 사업주는 제129조부터 제131조까지의 규정에 따른 건강진단의 결과를 근로자의 건강 보호 및 유지 외의 목적으로 사용해서는 아니 된다.

④ 사업주는 제129조부터 제131조까지의 규정 또는 다른 법령에 따른 건강진단의 결과 근로자의 건강을 유지하기 위하여 필요하다고 인정할 때에는 작업장소 변경, 작업 전환, 근로시간 단축, 야간근로(오후 10시부터 다음 날 오전 6시까지 사이의 근로를 말한다)의 제한, 작업환경측정 또는 시설·설비의 설치·개선 등 고용노동부령으로 정하는 바에 따라 적절한 조치를 하여야 한다.

⑤ 제4항에 따라 적절한 조치를 하여야 하는 사업주로서 고용노동부령으로 정하는 사업주는 그 조치 결과를 고용노동부령으로 정하는 바에 따라 고용노동부장관에게 제출하여야 한다.

제133조(건강진단에 관한 근로자의 의무) 근로자는 제129조부터 제131조까지의 규정에 따라 사업주가 실시하는 건강진단을 받아야 한다. 다만, 사업주가 지정한 건강진단기관이 아닌 건강진단기관으로부터 이에 상응하는 건강진단을 받아 그 결과를 증명하는 서류를 사업주에게 제출하는 경우에는 사업주가 실시하는 건강진단을 받은 것으로 본다.

제134조(건강진단기관 등의 결과보고 의무) ① 건강진단기관은 제129조부터 제131조까지의 규정에 따른 건강진단을 실시한 때에는 고용노동부령으로 정하는 바에 따라 그 결과를 근로자 및 사업주에게 통보하고 고용노동부장관에게 보고하여야 한다.

② 제129조제1항 단서에 따라 건강진단을 실시한 기관은 사업주가 근로자의 건강보호를 위하여 그 결과를 요청하는 경우 고용노동부령으로 정하는 바에 따라 그 결과를 사업주에게 통보하여야 한다.

제135조(특수건강진단기관) ①「의료법」 제3조에 따른 의료기관이 특수건강진단, 배치전건강진단 또는 수시건강진단을 수행하려는 경우에는 고용노동부장관으로부터 건강진단을 할 수 있는 기관(이하 "특수건강진단기관"이라 한다)으로 지정받아야 한다.

② 특수건강진단기관으로 지정받으려는 자는 대통령령으로 정하는 요건을 갖추어 고용노동부장관에게 신청하여야 한다.

③ 고용노동부장관은 제1항에 따른 특수건강진단기관의 진단·분석 결과에 대한 정확성과 정밀도를 확보하기 위하여 특수건강진단기관의 진단·분석능력을 확인하고, 특수건강진단기관을 지도하거나 교육할 수 있다. 이 경우 진단·분석능력의 확인, 특수건강진단기관에 대한 지도 및 교육의 방법, 절차, 그 밖에 필요한 사항은 고용노동부장관이 정하여 고시한다.

④ 고용노동부장관은 특수건강진단기관을 평가하고 그 결과(제3항에 따른 진단·분석능력의 확인 결과를 포함한다)를 공개할 수 있다. 이 경우 평가 기준·방법 및 결과의 공개, 그 밖에 필요한 사

항은 고용노동부령으로 정한다.

⑤ 특수건강진단기관의 지정 신청 절차, 업무 수행에 관한 사항, 업무를 수행할 수 있는 지역, 그 밖에 필요한 사항은 고용노동부령으로 정한다.

⑥ 특수건강진단기관에 관하여는 제21조제4항 및 제5항을 준용한다. 이 경우 "안전관리전문기관 또는 보건관리전문기관"은 "특수건강진단기관"으로 본다.

제136조(유해인자별 특수건강진단 전문연구기관의 지정) ① 고용노동부장관은 작업장의 유해인자에 관한 전문연구를 촉진하기 위하여 유해인자별 특수건강진단 전문연구기관을 지정하여 예산의 범위에서 필요한 지원을 할 수 있다.

② 제1항에 따른 유해인자별 특수건강진단 전문연구기관의 지정 기준 및 절차, 그 밖에 필요한 사항은 고용노동부장관이 정하여 고시한다.

제137조(건강관리카드) ① 고용노동부장관은 고용노동부령으로 정하는 건강장해가 발생할 우려가 있는 업무에 종사하였거나 종사하고 있는 사람 중 고용노동부령으로 정하는 요건을 갖춘 사람의 직업병 조기발견 및 지속적인 건강관리를 위하여 건강관리카드를 발급하여야 한다.

② 건강관리카드를 발급받은 사람이 「산업재해보상보험법」 제41조에 따라 요양급여를 신청하는 경우에는 건강관리카드를 제출함으로써 해당 재해에 관한 의학적 소견을 적은 서류의 제출을 대신할 수 있다.

③ 건강관리카드를 발급받은 사람은 그 건강관리카드를 타인에게 양도하거나 대여해서는 아니 된다.

④ 건강관리카드를 발급받은 사람 중 제1항에 따라 건강관리카드를 발급받은 업무에 종사하지 아니하는 사람은 고용노동부령으로 정하는 바에 따라 특수건강진단에 준하는 건강진단을 받을 수 있다.

⑤ 건강관리카드의 서식, 발급 절차, 그 밖에 필요한 사항은 고용노동부령으로 정한다.

시행규칙 제196조(일반건강진단 실시의 인정) 법 제129조제1항 단서에서 "고용노동부령으로 정하는 건강진단"이란 다음 각 호 어느 하나에 해당하는 건강진단을 말한다.

→ (암기법 : 국/선/진/학/항공)

1. 「국민건강보험법」에 따른 건강검진
2. 「선원법」에 따른 건강진단
3. 「진폐의 예방과 진폐근로자의 보호 등에 관한 법률」에 따른 정기 건강진단
4. 「학교보건법」에 따른 건강검사
5. 「항공안전법」에 따른 신체검사
6. 그 밖에 제198조제1항에서 정한 법 제129조제1항에 따른 일반건강진단(이하 "일반건강진단"이라 한다)의 검사항목을 모두 포함하여 실시한 건강진단

시행규칙 제197조(일반건강진단의 주기 등) ① 사업주는 상시 사용하는 근로자 중 사무직에 종사하는 근로자(공장 또는 공사현장과 같은 구역에 있지 않은 사무실에서 서무·인사·경리·판매·설계 등의 사무업무에 종사하는 근로자를 말하며, 판매업무 등에 직접 종사하는 근로자는 제외한다)에 대해서는 2년에 1회 이상, 그 밖의 근로자에 대해서는 1년에 1회 이상 일반건강진단을 실시해야 한다.

② 법 제129조에 따라 일반건강진단을 실시해야 할 사업주는 일반건강진단 실시 시기를 안전보건관리규정 또는 취업규칙에 규정하는 등 일반건강진단이 정기적으로 실시되도록 노력해야 한다.

시행규칙 제198조(일반건강진단의 검사항목 및 실시방법 등) ① **일반건강진단의 제1차 검사항목은 다음 각 호와 같다.**

1. 과거병력, 작업경력 및 자각·타각증상(시진·촉진·청진 및 문진)
2. 혈압·혈당·요당·요단백 및 빈혈검사
3. 체중·시력 및 청력
4. 흉부방사선 촬영
5. AST(SGOT) 및 ALT(SGPT), γ -GTP 및 총콜레스테롤

② 제1항에 따른 제1차 검사항목 중 혈당·γ -GTP 및 총콜레스테롤 검사는 고용노동부장관이 정하는 근로자에 대하여 실시한다.

③ 제1항에 따른 검사 결과 질병의 확진이 곤란한 경우에는 제2차 건강진단을 받아야 하며, 제2차 건강진단의 범위, 검사항목, 방법 및 시기 등은 고용노동부장관이 정하여 고시한다.

④ 제196조 각 호 및 제200조 각 호에 따른 법령과 그 밖에 다른 법령에 따라 제1항부터 제3항까지의 규정에서 정한 검사항목과 같은 항목의 건강진단을 실시한 경우에는 해당 항목에 한정하여 제1항부터 제3항에 따른 검사를 생략할 수 있다.

⑤ 제1항부터 제4항까지의 규정에서 정한 사항 외에 일반건강진단의 검사방법, 실시방법, 그 밖에 필요한 사항은 고용노동부장관이 정한다.

시행규칙 제199조(일반건강진단 결과의 제출) 지방고용노동관서의 장은 근로자의 건강 유지를 위하여 필요하다고 인정되는 사업장의 경우 해당 사업주에게 별지 제84호서식의 일반건강진단 결과표를 제출하게 할 수 있다.

시행규칙 제200조(특수건강진단 실시의 인정) 법 제130조제1항 단서에서 "고용노동부령으로 정하는 건강진단"이란 다음 각 호의 어느 하나에 해당하는 건강진단을 말한다. 〈개정 2024. 6. 28.〉

→ (암기법 : 진폐/진단/원자력/동물 진단용 방사선)

1. 「원자력안전법」에 따른 건강진단(방사선만 해당한다)
2. 「진폐의 예방과 진폐근로자의 보호 등에 관한 법률」에 따른 정기 건강진단(광물성 분진만 해당한다)
3. 「진단용 방사선 발생장치의 안전관리에 관한 규칙」에 따른 건강진단(방사선만 해당한다)

3의2. 「동물 진단용 방사선발생장치의 안전관리에 관한 규칙」에 따른 건강진단(방사선만 해당한다)

4. 그 밖에 다른 법령에 따라 별표 24에서 정한 법 제130조제1항에 따른 특수건강진단(이하 "특수건강진단"이라 한다)의 검사항목을 모두 포함하여 실시한 건강진단(해당하는 유해인자만 해당한다)

시행규칙 제201조(특수건강진단 대상업무) 법 제130조제1항제1호에서 "고용노동부령으로 정하는 유해인자"는 별표 22와 같다.

시행규칙 제202조(특수건강진단의 실시 시기 및 주기 등) ① 사업주는 법 제130조제1항제1호에 해당하는 근로자에 대해서는 별표 23에서 특수건강진단 대상 유해인자별로 정한 시기 및 주기에 따라 특수건강진단을 실시해야 한다.

② **제1항에도 불구하고 법 제125조에 따른 사업장의 작업환경측정 결과 또는 특수건강진단 실시 결과에 따라 다음 각 호의 어느 하나에 해당하는 근로자에 대해서는 다음 회에 한정하여 관련 유해인자별로 특수건강진단 주기를 2분의 1로 단축해야 한다.**

1. 작업환경을 측정한 결과 노출기준 이상인 작업공정에서 해당 유해인자에 노출되는 모든 근로자
2. 특수건강진단, 법 제130조제3항에 따른 수시건강진단(이하 "수시건강진단"이라 한다) 또는 법 제131조제1항에 따른 임시건강진단(이하 "임시건강진단"이라 한다)을 실시한 결과 직업병

유소견자가 발견된 작업공정에서 해당 유해인자에 노출되는 모든 근로자. 다만, 고용노동부장관이 정하는 바에 따라 특수건강진단·수시건강진단 또는 임시건강진단을 실시한 의사로부터 특수건강진단 주기를 단축하는 것이 필요하지 않다는 소견을 받은 경우는 제외한다.

3. 특수건강진단 또는 임시건강진단을 실시한 결과 해당 유해인자에 대하여 특수건강진단 실시 주기를 단축해야 한다는 의사의 소견을 받은 근로자

③ 사업주는 법 제130조제1항 제2호에 해당하는 근로자에 대해서는 직업병 유소견자 발생의 원인이 된 유해인자에 대하여 해당 근로자를 진단한 의사가 필요하다고 인정하는 시기에 특수건강진단을 실시해야 한다.

④ 법 제130조제1항에 따라 특수건강진단을 실시해야 할 사업주는 특수건강진단 실시 시기를 안전보건관리규정 또는 취업규칙에 규정하는 등 특수건강진단이 정기적으로 실시되도록 노력해야 한다.

시행규칙 제203조(배치전건강진단 실시의 면제) 법 제130조제2항 단서에서 "고용노동부령으로 정하는 근로자"란 다음 각 호의 어느 하나에 해당하는 근로자를 말한다. 〈개정 2024. 6. 28.〉

1. 다른 사업장에서 해당 유해인자에 대하여 다음 각 목의 어느 하나에 해당하는 건강진단을 받고 6개월(별표 23 제4호부터 제6호까지의 유해인자에 대하여 건강진단을 받은 경우에는 12개월로 한다)이 지나지 않은 근로자로서 건강진단 결과를 적은 서류(이하 "건강진단개인표"라 한다) 또는 그 사본을 제출한 근로자
   가. 법 제130조제2항에 따른 배치전건강진단(이하 "배치전건강진단"이라 한다)
   나. 배치전건강진단의 제1차 검사항목을 포함하는 특수건강진단, 수시건강진단 또는 임시건강진단
   다. 배치전건강진단의 제1차 검사항목 및 제2차 검사항목을 포함하는 건강진단
2. 해당 사업장에서 해당 유해인자에 대하여 제1호 각 목의 어느 하나에 해당하는 건강진단을 받고 6개월(별표 23 제4호부터 제6호까지의 유해인자에 대하여 건강진단을 받은 경우에는 12개월로 한다)이 지나지 않은 근로자

시행규칙 제204조(배치전건강진단의 실시 시기) 사업주는 특수건강진단대상업무에 근로자를 배치하려는 경우에는 해당 작업에 배치하기 전에 배치전건강진단을 실시해야 하고, 특수건강진단기관에 해당 근로자가 담당할 업무나 배치하려는 작업장의 특수건강진단 대상 유해인자 등 관련 정보를 미리 알려 주어야 한다.

시행규칙 제205조(수시건강진단 대상 근로자 등) ① 법 제130조제3항에서 "고용노동부령으로 정하는 근로자"란 특수건강진단대상업무로 인하여 해당 유해인자로 인한 것이라고 의심되는 직업성 천식, 직업성 피부염, 그 밖에 건강장해 증상을 보이거나 의학적 소견이 있는 근로자로서 다음 각 호의 어느 하나에 해당하는 근로자를 말한다. 다만, 사업주가 직전 특수건강진단을 실시한 특수건강진단기관의 의사로부터 수시건강진단이 필요하지 않다는 소견을 받은 경우는 제외한다.

1. 산업보건의, 보건관리자, 보건관리 업무를 위탁받은 기관이 필요하다고 판단하여 사업주에게 수시건강진단을 건의한 근로자
2. 해당 근로자나 근로자대표 또는 법 제23조에 따라 위촉된 명예산업안전감독관이 사업주에게 수시건강진단을 요청한 근로자

② 사업주는 제1항에 해당하는 근로자에 대해서는 지체 없이 수시건강진단을 실시해야 한다.

③ 제1항 및 제2항에서 정한 사항 외에 수시건강진단의 실시방법, 그 밖에 필요한 사항은 고용노동부장관이 정한다.

시행규칙 제206조(특수건강진단 등의 검사항목 및 실시방법 등) ① 법 제130조에 따른 특수건강진단·배치전건강진단 및 수시건강진단의 검사항목은 제1차 검사항목과 제2차 검사항목으로 구분하며, 각 세부 검사항목은 별표 24와 같다.

② 제1항에 따른 제1차 검사항목은 특수건강진단, 배치전건강진단 및 수시건강진단의 대상이 되는 근로자 모두에 대하여 실시한다.

③ 제1항에 따른 제2차 검사항목은 제1차 검사항목에 대한 검사 결과 건강수준의 평가가 곤란하거나 질병이 의심되는 사람에 대하여 고용노동부장관이 정하여 고시하는 바에 따라 실시해야 한다. 다만, 건강진단 담당 의사가 해당 유해인자에 대한 근로자의 노출 정도, 병력 등을 고려하여 필요하다고 인정하면 제2차 검사항목의 일부 또는 전부에 대하여 제1차 검사항목을 검사할 때에 추가하여 실시할 수 있다.

④ 제196조 각 호 및 제200조 각 호에 따른 법령과 그 밖에 다른 법령에 따라 제1항 및 제2항에서 정한 검사항목과 같은 항목의 건강진단을 실시한 경우에는 해당 항목에 한정하여 제1항 및 제2항에 따른 검사를 생략할 수 있다.

⑤ 제1항부터 제4항까지의 규정에서 정한 사항 외에 특수건강진단·배치전건강진단 및 수시건강진단의 검사방법, 실시방법, 그 밖에 필요한 사항은 고용노동부장관이 정한다.

시행규칙 제207조(임시건강진단 명령 등) ① 법 제131조제1항에서 "고용노동부령으로 정하는 경우"란 특수건강진단 대상 유해인자 또는 그 밖의 유해인자에 의한 중독 여부, 질병에 걸렸는지 여부 또는 질병의 발생원인 등을 확인하기 위하여 필요하다고 인정되는 경우로서 다음 각 호에 어느 하나에 해당하는 경우를 말한다.

1. 같은 부서에 근무하는 근로자 또는 같은 유해인자에 노출되는 근로자에게 유사한 질병의 자각·타각 증상이 발생한 경우
2. 직업병 유소견자가 발생하거나 여러 명이 발생할 우려가 있는 경우
3. 그 밖에 지방고용노동관서의 장이 필요하다고 판단하는 경우

② 임시건강진단의 검사항목은 별표 24에 따른 특수건강진단의 검사항목 중 전부 또는 일부와 건강진단 담당 의사가 필요하다고 인정하는 검사항목으로 한다.

③ 제2항에서 정한 사항 외에 임시건강진단의 검사방법, 실시방법, 그 밖에 필요한 사항은 고용노동부장관이 정한다.

시행규칙 제208조(건강진단비용) 일반건강진단, 특수건강진단, 배치전건강진단, 수시건강진단, 임시건강진단의 비용은 「국민건강보험법」에서 정한 기준에 따른다.

시행규칙 제209조(건강진단 결과의 보고 등) ① 건강진단기관이 법 제129조부터 제131조까지의 규정에 따른 건강진단을 실시하였을 때에는 그 결과를 고용노동부장관이 정하는 건강진단개인표에 기록하고, 건강진단을 실시한 날부터 30일 이내에 근로자에게 송부해야 한다.

② 건강진단기관은 건강진단을 실시한 결과 질병 유소견자가 발견된 경우에는 건강진단을 실시한 날부터 30일 이내에 해당 근로자에게 의학적 소견 및 사후관리에 필요한 사항과 업무수행의 적합성 여부(특수건강진단기관인 경우만 해당한다)를 설명해야 한다. 다만, 해당 근로자가 소속한 사업장의 의사인 보건관리자에게 이를 설명한 경우에는 그렇지 않다.

③ 건강진단기관은 건강진단을 실시한 날부터 30일 이내에 다음 각 호의 구분에 따라 건강진단 결과표를 사업주에게 송부해야 한다.

1. 일반건강진단을 실시한 경우 : 별지 제84호서식의 일반건강진단 결과표

2. 특수건강진단·배치전건강진단·수시건강진단 및 임시건강진단을 실시한 경우 : 별지 제85호서식의 특수·배치전·수시·임시건강진단 결과표

④ 특수건강진단기관은 특수건강진단·배치전건강진단·수시건강진단 또는 임시건강진단을 실시한 경우에는 법 제134조제1항에 따라 건강진단을 실시한 날부터 30일 이내에 건강진단 결과표를 지방고용노동관서의 장에게 제출해야 한다. 다만, 건강진단개인표 전산입력자료를 고용노동부장관이 정하는 바에 따라 공단에 송부한 경우에는 그렇지 않다. 〈개정 2024. 6. 28.〉

⑤ 법 제129조제1항 단서에 따른 건강진단을 한 기관은 사업주가 근로자의 건강보호를 위하여 건강진단 결과를 요청하는 경우 별지 제84호서식의 일반건강진단 결과표를 사업주에게 송부해야 한다.

시행규칙 제210조(건강진단 결과에 따른 사후관리 등) ① 사업주는 제209조제3항에 따른 건강진단 결과표에 따라 근로자의 건강을 유지하기 위하여 필요하면 법 제132조제4항에 따른 조치를 하고, 근로자에게 해당 조치 내용에 대하여 설명해야 한다.

② 고용노동부장관은 사업주가 제1항에 따른 조치를 하는 데 필요한 사항을 정하여 고시할 수 있다.

③ 법 제132조제5항에서 "고용노동부령으로 정하는 사업주"란 특수건강진단, 수시건강진단, 임시건강진단의 결과 특정 근로자에 대하여 근로 금지 및 제한, 작업전환, 근로시간 단축, 직업병 확진 의뢰 안내의 조치가 필요하다는 건강진단을 실시한 의사의 소견이 있는 건강진단 결과표를 송부받은 사업주를 말한다.

④ 제3항에 따른 사업주는 건강진단 결과표를 송부받은 날부터 30일 이내에 별지 제86호서식의 사후관리 조치결과 보고서에 건강진단 결과표, 제3항에 따른 조치의 실시를 증명할 수 있는 서류 또는 실시 계획 등을 첨부하여 관할 지방고용노동관서의 장에게 제출해야 한다.

⑤ 그 밖에 제4항에 따른 사후관리 조치결과 보고서 등의 제출에 필요한 사항은 고용노동부장관이 정한다.

시행규칙 제215조(건강관리카드 소지자의 건강진단) ① 법 제137조제1항에 따른 건강관리카드(이하 "카드"라 한다)를 발급받은 근로자가 카드의 발급 대상 업무에 더 이상 종사하지 않는 경우에는 공단 또는 특수건강진단기관에서 실시하는 건강진단을 매년(카드 발급 대상 업무에서 종사하지 않게 된 첫 해는 제외한다) 1회 받을 수 있다. 다만, 카드를 발급받은 근로자(이하 "카드소지자"라 한다)가 카드의 발급 대상 업무와 같은 업무에 재취업하고 있는 기간 중에는 그렇지 않다.

② 공단은 제1항 본문에 따라 건강진단을 받는 카드소지자에게 교통비 및 식비를 지급할 수 있다.

③ 카드소지자는 건강진단을 받을 때에 해당 건강진단을 실시하는 의료기관에 카드 또는 주민등록증 등 신분을 확인할 수 있는 증명서를 제시해야 한다.

④ 제3항에 따른 의료기관은 건강진단을 실시한 날부터 30일 이내에 건강진단 실시 결과를 카드소지자 및 공단에 송부해야 한다.

⑤ 제3항에 따른 의료기관은 건강진단 결과에 따라 카드소지자의 건강 유지를 위하여 필요하면 건강상담, 직업병 확진 의뢰 안내 등 고용노동부장관이 정하는 바에 따른 조치를 하고, 카드소지자에게 해당 조치 내용에 대하여 설명해야 한다.

⑥ 카드소지자에 대한 건강진단의 실시방법과 그 밖에 필요한 사항은 고용노동부장관이 정하여 고시한다.

96	트리클로로 에틸렌 (Trichloroethylene; 79-01-6)	(1) 직업력 및 노출력 조사 (2) 주요 표적기관과 관련된 병력조사 (3) 임상검사 및 진찰 ① 간담도계 : AST(SGOT), ALT (SGPT), γ -GTP ② 심혈관계 : 흉부방사선 검사, 심전도 검사, 총콜레스테롤, HDL콜레스테롤, 트리글리세라이드 ③ 비뇨기계 : 요검사 10종 ④ 신경계 : 신경계 증상 문진, 신경증상에 유의하여 진찰 ⑤ 눈, 피부, 비강, 인두 : 점막자극증상 문진 (4) 생물학적 노출지표 검사 : 소변 중 총삼염화물 또는 삼염화초산 (주말작업 종료 시 채취)	임상검사 및 진찰 ① 간담도계 : AST(SGOT), ALT (SGPT), γ -GTP, 총단백, 알부민, 총빌리루빈, 직접빌리루빈, 알칼리포스파타아제, 알파피토단백, B형간염 표면항원, B형간염 표면항체, C형간염 항체, A형간염 항체, 초음파 검사 ② 비뇨기계 : 단백뇨정량, 혈청 크레아티닌, 요소질소 ③ 신경계 : 신경행동검사, 임상심리검사, 신경학적 검사 ④ 눈, 피부, 비강, 인두 : 세극등현미경검사, KOH검사, 피부단자시험, 비강 및 인두 검사

정답 ②

23 산업안전보건법령상 지도사 보수교육에 관한 설명이다. (   )에 들어갈 숫자로 옳은 것은? [2023년 기출]

> 고용노동부령으로 정하는 보수교육의 시간은 업무교육 및 직업윤리교육의 교육시간을 합산하여 총 (ㄱ)시간 이상으로 한다. 다만, 법 제145조제4항에 따른 지도사 등록의 갱신기간 동안 시행규칙 제230조제1항에 따른 지도실적이 (ㄴ)년 이상인 지도사의 교육시간은 (ㄷ)시간 이상으로 한다.

① ㄱ : 10, ㄴ : 1, ㄷ : 5
② ㄱ : 10, ㄴ : 2, ㄷ : 10
③ ㄱ : 20, ㄴ : 1, ㄷ : 5
④ ㄱ : 20, ㄴ : 2, ㄷ : 10
⑤ ㄱ : 20, ㄴ : 2, ㄷ : 15

해설

제9장 산업안전지도사 및 산업보건지도사

제142조(산업안전지도사 등의 직무) ① 산업안전지도사는 다음 각 호의 직무를 수행한다.

1. 공정상의 안전에 관한 평가·지도
2. 유해·위험의 방지대책에 관한 평가·지도
3. 제1호 및 제2호의 사항과 관련된 계획서 및 보고서의 작성
4. 그 밖에 산업안전에 관한 사항으로서 대통령령으로 정하는 사항

② 산업보건지도사는 다음 각 호의 직무를 수행한다.

1. 작업환경의 평가 및 개선 지도
2. 작업환경 개선과 관련된 계획서 및 보고서의 작성
3. 근로자 건강진단에 따른 사후관리 지도
4. 직업성 질병 진단(「의료법」 제2조에 따른 의사인 산업보건지도사만 해당한다) 및 예방 지도
5. 산업보건에 관한 조사·연구
6. 그 밖에 산업보건에 관한 사항으로서 대통령령으로 정하는 사항

③ 산업안전지도사 또는 산업보건지도사(이하 "지도사"라 한다)의 업무 영역별 종류 및 업무 범위, 그 밖에 필요한 사항은 대통령령으로 정한다.

제143조(지도사의 자격 및 시험) ① 고용노동부장관이 시행하는 지도사 자격시험에 합격한 사람은 지도사의 자격을 가진다.

② 대통령령으로 정하는 산업 안전 및 보건과 관련된 자격의 보유자에 대해서는 제1항에 따른 지도사 자격시험의 일부를 면제할 수 있다.

③ 고용노동부장관은 제1항에 따른 지도사 자격시험 실시를 대통령령으로 정하는 전문기관에 대행하게 할 수 있다. 이 경우 시험 실시에 드는 비용을 예산의 범위에서 보조할 수 있다.

④ 제3항에 따라 지도사 자격시험 실시를 대행하는 전문기관의 임직원은 「형법」 제129조부터 제132조까지의 규정을 적용할 때에는 공무원으로 본다.

⑤ 지도사 자격시험의 시험과목, 시험방법, 다른 자격 보유자에 대한 시험 면제의 범위, 그 밖에 필요한 사항은 대통령령으로 정한다.

제144조(부정행위자에 대한 제재) 고용노동부장관은 지도사 자격시험에서 부정한 행위를 한 응시자에 대해서는 그 시험을 무효로 하고, 그 처분을 한 날부터 5년간 시험응시자격을 정지한다.

제145조(지도사의 등록) ① 지도사가 그 직무를 수행하려는 경우에는 고용노동부령으로 정하는 바에 따라 고용노동부장관에게 등록하여야 한다.

② 제1항에 따라 등록한 지도사는 그 직무를 조직적·전문적으로 수행하기 위하여 법인을 설립할 수 있다.

③ **다음 각 호의 어느 하나에 해당하는 사람은 제1항에 따른 등록을 할 수 없다.**

1. 피성년후견인 또는 피한정후견인
2. 파산선고를 받고 복권되지 아니한 사람
3. 금고 이상의 실형을 선고받고 그 집행이 끝나거나(집행이 끝난 것으로 보는 경우를 포함한다) 집행이 면제된 날부터 2년이 지나지 아니한 사람

4. 금고 이상의 형의 집행유예를 선고받고 그 유예기간 중에 있는 사람
5. **이 법을 위반하여 벌금형을 선고받고 1년이 지나지 아니한 사람**
6. 제154조에 따라 등록이 취소(이 항 제1호 또는 제2호에 해당하여 등록이 취소된 경우는 제외한다)된 후 2년이 지나지 아니한 사람

④ 제1항에 따라 등록을 한 지도사는 고용노동부령으로 정하는 바에 따라 5년마다 등록을 갱신하여야 한다.

⑤ 고용노동부령으로 정하는 지도실적이 있는 지도사만이 제4항에 따른 갱신등록을 할 수 있다. 다만, 지도실적이 기준에 못 미치는 지도사는 고용노동부령으로 정하는 보수교육을 받은 경우 갱신등록을 할 수 있다.

⑥ 제2항에 따른 법인에 관하여는 「상법」 중 합명회사에 관한 규정을 적용한다.

제146조(지도사의 교육) 지도사 자격이 있는 사람(제143조제2항에 해당하는 사람 중 대통령령으로 정하는 실무경력이 있는 사람은 제외한다)이 직무를 수행하려면 제145조에 따른 등록을 하기 전 1년의 범위에서 고용노동부령으로 정하는 연수교육을 받아야 한다.

제147조(지도사에 대한 지도 등) 고용노동부장관은 공단에 다음 각 호의 업무를 하게 할 수 있다.

1. 지도사에 대한 지도·연락 및 정보의 공동이용체제의 구축·유지
2. 제142조제1항 및 제2항에 따른 지도사의 직무 수행과 관련된 사업주의 불만·고충의 처리 및 피해에 관한 분쟁의 조정
3. 그 밖에 지도사 직무의 발전을 위하여 필요한 사항으로서 고용노동부령으로 정하는 사항

제148조(손해배상의 책임) ① 지도사는 직무 수행과 관련하여 고의 또는 과실로 의뢰인에게 손해를 입힌 경우에는 그 손해를 배상할 책임이 있다.

② 제145조제1항에 따라 등록한 지도사는 제1항에 따른 손해배상책임을 보장하기 위하여 대통령령으로 정하는 바에 따라 보증보험에 가입하거나 그 밖에 필요한 조치를 하여야 한다.

제149조(유사명칭의 사용 금지) 제145조제1항에 따라 등록한 지도사가 아닌 사람은 산업안전지도사, 산업보건지도사 또는 이와 유사한 명칭을 사용해서는 아니 된다.

제150조(품위유지와 성실의무 등) ① 지도사는 항상 품위를 유지하고 신의와 성실로써 공정하게 직무를 수행하여야 한다.

② 지도사는 제142조제1항 또는 제2항에 따른 직무와 관련하여 작성하거나 확인한 서류에 기명·날인하거나 서명하여야 한다.

제151조(금지 행위) 지도사는 다음 각 호의 행위를 해서는 아니 된다.

1. 거짓이나 그 밖의 부정한 방법으로 의뢰인에게 법령에 따른 의무를 이행하지 아니하게 하는 행위
2. 의뢰인에게 법령에 따른 신고·보고, 그 밖의 의무를 이행하지 아니하게 하는 행위
3. 법령에 위반되는 행위에 관한 지도·상담

제152조(관계 장부 등의 열람 신청) 지도사는 제142조제1항 및 제2항에 따른 직무를 수행하는 데 필요하면 사업주에게 관계 장부 및 서류의 열람을 신청할 수 있다. 이 경우 그 신청이 제142조제1항 또는 제2항에 따른 직무의 수행을 위한 것이면 열람을 신청받은 사업주는 정당한 사유 없이 이를 거부해서는 아니 된다.

제153조(자격대여행위 및 대여알선행위 등의 금지) ① 지도사는 다른 사람에게 자기의 성명이나 사무소의 명칭을 사용하여 지도사의 직무를 수행하게 하거나 그 자격증이나 등록증을 대여해서는

아니 된다.

② 누구든지 지도사의 자격을 취득하지 아니하고 그 지도사의 성명이나 사무소의 명칭을 사용하여 지도사의 직무를 수행하거나 자격증·등록증을 대여받아서는 아니 되며, 이를 알선하여서도 아니 된다.

제154조(등록의 취소 등) 고용노동부장관은 지도사가 다음 각 호의 어느 하나에 해당하는 경우에는 그 등록을 취소하거나 2년 이내의 기간을 정하여 그 업무의 정지를 명할 수 있다. **다만, 제1호부터 제3호까지의 규정에 해당할 때에는 그 등록을 취소하여야 한다.**

1. 거짓이나 그 밖의 부정한 방법으로 등록 또는 갱신등록을 한 경우
2. 업무정지 기간 중에 업무를 수행한 경우
3. 업무 관련 서류를 거짓으로 작성한 경우
4. 제142조에 따른 직무의 수행과정에서 고의 또는 과실로 인하여 중대재해가 발생한 경우
5. 제145조제3항제1호부터 제5호까지의 규정 중 어느 하나에 해당하게 된 경우
6. 제148조제2항에 따른 보증보험에 가입하지 아니하거나 그 밖에 필요한 조치를 하지 아니한 경우
7. 제150조제1항을 위반하거나 같은 조 제2항에 따른 기명·날인 또는 서명을 하지 아니한 경우
8. 제151조, 제153조제1항 또는 제162조를 위반한 경우

영 제101조(산업안전지도사 등의 직무) ① 법 제142조제1항 제4호에서 "대통령령으로 정하는 사항"이란 다음 각 호의 사항을 말한다.

1. 법 제36조에 따른 위험성평가의 지도

2. 법 제49조에 따른 안전보건개선계획서의 작성

3. 그 밖에 산업안전에 관한 사항의 자문에 대한 응답 및 조언

② 법 제142조제2항 제6호에서 "대통령령으로 정하는 사항"이란 다음 각 호의 사항을 말한다.

1. 법 제36조에 따른 위험성평가의 지도
2. 법 제49조에 따른 안전보건개선계획서의 작성
3. 그 밖에 산업보건에 관한 사항의 자문에 대한 응답 및 조언

영 제102조(산업안전지도사 등의 업무 영역별 종류 등) ① 법 제145조제1항에 따라 등록한 산업안전지도사의 업무 영역은 기계안전·전기안전·화공안전·건설안전 분야로 구분하고, 같은 항에 따라 등록한 산업보건지도사의 업무 영역은 직업환경의학·산업위생 분야로 구분한다.

② 법 제145조제1항에 따라 등록한 산업안전지도사 또는 산업보건지도사(이하 "지도사"라 한다)의 해당 업무 영역별 업무 범위는 별표 31과 같다.

영 제107조(연수교육의 제외 대상) 법 제146조에서 "대통령령으로 정하는 실무경력이 있는 사람"이란 산업안전 또는 산업보건 분야에서 5년 이상 실무에 종사한 경력이 있는 사람을 말한다.

영 제108조(손해배상을 위한 보증보험 가입 등) ① 법 제145조제1항에 따라 등록한 지도사(같은 조 제2항에 따라 법인을 설립한 경우에는 그 법인을 말한다. 이하 이 조에서 같다)는 법 제148조제2항에 따라 **보험금액이 2천만원**(법 제145조제2항에 따른 법인인 경우에는 2천만원에 사원인 지도사의 수를 곱한 금액) 이상인 보증보험에 가입해야 한다.

② 지도사는 제1항의 보증보험금으로 손해배상을 한 경우에는 그 날부터 10일 이내에 다시 보증보험에 가입해야 한다.

③ 손해배상을 위한 보증보험 가입 및 지급에 관한 사항은 고용노동부령으로 정한다.

시행규칙 제230조(지도실적 등) ① 법 제145조제5항 본문에서 "고용노동부령으로 정하는 지도실적"이란 법 제145조제4항에 따른 지도사 등록의 갱신기간 동안 사업장 또는 고용노동부장관이 정하여 고시하는 산업안전·산업보건 관련 기관·단체에서 지도하거나 종사한 실적을 말한다.

② 법 제145조제5항 단서에서 "지도실적이 기준에 못 미치는 지도사"란 제1항에 따른 지도·종사 실적의 기간이 3년 미만인 지도사를 말한다. 이 경우 지도사가 둘 이상의 사업장 또는 기관·단체에서 지도하거나 종사한 경우에는 각각의 지도·종사 기간을 합산한다.

시행규칙 제231조(지도사 보수교육) ① 법 제145조제5항 단서에서 "고용노동부령으로 정하는 보수교육"이란 업무교육과 직업윤리교육을 말한다.

② 제1항에 따른 보수교육의 시간은 업무교육 및 직업윤리교육의 교육시간을 합산하여 총 20시간 이상으로 한다. 다만, 법 제145조제4항에 따른 지도사 등록의 갱신기간 동안 제230조제1항에 따른 지도실적이 2년 이상인 지도사의 교육시간은 10시간 이상으로 한다.

③ 공단이 보수교육을 실시하였을 때에는 그 결과를 보수교육이 끝난 날부터 10일 이내에 고용노동부장관에게 보고해야 하며, 다음 각 호의 서류를 5년간 보존해야 한다.

1. 보수교육 이수자 명단
2. 이수자의 교육 이수를 확인할 수 있는 서류

④ 공단은 보수교육을 받은 지도사에게 별지 제96호서식의 지도사 보수교육 이수증을 발급해야 한다.

⑤ 보수교육의 절차·방법 및 비용 등 보수교육에 필요한 사항은 고용노동부장관의 승인을 거쳐 공단이 정한다.

시행규칙 제232조(지도사 연수교육) ① 법 제146조에 따른 "고용노동부령으로 정하는 연수교육"이란 업무교육과 실무수습을 말한다.

② 제1항에 따른 연수교육의 기간은 업무교육 및 실무수습 기간을 합산하여 3개월 이상으로 한다.

③ 공단이 연수교육을 실시하였을 때에는 그 결과를 연수교육이 끝난 날부터 10일 이내에 고용노동부장관에게 보고해야 하며, 다음 각 호의 서류를 3년간 보존해야 한다.

1. 연수교육 이수자 명단
2. 이수자의 교육 이수를 확인할 수 있는 서류

④ 공단은 연수교육을 받은 지도사에게 별지 제96호서식의 지도사 연수교육 이수증을 발급해야 한다.

⑤ 연수교육의 절차·방법 및 비용 등 연수교육에 필요한 사항은 고용노동부장관의 승인을 거쳐 공단이 정한다.

시행규칙 제233조(지도사 업무발전 등) 법 제147조제3호에서 "고용노동부령으로 정하는 사항"이란 다음 각 호와 같다.

1. 지도결과의 측정과 평가
2. 지도사의 기술지도능력 향상 지원
3. 중소기업 지도 시 지원
4. 불성실·불공정 지도행위를 방지하고 건실한 지도 수행을 촉진하기 위한 지도기준의 마련

시행규칙 제234조(손해배상을 위한 보험가입·지급 등) ① 영 제108조제1항에 따라 손해배상을 위한 보험에 가입한 지도사(법 제145조제2항에 따라 법인을 설립한 경우에는 그 법인을 말한다. 이하 이 조에서 같다)는 가입한 날부터 20일 이내에 별지 제97호서식의 보증보험가입 신고서에 증명서류를 첨부하여 해당 지도사의 주된 사무소의 소재지(사무소를 두지 않는 경우에는 주소지를 말한다. 이하 이 조에서 같다)를 관할하는 지방고용노동관서의 장에게 제출해야 한다.

② 지도사는 해당 보증보험의 보증기간이 만료되기 전에 다시 보증보험에 가입하고 가입한 날부터 20일 이내에 별지 제97호서식의 보증보험가입 신고서에 증명서류를 첨부하여 해당 지도사의 주된 사무소의 소재지를 관할하는 지방고용노동관서의 장에게 제출해야 한다.

③ 법 제148조제1항에 따른 의뢰인이 손해배상금으로 보증보험금을 지급받으려는 경우에는 별지 제98호서식의 보증보험금 지급사유 발생확인신청서에 해당 의뢰인과 지도사 간의 손해배상합의서, 화해조서, 법원의 확정판결문 사본, 그 밖에 이에 준하는 효력이 있는 서류를 첨부하여 해당 지도사의 주된 사무소의 소재지를 관할하는 지방고용노동관서의 장에게 제출해야 한다. 이 경우 지방고용노동관서의 장은 별지 제99호서식의 보증보험금 지급사유 발생확인서를 지체 없이 발급해야 한다.

정답 ④

24 산업안전보건법령상 안전보건진단을 받아 안전보건개선계획을 수립할 대상으로 옳은 것을 모두 고른 것은? [2023년 기출]

ㄱ. 유해인자의 노출기준을 초과한 사업장
ㄴ. 산업재해율이 같은 업종의 규모별 평균 산업재해율보다 높은 사업장
ㄷ. 사업주가 필요한 안전조치 또는 보건조치를 이행하지 아니하여 중대재해가 발생한 사업장
ㄹ. 상시근로자 1천명 이상 사업장으로서 직업성 질병자가 연간 3명 이상 발생한 사업장

① ㄱ, ㄴ
② ㄷ, ㄹ
③ ㄱ, ㄴ, ㄷ
④ ㄴ, ㄷ, ㄹ
⑤ ㄱ, ㄴ, ㄷ, ㄹ

해설

제47조(안전보건진단) ① 고용노동부장관은 추락·붕괴, 화재·폭발, 유해하거나 위험한 물질의 누출 등 산업재해 발생의 위험이 현저히 높은 사업장의 사업주에게 제48조에 따라 지정받은 기관(이하 "안전보건진단기관"이라 한다)이 실시하는 안전보건진단을 받을 것을 명할 수 있다.

제49조(안전보건개선계획의 수립·시행 명령) ① 고용노동부장관은 다음 각 호의 어느 하나에 해당하는 사업장으로서 산업재해 예방을 위하여 종합적인 개선조치를 할 필요가 있다고 인정되는 사업장의 사업주에게 고용노동부령으로 정하는 바에 따라 그 사업장, 시설, 그 밖의 사항에 관한 안전 및 보건에 관한 개선계획(이하 "안전보건개선계획"이라 한다)을 수립하여 시행할 것을 명할 수 있다. 이 경우 대통령령으로 정하는 사업장의 사업주에게는 제47조에 따라 안전보건진단을

받아 안전보건개선계획을 수립하여 시행할 것을 명할 수 있다.

1. 산업재해율이 같은 업종의 규모별 평균 산업재해율보다 높은 사업장
2. 사업주가 필요한 안전조치 또는 보건조치를 이행하지 아니하여 중대재해가 발생한 사업장
3. 대통령령으로 정하는 수 이상의 직업성 질병자가 발생한 사업장
4. 제106조에 따른 유해인자의 노출기준을 초과한 사업장

② 사업주는 안전보건개선계획을 수립할 때에는 산업안전보건위원회의 심의를 거쳐야 한다. 다만, 산업안전보건위원회가 설치되어 있지 아니한 사업장의 경우에는 근로자대표의 의견을 들어야 한다.

영 제46조(안전보건진단의 종류 및 내용) ① 법 제47조제1항에 따른 안전보건진단(이하 "안전보건진단"이라 한다)의 종류 및 내용은 별표 14와 같다.

② 고용노동부장관은 법 제47조제1항에 따라 안전보건진단 명령을 할 경우 기계·화공·전기·건설 등 분야별로 한정하여 진단을 받을 것을 명할 수 있다.

③ 안전보건진단 결과보고서에는 산업재해 또는 사고의 발생원인, 작업조건·작업방법에 대한 평가 등의 사항이 포함되어야 한다.

영 제49조(안전보건진단을 받아 안전보건개선계획을 수립할 대상) 법 제49조제1항 각 호 외의 부분 후단에서 "대통령령으로 정하는 사업장"이란 다음 각 호의 사업장을 말한다.

1. 산업재해율이 같은 업종 평균 산업재해율의 2배 이상인 사업장
2. 법 제49조 제1항 제2호에 해당하는 사업장 → 사업주가 필요한 안전조치 또는 보건조치를 이행하지 아니하여 중대재해가 발생한 사업장
3. **직업성 질병자가 연간 2명 이상(상시근로자 1천명 이상 사업장의 경우 3명 이상) 발생한 사업장**
4. 그 밖에 작업환경 불량, 화재·폭발 또는 누출 사고 등으로 사업장 주변까지 피해가 확산된 사업장으로서 고용노동부령으로 정하는 사업장

영 제50조(안전보건개선계획 수립 대상) 법 제49조제1항 제3호에서 "대통령령으로 정하는 수 이상의 직업성 질병자가 발생한 사업장"이란 직업성 질병자가 연간 2명 이상 발생한 사업장을 말한다.

시행규칙 제61조(안전보건개선계획의 제출 등) ① 법 제50조제1항에 따라 안전보건개선계획서를 제출해야 하는 사업주는 법 제49조제1항에 따른 안전보건개선계획서 수립·시행 명령을 받은 날부터 (　　)일 이내에 관할 지방고용노동관서의 장에게 해당 계획서를 제출(전자문서로 제출하는 것을 포함한다)해야 한다.

② 제1항에 따른 안전보건개선계획서에는 시설, 안전보건관리체제, 안전보건교육, 산업재해 예방 및 작업환경의 개선을 위하여 필요한 사항이 포함되어야 한다.

시행규칙 제62조(안전보건개선계획서의 검토 등) ① 지방고용노동관서의 장이 제61조에 따른 안전보건개선계획서를 접수한 경우에는 접수일부터 (　　)일 이내에 심사하여 사업주에게 그 결과를 알려야 한다.

② 법 제50조제2항에 따라 지방고용노동관서의 장은 안전보건개선계획서에 제61조제2항에서 정한 사항이 적정하게 포함되어 있는지 검토해야 한다. 이 경우 지방고용노동관서의 장은 안전보건개선계획서의 적정 여부 확인을 공단 또는 (　　)에게 요청할 수 있다.

* **정답** 60일, 15일, 지도사

■ 산업안전보건법 시행령 [별표 14]

안전보건진단의 종류 및 내용
(제46조제1항 관련)

종류	진단내용
종합진단	1. 경영·관리적 사항에 대한 평가 가. 산업재해 예방계획의 적정성 나. 안전·보건 관리조직과 그 직무의 적정성 다. 산업안전보건위원회 설치·운영, 명예산업안전감독관의 역할 등 근로자의 참여 정도 라. 안전보건관리규정 내용의 적정성 **2. 산업재해 또는 사고의 발생원인(산업재해 또는 사고가 발생한 경우만 해당한다)** **3. 작업조건 및 작업방법에 대한 평가** 4. 유해·위험요인에 대한 측정 및 분석 가. 기계·기구 또는 그 밖의 설비에 의한 위험성 나. 폭발성·물반응성·자기반응성·자기발열성 물질, 자연발화성 액체·고체 및 인화성 액체 등에 의한 위험성 다. 전기·열 또는 그 밖의 에너지에 의한 위험성 라. 추락, 붕괴, 낙하, 비래(飛來) 등으로 인한 위험성 마. 그 밖에 기계·기구·설비·장치·구축물·시설물·원재료 및 공정 등에 의한 위험성 바. 법 제118조제1항에 따른 허가대상물질, 고용노동부령으로 정하는 관리대상 유해물질 및 온도·습도·환기·소음·진동·분진, 유해광선 등의 유해성 또는 위험성 5. 보호구, 안전·보건장비 및 작업환경 개선시설의 적정성 6. 유해물질의 사용·보관·저장, 물질안전보건자료의 작성, 근로자 교육 및 경고표시 부착의 적정성 7. 그 밖에 작업환경 및 근로자 건강 유지·증진 등 보건관리의 개선을 위하여 필요한 사항
안전진단	종합진단 내용 중 제2호·제3호, **제4호 가목부터 마목까지** 및 제5호 중 안전 관련 사항
보건진단	종합진단 내용 중 제2호·제3호, **제4호 바목**, 제5호 중 보건 관련 사항, 제6호 및 제7호

정답 ②

25 산업안전보건법령상 산업안전지도사와 산업보건지도사의 직무에 공통적으로 해당되는 것은? [2023년 산업안전지도사]

① 유해·위험의 방지대책에 관한 평가·지도

② 근로자 건강진단에 따른 사후관리 지도

③ 작업환경의 평가 및 개선 지도

④ 공정상의 안전에 관한 평가·지도

⑤ 안전보건개선계획서의 작성

해설

제9장 산업안전지도사 및 산업보건지도사

제142조(산업안전지도사 등의 직무) ① 산업안전지도사는 다음 각 호의 직무를 수행한다.

1. 공정상의 안전에 관한 평가·지도
2. 유해·위험의 방지대책에 관한 평가·지도
3. 제1호 및 제2호의 사항과 관련된 계획서 및 보고서의 작성
4. <u>그 밖에 산업안전에 관한 사항으로서 대통령령으로 정하는 사항</u>

② 산업보건지도사는 다음 각 호의 직무를 수행한다.

1. 작업환경의 평가 및 개선 지도
2. 작업환경 개선과 관련된 계획서 및 보고서의 작성
3. 근로자 건강진단에 따른 사후관리 지도
4. 직업성 질병 진단(「의료법」 제2조에 따른 의사인 산업보건지도사만 해당한다) 및 예방 지도
5. 산업보건에 관한 조사·연구
6. <u>그 밖에 산업보건에 관한 사항으로서 대통령령으로 정하는 사항</u>

③ 산업안전지도사 또는 산업보건지도사(이하 "지도사"라 한다)의 업무 영역별 종류 및 업무 범위, 그 밖에 필요한 사항은 대통령령으로 정한다.

제143조(지도사의 자격 및 시험) ① 고용노동부장관이 시행하는 지도사 자격시험에 합격한 사람은 지도사의 자격을 가진다.

② 대통령령으로 정하는 산업 안전 및 보건과 관련된 자격의 보유자에 대해서는 제1항에 따른 지도사 자격시험의 일부를 면제할 수 있다.

③ 고용노동부장관은 제1항에 따른 지도사 자격시험 실시를 대통령령으로 정하는 전문기관에 대행하게 할 수 있다. 이 경우 시험 실시에 드는 비용을 예산의 범위에서 보조할 수 있다.

④ 제3항에 따라 지도사 자격시험 실시를 대행하는 전문기관의 임직원은 「형법」 제129조부터 제132조까지의 규정을 적용할 때에는 공무원으로 본다.

⑤ 지도사 자격시험의 시험과목, 시험방법, 다른 자격 보유자에 대한 시험 면제의 범위, 그 밖에 필요한 사항은 대통령령으로 정한다.

제144조(부정행위자에 대한 제재) 고용노동부장관은 지도사 자격시험에서 부정한 행위를 한 응시자에 대해서는 그 시험을 무효로 하고, 그 처분을 한 날부터 5년간 시험응시자격을 정지한다.

제145조(지도사의 등록) ① 지도사가 그 직무를 수행하려는 경우에는 고용노동부령으로 정하는 바에 따라 고용노동부장관에게 등록하여야 한다.

② 제1항에 따라 등록한 지도사는 그 직무를 조직적·전문적으로 수행하기 위하여 법인을 설립할 수 있다.

③ **다음 각 호의 어느 하나에 해당하는 사람은 제1항에 따른 등록을 할 수 없다.**

1. 피성년후견인 또는 피한정후견인
2. 파산선고를 받고 복권되지 아니한 사람
3. 금고 이상의 실형을 선고받고 그 집행이 끝나거나(집행이 끝난 것으로 보는 경우를 포함한다) 집행이 면제된 날부터 2년이 지나지 아니한 사람
4. 금고 이상의 형의 집행유예를 선고받고 그 유예기간 중에 있는 사람
5. **이 법을 위반하여 벌금형을 선고받고 1년이 지나지 아니한 사람**
6. 제154조에 따라 등록이 취소(이 항 제1호 또는 제2호에 해당하여 등록이 취소된 경우는 제외한다)된 후 2년이 지나지 아니한 사람

④ 제1항에 따라 등록을 한 지도사는 고용노동부령으로 정하는 바에 따라 5년마다 등록을 갱신하여야 한다.

⑤ 고용노동부령으로 정하는 지도실적이 있는 지도사만이 제4항에 따른 갱신등록을 할 수 있다. 다만, 지도실적이 기준에 못 미치는 지도사는 고용노동부령으로 정하는 보수교육을 받은 경우 갱신등록을 할 수 있다.

⑥ 제2항에 따른 법인에 관하여는 「상법」 중 합명회사에 관한 규정을 적용한다.

제146조(지도사의 교육) 지도사 자격이 있는 사람(제143조제2항에 해당하는 사람 중 대통령령으로 정하는 실무경력이 있는 사람은 제외한다)이 직무를 수행하려면 제145조에 따른 등록을 하기 전 1년의 범위에서 고용노동부령으로 정하는 연수교육을 받아야 한다.

제147조(지도사에 대한 지도 등) 고용노동부장관은 공단에 다음 각 호의 업무를 하게 할 수 있다.

1. 지도사에 대한 지도·연락 및 정보의 공동이용체제의 구축·유지
2. 제142조제1항 및 제2항에 따른 지도사의 직무 수행과 관련된 사업주의 불만·고충의 처리 및 피해에 관한 분쟁의 조정
3. 그 밖에 지도사 직무의 발전을 위하여 필요한 사항으로서 고용노동부령으로 정하는 사항

제148조(손해배상의 책임) ① 지도사는 직무 수행과 관련하여 고의 또는 과실로 의뢰인에게 손해를 입힌 경우에는 그 손해를 배상할 책임이 있다.

② 제145조제1항에 따라 등록한 지도사는 제1항에 따른 손해배상책임을 보장하기 위하여 대통령령으로 정하는 바에 따라 보증보험에 가입하거나 그 밖에 필요한 조치를 하여야 한다.

제149조(유사명칭의 사용 금지) 제145조제1항에 따라 등록한 지도사가 아닌 사람은 산업안전지도사, 산업보건지도사 또는 이와 유사한 명칭을 사용해서는 아니 된다.

제150조(품위유지와 성실의무 등) ① 지도사는 항상 품위를 유지하고 신의와 성실로써 공정하게 직무를 수행하여야 한다.

② 지도사는 제142조제1항 또는 제2항에 따른 직무와 관련하여 작성하거나 확인한 서류에 기명·날인하거나 서명하여야 한다.

제151조(금지 행위) 지도사는 다음 각 호의 행위를 해서는 아니 된다.

1. 거짓이나 그 밖의 부정한 방법으로 의뢰인에게 법령에 따른 의무를 이행하지 아니하게 하는

행위

2. 의뢰인에게 법령에 따른 신고·보고, 그 밖의 의무를 이행하지 아니하게 하는 행위

3. 법령에 위반되는 행위에 관한 지도·상담

제152조(관계 장부 등의 열람 신청) 지도사는 제142조제1항 및 제2항에 따른 직무를 수행하는 데 필요하면 사업주에게 관계 장부 및 서류의 열람을 신청할 수 있다. 이 경우 그 신청이 제142조제1항 또는 제2항에 따른 직무의 수행을 위한 것이면 열람을 신청받은 사업주는 정당한 사유 없이 이를 거부해서는 아니 된다.

제153조(자격대여행위 및 대여알선행위 등의 금지) ① 지도사는 다른 사람에게 자기의 성명이나 사무소의 명칭을 사용하여 지도사의 직무를 수행하게 하거나 그 자격증이나 등록증을 대여해서는 아니 된다.

② 누구든지 지도사의 자격을 취득하지 아니하고 그 지도사의 성명이나 사무소의 명칭을 사용하여 지도사의 직무를 수행하거나 자격증·등록증을 대여받아서는 아니 되며, 이를 알선하여서도 아니 된다.

제154조(등록의 취소 등) 고용노동부장관은 지도사가 다음 각 호의 어느 하나에 해당하는 경우에는 그 등록을 취소하거나 2년 이내의 기간을 정하여 그 업무의 정지를 명할 수 있다. **다만, 제1호부터 제3호까지의 규정에 해당할 때에는 그 등록을 취소하여야 한다.**

1. 거짓이나 그 밖의 부정한 방법으로 등록 또는 갱신등록을 한 경우
2. 업무정지 기간 중에 업무를 수행한 경우
3. 업무 관련 서류를 거짓으로 작성한 경우
4. 제142조에 따른 직무의 수행과정에서 고의 또는 과실로 인하여 중대재해가 발생한 경우
5. 제145조제3항제1호부터 제5호까지의 규정 중 어느 하나에 해당하게 된 경우
6. 제148조제2항에 따른 보증보험에 가입하지 아니하거나 그 밖에 필요한 조치를 하지 아니한 경우
7. 제150조제1항을 위반하거나 같은 조 제2항에 따른 기명·날인 또는 서명을 하지 아니한 경우
8. 제151조, 제153조제1항 또는 제162조를 위반한 경우

영 제101조(산업안전지도사 등의 직무) ① 법 제142조제1항 제4호에서 "대통령령으로 정하는 사항"이란 다음 각 호의 사항을 말한다.

1. 법 제36조에 따른 위험성평가의 지도

2. 법 제49조에 따른 안전보건개선계획서의 작성

3. 그 밖에 산업안전에 관한 사항의 자문에 대한 응답 및 조언

② 법 제142조제2항 제6호에서 "대통령령으로 정하는 사항"이란 다음 각 호의 사항을 말한다.

1. 법 제36조에 따른 위험성평가의 지도
2. 법 제49조에 따른 안전보건개선계획서의 작성
3. 그 밖에 산업보건에 관한 사항의 자문에 대한 응답 및 조언

영 제102조(산업안전지도사 등의 업무 영역별 종류 등) ① 법 제145조제1항에 따라 등록한 산업안전지도사의 업무 영역은 기계안전·전기안전·화공안전·건설안전 분야로 구분하고, 같은 항에 따라 등록한 산업보건지도사의 업무 영역은 직업환경의학·산업위생 분야로 구분한다.

② 법 제145조제1항에 따라 등록한 산업안전지도사 또는 산업보건지도사(이하 "지도사"라 한다)의 해당 업무 영역별 업무 범위는 별표 31과 같다.

영 제107조(연수교육의 제외 대상) 법 제146조에서 "대통령령으로 정하는 실무경력이 있는 사람"이란 산업안전 또는 산업보건 분야에서 5년 이상 실무에 종사한 경력이 있는 사람을 말한다.

영 제108조(손해배상을 위한 보증보험 가입 등) ① 법 제145조제1항에 따라 등록한 지도사(같은 조 제2항에 따라 법인을 설립한 경우에는 그 법인을 말한다. 이하 이 조에서 같다)는 법 제148조제2항에 따라 **보험금액이 2천만원**(법 제145조제2항에 따른 법인인 경우에는 2천만원에 사원인 지도사의 수를 곱한 금액) 이상인 보증보험에 가입해야 한다.

② 지도사는 제1항의 보증보험금으로 손해배상을 한 경우에는 그 날부터 10일 이내에 다시 보증보험에 가입해야 한다.

③ 손해배상을 위한 보증보험 가입 및 지급에 관한 사항은 고용노동부령으로 정한다.

시행규칙 제230조(지도실적 등) ① 법 제145조제5항 본문에서 "고용노동부령으로 정하는 지도실적"이란 법 제145조제4항에 따른 지도사 등록의 갱신기간 동안 사업장 또는 고용노동부장관이 정하여 고시하는 산업안전·산업보건 관련 기관·단체에서 지도하거나 종사한 실적을 말한다.

② 법 제145조제5항 단서에서 "지도실적이 기준에 못 미치는 지도사"란 제1항에 따른 지도·종사 실적의 기간이 3년 미만인 지도사를 말한다. 이 경우 지도사가 둘 이상의 사업장 또는 기관·단체에서 지도하거나 종사한 경우에는 각각의 지도·종사 기간을 합산한다.

시행규칙 제231조(지도사 보수교육) ① 법 제145조제5항 단서에서 "고용노동부령으로 정하는 보수교육"이란 업무교육과 직업윤리교육을 말한다.

② 제1항에 따른 보수교육의 시간은 업무교육 및 직업윤리교육의 교육시간을 합산하여 총 20시간 이상으로 한다. 다만, 법 제145조제4항에 따른 지도사 등록의 갱신기간 동안 제230조제1항에 따른 지도실적이 2년 이상인 지도사의 교육시간은 10시간 이상으로 한다.

③ 공단이 보수교육을 실시하였을 때에는 그 결과를 보수교육이 끝난 날부터 10일 이내에 고용노동부장관에게 보고해야 하며, 다음 각 호의 서류를 5년간 보존해야 한다.

1. 보수교육 이수자 명단
2. 이수자의 교육 이수를 확인할 수 있는 서류

④ 공단은 보수교육을 받은 지도사에게 별지 제96호서식의 지도사 보수교육 이수증을 발급해야 한다.

⑤ 보수교육의 절차·방법 및 비용 등 보수교육에 필요한 사항은 고용노동부장관의 승인을 거쳐 공단이 정한다.

시행규칙 제232조(지도사 연수교육) ① 법 제146조에 따른 "고용노동부령으로 정하는 연수교육"이란 업무교육과 실무수습을 말한다.

② 제1항에 따른 연수교육의 기간은 업무교육 및 실무수습 기간을 합산하여 3개월 이상으로 한다.

③ 공단이 연수교육을 실시하였을 때에는 그 결과를 연수교육이 끝난 날부터 10일 이내에 고용노동부장관에게 보고해야 하며, 다음 각 호의 서류를 3년간 보존해야 한다.

1. 연수교육 이수자 명단
2. 이수자의 교육 이수를 확인할 수 있는 서류

④ 공단은 연수교육을 받은 지도사에게 별지 제96호서식의 지도사 연수교육 이수증을 발급해야 한다.

⑤ 연수교육의 절차·방법 및 비용 등 연수교육에 필요한 사항은 고용노동부장관의 승인을 거쳐 공단이 정한다.

시행규칙 제233조(지도사 업무발전 등) 법 제147조제3호에서 "고용노동부령으로 정하는 사항"이란 다음 각 호와 같다.

1. 지도결과의 측정과 평가
2. 지도사의 기술지도능력 향상 지원
3. 중소기업 지도 시 지원
4. 불성실·불공정 지도행위를 방지하고 건실한 지도 수행을 촉진하기 위한 지도기준의 마련

시행규칙 제234조(손해배상을 위한 보험가입·지급 등) ① 영 제108조제1항에 따라 손해배상을 위한 보험에 가입한 지도사(법 제145조제2항에 따라 법인을 설립한 경우에는 그 법인을 말한다. 이하 이 조에서 같다)는 가입한 날부터 20일 이내에 별지 제97호서식의 보증보험가입 신고서에 증명서류를 첨부하여 해당 지도사의 주된 사무소의 소재지(사무소를 두지 않는 경우에는 주소지를 말한다. 이하 이 조에서 같다)를 관할하는 지방고용노동관서의 장에게 제출해야 한다.

② 지도사는 해당 보증보험의 보증기간이 만료되기 전에 다시 보증보험에 가입하고 가입한 날부터 20일 이내에 별지 제97호서식의 보증보험가입 신고서에 증명서류를 첨부하여 해당 지도사의 주된 사무소의 소재지를 관할하는 지방고용노동관서의 장에게 제출해야 한다.

③ 법 제148조제1항에 따른 의뢰인이 손해배상금으로 보증보험금을 지급받으려는 경우에는 별지 제98호서식의 보증보험금 지급사유 발생확인신청서에 해당 의뢰인과 지도사 간의 손해배상합의서, 화해조서, 법원의 확정판결문 사본, 그 밖에 이에 준하는 효력이 있는 서류를 첨부하여 해당 지도사의 주된 사무소의 소재지를 관할하는 지방고용노동관서의 장에게 제출해야 한다. 이 경우 지방고용노동관서의 장은 별지 제99호서식의 보증보험금 지급사유 발생확인서를 지체 없이 발급해야 한다.

■ 산업안전보건법 시행령 [별표 31]

지도사의 업무 영역별 업무 범위(제102조제2항 관련)

1. 법 제145조제1항에 따라 등록한 산업안전지도사(기계안전·전기안전·화공안전 분야)
   가. 유해위험방지계획서, 안전보건개선계획서, 공정안전보고서, 기계·기구·설비의 작업계획서 및 물질안전보건자료 작성 지도
   나. 다음의 사항에 대한 설계·시공·배치·보수·유지에 관한 안전성 평가 및 기술 지도
      1) 전기
      2) 기계·기구·설비
      3) 화학설비 및 공정
   다. 정전기·전자파로 인한 재해의 예방, 자동화설비, 자동제어, 방폭전기설비 및 전력시스템 등에 대한 기술 지도
   라. 인화성 가스, 인화성 액체, 폭발성 물질, 급성독성 물질 및 방폭설비 등에 관한 안전성 평가 및 기술 지도
   마. 크레인 등 기계·기구, 전기작업의 안전성 평가
   바. 그 밖에 기계, 전기, 화공 등에 관한 교육 또는 기술 지도
2. 법 제145조제1항에 따라 등록한 산업안전지도사(건설안전 분야)
   가. 유해위험방지계획서, 안전보건개선계획서, 건축·토목 작업계획서 작성 지도
   나. 가설구조물, 시공 중인 구축물, 해체공사, 건설공사 현장의 붕괴우려 장소 등의 안전성 평가
   다. 가설시설, 가설도로 등의 안전성 평가
   라. 굴착공사의 안전시설, 지반붕괴, 매설물 파손 예방의 기술 지도
   마. 그 밖에 토목, 건축 등에 관한 교육 또는 기술 지도

3. 법 제145조제1항에 따라 등록한 산업보건지도사(산업위생 분야)
  가. 유해위험방지계획서, 안전보건개선계획서, 물질안전보건자료 작성 지도
  나. 작업환경측정 결과에 대한 공학적 개선대책 기술 지도
  다. 작업장 환기시설의 설계 및 시공에 필요한 기술 지도
  라. 보건진단결과에 따른 작업환경 개선에 필요한 직업환경의학적 지도
  마. 석면 해체·제거 작업 기술 지도
  바. 갱내, 터널 또는 밀폐공간의 환기·배기시설의 안전성 평가 및 기술 지도
  사. 그 밖에 산업보건에 관한 교육 또는 기술 지도
4. 법 제145조제1항에 따라 등록한 산업보건지도사(직업환경의학 분야)
  가. 유해위험방지계획서, 안전보건개선계획서 작성 지도
  나. 건강진단 결과에 따른 근로자 건강관리 지도
  다. 직업병 예방을 위한 작업관리, 건강관리에 필요한 지도
  라. 보건진단 결과에 따른 개선에 필요한 기술 지도
  마. 그 밖에 직업환경의학, 건강관리에 관한 교육 또는 기술 지도

정답 ⑤

유제 **산업안전보건법령상 지도사에 관한 설명으로 옳은 것은?**

① 지도사 시험에 합격하여 고용노동부장관에게 등록하여야만 지도사의 자격을 가진다.
② 이 법을 위반하여 벌금형을 선고받고 6개월이 된 자는 지도사의 등록을 할 수 있다.
③ 지도사는 3년마다 갱신등록을 하여야 하며, 갱신등록은 지도실적이 없어도 가능하다.
④ 지도사 등록의 갱신기간 동안 지도실적이 2년 이상인 지도사의 보수교육시간은 10시간 이상으로 한다.
⑤ 산업안전 및 산업보건분야에서 3년간 실무에 종사한 지도사가 직무를 개시하려는 경우에는 등록을 하기 전 연수교육이 면제된다.

해설

정답 ④

26 산업안전보건법령상 안전보건교육 교육대상별 교육내용에서 특별교육 대상에 해당하지 않는 것은? [2023년 기출]

① 전압이 75볼트 이상인 정전 및 활선작업
② 콘크리트 파쇄기를 사용하여 하는 파쇄작업(2미터 이상인 구축물의 파쇄작업만 해당한다)
③ 굴착면의 높이가 2미터 이상이 되는 지반 굴착(터널 및 수직갱 외의 갱 굴착은 제외한다)작업
④ 선박에 짐을 쌓거나 부리거나 이동시키는 작업
⑤ 게이지 압력을 제곱미터당 1킬로그램 이상으로 사용하는 압력용기의 설치 및 취급작업

해설

특별교육 대상 작업명
1. 고압실 내 작업(잠함공법이나 그 밖의 압기공법으로 대기압을 넘는 기압인 작업실 또는 수갱 내부에서 하는 작업만 해당한다)
2. 아세틸렌 용접장치 또는 가스집합 용접장치를 사용하는 금속의 용접·용단 또는 가열작업(발생기·도관 등에 의하여 구성되는 용접장치만 해당한다)
3. 밀폐된 장소(탱크 내 또는 환기가 극히 불량한 좁은 장소를 말한다)에서 하는 용접작업 또는 습한 장소에서 하는 전기용접 작업
4. 폭발성·물반응성·자기반응성·자기발열성 물질, 자연발화성 액체·고체 및 인화성 액체의 제조 또는 취급작업(시험연구를 위한 취급작업은 제외한다)
5. 액화석유가스·수소가스 등 인화성 가스 또는 폭발성 물질 중 가스의 발생장치 취급 작업
6. 화학설비 중 반응기, 교반기·추출기의 사용 및 세척작업
7. 화학설비의 탱크 내 작업
8. 분말·원재료 등을 담은 호퍼(하부가 깔대기 모양으로 된 저장통)·저장창고 등 저장탱크의 내부작업
9. 다음 각 목에 정하는 설비에 의한 물건의 가열·건조작업 가. 건조설비 중 위험물 등에 관계되는 설비로 속부피가 1세제곱미터 이상인 것 나. 건조설비 중 가목의 위험물 등 외의 물질에 관계되는 설비로서, 연료를 열원으로 사용하는 것(그 최대연소소비량이 매 시간당 10킬로그램 이상인 것만 해당한다) 또는 전력을 열원으로 사용하는 것(정격소비전력이 10킬로와트 이상인 경우만 해당한다)
10. 다음 각 목에 해당하는 집재장치(집재기·가선·운반기구·지주 및 이들에 부속하는 물건으로 구성되고, 동력을 사용하여 원목 또는 장작과 숯을 담아 올리거나 공중에서 운반하는 설비를 말한다)의 조립, 해체, 변경 또는 수리작업 및 이들 설비에 의한 집재 또는 운반 작업

가. 원동기의 정격출력이 7.5킬로와트를 넘는 것
나. 지간의 경사거리 합계가 350미터 이상인 것
다. 최대사용하중이 200킬로그램 이상인 것

11. 동력에 의하여 작동되는 프레스기계를 5대 이상 보유한 사업장에서 해당 기계로 하는 작업

12. 목재가공용 기계[둥근톱기계, 띠톱기계, 대패기계, 모떼기기계 및 라우터기(목재를 자르거나 홈을 파는 기계)만 해당하며, 휴대용은 제외한다]를 5대 이상 보유한 사업장에서 해당 기계로 하는 작업

13. 운반용 등 하역기계를 5대 이상 보유한 사업장에서의 해당 기계로 하는 작업

14. 1톤 이상의 크레인을 사용하는 작업 또는 1톤 미만의 크레인 또는 호이스트를 5대 이상 보유한 사업장에서 해당 기계로 하는 작업(제40호의 작업은 제외한다)

15. 건설용 리프트·곤돌라를 이용한 작업

16. 주물 및 단조(금속을 두들기거나 눌러서 형체를 만드는 일) 작업

17. 전압이 75볼트 이상인 정전 및 활선작업

18. 콘크리트 파쇄기를 사용하여 하는 파쇄작업(2미터 이상인 구축물의 파쇄작업만 해당한다)

19. 굴착면의 높이가 2미터 이상이 되는 지반 굴착(터널 및 수직갱 외의 갱 굴착은 제외한다)작업

20. 흙막이 지보공의 보강 또는 동바리를 설치하거나 해체하는 작업

21. 터널 안에서의 굴착작업(굴착용 기계를 사용하여 하는 굴착작업 중 근로자가 칼날 밑에 접근하지 않고 하는 작업은 제외한다) 또는 같은 작업에서의 터널 거푸집 지보공의 조립 또는 콘크리트 작업

22. 굴착면의 높이가 2미터 이상이 되는 암석의 굴착작업

23. 높이가 2미터 이상인 물건을 쌓거나 무너뜨리는 작업(하역기계로만 하는 작업은 제외한다)

24. 선박에 짐을 쌓거나 부리거나 이동시키는 작업

25. 거푸집 동바리의 조립 또는 해체작업

26. 비계의 조립·해체 또는 변경작업

27. 건축물의 골조, 다리의 상부구조 또는 탑의 금속제의 부재로 구성되는 것(5미터 이상인 것만 해당한다)의 조립·해체 또는 변경작업

28. 처마 높이가 5미터 이상인 목조건축물의 구조 부재의 조립이나 건축물의 지붕 또는 외벽 밑에서의 설치작업

29. 콘크리트 인공구조물(그 높이가 2미터 이상인 것만 해당한다)의 해체 또는 파괴작업

30. 타워크레인을 설치(상승작업을 포함한다)·해체하는 작업

31. 보일러(소형 보일러 및 다음 각 목에서 정하는 보일러는 제외한다)의 설치 및 취급 작업
가. 몸통 반지름이 750밀리미터 이하이고 그 길이가 1,300밀리미터 이하인 증기보일러
나. 전열면적이 3제곱미터 이하인 증기보일러

다. 전열면적이 14제곱미터 이하인 온수보일러
라. 전열면적이 30제곱미터 이하인 관류보일러(물관을 사용하여 가열시키는 방식의 보일러)

32. 게이지 압력을 제곱센티미터당 1킬로그램 이상으로 사용하는 압력용기의 설치 및 취급작업
33. 방사선 업무에 관계되는 작업(의료 및 실험용은 제외한다)
34. 밀폐공간에서의 작업
35. 허가 또는 관리 대상 유해물질의 제조 또는 취급작업
36. 로봇작업
37. 석면해체·제거작업
38. 가연물이 있는 장소에서 하는 화재위험작업
39. 타워크레인을 사용하는 작업시 신호업무를 하는 작업

정답 ⑤

유제 **산업안전보건법령상 특별교육 대상 작업별 교육 작업 기준으로 틀린 것은?**

① 로봇작업
② 1톤 미만의 크레인 또는 호이스트를 5대 이상 보유한 사업장에서 해당 기계로 하는 작업
③ 굴착면의 높이가 2미터 이상이 되는 지반 굴착(터널 및 수직갱 외의 갱 굴착은 제외한다)작업
④ 동력에 의하여 작동되는 프레스기계를 3대 이상 보유한 사업장에서 해당 기계로 하는 작업
⑤ 게이지 압력을 제곱센티미터당 1킬로그램 이상으로 사용하는 압력용기의 설치 및 취급작업

해설

정답 ④

27 교육훈련 기법에서 강의법(Lecture method)의 장점으로 옳지 않은 것은? [2023년 기출]

① 수강자의 학습참여도가 높고 적극성과 협조성을 부여하는 데 효과적이다.

② 오래된 전통 교수방법이며 안전지식의 전달방법으로 유용하다.

③ 시간과 장소의 제약이 비교적 적다.

④ 수업의 도입이나 초기단계에 적용이 효과적이다.

⑤ 많은 인원을 대상으로 교육할 수 있다.

해설

① 강의법은 다수의 인원에서 동시에 많은 지식과 정보의 전달이 가능하다. 그러나 다른 교육방법에 비해 수강자의 참여가 제한된다는 단점이 있다.

정답 ①

28 원인분석결과(CCA)기법에 관한 기술지침상 원인결과분석의 평가절차를 순서대로 옳게 나열한 것은? [2023년 기출]

ㄱ. 안전요소의 확인	ㄴ. 최소컷세트 평가
ㄷ. 사건수의 구성	ㄹ. 평가할 사건의 선정
ㅁ. 결과의 문서화	ㅂ. 결함수의 구성

① ㄱ→ㄹ→ㄷ→ㅂ→ㄴ→ㅁ

② ㄱ→ㄹ→ㅂ→ㄴ→ㄷ→ㅁ

③ ㄷ→ㅂ→ㄴ→ㄹ→ㄱ→ㅁ

④ ㄹ→ㄱ→ㄷ→ㅂ→ㄴ→ㅁ

⑤ ㄹ→ㄱ→ㅂ→ㄴ→ㄷ→ㅁ

○ 원인결과분석(CCA)의 평가절차

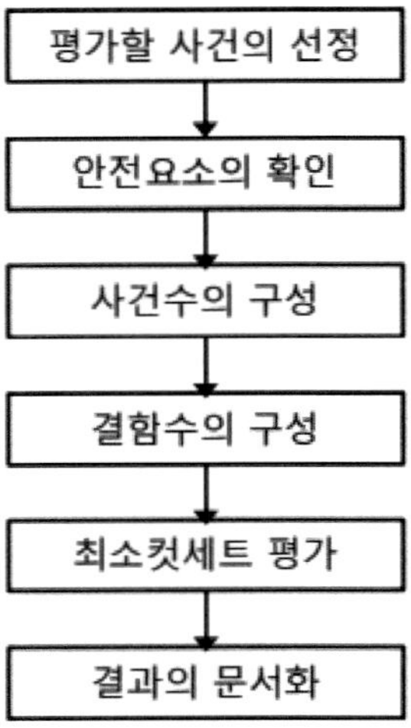

<그림 1> 원인결과분석의 평가흐름도

원인분석결과(CCA)기법에 관한 기술지침상 원인결과분석(CCA) 흐름도는 다음과 같다.

1. 발생 가능한 사건의 선정

FTA의 정상사상(주요 시스템 사고) 또는 ETA의 초기사건이 CCA에서 분석할 초기사건이 될 수 있다. 예를 들어 배관에서의 독성물질 누출, 공정 이상, 내부 폭발 등이다.

2. 안전요소의 확인

안전요소인 경보장치, 초기사건에 자동으로 대응하는 안전 시스템(조업정지 시스템) 등을 확인한다.

3. 사건수(ETA) 구성

2단계에서 확인된 모든 안전요소를 시간별 작동 및 조치 순서대로 **성공과 실패로 구분**하여 초기사건에서 결과까지의 사건경로, 즉 사건수를 얻는다.

CCA의 결과물인 원인결과 선도에서 사건수는 ETA 기법과 달리 기호를 사용하여 사건경로를 나타낸다.

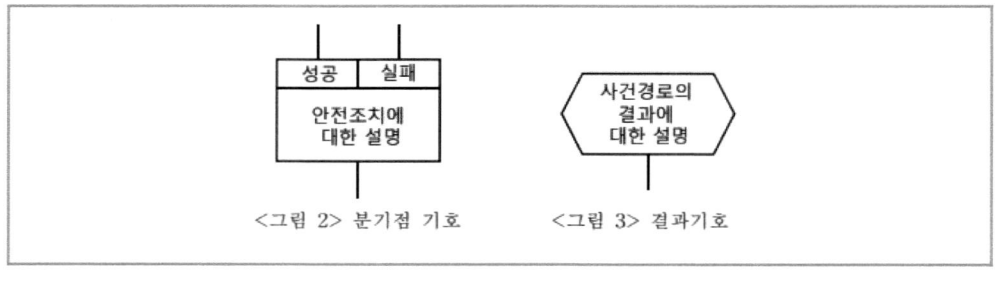

<그림 2> 분기점 기호

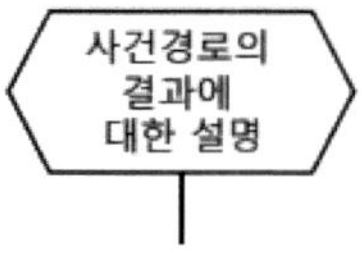

<그림 3> 결과기호

4. 초기사건과 안전요소 실패에 대한 결함수(FTA) 구성

5. 각 사건경로의 최소 컷세트 평가
사건경로의 결함수는 그 사건경로의 발생을 정상사상으로 하고, 모든 안전요소의 실패를 AND 게이트에 연결함으로써 얻어진다.

6. 결과의 문서화

○ 안전성 평가 6단계

1. 관계 자료의 정비검토
   1) 입지조건
   2) 화학설비 배치도
   3) 건물의 평면도, 단면도

2. 정성적 평가
체크리스트, PHA, FMEA 등
화학설비의 안전성 평가에서는 설계관계와 운전관계로 나누어 평가한다.

3. 정량적 평가
ETA, FTA, CCA 등
화학설비의 안전성 평가에서는 5가지 항목으로 나누어 평가하는데 각 구성요소의 물질, 화학설비의 용량, 온도, 압력, 조작으로 구분한다.

4. 안전대책의 수립 및 검토

5. 재해사례에 의한 평가

6. FTA에 의한 재평가(위험등급 Ⅰ인 경우에 한함)

○ 기술개발 종합평가(Technology Assessment) 5단계→ (암기법 : 사/실/안/경/조)

새로운 기술을 개발하는 경우 그 개발과정 및 결과가 사회나 환경에 미치는 위험성 및 악영향을 사전에 충분히 검토·평가하여 기술개발로 인해 사회·환경에 미치는 영향을 최소화하기 위한 것을 말한다.

1. 사회적 복리 기여도
기술개발이 사회 및 환경에 미치는 영향을 검토한다.

2. 실현가능성
기술의 잠재능력을 명확히 하여 실용화를 촉진하는 단계이다.

3. 안전성과 위험성의 비교 평가

4. 경제성 검토

5. 종합 평가 및 조정
대안으로서 가장 바람직한 것을 선택하고 그것을 실시하는 단계이다.

정답 ④

유제 1

화학설비의 안전성 평가 중 정량적 평가에서 고려해야 할 항목이 아닌 것은?

① 각 구성요소의 물질
② 화학설비의 용량
③ 온도
④ 조작
⑤ 공정

해설

정성적 평가		정량적 평가
설계단계	운전단계	당해 화학설비의 취급물질, 용량, 온도, 압력, 조작의 5가지 항목에 대해 A(10점), B(5점), C(2점), D(0점)등급으로 분류하고 점수들의 합을 구한다. 합산 점수가 16점 이상인 등급Ⅰ로 위험도가 높은 것으로 평가한다.
1) 입지조건 2) 공장 내 배치 3) 건조물 4) 소방 설비	1) 원재료, 중간제품 2) 공정 3) 공정기기 4) 수송, 저장	

정답 ⑤

유제 2

기술개발 종합평가(Technology Assessment) 5단계의 순서로 옳은 것은?

ㄱ. 경제성 평가	ㄴ. 안전성 및 위험성 평가
ㄷ. 사회적 복리 기여도	ㄹ. 종합평가 및 조정
ㅁ. 실현가능성	

① ㄱ→ㄴ→ㄷ→ㅁ→ㄹ

② ㄴ→ㄷ→ㄱ→ㅁ→ㄹ

③ ㄴ→ㄷ→ㄹ→ㄱ→ㅁ

④ ㄷ→ㄴ→ㄱ→ㅁ→ㄹ

⑤ ㄷ→ㅁ→ㄴ→ㄱ→ㄹ

해설

정답 ⑤

29

안전관리 활동을 통해서 얻을 수 있는 긍정적인 효과가 아닌 것은? [2023년 기출]

① 근로자의 사기 진작

② 생산성 향상

③ 손실비용 증가

④ 신뢰성 유지 및 확보

⑤ 이윤 증대

해설

③ 안전관리 활동을 통해 '손실비용 감소'의 긍정적 효과가 생긴다.

정답 ③

30 현장이나 직장에서 직속상사가 부하 직원에게 일상 업무를 통하여 지식, 기능, 문제해결능력 및 태도 등을 교육 훈련하는 방법으로 개별교육에 적합한 것은? [2023년 기출]

① TWI(Training Within Industry)

② OJT(On the Job Training)

③ ATP(Administration Training Program)

④ MTP(Management Training Program)

⑤ Off JT(Off the Job Training)

해설

○ TWI(Training Within Industry)의 교육내용

1) 작업 개선 방법 훈련(JMT, Job Method Training)

2) 작업 지도 방법 훈련(JIT, Job Instruction Training)

3) 인간관계(부하통솔) 훈련(JRT, Job Relation Training)

4) 작업 안전 훈련(JST, Job Safety Training)

→ (암기법 : MIRS)

구분	TWI	MTP	CCS=ATP
대상	일선감독자 대상	TWI보다 약간 높은 계층	최고경영자
교육내용	작업지도 훈련 작업방법 인간관계 안전훈련	관리기능 조직운영 회의주관 시간관리 작업개선	정책수립 조직통제 운영 등

정답 ②

31 산업안전보건법상 산업안전보건위원회의 심의·의결 사항으로 옳은 것을 모두 고른 것은? [2023년 기출]

> ㄱ. 산업재해에 관한 통계의 기록 및 유지에 관한 사항
> ㄴ. 사업장의 산업재해 예방계획의 수립에 관한 사항
> ㄷ. 작업환경측정 등 작업환경의 점검 및 개선에 관한 사항
> ㄹ. 유해하거나 위험한 기계·기구·설비를 도입한 경우 안전 및 보건 관련 조치에 관한 사항

① ㄱ
② ㄴ, ㄹ
③ ㄷ, ㄹ
④ ㄱ, ㄴ, ㄷ
⑤ ㄱ, ㄴ, ㄷ, ㄹ

해설

법 제15조(안전보건관리책임자) ① 사업주는 사업장을 실질적으로 총괄하여 관리하는 사람에게 해당 사업장의 다음 각 호의 업무를 총괄하여 관리하도록 하여야 한다.

1. 사업장의 산업재해 예방계획의 수립에 관한 사항
2. 제25조 및 제26조에 따른 안전보건관리규정의 작성 및 변경에 관한 사항
3. 제29조에 따른 안전보건교육에 관한 사항
4. 작업환경측정 등 작업환경의 점검 및 개선에 관한 사항
5. 제129조부터 제132조까지에 따른 근로자의 건강진단 등 건강관리에 관한 사항
6. 산업재해의 원인 조사 및 재발 방지대책 수립에 관한 사항
7. 산업재해에 관한 통계의 기록 및 유지에 관한 사항
8. 안전장치 및 보호구 구입 시 적격품 여부 확인에 관한 사항
9. 그 밖에 근로자의 유해·위험 방지조치에 관한 사항으로서 **고용노동부령**으로 정하는 사항

② 제1항 각 호의 업무를 총괄하여 관리하는 사람(이하 "안전보건관리책임자"라 한다)은 제17조에 따른 안전관리자와 제18조에 따른 보건관리자를 지휘·감독한다.

③ 안전보건관리책임자를 두어야 하는 사업의 종류와 사업장의 상시근로자 수, 그 밖에 필요한 사항은 대통령령으로 정한다.

시행규칙 제9조(안전보건관리책임자의 업무) 법 제15조제1항제9호에서 "고용노동부령으로 정하는 사항"이란 법 제36조에 따른 **위험성평가의 실시에 관한 사항**과 안전보건규칙에서 정하는 **근로자의 위험 또는 건강장해의 방지에 관한 사항**을 말한다.

법 제24조(산업안전보건위원회) ① 사업주는 사업장의 안전 및 보건에 관한 중요 사항을 심의·의결하기 위하여 사업장에 근로자위원과 사용자위원이 같은 수로 구성되는 산업안전보건위원회를 구성·운영하여야 한다.

② 사업주는 다음 각 호의 사항에 대해서는 제1항에 따른 산업안전보건위원회(이하 "산업안전보건위

원회"라 한다)의 심의·의결을 거쳐야 한다.

1. 제15조제1항 제1호부터 제5호까지 및 제7호에 관한 사항
2. 제15조제1항 제6호에 따른 사항 중 중대재해에 관한 사항
3. 유해하거나 위험한 기계·기구·설비를 **도입**한 경우 안전 및 보건 관련 조치에 관한 사항
4. 그 밖에 해당 사업장 근로자의 안전 및 보건을 **유지·증진**시키기 위하여 필요한 사항

③ 산업안전보건위원회는 대통령령으로 정하는 바에 따라 회의를 개최하고 그 결과를 회의록으로 작성하여 보존하여야 한다.

④ 사업주와 근로자는 제2항에 따라 산업안전보건위원회가 심의·의결한 사항을 성실하게 이행하여야 한다.

⑤ 산업안전보건위원회는 이 법, 이 법에 따른 명령, 단체협약, 취업규칙 및 제25조에 따른 안전보건관리규정에 반하는 내용으로 심의·의결해서는 아니 된다.

⑥ 사업주는 산업안전보건위원회의 위원에게 직무 수행과 관련한 사유로 불리한 처우를 해서는 아니 된다.

⑦ 산업안전보건위원회를 구성하여야 할 사업의 종류 및 사업장의 상시근로자 수, 산업안전보건위원회의 구성·운영 및 의결되지 아니한 경우의 처리방법, 그 밖에 필요한 사항은 대통령령으로 정한다.

정답 ⑤

32 재해의 통계적 원인분석 방법에 해당하지 않는 것은? [2023년 기출]

① 파레토도
② 특성요인도
③ 소시오메트리도
④ 클로즈분석도
⑤ 관리도

해설

○ 재해의 통계적 원인분석

1. 파레토도(Pareto Diagram)

수집된 데이터를 이용하여 막대그래프를 그린다. 중요인자별 서열화로 중요도 순으로 나열한다. 누적총계는 라인(선)으로 표시한다.

2. 클로즈분석도

2개 이상의 문제관계를 분석하는 데 사용된다.
C의 재해가 A와 B에 의해 일어날 확률 그림

$$Pc = \frac{A}{T} \times \frac{B}{T} = \frac{AB}{T^2}$$

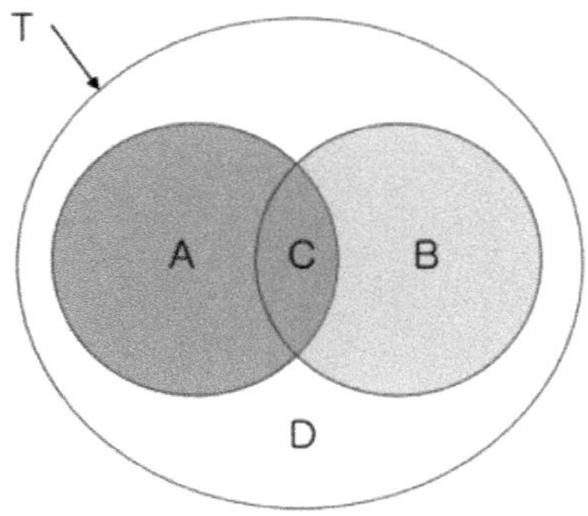

3. 특성요인도

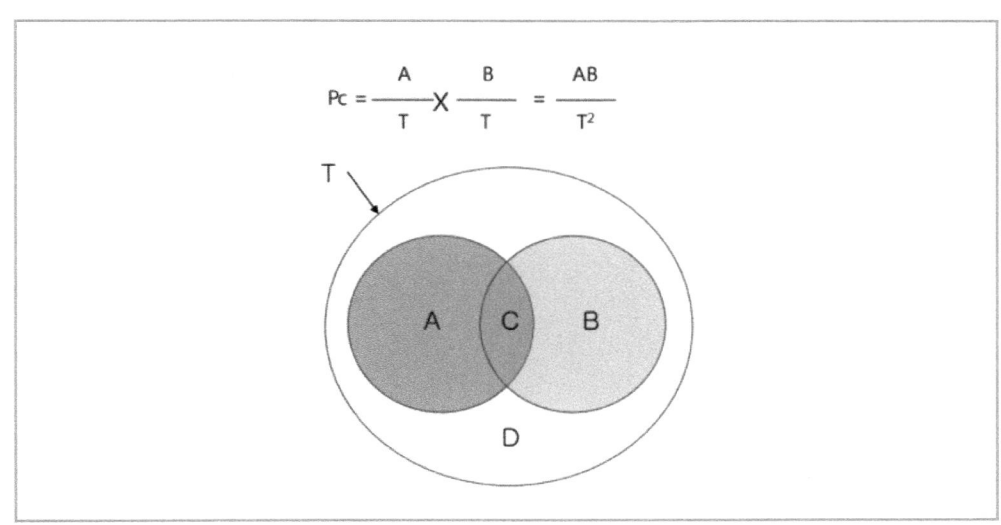

결과에 원인이 어떻게 관계되며 영향을 미치고 있는가를 나타낸 그림으로 일명 '어골도(fishbone diagram)'라고 한다. 특성요인도를 작성을 위해서는 개인보다는 단체가 참여하는 브레인스토밍(Brain Storming)을 활용한다.

4. 관리도 분석

관리선인 상한선(UCL)과 하한선(LCL)을 설정하여 관리하는 것으로 계량형 관리도와 계수형 관리도가 있다.

계량형 관리도	계수형 관리도
작업시간, 강도, 성분, 길이, 두께, 중량 등을 관리. X관리도가 대표적이다.	불량수, 흠, 얼룩(주로 외관 불량) 등을 관리. 불량률을 관리하는 p관리도와 결점수를 관리하는 c관리도가 대표적이다.

* 소시오메트리(sciometry, 집단역학, 사회도 측정법)는 특정 집단 내의 선택이나 커뮤니케이션 및 상호 작용의 패턴에 관한 자료를 수집하여 분석하는 방법으로 한 집단 내에서 개인 상호간의 매력, 배척, 무관심의 정도를 관찰하고 연구함으로써 집단 내의 역동성과 개인의 사회적 위치, 그 집단의 성질과 응집력을 알아보고자 할 때 이용하는 방법이다.

정답 ③

33 제조물 책임법에 관한 내용으로 옳지 않은 것은? [2023년 기출]

① "제조업자"란 제조물의 제조·가공 또는 수입을 業(업)으로 하는 자를 말한다.

② 동일한 손해에 대하여 배상할 책임이 있는 자가 2인 이상인 경우에는 연대하여 그 손해를 배상할 책임이 있다.

③ "제조물"이란 제조되거나 가공된 동산(다른 동산이나 부동산의 일부를 구성하는 경우를 포함한다)을 말한다.

④ "설계상의 결함"이란 제조업자가 합리적인 설명·지시·경고 또는 그 밖의 표시를 하였더라면 해당 제조물에 의하여 발생할 수 있는 피해나 위험을 줄이거나 피할 수 있었음에도 이를 하지 아니한 경우를 말한다.

⑤ 제조업자는 제조물의 결함으로 생명신체 또는 재산에 손해(그 제조물에 대하여만 발생한 손해는 제외한다)를 입은 자에게 그 손해를 배상하여야 한다.

해설

④ 반복 출제되고 있다.

○ 제조물 책임법

제2조(정의) 이 법에서 사용하는 용어의 뜻은 다음과 같다.

1. "제조물"이란 제조되거나 가공된 동산(다른 동산이나 부동산의 일부를 구성하는 경우를 포함한다)을 말한다.
2. "결함"이란 해당 제조물에 다음 각 목의 어느 하나에 해당하는 **제조상·설계상 또는 표시상의 결함**이 있거나 그 밖에 통상적으로 기대할 수 있는 안전성이 결여되어 있는 것을 말한다.
   가. "제조상의 결함"이란 제조업자가 제조물에 대하여 제조상·가공상의 주의의무를 이행하였는지에 관계없이 제조물이 **원래 의도한 설계와 다르게 제조**·가공됨으로써 안전하지 못하게 된 경우를 말한다.
   나. "설계상의 결함"이란 제조업자가 합리적인 대체설계(代替設計)를 채용하였더라면 피해나 위험을 줄이거나 피할 수 있었음에도 **대체설계를 채용하지 아니하여** 해당 제조물이 안전하지 못하게 된 경우를 말한다.
   다. "표시상의 결함"이란 제조업자가 **합리적인 설명·지시·경고 또는 그 밖의 표시를 하였더라면** 해당 제조물에 의하여 발생할 수 있는 피해나 위험을 줄이거나 피할 수 있었음에도 이를 하지 아니한 경우를 말한다.
3. "제조업자"란 다음 각 목의 자를 말한다.
   가. 제조물의 제조·가공 또는 수입을 업(業)으로 하는 자
   나. 제조물에 성명·상호·상표 또는 그 밖에 식별(識別) 가능한 기호 등을 사용하여 자신을 가목의 자로 표시한 자 또는 가목의 자로 오인(誤認)하게 할 수 있는 표시를 한 자

제3조(제조물 책임) ① 제조업자는 제조물의 결함으로 생명·신체 또는 재산에 손해(그 제조물에 대하여만 발생한 손해는 제외한다)를 입은 자에게 그 손해를 배상하여야 한다.

② 제1항에도 불구하고 제조업자가 제조물의 결함을 알면서도 그 결함에 대하여 필요한 조치를 취하

지 아니한 결과로 생명 또는 신체에 중대한 손해를 입은 자가 있는 경우에는 그 자에게 발생한 손해의 3배를 넘지 아니하는 범위에서 배상책임을 진다. 이 경우 법원은 배상액을 정할 때 다음 각 호의 사항을 고려하여야 한다.

1. 고의성의 정도
2. 해당 제조물의 결함으로 인하여 발생한 손해의 정도
3. 해당 제조물의 공급으로 인하여 제조업자가 취득한 경제적 이익
4. 해당 제조물의 결함으로 인하여 제조업자가 형사처벌 또는 행정처분을 받은 경우 그 형사처벌 또는 행정처분의 정도
5. 해당 제조물의 공급이 지속된 기간 및 공급 규모
6. 제조업자의 재산상태
7. 제조업자가 피해구제를 위하여 노력한 정도

③ 피해자가 제조물의 제조업자를 알 수 없는 경우에 그 제조물을 영리 목적으로 판매·대여 등의 방법으로 공급한 자는 제1항에 따른 손해를 배상하여야 한다. 다만, 피해자 또는 법정대리인의 요청을 받고 상당한 기간 내에 그 제조업자 또는 공급한 자를 그 피해자 또는 법정대리인에게 고지(告知)한 때에는 그러하지 아니하다.

제4조(면책사유) ① 제3조에 따라 손해배상책임을 지는 자가 다음 각 호의 어느 하나에 해당하는 사실을 입증한 경우에는 이 법에 따른 손해배상책임을 면(免)한다.

1. 제조업자가 해당 제조물을 공급하지 아니하였다는 사실
2. 제조업자가 해당 제조물을 공급한 당시의 과학·기술 수준으로는 결함의 존재를 발견할 수 없었다는 사실
3. 제조물의 결함이 제조업자가 해당 제조물을 공급한 당시의 법령에서 정하는 기준을 준수함으로써 발생하였다는 사실
4. 원재료나 부품의 경우에는 그 원재료나 부품을 사용한 제조물 제조업자의 설계 또는 제작에 관한 지시로 인하여 결함이 발생하였다는 사실

② 제3조에 따라 손해배상책임을 지는 자가 제조물을 공급한 후에 그 제조물에 결함이 존재한다는 사실을 알거나 알 수 있었음에도 그 결함으로 인한 손해의 발생을 방지하기 위한 적절한 조치를 하지 아니한 경우에는 제1항제2호부터 제4호까지의 규정에 따른 면책을 주장할 수 없다.

제5조(연대책임) 동일한 손해에 대하여 배상할 책임이 있는 자가 2인 이상인 경우에는 연대하여 그 손해를 배상할 책임이 있다.

제7조(소멸시효 등) ① <u>이 법에 따른 손해배상의 청구권은 피해자 또는 그 법정대리인이 다음 각 호의 사항을 모두 알게 된 날부터 3년간 행사하지 아니하면 시효의 완성으로 소멸한다</u>.

1. 손해
2. 제3조에 따라 손해배상책임을 지는 자

② <u>이 법에 따른 손해배상의 청구권은 제조업자가 손해를 발생시킨 제조물을 공급한 날부터 10년 이내에 행사하여야 한다</u>. 다만, 신체에 누적되어 사람의 건강을 해치는 물질에 의하여 발생한 손해 또는 일정한 잠복기간(潛伏期間)이 지난 후에 증상이 나타나는 손해에 대하여는 그 손해가 발생한 날부터 기산(起算)한다.

정답 ④

34 제어시스템에서의 안전무결성등급(SIL)에 관한 일부내용이다. ( )에 들어갈 것으로 옳은 것은? [2023년 기출]

안전무결성등급	목표평균 고장확률
(ㄱ)	10^{-5}이상 ~ 10^{-4}미만
(ㄴ)	10^{-2}이상 ~ 10^{-1}미만

① ㄱ : 1, ㄴ : 4
② ㄱ : 1, ㄴ : 5
③ ㄱ : 4, ㄴ : 1
④ ㄱ : 5, ㄴ : 1
⑤ ㄱ : 5, ㄴ : 2

해설

○ 제어시스템에서의 안전무결성등급(SIL)에 관한 지침

안전무결성등급(SIL : safety integrity level)이란 전기 전자프로그램 가능형 전자장치로 구성된 안전시스템에서, 기능안전의 안전무결성 요건을 명시한 별개의 등급(1~4)을 말하며 그 중 등급 4가 가장 높고 등급 1이 가장 낮다.

위험과 안전분석(HAZOP : hazard and operability) 등 정성적 위험성 평가에서 확인된 모든 사고 시나리오에 대해 제어안전기능의 필요여부를 판단하고, 각 제어안전기능에 대하여 규명된 안전무결성 등급의 값을 부여하여야 하므로 안전무결성등급 검토는 원칙적으로 위험과 안전분석인 HAZOP 등 정성적 위험성평가 후에 수행하는 것이 바람직하다.

일반적으로 정유플랜트, 석유화학 및 화학플랜트, 가스플랜트, 발전플랜트, 제철플랜트 등에서의 제어계통 설계기준은 "안전무결성등급 3"이상을 요구한다.

안전무결성등급 3은 제어기기의 고장확률이 10^{-4}이상~10^{-3}미만, 즉 제어기기의 고장확률이 1천분의 1미만이면서 1만분의 1 이상을 의미한다.

안전무결성등급	목표평균 고장확률
4	10^{-5}이상 ~ **10^{-4}미만**
3	10^{-4}이상 ~ **10^{-3}미만**
2	10^{-3}이상 ~ **10^{-2}미만**
1	10−2이상 ~ **10^{-1}미만**

정답 ③

35 산업재해발생의 기본 원인 4M에 해당하지 않는 것은? [2023년 기출]

① Man
② Method
③ Machine
④ Media
⑤ Management

해설

산업재해 기본원인 4M	내용
Man(인간)	1) 심리적 요인(망각, 주변적 동작 등) *여기서 주변적 동작이란 주위 상황을 보지 않고 작업에 몰두하여 외부의 위험을 알아차리지 못해 사고와 연결되는 것을 말한다. 2) 생리적 요인(피로, 수면부족, 신체기능 등) 3) 직장적 요인(직장 내 인간관계, 의사소통 등)
Machine(기계)	1) 설계 결함 2) 위험방호의 불량 3) 표준화의 부족 4) 근원적 안전화의 부족 5) 점검 및 정비의 부족
Media(작업정보)	작업의 정보, 방법, 환경 등의 요인이다. 1) 작업 정보의 부적절 2) 작업자세나 동작의 결함 3) 작업방법의 부적절 4) 작업 공간의 불량 5) 작업 환경조건의 불량
Management(관리)	1) 안전관리계획의 불량 2) 교육, 훈련의 부족 3) 적성배치의 불충분 4) 규정, 매뉴얼의 불비 5) 안전관리조직의 결함

정답 ②

유제 산업재해발생의 기본 원인 4M 중에서 Media에 해당하는 것은?

① 안전관리계획의 불량
② 작업 환경조건의 부적절
③ 안전관리조직의 결함
④ 주변적 동작
⑤ 표준화의 부족

해설

정답 ②

36 공정안전성 분석(K-PSR)기법에 관한 기술지침상 "위험형태"에 해당하는 것을 모두 고른 것은? [2023년 기출]

ㄱ. 누출　　ㄴ. 화재·폭발　　ㄷ. 공정 트러블　　ㄹ. 상해

① ㄱ, ㄴ
② ㄱ, ㄷ
③ ㄴ, ㄷ
④ ㄱ, ㄴ, ㄷ
⑤ ㄱ, ㄴ, ㄷ, ㄹ

해설

○ 공정안전성 분석(K-PSR)기법에 관한 기술지침

KOSHA(Korea Occupational Safety Health Agency : 한국산업안전보건공단)의 공정안전성 분석기법(KOSHA-Process Safety Review)이라 함은 **설치·가동 중인 기존 화학공장의 공정안전성(Process Safety)을 재검토하여 사고위험성을 분석(Review)하는 기법**을 말한다.
"위험형태"는 사업장에서 발생한 사고로 인하여 직·간접적으로 인적, 물적, 환경적 피해를 입히는 원인이 될 수 있는 잠재적인 위험의 종류를 말하며 본 지침에서는 누출, 화재·폭발, 공정 트러블 및 상해 4가지로 표현한다.

정답 ⑤

37 인간공학적 동작 경제원칙에 관한 내용으로 옳지 않은 것은? [2023년 기출]

① 양손은 동시에 시작하고 동시에 끝나지 않도록 한다.

② 양팔의 동작은 동시에 서로 반대방향으로 대칭적으로 움직이도록 한다.

③ 손과 신체동작은 작업을 원만하게 수행할 수 있는 범위 내에서 가장 낮은 동작 등급을 사용하도록 한다.

④ 족답장치를 활용하여 양손이 다른 일을 할 수 있도록 한다.

⑤ 휴식시간을 제외하고는 양손이 동시에 쉬지 않도록 한다.

해설

○ 동작경제의 원칙

동작설계에 효과적인 기법으로 노동집약적인 업무에서 생산성 향상에 유효한 기법이다. 작업자가 에너지의 낭비 없이 효과적으로 작업할 수 있도록 작업자의 동작을 세밀하게 분석하여 가장 경제적이고 합리적인 표준 동작을 설정하는 원칙이다.

3원칙으로는 신체사용에 대한 원칙, 작업장 배치에 관한 원칙, 공구 및 설계 디자인 원칙이 있다.

1) 두 손 동작은 동시에 시작하여 동시에 끝나야 한다.

2) 양 손(두 팔)은 신체의 중심선에 동시에 대칭 반대방향으로 움직여야 한다.

3) 작업 방법은 가능한 적은 서블릭(therblig, 길브레스부부의 이름을 딴 것으로 거꾸로 표기한 것이다. 동작 경제의 창시자로 '동작분석'이란 의미)으로 구성되어야 한다.

4) 손가락-손목-전완-상완-어깨-몸통-허리 순서로 작은 신체부위를 이용해야 한다.

5) 많은 기능을 합친 도구를 도입한다. 공구의 기능을 결합하여 사용한다.

6) 인간의 판단을 극소화한다.

7) 관성, 중력, 기계력 등을 이용한다.

8) 발 또는 왼손으로 할 수 있는 것은 오른손을 사용하지 않는다.

9) 손의 동작은 유연하고 연속적인 동작이어야 한다.

10) 동작이 갑작스럽게 크게 바뀌는 직선동작은 피해야 한다.

11) 공구, 재료 및 제어장치는 동작에 가장 편리한 순서로 배치하여야 한다.

12) 족답장치를 활용하여 양손이 다른 일을 할 수 있도록 한다. 여기서 足踏(족답)장치란 양손이 서로 다른 일(동시동작)을 촉진하여 가공물을 고정하거나 이동시킬 때 사용되는 고정 기구 등을 발을 움직여 조절할 수 있게 만든 장치를 말한다.

유제 **다음 중 동작경제의 원칙에 있어 "신체사용에 관한 원칙"에 해당하지 않는 것은?**

① 두 손의 동작은 동시에 시작해서 동시에 끝나야 한다.
② 손의 동작은 유연하고 연속적인 동작이어야 한다.
③ 공구, 재료 및 제어장치는 사용하기 가까운 곳에 배치하여야 한다.
④ 동작이 급작스럽게 크게 바뀌는 직선 동작은 피해야 한다.
⑤ 작업 방법은 가능한 적은 서블릭으로 구성되어야 한다.

해설

정답 ③

38

부품 신뢰도가 A인 동일한 4개의 부품을 병렬로 연결하였을 때 전체시스템 신뢰도는 0.9984가 되었다. 이 부품 신뢰도 A는 얼마인가? [2023년 기출]

① 0.5
② 0.6
③ 0.7
④ 0.8
⑤ 0.9

해설

○ 신뢰도 공식

1) 병렬 연결

신뢰도(R)=$[1-(1-R_1)(1-R_2)(1-R_3)\cdots]$

2) 직렬 연결

신뢰도(R)=$R_1 \times R_2 \times R_3 \cdots$

문제풀이 시험 볼 때 반드시 계산기를 지참할 것!

$0.9984=[1-(1-A)^4]$

$(1-A)^4=1-0.9984$

$(1-A)^4=0.0016$

$(1-A)=0.2$

$A=0.8$

정답 ④

39 안전성평가 6단계에서 단계별 내용으로 옳지 않은 것은? [2023년 기출]

① 제2단계 : 정성적 평가

② 제3단계 : 정량적 평가

③ 제4단계 : 안전대책

④ 제5단계 : 재해정보에 의한 재평가

⑤ 제6단계 : ETA에 의한 재평가

해설

○ 안전성평가 6단계

1. 관계 자료의 정비 및 검토
   1) 입지조건
   2) 화학설비 배치도
   3) 건물의 평면도, 단면도, 입면도 등

2. 정성적 평가

3. 정량적 평가

4. 안전대책수립

5. 재해사례에 의한 평가

6. FTA(결함수 분석)에 의한 재평가

정답 ⑤

40 인간-기계시스템 설계과정 6단계를 순서대로 옳게 나열한 것은? [2023년 기출]

ㄱ. 시스템 정의	ㄴ. 목표 및 성능명세 결정
ㄷ. 기본설계	ㄹ. 인터페이스 설계
ㅁ. 촉진물, 보조물 설계	ㅂ. 시험 및 평가

① ㄱ→ㄴ→ㄷ→ㄹ→ㅁ→ㅂ

② ㄱ→ㄴ→ㄹ→ㄷ→ㅁ→ㅂ

③ ㄱ→ㄷ→ㄴ→ㅁ→ㄹ→ㅂ

④ ㄴ→ㄱ→ㄷ→ㄹ→ㅁ→ㅂ

⑤ ㄴ→ㄷ→ㄱ→ㅁ→ㄹ→ㅂ

해설

○ **인간-기계시스템 설계 6단계 →** [암기법 : 표/정/설계(기본·인·보조)/시험]

1) 시스템 목표 및 성능명세 결정
2) 체계(시스템)의 정의
3) 기본설계(**작업설계, 직무분석, 기능할당**)
4) 인터페이스 설계(**작업공간, 표시장치, 조종장치 설계**)
5) 보조물 설계(인간 성능 증진)
6) 시험 및 평가

정답 ④

유제 1

인간-기계시스템에서 시스템의 설계를 다음과 같이 구분할 때 제3단계인 기본설계에 해당되는 것은?

1단계 : 시스템의 목표와 성능명세 결정 2단계 : 시스템의 정의 3단계 : 기본 설계 4단계 : 인터페이스 설계 5단계 : 보조물 설계 6단계 : 시험 및 평가

① 화면 설계

② 작업 설계

③ 표시장치 설계

④ 조종장치 설계

⑤ 작업공간 설계

해설

정답 ②

유제 2

인간-기계시스템 설계과정 중 '직무분석'을 하는 단계는?

① 제1단계 : 시스템의 목표와 성능명세 결정

② 제2단계 : 시스템의 정의

③ 제3단계 : 기본설계

④ 제4단계 : 인터페이스 설계

⑤ 제5단계 : 보조물 및 촉진물 설계

해설

정답 ③

41 **사고 피해예측 기법에 관한 기술지침상 위험 기준의 정립에 관한 내용이다. 다음 (   )에 들어 갈 것으로 옳은 것은? [2023년 기출]**

- 화재(복사열) : 화구 등과 같이 짧은 시간동안 발생하는 강렬한 복사열에 의한 위험 또는 증기운화재, 고압분출 화재, 액면 화재 등에 의한 장시간의 복사열에 의하여 근로자 또는 주변 기기에 미치는 영향을 판단할 수 있는 기준은 (ㄱ)kW/㎡의 복사열이 미치는 거리로 한다.
- 폭발(과압) : 증기운 폭발 등과 같은 폭발 사고시 주변 기기 및 근로자 등에 미치는 영향을 판단할 수 있는 기준은 (ㄴ)㎪의 과압이 도달하는 거리로 한다.

① ㄱ : 1, ㄴ : 0.07
② ㄱ : 1, ㄴ : 6.9
③ ㄱ : 5, ㄴ : 0.07
④ ㄱ : 5, ㄴ : 6.9
⑤ ㄱ : 10, ㄴ : 0.07

해설

○ 사고 피해예측 기법에 관한 기술지침

1. 이 지침에서 "위험물질"이라 함은 안전보건규칙 별표1의 인화성 액체, 인화성 가스, 급성독성물질을 말한다.
   "퍼프(puff)"라 함은 순간누출(짧은 시간에 누출)에 의하여 형성되는 증기운이며, "플름(plume)"이라 함은 연속누출(오랜 시간 동안 누출)에 의하여 형성되는 증기운을 말한다.

2. 위험기준의 정립
   1) 독성물질
      화학물질 폭로 영향지수 산정에 관한 기술지침에서 규정하는 ERPG-2 농도에 도달할 수 있는 거리

   2) 인화성가스 및 인화성 액체
      폭발하한농도가 되는 최대거리

   3) 화재(복사열)
      기준은 5kW/㎡의 복사열이 미치는 거리

   4) 폭발(과압)
      0.07kgf/㎠(6.9㎪, 1psi)
      참고로 1psi는 SI단위(국제표준단위)계 기준으로 약 6,895Pa(=약 6.9㎪)에 해당한다.

정답 ④

42 A부품의 고장확률 밀도함수는 평균고장률이 시간당 10^{-2}인 지수분포를 따르고 있다. 이 부품을 180분 작동시켰을 때 불신뢰도는? (단, 소수점 셋째자리에서 반올림하여 소수점 둘째자리까지 구하시오.) [2023년 기출]

① 0.03

② 0.05

③ 0.95

④ 0.97

⑤ 0.99

해설

○ 신뢰도

"신뢰도+불신뢰도=1"를 활용한다.

신뢰도=$e^{-\lambda t}$이므로 이를 활용하여 신뢰도를 먼저 구한다. 이 문제에서는 시간당 평균고장률(λ)을 주었고, 시간(t)은 180분으로 주었기에 통일된 단위로 180분을 시간으로 바꾸어야 함에 주의하면 된다.

신뢰도[R(t)]=$e^{-0.01\times3}$=0.97044⋯

불신뢰도[F(t)]=0.02955⋯=0.03

정답 ①

43 산업안전보건기준에 관한 규칙상 공기압축기를 가동하기 전에 관리감독자가 하여야 하는 작업 시작 전 점검사항으로 옳지 않은 것은? [2023년 기출]

① 슬라이드 또는 칼날에 의한 위험방지 기구의 기능

② 압력방출장치의 기능

③ 언로드밸브(unloading valve)의 기능

④ 회전부의 덮개

⑤ 드레인밸브(drain valve)의 조작 및 배수

해설

■ 산업안전보건기준에 관한 규칙[별표 3]

작업시작 전 점검사항

작업의 종류	점검내용
1. 프레스 등을 사용하여 작업을 할 때 → 암기법 : 1/크/클/슬/프/방호/전단	가. 클러치 및 브레이크의 기능 나. 크랭크축·플라이휠·슬라이드·연결봉 및 연결 나사의 풀림 여부 다. 1행정 1정지기구·급정지장치 및 비상정지장치의 기능 라. 슬라이드 또는 칼날에 의한 위험방지 기구의 기능 마. 프레스의 금형 및 고정볼트 상태 바. 방호장치의 기능 사. 전단기(剪斷機)의 칼날 및 테이블의 상태
2. 로봇의 작동 범위에서 그 로봇에 관하여 교시 등(로봇의 동력원을 차단하고 하는 것은 제외한다)의 작업을 할 때 → 외/매/제	가. 외부 전선의 피복 또는 외장의 손상 유무 나. 매니퓰레이터(manipulator) 작동의 이상 유무 다. 제동장치 및 비상정지장치의 기능
3. 공기압축기를 가동할 때 → 공/압/윤/회/언/연/드레인	가. 공기저장 압력용기의 외관 상태 나. 드레인밸브(drain valve)의 조작 및 배수 다. 압력방출장치의 기능 라. 언로드밸브(unloading valve)의 기능 마. 윤활유의 상태 바. 회전부의 덮개 또는 울 사. 그 밖의 연결 부위의 이상 유무
4. 크레인을 사용하여 작업을 하는 때 → 권/주/와	가. 권과방지장치·브레이크·클러치 및 운전장치의 기능 나. 주행로의 상측 및 트롤리(trolley)가 횡행하는 레일의 상태 다. 와이어로프가 통하고 있는 곳의 상태
5. 이동식 크레인을 사용하여 작업을 할 때 → 권/브/와	가. 권과방지장치나 그 밖의 경보장치의 기능 나. 브레이크·클러치 및 조정장치의 기능 다. 와이어로프가 통하고 있는 곳 및 작업장소의 지반상태
6. 리프트(자동차정비용 리프트를 포함한다)를 사용하여 작업을 할 때	가. 방호장치·브레이크 및 클러치의 기능 나. 와이어로프가 통하고 있는 곳의 상태
7. 곤돌라를 사용하여 작업을 할 때	가. 방호장치·브레이크의 기능

	나. 와이어로프·슬링와이어(sling wire) 등의 상태
8. 양중기의 와이어로프·달기체인·섬유로프·섬유벨트 또는 훅·샤클·링 등의 철구(이하 "와이어로프등"이라 한다)를 사용하여 고리걸이작업을 할 때	와이어로프등의 이상 유무
9. 지게차를 사용하여 작업을 하는 때 → 제/조/하/유/바퀴/전조등	가. 제동장치 및 조종장치 기능의 이상 유무 나. 하역장치 및 유압장치 기능의 이상 유무 다. 바퀴의 이상 유무 라. 전조등·후미등·방향지시기 및 경보장치 기능의 이상 유무
10. 구내운반차를 사용하여 작업을 할 때 → 제/조/하/유/바퀴/전조등/충전	가. 제동장치 및 조종장치 기능의 이상 유무 나. 하역장치 및 유압장치 기능의 이상 유무 다. 바퀴의 이상 유무 라. 전조등·후미등·방향지시기 및 경음기 기능의 이상 유무 마. 충전장치를 포함한 홀더 등의 결합상태의 이상 유무
11. 고소작업대를 사용하여 작업을 할 때 → 과부/비/아웃/활/작	가. 비상정지장치 및 비상하강 방지장치 기능의 이상 유무 나. 과부하 방지장치의 작동 유무(와이어로프 또는 체인 구동방식의 경우) 다. 아웃트리거 또는 바퀴의 이상 유무 라. 작업면의 기울기 또는 요철 유무 마. 활선작업용 장치의 경우 홈·균열·파손 등 그 밖의 손상 유무
12. 화물자동차를 사용하는 작업을 하게 할 때 → 제/조/하/유/바퀴	가. 제동장치 및 조종장치의 기능 나. 하역장치 및 유압장치의 기능 다. 바퀴의 이상 유무
13. 컨베이어 등을 사용하여 작업을 할 때 → 풀리/이/비/덮개	가. 원동기 및 풀리(pulley) 기능의 이상 유무 나. 이탈 등의 방지장치 기능의 이상 유무 다. 비상정지장치 기능의 이상 유무 라. 원동기·회전축·기어 및 풀리 등의 덮개 또는 울 등의 이상 유무
14. 차량계 건설기계를 사용하여 작업을 할 때 → 브레이크 및 클러치	브레이크 및 클러치 등의 기능
14의2. 용접·용단 작업 등의 화재위험작업을 할 때 → 작업/인근/비산/환기/교육	가. 작업 준비 및 작업 절차 수립 여부 나. 화기작업에 따른 인근 가연성물질에 대한 방호조치 및 소화기구 비치 여부 다. 용접불티 비산방지덮개 또는 용접방화포 등 불꽃●

	불티 등의 비산을 방지하기 위한 조치 여부 라. 인화성 액체의 증기 또는 인화성 가스가 남아 있지 않도록 하는 환기 조치 여부 마. 작업근로자에 대한 화재예방 및 피난교육 등 비상조치 여부
15. 이동식 방폭구조(防爆構造) 전기기계·기구를 사용할 때 → 전선 및 접속부	전선 및 접속부 상태
16. 근로자가 반복하여 계속적으로 중량물을 취급하는 작업을 할 때 → 복장/보호구/온도습기/하역	가. 중량물 취급의 올바른 자세 및 복장 나. 위험물이 날아 흩어짐에 따른 보호구의 착용 다. 카바이드·생석회(산화칼슘) 등과 같이 온도상승이나 습기에 의하여 위험성이 존재하는 중량물의 취급방법 라. 그 밖에 하역운반기계등의 적절한 사용방법
17. 양화장치를 사용하여 화물을 싣고 내리는 작업을 할 때	가. 양화장치(揚貨裝置)의 작동상태 나. 양화장치에 제한하중을 초과하는 하중을 실었는지 여부
18. 슬링 등을 사용하여 작업을 할 때	가. 훅이 붙어 있는 슬링·와이어슬링 등이 매달린 상태 나. 슬링·와이어슬링 등의 상태(작업시작 전 및 작업 중 수시로 점검)

정답 ①

44 재해사례연구의 진행단계에 관한 내용이다. 진행단계를 순서대로 옳게 나열한 것은? [2023년 기출]

ㄱ. 재해와 관계가 있는 사실 및 재해요인으로 알려진 사실을 객관적으로 확인한다.
ㄴ. 재해의 중심이 된 근본적 문제점을 결정한 후 재해원인을 결정한다.
ㄷ. 재해 상황을 파악한다.
ㄹ. 파악된 사실로부터 문제점을 파악한다.
ㅁ. 동종재해와 유사재해의 예방대책 및 실시계획을 수립한다.

① ㄱ→ㄷ→ㄴ→ㄹ→ㅁ

② ㄱ→ㄷ→ㄹ→ㄴ→ㅁ

③ ㄴ→ㄷ→ㄱ→ㄹ→ㅁ

④ ㄷ→ㄱ→ㄴ→ㄹ→ㅁ

⑤ ㄷ→ㄱ→ㄹ→ㄴ→ㅁ

해설

⑤ 반복 출제되는 문제이다.

○ 재해사례연구의 진행단계

1) 재해 상황을 파악한다.
2) 재해와 관계가 있는 사실 및 재해요인으로 알려진 사실을 객관적으로 확인한다.
3) 파악된 사실로부터 문제점을 파악한다.
4) 재해의 중심이 된 근본적 문제점을 결정한 후 재해원인을 결정한다.
5) 동종재해와 유사재해의 예방대책 및 실시계획을 수립한다.

정답 ⑤

45 암실 내에서 정지된 작은 빛을 응시하고 있으면 그 빛이 움직이는 것처럼 보이는 것을 자동운동이라고 한다. 자동운동이 생기기 쉬운 조건으로 옳은 것은? [2023년 기출]

① 광점이 클 것
② 광의 강도가 작을 것
③ 시야의 다른 부분이 밝을 것
④ 대상이 복잡할 것
⑤ 광의 눈부심과 조도가 클 것

해설

○ 운동의 시지각(인간의 착각현상) → (암기법 : 자/유/가)

1. "운동의 시지각"이란 착각에 의해 실제로는 움직이지 않는 물체가 움직이는 것처럼 보이는 것을 말한다.

2. 운동 시지각의 종류

1) 자동운동
암실 내에서 수 미터 거리에 정지된 광점(빛)을 놓고 그것을 한동안 응시하고 있으면 그 광점이 움직이는 것처럼 보이는 현상이다.

2) 유도운동
정지해 있는 것을 움직이는 것으로 느낀다든지 반대로 움직이고 있는 것을 정지해 있는 것으로 느끼는 현상이다. 예를 들어, 자동차가 줄지어 정차해 있을 때 다른 편 차가 움직이는 것임에도 마치 자신이 타고 있는 차가 반대 방향으로 움직이는 것처럼 느끼는 경우이다.

3) 假現(가현)운동
두 개의 정지대상을 0.06초의 시간 간격으로 다른 장소에 제시하면 마치 한 개의 대상이 움직이는 것처럼 운동현상으로 영화, 네온사인이 그 예이다.

○ 자동운동
암실 내에서 정지된 작은 광점을 응시하고 있으면 그 광점이 움직이는 것 같아 여러 방향으로 퍼져나가는 것처럼 보이는 현상이다.
자동운동이 생기기 쉬운 조건 4가지는 다음과 같다.
1) 광점이 작을 것
2) 대상이 단순할 것
3) 광의 강도가 작을 것
4) 시야의 다른 부분이 어두울 것

정답 ②

유제 1

다음 현상이 생기기 쉬운 조건이 아닌 것은?

> 암실 내에서 정지된 작은 광점을 응시하고 있으면 그 광점이 움직이는 것 같아 여러 방향으로 퍼져나가는 것처럼 보이는 현상

① 광점이 작을 것
② 대상이 단순할 것
③ 광의 강도가 클 것
④ 시야의 다른 부분이 어두울 것

해설

정답 ③

유제 2 운동의 시지각이 아닌 것은?

① 자동운동
② 유도운동
③ 항상운동
④ 가현운동

해설

정답 ③

46 통전경로별 위험도가 큰 순서대로 옳게 나열한 것은? [2023년 기출]

ㄱ. 오른손 – 가슴	ㄴ. 왼손 – 한발 또는 양발
ㄷ. 왼손 – 가슴	ㄹ. 왼손 – 오른손

① ㄱ〉ㄴ〉ㄷ〉ㄹ
② ㄴ〉ㄷ〉ㄱ〉ㄹ
③ ㄷ〉ㄱ〉ㄴ〉ㄹ
④ ㄹ〉ㄱ〉ㄴ〉ㄷ
⑤ ㄹ〉ㄱ〉ㄷ〉ㄴ

해설

한국산업안전보건공단의 「감전 시 응급조치에 관한 기술지침」 즉, KOSHA GUIDE의 **〈표1〉**에서 출제되었다. 지도사 시험에서는 처음 등장한 문제이다. 이러한 경우 관련 지침을 살펴보고 향후 유사하게 문제를 출제하는 경향이 있다. **〈표2〉 또는 수치**를 자세히 살펴보아야 할 것이다.

〈표1〉 통전전류의 영향

종류	인체반응	전류치
최소감지전류	짜릿함을 느끼는 정도	1~2mA
고통전류	참을 수 있거나 고통스럽다.	2~8mA
가수전류	안전하게 스스로 접촉된 전원으로부터 떨어질 수 있는 최대 한도의 전류	8~15mA
불수전류	전격을 받았음을 느끼면서 스	15~50mA

	스로 그 전원으로부터 떨어질 수 없는 전류	
심실세동전류	심장의 기능을 잃게 되어 전원으로부터 떨어져도 수분이내 사망	$\frac{155}{\sqrt{t}} mA$(체중 57kg) ~ $\frac{165}{\sqrt{t}} mA$(체중 57kg)

* 심실세동이란 심실이 1분에 350회~600회 무질서하고 불규칙적으로 수축하는 상태를 의미한다. 심실세동은 심정지나 급성심장사를 일으키게 된다.

○ 통전전류의 영향

1) 감전 시의 영향은 전류의 경로에 따라 그 위험성이 달라지며, 전류가 심장 또는 그 주위를 통하게 되면 심장에 영향을 주어 가장 위험하다. 심장은 왼쪽 젖꼭지 사이의 가슴뼈 안에 위치한다.

2) 인체에 전류가 통하게 되면 통전경로에 따라 심실세동의 위험성이 나타나므로 이에 대한 것을 〈표2〉와 같이 심장전류계수로 나타낼 수 있다.

〈표2〉 심장전류계수(* 표에서 숫자가 클수록 위험도가 높다)

통전경로	심장전류계수
왼손 – 가슴	1.5
오른손 – 가슴	1.3
왼손 – 한발 또는 양발	1.0
양손 – 양발	1.0
오른손 – 한발 또는 양발	0.8
왼손 – 등	0.7
한손 또는 양손 – 앉아 있는 자리	0.7
왼손 – 오른손	0.4
오른손 – 등	0.3

정답 ③

47 반지름 30㎝의 조종구를 20° 움직였을 때 표시계기의 지침이 2㎝ 이동하였다면, 이 계기의 통제표시비는? [2023년 기출]

① 약 4.12
② 약 5.23
③ 약 7.34
④ 약 8.42
⑤ 약 10.46

해설

○ 통제표시비(C/R비 또는 C/D비 : control display ratio)

조종장치의 이동거리를 표시장치의 반응거리로 나눈 값이다.
통제기기의 변위량 ÷ 표시기기의 변위량
원둘레에서 움직인 거리를 구한다.

통제표시비 $= (2\times\pi\times 30\text{㎝})\times\frac{20}{360} \div 2\text{㎝}$

$= 5.23$

정답 ②

유제 1 회전운동을 하는 조종장치의 레버를 30° 움직였을 때 표시장치의 커서는 4㎝ 이동하였다. 레버의 길이가 20㎝ 일 때, 이 조종장치의 C/R비는 약 얼마인가?

① 2.62
② 5.24
③ 8.33
④ 10.48
⑤ 11.56

해설

정답 ①

유제 2

조종-반응 비율(C/R ratio)에 관한 설명으로 옳지 않은 것은?

① C/R비가 증가하면 이동시간도 증가한다.

② C/R비가 작으면(낮으면) 민감한 장치이다.

③ C/R비는 조종장치의 이동거리를 표시장치의 반응거리로 나눈 값이다.

④ C/R비가 감소함에 따라 조종시간은 상대적으로 작아진다.

⑤ C/R비가 감소하면 이동시간은 감소하지만, 조종시간은 커진다.

해설

정답 ④

48

시몬즈(Simonds)의 재해손실비 평가방법에 관한 내용이다. (   )에 들어갈 것으로 옳은 것은? [2023년 기출]

- 총 재해비용 = 산재보험비용 + (ㄱ)비용
- (ㄱ)비용 = 휴업상해건수×A + (ㄴ)건수×B + (ㄷ)건수×C + 무상해사고건수×D

(여기서 A, B, C, D는 장해 정도별 비보험비용의 평균치임)

① ㄱ : 비보험, ㄴ : 입원상해, ㄷ : 유족상해

② ㄱ : 비보험, ㄴ : 입원상해, ㄷ : 비응급조치

③ ㄱ : 비보험, ㄴ : 통원상해, ㄷ : 응급조치

④ ㄱ : 간접, ㄴ : 통원상해, ㄷ : 중상해

⑤ ㄱ : 비보험, ㄴ : 물적손실, ㄷ : 비응급조치

해설

정답 ③

49 매슬로우(Maslow)의 동기부여이론(욕구5단계 이론)에 관한 내용으로 옳지 않은 것은? [2023년 기출]

① 제1단계 : 생리적 욕구(생명유지의 기본적 욕구)

② 제2단계 : 도전 욕구(새로운 것에 대한 도전 욕구)

③ 제3단계 : 사회적 욕구(소속감과 애정 욕구)

④ 제4단계 : 존경 욕구(인정받으려는 욕구)

⑤ 제5단계 : 자아실현 욕구(잠재적 능력의 실현 욕구)

해설

정답 ②

50 산업안전보건기준에 관한 규칙에서 정하고 있는 "충격소음작업" 정의의 일부 내용이다. (   )에 들어갈 것으로 옳은 것은? [2023년 기출]

"충격소음작업"이란 소음이 1초 이상의 간격으로 발생하는 작업으로서 다음 각 목의 어느 하나에 해당하는 작업을 말한다.

가. 120데시벨을 초과하는 소음이 1일 (ㄱ)회 이상 발생하는 작업

나. (ㄴ)데시벨을 초과하는 소음이 1일 1천회 이상 발생하는 작업

① ㄱ : 1천, ㄴ : 125

② ㄱ : 3천, ㄴ : 125

③ ㄱ : 5천, ㄴ : 125

④ ㄱ : 8천, ㄴ : 130

⑤ ㄱ : 1만, ㄴ : 130

해설

○ **산업안전보건기준에 관한 규칙**

제512조(정의) 이 장에서 사용하는 용어의 뜻은 다음과 같다.

1. "소음작업"이란 1일 8시간 작업을 기준으로 85데시벨 이상의 소음이 발생하는 작업을 말한다.
2. "강렬한 소음작업"이란 다음 각목의 어느 하나에 해당하는 작업을 말한다.
   가. 90데시벨 이상의 소음이 1일 8시간 이상 발생하는 작업
   나. 95데시벨 이상의 소음이 1일 4시간 이상 발생하는 작업

다. 100데시벨 이상의 소음이 1일 2시간 이상 발생하는 작업
라. 105데시벨 이상의 소음이 1일 1시간 이상 발생하는 작업
마. 110데시벨 이상의 소음이 1일 30분 이상 발생하는 작업
바. 115데시벨 이상의 소음이 1일 15분 이상 발생하는 작업

3. "충격소음작업"이란 소음이 1초 이상의 간격으로 발생하는 작업으로서 다음 각 목의 어느 하나에 해당하는 작업을 말한다.
가. 120데시벨을 초과하는 소음이 1일 1만회 이상 발생하는 작업
나. 130데시벨을 초과하는 소음이 1일 1천회 이상 발생하는 작업
다. 140데시벨을 초과하는 소음이 1일 1백회 이상 발생하는 작업

4. "진동작업"이란 다음 각 목의 어느 하나에 해당하는 기계·기구를 사용하는 작업을 말한다.
가. 착암기(鑿巖機)
나. 동력을 이용한 해머
다. 체인톱
라. 엔진 커터(engine cutter)
마. 동력을 이용한 연삭기
바. 임팩트 렌치(impact wrench)
사. 그 밖에 진동으로 인하여 건강장해를 유발할 수 있는 기계·기구

5. "청력보존 프로그램"이란 다음 각 목의 사항이 포함된 소음성 난청을 예방·관리하기 위한 종합적인 계획을 말한다.
가. 소음노출 평가
나. 소음노출에 대한 공학적 대책
다. 청력보호구의 지급과 착용
라. 소음의 유해성 및 예방 관련 교육
마. 정기적 청력검사
바. 청력보존 프로그램 수립 및 시행 관련 기록·관리체계
사. 그 밖에 소음성 난청 예방、관리에 필요한 사항

정답 ⑤

유제 1

산업안전보건기준에 관한 규칙에서 진동 작업에 사용되는 기계·기구에 해당하지 않는 것은?

① 임팩트 렌치(impact wrench)
② 착암기
③ 연삭기
④ 체인톱
⑤ 엔진 커터(engine cutter)

해설

정답 ③

유제 2

산업안전보건기준에 관한 규칙상 밀폐공간의 정의 중 "적정공기"에 관한 설명이다. ( )에 들어갈 것으로 옳은 것은?

> "적정공기"란 산소농도의 범위가 18% 이상 (ㄱ)% 미만, (ㄴ)의 농도가 1.5% 미만, 일산화탄소의 농도가 (ㄷ) 미만, 황화수소의 농도가 10ppm 미만인 수준의 공기를 말한다.

① ㄱ : 23.5, ㄴ : 탄산가스, ㄷ : 30%
② ㄱ : 23.5, ㄴ : 이산화탄소, ㄷ : 30ppm
③ ㄱ : 22.5, ㄴ : 탄산가스, ㄷ : 30ppm
④ ㄱ : 22.5, ㄴ : 이산화탄소, ㄷ : 30%
⑤ ㄱ : 20.5, ㄴ : 이산화탄소, ㄷ : 30ppm

해설

○ 산업안전보건기준에 관한 규칙

제618조(정의) 이 장에서 사용하는 용어의 뜻은 다음과 같다. 〈개정 2023. 11. 14.〉

1. "밀폐공간"이란 산소결핍, 유해가스로 인한 질식·화재·폭발 등의 위험이 있는 장소로서 별표 18에서 정한 장소를 말한다.
2. "유해가스"란 **이산화탄소**·일산화탄소·황화수소 등의 기체로서 인체에 유해한 영향을 미치는 물질을 말한다.
3. "적정공기"란 산소농도의 범위가 18퍼센트 이상 23.5퍼센트 미만, 이산화탄소의 농도가 1.5퍼센트 미만, 일산화탄소의 농도가 30피피엠 미만, 황화수소의 농도가 10피피엠 미만인 수준의 공기를 말한다.
4. "산소결핍"이란 공기 중의 산소농도가 18퍼센트 미만인 상태를 말한다.
5. "산소결핍증"이란 산소가 결핍된 공기를 들이마심으로써 생기는 증상을 말한다.

정답 ②

유제 3

산업안전보건기준에 관한 규칙상 굴착면의 기울기 기준으로 옳지 않은 것은?

① 굴착면의 기울기가 가장 급한 경우는 굴착면이 경암인 경우이다.
② 굴착면이 모래인 경우 기울기 기준은 1 : 1.8이다.
③ 굴착면이 연암인 경우 기울기 기준은 1 : 1.0이다.
④ 굴착면이 그 밖에 흙인 경우 기울기 기준은 1 : 1.2이다.
⑤ 굴착면이 풍화암인 경우 기울기 기준은 1 : 0.5이다.

해설

■ **산업안전보건기준에 관한 규칙 [별표 11] 〈개정 2023. 11. 14.〉**

굴착면의 기울기 기준(제339조제1항 관련)

지반의 종류	굴착면의 기울기
모래	1 : 1.8
연암 및 풍화암	1 : 1.0
경암	1 : 0.5
그 밖의 흙	1 : 1.2

비고

1. 굴착면의 기울기는 **굴착면의 높이에 대한 수평거리의 비율**을 말한다.
   → 예) 경암 굴착면 기울기는 1 : 0.5라고 하면 높이가 1일 때 수평거리는 0.5
2. 굴착면의 경사가 달라서 기울기를 계산하기가 곤란한 경우에는 해당 굴착면에 대하여 지반의 종류별 굴착면의 기울기에 따라 붕괴의 위험이 증가하지 않도록 위 표의 지반의 종류별 굴착면의 기울기에 맞게 해당 각 부분의 경사를 유지해야 한다.

정답 ⑤

26 우리나라 산업보건 역사에 관한 설명으로 옳은 것을 모두 고른 것은? [2023년 기출]

ㄱ. 1982년 : 산업안전보건법 시행규칙 제정
ㄴ. 1986년 : 문송면 군 수은중독 사망
ㄷ. 1990년 : 한국산업위생학회 창립
ㄹ. 1999년 : 화학물질 및 물리적 인자의 노출기준 시행

① ㄱ, ㄴ
② ㄱ, ㄷ
③ ㄴ, ㄷ
④ ㄴ, ㄹ
⑤ ㄷ, ㄹ

해설

○ 산업안전보건법

1980년대 들어 경제의 고도성장으로 사업장의 기계설비의 대형화, 고속화 및 건설공사의 대규모화 등에 따른 중대재해가 급증하고, 유해물질의 대량 사용 등으로 새로운 직업성 질병이증가함에 따라 산업안전보건분야를 근로기준법에서 분리하여 새로운 독립된 법으로 제정을 추진하게 된다.
산업안전보건법은 1981년 12월 31일 제정되었고 이후 1982년 7월 1일 시행되었다.
우리나라의 산업안전에 관한 법은 근로기준법으로부터 태동된다. 근로기준법은 1948년 제1공화국 헌법에서 규정한 지 약 5년 만인 1953년 제정·공포된 최초의 노동입법이다. 이후 1963년 11월 산업재해보상보험법이 제정되었고 이후 1964년 동법의 시행령·시행규칙이 각각 제정·공포되었다.

1) 1953년 근로기준법 제정
2) 1963년 산업재해보상보험법
3) 1981년 산업안전보건법 제정(1982년 시행)

1987년 12월 영등포 소재 협성계공에 입사한 문송면(1971년생) 군은 놀랍게도 불과 2개월 만에 수은중독증상을 보여 6개월의 투병 끝에 사망에까지 이르게 되었다.

○ **한국산업보건학회 (구 한국산업위생학회)**

산업위생학 발전과 근로자의 건강보호, 회원들의 역량 향상 등을 목적으로 1990년 창립된 학회이다. 현재 약 2천명의 국내 산업위생/보건 전문가가 회원으로 활동하고 있다.

○ **화학물질 및 물리적 인자의 노출 기준(1986년 제정)**

우리나라 유해물질 노출기준은 1972년 노동청 예규 제203호로 정한 것이 효시이다. 이후 1981년 산업안전보건법 제정 이후 1986년 화학물질 및 물리적 인자의 노출기준이 제정되었다.

정답 ②

27 고용노동부의 2021년 산업보건통계 현황에 관한 내용으로 옳지 않은 것은? [2023년 기출]

① 직업병 유소견자는 소음성 난청이 가장 많았다.

② 유기화합물중독으로 인한 직업병 유소견자는 전년대비 감소하였다.

③ 직업병 유소견자에 대한 사후관리조치는 보호구 착용이 가장 많았다.

④ 일반질병 유소견자의 질병종류는 소화기질환이 가장 많았다.

⑤ 일반질병 유소견자에 대한 사후관리조치는 근무 중 치료가 가장 많았고, 보호구 착용, 추적 검사 순이었다.

해설

○ **재해유형 용어**

- 떨어짐 : 높이가 있는 곳에서 사람이 떨어짐(구 명칭 : 추락)
- 넘어짐 : 사람이 미끄러지거나 넘어짐(구 명칭 : 전도)
- 깔림·뒤집힘 : 물체의 쓰러짐이나 뒤집힘(구 명칭 : 전도)
- 부딪힘 : 물체에 부딪힘(구 명칭 : 충돌)
- 물체에 맞음 : 날아오거나 떨어진 물체에 맞음(구 명칭 : 낙하·비래)
- 무너짐 : 건축물이나 쌓여진 물체가 무너짐(구 명칭 : 붕괴·도괴)
- 끼임 : 기계설비에 끼이거나 감김(구 명칭 : 협착)

○ **용어 변경**

- 유기용제 → 유기화합물
- 특정화학물질 → 기타화학물질
- 유기용제 기타 → 기타 유기화합물
- 특정화학물질 기타 → 기타 화학물질

구 분	총 계	직 업 병							작업관련성 질병				
		소 계	진 폐	난 청	금속 및 중금속 중독	유기 화합물 중독	기타 화학 물질 중독	기 타	소 계	뇌·심혈관 질환	신체 부담 작업	요 통	기 타
2020년	15,996	4,784	1,288	2,711	16	15	104	650	11,212	1,167	5,252	4,177	616
2021년	20,435	6,857	1,506	4,168	16	30	163	974	13,578	1,168	6,549	5,058	803
증 감	4,439	2,073	218	1,457	0	15	59	324	2,366	1	1,297	881	187

※ 업무상질병자는 근로복지공단에서 요양이 승인된 자이며, 산재보상 인정범위가 확대됨에 따라 예방목적에 적합한 통계를 산출하기 위하여 '99년부터 업무상 질병을 아래와 같이 「직업병」과 「작업관련성 질병」으로 구분

○ 직업병 : 작업환경 중 유해인자와 관련성이 뚜렷한 질병(진폐, 난청, 금속 및 중금속중독, 유기화합물중독, 기타 화학물질 중독 등)

○ 직업병 기타 : 물리적인자, 이상기압, 세균·바이러스 등

○ 작업관련성 질병 : 업무적 요인과 개인질병 등 업무외적 요인이 복합적으로 적용하여 발생하는 질병(뇌·심혈관질환, 신체부담작업, 요통 등)

○ 작업관련성 질병 기타 : 과로, 스트레스, 간질환, 정신질환 등으로 인한 질환 등

정답 ②

28 고용노동부 고시에 따라 원자흡광광도법(AAS)으로 분석할 수 있는 유해인자 중 외부 작업환경전문연구기관 등에 시료분석을 위탁할 수 있는 유해인자로 옳은 것은? [2023년 기출]

① 구리

② 수산화나트륨

③ 산화마그네슘

④ 산화아연

⑤ 주석

해설

○ 작업환경측정 및 정도관리 등에 관한 고시

제43조(측정시료의 분석의뢰) ① 규칙 제192조 제1항에 따른 사업장 위탁측정기관 또는 사업장 자체측정기관은 다음 각 호의 경우에 해당 측정시료를 분석할 수 있는 분석장비 등을 갖춘 다른

사업장 위탁측정기관이나 작업환경전문연구기관(이하 "분석수탁기관"이라 한다) 등에 시료의 분석을 위탁할 수 있다.

1. 가스크로마토그래피-불꽃이온화검출기(GC-FID)로 분석하기 어려운 유해인자를 측정한 경우
2. 원자흡광광도계-불꽃원자화장치(AAS-flame)로 분석하기 어렵거나 분석빈도가 낮은 유해인자를 측정한 경우(**별표 3의 유해인자를 제외**한다)
3. 영 별표29 제1호다목14)의 분석장비나 이온크로마토그래피를 이용하여 분석하는 것이 더 신뢰할만하다고 인정되는 유해인자를 측정한 경우

② 규칙 제187조에 따른 작업환경측정자는 측정시료의 분석을 분석수탁기관에 의뢰할 수 있다.

③ 제1항 또는 제2항에 따라 측정시료의 분석을 의뢰하는 자(이하 "시료분석 의뢰자"라 한다)는 다음 각호의 구분에 따라 제56조제1항제1호의 정기정도관리에서 적합판정을 받은 기관에 시료 분석을 의뢰하여야 한다.

1. 제1항제1호의 경우 : 가장 최근에 시행된 정기정도관리(기본분야) 중 유기화합물 항목에 적합판정을 받은 분석수탁기관
2. 제1항제2호의 경우 : 가장 최근에 시행된 정기정도관리(기본분야) 중 금속류 항목에 적합판정을 받은 분석수탁기관
3. 제1항제3호의 경우 : 가장 최근에 시행된 정기정도관리(자율분야) 중 해당 분석장비를 이용하는 항목에서 적합판정을 받은 분석수탁기관
4. 제2항의 경우 : 제1호부터 제3호까지를 준용

[별표 3] 원자흡광광도법(AAS)로 분석할 수 있는 유해인자(제43조 관련)

1. 구리
2. 납
3. 니켈
4. 크롬
5. 망간
6. 산화마그네슘
7. 산화아연
8. 산화철
9. <u>수산화나트륨</u>
10. 카드뮴

→ [암기법 : **구/납/니/망/카/크/수(산화)/산화(아·마·철)**]

정답 ⑤

29 산업보건통계에 관한 설명으로 옳지 않은 것은? [2023년 기출]

① 기하평균을 계산하는 방법 중 그래프 법에서는 누적빈도 50%에 해당하는 값을 기하평균으로 한다.

② 대수정규분포의 특성은 좌측이나 우측 방향으로 비대칭꼴을 이루며 주로 우측으로 무한히 뻗어 있는 형태이다.

③ 기하표준편차를 계산하는 방법에는 대수변환법이 있다.

④ 자료가 정규분포를 이루는 경우 평균과 표준편차의 범위에 대한 면적은 정규분포 곡선에서 전체 면적의 95%를 차지한다.

⑤ 기하평균을 계산하는 방법 중 그래프 법에서는 누적빈도 84.1%에 해당하는 값이 2.4이고 누적빈도 50%에 해당하는 값이 1.2이면 기하표준편차는 2이다.

해설

○ 산업보건통계

1) 산술평균과 기하평균

$\frac{a+b}{2} \geq \sqrt{ab}$ 이고

a=b일 때, 등식이 성립한다.

2) 평균은 대푯값을 의미한다. 기하평균은 비교적 소량의 데이터에 대한 평균을 구할 때 이용되는 것으로 누적빈도 50%에 해당하는 이를 그래프 상에서 기하평균으로 본다.

3) 기하정규분포는 자료값의 대수(log값)가 정규분포하는 것을 말한다.
산업장 내 공기 중 석면섬유, 먼지, 입자상 물질, 유기물의 증기, 방사성 물질 등의 농도와 대기 중 아황산가스의 농도는 정규분포보다는 기하정규분포를 한다고 알려져 있다.

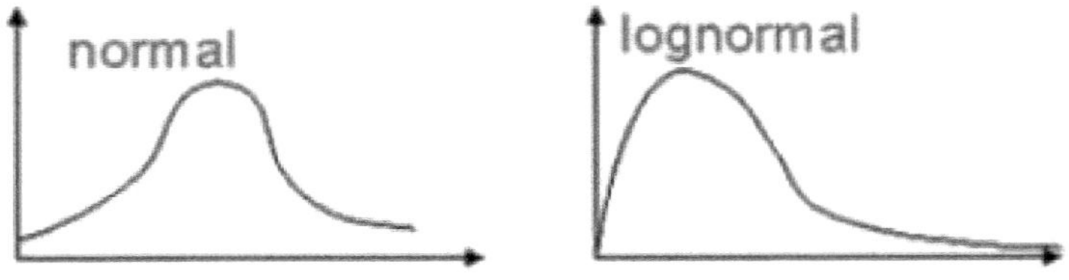

4) 기하표준편차는 누적확률 84.1%에 대응하는 값과 중앙경(누적빈도 50%)의 비로 나타낸다.

$$기하표준편차=\frac{누적빈도 84.1\%\ 값}{누적빈도 50\%\ 값}$$

5) 정규분포

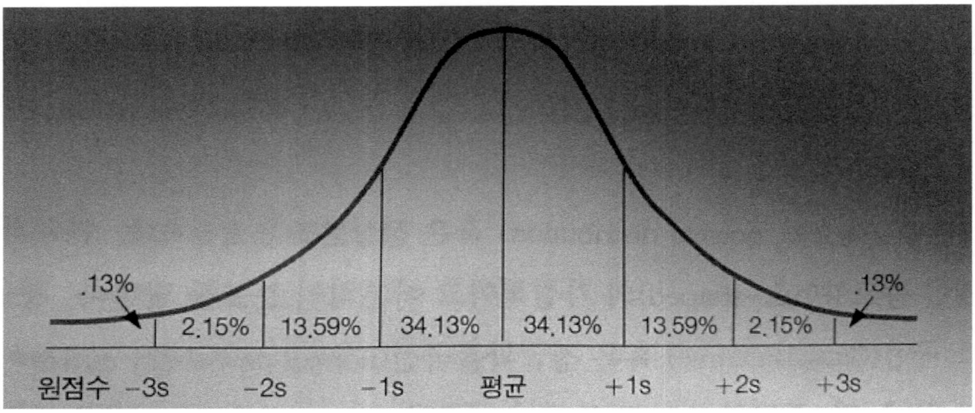

- 정규분포의 전체면적(확률)은 1(백분율)이다.
- 원점수가 평균을 기준으로 1이내의 표준편차 이내에 존재할 확률은 0.6826(약 68%)
- 원점수가 평균을 기준으로 2이내의 표준편차 이내에 존재할 확률은 0.9544(약 95%)
- 원점수가 평균을 기준으로 3이내의 표준편차 이내에 존재할 확률은 0.9974(약 99%)

정답 ④

30 산업환기설비에 관한 기술지침에서 국소배기장치에 관한 설명으로 옳지 않은 것은? [2023년 기출]

① 반송속도라 함은 덕트를 이동하는 유해물질이 덕트 내에서 퇴적이 일어나지 않은 상태로 이동하기 위해 필요한 최소 속도를 말한다.

② 후드는 내마모성, 내부식성 등의 재료 또는 도포한 재질을 사용하고, 변형 등이 발생하지 않는 충분한 강도를 지닌 재질로 하여야 한다.

③ 송풍기 전후에 진동전달을 방지하기 위해 충만실을 설치한다.

④ 주덕트와 가지덕트의 접속은 30° 이내가 되도록 한다.

⑤ 포위식 및 부스식 후드에서의 제어풍속은 후드의 개구면에서 흡입되는 기류의 풍속을 말한다.

해설

○ 산업환기설비에 관한 기술지침

1. "국소배기장치"라 함은 발생원에서 발생하는 유해물질을 후드, 덕트, 공기정화장치, 배풍기 및 배기구를 설치하여 배출하거나 처리하는 장치를 말한다.

2. "제어풍속(포착 속도, capture velocity)" 이라 함은 후드 전면 또는 후드 개구면에서 유해물질이 함유된 공기를 당해 후드로 흡입시킴으로써 그 지점의 유해물질을 제어할 수 있는 공기속도를 말한다. 다만, 포위식 및 부스식 후드에서는 후드의 개구면에서 흡입되는 기류의 풍속을 말하며, 외부식 및 레시버식 후드에서는 후드의 개구면으로부터 가장 먼 거리의 유해물질 발생원 또는 작업위치에서 후드 쪽으로 흡인되는 기류의 속도를 말한다.
제어풍속을 조절하기 위하여 각 후드마다 댐퍼(damper)를 설치하여야 한다. 다만, 압력평형방법에 의해 설치된 국소배기장치에는 가능한 한 사용하지 않는 것이 원칙이다.
댐퍼란 유체의 양을 조절하거나 차단하는 기능을 가지며 움직이는 날개를 가진 기구를 총칭한다.

3. "반송속도" 라 함은 덕트를 통하여 이동하는 유해물질이 덕트 내에서 퇴적이 일어나지 않는 상태로 이동시키기 위하여 필요한 최소 속도를 말한다.

4. 충만실의 이용
"프레넘(혹은 공기충만실)"이란 **공기의 흐름을 균일하게 유지시켜 주기 위해** 후드나 덕트의 큰 공간을 말한다.
슬로트(slot)후드의 외형단면적이 연결덕트의 단면적보다 현저히 큰 경우에는 후드와 덕트 사이에 충만실(plenum chamber)을 설치하여야 하며, 이때 충만실의 깊이는 연결덕트 지름의 0.75배 이상으로 하거나 충만실의 기류속도를 슬로트 개구면 속도의 0.5배 이내로 하여야 한다.

5. **후드 개구면 속도를 균일하게 분포**시키는 방법
1) 테이퍼 부착
2) 분리날개 설치
3) 슬롯 사용
4) 차폐막 사용

6. 덕트의 접속
1) 주덕트와 가지덕트의 접속은 30° 이내가 되도록 한다.
2) 주덕트와 가지덕트의 연결점에서 각각의 압력손실의 차가 10% 이내가 되로독 압력평형이 유지되도록 하여야 한다.

7. 플랜지(flange)
후드 뒤쪽의 공기를 차단하기 위해 후드 가장자리에 직각으로 붙인 판으로 후드 개구면 주위에 플랜지를 부착하며 배풍량을 25% 절약할 수 있을 뿐만 아니라 후드에 기류가 흡입될 때의 저항, 즉 유입압력손실도 작게 된다.

정답 ③

유제 산업안전보건법령상 특별관리물질이 2023. 10. 18. 부로 기존 37종에서 7종이 추가되어 44종으로 변경되었다. 추가된 특별관리물질에 해당하지 않는 것은?

① 벤조피렌
② 와파린
③ 디부틸 프탈레이트
④ 크실렌
⑤ 2-니트로톨루엔

해설

번호	화학물질의 명칭
1(이하 유기화합물)	디니트로톨루엔
2	N,N-디메틸아세트아미드
3	디메틸포름아미드
4	1,2-디클로로에탄
5	1,2-디클로로프로판
6	2-메톡시에탄올
7	2-메톡시에틸 아세테이트
8	벤젠
9	1,3-부타디엔
10	1-브로모프로판
11	2-브로모프로판
12	사염화탄소
13	스토다드 솔벤트
14	아크릴로니트릴
15	아크릴아미드
16	2-에톡시에탄올
17	2-에톡시에틸 아세테이트
18	에틸렌이민
19	2,3-에폭시-1-프로판올
20	1,2-에폭시프로판

21	에피클로로히드린
22	트리클로로에틸렌
23	1,2,3-트리클로로프로판
24	퍼클로로에틸렌
25	페놀
26	포름알데히드
27	프로필렌이민
28	황산 디메틸
29	히드라진 및 그 수화물
30(금속류)	납 및 그 무기화합물
31(금속류)	니켈 및 그 무기화합물, 니켈 카르보닐
32(금속류)	수은 및 그 화합물
33(금속류)	안티몬및 그 화합물 (삼산화안티몬만 특별관리물질)
34(금속류)	카드뮴 및 그 화합물
35(금속류)	크롬 및 그 화합물 (6가 크롬 화합물만 특별관리물질)
36(산·알칼리류)	황산(pH 2.0 이하인 강산은 특별관리물질)
37(가스상태 물질류)	산화에틸렌

○ 추가된 특별관리물질(2023년 10월 시행)

1) 2-니트로톨루엔
2) 디부틸 프탈레이트
3) **벤조피렌**
4) 와파린
5) **포름아미드**
6) 산화붕소(금속류)
7) 사붕소산 나트륨(산알칼리류)

○ 산업안전보건기준에 관한 규칙(약칭 : 안전보건규칙)

제420조(정의) 이 장에서 사용하는 용어의 뜻은 다음과 같다.

1. **"관리대상 유해물질"이란 근로자에게 상당한 건강장해를 일으킬 우려가 있어 법 제39조에 따라 건강장해를 예방하기 위한 보건상의 조치가 필요한 원재료·가스·증기·분진·흄, 미스트로서**

별표 12에서 정한 유기화합물, 금속류, 산·알칼리류, 가스상태 물질류를 말한다.

2. "유기화합물"이란 상온·상압(常壓)에서 휘발성이 있는 액체로서 다른 물질을 녹이는 성질이 있는 유기용제(有機溶劑)를 포함한 탄화수소계화합물 중 별표 12 제1호에 따른 물질을 말한다.
3. "금속류"란 고체가 되었을 때 금속광택이 나고 전기·열을 잘 전달하며, 전성(展性)과 연성(延性)을 가진 물질 중 별표 12 제2호에 따른 물질을 말한다.
4. "산·알칼리류"란 수용액(水溶液) 중에서 해리(解離)하여 수소이온을 생성하고 염기와 중화하여 염을 만드는 물질과 산을 중화하는 수산화화합물로서 물에 녹는 물질 중 별표 12 제3호에 따른 물질을 말한다.
5. "가스상태 물질류"란 상온·상압에서 사용하거나 발생하는 가스 상태의 물질로서 별표 12 제4호에 따른 물질을 말한다.
6. **"특별관리물질"이란 「산업안전보건법 시행규칙」 별표 18 제1호나목에 따른 발암성 물질, 생식세포 변이원성 물질, 생식독성(生殖毒性) 물질 등 근로자에게 중대한 건강장해를 일으킬 우려가 있는 물질로서 별표 12에서 특별관리물질로 표기된 물질을 말한다.**
7. "유기화합물 취급 특별장소"란 유기화합물을 취급하는 다음 각 목의 어느 하나에 해당하는 장소를 말한다.
   가. 선박의 내부
   나. 차량의 내부
   다. 탱크의 내부(반응기 등 화학설비 포함)
   라. 터널이나 갱의 내부
   마. 맨홀의 내부
   바. 피트의 내부
   사. 통풍이 충분하지 않은 수로의 내부
   아. 덕트의 내부
   자. 수관(水管)의 내부
   차. 그 밖에 통풍이 충분하지 않은 장소
8. "임시작업"이란 일시적으로 하는 작업 중 월 24시간 미만인 작업을 말한다. 다만, 월 10시간 이상 24시간 미만인 작업이 매월 행하여지는 작업은 제외한다.
9. "단시간작업"이란 관리대상 유해물질을 취급하는 시간이 1일 1시간 미만인 작업을 말한다. 다만, 1일 1시간 미만인 작업이 매일 수행되는 경우는 제외한다.

제428조(유기화합물의 설비 특례) 사업주는 전체환기장치가 설치된 유기화합물 취급작업장으로서 다음 각 호의 요건을 모두 갖춘 경우에 제422조에 따른 밀폐설비나 국소배기장치를 설치하지 아니할 수 있다.

1. 유기화합물의 노출기준이 **100피피엠(ppm) 이상인 경우 → 이내(×)**
2. 유기화합물의 발생량이 대체로 균일한 경우
3. 동일한 작업장에 다수의 오염원이 분산되어 있는 경우
4. 오염원이 이동성(移動性)이 있는 경우

제429조(국소배기장치의 성능) 사업주는 국소배기장치를 설치하는 경우에 별표 13에 따른 제어풍속을 낼 수 있는 성능을 갖춘 것을 설치하여야 한다.

제607조(국소배기장치의 설치) 사업주는 별표 16 제5호부터 제25호까지의 규정에 따른 분진작업을

하는 실내작업장(갱내를 포함한다)에 대하여 해당 분진작업에 따른 분진을 줄이기 위하여 밀폐설비나 국소배기장치를 설치하여야 한다.

제617조(호흡용 보호구의 지급 등) ① 사업주는 근로자가 분진작업을 하는 경우에 해당 작업에 종사하는 근로자에게 적절한 호흡용 보호구를 지급하여 착용하도록 하여야 한다. 다만, 해당 작업장소에 분진 발생원을 밀폐하는 설비나 국소배기장치를 설치하거나 해당 분진작업장소를 습기가 있는 상태로 유지하기 위한 설비를 갖추어 가동하는 등 필요한 조치를 한 경우에는 그러하지 아니하다.

② 사업주는 제1항에 따라 보호구를 지급하는 경우에 근로자 개인전용 보호구를 지급하고, 보관함을 설치하는 등 오염 방지를 위하여 필요한 조치를 하여야 한다.

③ 근로자는 제1항에 따라 지급된 보호구를 사업주의 지시에 따라 착용하여야 한다.

■ **산업안전보건기준에 관한 규칙 [별표 13]**

관리대상 유해물질 관련 국소배기장치 후드의 제어풍속(제429조 관련)

물질의 상태	후드 형식	제어풍속(m/sec)
가스 상태	포위식 포위형	0.4
	외부식 측방흡인형	0.5
	외부식 하방흡인형	0.5
	외부식 상방흡인형	1.0
입자 상태	포위식 포위형	0.7
	외부식 측방흡인형	1.0
	외부식 하방흡인형	1.0
	외부식 상방흡인형	1.2

비고

1. "가스 상태"란 관리대상 유해물질이 후드로 빨아들여질 때의 상태가 가스 또는 증기인 경우를 말한다.
2. "입자 상태"란 관리대상 유해물질이 후드로 빨아들여질 때의 상태가 흄, 분진 또는 미스트인 경우를 말한다.
3. "제어풍속"이란 국소배기장치의 모든 후드를 개방한 경우의 제어풍속으로서 다음 각 목에 따른 위치에서의 풍속을 말한다.
   가. 포위식 후드에서는 후드 개구면에서의 풍속
   나. 외부식 후드에서는 해당 후드에 의하여 관리대상 유해물질을 빨아들이려는 범위 내에서 해당 후드 개구면으로부터 가장 먼 거리의 작업위치에서의 풍속

■ 산업안전보건기준에 관한 규칙 [별표 17]

분진작업장소에 설치하는 국소배기장치의 제어풍속(제609조 관련)

1. 제607조 및 제617조제1항 단서에 따라 설치하는 국소배기장치(**연삭기, 드럼 샌더(drum sander) 등의 회전체를 가지는 기계에 관련되어 분진작업을 하는 장소에 설치하는 것은 제외한다**)의 제어풍속

분진 작업 장소	제어풍속(미터/초)			
	포위식 후드의 경우	외부식 후드의 경우		
		측방 흡인형	하방 흡인형	상방 흡인형
암석등 탄소원료 또는 알루미늄박을 체로 거르는 장소	0.7	-	-	-
주물모래를 재생하는 장소	0.7	-	-	-
주형을 부수고 모래를 터는 장소	0.7	1.3	1.3	-
그 밖의 분진작업장소	0.7	1.0	1.0	1.2

비고

1. 제어풍속이란 국소배기장치의 모든 후드를 개방한 경우의 제어풍속으로서 다음 각 목의 위치에서 측정한다.
   가. 포위식 후드에서는 후드 개구면
   나. 외부식 후드에서는 해당 후드에 의하여 분진을 빨아들이려는 범위에서 그 후드 개구면으로부터 가장 먼 거리의 작업위치

2. 제607조 및 제617조제1항 단서의 규정에 따라 설치하는 **국소배기장치 중 연삭기, 드럼 샌더 등의 회전체를 가지는 기계에 관련되어 분진작업**을 하는 장소에 설치된 국소배기장치의 후드의 설치방법에 따른 제어풍속

후드의 설치방법	제어풍속(미터/초)
회전체를 가지는 기계 전체를 포위하는 방법	0.5
회전체의 회전으로 발생하는 분진의 흩날림방향을 후드의 개구면으로 덮는 방법	5.0
회전체만을 포위하는 방법	5.0

비고

제어풍속이란 국소배기장치의 모든 후드를 개방한 경우의 제어풍속으로서, 회전체를 정지한 상태에서 후드의 개구면에서의 최소풍속을 말한다.

정답 ④

31 송풍기가 설치된 덕트 내에서의 공기 압력에 관한 설명으로 옳지 않은 것은? [2023년 기출]

① 송풍기 앞 덕트 내 정압은 음압을 유지한다.

② 송풍기 뒤 덕트 내 정압은 양압을 유지한다.

③ 송풍기 앞 덕트 내 동압(속도압)은 음압을 유지한다.

④ 송풍기 뒤 덕트 내 동압(속도압)은 양압을 유지한다.

⑤ 송풍기 앞과 뒤의 덕트 내 전압은 정압과 동압(속도압)의 합으로 나타낸다.

해설

○ 정압과 동압(속도압)

정압(static pressure)은 밀폐된 공간 내 사방으로 동일하게 미치는 압력으로 모든 방향에서 동일한 압력을 말한다. 송풍기 앞에서는 음압, 송풍기 뒤에서는 양압이다.

동압(velocity pressure)은 공기의 흐름방향(풍속)으로 미치는 압력으로 단위 체적의 유체가 갖고 있는 운동에너지를 말하며 항상 양압이다.

전압(total pressure)은 정압과 동압의 합을 말한다.

정답 ③

32 고온 노출에 따른 건강장해 유형과 그 설명이 옳은 것은? [2023년 기출]

① 열경련 : 지나친 발한에 의한 당분 소실이 원인이다.

② 열사병 : 조기에 적절한 조치가 없어도 사망까지는 이르지 않는다.

③ 열피로 : 심박출량의 증가가 그 원인이다.

④ 열발진 : 고온다습한 대기에 오랫동안 노출 시 발생한다.

⑤ 열쇠약 : 고온에 의한 급성 건강장해이다.

해설

○ 열손상

열실신과 열경련은 비교적 가벼운 증상이지만, 열피로와 열사병은 위험할 수 있다. 모든 열손상은 치료보다 예방이 최선이다. 중증도에 따라 열경련, 열피로, 열사병으로 크게 구분한다. 열실신은 더위에 노출될 경우 외부 온도에 적응하지 못해 올 수 있는 것으로 혈액 용적이 감소하고 말초혈관이 확장되어 발생하기 때문에 단순한 열실신은 안정을 취하면 대부분 쉽게 회복된다.

1) 열경련

몸 안의 물과 소금 성분의 불균형으로 다리나 배 근육에 경련이 일어난다.

2) 열피로

고온환경에 오랫동안 노출되어 말초혈관, 운동신경의 조절장애와 심박출량의 부족으로 인한 순환부전, 특히 대뇌피질의 혈류량 부족이 주된 원인이다.
적당량의 수분 섭취 없이 과로하게 몸 안의 수분이 빠져나가 오는 상태이다. 열피로 상황에서는 체온은 정상에 가깝지만 피부는 창백해지고 차가워진다. 잠시 의식을 잃는 순간 의식불명 상태도 올 수 있다.

3) 열사병

오랜 기간 고온다습한 환경에 노출되었을 때 나타나는 것으로 열사병은 땀이 나지 않는 것이 특징이다. 심부체온이 40도가 넘어가면서 중추신경계 이상과 의식변화, 발작, 환각, 혼수 등을 보이며 초기에는 땀이 나지만 체액량 부족과 땀샘의 기능 이상으로 땀이 발생하지 않으며 사망에 이를 수 있으므로 바로 응급구조를 요청해야 한다. 먼저 옷을 벗기고 찬물(얼음은 안 됨) 수건으로 몸을 씻어 주든가 찬물에 몸을 담그게 한다. 또는 선풍기나 에어컨으로 몸을 차게 만든다. * 다습이란 건구온도와 습구온도의 차이가 적다는 의미이다. 건구온도는 보통 기온이고, 습구온도는 물의 증발로 인해 낮아지는 온도를 뺀 온도로 상대습도가 100%이면 증발이 일어나지 않으므로 건구온도와 습구온도는 같아진다.

참고로 일사병은 땀을 많이 흘려 수분 보충이 되지 않아 수분이 감소하면서 발생한다. 신체온도가 37~40도까지 올라간다. 시원한 곳에서 휴식을 취하면 대부분의 증상은 개선되는 편이다.

4) 열 쇠약

고열에 의한 만성적인 체력소모를 말한다. 전신 권태, 식욕부진, 위장장애, 빈혈 등으로 몸이 점차로 수척해지는 증상을 보인다. 좁은 의미에서 말하는 열중증에는 들지 않는다.

5) 열발진(땀띠)

땀샘에 염증이 생기면서 막히게 되면서 발생한다.

참고 고온순화의 주요 특징

고온 환경에 자주 노출되면 우리 신체는 고온순화가 된다.

① 근육에서 최대 산소섭취량이 증가

② 혈장량이 증가(피가 진해진다)

③ 심박출량 및 수축력 증가한다.

④ 알도스테론(인체의 수분량과 전해질 농도를 조절하는 호르몬) 분비 증가

⑤ 땀분비가 변화되어 땀 배출 시작이 빨라지면서 최대 땀 분비량이 증가하여**(땀의 분비 속도 증가) 땀의 나트륨(염분) 농도가 감소한다.**

⑥ **심박수는 감소한다.**(한 번 박출할 때 혈액이 많이 나온다는 의미, 건강할수록 심박수는 감소한다)

⑦ **직장온도 감소**

정답 ④

유제 **'고온순화'에 대한 설명으로 옳은 것은?**

① 고온순화(순응)은 노출 후 4~7일부터 시작하여 12~14일에 완성된다.
② 땀 염분농도가 증가한다.
③ 알도스테론 분비가 감소한다.
④ 심박동 수가 증가한다.
⑤ 직장온도가 증가한다.

해설

정답 ①

33 전리방사선에 해당하는 것은? [2023년 기출]

① 알파(α)선
② 자외선
③ 극저주파
④ 레이저
⑤ 마이크로파(microwave)

해설

○ 전리방사선

전리 방사선(이온화 방사선) 원자와 분자에서 전자를 분리하여 작용하는 에너지의 한 형태로 눈에 보이지 않으며 공기, 물, 살아있는 조직 등을 통과할 수 있다. 우리 몸의 세포 안에 있는 분자들을 변형시킬 수 있으며, 심하게 노출되면 피부 또는 조직 등이 손상될 수 있다. 알파(α), 베타(β), 중성자, 감마선(γ), X-선 등이 있다.

정답 ①

34 입자상 물질에 관한 설명으로 옳지 않은 것은? [2023년 기출]

① 흡입성 입자상 물질은 호흡기계 어느 부위에 침착하더라도 독성을 나타내는 물질이다.

② 흡입성 입자상 물질의 입경 범위는 0~100㎛이다.

③ 흉곽성 입자상 물질의 평균 입경(D_{50})은 10㎛이다.

④ 호흡성 입자상 물질은 폐포에 침착할 때 독성을 유발하는 물질을 말한다.

⑤ 호흡성 입자상 물질의 포집은 IOM sampler를 사용하여 포집한다.

해설

○ 입자상 물질(호흡기 내 침착부위에 따라 분류)

구분	흡입성	흉곽성	호흡성
입경 범위(㎛)	0~100	0~25	0~10
평균 입경(㎛) ACGIH 기준	100	10	4
채취 기구	고용량 공기시료 채취기 (High volume air sampler) 또는 IOM sampler	저용량 공기시료 채취기 (Low volume air sampler)	10mm Nylon cyclone
정의	호흡기의 어느 부위에 침착하더라도 독성을 나타내는 물질로 비암이나 비중격 천공을 일으키는 물질.	기도(하기도)나 폐포에 침착할 때 독성을 나타내는 물질.	가스교환 부위, 즉 폐포에 침착할 때 유해한 물질.

인체에 유입되는 먼지를 0~100㎛인 먼지를 흡입성먼지(IPM : Inhalable particulate mass), 폐기도 및 폐기관지에 침착되었을 때 독성을 나타내는 입자상물질로 50%가 침착되는 평균입자의 크기가 10㎛인 흉곽성먼지(TPM : Thoracic particulate mass), 폐포에 침착될 때 독성을 나타내는 크기로서 평균입자의 크기는 4㎛인 먼지를 호흡성먼지(RPM : Respirable particulate mass)라고 한다.

* ACGIH는 미국산업위생전문가 협회를 말한다.
* 목재 분진과 같은 흡입성 분진을 측정하려는 경우 PVC 여과지가 장착된 IOM sampler(Institute of Occupational Medicine) 또는 직경분립충돌기 등을 사용한다.

정답 ⑤

35 입자의 가장자리를 이등분할 때의 직경으로 과대평가의 위험성이 있는 입경(입자의 크기)은? [2023년 기출]

① 마틴(Martin) 직경
② 페렛(Feret) 직경
③ 등면적(Projected area) 직경
④ 공기역학적(Aerodynamic) 직경
⑤ 질량 중위(Mass median) 직경

해설

○ 입자의 직경(입경)

1. 공기역학적(Aerodynamic) 직경
   구형인 먼지의 직경으로 대상 먼지와 침강속도가 같고 단위밀도가 1g/㎤

2. 기하학적 직경(물리적 직경)
   1) 마틴(Martin) 직경
      먼지의 면적을 2등분하는 선의 길이(방향은 항상 일정), 과소평가가 될 수 있다.

   2) 페렛(Feret) 직경
      먼지의 한쪽 끝 가장자리와 다른 쪽 가장자리 사이의 거리로 과대평가될 수 있다.

   3) 등면적(Projected area) 직경
      먼지면적과 동일 면적의 원의 직경으로 가장 정확하다.

정답 ②

36 자극제에 관한 설명으로 옳은 것은? [2023년 기출]

① 피부 또는 눈과 접촉 시에만 자극을 유발하는 물질이다.
② 상기도 점막을 자극하는 물질들은 대부분이 비수용성을 나타낸다.
③ 산화에틸렌은 상기도 점막을 자극하는 물질에 해당한다.
④ 염화수소는 중기도(폐조직)를 자극하는 물질에 해당한다.
⑤ 오존은 종말기관지 및 폐포점막을 자극하는 물질에 해당한다.

해설

○ 자극제

피부, 호흡기계, 소화기계 등에 영향을 준다.

1. 호흡기계 자극제

   1) 상기도 점막

   암모니아, 포름알데히드, 아세트알데히드, 염화수소, 산화에틸렌, 아황산가스 등

   2) 중기도(폐조직)

   불소, 요오드, 오존, 염소, 브롬 등

   3) 종말기관지, 폐포 점막

   이산화질소, 포스겐, 염화비소 등

2. 상부기도는 수용성 자극물질에 영향을 받으며, 하부기도는 지용성 자극물질에 영향을 받는다. 자극물질이 수용성이 높으면 상기도에 영향을 주며 급성증상이 발생하여 노출여부를 쉽게 파악할 수 있지만 수용성이 작으면 하기도에 만성질환을 발생시켜 노출여부 파악이 어려워져 대처하기가 힘들다.
   상부기도는 코, 인두, 후두를 말하며 하부기도는 기관, 좌우기관지, 세기관지, 하부세기관지, 말단세기관지(폐조직)이다.

3. 소화기계
   주로 금속이 소화기에서 흡수된다.

4. 피부
   공업용세제는 피부표면 지질막 제거, 콜타르나 햇빛은 색소 증가, 절삭유(기름)는 모낭염이나 접촉피부염 등을 발생케 한다.

정답 ③

37 고용노동부 고시의 생식독성 정보물질에 관한 설명으로 옳지 않은 것은? [2023년 기출]

① 생식독성 정보물질은 성적기능, 생식능력 또는 태아의 발생·발육에 유해한 영향을 주는 물질이다.

② 흡수, 대사, 분포 및 배설에 대한 연구에서 해당물질이 잠재적으로 유독한 수준으로 모유에 존재할 가능성을 보이는 물질은 "수유독성"으로 표기한다.

③ 동물에 대한 1세대 또는 2세대 연구결과에서 모유를 통해 전이되어 자손에게 유해영향을 주는 물질은 "생식독성 1B" 로 표기한다.

④ 납 및 그 무기화합물, 2-브로모프로판은 모두 "생식독성 1A" 표기물질이다.

⑤ 이황화탄소는 "생식독성 2" 표기물질이다.

해설

○ 생식독성물질의 정의(「화학물질 및 물리적 인자의 노출기준」)

1) 생식독성 1A

사람에게 성적기능, 생식능력이나 발육에 악영향을 주는 것으로 '판단'할 정도의 사람에서의 증거가 있는 물질

2) 생식독성 1B

사람에게 성적기능, 생식능력이나 발육에 악영향을 주는 것으로 '추정'할 정도의 동물시험 증거가 있는 물질

3) 생식독성 2

사람에게 성적기능, 생식능력이나 발육에 악영향을 주는 것으로 '의심'할 정도의 사람 또는 동물시험 증거가 있는 물질

4) 수유독성

다음 어느 하나에 해당하는 물질

- 흡수, 대사, 분포 및 배설에 대한 연구에서, 해당 물질이 잠재적으로 유독한 수준으로 모유에 존재할 가능성을 보임
- 동물에 대한 1세대 또는 2세대 연구결과에서, 모유를 통해 전이되어 자손에게 유해한 영향을 주거나 모유의 질에 유해영향을 준다는 명확한 증거가 있음
- 수유기간 동안 아기에게 유해성을 유발한다는 사람에 대한 증거가 있음

○ 생식독성물질 목록(화학물질 및 물리적 인자의 노출기준)

번호	생식독성 1A	생식독성 1B	생식독성 2	수유독성
1	납 및 그 무기화합물	니켈 카르보닐	노말-헥산 (n-헥산)	린데인
2	2-브로모프로판	N,N-디메틸아세트아미드	메틸 노말-부틸케톤	
3	아세네이트 연	디메틸포름아미드	디니트로톨루엔	
4	아파린	디부틸 프탈레이트	메틸 이소시아네이트	
5	일산화탄소	디(2-에틸헥실)프탈레이트	시클로헥실아민	
6	크롬산 연	2-메톡시에탄올	3-아미노-1,2,4-트리아졸(또는 아미트롤)	
7		배노밀	아크릴아미드	
8		벤조피렌	알릴글리시딜에테르	
9		붕소산 사나트륨염(무수물)	오산화바나듐	
10		붕소산 사나트륨염(오수화물)	이황화탄소	
11		붕소산 사나트륨염(십수화물)	카드뮴 및 그 화합물	
12		1-브로모프로판	톨루엔	
13		산화붕소	피페라진 디하이드로클로라이드	
14		수은 및 무기형태	스티렌(페닐 에틸렌)	
15		2-에톡시에탄올	트리클로로메탄(클로로포름)	
16		2-에톡시에틸아세테이트		
17		에틸렌 글리콜메틸에테르아세테이트		
18		2,3-에폭시-1-프로판올		
19		1,2,3-트리클로로프로판		
20		포름아미드		
21		니트로벤젠		

22		2-메톡시에틸아세테이트		
23		휘발성콜타르피치(벤젠에 가용물)		

정답 ③

38 비소(As)에 관한 설명으로 옳지 않은 것은? [2023년 기출]

① 비금속으로서 가열하면 녹지 않고 승화된다.

② 독성 작용은 3가 비소보다 5가의 비소화합물이 강하다.

③ 체내에서 3가 비소는 5가 상태로 산화되며 그 반대 현상도 가능하다.

④ 피부 장해가 나타날 수 있다.

⑤ 노출 시 체내 저감 대책으로 설사약을 투여한다.

해설

1. 비소(As)

독성 작용은 **3가 비소**가 5가 비소보다 강하다.

3가 비소는 체내에서 5가 비소(용해도가 크다)로 산화되어 소변으로 배설한다. 또한 체내에서 5가 비소가 3가 비소로 환원되기도 한다.

2. 크롬

독성 작용은 **6가 크롬**이 3가 크롬보다 강하다. 일반적으로 금속 크롬과 3가 크롬은 비교적 안정하고 인체에 무해하다. 그러나 독성물질로 알려진 수용성의 6가 크롬은 쉽게 세포 속으로 들어가기 쉬워 산업현장에서 많이 폭로되며, 단기간 폭로 시에 천식과 기관지 염증을 일으키고 장기간 폭로 후에는 피부와 호흡기에 암을 발생시킨다.

정답 ②

39 교대근무자의 보건관리지침에서 교대근무작업에 관한 설명으로 옳지 않은 것은? [2023년 기출]

① 야간작업이란 오후 10시부터 익일 오전 6시까지 사이의 시간이 포함된 교대작업을 말한다.
② 야간작업자란 야간작업시간마다 적어도 2시간 이상 정상적 업무를 하는 근로자를 말한다.
③ 야간작업은 연속하여 3일을 넘기지 않도록 한다.
④ 교대작업일정을 계획할 때 가급적 근로자 개인이 원하는 바를 고려하도록 한다.
⑤ 근무반 교대방향은 아침반 → 저녁반 → 야간반으로 바뀌도록 정방향으로 순환하도록 한다.

해설

○ **교대근무자의 보건관리지침(KOSHA-GUIDE)**

이 지침은 야간작업을 포함한 교대작업이 있는 모든 사업장에 적용한다.

1. 용어의 정의
   1) "교대작업"이라 함은 작업자들을 2개 반 이상으로 나누어 각각 다른 시간대에 근무하도록 함으로써 사업장의 전체 작업시간을 늘리는 근로자 작업일정이나 작업조직방법을 말한다.
   2) "교대작업자"라 함은 작업일정이 교대작업인 근로자를 말한다.
   3) <u>"야간작업"이라 함은 오후 10시부터 익일 오전 6시까지 사이의 시간이 포함된 교대작업을 말한다</u>.
   4) <u>"야간작업자"라 함은 야간 작업시간마다 적어도 3시간 이상 정상적 업무를 하는 근로자를 말한다</u>.

2. 작업관리
   1) 모든 교대작업형태에 적용할 수 있는 최적이고 일반적인 권고는 없다.
   2) <u>야간작업은 연속하여 3일을 넘기지 않도록 한다</u>.
   3) 야간반 근무를 모두 마친 후 아침반 근무에 들어가기 전 최소한 24시간 이상 휴식을 하도록 한다.
   4) 가정생활이나 사회생활을 배려할 때 주중에 쉬는 것보다는 주말에 쉬도록 하는 것이 좋으며 하루씩 띄어 쉬는 것보다는 주말에 이틀 연이어 쉬도록 한다.
   5) 교대작업자 특히 야간작업자는 주간작업자보다 연간 쉬는 날이 더 많이 있어야 한다.
   6) 근무반 교대방향은 아침반 → 저녁반 → 야간반으로 바뀌도록 정방향으로 순환하도록 한다.

7) 아침반 작업은 너무 일찍 시작하지 않도록 한다.

8) 교대작업일정을 계획할 때 가급적 근로자 개인이 원하는 바를 고려하도록 한다.

9) 교대작업일정은 근로자들에게 미리 통보되어 예측할 수 있도록 한다.

3. 건강관리

1) 야간작업의 경우 작업장의 조도를 밝게 하고 작업장의 온도를 최고 27℃가 넘지 않는 범위에서 주간작업 때보다 약 1℃ 정도 높여 주어야 한다.

2) 신규입사자를 산업안전보건법 시행규칙 별표 12의2의 야간작업(*2종)에 배치 시 배치예정업무에 대한 적합성 평가를 위하여 배치전 건강진단을 실시하고, 배치 후 6개월 이내 특수건강진단을 실시한다.

* 야간작업(2종)

가. 6개월 간 밤 12시부터 오전 5시까지의 시간을 포함하여 계속되는 8시간 작업을 월 평균 4회 이상 수행하는 경우

나. 6개월간 오후 10시부터 다음날 오전 6시 사이의 시간 중 작업을 월 평균 60시간 이상 수행하는 경우

3) 재직자는 배치 후 첫 번째 특수건강진단(6개월 이내)을 받은 이후 12개월 주기로 검진을 진행한다.

■ **산업안전보건법 시행규칙 [별표 23]**

<u>특수건강진단의 시기 및 주기</u>

구분	대상 유해인자	시기 (배치 후 첫 번째 특수 건강진단)	주기
1	N,N-디메틸아세트아미드 디메틸포름아미드	1개월 이내	6개월
2	벤젠	2개월 이내	6개월
3	1,1,2,2-테트라클로로에탄 사염화탄소 아크릴로니트릴 염화비닐	3개월 이내	6개월

4	석면, 면 분진	12개월 이내	12개월
5	광물성 분진 목재 분진 소음 및 충격소음	12개월 이내	24개월
6	제1호부터 제5호까지의 대상 유해인자를 제외한 별표22의 모든 대상 유해인자(*야간작업)	6개월 이내	12개월

정답 ②

40 **충돌기(impactor)를 이용하여 사무실 내 총부유세균을 포집하여 배양한 결과, 배지에 100개의 집락(colony)가 계수(counting)되었다. 충돌기의 유량을 20ℓ /min으로 가정하고 5분간 공기 시료 채취 시 농도(CFU/㎥)와 사무실 실내공기질 관리기준 초과 여부로 옳은 것은? (단, 공시료는 고려하지 않는다.) [2023년 기출]**

① 500 – 초과되지 않음

② 500 – 초과됨

③ 1,000 – 초과되지 않음

④ 1,000 – 초과됨

⑤ 1,500 – 초과되지 않음

해설

○ 농도(CFU/㎥) 문제 풀기

1리터=10^3㎤이다.

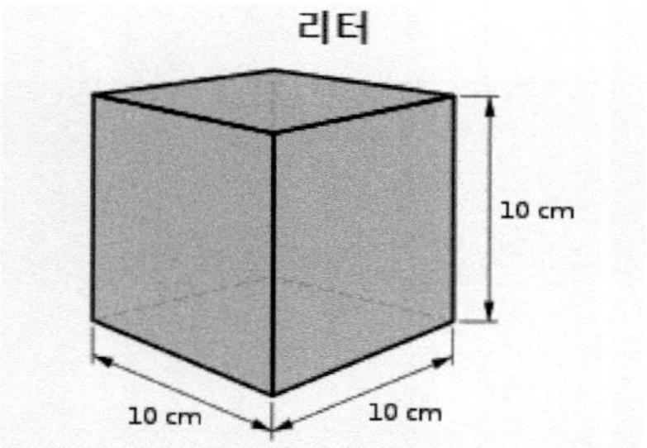

1리터는 10cm의 면의 정육면체의 부피이다.

$1m^3 = 10^6 m\ell$

$1\ell = 1{,}000 m\ell$

농도(CFU/m^3) = 100개/100ℓ = 1개/1ℓ = 1개/$10^{-3} m^3$ = 1,000(CFU/m^3)

○ 사무실 공기관리 지침(오염물질 관리기준)

번호	오염물질	관리기준(8시간 TWA)
1	미세먼지(PM10)	100 $\mu g/m^3$
2	초미세먼지(PM2.5)	50 $\mu g/m^3$
3	이산화탄소(CO_2)	1,000 ppm
4	일산화탄소(CO)	10 ppm
5	이산화질소(NO_2)	0.1 ppm
6	포름알데히드(HCHO)	100 $\mu g/m^3$
7	총휘발성유기화합물(TVOC)	500 $\mu g/m^3$
8	라돈	148 Bq/m^3
9	총부유세균	800 CFU/m^3
10	곰팡이	500 CFU/m^3

* TWA(시간가중평균농도)

* 라돈은 지상 1층을 포함한 지하에 위치한 사무실에만 적용한다.

연습문제

번호	오염물질	관리기준(8시간 TWA)
1	미세먼지(PM10)	(　　)$\mu g/m^3$
2	초미세먼지(PM2.5)	(　　)$\mu g/m^3$
3	이산화탄소(CO_2)	(　　)ppm
4	일산화탄소(CO)	(　　)ppm
5	이산화질소(NO_2)	(　　)ppm
6	포름알데히드(HCHO)	(　　)$\mu g/m^3$
7	총휘발성유기화합물(TVOC)	(　　)$\mu g/m^3$
8	라돈	(　　)Bq/m^3
9	총부유세균	(　　)CFU/m^3
10	곰팡이	(　　)CFU/m^3

정답 ④

41 고용노동부 고시에 따른 물질안전보건자료에 관한 설명이다. (　　)에 들어갈 내용으로 옳은 것은? [2023년 기출]

> 물질안전보건자료대상물질을 (　　)·(　　)하는 자는 해당 물질안전보건자료대상물질의 용기 및 포장에 한글로 작성한 경고표지를 부착하거나 인쇄하는 등 유해·위험정보가 명확히 나타나도록 하여야 한다.

① 양도, 제공
② 수입, 제공
③ 가공, 수입
④ 제조, 양도
⑤ 제조, 가공

해설

○ **화학물질의 분류·표시 및 물질안전보건자료에 관한 기준**

제1조(목적) 이 고시는 「산업안전보건법」 제104조, 제110조부터 제116조까지, 같은 법 시행령 제86조, 같은 법 시행규칙 제141조, 제156조부터 제171조까지, 별표 18에 따른 화학물질의 분류, 물질안전보건자료, 대체자료 기재 승인, 경고표시 및 근로자에 대한 교육 등에 필요한 사항을 정함을 목적으로 한다.

제2조(정의) ① 이 고시에서 사용하는 용어의 뜻은 다음 각 호와 같다.

1. "화학물질"이란 원소와 원소간의 화학반응에 의하여 생성된 물질을 말한다.
2. "혼합물"이란 두 가지 이상의 화학물질로 구성된 물질 또는 용액을 말한다.
3. "제조"란 다음 각 호의 어느 하나를 말한다.
   가. 직접 사용 또는 양도·제공을 목적으로 화학물질 또는 혼합물을 생산, 가공 또는 혼합 등을 하는 것
   나. 직접 사용 또는 양도·제공을 목적으로 화학물질 또는 혼합물을 직접 기획(성능·기능, 원재료 구성 설계 등)하여 다른 생산업체에 위탁해 자기명의로 생산하게 하는 것
4. "수입"이란 직접 사용 또는 양도·제공을 목적으로 외국에서 국내로 화학물질 또는 혼합물을 들여오는 것을 말한다.
5. "용기"란 고체, 액체 또는 기체의 화학물질 또는 혼합물을 직접 담은 합성강제, 플라스틱, 저장탱크, 유리, 비닐포대, 종이포대 등을 말한다. 다만, 레미콘, 콘테이너는 용기로 보지 아니한다.
6. "포장"이란 제5호에 따른 용기를 싸거나 꾸리는 것을 말한다.
7. "반제품용기"란 같은 사업장 내에서 상시적이지 않은 경우로서 공정간 이동을 위하여 화학물질 또는 혼합물을 담은 용기를 말한다.

② 그 밖에 이 고시에서 사용하는 용어의 정의는 이 고시에 특별한 규정이 없으면 「산업안전보건법」(이하 "법"이라 한다), 같은 법 시행령(이하 "영"이라 한다) 및 같은 법 시행규칙(이하 "규칙"이라 한다)에서 정하는 바에 따른다.

제3조(적용제외 물질) 영 제86조제18호의 "그 밖에 고용노동부장관이 독성·폭발성 등으로 인한 위해의 정도가 적다고 인정하여 고시하는 화학물질"이라 함은 다음 각 호의 물질을 말한다.

1. 양도·제공받은 화학물질 또는 혼합물을 다시 혼합하는 방식으로 만들어진 혼합물. 다만, 해당 혼합물을 양도·제공하거나 제19조에 따른 화학물질 중에서 최종적으로 생산된 화학물질이 화학적 반응을 통해 그 성질이 변화한 경우는 제외한다.
2. 완제품으로서 취급근로자가 작업 시 그 제품과 그 제품에 포함된 물질안전보건자료대상물질에 노출될 우려가 없는 화학물질 또는 혼합물(다만, 「산업안전보건기준에 관한 규칙」 제420조제6호에 따른 특별관리물질이 함유된 것은 제외한다)

제2장 화학물질의 분류 및 표시

제4조(화학물질 등의 분류) ① 규칙 제141조 및 별표 18제1호에 따른 화학물질의 분류별 세부 구분기준은 별표 1과 같다.

② 화학물질의 분류에 필요한 시험의 세부기준은 국제연합(UN)에서 정하는 「화학물질의 분류 및 표지에 관한 세계조화시스템(GHS)」지침을 따른다.

제3장 경고표지의 부착 및 작성 등

제5조(경고표지의 부착) ① 물질안전보건자료대상물질을 양도·제공하는 자는 해당 물질안전보건자료대상물질의 용기 및 포장에 한글로 작성한 경고표지(같은 경고표지 내에 한글과 외국어가 함께 기재된 경우를 포함한다)를 부착하거나 인쇄하는 등 유해·위험 정보가 명확히 나타나도록 하여야 한다. 다만, 실험실에서 시험·연구목적으로 사용하는 시약으로서 외국어로 작성된 경고표지가 부착되어 있거나 수출하기 위하여 저장 또는 운반 중에 있는 완제품은 한글로 작성한 경고표지를 부착하지 아니할 수 있다.

② 제1항에도 불구하고 국제연합(UN)의「위험물 운송에 관한 권고(RTDG)」에서 정하는 유해성·위험성 물질을 포장에 표시하는 경우에는 「위험물 운송에 관한 권고(RTDG)」에 따라 표시할 수 있다.

③ 포장하지 않는 드럼 등의 용기에 국제연합(UN)의 「위험물 운송에 관한 권고(RTDG)」에 따라 표시를 한 경우에는 경고표지에 그림문자를 표시하지 아니할 수 있다.

④ 용기 및 포장에 경고표지를 부착하거나 경고표지의 내용을 인쇄하는 방법으로 표시하는 것이 곤란한 경우에는 경고표지를 인쇄한 꼬리표를 달 수 있다.

⑤ 물질안전보건자료대상물질을 사용·운반 또는 저장하고자 하는 사업주는 경고표지의 유무를 확인하여야 하며, 경고표지가 없는 경우에는 경고표지를 부착하여야 한다.

⑥ 제5항에 따른 사업주는 물질안전보건자료대상물질의 양도·제공자에게 경고표지의 부착을 요청할 수 있다.

제6조(경고표지의 작성방법) ① 규칙 제170조에 따른 경고표지의 그림문자, 신호어, 유해·위험 문구, 예방조치 문구는 별표 2와 같다.

② 물질안전보건자료대상물질의 내용량이 100그램(g) 이하 또는 100밀리리터(mℓ) 이하인 경우에는 경고표지에 명칭, 그림문자, 신호어 및 공급자 정보만을 표시할 수 있다.

③ 물질안전보건자료대상물질을 해당 사업장에서 자체적으로 사용하기 위하여 담은 반제품용기에 경고표시를 할 경우에는 유해·위험의 정도에 따른 "위험" 또는 "경고"의 문구만을 표시할 수 있다. 다만, 이 경우 보관·저장장소의 작업자가 쉽게 볼 수 있는 위치에 경고표지를 부착하거나 물질안전보건자료를 게시하여야 한다.

제6조의2(경고표지 기재항목의 작성방법) ① 명칭은 제10조제1항제1호에 따른 물질안전보건자료 상

의 제품명을 기재한다.

② 그림문자는 별표 2에 해당되는 것을 모두 표시한다. 다만 다음 각 호의 어느 하나에 해당되는 경우에는 이에 따른다.

1. "해골과 X자형 뼈" 그림문자와 "감탄부호(!)" 그림문자에 모두 해당되는 경우에는 "해골과 X자형 뼈" 그림문자만을 표시한다.
2. 부식성 그림문자와 피부자극성 또는 눈 자극성 그림문자에 모두 해당되는 경우에는 부식성 그림문자만을 표시한다.
3. 호흡기 과민성 그림문자와 피부 과민성, 피부 자극성 또는 눈 자극성 그림문자에 모두 해당되는 경우에는 호흡기 과민성 그림문자만을 표시한다.
4. 5개 이상의 그림문자에 해당되는 경우에는 4개의 그림문자만을 표시할 수 있다.

③ 신호어는 별표 2에 따라 "위험" 또는 "경고"를 표시한다. 다만, 물질안전보건자료대상물질이 "위험"과 "경고"에 모두 해당되는 경우에는 "위험"만을 표시한다.

④ 유해·위험 문구는 별표 2에 따라 해당되는 것을 모두 표시한다. 다만, 중복되는 유해·위험문구를 생략하거나 유사한 유해·위험 문구를 조합하여 표시할 수 있다.

⑤ 예방조치 문구는 별표 2에 해당되는 것을 모두 표시한다. 다만 다음 각 호의 어느 하나에 해당되는 경우에는 이에 따른다.

1. 중복되는 예방조치 문구를 생략하거나 유사한 예방조치 문구를 조합하여 표시할 수 있다.
2. 예방조치 문구가 7개 이상인 경우에는 예방·대응·저장·폐기 각 1개 이상(해당문구가 없는 경우는 제외한다)을 포함하여 6개만 표시해도 된다. 이 때 표시하지 않은 예방조치 문구는 물질안전보건자료를 참고하도록 기재하여야 한다.

⑥ 제2항제1호부터제3호까지, 제3항, 제4항 및 제5항제1호의 규정은 물질안전보건자료 중 제10조제1항제2호에서 정한 항목을 작성할 때에 적용할 수 있다.

제7조(경고표지의 양식 및 규격) 경고표지의 양식 및 규격은 별표 3과 같다.

제8조(경고표지의 색상 및 위치) ① 경고표지전체의 바탕은 흰색으로, 글씨와 테두리는 검정색으로 하여야 한다.

② 제1항에도 불구하고 비닐포대 등 바탕색을 흰색으로 하기 어려운 경우에는 그 포장 또는 용기의 표면을 바탕색으로 사용할 수 있다. 다만, 바탕색이 검정색에 가까운 용기 또는 포장인 경우에는 글씨와 테두리를 바탕색과 대비색상으로 표시하여야 한다.

③ 그림문자(GHS에 따른 그림문자를 말한다. 이하 이 조에서 같다.)는 유해성·위험성을 나타내는 그림과 테두리로 구성하며, 유해성·위험성을 나타내는 그림은 검은색으로 하고, 그림문자의 테두리는 빨간색으로 하는 것을 원칙으로 하되 바탕색과 테두리의 구분이 어려운 경우 바탕색의 대비 색상으로 할 수 있으며, 그림문자의 바탕은 흰색으로 한다. 다만, 1리터(ℓ)미만의 소량용기 또는 포장으로서 경고표지를 용기 또는 포장에 직접 인쇄하고자 하는 경우에는 그 용기 또는 포장 표면의 색상이 두 가지 이하로 착색되어 있는 경우에 한하여 용기 또는 포장에 주로 사용된 색상(검정색계통은 제외한다)을 그림문자의 바탕색으로 할 수 있다.

④ 경고표지는 취급근로자가 사용 중에도 쉽게 볼 수 있는 위치에 견고하게 부착하여야 한다.

제9조(경고표시 기재항목을 적은 자료의 제공) ① 법 제115조제1항 단서에 따른 경고표시 기재 항목을 적은 자료는 물질안전보건자료대상물질을 양도하거나 제공하는 때에 함께 제공하여야 한다. 다만, 경고표시 기재 항목이 물질안전보건자료에 포함되어 있는 경우에는 물질안전보건자료를 제

공하는 방법으로 해당 자료를 제공할 수 있다.

② 같은 상대방에게 같은 물질안전보건자료대상물질을 2회 이상 계속하여 양도하거나 제공하는 경우에는 최초로 제공한 제1항에 따른 경고표시 기재 항목을 적은 자료의 기재 내용의 변경이 없는 한 추가로 해당 자료를 제공하지 아니할 수 있다. 다만, 상대방이 해당 자료의 제공을 요청한 경우에는 그러하지 아니하다.

제4장 물질안전보건자료의 작성 등

제10조(작성항목) ① **물질안전보건자료 작성 시 포함되어야 할 항목 및 그 순서는 다음 각 호에 따른다.**

1. 화학제품과 회사에 관한 정보
2. 유해성·위험성
3. 구성성분의 명칭 및 함유량
4. 응급조치요령
5. 폭발·화재시 대처방법
6. 누출사고시 대처방법
7. 취급 및 저장방법
8. 노출방지 및 개인보호구
9. 물리화학적 특성
10. 안정성 및 반응성
11. 독성에 관한 정보
12. 환경에 미치는 영향
13. 폐기 시 주의사항
14. 운송에 필요한 정보
15. 법적규제 현황
16. 그 밖의 참고사항

→ 암기법 : **회사/유해·위험/구성명함/응폭화누/취급저장/노개물리화학/안독환/폐기운송법적규제**(늙은개가 회사 앞에 있다. 회사가 유해위험하니 구성원들은 명함을 걸고 응폭화를 누그러뜨리고 노개물리화학안독환폐기운송법)

② 제1항 각 호에 대한 세부작성 항목 및 기재사항은 별표 4와 같다. 다만, 물질안전보건자료의 작성자는 근로자의 안전보건의 증진에 필요한 경우에는 세부항목을 추가하여 작성할 수 있다.

제11조(작성원칙) ① 물질안전보건자료는 한글로 작성하는 것을 원칙으로 하되 화학물질명, 외국기관명 등의 고유명사는 영어로 표기할 수 있다.

② 제1항에도 불구하고 실험실에서 시험·연구목적으로 사용하는 시약으로서 물질안전보건자료가 외국어로 작성된 경우에는 한국어로 번역하지 아니할 수 있다.

③ 제10조제1항 각 호의 작성 시 시험결과를 반영하고자 하는 경우에는 해당국가의 우수실험실기준(GLP) 및 국제공인시험기관 인정(KOLAS)에 따라 수행한 시험결과를 우선적으로 고려하여야 한다.

④ 외국어로 되어있는 물질안전보건자료를 번역하는 경우에는 자료의 신뢰성이 확보될 수 있도록 최초 작성기관명 및 시기를 함께 기재하여야 하며, 다른 형태의 관련 자료를 활용 하여 물질안전보건자료를 작성하는 경우에는 참고문헌의 출처를 기재하여야 한다.

⑤ 물질안전보건자료 작성에 필요한 용어, 작성에 필요한 기술지침은 한국산업안전보건공단이 정할 수 있다.

⑥ 물질안전보건자료의 작성단위는 「계량에 관한 법률」이 정하는 바에 의한다.

⑦ 각 작성항목은 빠짐없이 작성하여야 한다. 다만, 부득이 어느 항목에 대해 관련 정보를 얻을 수 없는 경우에는 작성란에 "자료 없음"이라고 기재하고, 적용이 불가능하거나 대상이 되지 않는 경우에는 작성란에 "해당 없음"이라고 기재한다.

⑧ 제10조제1항제1호에 따른 화학제품에 관한 정보 중 용도는 별표 5에서 정하는 용도분류체계에서 하나 이상을 선택하여 작성할 수 있다. 다만, 법 제110조제1항 및 제3항에 따라 작성된 물질안전보건자료를 제출할 때에는 별표 5에서 정하는 용도분류체계에서 하나 이상을 선택하여야 한다.

⑨ 혼합물 내 함유된 화학물질 중 규칙 별표 18제1호가목에 해당하는 화학물질의 함유량이 한계농도인 1% 미만이거나 동 별표 제1호나목에 해당하는 화학물질의 함유량이 별표 6에서 정한 한계농도 미만인 경우 제10조제1항 각호에 따른 항목에 대한 정보를 기재하지 아니할 수 있다. 이 경우 화학물질이 규칙 별표18 제1호가목과 나목 모두 해당할 때에는 낮은 한계농도를 기준으로 한다.

⑩ 제10조제1항제3호에 따른 구성 성분의 함유량을 기재하는 경우에는 함유량의 ± 5퍼센트포인트(%P) 내에서 범위(하한 값 ~ 상한 값)로 함유량을 대신하여 표시할 수 있다.

⑪ 물질안전보건자료를 작성할 때에는 취급근로자의 건강보호목적에 맞도록 성실하게 작성하여야 한다.

제12조(혼합물의 유해성·위험성 결정) ① 물질안전보건자료를 작성할 때에는 혼합물의 유해성·위험성을 다음 각 호와 같이 결정한다.

1. 혼합물에 대한 유해성·위험성의 결정을 위한 세부 판단기준은 별표 1에 따른다.
2. 혼합물에 대한 물리적 위험성 여부가 혼합물 전체로서 시험되지 않는 경우에는 혼합물을 구성하고 있는 단일화학물질에 관한 자료를 통해 혼합물의 물리적 잠재유해성을 평가할 수 있다.

② 혼합물인 제품들이 다음 각 호의 요건을 모두 충족하는 경우에는 해당 제품들을 대표하여 하나의 물질안전보건자료를 작성할 수 있다.

1. 혼합물인 제품들의 구성성분이 같을 것. 다만, 향수, 향료 또는 안료(이하 "향수등"이라 한다) 성분의 물질을 포함하는 제품으로서 다음 각 목의 요건을 모두 충족하는 경우에는 그러하지 아니하다.
   가. 제품의 구성성분 중 향수등의 함유량(2가지 이상의 향수등 성분을 포함하는 경우에는 총 함유량을 말한다)이 5퍼센트(%) 이하일 것
   나. 제품의 구성성분 중 향수등 성분의 물질만 변경될 것
2. 각 구성성분의 함유량 변화가 10퍼센트포인트(%P) 이하 일 것
3. 유사한 유해성을 가질 것

③ 제2항에 따라 하나의 물질안전보건자료를 작성하는 제품들이 제2항제1호 단서에 해당하는 경우는 제10조제1항제3호에 따른 항목에 제품별로 구성성분을 알 수 있도록 기재하여야 하고 제2항제3호에 해당하는 경우는 제품별로 유해성을 구분하여 기재하여야 한다.

제13조(양도 및 제공) ① 물질안전보건자료대상물질을 양도하거나 제공하는 자는 규칙 제160조제1항에 따라 다음 각 호의 어느 하나에 해당하는 방법으로 물질안전보건자료를 제공할 수 있다. 이 경우 물질안전보건자료대상물질을 양도하거나 제공하는 자는 상대방의 수신 여부를 확인하여야 한다.

1. 등기우편
2. 「정보통신망 이용촉진 및 정보보호 등에 관한 법률」 제2조제1항에 따른 정보통신망 및 전자문서(물질안전보건자료를 직접 첨부하거나 저장하여 제공하는 것에 한한다)

② 규칙 별표 18제1호에 따른 분류기준에 해당하지 아니하는 화학물질 또는 혼합물을 양도하거나 제공할 때에는 해당 화학물질 또는 혼합물이 규칙 별표 18제1호에 따른 분류기준에 해당하지 않음을 서면으로 통보하여야 한다. 이 경우 해당 내용을 포함한 물질안전보건자료를 제공한 경우에는 서면으로 통보한 것으로 본다.

③ 제2항에 따른 화학물질 또는 혼합물을 양도하거나 제공하는 자와 그 양도·제공자로부터 해당 화학물질 또는 혼합물이 규칙 별표 18제1호에 따른 분류기준에 해당되지 않음을 서면으로 통보받은 자는 해당 서류(제2항 후단에 따라 물질안전보건자료를 제공한 경우에는 해당 물질안전보건자료를 말한다)를 사업장내에 갖추어 두어야 한다.

④ 제2조제1항제3호 나목의 위탁자가 물질안전보건자료를 제출하거나 비공개 승인을 신청하여 그 결과를 통지받은 경우, 제출한 물질안전보건자료 또는 통지받은 승인 결과를 수탁자에게 제공하여야 한다.

제14조(전산장비 조치사항) 규칙 제167조제1항 단서의 '고용노동부장관이 정하는 조치'란 다음 각 호의 조치를 말한다.

1. 물질안전보건자료를 확인할 수 있는 전산장비를 취급근로자(화학물질에 노출되는 근로자를 모두 포함한다. 이하 같다)가 작업 중 쉽게 접근할 수 있는 장소에 설치하여 가동하고 있을 것
2. 해당 화학물질 취급근로자에게 물질안전보건자료의 프로그램 작동 방법, 제품명 입력 및 물질안전보건자료 확인 방법 등을 교육할 것
3. 법 제114조제2항 및 규칙 제168조제1항에 따른 관리요령에 물질안전보건자료 검색방법을 포함하여 게시하였을 것

제15조(교육내용의 주지) 사업주는 규칙 제167조제1항제3호에 따라 전산장비를 갖추어 둔 경우에는 취급근로자가 그 장비를 이용하여 물질안전보건자료를 확인할 수 있는지 여부를 확인하여야 한다.

제5장 대체자료 기재 승인 등

제16조(대체자료 기재 제외물질) 법 제112조제1항 단서에 따른 '근로자에게 중대한 건강장해를 초래할 우려가 있는 화학물질로서 「산업재해보상보험법」 제8조제1항에 따른 산업재해보상보험및예방심의위원회의 심의를 거쳐 고용노동부장관이 고시하는 것'이란 다음 각 호의 어느 하나에 해당하는 물질을 말한다.

1. 법 제117조에 따른 제조등금지물질
2. 법 제118조에 따른 허가대상물질
3. 「산업안전보건기준에 관한 규칙」제420조에 따른 관리대상 유해물질
4. 규칙 별표 21의 작업환경측정 대상 유해인자
5. 규칙 별표 22의 특수건강진단 대상 유해인자
6. 「화학물질의 등록 및 평가 등에 관한 법률」시행규칙 제35조제2항 단서에서 정하는 화학물질

제17조(대체자료 기재 승인 및 연장승인 기준 등) ① 규칙 제161조제1항제1호에 따른 '영업비밀에 해당함을 입증하는 자료로서 고용노동부장관이 정하여 고시하는 자료'란 별표 7제1호에서 정한 자료를 말한다. 이 경우 신청인은 제2항에서 정한 판단기준에 부합하는 정보를 기재하여 제출하여야 한다.

② 규칙 제162조제5항에 따른 '대체 필요성에 대한 판단기준'은 별표 7제2호와 같다.

③ 규칙 제162조제5항에 따른 '대체자료 중 대체명칭의 적합성에 대한 판단기준'은 환경부 고시 「자료보호신청서의 작성방법 및 보호자료 관리방법 등에 관한 규정」의 별표를 준용한다.

④ 제3항에도 불구하고 화학식과 구조를 특정할 수 없거나 제3항 에 따른 방법만으로는 대체명칭을 특정하기 곤란한 경우에는 한국산업안전보건공단이 정하는 방법을 따른다.

⑤ 규칙 제162조제5항에 따른 '대체자료 중 대체함유량의 적합성에 대한 판단기준'은 다음 각 호와 같다.

1. 비공개하고자 하는 구성성분의 원래 함유량이 25퍼센트(%) 미만인 경우 ±10퍼센트포인트(%P) 내에서 범위로 기재
2. 비공개하고자 하는 구성성분의 원래 함유량이 25퍼센트(%) 이상인 경우 ±20퍼센트포인트(%P) 내에서 범위로 기재

⑥ 규칙 제162조제5항에 따른 '물질안전보건자료의 적정성에 대한 승인기준'은 다음 각 호와 같다.

1. 제10조제1항제2호, 제3호, 제9호, 제11호, 제12호 및 제15호를 검토대상으로 한다.
2. 제1호에 따른 정보는 사업주가 승인 신청시 제출한 자료 뿐만 아니라 국내외 관련 기관 등에서 제공하고 있는 정보를 바탕으로 하여 그 적정성을 판단한다. 이 경우 국내외 관련 기관 등에 대한 정보는 공단이 정할 수 있다.

제18조(대체자료 기재 승인 결과의 반영) ① 규칙 제162조제6항 및 제163조제3항에 따라 승인 결과를 통보받은 신청인은 다음 각 호에 따른 결과를 물질안전보건자료에 반영하여야 한다.

1. 승인 : 승인번호, 유효기간 및 대체자료를 기재
2. 부분승인 : 세부 승인결과에 따라 승인된 화학물질에 대하여만 제1호의 정보를 기재하고 불승인된 화학물질은 제3호의 정보를 기재
3. 불승인 : 제11조에 따라 화학물질의 정보를 기재

② 제1항에 따라 승인 결과를 통보받은 신청인은 물질안전보건자료의 적정성 검토 결과 그 내용이 달라진 경우 물질안전보건자료에 반영하여야 한다.

제19조(연구·개발용 화학물질 또는 화학제품) 영 제86조제17호에 따른 '고용노동부장관이 정하여 고시하는 연구·개발용 화학물질 또는 화학제품'이란 다음 각 호의 어느 하나에 해당하는 것을 말한다.

1. 시약 등 과학적 실험·분석 또는 연구를 위한 경우
2. 화학물질 또는 화학제품 등을 개발하기 위한 경우
3. 생산공정을 개선·개발하기 위한 경우
4. 사업장에서 화학물질의 적용분야를 시험하기 위한 경우
5. 화학물질의 시범제조 또는 화학제품 등의 시범생산을 위한 경우

제20조(대체자료의 제공 방법) 법 제112조제10항에 따라 대체자료로 적힌 화학물질의 명칭 및 함유량 정보의 제공을 요구받은 자는 이를 요구한 자에게 직접 제공하거나 제13조제1항에서 정한 방법으로 제공하여야 한다.

제21조(재검토기한) 고용노동부장관은 「행정규제기본법」 및 「훈령·예규 등의 발령 및 관리에 관한 규정」에 따라 이 고시에 대하여 2021년 1월 1일 기준으로 매 3년이 되는 시점(매 3년째의 12월 31일까지를 말한다)마다 그 타당성을 검토하여 개선 등의 조치를 하여야 한다.

〈별표 4〉

※ MSDS 번호는 MSDS를 보는 자가 알아보기 쉽도록 MSDS 본문의 첫 쪽 상단 개별항목 외의 공간에 기재한다.

물질안전보건자료(MSDS)의 작성항목 및 기재사항(제10조제1항 관련)

MSDS 번호:

1. 화학제품과 회사에 관한 정보

가. 제품명(경고표지 상에 사용되는 것과 동일한 명칭 또는 분류코드를 기재한다) :
나. 제품의 권고 용도와 사용상의 제한 :
다. 공급자 정보(제조자, 수입자, 유통업자 관계없이 해당 제품의 공급 및 물질안전보건자료 작성을 책임지는 회사의 정보를 기재하되, 수입품의 경우 문의사항 발생 또는 긴급시 연락 가능한 국내 공급자 정보를 기재):
  ○ 회사명
  ○ 주소
  ○ 긴급전화번호

2. 유해성·위험성

가. 유해성·위험성 분류
나. 예방조치 문구를 포함한 경고 표지 항목
  ○ 그림문자
  ○ 신호어
  ○ 유해·위험 문구
  ○ 예방조치 문구
다. 유해성·위험성 분류기준에 포함되지 않는 기타 유해성·위험성(예 : 분진폭발 위험성) :

3. 구성성분의 명칭 및 함유량

화학물질명　관용명 및 이명(異名)　CAS번호 또는 식별번호　함유량(%)
* 대체자료 기재 승인(부분승인) 시 승인번호 및 유효기간

4. 응급조치 요령

가. 눈에 들어갔을 때 :
나. 피부에 접촉했을 때 :
다. 흡입했을 때 :
라. 먹었을 때 :
마. 기타 의사의 주의사항 :

5. 폭발·화재시 대처방법

가. 적절한 (및 부적절한) 소화제 :
나. 화학물질로부터 생기는 특정 유해성(예, 연소 시 발생 유해물질) :
다. 화재 진압 시 착용할 보호구 및 예방조치 :

6. 누출 사고 시 대처방법

가. 인체를 보호하기 위해 필요한 조치 사항 및 보호구 :
나. 환경을 보호하기 위해 필요한 조치사항 :
다. 정화 또는 제거 방법 :

7. 취급 및 저장방법

가. 안전취급요령 :
나. 안전한 저장 방법(피해야 할 조건을 포함함) :

8. 노출방지 및 개인보호구

가. 화학물질의 노출기준, 생물학적 노출기준 등 :
나. 적절한 공학적 관리 :
다. 개인 보호구
  ○ 호흡기 보호 :
  ○ 눈 보호 :
  ○ 손 보호 :
  ○ 신체 보호 :

9. 물리화학적 특성

가. 외관(물리적 상태, 색 등) :
나. 냄새 :
다. 냄새 역치 :
라. pH :
마. 녹는점/어는점 :
바. 초기 끓는점과 끓는점 범위 :
사. 인화점 :
아. 증발 속도
자. 인화성(고체, 기체)
차. 인화 또는 폭발 범위의 상한/하한
카. 증기압 :
타. 용해도 :
파. 증기밀도 :
하. 비중 :
거. n 옥탄올/물 분배계수 :
너. 자연발화 온도 :
더. 분해 온도 :
러. 점도 :
머. 분자량

10. 안정성 및 반응성

가. 화학적 안정성 및 유해 반응의 가능성 :
나. 피해야 할 조건(정전기 방전, 충격, 진동 등) :
다. 피해야 할 물질 :
라. 분해시 생성되는 유해물질 :

11. 독성에 관한 정보

가. 가능성이 높은 노출 경로에 관한 정보
나. 건강 유해성 정보
- ○ 급성 독성(노출 가능한 모든 경로에 대해 기재) :
- ○ 피부 부식성 또는 자극성 :
- ○ 심한 눈 손상 또는 자극성 :
- ○ 호흡기 과민성 :
- ○ 피부 과민성 :
- ○ 발암성 :
- ○ 생식세포 변이원성 :
- ○ 생식독성 :
- ○ 특정 표적장기 독성 (1회 노출) :
- ○ 특정 표적장기 독성 (반복 노출) :
- ○ 흡인 유해성 :

※ 가.항 및 나.항을 합쳐서 노출 경로와 건강 유해성 정보를 함께 기재할 수 있음

12. 환경에 미치는 영향

가. 생태독성 :
나. 잔류성 및 분해성 :
다. 생물 농축성 :
라. 토양 이동성 :
마. 기타 유해 영향 :

13. 폐기시 주의사항

가. 폐기방법 :
나. 폐기시 주의사항(오염된 용기 및 포장의 폐기 방법을 포함함) :

14. 운송에 필요한 정보

가. 유엔 번호 :
나. 유엔 적정 선적명 :
다. 운송에서의 위험성 등급 :
라. 용기등급(해당하는 경우) :
마. 해양오염물질(해당 또는 비해당으로 표기) :
바. 사용자가 운송 또는 운송 수단에 관련해 알 필요가 있거나 필요한 특별한 안전 대책 :

15. 법적 규제현황

가. 산업안전보건법에 의한 규제 :
나. 화학물질관리법에 의한 규제 :
다. 위험물안전관리법에 의한 규제 :
라. 폐기물관리법에 의한 규제 :
마. 기타 국내 및 외국법에 의한 규제 :

16. 그 밖의 참고사항

가. 자료의 출처 :
나. 최초 작성일자 :
다. 개정 횟수 및 최종 개정일자 :
라. 기타 :

정답 ①

42 산업안전보건기준에 관한 규칙상 유해인자 취급 작업별 보호구에 관한 설명으로 옳지 않은 것은? [2023년 기출]

구분	유해인자	작업명	보호구
ㄱ	관리대상 유해물질	관리대상 유해물질이 흩날리는 업무	보안경
ㄴ	허가대상 유해물질	허가대상 유해물질을 제조·사용하는 작업	방진마스크 또는 방독마스크
ㄷ	관리대상 유해물질	금속류, 가스상태 물질류를 취급하는 작업	호흡용 보호구
ㄹ	혈액매개감염	혈액 또는 혈액오염물을 취급하는 작업	보호앞치마
ㅁ	소음	소음작업, 강렬한 소음작업 또는 충격소음 작업	청력보호구

① ㄱ

② ㄴ

③ ㄷ

④ ㄹ

⑤ ㅁ

해설

○ 산업안전보건기준에 관한 규칙(약칭 : 안전보건규칙)

제32조(보호구의 지급 등) ① 사업주는 다음 각 호의 어느 하나에 해당하는 작업을 하는 근로자에 대해서는 다음 각 호의 구분에 따라 그 작업조건에 맞는 보호구를 작업하는 근로자 수 이상으로 지급하고 착용하도록 하여야 한다. 〈개정 2024. 6. 28.〉

1. 물체가 떨어지거나 날아올 위험 또는 근로자가 추락할 위험이 있는 작업 : 안전모

2. 높이 또는 깊이 2미터 이상의 추락할 위험이 있는 장소에서 하는 작업 : 안전대(安全帶)
3. 물체의 낙하·충격, 물체에의 끼임, 감전 또는 정전기의 대전(帶電)에 의한 위험이 있는 작업 : 안전화
4. 물체가 흩날릴 위험이 있는 작업 : 보안경
5. 용접 시 불꽃이나 물체가 흩날릴 위험이 있는 작업 : 보안면
6. 감전의 위험이 있는 작업 : 절연용 보호구
7. 고열에 의한 화상 등의 위험이 있는 작업 : 방열복
8. 선창 등에서 분진(粉塵)이 심하게 발생하는 하역작업 : 방진마스크
9. 섭씨 영하 18도 이하인 급냉동어창에서 하는 하역작업 : 방한모·방한복·방한화·방한장갑
10. 물건을 운반하거나 수거·배달하기 위하여 「도로교통법」 제2조제18호가목5)에 따른 이륜자동차 또는 같은 법 제2조제19호에 따른 원동기장치자전거를 운행하는 작업 : 「도로교통법 시행규칙」 제32조제1항 각 호의 기준에 적합한 승차용 안전모
11. 물건을 운반하거나 수거·배달하기 위해 「도로교통법」 제2조제21호의2에 따른 자전거등을 운행하는 작업 : 「도로교통법 시행규칙」 제32조제2항의 기준에 적합한 안전모

② 사업주로부터 제1항에 따른 보호구를 받거나 착용지시를 받은 근로자는 그 보호구를 착용하여야 한다.

제3편 보건기준

제1장 관리대상 유해물질에 의한 건강장해의 예방

제1절 통칙

제420조(정의) 이 장에서 사용하는 용어의 뜻은 다음과 같다.

1. "관리대상 유해물질"이란 근로자에게 상당한 건강장해를 일으킬 우려가 있어 법 제39조에 따라 건강장해를 예방하기 위한 보건상의 조치가 필요한 원재료·가스·증기·분진·흄, 미스트로서 별표 12에서 정한 유기화합물, 금속류, 산·알칼리류, 가스상태 물질류를 말한다.
2. "유기화합물"이란 상온·상압(常壓)에서 휘발성이 있는 액체로서 다른 물질을 녹이는 성질이 있는 유기용제(有機溶劑)를 포함한 탄화수소계화합물 중 별표 12 제1호에 따른 물질을 말한다.
3. "금속류"란 고체가 되었을 때 금속광택이 나고 전기·열을 잘 전달하며, 전성(展性)과 연성(延性)을 가진 물질 중 별표 12 제2호에 따른 물질을 말한다.
4. "산·알칼리류"란 수용액(水溶液) 중에서 해리(解離)하여 수소이온을 생성하고 염기와 중화하여 염을 만드는 물질과 산을 중화하는 수산화화합물로서 물에 녹는 물질 중 별표 12 제3호에 따른 물질을 말한다.
5. "가스상태 물질류"란 상온·상압에서 사용하거나 발생하는 가스 상태의 물질로서 별표 12 제4호에 따른 물질을 말한다.
6. "특별관리물질"이란 「산업안전보건법 시행규칙」 별표 18 제1호나목에 따른 발암성 물질, 생식세포 변이원성 물질, 생식독성(生殖毒性) 물질 등 근로자에게 중대한 건강장해를 일으킬 우려가 있는 물질로서 별표 12에서 특별관리물질로 표기된 물질을 말한다.
7. "유기화합물 취급 특별장소"란 유기화합물을 취급하는 다음 각 목의 어느 하나에 해당하는 장소를 말한다.
   가. 선박의 내부
   나. 차량의 내부

다. 탱크의 내부(반응기 등 화학설비 포함)

라. 터널이나 갱의 내부

마. 맨홀의 내부

바. 피트의 내부

사. 통풍이 충분하지 않은 수로의 내부

아. 덕트의 내부

자. 수관(水管)의 내부

차. 그 밖에 통풍이 충분하지 않은 장소

8. "임시작업"이란 일시적으로 하는 작업 중 월 24시간 미만인 작업을 말한다. 다만, 월 10시간 이상 24시간 미만인 작업이 매월 행하여지는 작업은 제외한다.

9. "단시간작업"이란 관리대상 유해물질을 취급하는 시간이 1일 1시간 미만인 작업을 말한다. 다만, 1일 1시간 미만인 작업이 매일 수행되는 경우는 제외한다.

제421조(적용 제외) ① 사업주가 관리대상 유해물질의 취급업무에 근로자를 종사하도록 하는 경우로서 작업시간 1시간당 소비하는 관리대상 유해물질의 양(그램)이 작업장 공기의 부피(세제곱미터)를 15로 나눈 양(이하 "허용소비량"이라 한다) 이하인 경우에는 이 장의 규정을 적용하지 아니한다. **다만, 유기화합물 취급 특별장소, 특별관리물질 취급 장소, 지하실 내부, 그 밖에 환기가 불충분한 실내작업장인 경우에는 그러하지 아니하다.**

② 제1항 본문에 따른 작업장 공기의 부피는 바닥에서 4미터가 넘는 높이에 있는 공간을 제외한 세제곱미터를 단위로 하는 실내작업장의 공간부피를 말한다. 다만, 공기의 부피가 150세제곱미터를 초과하는 경우에는 150세제곱미터를 그 공기의 부피로 한다.

제6절 보호구 등

제450조(호흡용 보호구의 지급 등) ① 사업주는 근로자가 다음 각 호의 어느 하나에 해당하는 업무를 하는 경우에 해당 근로자에게 송기마스크를 지급하여 착용하도록 하여야 한다.

1. 유기화합물을 넣었던 탱크(유기화합물의 증기가 발산할 우려가 없는 탱크는 제외한다) 내부에서의 세척 및 페인트칠 업무
2. 제424조제2항에 따라 유기화합물 취급 특별장소에서 유기화합물을 취급하는 업무

② 사업주는 근로자가 다음 각 호의 어느 하나에 해당하는 업무를 하는 경우에 해당 근로자에게 송기마스크나 방독마스크를 지급하여 착용하도록 하여야 한다.

1. 제423조제1항 및 제2항, 제424조제1항, 제425조, 제426조 및 제428조제1항에 따라 밀폐설비나 국소배기장치가 설치되지 아니한 장소에서의 유기화합물 취급업무
2. 유기화합물 취급 장소에 설치된 환기장치 내의 기류가 확산될 우려가 있는 물체를 다루는 유기화합물 취급업무
3. 유기화합물 취급 장소에서 유기화합물의 증기 발산원을 밀폐하는 설비(청소 등으로 유기화합물이 제거된 설비는 제외한다)를 개방하는 업무

③ 사업주는 제1항과 제2항에 따라 근로자에게 송기마스크를 착용시키려는 경우에 신선한 공기를 공급할 수 있는 성능을 가진 장치가 부착된 송기마스크를 지급하여야 한다.

④ 사업주는 금속류, 산·알칼리류, 가스상태 물질류 등을 취급하는 작업장에서 근로자의 건강장해 예방에 적절한 호흡용 보호구를 근로자에게 지급하여 필요시 착용하도록 하고, 호흡용 보호구를 공동으로 사용하여 근로자에게 질병이 감염될 우려가 있는 경우에는 개인 전용의 것을 지급하여

야 한다.

⑤ 근로자는 제1항, 제2항 및 제4항에 따라 지급된 보호구를 사업주의 지시에 따라 착용하여야 한다.

제2장 허가대상 유해물질 및 석면에 의한 건강장해의 예방

제4절 방독마스크 등

제469조(방독마스크의 지급 등) ① 사업주는 근로자가 허가대상 유해물질을 제조하거나 사용하는 작업을 하는 경우에 개인 전용의 방진마스크나 방독마스크 등(이하 "방독마스크등"이라 한다)을 지급하여 착용하도록 하여야 한다.

② 사업주는 제1항에 따라 지급하는 방독마스크등을 보관할 수 있는 보관함을 갖추어야 한다.

③ 근로자는 제1항에 따라 지급된 방독마스크등을 사업주의 지시에 따라 착용하여야 한다.

제470조(보호복 등의 비치) ① 사업주는 근로자가 피부장해 등을 유발할 우려가 있는 허가대상 유해물질을 취급하는 경우에 불침투성 보호복·보호장갑·보호장화 및 피부보호용 약품을 갖추어 두고 이를 사용하도록 하여야 한다.

② 근로자는 제1항에 따라 지급된 보호구를 사업주의 지시에 따라 착용하여야 한다.

제8장 병원체에 의한 건강장해의 예방

제1절 통칙

제592조(정의) 이 장에서 사용하는 용어의 뜻은 다음과 같다.

1. "혈액매개 감염병"이란 인간면역결핍증, B형간염 및 C형간염, 매독 등 혈액 및 체액을 매개로 타인에게 전염되어 질병을 유발하는 감염병을 말한다.
2. "공기매개 감염병"이란 결핵·수두·홍역 등 공기 또는 비말핵 등을 매개로 호흡기를 통하여 전염되는 감염병을 말한다.
3. "곤충 및 동물매개 감염병"이란 쯔쯔가무시증, 렙토스피라증, 신증후군출혈열 등 동물의 배설물 등에 의하여 전염되는 감염병과 탄저병, 브루셀라증 등 가축이나 야생동물로부터 사람에게 감염되는 인수공통(人獸共通) 감염병을 말한다.
4. "곤충 및 동물매개 감염병 고위험작업"이란 다음 각 목의 작업을 말한다.
   가. 습지 등에서의 실외 작업
   나. 야생 설치류와의 직접 접촉 및 배설물을 통한 간접 접촉이 많은 작업
   다. 가축 사육이나 도살 등의 작업
5. "혈액노출"이란 눈, 구강, 점막, 손상된 피부 또는 주사침 등에 의한 침습적 손상을 통하여 혈액 또는 병원체가 들어 있는 것으로 의심이 되는 혈액 등에 노출되는 것을 말한다.

제3절 혈액매개 감염 노출 위험작업 시 조치기준

제600조(개인보호구의 지급 등) ① 사업주는 근로자가 혈액노출이 우려되는 작업을 하는 경우에 다음 각 호에 따른 보호구를 지급하고 착용하도록 하여야 한다.

1. **혈액이 분출되거나 분무될 가능성이 있는 작업 : 보안경과 보호마스크**
2. **혈액 또는 혈액오염물을 취급하는 작업 : 보호장갑**
3. **다량의 혈액이 의복을 적시고 피부에 노출될 우려가 있는 작업 : 보호앞치마**

② 근로자는 제1항에 따라 지급된 보호구를 사업주의 지시에 따라 착용하여야 한다.

정답 ④

43 고용노동부 고시에 따른 안전인증 방독마스크의 정화통 외부 측면에 표시하는 종류별 표시색으로 옳지 않은 것은? [2023년 기출]

① 유기화합물용 : 갈색
② 할로겐용 : 회색
③ 아황산용 : 노랑색
④ 암모니아용 : 녹색
⑤ 복합용 및 겸용 : 흑색

해설

○ 정화통 외부 측면의 표시 색

종류	표시 색
유기화합물용 정화통	갈색
할로겐용 정화통	회색
황화수소용 정화통	회색
시안화수소용 정화통	회색
아황산용 정화통	노랑색
암모니아용 정화통	녹색
복합용 및 겸용의 정화통	복합용의 경우 해당가스 **모두** 표시(2층 분리) 겸용의 경우 **백색과** 해당가스 모두 표시(2층 분리)

※ 증기밀도가 낮은 유기화합물 정화통의 경우 색상표시 및 화학물질명 또는 화학기호를 표기

정답 ⑤

44 특수건강진단 시 유해인자별 제2차 검사항목 생물학적 노출지표의 시료채취시기로 옳은 것은? [2023년 기출]

구분	유해인자	제2차 검사항목 생물학적 노출지표	시료채취시기
ㄱ	디클로로메탄	혈중 카복시헤모글로빈	주말 작업종료시
ㄴ	메탄올	혈중 또는 소변 중 메탄올	주말 작업종료시
ㄷ	2-에톡시에탄올	소변 중 2-에톡시초산	주말 작업종료시
ㄹ	이소프로필알코올	혈중 또는 소변 중 아세톤	주말 작업종료시
ㅁ	클로로벤젠	소변 중 총 클로로카테콜	주말 작업종료시

① ㄱ

② ㄴ

③ ㄷ

④ ㄹ

⑤ ㅁ

해설

구분	유해인자	제2차 검사항목 생물학적 노출지표	시료채취시기
ㄱ	디클로로메탄(이염화메틸렌)	혈중 카복시헤모글로빈	작업 종료 시 채혈
ㄴ	메탄올(메틸 알코올)	혈중 또는 소변 중 메타놀	작업 종료 시 채취
ㄷ	2-에톡시에탄올	소변 중 2-에톡시초산	주말 작업 종료시
ㄹ	이소프로필알코올	혈중 또는 소변 중 아세톤	작업 종료 시 채취
ㅁ	클로로벤젠	소변 중 총 클로로카테콜	작업 종료 시 채취

구분	유해물질	1차 검사 생물학적 노출지표	2차 검사 생물학적 노출지표
주말 작업 종료 시 채취	메틸 클로로포름 (1,1,1-트리클로로에탄)	소변 중 총삼염화에탄올 또는 삼염화초산	
	트리클로로에틸렌	소변 중 총삼염화물 또는 삼염화초산	

퍼클로로에틸렌	소변 중 총삼염화물 또는 삼염화초산	
삼수소화비소 비소 및 그 무기화합물		소변 중 비소
2-에톡시에탄올		소변 중 2-에톡시초산
펜타클로로페놀		소변 중 펜타클로로페놀(주말작업 종료 시), 혈중 유리페탄클로로페놀(작업 종료 시)

정답 ③

45 직무스트레스 평가에 관한 지침에서 직무스트레스 요인의 영역 중 직무자율에 속하는 것은? [2023년 기출]

① 책임감
② 업무 다기능
③ 시간적 압박
④ 기술적 재량
⑤ 조직 내 갈등

해설

○ 직무스트레스 평가에 관한 지침

1. 직무스트레요인(8개 항목)
직무 자율성, 직무 요구, 직무 불안정, 직장문화, 조직 체계, 보상 부적절, 물리적 환경, 관계 갈등

2. 직무 자율성
의사결정의 권한과 자신의 직무에 대한 재량 활용성 수준을 말하며, 기술적 재량, 업무예측 가능성, 기술적 자율성, 직무수행 권한 등이 해당된다.

3. 직무 요구
직무에 대한 부담 정도를 말하며, 시간적 압박, 중단 상황, 업무량 증가, 책임감, 과도한 직무부담, 직장 가정 양립, 업무 다기능 등이 해당된다.

4. 직무 불안정

자신의 직업 또는 직무에 대한 안정성을 말하며, 구직 기회, 전반적 고용 불안정성 등이 해당된다.

5. 직장 문화

충분한 개방적인 의사소통, 갈등 지원 체제, 서로 존경하는 태도 등이 적절하게 문화화 되었는지를 말하며, 서양의 형식적 합리주의 직장문화와는 다른 한국적 집단주의 문화(회식, 음주문화), 직무갈등, 합리적 의사소통체계 결여, 성적 차별 등이 해당된다.

6. 조직 체계

조직의 전략 및 운영체계의 적절성 등을 말하며, 운영되는 조직의 자원, 조직 갈등, 합리적 의사소통 결여, 승진 가능성, 직위 부적합 등이 해당된다.

7. 보상 부적절

업무에 대하여 기대하고 있는 보상의 정도가 적절한지를 말하며, 기대 부적합, 금전적 보상, 존중, 내적동기, 기대 보상, 기술개발 기회 등이 해당된다.

8. 물리적 환경

근로자가 노출되고 있는 직무 스트레스를 야기할 수 있는 환경요인 중 사회·심리적 요인이 아닌 환경 요인을 말하며, 공기오염,, 작업방식의 위험성, 신체부담 등이 해당된다.

9. 관계 갈등

직장 내에서의 상사 및 동료 간의 도움 또는 지지 부족 등의 대인관계를 측정하며, 동료의 지지, 상사의 지지, 전반적 지지 등에 해당되는 요인을 말한다.

정답 ④

46 인듐 및 그 화합물에 대한 특수건강진단 시 제2차 검사항목에 해당하는 것은? (단, 근로자는 해당 작업에 처음 배치되는 것은 아니다.) [2023년 기출]

① 호흡기계 : 폐활량 검사
② 주요 표적장기와 관련된 질병력 조사
③ 임상진찰 및 검사 : 흉부방사선(측면)
④ 생물학적 노출 지표검사 : 혈청 중 인듐
⑤ 작업력·노출력 조사

해설

① 산업안전보건법 시행규칙 [별표24. 특수건강진단 검사항목]

번호	유해인자	제1차 검사항목	제2차 검사항목
1	구리 (Copper; 7440-50-8) (분진, 흄, 미스트)	(1) 직업력 및 노출력 조사 (2) 주요 표적기관과 관련된 병력 조사 (3) 임상검사 및 진찰 ① 간담도계 : AST(SGOT), ALT (SGPT), γ -GTP ② 눈, 피부, 비강, 인두 : 점막자극증상 문진	임상검사 및 진찰 ① 간담도계 : AST(SGOT), ALT (SGPT), γ -GTP, 총단백, 알부민, 총빌리루빈, 직접빌리루빈, 알칼리포스파타아제, 알파피토단백, B형간염 표면항원, B형간염 표면항체, C형간염 항체, A형간염 항체, 초음파 검사 ② 눈, 피부, 비강, 인두 : 세극등현미경검사, KOH검사, 피부단자시험, 비강 및 인두 검사
2	납[7439-92 -1] 및 그 무기화합물 (Lead and its inorganic compounds)	(1) 직업력 및 노출력 조사 (2) 주요 표적기관과 관련된 병력 조사 (3) 임상검사 및 진찰 ① 조혈기계 : 혈색소량, 혈구용적치, 적혈구 수, 백혈구 수, 혈소판 수, 백혈구 백분율 ② 비뇨기계 : 요검사 10종, 혈압측정 ③ 신경계 및 위장관계 : 관련 증상 문진, 진찰 **(4) 생물학적 노출지표 검사 : 혈중 납**	(1) 임상검사 및 진찰 ① 조혈기계 : 혈액도말검사, 철, 총철결합능력, 혈청페리틴 ② 비뇨기계 : 단백뇨정량, 혈청 크레아티닌, 요소질소, 베타 2 마이크로글로불린 ③ 신경계 : 근전도검사, 신경전도검사, 신경행동검사, 임상심리검사, 신경학적 검사 **(2) 생물학적 노출지표 검사** **① 혈중 징크프로토포피린** **② 소변 중 델타아미노레불린산** **③ 소변 중 납**
3	니켈[7440 -02-0] 및 그 무기화합물,	(1) 직업력 및 노출력 조사 (2) 주요 표적기관과 관련된 병력 조사	(1) 임상검사 및 진찰 ① 호흡기계 : 흉부방사선(측면), 작업 중 최대날숨유량

	니켈 카르보닐 (Nickel and its inorganic compounds, Nickel carbonyl)	(3) 임상검사 및 진찰 ① 호흡기계 : 청진, 흉부방사선(후전면), 폐활량검사 ② 피부, 비강, 인두 : 관련 증상 문진	연속측정, 비특이 기도과민 검사, 흉부 전산화 단층촬영, 객담세포검사 ② 피부, 비강, 인두 : 면역글로불린 정량(IgE), 피부첩포시험, 피부단자시험, KOH 검사, 비강 및 인두 검사 **(2) 생물학적 노출지표 검사 : 소변 중 니켈**
4	망간[7439-96-5] 및 그 무기화합물 (Manganese and its inorganic compounds)	(1) 직업력 및 노출력 조사 (2) 주요 표적기관과 관련된 병력 조사 (3) 임상검사 및 진찰 ① 호흡기계 : 청진, 흉부방사선(후전면) ② 신경계 : 신경계 증상 문진, 신경증상에 유의하여 진찰	임상검사 및 진찰 ① 호흡기계 : 흉부방사선(측면), 폐활량검사 ② 신경계 : 신경행동검사, 임상심리검사, 신경학적 검사
5	사알킬납 (Tetraalkyl lead; 78-00-2 등)	(1) 직업력 및 노출력 조사 (2) 주요 표적기관과 관련된 병력 조사 (3) 임상검사 및 진찰 ① 비뇨기계 : 요검사 10종, 혈압 측정 ② 신경계 : 신경계 증상 문진, 신경증상에 유의하여 진찰 **(4) 생물학적 노출지표 검사 : 혈중 납**	임상검사 및 진찰 ① 비뇨기계 : 단백뇨정량, 혈청 크레아티닌, 요소질소, 베타 2 마이크로글로불린 ② 신경계 : 신경행동검사, 임상심리검사, 신경학적 검사 **(2) 생물학적 노출지표 검사** **① 혈중 징크프로토포피린** **② 소변 중 델타아미노레불린산** **③ 소변 중 납**
6	산화아연 (Zinc oxide ; 1314-13-2)(분진, 흄)	(1) 직업력 및 노출력 조사 (2) 주요 표적기관과 관련된 병력 조사 (3) 임상검사 및 진찰 호흡기계 : 금속열 증상 문진, 청진, 흉부방사선(후전면)	임상검사 및 진찰 호흡기계 : 흉부방사선(측면)
7	산화철 (Iron oxide ; 1309-37-1 등)(분진, 흄)	(1) 직업력 및 노출력 조사 (2) 주요 표적기관과 관련된 병력 조사 (3) 임상검사 및 진찰 호흡기계 : 청진, 흉부방사선(후전면), 폐활량검사	임상검사 및 진찰 호흡기계 : 흉부방사선(측면), 결핵도말검사
8	삼산화비소 (Arsenic	(1) 직업력 및 노출력 조사 (2) 주요 표적기관과 관련된 병력	(1) 임상검사 및 진찰 ① 조혈기계 : 혈액도말검사,

	trioxide; 1327-53-3)	조사 (3) 임상검사 및 진찰 ① 조혈기계 : 혈색소량, 혈구용적치, 적혈구 수, 백혈구 수, 혈소판 수, 백혈구 백분율, 망상적혈구 수 ② 간담도계 : AST(SGOT), ALT (SGPT), γ -GTP ③ 호흡기계 : 청진 ④ 비뇨기계 : 요검사 10종 ⑤ 눈, 피부, 비강, 인두 : 점막자극증상 문진	총철결합능력, 혈청페리틴, 유산탈수소효소, 총빌리루빈, 직접빌리루빈 ② 간담도계 : AST(SGOT), ALT (SGPT), γ -GTP, 총단백, 알부민, 총빌리루빈, 직접빌리루빈, 알칼리포스파타아제, 알파피토단백, B형간염 표면항원, B형간염 표면항체, C형간염 항체, A형간염 항체, 초음파검사 ③ 호흡기계 : 흉부방사선(후전면), 폐활량검사, 흉부 전산화 단층촬영 ④ 비뇨기계 : 단백뇨정량, 혈청 크레아티닌, 요소질소 ⑤ 눈, 피부, 비강, 인두 : 세극등현미경검사, 비강 및 인두 검사, 면역글로불린 정량(IgE), 피부첩포시험, 피부단자시험, KOH검사 (2) 생물학적 노출지표 검사 : 소변 중 또는 혈중 비소
9	수은[7439-97-6] 및 그 화합물(Mercury and its compounds)	(1) 직업력 및 노출력 조사 (2) 주요 표적기관과 관련된 병력조사 (3) 임상검사 및 진찰 ① 비뇨기계 : 요검사 10종, 혈압 측정 ② 신경계 : 신경계 증상 문진, 신경증상에 유의하여 진찰 ③ 눈, 피부, 비강, 인두 : 점막자극증상 문진 **(4) 생물학적 노출지표 검사 : 소변 중 수은**	(1) 임상검사 및 진찰 ① 비뇨기계 : 단백뇨정량, 혈청 크레아티닌, 요소질소, 베타 2 마이크로글로불린 ② 신경계 : 신경행동검사, 임상심리검사, 신경학적 검사 ③ 눈, 피부, 비강, 인두 : 세극등현미경검사, KOH검사, 피부단자시험, 비강 및 인두 검사 **(2) 생물학적 노출지표 검사 : 혈중 수은**
10	안티몬 [7440-36-0] 및 그 화합물 (Antimony and its	(1) 직업력 및 노출력 조사 (2) 주요 표적기관과 관련된 병력조사 (3) 임상검사 및 진찰 ① 심혈관계 : 흉부방사선 검사, 심전도 검사, 총콜레스테롤,	(1) 임상검사 및 진찰 ① 호흡기계 : 흉부방사선(측면), 결핵도말검사 ② 눈, 피부, 비강, 인두 : 세극등현미경검사, KOH검사, 피부단자시험, 비강 및 인두

	compounds)	HDL콜레스테롤, 트리글리세라이드 ② 호흡기계 : 청진, 흉부방사선(후전면), 폐활량검사 ③ 눈, 피부, 비강, 인두 : 점막자극증상 문진	검사 (2) 생물학적 노출지표 검사 : 소변 중 안티몬
11	알루미늄[7429-90-5] 및 그 화합물 (Aluminum and its compounds)	(1) 직업력 및 노출력 조사 (2) 주요 표적기관과 관련된 병력 조사 (3) 임상검사 및 진찰 호흡기계 : 청진, 흉부방사선(후전면), 폐활량검사	임상검사 및 진찰 호흡기계 : 흉부방사선(측면), 작업 중 최대날숨유량 연속측정, 비특이 기도과민검사
12	오산화바나듐 (Vanadium pentoxide; 1314-62-1) (분진, 흄)	(1) 직업력 및 노출력 조사 (2) 주요 표적기관과 관련된 병력 조사 (3) 임상검사 및 진찰 ① 호흡기계 : 청진, 흉부방사선(후전면) ② 눈, 피부, 비강, 인두 : 점막자극증상 문진	(1) 임상검사 및 진찰 ① 호흡기계 : 흉부방사선(측면), 폐활량검사 ② 눈, 피부, 비강, 인두 : 세극등현미경검사, 비강 및 인두 검사, 면역글로불린 정량(IgE), 피부첩포시험, 피부단자시험, KOH검사 **(2) 생물학적 노출지표 검사 : 소변 중 바나듐**
13	요오드 [7553-56-2] 및 요오드화물 (Iodine and iodides)	(1) 직업력 및 노출력 조사 (2) 주요 표적기관과 관련된 병력 조사 (3) 임상검사 및 진찰 ① 호흡기계 : 청진 ② 신경계 : 신경계 증상 문진, 신경증상에 유의하여 진찰 ③ 눈, 피부, 비강, 인두 : 점막자극증상 문진	임상검사 및 진찰 ① 호흡기계 : 흉부방사선(후전면), 폐활량검사 ② 신경계 : 신경행동검사, 임상심리검사, 신경학적 검사 ③ 눈, 피부, 비강, 인두 : 세극등현미경검사, KOH검사, 피부단자시험, 비강 및 인두 검사
14	**인듐[7440-74-6] 및 그 화합물 (Indium and its compounds)**	**(1) 직업력 및 노출력 조사** **(2) 주요 표적기관과 관련된 병력 조사** **(3) 임상검사 및 진찰** **호흡기계 : 청진, 흉부방사선(후전면, 측면),** **(4) 생물학적 노출 지표검사 : 혈청 중 인듐**	**임상검사 및 진찰** **호흡기계; 폐활량검사, 흉부 고해성도 전산화 단층촬영**
15	주석 및 그 / 주석과	(1) 직업력 및 노출력 조사 (2) 주요 표적기관과 관련된 병력	임상검사 및 진찰 ① 호흡기계 : 흉부방사선(측면),

	화합물 [7440-31-5] 및 그 화합물 (Tin and its compounds)	그 무기화합물	조사 (3) 임상검사 및 진찰 ① 호흡기계 : 청진, 흉부방사선(후전면), 폐활량검사 ② 눈, 피부, 비강, 인두 : 점막자극증상 문진	결핵도말검사 ② 눈, 피부, 비강, 인두 : 세극등현미경검사, KOH검사, 피부단자시험, 비강 및 인두 검사
		유기주석	(1) 직업력 및 노출력 조사 (2) 주요 표적기관과 관련된 병력조사 (3) 임상검사 및 진찰 ① 신경계 : 신경계 증상 문진, 신경증상에 유의하여 진찰 ② 눈 : 관련 증상 문진	임상검사 및 진찰 ① 신경계 : 신경행동검사, 임상심리검사, 신경학적 검사 ② 눈 : 세극등현미경검사, 정밀안저검사, 정밀안압측정, 안과 진찰
16	지르코늄 [7440-67-7] 및 그 화합물 (Zirconium and its compounds)		(1) 직업력 및 노출력 조사 (2) 주요 표적기관과 관련된 병력조사 (3) 임상검사 및 진찰 ① 호흡기계 : 청진, 흉부방사선(후전면) ② 피부, 비강, 인두 : 관련 증상 문진	임상검사 및 진찰 ① 호흡기계 : 흉부방사선(측면), 폐활량검사 ② 피부, 비강, 인두 : KOH검사, 피부단자시험, 비강 및 인두 검사
17	카드뮴 [7440-43-9] 및 그 화합물 (Cadmium and its compounds)		(1) 직업력 및 노출력 조사 (2) 주요 표적기관과 관련된 병력조사 (3) 임상검사 및 진찰 ① 비뇨기계 : 요검사 10종, 혈압 측정, 전립선 증상 문진 ② 호흡기계 : 청진, 흉부방사선(후전면), 폐활량검사 **(4) 생물학적 노출지표 검사 : 혈중 카드뮴**	(1) 임상검사 및 진찰 ① 비뇨기계 : 단백뇨정량, 혈청 크레아티닌, 요소질소, 전립선특이항원(남), 베타 2 마이크로글로불린 ② 호흡기계 : 흉부방사선(측면), 흉부 전산화 단층촬영, 객담세포검사 **(2) 생물학적 노출지표 검사 : 소변 중 카드뮴**
18	코발트 (Cobalt; 7440-48-4) (분진 및 흄만 해당한다)		(1) 직업력 및 노출력 조사 (2) 주요 표적기관과 관련된 병력조사 (3) 임상검사 및 진찰 ① 호흡기계 : 청진, 흉부방사선(후전면), 폐활량검사 ② 피부, 비강, 인두 : 관련 증상 문진	임상검사 및 진찰 ① 호흡기계 : 흉부방사선(측면), 작업 중 최대날숨유량 연속측정, 비특이 기도과민검사, 결핵도말검사 ② 피부·비강·인두 : 면역글로불린정량(IgE), 피부첩포시험, 피부단자시험, KOH검사, 비강 및 인두 검사

19	크롬 [7440-47-3] 및 그 화합물 (Chromium and its compounds)	(1) 직업력 및 노출력 조사 (2) 주요 표적기관과 관련된 병력 조사 (3) 임상검사 및 진찰 ① 호흡기계 : 청진, 흉부방사선(후전면), 폐활량검사 ② 눈, 피부, 비강, 인두 : 관련 증상 문진	(1) 임상검사 및 진찰 ① 호흡기계(천식, 폐암) : 흉부방사선(측면), 작업 중 최대날숨유량연속측정, 비특이기도과민검사, 흉부 전산화 단층촬영, 객담세포검사 ② 눈, 피부, 비강, 인두 : 세극등현미경검사, 면역글로불린 정량(IgE), 피부첩포시험, 피부단자시험, KOH검사, 비강 및 인두 검사 **(2) 생물학적 노출지표 검사 : 소변 중 또는 혈중 크롬**
20	텅스텐[7440-33-7] 및 그 화합물 (Tungsten and its compounds)	(1) 직업력 및 노출력 조사 (2) 주요 표적기관과 관련된 병력 조사 (3) 임상검사 및 진찰 호흡기계 : 청진, 흉부방사선(후전면), 폐활량검사	임상검사 및 진찰 호흡기계 : 흉부방사선(측면), 결핵도말검사

정답 ①

47 산업재해 중 업무상 부상에 해당하지 않는 것은? [2023년 기출]

① 출장 중 발생한 교통사고
② 사업장 시설에 의해 발생한 손 베임
③ 회사 행사 중 발생한 발목 골절
④ 분진 노출에 의해 발생한 비염
⑤ 출퇴근 중 넘어져 발생한 손목 염좌

해설

④ 산업재해보상보험법 시행령 [별표3. 업무상 질병에 대한 구체적인 인정기준]

1) 목재 분진, 짐승털의 먼지, 항생물질 등에 노출되어 발생한 **알레르기성 비염**.
2) 톨루엔·크실렌·스티렌·시클로헥산·노말헥산·트리클로로에틸렌 등 유기용제에 노출되어 발생한 비염. 다만, 그 물질에 노출되는 업무에 종사하지 않게 된 후 3개월이 지나지 않은 경우만 해당한다.

정답 ④

48 역학에 관한 설명으로 옳은 것을 모두 고른 것은? [2023년 기출]

ㄱ. 지역사회의 건강인과 환자를 포함한 인구집단이 대상이다.
ㄴ. 질병과 요인간의 연관성을 이론적 근거로 한다.
ㄷ. 진단결과는 정상 혹은 이상 여부로 한다.
ㄹ. 개인의 건강수준 향상을 목적으로 한다.

① ㄱ, ㄴ
② ㄱ, ㄷ
③ ㄴ, ㄷ
④ ㄱ, ㄷ, ㄹ
⑤ ㄴ, ㄷ, ㄹ

해설

○ 역학(epidemiology)의 목적

인간사회 집단을 대상으로 그 속에서 질병의 발생, 분포 및 경향과 양상을 명백히 하고 그 원인을 탐구하는 학문으로 질병발생 원인을 제거함으로써 질병을 예방하려는 데 목적이 있다.

1) 미생물학, 생화학 등 다른 분야에서 발전된 정보와 인구집단에서의 질병발생양상에 관한 자료들을 종합하여 질병의 발생원인에 대한 가설을 수립
2) 이러한 가설들을 과학적인 방법으로 검증하여
3) 역학적으로 가설을 검증한 후 역학에서 검증된 가설이 다른 의학분야에서 수립된 가설이나 지식들과 일치하는지의 여부를 알아보는 것이다.
예) 대기 중의 미세먼지 농도 또는 오존농도가 높아지면 인구집단의 건강수준에 급성 또는 만성적인 부작용을 초래하는가?

정답 ①

49 근로자건강진단 실무지침에서 "n-부탄올(1-부틸알코올)" 노출근로자에 대한 업무수행 적합 여부 평가 시 고려해야 할 건상상태에 해당되지 않는 것은? [2023년 기출]

① 중추 및 말초신경장해가 중한 자
② 피부질환이 중한 자
③ 심한 회화음역의 청력저하로 청력보호가 필요한 자
④ 알코올 중독
⑤ 위장질환자

해설

⑤ 근로자건강진단 실무지침 제2권 중에서 출제

"n-부탄올(1-부틸알코올)" 노출근로자에 대한 업무수행 적합 여부 평가 시 고려해야 할 건강상태
① 중추 및 말초신경장해가 중한 자
② 피부질환이 중한 자
③ 심한 회화음역의 청력저하로 청력보호가 필요한 자
④ 알코올 중독
* 위장질환자는 납, 수은, 카드뮴(소화기 장해), 황산이 대표적이다.

정답 ⑤

50 여성화를 제조하는 A사업장에서 작업환경을 측정하였더니 노말-헥산 10ppm, 크실렌 15ppm, 톨루엔 20ppm, 메틸에틸케톤 40ppm이 검출되었다. 이 물질들이 상가작용을 한다고 할 때, 노출지수로 옳은 것은? [2023년 기출]

① 0.90

② 0.95

③ 1.00

④ 1.05

⑤ 1.15

해설

② 화학물질 및 물리적 인자의 노출기준(731종) 참조.

○ 화학물질 및 물리적 인자의 노출기준

제6조(혼합물) ① 화학물질이 2종 이상 혼재하는 경우에 혼재하는 물질간에 유해성이 인체의 서로 다른 부위에 작용한다는 증거가 없는 한 유해작용은 가중되므로 노출기준은 다음식에 따라 산출하되, 산출되는 수치가 1을 초과하지 아니하는 것으로 한다

$$\frac{C1}{T1}+\frac{C2}{T2}\cdots\frac{Cn}{Tn}$$

주) C : 화학물질 각각의 측정치

T : 화학물질 각각의 노출기준

② 제1항의 경우와는 달리 혼재하는 물질간에 유해성이 인체의 서로 다른 부위에 유해작용을 하는 경우에 유해성이 각각 작용하므로 혼재하는 물질 중 어느 한 가지라도 노출기준을 넘는 경우 노출기준을 초과하는 것으로 한다.

■ **산업안전보건법 시행규칙 [별표 19]**

유해인자별 노출 농도의 허용기준

유해인자		허용기준			
		시간가중평균값 (TWA)		단시간 노출값 (STEL)	
		ppm	mg/m^3	ppm	mg/m^3
1. 6가크롬 화합물	불용성		0.01		

수용성		0.05		
2. 납 및 그 무기화합물		0.05		
3. 니켈 화합물(불용성 무기화합물로 한정한다)		0.2		
4. 니켈카르보닐	0.001			
5. 디메틸포름아미드	10			
6. 디클로로메탄	50			
7. 1,2-디클로로프로판	10		110	
8. 망간 및 그 무기화합물		1		
9. 메탄올	200		250	
10. 메틸렌 비스(페닐 이소시아네이트)	0.005			
11. 베릴륨 및 그 화합물		0.002		0.01
12. 벤젠	0.5		2.5	
13. 1,3-부타디엔	2		10	
14. 2-브로모프로판	1			
15. 브롬화 메틸	1			
16. 산화에틸렌	1			
17. 석면(제조·사용하는 경우만 해당한다)(Asbestos)		0.1개/㎤		
18. 수은 및 그 무기화합물		0.025		
19. 스티렌	20		40	
20. 시클로헥사논	25		50	
21. 아닐린	2			
22. 아크릴로니트릴	2			
23. 암모니아	25		35	
24. 염소	0.5		1	
25. 염화비닐	1			
26. 이황화탄소	1			
27. 일산화탄소	30		200	
28. 카드뮴 및 그 화합물		0.01 (호흡성 분진인 경우 0.002)		
29. 코발트 및 그 무기화합물		0.02		

30. 콜타르피치 휘발물		0.2		
31. 톨루엔	50		150	
32. 톨루엔-2,4-디이소시아네이트	0.005		0.02	
33. 톨루엔-2,6-디이소시아네이트	0.005		0.02	
34. 트리클로로메탄	10			
35. 트리클로로에틸렌	10		25	
36. 포름알데히드	0.3			
37. n-헥산	50			
38. 황산		0.2		0.6

비고

1. "시간가중평균값(TWA, Time-Weighted Average)"이란 1일 8시간 작업을 기준으로 한 평균 노출농도로서 산출공식은 다음과 같다.

$$TWA\text{환산값} = \frac{C_1 \cdot T_1 + C_1 \cdot T_1 + \cdots\cdots + C_n \cdot T_n}{8}$$

주) C : 유해인자의 측정농도(단위 : ppm, mg/㎥ 또는 개/㎤)
T : 유해인자의 발생시간(단위 : 시간)

2. "단시간 노출값(STEL, Short-Term Exposure Limit)"이란 15분 간의 시간가중평균값으로서 노출 농도가 시간가중평균값을 초과하고 단시간 노출값 이하인 경우에는 ① 1회 노출 지속시간이 15분 미만이어야 하고, ② 이러한 상태가 1일 4회 이하로 발생해야 하며, ③ 각 회의 간격은 60분 이상이어야 한다.
3. "등"이란 해당 화학물질에 이성질체 등 동일 속성을 가지는 2개 이상의 화합물이 존재할 수 있는 경우를 말한다.

유해물질	검출량	노출기준
크실렌	15ppm	100ppm
메틸 에틸 케톤 메틸 알코올	40ppm	200ppm
톨루엔	20ppm	50ppm
노말-헥산	10ppm	50ppm

정답 ②

51 인사평가의 방법을 상대평가법과 절대평가법으로 구분할 때 상대평가법에 속하는 기법을 모두 고른 것은? [2023년 기출]

ㄱ. 서열법	ㄴ. 쌍대비교법	ㄷ. 평정척도법
ㄹ. 강제할당법	ㅁ. 행위기준척도법	

① ㄱ, ㄴ, ㄷ
② ㄱ, ㄴ, ㄹ
③ ㄱ, ㄷ, ㄹ
④ ㄴ, ㄷ, ㅁ
⑤ ㄴ, ㄹ, ㅁ

해설

② '척도'는 절대평가법에서 사용하는 용어이다.

정답 ②

52 기능별 부문화와 제품별 부문화를 결합한 조직구조는? [2023년 기출]

① 가상조직
② 하이퍼텍스트조직
③ 애드호크라시
④ 매트릭스조직
⑤ 네트워크조직

해설

④ 매트릭스(matrix)구조는 기능(functional) 중심의 수직적 계층구조에 수평적 조직구조를 결합한 조직으로 조직구성원들을 부서 간에 공유함으로써 자원 활용의 효율성을 높일 수 있는 장점이 있지만 명령통일의 원리에 따른 책임과 권한의 한계가 명확하지 않은 단점을 가지고 있다. 즉, 매트릭스 구조는 이중적인 권한체계를 통하여 불안정한 환경에 대응하려는 조직구조를 말한다.
매트릭스 구조는 기능구조와 사업구조를 화학적으로 결합한 이중적 조직으로 기능구조의 전문성과 사업

구조의 신속한 대응성을 결합한 조직으로 수평적 조정곤란이라는 기능구조의 단점과 비용 중복이라는 사업구조의 단점을 동시에 해소할 수 있는 조직이다. 여기서 제품별 조직=부문별 조직=사업부제는 같은 개념으로 우리가 흔히 알고 있는 대기업 조직을 생각하면 된다. 한편 기능별 구조(functional structure)는 생산, 마케팅, 재무, 인사 등 조직 구성원이 수행하는 유사한 기능이나 활동을 바탕으로 부문화하여 만들어지는 조직형태를 말한다.

정답 ④

53 아담스(J. Adams)의 공정성이론에서 투입과 산출의 내용 중 투입이 아닌 것은? [2023년 기출]

① 시간
② 노력
③ 임금
④ 경험
⑤ 창의성

해설

③ 아담스(J. Adams)의 공정성 이론은 '리언 페스팅거(Leon Festinger)의 인지부조화 이론'에서 출발한 것으로 이 이론은 개인의 신념, 태도, 생각과 행동이 일치하지 않아 발생하는 심리적 불편함을 해소하기 위한 태도나 행도의 변화를 설명한다. 보통 이러한 인지부조화를 해결하기 위해 자기합리화 과정을 거친다. 아담스의 공정성 이론에서는 개인이 능력이 비슷한 동료 등의 비교대상인 준거인물과 비교하여 자신의 노력(투입)과 보상(산출) 간에 불일치를 지각하면 이를 제거하려는 방향으로 동기와 행동이 부여된다고 본다.

투입(input)=노력	산출(output)=보상
시간, 성(gender), 노력, 직무경험, 지위, 경험, 나이, 자격 등	임금, 승진, 만족감, 상사의 인정과 지원, 복리후생 등

정답 ③

54 집단의사결정기법에 관한 설명으로 옳지 않은 것은? [2023년 기출]

① 델파이기법(Delphi technique)은 의사결정 시간이 짧아 긴박한 문제의 해결에 적합하다.
② 브레인스토밍(Brainstorming)은 다른 참여자의 아이디어에 대해 비판할 수 없다.
③ 프리모텀(premortem) 기법은 어떤 프로젝트가 실패했다고 미리 가정하고 그 실패의 원인을 찾는 방법이다.
④ 지명반론자법은 악마의 옹호자(devil's advocate) 기법이라고도 하며, 집단사고의 위험을 줄이는 방법이다.
⑤ 명목집단법은 참여자들 간에 토론을 하지 못한다.

해설

○ 델파이기법(Delphi technique)은 어떤 문제를 예측, 진단, 결정함에 있어 의견의 일치를 볼 때까지 전문가 집단으로부터의 반응을 체계적으로 도출하여 분석·종합하는 방법이다. 전문가들의 익명성 보장을 통한 자유로운 의견 개진과 이러한 의견에 대한 반복적인 피드백을 통해 합의점을 찾는 방법으로 '전문가 합의법'이라고도 불린다. 델파이 기법은 시간이 많이 소요되고 응답자에 대한 통제가 힘들기 때문에 신속한 의사결정을 필요로 하는 경우에는 사용할 수 없는 단점이 있지만 범위가 넓거나 장기적인 문제를 해결하는 데는 유용한 기법이다.

○ 브레인스토밍(Brainstorming)은 오스본(A. F. Osborn)이 고안한 것으로 두뇌폭풍(brain+storm)이라고도 한다. 직역은 뇌를 휩쓸어서 아이디어를 창출해 낸다는 뜻이다. 브레인스토밍을 진행할 때 지켜야 하는 4가지 규칙은 아이디어 비판 금지, 자유분방, 대량발언, 수정발언 허용(아이디어 결합 및 개선)이 있다.

○ 프리모텀(premortem) 기법은 심리학자 게리 클라인(Gary Klein)이 제안한 기법으로 '죽기 전에 미리(pre) 죽을(mortem) 이유를 찾는다.'는 뜻으로 미리 의사결정이 실패한 상황(mortem)을 가정하여 실패원인을 제거해 성공가능성을 높이려는 방법이다. 특히 규모가 크고 위험성(risk)이 높은 대규모 신프로젝트에서 주로 활용된다. 프리모텀(premortem) 기법은 비판이 아니라 지나친 낙관주의를 경계하고, 기존 아이디어를 확장하고 개선하는 것에 있다.

○ 명목집단법(Nominal Group Technique : NGT)은 팀의 구성원들이 모여서 문제나 이슈를 식별하고 순위를 정하는 가중서열화법으로 각 조별 구성원들은 서로 말을 하지 않고 자신의 생각이나 아이디어를 포스트-잇(서면)에 적어 한 사람씩 서로 돌아가면서 자신의 아이디어를 발표하고 조장은 구성원 모두가 한 눈에 볼 수 있도록 제시되는 아이디어를 차트에 붙이되 각 아이디어에 대한 상호 토의는 하지 않는다. 이후 투표를 통해 결정한다. 서로 간 토의를 하지 못하게 하는 것은 다른 사람과 이야기 하지 않고 주제에 대한 자신의 생각을 정리할 수 있도록 일정한 시간을 부여하는 것으로 이 방법은 시간을 절약할 수 있으며 참가자들의 다양한 생각을 아무런 압력이나 전제 없이 끄집어 낼 수 있는 장점이 있다.

정답 ①

55 부당노동행위 중 근로자가 어느 노동조합에 가입하지 아니할 것 또는 탈퇴할 것을 고용조건으로 하거나 특정한 노동조합의 조합원이 될 것을 고용조건으로 하는 행위는? [2023년 기출]

① 불이익대우
② 단체교섭거부
③ 지배·개입 및 경비원조
④ 정당한 단체행동참가에 대한 해고 및 불이익대우
⑤ 황견계약

해설

○ 숍(shop)제도

기업의 고용노동자가 그 회사의 노동조합에 대한 가입여부를 자유의사에 따라 결정하는 제도를 말한다.

1. 기본 숍(shop)
   1) 오픈 숍
   2) 클로즈드 숍
   3) 유니온 숍

2. 변형 숍(shop)
   1) 메인터넨스 숍(maintenance shop)
   2) 프레퍼렌셜 숍(preferential shop)
   3) 에이전시 숍(agency shop)

3. 노동조합의 통제력이 강한 순서
   클로즈드 숍〉유니온 숍〉메인터넌스 숍〉프레퍼렌셜 숍〉에이전시 숍〉오픈 숍

4. 체크-오프 시스템
   조합비 일괄공제 제도로 체크오프(check-off) 시스템이라고도 한다.
   조합원의 임금으로부터 조합비를 사용자가 사전에 원천공제하고 이를 노동조합에 일괄하여 직접 납입하는 조합비 납입방법으로 '조합비 사전공제제도'이다. 우리나라 대부분의 기업에서 이 제도를 시행하고 있다.

* 황견계약(yellow dog contract)은 근로자가 어느 노동조합에 가입하지 아니할 것 또는 탈퇴할 것을 고용조건으로 하거나 특정한 노동조합의 조합원이 될 것으로 고용조건으로 하는 행위이다. 황견계약은 강행규정인 노동조합 및 노동관계조정법에 위배되므로 사법상 당연 무효이다.

정답 ⑤

56 식스 시그마(Six Sigma) 분석도구 중 품질 결함의 원인이 되는 잠재적인 요인들을 체계적으로 표현해주며, Fishbone Diagram으로도 불리는 것은? [2023년 기출]

① 린 차트
② 파레토 차트
③ 가치흐름도
④ 원인결과 분석도
⑤ 프로세스 관리도

해설

④ 일본의 카오루 이시카와가 제안한 것으로 결과에 영향을 미치는 여러 원인들을 그림으로 표현하는 도표로 일명 '어골도(Fishbone Diagram)' 또는 '이시키와 다이어그램'으로 회사의 품질관리와 아이디어 생성을 위한 브레인스토밍에 사용한다.

정답 ④

57 수요를 예측하는데 있어 과거 자료보다는 최근 자료가 더 중요한 역할을 한다는 논리에 근거한 지수평활법을 사용하여 수요를 예측하고자 한다. 다음 자료의 수요 예측값(F_t)은? [2023년 기출]

- 직전 기간의 지수평활 예측값(F_{t-1})=1,000
- 평활상수(α)=0.05
- 직전 기간의 실제값(A_{t-1})=1,200

① 1,005
② 1,010
③ 1,015
④ 1,020
⑤ 1,200

해설

○ **지수평활법 수요예측**

평활지수(α)의 가중치는 현시점에 가까울수록 크다. 즉, 수요가 안정된 표준품은 α 값이 작다.

차기 예측치 = 전기 예측치+α (전기 실제치−전기 예측치)
= 1,000+0.05(1,200−1,000)
= 1,000+10

정답 ②

58 재고량에 관한 의사결정을 할 때 고려해야 하는 재고유지 비용을 모두 고른 것은? [2023년 기출]

ㄱ. 보관설비 비용	ㄴ. 생산준비 비용	ㄷ. 진부화 비용
ㄹ. 품절비용	ㅁ. 보험비용	

① ㄱ, ㄴ, ㄷ

② ㄱ, ㄴ, ㄹ

③ ㄱ, ㄷ, ㅁ

④ ㄱ, ㄹ, ㅁ

⑤ ㄴ, ㄷ, ㄹ

해설

○ 재고 비용의 종류

주문비용, 재고유지비용, 재고부족비용이 있다.

너무 많이 주문하면 재고유지비용이 발생할 것이다. 반면에 너무 적게 주문하면 추가적인 주문비용과 재고부족비용이 발생한다.

1) 주문비용(ordering cost)

업체로부터 구입 시 소요되는 제반 비용을 말한다.

주문서 발송, 물품의 수송, 검사, 입고, 관계자의 급여 등이 있다.

만일, 자체 생산의 경우에는 주문비용은 생산 준비비용(set-up cost)이 발생한다.

2) 재고유지비용(inventory holding cost)

재고 유지 및 보관에 소요되는 총비용과 재고수준에 따라 변동하는 비용이다.

저장비, 보험료, 세금, 감가상각비, 진부화(노후화)로 인한 손실, 재고로 묶인 자금의 기회비용이 있다.

3) 재고부족비용(stock out cost)

재고가 없어 고객의 수요를 충족시키지 못하여 발생하는 비용을 말한다.

판매기회의 상실·고객의 상실로 인한 기회비용, 조업의 중단, 신용의 상실 등을 주관적으로 평가하는 비용이 있다.

고객이 주문을 철회하는 경우에는 판매 손실이 발생하는 것이고, 만일 고객이 주문을 철회하지 않을 않고 다음 재고가 도착할 때 공급하기로 했다면 납기지연에 따른 위약금, 발주긴급비용 등이 발생한다.

정답 ③

59 서비스 수율관리(yield management)가 효과적으로 나타나는 경우가 아닌 것은? [2023년 기출]

① 변동비가 높고 고정비가 낮은 경우
② 재고가 저장성이 없어 시간이 지나면 소멸하는 경우
③ 예약으로 사전에 판매가 가능한 경우
④ 수요의 변동이 시기에 따라 큰 경우
⑤ 고객특성에 따라 수요를 세분화할 수 있는 경우

해설

○ 수율관리(yield management, 수익경영관리)가 효과적인 경우

수율관리란 가용능력이 제한된 서비스에서 수요와 공급관리를 통해 수익을 극대화하는 것을 말한다. 서비스의 수율관리는 호텔객실을 예를 들면 쉽다.

○ $\text{수율(yield)} = \frac{\text{실제수익}}{\text{잠재수익}} = \frac{\text{실제사용량} \times \text{실제가격평균}}{\text{전체가능용량} \times \text{최대가격}}$

1) 고정비는 높고, 변동비는 낮은 경우
→ 호텔의 경우 고정비는 객실을 짓는 비용으로 높지만, 변동비는 거의 없음. 따라서 객실이 판매되지 않을 경우 비용이 증가하는 것이고 그만큼 수익은 감소하는 것이다.
2) 재고(잉여공급능력)가 시간이 지나면 사용 불가한 경우(소멸하는 재고)
→ 호텔 객실은 재고가 없는 상품이다. 객실의 공급은 비탄력적이기 때문
3) 예약으로 사전판매가 가능한 경우
→ 할인 요금을 적용하여 객실 판매량을 늘림.
4) 수요가 매우 변동성이 높은 경우
→ 성수기에는 객실 요금이 비싸고, 비수기에는 요금 할인을 함.
5) 세분시장화(시장세분화)의 가능성
→ 호텔은 단체고객, 개별고객, 상용여행자, 단순여행자에 따라 가격을 차별.
6) 수율관리시스템을 운영하는 경우
7) 가격정책 구조가 고객이 느껴야 하고 가격차 등이 정당화되는 경우

정답 ①

60 오건(D. Organ)이 범주화한 조직시민행동의 유형에서 불평, 불만, 험담 등을 하지 않고, 있지도 않은 문제를 과장해서 이야기하지 않는 행동에 해당하는 것은? [2023년 기출]

① 시민덕목(civil virtue)

② 이타주의(altruism)

③ 성실성(conscientiousness)

④ 스포츠맨십(sportsmanship)

⑤ 예의(courtesy)

해설

○ 조직시민행동

오건(D. Organ. 1977)이 조직시민행동에 관한 논문을 발표한 이래 많은 학자들은 조직시민행동과 같거나 유사한 개념들을 여러 가지 다양한 용어들로 표현하여 왔다.

스미스(Smith), 오건과 니어(Organ & Near)에 따르면, 조직시민행동은 조직에 의해 규정된 직무 범위를 뛰어넘는 조직 구성원의 자유 재량적 행위로서 조직의 공식적 보상 시스템에 의해 보상되지 않는 직무 외의 행동이다. 즉, 조직시민행동은 조직의 공식적 보상체계에서 직접적으로 인정받지 못하는 종사원 개인의 자유재량적인 행동으로 조직의 효과성에 기여하는 행동을 말한다.

결론적으로 조직시민행동은 조직의 관심 사항에 적극적으로 반응하면서 사려 깊게 행동하는 개인적인 행동을 의미하며, 부족한 인적 자원을 보다 효율적으로 이용하여 조직 내 구성원들의 자발적인 참여를 촉진시켜 조직의 전반적인 유효성을 높이는데 기여하게 된다(Organ, 1990).

1) 조직 내의 동료들 간의 협력성, 조직적 자발성, 역할 외 행동
2) 조직 내에서 조직과 관련된 과업이나 문제 해결을 위해 다른 사람에게 도움을 주는 사려 깊은 행동을 하는 이타심(altruism)
3) 고용조건에 어긋나지 않는 범위 내에서 작업 활동에 성실하게 참여하고, 청결의 유지와 향상을 위해 노력하는 양심성(conscientiousness, 성실성)
4) 의사 결정이나 조직 몰입에 영향을 주는 당사자들의 행동과 조직 내에서 발생하는 문제들을 사전에 막으려는 예의성(courtesy)
5) 조직의 회의에 참여하여 논의하고 조직의 정치적 활동에 책임지는 시민정신(civil virtue)
6) 불평, 불만 및 고충 등을 자발적으로 견디고 규칙이나 판정에 승복하는 스포츠맨십(sportsmanship)

정답 ④

61 직업 스트레스에 관한 설명으로 옳지 않은 것은? [2023년 기출]

① 비르(T. Beehr)와 프랜즈(T. Franz)는 직업 스트레스를 의학적 접근, 임상·상담적 접근, 공학심리학적 접근, 조직심리학적 접근 등 네 가지 다른 관점에서 설명할 수 있다고 제안하였다.
② 요구–통제모델(Demands–Control–Model)은 업무량 이외에도 다양한 요구가 존재한다는 점을 인식하고, 이러한 다양한 요구가 종업원의 안녕과 동기에 미치는 영향을 연구한다.
③ 자원보존이론(Conservation of Resources Theory)은 종업원들은 시간에 걸쳐 자원을 축적하려는 동기를 가지고 있으며, 자원의 실제적 손실 또는 손실의 위협이 그들에게 스트레스를 경험하게 한다고 주장한다.
④ 셀리에(H. Selye)의 일반적 적응증후군 모델은 경고(alarm), 저항(resistance), 소진(exhaustion)의 세 가지 단계로 구성된다.
⑤ 직업 스트레스 요인 중 역할 모호성(role ambiguity)은 종업원이 자신의 직무 기능과 책임이 무엇인지 불명확하게 느끼는 정도를 말한다.

해설

유제 **직업 스트레스 모델에 관한 설명으로 옳지 않은 것은? [기출 2022년]**

① 노력–보상 불균형 모델(Effort–Reward Imbalance Model)은 직장에서 제공하는 보상이 종업원의 노력에 비례하지 않을 때 종업원이 많은 스트레스를 느낀다고 주장한다.
② 요구–통제 모델(Demands–Control–Model)에 따르면 작업장에서 스트레스가 가장 높은 상황은 종업원에 대한 업무 요구가 높고 동시에 종업원 자신이 가지는 업무통제력이 많을 때이다.
③ 직무요구–자원모델(Job Demands–Resources Model)은 업무량 이외에도 다양한 요구가 존재한다는 점을 인식하고, 이러한 다양한 요구가 종업원의 안녕과 동기에 미치는 영향을 연구한다.
④ 자원보존모델(Conservation of Resources Model)은 자원의 실제적 손실 또는 손실의 위협이 종업원에게 스트레스를 경험하게 한다고 주장한다.
⑤ 사람–환경 적합 모델(Person–Environment Fit Model)에 의하면 종업원은 개인과 환경 간의 적합도가 낮은 업무 환경을 스트레스원(stressor)으로 지각한다.

해설

정답 ②

○ 자원보존이론(Conservation of Resources Theory)

Hobfoll(1989)이 제안한 자원보존이론에 따르면 개인은 자신이 지닌 목적을 이루기 위해 가치 있는 도구적, 사회적, 심리적 자원을 얻으려 하고 기존의 자원을 유지하려는 동기를 가지고 있다고 한다. 자원이란 존재만으로 가치 있거나 이를 얻기 위한 수단으로 사용될 수 있는 물건, 고용, 업무조건, 에너지, 지식 등이 포함되며 자원 상실 경험은 자원을 제한시키기 때문에 부정적 태도와 행동을 유발한다. 이러한 상황은 심리적인 스트레스와 소진을 발생시키며 개인이 자원 손실의 위협을 받을 경우 자원을 유지하고 보호하려 한다. 즉, 종업원들은 시간에 걸쳐 자원을 축적하려는 동기를 가지고 있으며, 자원의 실제적 손실 또는 손실의 위협이 그들에게 스트레스를 경험하게 한다고 주장한다.

○ 셀리에(H. Selye)의 일반적 적응증후군 모델은 경고(alarm), 저항(resistance), 소진(exhaustion)의 세 가지 단계로 구성된다.

1) 경고반응단계

자극(스트레스)에 대해 일시적으로 위축되는 충격기(shock stage)와 후기 역충격기(counter-shock stage)로 나뉘는데 역충격기는 스트레스에 대응하기 위해 몸에서 적응 에너지(adaption energy)를 이용하여 대응하는 것을 말한다. 스트레스가 단기간에 끝날 경우에는 이러한 방어체계의 작동으로 스트레스에 대한 반응이 끝나지만, 스트레스가 지속될 경우 저항단계로 넘어간다.

2) 저항 단계

스트레스에 대해 계속적으로 대응하는 단계로 스트레스를 견디고 있는 상황이다. 이 단계에서 스트레스가 사라지면 다시 정상 수준으로 돌아간다. 하지만 스트레스 상황에 지속될 경우 소진단계로 넘어간다.

3) 소진단계

스트레스에 장기간 노출되어 적응 에너지가 소진된 단계이다. 흔히 번-아웃(burn-out)이라고 표현하는 상태로 이로 인해 생길 수 있는 위궤양, 고혈압 등 심혈관 질환, 갑상선 기능 저하, 기관지 천식 등이 생길 수 있다.

○ 직무요구-자원모델(Job Demands-Resources Model)

직무요구-자원모델은 업무량 이외에도 다양한 요구가 존재한다는 점을 인식하고, 이러한 다양한 요구가 종업원의 안녕과 동기에 미치는 영향을 연구한다.

정답 ②

62 직무만족을 측정하는 대표적인 척도인 직무기술지표(Job Descriptive Index : JDI)의 하위요인이 아닌 것은? [2023년 기출]

① 업무
② 동료
③ 관리 감독
④ 승진 기회
⑤ 작업조건

해설

○ 직무기술지표(Job Descriptive Index : JDI)와 직무만족지표(JSI)

직무만족이란 사람들이 자신들의 직무 전반과 직무의 다양한 단면들에 대해 어떻게 느끼는지를 나타내는 태도변인이다. 즉, 사람들이 직무에 대해 가지고 있는 감정이라 할 수 있다.

가장 많이 사용하는 직무만족 척도로는 직무기술지표(JDI), 미네소타 만족 설문지(MSQ), 직무만족지표(JSI) 등이 있다.

1. 직무기술지표(JDI)

스미스(Smith), Kendall & Hulin 등이 개발한 직무만족 척도로 5가지를 평가한다.

1) 관리 감독
2) 업무(일 자체에 대한 만족)
3) 급여
4) 승진 기회
5) 동료

→ **(암기법 : 무/급/승진/관/동)**

2. 직무만족지표

Brayfield & Rothe가 개발한 것으로 18문항 5점 척도로 구성되어 있다.

정답 ⑤

63 해크만(J. Hackman)과 올드햄(G. Oldham)의 직무특성 이론은 5개의 핵심직무특성이 중요 심리 상태라고 불리는 다음 단계와 직접적으로 연결된다고 주장하는데, '일의 의미감(meaningfulness) 경험'이라는 심리상태와 관련 있는 직무특성을 모두 고른 것은? [2023년 기출]

ㄱ. 기술 다양성	ㄴ. 과제 피드백	ㄷ. 과제 정체성
ㄹ. 자율성	ㅁ. 과제 중요성	

① ㄱ, ㄷ

② ㄱ, ㄷ, ㅁ

③ ㄴ, ㄹ, ㅁ

④ ㄷ, ㄹ, ㅁ

⑤ ㄴ, ㄷ, ㄹ, ㅁ

해설

○ 해크만(J. Hackman)과 올드햄(G. Oldham)의 직무특성 이론

직무 내 요소들이 어떻게 조직되느냐에 따라 노력을 증가하거나 감소할 수 있다는 것으로 직무특성이 종업원의 심리상태에 영향을 주어 동기부여, 직무만족, 작업성과, 이직률이나 결근률에 영향을 미친다고 보았다. 직무특성이론의 체계는 5가지 직무특성, 3가지 심리상태, 4가지 성과변수들로 구성되어 있으며 개인의 성장욕구수준이 직무특성과 심리상태, 심리상태와 성과를 조절해주는 변수로 작용하고 있다고 보았다.

1. 5가지 핵심 직무특성과 MPS(잠재적 동기지수 : Motivate Potential Score)

1) 기술다양성

직무 수행에 요구되는 기술의 종류로 기술의 다양성이 높은 경우에는 수행하는 직무의 폭도 넓어지게 되어 직무에 대하여 느끼는 일의 의미성(meaningfulness) 역시 높아지게 된다.

2) 직무(과업)정체성

직무가 독립적으로 완결되는 것을 확인할 수 있는 정도로 직무 전체와 연결된 것임을 아는 것을 말한다. 자신의 직무가 사소한 '부분'에 지나지 않는다든지 무슨 일을 하는 것인지도 모를 만큼 작은 부분에 머무른다면 직무수행자의 사기는 침체될 수밖에 없다.

3) 직무(과업)중요성

개인이 수행하는 직무가 다른 사람의 작업이나 행동에 영향을 미치는 정도를 뜻하는 것으로 중요성을 느끼는 정도가 높을수록 의미 있는 일을 수행하는 것으로 생각하게 된다. 예를 들어 병원 중환자실 근무 간호사가 병실 바닥을 청소하는 일보다 과업의 중요성이 높다.

4) 자율성

종업원이 직무에 있어서 자유, 독립성, 재량권을 주는 정도를 말한다. 관리감독 없이도 스스로 업무를 계획하고 처리하는 종업원은 매일매일 지시를 받은 종업원에 비해 자율성이 높다. 이러한 자율성은 '직무 수행에 대한 책임감'이라는 심리적 상태를 유발한다.

5) 피드백(환류)
작업수행 성과에 대한 정보의 유무를 뜻한다. 피드백을 통하여 '직무 수행 결과에 대한 지식'을 얻게 된다.
해크만(J. Hackman)과 올드햄(G. Oldham)은 이러한 5가지 직무특성들이 서로 어떠한 작용을 하면서 동기부여효과를 산출하는지를 '잠재적 동기지수(MPS) 공식'을 가지고 설명한다.

$$MPS=\frac{(\text{기술 다양성}+\text{직무 정체성}+\text{직무 중요성})}{3}\times \text{자율성}\times \text{피드백}$$

이 공식에서 중요한 것은 '자율성과 피드백(환류)' 두 요소를 강조하고 있다. 이 둘 중 하나가 제로(0)이면 다른 요소들이 아무리 높다고 해도 전체적인 MPS는 낮아진다. 즉, MPS가 높은 직무는 성장욕구가 강한 직원에게 맡기고, 반면 MPS가 낮은 직무는 성장욕구가 약한 직원에게 맡기는 것이 바람직하다는 것을 시사한다.

2. 직무수행자의 심리상태와 결과(성과)

5대 핵심 직무특성	직무수행자의 심리상태	결과(성과)
Skill Variety	일의 의미감 경험	1) 작업의 질 상승 2) 내재적 동기의 상승 3) 높은 만족도 4) 이직률·결근율의 저하
Task Identity		
Task Significance		
Autonomy	직무에 대한 책임감	
Feedback	직무수행결과에 대한 지식	

3. 성장욕구
직무특성-심리상태-결과(성과)변수로 이어지는 관계의 양상에 영향을 미칠 수 있는 조절변수로는 직무수행자의 성장욕구수준(growth need strength)을 들 수 있다. 즉, 개인의 성장욕구수준이 직무특성과 심리상태, 성과 간을 조절해주는 변수로 작용한다는 것이다. 높은 성장욕구를 가진 종업원들에게는 핵심직무특성의 제 요소들을 고루 갖추어진 직무가 주어졌을 때, 낮은 성장욕구를 가진 종업원들에 비해 보다 긍정적인 심리상태를 경험할 가능성이 높으며, 높은 성과도 산출하게 된다는 것이다.

정답 ②

유제 1

해크만(J. Hackman)과 올드햄(G. Oldham)이 제시한 직무특성모델에서 5가지 핵심직무차원(core job dimensions)에 포함되지 않는 것은? [2018년 기출]

① Skill Variety
② Growth Need Strength
③ Task Identity
④ Autonomy
⑤ Feedback

해설

정답 ②

유제 2

해크만과 올드햄(Hackman & Oldham)의 직무특성이론에서 업무결과에 대한 책임성 인식을 제고하는 직무설계의 측면으로 가장 적절한 것은?

① 기술 다양성
② 과업 정체성
③ 과업 중요성
④ 자율성
⑤ 환류

해설

정답 ④

유제 3 **직무특성이론에 대한 설명으로 옳지 않은 것은?**

① 직무특성이론에는 직무성과는 직무형태와 직무담당자의 상호작용에 의해 이루어진다고 보아 직무성과는 개인의 성장욕구의 강도에 비례한다고 주장한다.
② 기술의 다양성은 작업결과의 책임감과 관계가 있다.
③ 직무특성이론은 직무자체가 기능다양성, 과업정체성, 과업중요성 등의 특성을 지니도록 설계하는 데 초점을 두었다.
④ 정체성이 낮은 직무는 독립적인 업무만 수행하나, 정체성이 높은 직무는 전반적인 절차를 모두 수행하는 특성을 갖고 있다.
⑤ 동기부여효과를 산출하는지를 '잠재적 동기지수(MPS) 공식'을 가지고 설명하며 가장 중요한 두 요소는 자율성과 환류라고 주장한다.

해설

정답 ②

유제 4 **동기부여 이론 중 과정이론에 속하는 것은?**

① 매슬로우의 욕구 5단계
② 엘더퍼의 ERG이론
③ 해크만과 올드햄의 직무특성이론
④ 허쯔버그의 2요인 이론
⑤ 맥그리거의 X·Y이론

해설

③ 상대적으로 풀어야 하는 문제이다. 예전에는 직무특성이론을 동기부여 이론 중 내용이론으로 보기도 했다.

정답 ③

유제 5

해크만과 올드햄(Hackman & Oldham)의 직무특성모델에 대한 설명으로 옳지 않은 것은?

① 잠재적 동기지수(MPS : Motivation Potential Score) 공식에 의하면 제시된 직무특성들 중 자율성과 환류가 중요한 역할을 한다.

② 구성원의 외재적 동기부여를 강조한 이론이다.

③ 구성원의 성장욕구가 강할 때 효과적인 이론이다.

④ 업무수행에 있어서 갖는 자율성을 강조한다.

⑤ 업무결과에 대한 피드백(환류)은 동기부여에 긍정적 작용을 한다고 가정한다.

해설

정답 ②

64

브룸(V. Vroom)의 기대이론(expectancy theory)에서 일정 수준의 행동이나 수행이 결과적으로 어떤 성과를 가져올 것이라는 믿음을 나타내는 것은? [2023년 기출]

① 기대(expectancy)

② 방향(direction)

③ 도구성(instrumentality)

④ 강도(intensity)

⑤ 유인가(valence)

해설

○ 브룸(V. Vroom)의 기대이론(expectancy theory)

브룸(V. Vroom)은 "모티베이션(동기부여, motivation)의 정도는 행위의 결과에 대한 매력의 정도(유의성, valence)와 결과의 가능성인 기대, 성과에 대한 보상(수단성)의 함수에 의해 결정된다."고 주장한다.

즉, 동기(M)=기대감(E)×수단성(I)×유인가(V)

1. 기대감, 수단성, 유의성

기대이론을 쉽게 설명하면 다음과 같다.

첫째, 노력하면 좋은 성과를 낼 수 있을 것이다.

둘째, 좋은 성과는 조직에서의 보상(임금인상, 승진 등)을 가져올 것이다.

셋째, 보상은 종업원들의 개인목표를 충족시킬 것이다.

즉, 노력을 투입하면 성과가 있을 것이라는 주관적 기대를 기대감(expectancy)이라 하고, 성과가 바람직한 보상(결과)을 가져다 줄 것이라고 믿는 주관적인 정도를 수단성이라 한다. 그리고 유의성(valence)은 보상의 중요성에 대한 주관적인 선호의 강도를 말한다. 개인이 원하는 결과에 대한 강도로서 개인의 욕구를 반영시키며, 보상, 승진, 인정 등과 같은 긍정적 유의성(positive valence)과 과업과정에서의 압력과 罰(벌) 등의 부정적 유의성으로 구분된다.

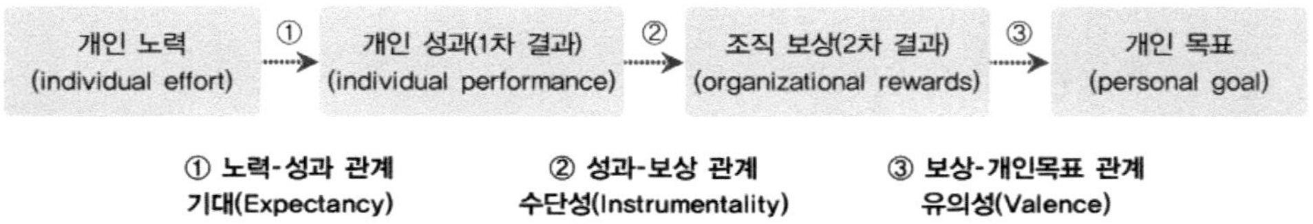

2. 기대감(expectancy)

기대감을 수치로 표현할 때 행동과 성과 간에 전혀 관계가 없는 0의 상태로부터 시작하여 행동과 성과 간의 관계가 확실한 1의 주관적 확률 사이에 존재한다.

0≤기대감(expectancy)≤1

3. 수단성(instrumentality)

수단성을 수치로 표현하면 높은 성과가 항상 승진이나 임금인상을 가져 오는 1의 관계로부터 성과와 보상 간에 전혀 관계가 없는 0의 관계 그리고 높은 성과가 도리어 승진이나 임금인상에 부정적인 영향을 미치는 −1의 관계 사이에 존재한다.

−1≤수단성(instrumentality)≤1

4. 유인가(valence)

결과에 대한 선호 정도로 양의 유인가, 음의 유인가 무관심=0으로 구분된다.

−n≤유인가(valence)≤+n

정답 ①(최종정답은 ①, ③ 복수 정답처리)

유제 1 **브룸(V. Vroom)의 기대이론(expectancy theory)에 대한 설명으로 가장 적절하지 않은 것은?**

① 동기부여이론 중 과정이론에 해당된다.
② 기대이론을 구성하는 세 가지 요인은 유의성(valence), 수단성(instrumentality), 기대감(ex pectancy)이다.
③ 수단성은 자신의 직무성과와 보상 간의 관계에 대한 인식을 의미한다.
④ 유의성은 개인의 행동이 일정 수준 이상의 성과를 가져올 것이라는 믿음이다.
⑤ 동기(M)=기대감(E)×수단성(I)×유인가(V)이 성립한다.

해설

④ 기대감에 해당하는 설명이다.

정답 ④

유제 2 **브룸(V. Vroom)의 기대이론에 대한 설명으로 옳지 않은 것은?**

① 능력은 어떤 과업을 성취할 수 있는 잠재력을 의미한다.
② 유의성은 어느 개인이 특정 결과에 대하여 가지는 선호의 강도를 말한다.
③ 동기부여는 타인에 의해 주어지는 행위들 가운데 사람들의 선택을 지배하는 과정을 말한다.
④ 기대는 특정 행위에 특정 결과가 나오리라는 가능성 또는 주관적인 확률과 관련된 믿음이다.
⑤ 내가 노력하면 높은 등급의 실적평가를 받을 수 있다는 기대치(expectancy)가 충족되어야 직무 수행동기를 유발할 수 있다.

해설

③ 동기부여는 여러 자발적인 행위들 가운데 사람들의 선택을 지배하는 과정으로 정의한다. 가장 큰 쪽(기대치가 큰 쪽)으로 이뤄진다는 것이다.

정답 ③

유제 3

브룸(V. Vroom)의 동기부여 기대이론에 따르면 동기부여를 아래 보기처럼 나타낼 수 있다. 최근 기업들은 보상프로그램을 다양하게 마련한 다음, 종업원이 원하는 보상을 선택하게 하는 경향을 보이고 있는데 이에 대한 설명으로 가장 옳은 것은?

〈보기〉

동기부여 = 기대감(E) × 유의성(V) × 수단성(I)

① 기대감을 높이려는 방안이다.
② 유의성을 높이려는 방안이다.
③ 수단성을 높이려는 방안이다.
④ 기대감, 수단성 모두를 높이려는 방안이다.
⑤ 기대감, 수단성, 유의성 모두를 높이려는 방안이다.

해설

② 유의성은 보상에 대한 주관적인 선호도를 의미한다.

정답 ②

유제 4

동기이론을 동기를 유발하는 내용에 중점을 두는 내용이론과 동기를 일으키는 과정에 중점을 두는 과정이론을 나눌 때, <보기>에서 내용이론과 관련된 이론을 모두 바르게 묶은 것은?

〈보기〉

ㄱ. Vroom의 기대이론
ㄴ. Maslow의 욕구계층이론
ㄷ Porter & Lawler의 업적만족이론
ㄹ. Adams의 형평성이론
ㅁ. Argyris의 성숙-미성숙 이론
ㅂ. Skinner의 강화이론
ㅅ. Ouchi의 Z이론

① ㄱ, ㄴ, ㅁ, ㅂ
② ㄱ, ㄴ, ㄹ
③ ㄴ, ㅁ, ㅅ
④ ㄴ, ㄷ, ㅁ
⑤ ㄴ, ㅂ, ㅅ

해설

○ **동기부여의 내용이론과 과정이론**

1. 내용이론(욕구이론)

무엇이 동기를 유발시키는지를 연구한 이론으로 인간이 어떤 욕구를 지녔으며 욕구를 자극하는 유인이 무엇인지에 초점을 둔다.

1) 매슬로우의 욕구계층이론

2) 엘더퍼의 ERG이론

3) 맥클랜드의 성취동기이론(친교, 권력, 성취)

4) 맥그리거의 XY이론

5) 허츠버그의 2요인 이론

6) 아지리스의 성숙·미성숙이론

7) 오우치의 Z이론(룬드스테트의 Z이론)

2. 과정이론

1) 학습이론('스키너'의 강화이론)

2) 목표설정이론(로크)

3) 기대이론(브룸)

4) 공정성이론(아담스)

5) 직무특성이론(올드햄과 해크만)

6) 포터와 롤러의 동기유발모형(EPRS모형, 업적만족이론)

3. 오우치(William G. Ouchi)의 Z이론

미국 UCLA대학 교수인 윌리엄 오우치는 일본계 미국인 3세로 하와이에서 태어났으며 1981년 Z이론을 제시한다.

제2차 세계대전 이후 미국으로부터 기술 원조를 받아 눈부신 경제성장을 한 일본기업이 미국을 앞지르는 분야가 늘어나는 원인을 조사하면서 주장한 것이 일본의 'Z타입 경영방식'이다. Z타입 경영방식은 Z이론에 입각한 것으로 미국 기업과 일본 기업의 모델 비교에서 출발한다.

1) 미국기업은 단기고용제를 채택한 반면, 일본기업은 종신고용제를 채택하였다.

2) 미국은 기업이 직원의 능력평가와 승진을 급속히 행하는 데 반해, 일본의 기업에서는 완만하게 진행된다. 이러한 현상이 패기만만한 젊은 직원에게는 고통스럽게 느껴질 때가 있으나 협력과 기업성과, 능력평가에 대해서는 극히 개방적인 태도와 분위기를 조성해 주고 있다.

3) 미국기업이 업무능력의 전문성 및 특수성의 경력계획을 중시하는 반면, 일본기업은 포괄적인 업무숙달 및 비전문성의 경력계획을 중시한다. 따라서 일본기업의 직원들은 조직 내의 잡다한 모든 일을 경험하게 되고 그럼으로써 부서 간의 업무조정이 필요할 때에는 서로를 잘 알기 때문에 상호 협력이 원활하게 이루어진다.

참고 **룬드스테트(Lundstedt)의 Z이론(방임형 조직형태)**

맥그리거의 X·Y이론이 권위형(X이론)과 민주형(Y이론)으로만 구분하여 단순화시켰다고 비판하면서 자유방임형의 Z이론을 추가시켰다.
무정부상태와 같은 자유방임적인 조직양태를 Z이론으로 보았다. 조직 내의 비조직화된 상태 또는 방임상태가 바람직하지 않은 경우도 있지만 업무의 종류에 따라서 느슨한 조직상태에서 더 좋은 결과를 초래할 수 있다는 주장이다.

4. Porter & Lawler의 업적만족이론
브룸(V. Vroom)의 기대이론을 수정·보완·확장하여 업적-만족이론(Performance-Satisfaction Theory)을 제시하였다. 이러한 의미에서 '기대이론의 수정모형 또는 기대이론 확장모형'으로 불리기도 한다.
1) 노력(effort)
2) 성과(performance)
3) 보상(reward)
4) 만족(satisfaction)

정답 ③

65 라스무센(J. Rausmussen)의 수행수준 이론에 관한 설명으로 옳은 것은? [2023년 기출]

① 실수(slip)의 기본적인 분류는 3가지 주제에 대한 것으로 의도형성에 따른 오류, 잘못된 활성화에 의한 오류, 잘못된 촉발에 의한 오류이다.
② 인간의 행동을 숙련(skill)에 바탕을 둔 행동, 규칙(rule)에 바탕을 둔 행동, 지식(knowledge)에 바탕을 둔 행동으로 분류한다.
③ 오류의 종류로 인간공학적 설계오류, 제작오류, 검사오류, 설치 및 보수오류, 조작오류, 취급오류를 제시한다.
④ 오류를 분류하는 방법으로 오류를 일으키는 원인에 의한 분류, 오류의 발생 결과에 의한 오류, 오류가 발생하는 시스템 개발단계에 의한 분류가 있다.
⑤ 사람들의 오류를 분석하고 심리수준에서 구체적으로 설명할 수 있는 모델이며 욕구체계, 기억체계, 의도체계, 행위체계가 존재한다.

해설

오류(error)의 기본적인 분류는 3가지 주제에 대한 것으로 의도형성에 따른 오류, 잘못된 활성화에 의한 오류, 잘못된 촉발에 의한 오류이다. 각각은 오류 형성과정에서 차이를 가진다.

불안전한 행동(J. Reason의 '원인'에 의한 에러분류)			
비의도적 행동		의도적 행동	
숙련(skill) 기반에러		착오(mistake)	고의(violation)
실수(slip)	건망증(lapse)	1) 규칙기반착오 2) 지식기반착오	사보타주(sabotage)

* 실수(slip) : 실행하려는 판단(계획)은 바르지만 다른 행위를 실행하는 것으로 계획된 목적 수행에 필요한 행동의 실행에 오류가 발생하는 것을 말한다.
* 건망증(lapse) : 기억의 잘못
* 착오(mistake) : 판단 자체의 잘못으로, 부적절한 계획 결과로 인해 원래의 목적 수행에 실패하는 것을 말한다.
* 스웨인과 구트만(Swain & Gutmann)의 '**행위적 또는 심리적 분류**'에는 작위오류, 생략(누락) 오류, 시간오류, 순서오류, 불필요한 행동 오류가 있다.
* 사보타주(sabotage) : 프랑스어로 노동자가 고의적으로 작업능률을 저하시키는 행위를 말한다.

정답 ②

유제 1

리즌(J. Reason)의 불안전한 행동에 관한 설명으로 옳지 않은 것은? [2022년 기출]

① 위반(violation)은 고의성 있는 위험한 행동이다.
② 실책(mistake)은 부적절한 의도(계획)에서 발생한다.
③ 실수(slip)는 의도하지 않았고 어떤 기준에 맞지 않는 것이다.
④ 착오(lapse)는 의도를 가지고 실행한 행동이다.
⑤ 불안전행동 중에는 실제 행동으로 나타나지 않고 당사자만 인식하는 것도 있다.

해설

정답 ④

유제 2

휴먼에러 중 작업에 의한 것이 아닌 것은? [2015년 기출]

① 조작에러

② 규칙에러

③ 보존에러

④ 검사에러

⑤ 설치에러

해설

○ 작업에 의한 에러 분류(L. W. Rock, 미국의 심리학자 루크)

1) 인간공학적 설계에러

2) 제작에러

3) 검사에러

4) 설치 및 보존(보수)에러

5) 조작에러

6) 취급에러

○ 오오시마 마사미츠(인간의 행동프로세스 관점에서의 에러분류)

'입력-결정-출력-피드백'이라는 인간행동의 프로세스 중의 모든 시점에서 휴먼에러를 일으키는 원인이 있다고 한다.

1) 입력의 에러

2) 정보처리의 에러

3) 의사결정의 에러

4) 출력의 지시단계에서의 에러

5) 출력의 에러

6) 피드백 단계에서의 에러

정답 ②

유제 3 **휴먼에러(Human Error)의 심리적 분류에 포함되지 않는 것은? [2016년 기출]**

① 정보처리오류(information processing error)
② 시간오류(time error)
③ 작위오류(commission error)
④ 순서오류(sequential error)
⑤ 누락오류(omission error)

해설

정답 ①

유제 4 **스웨인(Swain)의 인적오류 분류 방법에 따를 때, 제품에 라벨을 부착하는 작업 중 잘못된 위치에 라벨을 부착한 경우에 해당되는 오류는? [2018년 기출]**

① 작위오류
② 누락오류
③ 시간오류
④ 순서오류
⑤ 불필요한 수행 오류

해설

정답 ①

유제 5

다음에서 설명하고 있는 인간실수 유형은? [2019년 기출]

- 상황이나 목표의 해석은 제대로 하였으나 의도와는 다른 행동을 하는 경우에 발생하는 오류이다.
- 행동 결과에 대한 피드백이 있으면, 목표와 결과의 불일치가 쉽게 발견된다.
- 주의산만, 주의결핍에 의해 발생할 수 있으며, 잘못된 디자인이 원인이기도 하다.

① 작위오류(commission error)

② 착오(mistake)

③ 실수(slip)

④ 시간오류(time error)

⑤ 위반(violation)

해설

정답 ③

유제 6

작업동기 이론에 관한 설명으로 옳은 것을 모두 고른 것은? [2022년 기출]

ㄱ. 기대이론(expectancy theory)에서 노력이 수행을 이끌어 낼 것이라는 믿음을 도구성이라고 한다.

ㄴ. 형평 이론(equity theory)에 의하면 개인이 자신의 투입에 대한 성과의 비율과 다른 사람의 투입에 대한 성과의 비율이 일치하지 않는다고 느낀다면 이러한 불형평을 줄이기 위해 동기가 발생한다.

ㄷ. 목표설정 이론(goal-setting theory)의 기본전제는 명확하고 구체적이며 도전적인 목표를 설정하면 수행 동기가 증가하여 더 높은 수준의 과업수행을 유발한다는 것이다.

ㄹ. 작업설계 이론(work design theory)은 열심히 노력하도록 만드는 직무의 차원이나 특성에 관한 이론으로, 직무를 적절하게 설계하면 작업 자체가 개인의 동기를 촉진할 수 있다고 주장한다.

ㅁ. 2요인 이론(two-factor theory)은 동기가 외부의 보상이나 직무 조건으로부터 발생하는 것이지 직무 자체의 본질에서 발생하는 것이 아니라고 주장한다.

① ㄱ, ㄴ, ㅁ

② ㄱ, ㄷ, ㄹ

③ ㄴ, ㄷ, ㄹ

④ ㄴ, ㄹ, ㅁ

⑤ ㄷ, ㄹ, ㅁ

해설

○ **2요인 이론(two-factor theory, 동기-위생요인)**

"만족의 반대말은 불만족이 아니다." 이것이 프레드릭 허쯔버그의 2요인 이론의 핵심이다. 조직에서 만족과 관련된 동기요인은 불만족과 관련된 위생요인과는 다르다는 것이다.

동기요인(만족요인)에는 일 자체, 성취도(승진), 책임감, 일의 성장성 등이 있고, 위생요인(불만족요인)에는 임금, 근무환경, 대인관계 등이 있다.

동기요인이 결핍되면 직원들의 만족도와 사기는 떨어지고, 위생요인이 결핍되면 직원들의 불만족이 높아진다는 것이다. 즉 동기요인이 충족될 경우 직원들의 만족도는 높아지고 위생요인이 충족되면 직원들의 불만족이 사라질 뿐이지 이것이 동기요인으로 바뀌지는 않는다는 것이다. 서로 별개라는 것이 매우 중요한 포인트이다.

○ **작업설계 이론(work design theory)**

올드햄과 해크만(Oldham & Hackman)이 주장한 것으로 동기를 유발하는 근원이 개인 내에 있는 것이 아니라, 작업이 수행되는 환경에 있다고 주장한다. 직무가 적절하게 설계되어 있다면 '작업 자체가 개인의 동기를 촉진'시킬 수 있다는 것으로 동기유발 잠재력을 지니도록 직무를 설계하는 과정을 직무충실화(Job Enrichment)라 한다.

작업설계이론(직무특성이론)에서는 동기는 사람마다 그 강도를 다르게 지니고 있는 개인의 지속적인 속성이나 특성이 아니라, 작업환경을 적절하게 의도적으로 잘 설계한다면 향상시킬 수 있는 변화가 능한 속성이라고 주장하는 것이다. 시사점은 동기가 높은 종업원을 선발하는 수동적 대처 이외에 직무설계를 통해 원하는 높은 수준의 동기도 이끌어낼 수 있다는 것이다.

정답 ③

유제 7

공정성(형평) 이론에서 자신(A)과 준거인물(B)을 비교하여 보상이 불공정하다고 느낄 때, 이를 해소하기 위한 자신(A)의 전략적 대응에 대한 추론으로 가장 옳지 않은 것은?

① 일을 열심히 하지 않는다.

② 준거인물(B)의 업무방식을 참고하여 배울 점을 찾는다.

③ 준거인물(B)이 자신(A)보다 훨씬 더 많은 시간을 일했을 것이라고 생각을 바꾼다.

④ 다른 비교대상을 찾는다.

⑤ 장이탈(이직)을 한다.

해설

○ 공정성(형평) 이론

아담스(J. S. Adams)는 처우의 공정성에 대한 사람들의 지각과 신념이 직무행태에 영향을 미친다고 보았다. 처우의 공정성(형평)은 자신의 투입·산출을 준거인물의 투입·산출과 비교하여 평가하게 된다.

공정하지 않은 상황에 발생할 경우, 불공정성(불형평)을 해소하기 위한 행동은 다음과 같다.

1) 투입 또는 산출을 변화시켜 조정하는 것
2) 투입과 산출에 대한 본인의 지각을 바꾸는 것
3) 준거인물을 바꾸는 것
4) 현장이탈(직장 이동)

하지만 공정성 이론은 투입과 산출에 대한 객관적 측정이 어렵다는 점에서 실제 연구에 적용하기 어렵다는 비판을 받는다.

정답 ②

유제 8

동기부여이론에 관한 설명으로 옳지 않은 것은?

① 데시(Deci)의 인지평가이론에 의하면 외재적 보상이 주어지면 내재적 동기가 증가한다.
② 로크(Locke)의 목표설정이론에 의하면 목표가 종업원들의 동기유발에 영향을 미치며, 피드백이 주어지지 않은 때보다 피드백이 주어질 때 성과가 높다.
③ 엘더퍼(Alderfer)의 ERG이론은 매슬로우의 욕구단계이론과 달리 좌절-퇴행 개념을 도입하였다.
④ 브룸(Vroom)의 기대이론에 의하면 종업원의 직무수행 성과를 정확하고 공정하게 측정하는 것은 수단을 높이는 방법이다.
⑤ 아담스(Adams)의 공정성이론에 의하면 종업원은 자신과 준거집단이나 준거인물의 투입과 산출 비율을 비교하여 불공정하다고 지각하게 될 때 공정성을 이루는 방향으로 동기가 유발된다.

해설

○ 데시(Deci)의 인지평가이론

데시(Deci)가 주장한 '자기결정이론'의 한 분야로서 자신의 직무가 가지는 의미와 가치에 대한 인지적인 과정을 통해 동기부여의 양과 질이 결정된다고 보는 이론이다.

1. 인지평가이론의 가정
   1) 인간은 자기결정권과 유능감을 확보하려는 욕구가 있다는 것이다. 이를 통해 내적 동기가 발

현된다. 자기결정권이란 행동을 스스로 결정하고자 하는 마음이며, 유능감이란 일을 잘하려는 욕망이다.

2) 행동의 통제 위치가 나한테 있으면 내적 통제, 타인이나 환경에 있으면 외적통제라 한다. 통제위치가 나에게 있는 내적 통제에 있을 때 동기가 더 잘 발현된다.

2. 내재적 보상과 외재적 보상

데시는 동기를 유발하는 보상의 내용을 크게 외재적 보상과 내재적 보상으로 구분한다.

1) 내재적 보상

성취감, 만족감, 책임감, 도전적 직무수행, 일 그 자체 등

2) 외재적 보상

보상, 급여, 상금, 복지후생 등

3. 내재적 동기로 인해 직무를 수행할 때 외재적 보상이 투입되면 그 동기가 떨어지나 다시 이를 제거한다고 하더라도 내재적 동기에 의한 동기유발의 정도가 다시 회복되지 않는다는 이론이다.

○ 매슬로우의 욕구단계이론과 엘더퍼의 ERG이론 차이점

매슬로우의 이론이 '만족-진행과정' 즉, 하위욕구가 어느 정도 충족되면 다음 단계로 욕구가 추구된다고 가정한데 반해, 엘더퍼의 이론은 '좌절-퇴행(후퇴)'과정 즉, 성장요구 충족을 추구하는 과정에서 이것이 좌절되면 하위의 관계욕구의 중요성이 더해짐으로써 이 하위욕구가 중요한 동기로 작용한다.

○ 로크(Locke)의 목표설정이론

로크는 보상에 의한 동기부여보다 가치와 의도(계획이나 목표)에 의한 동기부여를 더욱 강조한다. 즉, 목표가 구체적일수록 그리고 약간 어려울수록 동기부여의 크기는 커지며 그 성과도 커진다고 주장한다.

1) 목표의 구체성

추상적인 목표보다 구체적인 목표가 인간에게 노력의 방향을 제시해주고 심리적 불확실성을 제거해준다는 점을 강조한다.

2) 목표의 난이도

어려운 목표가 성과에 긍정적인 영향을 준다. 쉬운 목표가 어려운 목표보다 더 잘 수용되지만 어려운 목표일지라도 일단 수용되면 목표달성을 위해 더욱 노력하게 될 것이다.

3) 피드백

사람들은 자신들의 일이 어떻게 진행되고 있는지 피드백을 받을 때 일을 더 잘하게 된다. 피드백을 통해 지금가지 진행된 과정상 문제점을 확인하고 행동을 안내하기 때문이다. 그러나 모든 피드백이 효과적인 것은 아니다. 종업원 자신이 진척 상황을 점검할 수 있는 자기 발생적 피드백이 외부에서 형성된 피드백보다 훨씬 강력하게 동기부여 된다고 본다.

정답 ①

유제 9

라이언과 데시(R. Ryan & E. Deci)의 자기결정성 이론의 관점에서 외재적 동기의 내면화 수준이 낮은 것에서 높은 것의 순서대로 옳게 나열한 것은?

ㄱ. 회사의 인정과 존중을 얻기 위해 일을 한다.
ㄴ. 회사에서 상사의 잔소리를 듣지 않기 위해 일을 한다.
ㄷ. 업무성과가 높으면 회사에서 나의 목표를 달성할 가능성이 높아지기 때문에 일을 한다.

① ㄱ－ㄴ－ㄷ
② ㄱ－ㄷ－ㄴ
③ ㄴ－ㄱ－ㄷ
④ ㄴ－ㄷ－ㄱ
⑤ ㄷ－ㄴ－ㄱ

해설

③ 자율성－유능성－관계성의 순서로 내면화 수준이 점차 높아진다.

정답 ③

유제 10

라이언과 데시(Ryan & Deci)가 자기결정이론에서 제시한 동기유형의 예로 옳지 않은 것은?

① 외적조절(external regulation) : 산업심리학 공부를 하고 싶은 생각이 전혀 없는데 산업심리학과에 다니는 여학생의 관심을 얻기 위해 심리학 과목을 수강한다.
② 투입된 조절(introjected regulation) : 산업심리학 공부 자체가 즐겁고 좋아서 틈만 나면 심리학 관련 서적을 읽는다.
③ 동일시된 조절(identified regulation) : 자신의 장래를 생각할 때 산업심리학을 공부하는 것이 필요하고 중요하다는 판단에 따라서 열심히 공부한다.
④ 통합된 조절(integrated regulation) : 자신이 가장 잘 할 수 있는 학문분야가 산업심리학이고 세계적인 산업심리학자가 되고 싶다는 목표를 가지고 열심히 공부하고 보람도 느낀다.
⑤ 내적 조절(intrinsic regulation) : 비자기결정성이 아닌 자기결정적 행동에서 유발된다.

해설

② 투입된 조절(introjected regulation)은 사회적 가치 조건의 투사에 의한 내적 강요와 압박감(사회적 인정을 받거나 수치심이나 죄책감을 피하려는)에 근간을 둔 동기 조절이다. 예를 들어 '산업심리학을 모르면 창피하기 때문에 공부한다' 정도가 맞는 표현일 것이다.

○ **자기결정성 이론(SDT : Self Determination Theory)**

일반적으로 동기는 외재적 동기와 내재적 동기로 구분되는데 외재적 동기란 행동을 유발시키는 힘의 근원이 외부에서 오는 자극에 있는 경우이고, 반면 내재적 동기란 이와는 반대로 행동 유발의 근원이 개인 내부에서 발생하는 경우이다. 데시와 라이언은 동기를 연속선상에 있는 개념으로 제시하면서 내재적 동기와 외재적 동기의 두 가지 유형의 경계가 분명하다는 기존의 기본적인 시각에 반론을 제기하고 지난 20여 년 간 개인의 내재적 동기를 결정하는 요인으로 자기결정성이라는 개념을 제시해 왔다.

자기결정성 이론은 단순히 내적 동기와 외적 동기로 양분하지 않고, 개개인의 자율성 혹은 결정성에 따라 무동기, 외적 조절, 주입(투입)된 조절, 동일시 조절, 통합된 조절, 내적 조절로 구분하였다.

1) 무동기
   자기결정성이 전혀 없는 것으로 행동하려는 의지가 없는 상태를 의미한다,

2) 외적 조절
   외재적 동기 중에서 자기결정성이 없는 전형적인 외적 제약에 의하여 행동을 하는 것을 의미한다.

3) 투입된 조절
   행동에 대한 원인을 이제 막 내면화시키는 단계로 자신의 의지가 개입된 상태이다. 그러나 근본적으로 외부의 압력에 기초한 것이므로 자기 자신과 다른 사람들에게 인정받고 비판을 회피하기 위한 행동이라 할 수 있다.

4) 동일시된 조절
   개인이 행동의 목표를 자신의 것으로 완전히 내면화 시키지는 않아도 그 가치를 인정하여 수용한 상태를 말한다.

5) 통합된 조절
   외재적 동기의 가장 자율적이며 완전하게 내재화된 형태이다. 개인의 자기 자신의 완전히 동화된 선택된 조절에 의해 행위를 하지만 여전히 행위 자체의 고유한 속성 때문에 행동을 하는 것이라고 하기는 어렵다.

6) 내재적 동기
   자기 스스로 결정할 수 있는 행위를 통해 삶에 대한 흥미, 즐거움, 내재적 만족감을 느끼는 경우를 말한다.

정답 ②

66 **착시를 크기 착시와 방향 착시로 구분하는 경우, 동일한 물리적인 길이와 크기를 가지는 선이나 형태를 다르게 지각하는 크기 착시에 해당하지 않는 것은? [2023년 기출]**

① 뮬러-라이어(Muller-Lyer) 착시

② 폰조(Ponzo) 착시

③ 에빙하우스(Ebbinghaus) 착시

④ 포겐도르프(Poggendorf) 착시

⑤ 델뵈프(Delboeuf) 착시

해설

④ 포겐도르프(Poggendorf) 착시는 방향착시에 해당한다. '죌러(Zoller) 착시'도 방향착시의 일종으로 세로 평행선이 기울어져 보인다.

○ 델뵈프(Delboeuf) 착시

중심원 크기가 주변원에 의해 달라 보이는 착시현상이다.

음식에 적용할 경우 동일한 양의 음식을 작은 그릇에 담으면 큰 그릇에 담을 때보다 양이 더 많은 것처럼 인식될 수 있다.

* 에빙하우스(Ebbinghaus) 착시=티치너 원

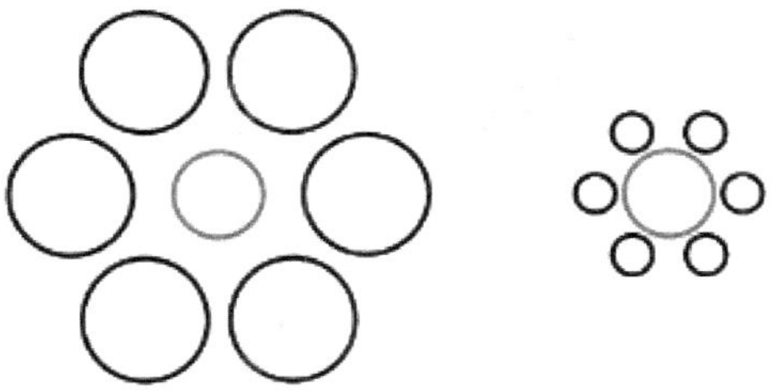

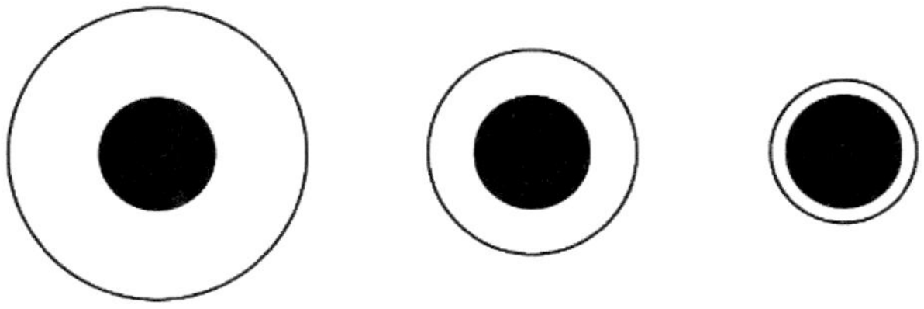

길이(크기) 착시	방향 착시	면적 착시
1) 뮬러-라이어 착시 2) 폰조 착시	1) 죌러 착시 2) 포겐도르프 착시	1) 에빙하우스 착시 2) 델뵈프(Delboeuf) 착시

정답 ④

67 집단(팀)에 관한 다음 설명에 해당하는 모델은? [2023년 기출]

- 집단이 발전함에 따라 다양한 단계를 거친다는 가정을 한다.
- 집단발달의 단계로 5단계(형성, 폭풍, 규범화, 성과, 해산)를 제시하였다.
- 시간의 경과에 따라 팀은 여러 단계를 왔다 갔다 반복하면서 발달한다.

① 캠피온(Campion)의 모델
② 맥그래스(McGrath)의 모델
③ 그래드스테인(Gladstein)의 모델
④ 해크만(Hackman)의 모델
⑤ 터크만(Tuckman)의 모델

해설

○ 터크만(Tuckman)의 팀 발달모델

1) 형성기(forming)
팀이 처음 결성되는 단계로 목표설정, 관계 형성이 시작되는 단계이다. 혼돈, 불확실성, 우려와 공감 부족이 특징이다.
2) 격동기(storming)
본격적으로 일을 시작하는 단계로 개성이 표출되고 긴장이 고조되는 단계이다. 대립, 갈등, 의견의 불일치가 특징이다.
3) 규범기(norming)
팀의 규범, 가치, 정체성이 형성하는 단계로 서로를 수용하고 공감대가 형성되는 단계이다. 조화, 합의, 의견일치, 신뢰형성이 시작된다.
4) 성과기(performing)
팀이 하나의 기능단위로 동작하는 단계로 업무 집중, 높은 성과를 창출하는 단계이다. 견고한 신뢰, 문제해결, 자신감, 성과가 나타난다.
5) 해체기(adjourning)
과제가 완료되고 팀 해체 단계이다. 과업정리, 자체평가, 상실감 등이 나타난다.

○ 퀸과 맥그래스(Quinn & McGrath)의 경쟁가치모델

퀸과 맥그래스는 내부지향적 조직과 외부지향적 조직 그리고 안정과 통제를 우선시하는 조직과 유연성과 자율성에 가치를 두는 조직 이렇게 두 축을 기준으로 조직문화의 유형을 집단문화(클랜문화), 발전문화(혁신적 문화), 합리적 문화, 위계문화로 구분한다.

구분	내부지향(internal)	외부지향(external)
융통성·변화(flexibility)	집단문화(인간관계모형)	발전문화(개방체제모형)

통제·질서(control)	위계문화(내부과정모형)	합리문화(합리적 목표 모형)

1. 추구하는 가치
   1) 집단문화(인간관계모형) : 응집성, 사기
   2) 발전문화(개방체제모형) : 성장, 혁신, 자원획득, 환경적응
   3) 합리문화(합리적 목표 모형) : 생산성, 능률, 효율성
   4) 위계문화(내부과정모형) : 안정성, 통제, 균형

정답 ⑤

유제 1

조직 내 팀(team)에 관한 설명으로 옳지 않은 것을 모두 고른 것은? [2017년 기출]

ㄱ. 터크만(B. Tuckman)의 팀 생애주기는 형성(forming)－규범형성(norming)－격동(storming)－수행(performing)－해체(adjourning)의 순이다.
ㄴ. 집단사고는 효과적인 팀 수행을 위하여 공유된 정신모델을 구축할 때 잠재적으로 나타나는 부정적인 면이다.
ㄷ. 집단극화는 개별구성원의 생각으로는 좋지 않다고 생각하는 결정을 집단이 선택할 때 나타나는 현상이다.
ㄹ. 무임승차(free riding)나 무용성 지각(felt dispensability)는 팀에서 개인에게 개별적인 인센티브를 주지 않음으로써 일어날 수 있는 사회적 태만이다.
ㅁ. 마크(M. Marks)가 제안한 팀 과정의 3요인 모형은 전환과정, 실행과정, 대인과정으로 구성되어 있다.

① ㄱ, ㄴ
② ㄱ, ㄷ
③ ㄱ, ㄷ, ㅁ
④ ㄷ, ㄹ, ㅁ
⑤ ㄱ, ㄴ, ㄷ, ㄹ

해설

○ 맥그래스(McGrath)의 팀 효과성 모델(IPO 모형)

투입(input)－과정(process)－산출(output)의 체제모형프로세로 설명한다.
팀 체제 모형 중에서 과정단계인 팀 프로세스는 팀의 목표, 과제, 상황, 환경과 관련하여 팀 행동에

의거한 구성원 간의 상호작용 단계이며, 팀의 목표달성을 위해 인지적, 행동적 사고를 통한 구성원들 간의 상호작용 단계이다.

○ **마크(M. Marks)가 제안한 팀 과정(process)의 3요인 모형**

1) 전환과정(transaction process)
전환과정은 팀 목표 설정 또는 목표 달성에 대한 설명을 위해 주로 평가 및 계획 활동에 집중하는 기간이다. 즉, 미래에 대한 업무에 초점을 맞추는 팀워크 활동을 의미한다.
전환과정에는 우선 미션분석을 통해 팀이 완수해야 할 과제들과 부수 과제들은 무엇인지, 팀에게 가용 가능한 자원은 무엇인지, 그리고 팀의 업무에 영향을 미칠 수 있는 환경적인 조건들은 무엇인가를 분석한다.

2) 실행과정(action process)
전환과정이 업무수행 이전 및 업무기간들 사이의 과정이라면 실행과정은 업무가 수행되고 있는 상태의 과정을 의미한다.

3) 대인과정(interpersonal process)
이 단계는 팀이 대인관계를 관리하는 것을 말한다. 대인과정은 모든 상황에서 발생하며 일반적으로 다른 과정의 효율성을 위해 기본적으로 필요하다는 점이 중요하다. 갈등관리, 동기부여 및 자신감 구축, 감정관리를 통해 팀원들의 사기 진작과 구성원 간의 결속력을 높이고 공감을 제공하려는 시도가 포함된다.

정답 ②

68 산업재해이론 중 아담스(E. Adams)의 사고연쇄이론에 관한 설명으로 옳은 것은? [2023년 기출]

① 관리구조의 결함, 전술적 오류, 관리기술 오류가 연속적으로 발생하게 되며 사고와 재해로 이어진다.

② 불완전 상태와 불안전 행동을 어떻게 조절하고 관리할 것인가에 관심을 가지고 위험해결을 위한 노력을 기울인다.

③ 긴장 수준이 지나치게 높은 작업자가 사고를 일으키기 쉽고 작업수행의 질도 떨어진다.

④ 작업자의 주의력이 저하되거나 약화될 때 작업의 질은 떨어지고 오류가 발생해서 사고나 재해가 유발되기 쉽다.

⑤ 사고나 재해는 사고를 낸 당사자나 사고발생 당시의 불안전 행동, 그리고 불안전 행동을 유발하는 조건과 감독의 불안전 등이 동시에 나타날 때 발생한다.

해설

○ 아담스(E. Adams)의 사고연쇄이론

버드(Bird)의 관리구조(통제의 부족)을 1단계로 보고, 작전적 에러(또는 전략적 에러로 의사결정 문제), 전술적 에러(불안전행동·상태), 사고, 재해로 이어진다고 본다.

정답 ①, ② (복수정답)

유제 1

에드워드 아담스(Edward Adams)의 사고연쇄반응 이론을 설명한 것으로 옳은 것은? [2014년 기출]

① 연쇄이론은 기본 에러, 관리부족, 전술적 에러, 사고, 상해의 순으로 진행된다.

② 작전적 에러는 관리자의 의사결정이 그릇되거나 잘못된 행동으로 인한 것이다.

③ 기본 에러는 불안전한 행동 및 불안전한 상태를 말한다.

④ 사고의 바로 직전에는 관리구조의 부재가 존재한다.

⑤ 사고와 상해는 필연적 관계로 존재한다.

해설

정답 ②

유제 2

재해 발생 관련 이론에 관한 설명으로 옳은 것은? [2013년 기출]

① 차베타키스(Zabetakis)의 사고연쇄성이론은 5단계 중에서 2단계는 '작전적 에러'이고 3단계는 '전술적 에러'이다.
② 웨버(Weaver)의 사고연쇄성이론 5단계 중에서 2단계는 '인간의 결함'을 정의하고, 무엇이 재해를 일으켰는지를 찾으려고 하는 것이다.
③ 아담스(Adams)의 사고연쇄성이론 5단계 중에서 3단계는 '에너지 및 위험물의 예기치 못한 폭주'이다.
④ 버드(Bird)의 사고연쇄성이론 5단계 중에서 1단계는 '사회적 환경과 유전적 요소'이다.
⑤ 하인리히(Heinrich)의 재해발생이론에서 1단계는 '제어의 부족'이다.

해설

○ 재해 발생 관련 이론

1. 차베타키스(Zabetakis)의 연쇄성 이론
   1) 인간정책과 결정, 개인적 요인, 환경적 요인 등을 사고의 근본원인으로 본다.
   2) 불안전 행동 및 불안전 상태
   3) 물질 에너지의 기준이탈(폭주)을 사고의 직접원인으로 본다.
   4) 사고
   5) 상해

2. 웨버(Weaver)의 사고연쇄성이론
   1) 유전과 환경
   2) 인간의 결함(실수) – 무엇이 재해를 일으켰는지를 찾는 과정
      * 하인리히는 '개인적 결함'이라고 한 것을 인간의 결함으로 확대
   3) 불안전 행동 및 불안전 상태
   4) 사고
   5) 상해

3. 아담스(Adams)의 사고연쇄성이론
   1) 관리구조의 결함(회사의 목적, 조직, 운영과 관련한 결함)
   2) 작전적 에러(전략적 에러로 관리자의 의사결정이 그릇되거나 잘못된 행동)
   3) 전술적 에러(작업자의 불안전한 행동 및 작업조건의 불안전 상태)
   4) 사고
   5) 상해

4. 버드와 로프터스(Bird & Loftus, 1976)의 신도미노 이론

1) 제어의 부족
2) 기본원인(4M) * 기본원인은 개인적 요인과 업무적 요인으로 구분
3) 직업원인(불안전 행동 및 불안전 상태)
4) 사고
5) 재해(상해)

* 기본원인은 개인적 요인과 업무적 요인으로 구분

개인적 요인(인적 요인)	업무적 요인(작업장 요인)
지식·기능의 부족 부적당한 동기부여 육체적·정신적 문제	설비의 결함 부적절한 작업절차 부적당한 기기의 사용

5. 하인리히(Heinrich)의 도미노이론
1) 사회적 환경과 유전적 결함
2) 개인적 결함
3) 불안전한 행동 및 상태
4) 사고
5) 재해(상해)

6. 리즌(J. Reason)의 스위스 치즈모델

1990년에 제시한 사고원인과 결과에 대한 모형이론이다.

하인리히(Heinrich)의 도미노 이론이 '인적 요인'을 강조했다면, 스위스 치즈이론은 인적 요인보다는 '조직적 요인'을 강조했다고 볼 수 있다.

스위스 치즈는 발효단계에서 내부에 기포의 발생으로 생긴 여러 개의 구멍들이 존재하는데 치즈를 아무리 여러 장 겹쳐 놓아도 그 구멍을 일직선으로 관통하는 틈이 생길 수가 있다는 것으로 여기서 각 장의 치즈는 안전요소나 방호장치의 결함을 의미한다.

스위스 치즈 조각들에 뚫려 있는 구멍들이 모두 일직선으로 관통되는 것처럼 모든 요소의 불안전이 겹쳐서 산업재해가 발생한다는 이론이다.

즉, 사고나 재난은 아무리 여러 단계의 다층의 안전요소와 방호장치를 갖추더라도 발생할 수 있으며, 이는 각 단계의 안전요소마다 내재된 결함이 있으며, 이러한 결함(구멍)이 우연히 또는 필연적으로 동시에 노출될 때 사고가 발생하게 된다는 것이다.

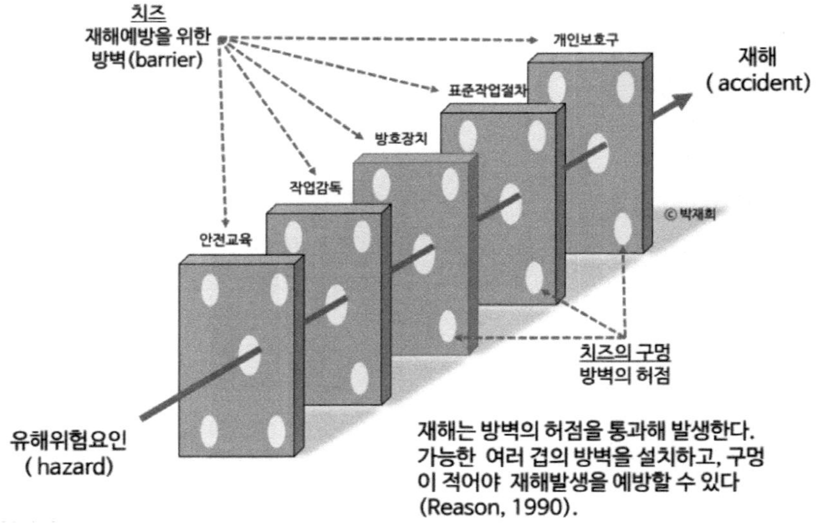

정답 ②

유제 3

하인리히(H. W. Heinrich)의 사고 발생 연쇄성 이론에서 "직접원인"은 에드워드 아담스(E. Adams)의 사고 발생 연쇄성 이론의 무엇과 일치하는가?

① 통제부족
② 작전적 에러
③ 전술적 에러
④ 유전적 요소
⑤ 사회적 환경

해설

정답 ③

69 다음은 산업위생을 연구한 학자이다. 누구에 관한 설명인가? [2023년 기출]

- 독일 의사
- "광물에 대하여" 저술
- 먼지에 의한 규폐증 기록

① Alice Hamilton(해밀톤)
② Percival Pott(퍼시벌 포트)
③ Tomas Percival(토마스 퍼시벌)
④ Georgius Agricola(아그리콜라)
⑤ Pliny the Elder(엘더)

해설

정답 ④

유제 1 국내·외 산업위생의 역사에 관한 설명으로 옳지 않은 것은? [2021년 기출]

① 미국의 산업위생학자 Hamilton은 유해물질 노출과 질병과의 관계를 규명하였다.
② 1981년 우리나라는 노동청이 노동부로 승격되었고 산업안전보건법이 공포되었다.
③ 원진레이온에서 이황화탄소(CS_2) 중독이 집단적으로 발생하였다.
④ Agricola는 음낭암의 원인물질이 검댕(soot)이라고 규명하였다.
⑤ Ramazzini는 직업병의 원인을 작업장에서 사용하는 유해물질과 불안전한 작업자세나 과격한 동작으로 구분하였다.

해설

Agricola(아그리콜라)	Percival Pott(퍼시발 포트)
광물학의 아버지라 불리며 「광물에 대하여」란 책을 남겼다.	영국의 외과의사로 직업성 암(음낭암)을 최초로 보고, 암의 원인물질로 검댕(soot) 속 여러 종류의 방향족탄화수소(PAHs)임을 지적하였으며 '굴뚝 청소법' 제정의 계기가 된다.

정답 ④

유제 2

산업보건의 역사에 관한 설명으로 옳지 않은 것은? [2019년 기출]

① 그리스의 갈레노스(Galenos, Galen, Galenus)는 구리 광산에서 광부들에 대한 산(acid) 증기의 위험성을 보고하였다.

② 독일의 아그리콜라(G. Agricola)는「광물에 대하여(De Re Metallica)」를 통해 광업 관련 유해성을 언급하였으며, 이는 후에 Hoover 부부에 의해 번역되었다.

③ 영국의 필(R. Peel) 경은 자신의 면방직공장에서 진폐증이 집단적으로 발병하자, 그 원인에 대해 조사하였으며,「도제 건강 및 도덕법」제정에 주도적인 역할을 하였다.

④ 1825년 「공장법」은 대부분 어린이 노동과 관련한 내용이었으며, 1833년에 감독권과 행정명령에 관한 내용이 첨가되어 실질적인 효과를 거두게 되었다.

⑤ 하버드 의대 최초의 여교수인 해밀턴(A. Hamilton)은 「미국의 산업중독」을 발간하여 납중독, 황린에 의한 직업병, 일산화탄소 중독 등을 기술하였다.

해설

영국의 필(R. Peel) 경은 자신의 면방직공장에서 발진티푸스가 집단적으로 발병하자, 그 원인에 대해 조사하였으며,「도제 건강 및 도덕법」제정에 주도적인 역할을 하였다.

정답 ③

유제 3

산업보건의 역사에 관한 설명으로 옳은 것은? [2017년 기출]

① 라마찌니(B. Ramazzini)는 '직업인의 질병'을 저술하였다.

② 히포크라테스는 구리광산에서 산 증기의 위험성을 보고하였다.

③ 원진레이온에서 발생한 직업병의 원인물질은 황화수소이다.

④ 우리나라는 1991년에 산업안전보건법을 제정하였다.

⑤ 우리나라는 1995년에 작업환경측정실시규정을 제정하였다.

해설

① 라마찌니(B. Ramazzini)는 '직업인의 질병'을 저술하였다.

② 히포크라테스는 역사상 최초로 납중독 보고, 구리광산에서 산 증기의 위험성을 보고한 것은 갈론(갈레노스, Galen)이다.

③ 원진레이온(1991년)에서 발생한 직업병의 원인물질은 이황화탄소(CS2)이다. 원진레이온 이황화탄소 중독사건은 127명의 사망자를 발생시키고, 1천여 명의 중독환자를 양산시킨 매우 비극적인

사건이다.

④ 우리나라는 1981년에 산업안전보건법을 제정하였다.

⑤ 우리나라는 1983년에 작업환경측정실시규정을 제정하였고, 1986년에는 노출기준이 제정되었다.

○ 해외의 산업위생 역사

1) 기원전 히포크라테스-현대 의학의 아버지로 직업과 질병의 상관관계를 기술하였고 광산의 '납' 중독에 대한 기록을 남긴다. 시간이 지나 기원 후 그리스의 갈론(Galen, 갈레노스)은 구리 광산에서 광부들에 대한 산(acid) 증기의 위험성을 지적하며 납중독의 증세를 관찰하였고 특정한 직업군에서 특이한 질병이 생긴다고 지적하였다.
2) 파라셀수스-모든 물질은 양에 따라 독이 되기도 하고, 약이 되기로 한다.
3) 아그리콜라-광물학의 아버지라 불리며 「광물에 대하여」란 책을 남김.
4) 라마찌니-현대 산업위생학의 아버지로 직업병의 원인으로 작업 환경 중 유해물질과 부자연스러운 작업자세를 명시하였다. 저서로「직업인의 질병」출간.
5) 산업혁명 시기- 산업혁명 초기에는 공장 안은 물론 인접지역까지 공기, 물 등의 오염으로 개인위생이 중요한 문제로 부각되었다.
6) 퍼시발 포트(Percival Pott)-영국의 외과의사로 직업성 암(음낭암)을 최초로 보고하였다. 암의 원인물질로 검댕속, 여러 종류의 방향족탄화수소(PAHs)를 지적하였고 '굴뚝 청소법'을 제정하는 계기가 된다.
7) 조지 베이커(Gorge Baker)-사이다 공장에서 '납'에 의한 복통을 발견하였다.
8) 영국의 필(Robert Peel)은 자신의 면방직공장에서 **발진티푸스**가 집단적으로 발생하면서 그 원인을 조사한 경험을 계기로 1802년에 '도제 건강 및 도덕법(영국의 공장법, 1833)'을 제정하는데 기여하게 된다. 이전인 1825년, 1829년, 1831년에도 조금씩 진전된 내용의 공장법이 제정되었으나 제대로 이행되지는 않았다.
9) 레이노드-공압진동수공구 사용에 따른 백지증, 사지증을 발표
10) 렌(Rehn)-Anilin 염료로 인한 요로 종양을 발견하였다. 직업성 방광암 발견
11) 해밀턴(Hamilton)-미국의 여의사로 미국 최초의 산업위생학자 및 산업의사이다. 미국의 산재보상보험법 제정에 크게 기여한다.
12) 로리거(Roriga)-수지(손가락)의 레이노드 증상을 보고한다.
13) 워커가 발견한 황린 성냥에 대한 사용에서 독성이 발견되어 영국에서는 1912년 사용이 전면 금지된다.
14) 세계보건기구(WHO, 1948) 발족 → 우리나라는 1949년에 회원국으로 가입

○ 대한민국의 산업위생 역사

1) 1953년 근로기준법 제정(6장 안전과 보건), **1981년 산업안전보건법 제정,** 1990년 산업안전보건법 전면개정이 이루어진다. 1983년 1월 20일에 작업환경 측정실시 규정 제정.
2) 대한민국에서는 **1964년 산업재해보상보험법** 시행을 시작으로 1977년 국민건강보험을, 1988년 국민연금을, 1995년 고용보험을 시행하여 현재의 4대 사회보험을 갖추게 되었다.

정답 ①

70 화학물질 및 물리적 인자의 노출기준에 관한 설명으로 옳지 않은 것은? [2023년 기출]

① "최고노출기준(C)"이란 근로자가 1일 작업시간동안 잠시라도 노출되어서는 아니 되는 기준이다.

② 노출기준을 이용할 경우에는 근로시간, 작업의 강도, 온열조건, 이상기압도 고려하여야 한다.

③ "Skin" 표시물질은 피부자극성을 뜻하는 것은 아니며, 점막과 눈 그리고 경피로 흡수되어 전신 영향을 일으킬 수 있는 물질이다.

④ 발암성 정보물질의 표기는 화학물질의 분류·표시 및 물질안전보건자료에 관한 기준에 따라 1A, 1B, 2로 표기한다.

⑤ "단시간노출기준(STEL)"이란 15분간의 시간가중평균노출값으로서 노출농도가 시간가중평균노출기준(TWA)을 초과하고 단시간노출기준(STEL) 이하인 경우에는 1회 노출 지속시간이 15분 미만이어야 하고, 이러한 상태가 1일 3회 이하로 발생하여야 하며, 각 노출의 간격은 45분 이상이어야 한다.

해설

제1장 총칙

제1조(목적) 이 고시는 「산업안전보건법」 제106조 및 제125조, 「산업안전보건법 시행규칙」제144조에 따라 인체에 유해한 가스, 증기, 미스트, 흄이나 분진과 소음 및 고온 등 화학물질 및 물리적 인자(이하 "유해인자"라 한다)에 대한 작업환경평가와 근로자의 보건상 유해하지 아니한 기준을 정함으로써 유해인자로부터 근로자의 건강을 보호하는데 기여함을 목적으로 한다.

제2조(정의) ① 이 고시에서 사용하는 용어의 뜻은 다음과 같다.

1. "노출기준"이란 근로자가 유해인자에 노출되는 경우 노출기준 이하 수준에서는 거의 모든 근로자에게 건강상 나쁜 영향을 미치지 아니하는 기준을 말하며, 1일 작업시간동안의 시간가중평균노출기준(Time Weighted Average, TWA), 단시간노출기준(Short Term Exposure Limit, STEL) 또는 최고노출기준(Ceiling, C)으로 표시한다.
2. "시간가중평균노출기준(TWA)"이란 1일 8시간 작업을 기준으로 하여 유해인자의 측정치에 발생시간을 곱하여 8시간으로 나눈 값을 말하며, 다음 식에 따라 산출한다.

$$\text{TWA환산값} = \frac{C1\,T1 + C2\,T2 + \ldots Cn\,Tn}{8}$$

주) C : 유해인자의 측정치(단위 : ppm, mg/m^3 또는 개/cm^3

T : 유해인자의 발생시간 (단위 : 시간)

3. "단시간노출기준(STEL)"이란 15분간의 시간가중평균노출값으로서 노출농도가 시간가중평균노출기준(TWA)을 초과하고 단시간노출기준(STEL) 이하인 경우에는 1회 노출 지속시간이 15분 미만이어야 하고, 이러한 상태가 1일 4회 이하로 발생하여야 하며, 각 노출의 간격은 60분 이상이어야 한다.
4. "최고노출기준(C)"이란 근로자가 1일 작업시간동안 잠시라도 노출되어서는 아니 되는 기준을 말하며, 노출기준 앞에 "C"를 붙여 표시한다.

② 이 고시에서 특별히 규정하지 아니한 용어는 「산업안전보건법」(이하 "법"이라 한다), 「산업안전

보건법 시행령」(이하 "영"이라 한다), 「산업안전보건법 시행규칙」(이하 "규칙"이라 한다) 및 「산업안전보건기준에 관한 규칙」(이하 "안전보건규칙"이라 한다)이 정하는 바에 따른다.

제3조(노출기준 사용상의 유의사항) ① 각 유해인자의 노출기준은 해당 유해인자가 단독으로 존재하는 경우의 노출기준을 말하며, 2종 또는 그 이상의 유해인자가 혼재하는 경우에는 각 유해인자의 상가작용으로 유해성이 증가할 수 있으므로 제6조에 따라 산출하는 노출기준을 사용하여야 한다.

② 노출기준은 1일 8시간 작업을 기준으로 하여 제정된 것이므로 이를 이용할 경우에는 근로시간, 작업의 강도, 온열조건, 이상기압 등이 노출기준 적용에 영향을 미칠 수 있으므로 이와 같은 제반요인을 특별히 고려하여야 한다.

③ 유해인자에 대한 감수성은 개인에 따라 차이가 있고, 노출기준 이하의 작업환경에서도 직업성 질병에 이환되는 경우가 있으므로 노출기준은 직업병진단에 사용하거나 노출기준 이하의 작업환경이라는 이유만으로 직업성질병의 이환을 부정하는 근거 또는 반증자료로 사용하여서는 아니 된다.

④ 노출기준은 대기오염의 평가 또는 관리상의 지표로 사용하여서는 아니 된다.

제4조(적용범위) ① 노출기준은 법 제39조에 따른 작업장의 유해인자에 대한 작업환경개선기준과 법 제125조에 따른 작업환경측정결과의 평가기준으로 사용할 수 있다.

② 이 고시에 유해인자의 노출기준이 규정되지 아니하였다는 이유로 법, 영, 규칙 및 안전보건규칙의 적용이 배제되지 아니하며, 이와 같은 유해인자의 노출기준은 미국산업위생전문가협회(American Conference of Governmental Industrial Hygienists, ACGIH)에서 매년 채택하는 노출기준(TLVs)을 준용한다.

제2장 노출기준

제5조(화학물질) ① 화학물질의 노출기준은 별표 1과 같다.

② 별표 1의 발암성, 생식세포 변이원성 및 생식독성 정보는 법상 규제 목적이 아닌 정보제공 목적으로 표시하는 것으로서 발암성은 국제암연구소(International Agency for Research on Cancer, IARC), 미국산업위생전문가협회(American Conference of Governmental Industrial Hygienists, ACGIH), 미국독성프로그램(National Toxicology Program, NTP), 「유럽연합의 분류·표시에 관한 규칙(European Regulation on the Classification, Labelling and Packaging of substances and mixtures, EU CLP)」 또는 미국산업안전보건청(American Occupational Safety & Health Administration, OSHA)의 분류를 기준으로, 생식세포 변이원성 및 생식독성은 유럽연합의 분류·표시에 관한 규칙(European Regulation on the Classification, Labelling and Packaging of substances and mixtures, EU CLP)을 기준으로 「화학물질의 분류·표시 및 물질안전보건자료에 관한 기준」에 따라 분류한다.

제6조(혼합물) ① 화학물질이 2종 이상 혼재하는 경우에 혼재하는 물질간에 유해성이 인체의 서로 다른 부위에 작용한다는 증거가 없는 한 유해작용은 가중되므로 노출기준은 다음식에 따라 산출하되, 산출되는 수치가 1을 초과하지 아니하는 것으로 한다

$$\frac{C1}{T1}+\frac{C2}{T2}\cdots\frac{Cn}{Tn}$$

주) C : 화학물질 각각의 측정치
T : 화학물질 각각의 노출기준

② 제1항의 경우와는 달리 혼재하는 물질간에 유해성이 인체의 서로 다른 부위에 유해작용을 하는

경우에 유해성이 각각 작용하므로 혼재하는 물질 중 어느 한 가지라도 노출기준을 넘는 경우 노출기준을 초과하는 것으로 한다.

제7조(분진) 삭제

제8조(용접분진) 삭제

제9조(소음) ① 소음수준별 노출기준은 별표 2-1과 같다.

② 충격소음의 노출기준은 별표 2-2와 같다.

제10조(고온) 작업의 강도에 따른 고온의 노출기준은 별표 3과 같다.

제10조의2(라돈) 라돈의 노출기준은 별표 4와 같다.

제11조(표시단위) ① 가스 및 증기의 노출기준 표시단위는 피피엠(ppm)을 사용한다.

② 분진 및 미스트 등 에어로졸(Aerosol)의 노출기준 표시단위는 세제곱미터당 밀리그램(mg/m^3)을 사용한다. 다만, 석면 및 내화성세라믹섬유의 노출기준 표시단위는 세제곱센티미터당 개수(개/cm^3)를 사용한다.

③ 고온의 노출기준 표시단위는 습구흑구온도지수(이하"WBGT"라 한다)를 사용하며 다음 각 호의 식에 따라 산출한다.

1. 태양광선이 내리쬐는 옥외 장소 : WBGT(℃) = 0.7 × 자연습구온도 + 0.2 × 흑구온도 + 0.1 × 건구온도
2. 태양광선이 내리쬐지 않는 옥내 또는 옥외 장소 : WBGT(℃) = 0.7 × 자연습구온도 + 0.3 × 흑구온도

구분	발암성 구분 기준
1A	사람에게 충분한 발암성 증거가 있는 물질
1B	시험동물에서 발암성 증거가 충분히 있거나, 시험동물과 사람 모두에서 제한된 발암성 증거가 있는 물질
2	사람이나 동물에서 제한된 증거가 있지만, 구분 1로 분류하기에는 증거가 충분하지 않는 물질

정답 ⑤

71 근로자건강진단 실무지침에서 화학물질에 대한 생물학적 노출지표의 노출기준 값으로 옳지 않은 것은? [2023년 기출]

① 노말-헥산 : [소변 중 2,5-헥산디온, 5mg/L]
② 메틸클로로포름 : [소변 중 삼염화초산, 10mg/L]
③ 크실렌 : [소변 중 메틸마뇨산, 1.5g/g crea]
④ 톨루엔 : [소변 중 o-크레졸, 1mg/g crea]
⑤ 인듐 : [혈청 중 인듐, 1.2 μ g/L]

해설

유해물질명	지표물질명	노출기준 값	단위
메틸클로로포름 (1,1,1-트리클로로에탄)	소변 중 삼염화초산	10	mg/L
	소변 중 총삼염화에탄올	30	mg/L
트리클로로에틸렌 (TCE)	소변 중 삼염화초산	15	mg/L
	소변 중 총삼염화물	300	mg/g crea
디메틸포름아미드 (DMF)	소변 중 N-메틸포름아미드 (NMF)	15	mg/L
톨루엔	**소변 중 o-크레졸**	**0.8**	**mg/g crea (크레아티닌)**
크실렌	소변 중 메틸마뇨산	1.5	g/g crea
헥산(n-헥산)	소변 중 2,5-헥산디온	5	mg/L
일산화탄소	혈액 중 카복시헤글로빈	3.5	%
	호기 중 일산화탄소	40	ppm
납 및 4알킬연	혈액 중 납	30	μ g/dL
카드뮴	혈액 중 카드뮴	5	μ g/L
수은	소변 중 수은	50	μ g/g crea
망간	혈액 중 망간	36	μ g/L
인듐(2021년 1월)	혈청 중 인듐	1.2	μ g/L

* 톨루엔의 생물학적 노출지표는 기존의 소변 중 마뇨산에서 소변 중 'o-클레졸(오르소 클레졸)로 변경(2020년 7월)되었다. 음식물 섭취나 환경적 요인 등의 다양한 변수에 의해 일반인에게도 소변 중으로 마뇨산이 배출된다는 이유이다. 톨루엔은 체내로 흡수된 후 약 80%가 마뇨산으로 대

체되는데, 이 중 1% 미만의 적은 양이 오르소-클레졸로 대사되어 황산과 글루쿠론산 결합체로 소변으로 배출된다.

* 크레아티닌(영어 : creatinine)은 근육에서 포스포크레아틴의 분해 산물이며, 일반적으로 신체에 의해 상당히 일정한 속도로(근육의 질량에 따라 다름) 생성된다.
  1dL(데시리터)=0.1L

정답 ④

72 후드 개구부 면에서 제어속도(capture velocity)를 측정해야 하는 후드 형태에 해당하는 것은? [2023년 기출]

① 외부식 후드
② 포위식 후드
③ 리시버(receiver)식 후드
④ 슬롯(slot) 후드
⑤ 캐노피(canopy) 후드

해설

② 산업안전보건기준에 관한 규칙 참조

■ **산업안전보건기준에 관한 규칙 [별표 17]**

분진작업장소에 설치하는 국소배기장치의 제어풍속(제609조 관련)

1. 제607조 및 제617조제1항 단서에 따라 설치하는 국소배기장치(연삭기, 드럼 샌더(drum sander) 등의 회전체를 가지는 기계에 관련되어 분진작업을 하는 장소에 설치하는 것은 제외한다)의 제어풍속

분진 작업 장소	제어풍속(미터/초)			
	포위식 후드의 경우	외부식 후드의 경우		
		측방 흡인형	하방 흡인형	상방 흡인형
암석등 탄소원료 또는 알루미늄박을 체로 거르는 장소	0.7	-	-	-
주물모래를 재생하는 장소	0.7	-	-	-
주형을 부수고 모래를 터는 장소	0.7	1.3	1.3	-
그 밖의 분진작업장소	0.7	1.0	1.0	1.2

비고

1. 제어풍속이란 국소배기장치의 모든 후드를 개방한 경우의 제어풍속으로서 다음 각 목의 위치에서 측정한다.
   가. **포위식 후드에서는 후드 개구면**
   나. **외부식 후드**에서는 해당 후드에 의하여 분진을 빨아들이려는 범위에서 **그 후드 개구면으로부터 가장 먼 거리의 작업위치**

■ **산업안전보건기준에 관한 규칙 [별표 11] 〈개정 2023. 11. 14.〉**

굴착면의 기울기 기준(제339조제1항 관련)

지반의 종류	굴착면의 기울기
모래	1 : 1.8
연암 및 풍화암	1 : 1.0
경암	1 : 0.5
그 밖의 흙	1 : 1.2

비고

1. 굴착면의 기울기는 굴착면의 높이에 대한 수평거리의 비율을 말한다.
2. 굴착면의 경사가 달라서 기울기를 계산하기가 곤란한 경우에는 해당 굴착면에 대하여 지반의 종류별 굴착면의 기울기에 따라 붕괴의 위험이 증가하지 않도록 위 표의 지반의 종류별 굴착면의 기울기에 맞게 해당 각 부분의 경사를 유지해야 한다.

정답 ②

73 카드뮴 및 그 화합물에 대한 특수건강진단 시 제1차 검사항목에 해당하는 것은? (단, 근로자는 해당 작업에 처음 배치되는 것은 아니다) [2023년 기출]

① 소변 중 카드뮴
② 베타 2 마이크로글로블린
③ 혈중 카드뮴
④ 객담 세포검사
⑤ 단백 정량

해설

③ 산업안전보건법 시행규칙 [별표24 : 특수건강진단 등의 검사항목] 검사항목 중 "생물학적 노출지표 검사"는 해당 작업에 처음 배치되는 근로자에 대해서는 실시하지 않는다. 카드뮴의 생물학적 노출지표 검사로는 필수항목으로 혈중 카드뮴을 검사하며, 선택적으로 소변 중 카드뮴을 검사한다. 체내 흡수된 카드뮴은 소변과 대변을 통해 거의 같은 비율로 아주 느리게 배출되는 특징이 있다.

구분	1차 검사항목	2차 검사항목
납	(1) 직업력 및 노출력 조사 (2) 주요 표적기관과 관련된 병력조사 (3) 임상검사 및 진찰 ① 조혈기계 : 혈색소량, 혈구용적치, 적혈구 수, 백혈구 수, 혈소판 수, 백혈구 백분율 ② 비뇨기계 : 요검사 10종, 혈압측정 ③ 신경계 및 위장관계 : 관련 증상 문진, 진찰 (4) 생물학적 노출지표 검사 : 혈중 납	(1) 임상검사 및 진찰 ① 조혈기계 : 혈액도말검사, 철, 총철결합능력, 혈청페리틴 ② 비뇨기계 : 단백뇨정량, 혈청 크레아티닌, 요소질소, 베타 2 마이크로글로불린 ③ 신경계 : 근전도검사, 신경전도검사, 신경행동검사, 임상심리검사, 신경학적 검사 (2) 생물학적 노출지표 검사 ① 혈중 징크프로토포피린 ② 소변 중 델타아미노레뷸린산 ③ 소변 중 납
카드뮴	(1) 직업력 및 노출력 조사 (2) 주요 표적기관과 관련된 병력조사 (3) 임상검사 및 진찰 ① 비뇨기계 : 요검사 10종, 혈압 측정, 전립선 증상 문진 ② 호흡기계 : 청진, 흉부방사선(후전면), 폐활량검사 (4) **생물학적 노출지표 검사 : 혈중 카드뮴**	(1) 임상검사 및 진찰 ① 비뇨기계 : 단백뇨정량, 혈청 크레아티닌, 요소질소, 전립선 특이항원(남), 베타 2 마이크로글로불린 ② 호흡기계 : 흉부방사선(측면), 흉부 전산화 단층촬영, 객담세포검사 (2) **생물학적 노출지표 검사 : 소변 중 카드뮴**

일산화탄소	(1) 직업력 및 노출력 조사 (2) 주요 표적기관과 관련된 병력조사 (3) 임상검사 및 진찰 ① 심혈관계 : 흉부방사선 검사, 심전도검사, 총콜레스테롤, HDL콜레스테롤, 트리글리세라이드 ② 신경계 : 신경계 증상 문진, 신경증상에 유의하여 진찰	(1) 임상검사 및 진찰 신경계 : 신경행동검사, 임상심리검사, 신경학적 검사 (2) 생물학적 노출지표 검사 : 혈중 카복시헤모글로빈(작업 종료 후 10 ~ 15분 이내에 채취) 또는 호기 중 일산화탄소 농도(작업 종료 후 10 ~ 15분 이내, 마지막 호기 채취)
인듐	(1) 직업력 및 노출력 조사 (2) 주요 표적기관과 관련된 병력조사 (3) 임상검사 및 진찰 호흡기계 : 청진, 흉부방사선(후전면, 측면), (4) 생물학적 노출 지표검사 : 혈청 중 인듐	임상검사 및 진찰 호흡기계; 폐활량검사, 흉부 고해성도 전산화 단층촬영
수은	(1) 직업력 및 노출력 조사 (2) 주요 표적기관과 관련된 병력조사 (3) 임상검사 및 진찰 ① 비뇨기계 : 요검사 10종, 혈압 측정 ② 신경계 : 신경계 증상 문진, 신경증상에 유의하여 진찰 ③ 눈, 피부, 비강, 인두 : 점막자극증상 문진 (4) 생물학적 노출지표 검사 : 소변 중 수은	(1) 임상검사 및 진찰 ① 비뇨기계 : 단백뇨정량, 혈청 크레아티닌, 요소질소, 베타 2 마이크로글로불린 ② 신경계 : 신경행동검사, 임상심리검사, 신경학적 검사 ③ 눈, 피부, 비강, 인두 : 세극등현미경검사, KOH검사, 피부단자시험, 비강 및 인두 검사 (2) 생물학적 노출지표 검사 : 혈중 수은
크실렌	(1) 직업력 및 노출력 조사 (2) 주요 표적기관과 관련된 병력조사 (3) 임상검사 및 진찰 ① 간담도계 : AST(SGOT), ALT (SGPT), γ -GTP ② 신경계 : 신경계 증상 문진, 신경증상에 유의하여 진찰 ③ 눈, 피부, 비강, 인두 : 점막자극증상 문진	임상검사 및 진찰 ① 간담도계 : AST(SGOT), ALT (SGPT), γ -GTP, 총단백, 알부민, 총빌리루빈, 직접빌리루빈, 알칼리포스파타아제, 알파피토단백, B형간염 표면항원, B형간염 표면항체, C형간염 항체, A형간염 항체, 초음파 검사 ② 신경계 : 신경행동검사, 임상심리검사, 신경학적 검사 ③ 눈, 피부, 비강, 인두 : 세극등현

	(4) 생물학적 노출지표 검사 : 소변 중 메틸마뇨산(작업 종료 시 채취)	미경검사, KOH검사, 피부단자시험, 비강 및 인두 검사
벤젠	(1) 직업력 및 노출력 조사 (2) 주요 표적기관과 관련된 병력조사 (3) 임상검사 및 진찰 ① 조혈기계 : 혈색소량, 혈구용적치, 적혈구 수, 백혈구 수, 혈소판 수, 백혈구 백분율 ② 신경계 : 신경계 증상 문진, 신경증상에 유의하여 진찰 ③ 눈, 피부, 비강, 인두 : 점막자극증상 문진	(1) 임상검사 및 진찰 ① 조혈기계 : 혈액도말검사, 망상적혈구 수 ② 신경계 : 신경행동검사, 임상심리검사, 신경학적 검사 ③ 눈, 피부, 비강, 인두 : 세극등현미경검사, KOH검사, 피부단자시험, 비강 및 인두 검사 (2) 생물학적 노출지표 검사 : 혈중 벤젠·소변 중 페놀·소변 중 뮤콘산 중 택 1(작업 종료 시 채취)

■ **산업안전보건법 시행규칙 [별표 23]**

특수건강진단의 시기 및 주기(제202조제1항 관련)

구분	대상 유해인자	시기 (배치 후 첫 번째 특수 건강진단)	주기
1	N,N-디메틸아세트아미드 디메틸포름아미드	1개월 이내	6개월
2	벤젠	2개월 이내	6개월
3	1,1,2,2-테트라클로로에탄 사염화탄소 아크릴로니트릴 염화비닐	3개월 이내	6개월
4	석면, 면 분진	12개월 이내	12개월
5	광물성 분진 목재 분진 소음 및 충격소음	12개월 이내	24개월
6	제1호부터 제5호까지의 대상 유해인자를 제외한 별표22의 모든 대상 유해인자	6개월 이내	12개월

정답 ③

74 근로자 건강진단 실시기준에서 유해요인과 인체에 미치는 영향으로 옳지 않은 것은? [2023년 기출]

① 니켈 – 폐암, 비강암, 눈의 자극증상
② 오산화바나듐 – 천식, 폐부종, 피부습진
③ 베릴륨 – 기침, 호흡곤란, 폐의 육아종 형성
④ 카드뮴 – 만성 폐쇄성 호흡기 질환 및 폐기종
⑤ 망간 – 접촉성 피부염, 비중격 점막의 괴사

해설

⑤ 만성 비소중독으로 점막장해, 비염, 인후염, 기관지염 등의 점막염이 일어나고 특히 장기폭로로 인해 비중격 천공이 생긴다.

금속	증상(영향)
수은(Hg)	식욕부진, 두통, 전신권태, 경미한 몸 떨림, 불안, 호흡곤란, 입술부위의 창백, 메스꺼움, 설사, 정신장애 증세, 기억상실, 우울증세를 나타낼 수 있다.
연(납, Pb)	4알킬연은 무기연화합물보다 독성이 강하며 호흡기로 흡수되어 주로 중추신경계통에 작용하고 간과 골수, 신장, 뇌 등에 장해를 준다. 급성증상으로는 중추신경계의 증상이 강하게 나타나는데 노출 수 일 후에는 불안, 흥분, 근육연축, 망상, 환상이 일어나고 혈압저하, 체질저하, 맥박수가 감소한다.
카드뮴(Cd)	만성 폐쇄성 호흡기 질환 및 폐기종
망간(Mn)	수면방해, 행동이상, 신경증상, 발음부정확 등
오산화바나듐(V_2O_5)	눈물이 나오며, 비염, 인두염, 기관지염, 천식, 흉통, 폐렴, 폐부종, 피부습진 등. * 오산화바나듐은 황산 제조의 촉매로 사용한다.
니켈(Ni)	눈의 자극증상, 발한, 메스꺼움, 어지러움, 경련, 정신착란, 폐암, 비강암 등
비소(As)	접촉성 피부염, 비중격 점막의 괴사, 다발성 신경염 등

정답 ⑤

75 작업환경측정 대상 유해인자에는 해당하지만 특수건강진단 대상 유해인자가 아닌 것은? [2023년 기출]

① 디에틸아민
② 디에틸에테르
③ 무수프탈산
④ 브롬화메틸
⑤ 피리딘

해설

① 산업안전보건법 시행규칙[별표22]에는 특수건강진단 대상 유해인자 중 유기화합물 109종이 있으며, [별표21]에는 작업환경측정 대상 유해인자 중 유기화합물 114종이 있다.

특수건강진단 대상 유해인자에만 해당	작업환경측정 대상 유해인자에만 해당
가솔린	디에틸아민
β -나프틸아민	1,1-디클로로-1-플루오르에탄
마젠타	메틸아민
벤지딘 및 그 염	메틸 아세테이트
비스(클로로메닐) 에테르	n-부틸아세테이트
아우라민	비리 아세테이트
콜타르	알릴 글리시딜 에테르
클로로메틸 메틸 에테르	에틸 아세테이트
테레빈유	에밀아민
β -프로피오락토	이소프로필 아세테이트
o-프탈로니트릴	트리에틸아민
	푸로필렌이민
	n-프로필 아세테이트

정답 ①

* 51번~68번 산업안전지도사 기업진단·지도 문제와 공통 내용임.

69

물체의 낙하 또는 비래 및 추락에 의한 위험을 방지 또는 경감하고, 머리부위 감전에 의한 위험을 방지하기 위한 안전모의 종류(기호)는? [2023년 기출]

① A

② AB

③ AE

④ ABE

⑤ ABF

해설

④ A는 물체의 낙하 또는 비래, B는 추락, E는 감전에 의한 위험을 방지한다는 의미이다.

정답 ④

70

산업재해발생의 기본 원인 4M에 해당하지 않는 것은? [2023년 기출]

① Man

② Media

③ Machine

④ Mechanism

⑤ Management

해설

정답 ④

71 안전보건경영시스템의 적용 범위 결정방법에 관한 지침 상 안전보건경영시스템의 범위(경계) 결정의 핵심 과정을 모두 고른 것은? [2023년 기출]

ㄱ. 핵심 작업 활동 관련 이슈를 파악하는 과정
ㄴ. 안전·보건 관련 내부 및 외부 이슈를 파악하는 과정
ㄷ. 근로자 및 기타 이해관계자의 니즈와 기대를 파악하는 과정

① ㄱ
② ㄱ, ㄴ
③ ㄱ, ㄷ
④ ㄴ, ㄷ
⑤ ㄱ, ㄴ, ㄷ

해설

○ 안전보건경영시스템의 적용 범위(경계) 결정방법에 관한 지침

1. 용어의 정의

1) 경영시스템(Management System)이란 소정 업무의 완수 또는 특정 결과를 유지하거나 성취하기 위하여 조직의 구조, 방침, 정책, 비전, 역할과 책임, 기획, 절차, 운영, 성과평가 및 개선 등의 구성 요소가 '계획-실행-검토-조치(PDCA) 사이클' 원리에 따라서 체계적이고 유기적으로 개선을 향해 지속 진화하는 체제를 말한다.

2) 안전보건경영(occupational safety and health management)이란 사업주가 자율적으로 안전하고 건강한 사업장을 제공하기 위하여, 작업-관련 상해 및 건강상 재해 예방 시스템을 자율적으로 구축하고 정기적으로 위험성을 평가하여 잠재적 유해·위험 요인을 지속적으로 개선하면서 산업재해 성과를 개선하는 일련의 조치 사항을 체계적으로 관리하는 제반 활동이다.

3) 적용 범위
안전·보건경영시스템은 조직 그룹 전체, 단위 개별 조직 또는 특정한 사업부를 대상으로 적용될 수 있으며, 기능 역시 하나의 기능 또는 그 이상의 기능을 포함할 수 있다. 적용 범위(the scope)는 이 과정에서 경계(boundaries)를 정하는 의사 결정 활동이다.
안전보건경영시스템의 적용 범위는 자유와 유연성을 갖는다.
안전보건경영시스템의 범위(경계) 결정의 핵심은 다음과 같다.
① 안전보건관련 내부 및 외부 이슈를 파악하는 과정
② 근로자 및 기타 이해관계인의 니즈와 기대를 파악하는 과정
③ 핵심 작업 활동 관련 이슈를 파악하는 과정

정답 ⑤

72 Fail-Safe 기능면에서의 분류에 관한 설명으로 옳은 것을 모두 고른 것은? [2023년 기출]

ㄱ. Fail-Active : 부품이 고장 났을 경우 통상 기계는 정지하는 방향으로 이동
ㄴ. Fail-Passive : 부품이 고장 났을 경우 경보를 울리는 가운데 짧은 시간 동안 운전가능
ㄷ. Fail-Operational : 부품에 고장이 있더라도 기계는 추후 보수가 이루어질 때까지 안전한 기능 유지

① ㄱ
② ㄴ
③ ㄷ
④ ㄱ, ㄴ
⑤ ㄱ, ㄴ, ㄷ

해설

○ Fail-Safe 기능면에서의 분류
ㄱ. Fail-Active : 부품이 고장 났을 경우 경보를 울리는 가운데 짧은 시간 동안 운전가능
ㄴ. Fail-Passive : 부품이 고장 났을 경우 통상 기계는 정지하는 방향으로 이동
ㄷ. Fail-Operational : 부품에 고장이 있더라도 기계는 추후 보수가 이루어질 때까지 안전한 기능 유지

정답 ③

73 산업안전보건기준에 관한 규칙상 위험물질의 종류에 관한 내용이다. ( )에 들어갈 것으로 옳은 것은? [2023년 기출]

- 부식성 산류 : 농도가 (ㄱ)퍼센트 이상인 인산, 아세트산, 불산, 그 밖에 이와 같은 정도 이상의 부식성을 가지는 물질
- 부식성 염기류 : 농도가 (ㄴ)퍼센트 이상인 수산화나트륨, 수산화칼륨, 그 밖에 이와 같은 정도 이상의 부식성을 가지는 염기류

① ㄱ : 20, ㄴ : 40
② ㄱ : 40, ㄴ : 20
③ ㄱ : 50, ㄴ : 50
④ ㄱ : 50, ㄴ : 60
⑤ ㄱ : 60, ㄴ : 40

해설

■ 산업안전보건기준에 관한 규칙 [별표 1]

위험물질의 종류(제16조·제17조 및 제225조 관련)

1. 폭발성 물질 및 유기과산화물
   가. 질산에스테르류
   나. 니트로화합물
   다. 니트로소화합물
   라. 아조화합물
   마. 디아조화합물
   바. 하이드라진 유도체
   사. 유기과산화물
   아. 그 밖에 가목부터 사목까지의 물질과 같은 정도의 폭발 위험이 있는 물질
   자. 가목부터 아목까지의 물질을 함유한 물질

2. 물반응성 물질 및 인화성 고체
   가. 리튬
   나. 칼륨·나트륨
   다. 황
   라. 황린
   마. 황화인·적린
   바. 셀룰로이드류
   사. 알킬알루미늄·알킬리튬
   아. 마그네슘 분말
   자. 금속 분말(마그네슘 분말은 제외한다)
   차. 알칼리금속(리튬·칼륨 및 나트륨은 제외한다)
   카. 유기 금속화합물(알킬알루미늄 및 알킬리튬은 제외한다)
   타. 금속의 수소화물
   파. 금속의 인화물
   하. 칼슘 탄화물, 알루미늄 탄화물
   거. 그 밖에 가목부터 하목까지의 물질과 같은 정도의 발화성 또는 인화성이 있는 물질
   너. 가목부터 거목까지의 물질을 함유한 물질

3. 산화성 액체 및 산화성 고체
   가. 차아염소산 및 그 염류
   나. 아염소산 및 그 염류
   다. 염소산 및 그 염류
   라. 과염소산 및 그 염류
   마. 브롬산 및 그 염류
   바. 요오드산 및 그 염류
   사. 과산화수소 및 무기 과산화물

아. 질산 및 그 염류
자. 과망간산 및 그 염류
차. 중크롬산 및 그 염류
카. 그 밖에 가목부터 차목까지의 물질과 같은 정도의 산화성이 있는 물질
타. 가목부터 카목까지의 물질을 함유한 물질

4. 인화성 액체
가. 에틸에테르, 가솔린, 아세트알데히드, 산화프로필렌, 그 밖에 인화점이 섭씨 23도 미만이고 초기끓는점이 섭씨 35도 이하인 물질
나. 노르말헥산, 아세톤, 메틸에틸케톤, 메틸알코올, 에틸알코올, 이황화탄소, 그 밖에 인화점이 섭씨 23도 미만이고 초기 끓는점이 섭씨 35도를 초과하는 물질
다. 크실렌, 아세트산아밀, 등유, 경유, 테레핀유, 이소아밀알코올, 아세트산, 하이드라진, 그 밖에 인화점이 섭씨 23도 이상 섭씨 60도 이하인 물질

5. 인화성 가스
가. 수소
나. 아세틸렌
다. 에틸렌
라. 메탄
마. 에탄
바. 프로판
사. 부탄
아. 영 별표 13에 따른 인화성 가스

6. 부식성 물질
가. 부식성 산류
(1) 농도가 20퍼센트 이상인 염산, 황산, 질산, 그 밖에 이와 같은 정도 이상의 부식성을 가지는 물질
(2) 농도가 60퍼센트 이상인 인산, 아세트산, 불산, 그 밖에 이와 같은 정도 이상의 부식성을 가지는 물질
나. 부식성 염기류
농도가 40퍼센트 이상인 수산화나트륨, 수산화칼륨, 그 밖에 이와 같은 정도 이상의 부식성을 가지는 염기류

7. 급성 독성 물질
가. 쥐에 대한 경구투입실험에 의하여 실험동물의 50퍼센트를 사망시킬 수 있는 물질의 양, 즉 LD50(경구, 쥐)이 킬로그램당 300밀리그램-(체중) 이하인 화학물질
나. 쥐 또는 토끼에 대한 경피흡수실험에 의하여 실험동물의 50퍼센트를 사망시킬 수 있는 물질의 양, 즉 LD50(경피, 토끼 또는 쥐)이 킬로그램당 1000밀리그램 -(체중) 이하인 화학물질
다. 쥐에 대한 4시간 동안의 흡입실험에 의하여 실험동물의 50퍼센트를 사망시킬 수 있는 물질의 농도, 즉 가스 LC50(쥐, 4시간 흡입)이 2500ppm 이하인 화학물질, 증기 LC50(쥐, 4시간 흡입)이 10mg/ℓ 이하인 화학물질, 분진 또는 미스트 1mg/ℓ 이하인 화학물질

정답 ⑤

74 감전 시 응급조치에 관한 기술지침상 통전전류에 의한 영향에 관한 내용이다. (   )에 들어갈 것으로 옳은 것은? [2023년 기출]

종류	인체반응	전류치
(ㄱ)	짜릿함을 느끼는 정도	1~2mA
(ㄴ)	참을 수 있거나 고통스럽다	2~8mA

① ㄱ : 최소감지전류, ㄴ : 고통전류
② ㄱ : 최소감지전류, ㄴ : 가수전류
③ ㄱ : 가수전류, ㄴ : 고통전류
④ ㄱ : 불수전류, ㄴ : 가수전류
⑤ ㄱ : 심실세동전류, ㄴ : 고통전류

해설

○ **통전전류에 의한 영향**

종류	인체반응	전류치
최소감지전류	짜릿함을 느끼는 정도	1~2mA
고통전류	참을 수 있거나 고통스럽다.	2~8mA
가수전류	안전하게 스스로 접촉된 전원으로부터 떨어질 수 있는 최대한도의 전류	8~15mA
불수전류	전격을 받았음을 느끼면서 스스로 그 전원으로부터 떨어질 수 없는 전류	15~50mA
심실세동전류	심장의 기능을 잃게 되어 전원으로부터 떨어져도 수분이내 사망	$\frac{155}{\sqrt{t}} mA$(체중 $57kg$) ~ $\frac{165}{\sqrt{t}} mA$(체중 $57kg$)

정답 ①

75 인간공학적 동작 경제원칙 내용으로 옳지 않은 것은? [2023년 기출]

① 양팔의 동작은 동시에 서로 반대방향으로 대칭적으로 움직이도록 한다.
② 손과 신체동작은 작업을 원만하게 수행할 수 있는 범위 내에서 가장 높은 동작등급을 사용하도록 한다.
③ 가능하다면 낙하식 운반 방법을 사용한다.
④ 양손은 동시에 시작하고 동시에 끝나도록 한다.
⑤ 휴식시간을 제외하고는 양손이 동시에 쉬지 않도록 한다.

해설

동작경제의 3원칙	주요 내용
신체 사용에 관한 원칙	1) 두 손의 동작은 같이 시작하고 같이 끝나도록 한다. 2) 휴식시간을 제외하고는 양손이 동시에 쉬지 않도록 한다. 3) 두 팔의 동작은 동시에 서로 반대방향으로 대칭적으로 움직이도록 한다. 4) 손과 신체의 동작은 작업을 원만하게 처리할 수 있는 범위 내에서 가장 낮은 동작등급을 사용하도록 한다.
작업장 배치에 관한 원칙	1) 모든 공구와 재료는 정하여진 장소에 두어야 한다. 2) 공구와 재료, 조종장치는 사용 위치에 가까이 둔다. 3) 중력을 이용한 상자나 용기를 이용하여 부품이나 재료를 사용 장소에 가까이 보낼 수 있도록 한다. 4) 가능하면 낙하식 운반방법을 사용한다. 5) 재료와 공구는 최적의 동작순서로 작업할 수 있도록 배치해 둔다. 6) 최적의 채광 및 조명을 제공한다. 7) 작업대와 의자는 각 작업자에게 알맞도록 설계되어야 한다. 8) 의자는 인간공학적으로 잘 설계된 높이가 조절되는 의자를 제공한다.
공구 및 설비 설계에 관한 원칙	1) 공구류는 될 수 있는 대로 두 가지 이상의 기능을 조합한 것을 사용하여야 한다. 2) 각종 손잡이는 손에 가장 알맞게 고안함으로써 피로를 감소시킬 수 있다. 3) 공구류 및 재료는 될 수 있는 대로 다음에 사용하기 쉽도록 놓아두어야 한다. 4) 레버, 핸들 및 제어장치는 작업자가 몸의 자세를 크게 바꾸지 않아도 조작이 쉽도록 배열한다.

○ **동작등급과 신체부위**

1등급–손가락의 동작

2등급–손가락+손목

3등급–손가락+손목+아래팔(팔꿈치)

4등급–손가락+손목+아래팔+위팔

5등급–손가락+손목+아래팔+위팔+어깨(몸통)

동작경제의 원칙은 길브레스 부부가 동작의 경제성과 능률 향상을 위한 20가지 원칙을 제안하였다. 이후 반스를 비롯한 여러 학자들이 추가 정리하였다.

동작등급은 5등급으로 분류하고 낮은 등급일수록 빠르고 노력이 적게 필요하다. 다만, 3등급 동작이 1등급이나 2등급 동작보다 정확하고 덜 피곤하기 때문에 경작업의 경우에는 3등급 동작이 유리하다.

정답 ②

CHAPTER

03

2022 기출문제

01 **산업안전보건법령상 관계수급인 근로자가 도급인의 사업장에서 작업을 하는 경우 도급인의 안전조치 및 보건조치에 관한 설명으로 옳지 않은 것은? [2022년 기출]**

① 도급인은 같은 장소에서 이루어지는 도급인과 관계수급인의 작업에 있어서 관계수급인의 작업시기·내용, 안전조치 및 보건조치 등을 확인하여야 한다.

② 건설업의 경우에는 도급사업의 정기 안전·보건점검을 분기에 1회 이상 실시하여야 한다.

③ 관계수급인의 공사금액을 포함한 해당 공사의 총공사금액이 20억원 이상인 건설업의 경우 도급인은 그 사업장의 안전보건관리책임자를 안전보건총괄책임자로 지정하여야 한다.

④ 도급인은 도급인과 수급인을 구성원으로 하는 안전 및 보건에 관한 협의체를 도급인 및 그의 수급인 전원으로 구성하여야 한다.

⑤ 도급인은 제조업 작업장의 순회점검을 2일에 1회 이상 실시하여야 한다.

해설

제5장 도급 시 산업재해 예방

제2절 도급인의 안전조치 및 보건조치

제62조(안전보건총괄책임자) ① 도급인은 관계수급인 근로자가 도급인의 사업장에서 작업을 하는 경우에는 그 사업장의 안전보건관리책임자를 도급인의 근로자와 관계수급인 근로자의 산업재해를 예방하기 위한 업무를 총괄하여 관리하는 안전보건총괄책임자로 지정하여야 한다. 이 경우 안전보건관리책임자를 두지 아니하여도 되는 사업장에서는 그 사업장에서 사업을 총괄하여 관리하는 사람을 안전보건총괄책임자로 지정하여야 한다.

② 제1항에 따라 안전보건총괄책임자를 지정한 경우에는 「건설기술 진흥법」 제64조제1항제1호에 따른 안전총괄책임자를 둔 것으로 본다.

③ 제1항에 따라 안전보건총괄책임자를 지정하여야 하는 사업의 종류와 사업장의 상시근로자 수, 안전보건총괄책임자의 직무·권한, 그 밖에 필요한 사항은 **대통령령**으로 정한다.

영 제52조(안전보건총괄책임자 지정 대상사업) 법 제62조제1항에 따른 안전보건총괄책임자(이하 "안전보건총괄책임자"라 한다)를 지정해야 하는 사업의 종류 및 사업장의 **상시근로자 수는 관계수급인에게 고용된 근로자를 포함한 상시근로자가 100명(선박 및 보트 건조업, 1차 금속 제조업 및 토사석 광업의 경우에는 50명) 이상인 사업이나 관계수급인의 공사금액을 포함한 해당 공사의 총공사금액이 20억원 이상인 건설업으로 한다.**

제53조(안전보건총괄책임자의 직무 등) ① 안전보건총괄책임자의 직무는 다음 각 호와 같다. → **(암기법 : 위/중/예/조/사)**

1. 법 제36조에 따른 위험성평가의 실시에 관한 사항
2. 법 제51조 및 제54조에 따른 작업의 중지

3. 법 제64조에 따른 도급 시 산업재해 예방조치

4. 법 제72조제1항에 따른 산업안전보건관리비의 관계수급인 간의 사용에 관한 협의·조정 및 그 집행의 감독

5. 안전인증대상기계등과 자율안전확인대상기계등의 사용 여부 확인

② 안전보건총괄책임자에 대한 지원에 관하여는 제14조제2항을 준용한다. 이 경우 "안전보건관리책임자"는 "안전보건총괄책임자"로, "법 제15조제1항"은 "제1항"으로 본다.

③ 사업주는 안전보건총괄책임자를 선임했을 때에는 그 선임 사실 및 제1항 각 호의 직무의 수행내용을 증명할 수 있는 서류를 갖추어 두어야 한다.

제63조(도급인의 안전조치 및 보건조치) 도급인은 관계수급인 근로자가 도급인의 사업장에서 작업을 하는 경우에 자신의 근로자와 관계수급인 근로자의 산업재해를 예방하기 위하여 안전 및 보건 시설의 설치 등 필요한 안전조치 및 보건조치를 하여야 한다. 다만, 보호구 착용의 지시 등 관계수급인 근로자의 작업행동에 관한 직접적인 조치는 제외한다.

법 제64조(도급에 따른 산업재해 예방조치) ① 도급인은 관계수급인 근로자가 도급인의 사업장에서 작업을 하는 경우 다음 각 호의 사항을 이행하여야 한다.

1. **도급인과 수급인을 구성원으로 하는 안전 및 보건에 관한 협의체의 구성 및 운영**
2. **작업장 순회점검**
3. 관계수급인이 근로자에게 하는 제29조제1항부터 제3항까지의 규정에 따른 안전보건교육을 위한 장소 및 자료의 제공 등 지원
4. 관계수급인이 근로자에게 하는 제29조제3항에 따른 안전보건교육의 실시 확인
5. 다음 각 목의 어느 하나의 경우에 대비한 경보체계 운영과 대피방법 등 훈련
   가. 작업 장소에서 발파작업을 하는 경우
   나. 작업 장소에서 화재·폭발, 토사·구축물 등의 붕괴 또는 지진 등이 발생한 경우
6. 위생시설 등 고용노동부령으로 정하는 시설의 설치 등을 위하여 필요한 장소의 제공 또는 도급인이 설치한 위생시설 이용의 협조
7. 같은 장소에서 이루어지는 도급인과 관계수급인 등의 작업에 있어서 관계수급인 등의 작업시기·내용, 안전조치 및 보건조치 등의 확인
8. 제7호에 따른 확인 결과 관계수급인 등의 작업 혼재로 인하여 화재·폭발 등 대통령령으로 정하는 위험이 발생할 우려가 있는 경우 관계수급인 등의 작업시기·내용 등의 조정

② 제1항에 따른 도급인은 고용노동부령으로 정하는 바에 따라 자신의 근로자 및 관계수급인 근로자와 함께 정기적으로 또는 수시로 작업장의 안전 및 보건에 관한 점검을 하여야 한다.

③ 제1항에 따른 안전 및 보건에 관한 협의체 구성 및 운영, 작업장 순회점검, 안전보건교육 지원, 그 밖에 필요한 사항은 **고용노동부령**으로 정한다.

시행규칙 제5장 도급 시 산업재해 예방

제2절 도급인의 안전조치 및 보건조치

시행규칙 제79조(협의체의 구성 및 운영) ① 법 제64조 제1항 제1호에 따른 안전 및 보건에 관한 협의체(이하 이 조에서 "협의체"라 한다)는 도급인 및 그의 수급인 전원으로 구성해야 한다.

② 협의체는 다음 각 호의 사항을 협의해야 한다.

1. **작업의 시작 시간**

2. 작업 또는 작업장 간의 연락방법

3. 재해발생 위험이 있는 경우 대피방법

4. 작업장에서의 법 제36조에 따른 위험성평가의 실시에 관한 사항

5. 사업주와 수급인 또는 수급인 상호 간의 연락 방법 및 작업공정의 조정

③ 협의체는 매월 1회 이상 정기적으로 회의를 개최하고 그 결과를 기록·보존해야 한다.

시행규칙 제80조(도급사업 시의 안전·보건조치 등) ① 도급인은 법 제64조 제1항 제2호에 따른 **작업장 순회점검**을 다음 각 호의 구분에 따라 실시해야 한다.

1. 다음 각 목의 사업 : 2일에 1회 이상

가. 건설업

나. 제조업

다. 토사석 광업

라. 서적, 잡지 및 기타 인쇄물 출판업

마. 음악 및 기타 오디오물 출판업

바. 금속 및 비금속 원료 재생업

2. 제1호 각 목의 사업을 제외한 사업 : 1주일에 1회 이상

② 관계수급인은 제1항에 따라 도급인이 실시하는 순회점검을 거부·방해 또는 기피해서는 안 되며 점검 결과 도급인의 시정요구가 있으면 이에 따라야 한다.

③ 도급인은 법 제64조제1항제3호에 따라 관계수급인이 실시하는 근로자의 안전·보건교육에 필요한 장소 및 자료의 제공 등을 요청받은 경우 협조해야 한다.

시행규칙 제82조(도급사업의 합동 안전·보건점검) ① 법 제64조제2항에 따라 도급인이 작업장의 안전 및 보건에 관한 점검을 할 때에는 다음 각 호의 사람으로 점검반을 구성해야 한다.

1. 도급인(같은 사업 내에 지역을 달리하는 사업장이 있는 경우에는 그 사업장의 안전보건관리책임자)

2. 관계수급인(같은 사업 내에 지역을 달리하는 사업장이 있는 경우에는 그 사업장의 안전보건관리책임자)

3. 도급인 및 관계수급인의 근로자 각 1명(관계수급인의 근로자의 경우에는 해당 공정만 해당한다)

② 법 제64조제2항에 따른 정기 안전·보건점검의 실시 횟수는 다음 각 호의 구분에 따른다.

1. 다음 각 목의 사업 : 2개월에 1회 이상

가. 건설업

나. 선박 및 보트 건조업

2. 제1호의 사업을 제외한 사업 : 분기에 1회 이상

정답 ②

02 **산업안전보건법령상 '대여자 등이 안전조치 등을 해야 하는 기계·기구·설비 및 건축물 등'에 규정되어 있는 것을 모두 고른 것은? (단, 고용노동부장관이 정하여 고시하는 기계·기구·설비 및 건축물 등은 고려하지 않음) [2022년 기출]**

ㄱ. 어스오거	ㄴ. 산업용 로봇	ㄷ. 클램셸	ㄹ. 압력용기

① ㄱ, ㄴ

② ㄱ, ㄷ

③ ㄴ, ㄹ

④ ㄱ, ㄷ, ㄹ

⑤ ㄴ, ㄷ, ㄹ

해설

제81조(기계·기구 등의 대여자 등의 조치) 대통령령으로 정하는 기계·기구·설비 또는 건축물 등을 타인에게 대여하거나 대여받는 자는 필요한 안전조치 및 보건조치를 하여야 한다.

영 제71조(대여자 등이 안전조치 등을 해야 하는 기계·기구 등) 법 제81조에서 "대통령령으로 정하는 기계·기구·설비 및 건축물 등"이란 별표 21에 따른 기계·기구·설비 및 건축물 등을 말한다.

■ **산업안전보건법 시행령 [별표 21]**

대여자 등이 안전조치 등을 해야 하는 기계·기구·설비 및 건축물 등(제71조 관련)

1. 사무실 및 공장용 건축물
2. 이동식 크레인
3. 타워크레인
4. 불도저
5. 모터 그레이더
6. 로더
7. 스크레이퍼
8. 스크레이퍼 도저
9. 파워 셔블
10. 드래그라인
11. 클램셸
12. 버킷굴착기
13. 트렌치
14. 항타기
15. 항발기
16. 어스드릴
17. 천공기
18. 어스오거

19. 페이퍼드레인머신
20. 리프트
21. 지게차
22. 롤러기
23. 콘크리트 펌프
24. 고소작업대
25. 그 밖에 산업재해보상보험및예방심의위원회 심의를 거쳐 고용노동부장관이 정하여 고시하는 기계, 기구, 설비 및 건축물 등 → 산업용 로봇(×), 압력용기(×)

(암기법 : 사이타/도모로스/파워드래그어스/고펌지리/버킷페이퍼/천/항/트렌치/클롤)

정답 ②

03 산업안전보건법령상 유해하거나 위험한 기계·기구에 대한 방호조치 등에 관한 설명으로 옳은 것을 모두 고른 것은? [2022년 기출]

ㄱ. 래핑기에는 구동부 방호 연동장치를 설치해야 한다.
ㄴ. 원심기에는 압력방출장치를 설치해야 한다.
ㄷ. 작동 부분에 돌기 부분이 있는 기계는 그 돌기 부분에 방호망을 설치하여야 한다.
ㄹ. 동력전달 부분이 있는 기계는 동력전달 부분을 묻힘형으로 하여야 한다.

① ㄱ
② ㄱ, ㄴ
③ ㄴ, ㄷ
④ ㄷ, ㄹ
⑤ ㄱ, ㄷ, ㄹ

해설

시행규칙 제98조(방호조치) ① 법 제80조제1항에 따라 영 제70조 및 영 별표 20의 기계·기구에 설치해야 할 방호장치는 다음 각 호와 같다.

1. 영 별표 20 제1호에 따른 예초기 : 날접촉 예방장치
2. 영 별표 20 제2호에 따른 원심기 : 회전체 접촉 예방장치
3. 영 별표 20 제3호에 따른 공기압축기 : 압력방출장치
4. 영 별표 20 제4호에 따른 금속절단기 : 날접촉 예방장치
5. 영 별표 20 제5호에 따른 지게차 : 헤드 가드, 백레스트(backrest), 전조등, 후미등, 안전벨트

6. 영 별표 20 제6호에 따른 포장기계 : 구동부 방호 연동장치

② 법 제80조제2항에서 "고용노동부령으로 정하는 방호조치"란 다음 각 호의 방호조치를 말한다.

1. 작동 부분의 **돌기부분은 묻힘형**으로 하거나 덮개를 부착할 것
2. **동력전달부분 및 속도조절부분**에는 덮개를 부착하거나 **방호망**을 설치할 것
3. **회전기계의 물림점**(롤러나 톱니바퀴 등 반대방향의 두 회전체에 물려 들어가는 위험점)에는 덮개 또는 **울**을 설치할 것

③ 제1항 및 제2항에 따른 방호조치에 필요한 사항은 고용노동부장관이 정하여 고시한다.

시행규칙 제99조(방호조치 해체 등에 필요한 조치) ① 법 제80조제4항에서 "고용노동부령으로 정하는 경우"란 다음 각 호의 경우를 말하며, 그에 필요한 안전조치 및 보건조치는 다음 각 호에 따른다.

1. 방호조치를 해체하려는 경우 : 사업주의 허가를 받아 해체할 것
2. 방호조치 해체 사유가 소멸된 경우 : 방호조치를 지체 없이 원상으로 회복시킬 것
3. 방호조치의 기능이 상실된 것을 발견한 경우 : 지체 없이 사업주에게 신고할 것

② 사업주는 제1항 제3호에 따른 신고가 있으면 즉시 수리, 보수 및 작업중지 등 적절한 조치를 해야 한다.

■ **산업안전보건법 시행령 [별표 20]**

유해·위험 방지를 위한 방호조치가 필요한 기계·기구(제70조 관련)

1. 예초기
2. 원심기
3. 공기압축기
4. 금속절단기
5. 지게차
6. 포장기계(**진공포장기, 래핑기로 한정**한다)

정답 ①

04 산업안전보건법령상 사업주가 근로자의 작업내용을 변경할 때에 그 근로자에게 하여야 하는 안전보건교육의 내용으로 규정되어 있지 않은 것은? [2022년 기출]

① 사고 발생 시 긴급조치에 관한 사항
② 기계·기구의 위험성과 작업의 순서 및 동선에 관한 사항
③ 표준안전 작업방법에 관한 사항
④ 직장 내 괴롭힘, 고객의 폭언 등으로 인한 건강장해 예방 및 관리에 관한 사항
⑤ 작업 개시 전 점검에 관한 사항

해설

안전보건교육 교육대상별 교육내용(제26조제1항 등 관련)

1. 근로자 안전보건교육(제26조제1항 관련)
가. 정기교육
[암기법 : 안전/보건/법령(산재)/직장내/스트레스/위험성/건강증진/작업환경관리] = 6+2

교육내용
○ 산업안전 및 사고 예방에 관한 사항
○ 산업보건 및 직업병 예방에 관한 사항
○ **위험성 평가에 관한 사항**
○ 건강증진 및 질병 예방에 관한 사항
○ 유해·위험 작업환경 관리에 관한 사항
○ 산업안전보건법령 및 산업재해보상보험 제도에 관한 사항
○ 직무스트레스 예방 및 관리에 관한 사항
○ 직장 내 괴롭힘, 고객의 폭언 등으로 인한 건강장해 예방 및 관리에 관한 사항

나. 삭제 〈2023. 9. 27.〉

다. 채용 시 교육 및 작업내용 변경 시 교육
[암기법 : 안전/보건/법령(산재)/직장내/스트레스/위험성/~~건강증진~~/~~작업환경관리~~/작업개시전/사고/위험성과(작업의 순서 및 동선)/MSDS/정리] = 6+(2)+5

교육내용
○ 산업안전 및 사고 예방에 관한 사항
○ 산업보건 및 직업병 예방에 관한 사항
○ **위험성 평가에 관한 사항**
○ 산업안전보건법령 및 산업재해보상보험 제도에 관한 사항
○ 직무스트레스 예방 및 관리에 관한 사항
○ 직장 내 괴롭힘, 고객의 폭언 등으로 인한 건강장해 예방 및 관리에 관한 사항

○ 기계·기구의 위험성과 작업의 순서 및 동선에 관한 사항
○ 작업 개시 전 점검에 관한 사항
○ 정리정돈 및 청소에 관한 사항
○ 사고 발생 시 긴급조치에 관한 사항
○ 물질안전보건자료에 관한 사항

1의2. 관리감독자 안전보건교육(제26조제1항 관련)

가. 정기교육

교육내용
[암기법 : 안전/보건/법령(산재)/직장내/스트레스/위험성/건강증진/작업환경관리//비상시/표준/체제/공정/능력배양]
○ 산업안전 및 사고 예방에 관한 사항 ○ 산업보건 및 직업병 예방에 관한 사항 ○ 위험성평가에 관한 사항 ○ 유해·위험 작업환경 관리에 관한 사항 ○ 산업안전보건법령 및 산업재해보상보험 제도에 관한 사항 ○ 직무스트레스 예방 및 관리에 관한 사항 ○ 직장 내 괴롭힘, 고객의 폭언 등으로 인한 건강장해 예방 및 관리에 관한 사항 ○ 작업**공정**의 유해·위험과 재해 예방대책에 관한 사항 ○ 사업장 내 안전보건관리체제 및 안전·보건조치 현황에 관한 사항 ○ **표준**안전 작업방법 결정 및 지도·감독 요령에 관한 사항 ○ 현장근로자와의 의사소통능력 및 강의능력 등 안전보건교육 **능력 배양**에 관한 사항 ○ **비상시** 또는 재해 발생 시 긴급조치에 관한 사항 ○ 그 밖의 관리감독자의 직무에 관한 사항

나. 채용 시 교육 및 작업내용 변경 시 교육

교육내용
[암기법 : 안전/보건/법령(산재)/직장내/스트레스/위험성/작업환경관리//작업개시전/사고/(기계기구의)위험성과(작업의 순서 및 동선)/MSDS/정리/비상/표준/체제]
○ 산업안전 및 사고 예방에 관한 사항 ○ 산업보건 및 직업병 예방에 관한 사항 ○ 위험성평가에 관한 사항 ○ 산업안전보건법령 및 산업재해보상보험 제도에 관한 사항 ○ 직무스트레스 예방 및 관리에 관한 사항 ○ 직장 내 괴롭힘, 고객의 폭언 등으로 인한 건강장해 예방 및 관리에 관한 사항 ○ 기계·기구의 **위험성과** 작업의 순서 및 동선에 관한 사항 ○ **작업 개시 전** 점검에 관한 사항 ○ **물질안전보건자료**에 관한 사항 ○ 사업장 내 안전보건관리**체제** 및 안전·보건조치 현황에 관한 사항

○ **표준**안전 작업방법 결정 및 지도·감독 요령에 관한 사항
○ **비상시** 또는 재해 발생 시 긴급조치에 관한 사항
○ 그 밖의 관리감독자의 직무에 관한 사항

근로자 정기교육(8)	근로자 채용/작업내용 변경 시 교육(11)	관리감독자 정기교육(13)	관리감독자 채용/작업내용 변경 시 교육(13)
[암기법 : 안전/보건/법령(산재)/직장내/스트레스/위험성/건강증진/작업환경관리]	[암기법 : 안전/보건/법령(산재)/직장내/스트레스/위험성/~~건강증진~~/~~작업환경관리~~/작업개시전/사고/위험성과(작업의 순서 및 동선)/MSDS/정리]	[암기법 : 안전/보건/법령(산재)/직장내/스트레스/위험성/~~건강증진~~/작업환경관리//**비상시**/**표준**/**체제**/공정/능력배양]	[암기법 : 안전/보건/법령(산재)/직장내/스트레스/위험성/~~작업환경관리~~//작업개시전/사고/(기계·기구의)위험성과(작업의 순서 및 동선)/MSDS/~~정리~~/**비상**/**표준**/**체제**]

정답 ③

05 산업안전보건법령상 안전검사에 관한 설명으로 옳지 않은 것은? [2022년 기출]

① 형 체결력(型 締結力) 294킬로뉴턴(KN) 이상의 사출성형기는 안전검사대상기계 등에 해당한다.
② 사업주는 자율안전검사를 받은 경우에는 그 결과를 기록하여 보존하여야 한다.
③ 안전검사기관이 안전검사 업무를 게을리 하거나 업무에 차질을 일으킨 경우 고용노동부장관은 안전검사기관 지정을 취소하거나 6개월 이내의 기간을 정하여 그 업무의 정지를 명할 수 있다.
④ 곤돌라를 건설현장에서 사용하는 경우 사업장에 최초로 설치한 날부터 6개월 마다 안전검사를 하여야 한다.
⑤ 안전검사대상기계 등을 사용하는 사업주와 소유자가 다른 경우에는 사업주가 안전검사를 받아야 한다.

해설

제21조(안전관리전문기관 등) ① 안전관리전문기관 또는 보건관리전문기관이 되려는 자는 대통령령으로 정하는 인력·시설 및 장비 등의 요건을 갖추어 고용노동부장관의 지정을 받아야 한다.
② 고용노동부장관은 안전관리전문기관 또는 보건관리전문기관에 대하여 평가하고 그 결과를 공개할 수 있다. 이 경우 평가의 기준·방법 및 결과의 공개에 필요한 사항은 고용노동부령으로 정한다.

③ 안전관리전문기관 또는 보건관리전문기관의 지정 절차, 업무 수행에 관한 사항, 위탁받은 업무를 수행할 수 있는 지역, 그 밖에 필요한 사항은 고용노동부령으로 정한다.

④ 고용노동부장관은 안전관리전문기관 또는 보건관리전문기관이 다음 각 호의 어느 하나에 해당할 때에는 그 지정을 취소하거나 6개월 이내의 기간을 정하여 그 업무의 정지를 명할 수 있다. 다만, 제1호 또는 제2호에 해당할 때에는 그 지정을 취소하여야 한다.

1. 거짓이나 그 밖의 부정한 방법으로 지정을 받은 경우
2. 업무정지 기간 중에 업무를 수행한 경우
3. 제1항에 따른 지정 요건을 충족하지 못한 경우
4. 지정받은 사항을 위반하여 업무를 수행한 경우
5. 그 밖에 대통령령으로 정하는 사유에 해당하는 경우

⑤ 제4항에 따라 지정이 취소된 자는 지정이 취소된 날부터 2년 이내에는 각각 해당 안전관리전문기관 또는 보건관리전문기관으로 지정받을 수 없다.

제93조(안전검사) ① 유해하거나 위험한 기계·기구·설비로서 대통령령으로 정하는 것(이하 "안전검사대상기계등"이라 한다)을 사용하는 사업주(근로자를 사용하지 아니하고 사업을 하는 자를 포함한다. 이하 이 조, 제94조, 제95조 및 제98조에서 같다)는 안전검사대상기계등의 안전에 관한 성능이 고용노동부장관이 정하여 고시하는 검사기준에 맞는지에 대하여 고용노동부장관이 실시하는 검사(이하 "안전검사"라 한다)를 받아야 한다. **이 경우 안전검사대상기계등을 사용하는 사업주와 소유자가 다른 경우에는 안전검사대상기계등의 소유자가 안전검사를 받아야 한다.**

② 제1항에도 불구하고 안전검사대상기계등이 다른 법령에 따라 안전성에 관한 검사나 인증을 받은 경우로서 고용노동부령으로 정하는 경우에는 안전검사를 면제할 수 있다.

③ 안전검사의 신청, 검사 주기 및 검사합격 표시방법, 그 밖에 필요한 사항은 고용노동부령으로 정한다. 이 경우 검사 주기는 안전검사대상기계등의 종류, 사용연한(使用年限) 및 위험성을 고려하여 정한다.

제96조(안전검사기관) ① 고용노동부장관은 안전검사 업무를 위탁받아 수행하는 기관을 안전검사기관으로 지정할 수 있다.

② 제1항에 따라 안전검사기관으로 지정받으려는 자는 대통령령으로 정하는 인력·시설 및 장비 등의 요건을 갖추어 고용노동부장관에게 신청하여야 한다.

③ 고용노동부장관은 제1항에 따라 지정받은 안전검사기관(이하 "안전검사기관"이라 한다)에 대하여 평가하고 그 결과를 공개할 수 있다. 이 경우 평가의 기준·방법 및 결과의 공개에 필요한 사항은 고용노동부령으로 정한다.

④ 안전검사기관의 지정 신청 절차, 그 밖에 필요한 사항은 고용노동부령으로 정한다.

⑤ 안전검사기관에 관하여는 제21조제4항 및 제5항을 준용한다. 이 경우 "안전관리전문기관 또는 보건관리전문기관"은 "안전검사기관"으로 본다.

영 제28조(안전관리전문기관 등의 지정 취소 등의 사유) 법 제21조제4항제5호에서 "대통령령으로 정하는 사유에 해당하는 경우"란 다음 각 호의 경우를 말한다.

1. 안전관리 또는 보건관리 업무 관련 서류를 거짓으로 작성한 경우
2. 정당한 사유 없이 안전관리 또는 보건관리 업무의 수탁을 거부한 경우
3. 위탁받은 안전관리 또는 보건관리 업무에 차질을 일으키거나 업무를 게을리한 경우

4. 안전관리 또는 보건관리 업무를 수행하지 않고 위탁 수수료를 받은 경우
5. 안전관리 또는 보건관리 업무와 관련된 비치서류를 보존하지 않은 경우
6. 안전관리 또는 보건관리 업무 수행과 관련한 대가 외에 금품을 받은 경우
7. 법에 따른 관계 공무원의 지도·감독을 거부·방해 또는 기피한 경우

제98조(자율검사프로그램에 따른 안전검사) ① 제93조제1항에도 불구하고 같은 항에 따라 안전검사를 받아야 하는 사업주가 근로자대표와 협의(근로자를 사용하지 아니하는 경우는 제외한다)하여 같은 항 전단에 따른 검사기준, 같은 조 제3항에 따른 검사 주기 등을 충족하는 검사프로그램(이하 "자율검사프로그램"이라 한다)을 정하고 고용노동부장관의 인정을 받아 다음 각 호의 어느 하나에 해당하는 사람으로부터 자율검사프로그램에 따라 안전검사대상기계등에 대하여 안전에 관한 성능검사(이하 "자율안전검사"라 한다)를 받으면 안전검사를 받은 것으로 본다.

1. 고용노동부령으로 정하는 안전에 관한 성능검사와 관련된 자격 및 경험을 가진 사람
2. 고용노동부령으로 정하는 바에 따라 안전에 관한 성능검사 교육을 이수하고 해당 분야의 실무 경험이 있는 사람

② 자율검사프로그램의 유효기간은 2년으로 한다.

③ 사업주는 자율안전검사를 받은 경우에는 그 결과를 기록하여 보존하여야 한다.

④ 자율안전검사를 받으려는 사업주는 제100조에 따라 지정받은 검사기관(이하 "자율안전검사기관"이라 한다)에 자율안전검사를 위탁할 수 있다.

⑤ 자율검사프로그램에 포함되어야 할 내용, 자율검사프로그램의 인정 요건, 인정 방법 및 절차, 그 밖에 필요한 사항은 고용노동부령으로 정한다.

영 제78조(안전검사대상기계등) ① 법 제93조제1항 전단에서 "대통령령으로 정하는 것"이란 다음 각 호의 어느 하나에 해당하는 것을 말한다.

1. 프레스
2. 전단기
3. 크레인(정격 하중이 2톤 미만인 것은 제외한다)
4. 리프트
5. 압력용기
6. 곤돌라
7. 국소 배기장치(이동식은 제외한다)
8. 원심기(산업용만 해당한다)
9. 롤러기(밀폐형 구조는 제외한다)
10. 사출성형기[형 체결력(型 締結力) 294킬로뉴턴(KN) 미만은 제외한다]
11. 고소작업대(「자동차관리법」 제3조제3호 또는 제4호에 따른 화물자동차 또는 특수자동차에 탑재한 고소작업대로 한정한다)
12. 컨베이어
13. 산업용 로봇

② 법 제93조제1항에 따른 안전검사대상기계등의 세부적인 종류, 규격 및 형식은 고용노동부장관이 정하여 고시한다.

영 제78조(안전검사대상기계등) ① 법 제93조제1항 전단에서 "대통령령으로 정하는 것"이란 다음 각

호의 어느 하나에 해당하는 것을 말한다. 〈개정 2024. 6. 25.〉

1. 프레스
2. 전단기
3. 크레인(정격 하중이 2톤 미만인 것은 제외한다)
4. 리프트
5. 압력용기
6. 곤돌라
7. 국소 배기장치(이동식은 제외한다)
8. 원심기(산업용만 해당한다)
9. 롤러기(밀폐형 구조는 제외한다)
10. 사출성형기[형 체결력(型 締結力) 294킬로뉴턴(KN) 미만은 제외한다]
11. 고소작업대(「자동차관리법」 제3조제3호 또는 제4호에 따른 화물자동차 또는 특수자동차에 탑재한 고소작업대로 한정한다)
12. 컨베이어
13. 산업용 로봇
14. **혼합기**
15. **파쇄기 또는 분쇄기**

② 법 제93조제1항에 따른 안전검사대상기계등의 세부적인 종류, 규격 및 형식은 고용노동부장관이 정하여 고시한다.

[시행일 : 2026. 6. 26.] 제78조 제1항 제14호, 제78조 제1항 제15호

시행규칙 제124조(안전검사의 신청 등) ① 법 제93조제1항에 따라 안전검사를 받아야 하는 자는 별지 제50호서식의 안전검사 신청서를 제126조에 따른 검사 주기 만료일 30일 전에 영 제116조제2항에 따라 안전검사 업무를 위탁받은 기관(이하 "안전검사기관"이라 한다)에 제출(전자문서로 제출하는 것을 포함한다)해야 한다.

② 제1항에 따른 안전검사 신청을 받은 안전검사기관은 검사 주기 만료일 전후 각각 30일 이내에 해당 기계·기구 및 설비별로 안전검사를 해야 한다. 이 경우 해당 검사기간 이내에 검사에 합격한 경우에는 검사 주기 만료일에 안전검사를 받은 것으로 본다.

시행규칙 제125조(안전검사의 면제) 법 제93조제2항에서 "고용노동부령으로 정하는 경우"란 다음 각 호의 어느 하나에 해당하는 경우를 말한다. 〈개정 2024. 6. 28.〉

1. 「건설기계관리법」 제13조제1항제1호·제2호 및 제4호에 따른 검사를 받은 경우(안전검사 주기에 해당하는 시기의 검사로 한정한다)
2. 「고압가스 안전관리법」 제17조제2항에 따른 검사를 받은 경우
3. 「광산안전법」 제9조에 따른 검사 중 광업시설의 설치·변경공사 완료 후 일정한 기간이 지날 때마다 받는 검사를 받은 경우
4. 「선박안전법」 제8조부터 제12조까지의 규정에 따른 검사를 받은 경우
5. 「에너지이용 합리화법」 제39조제4항에 따른 검사를 받은 경우
6. 「원자력안전법」 제22조제1항에 따른 검사를 받은 경우
7. 「위험물안전관리법」 제18조에 따른 정기점검 또는 정기검사를 받은 경우
8. **「전기안전관리법」 제11조에 따른 검사를 받은 경우**

9. 「항만법」 제33조제1항제3호에 따른 검사를 받은 경우

10. 「소방시설 설치 및 관리에 관한 법률」 제22조제1항에 따른 자체점검을 받은 경우

11. 「화학물질관리법」 제24조제3항 본문에 따른 정기검사를 받은 경우

시행규칙 제126조(안전검사의 주기와 합격표시 및 표시방법) ① 법 제93조제3항에 따른 안전검사대상기계등의 안전검사 주기는 다음 각 호와 같다.

1. 크레인(이동식 크레인은 제외한다), 리프트(이삿짐운반용 리프트는 제외한다) 및 곤돌라 : 사업장에 설치가 끝난 날부터 3년 이내에 최초 안전검사를 실시하되, 그 이후부터 2년마다(건설현장에서 사용하는 것은 최초로 설치한 날부터 6개월마다)
2. 이동식 크레인, 이삿짐운반용 리프트 및 고소작업대 : 「자동차관리법」 제8조에 따른 신규등록 이후 3년 이내에 최초 안전검사를 실시하되, 그 이후부터 2년마다
3. 프레스, 전단기, 압력용기, 국소 배기장치, 원심기, 롤러기, 사출성형기, 컨베이어 및 산업용 로봇 : 사업장에 설치가 끝난 날부터 3년 이내에 최초 안전검사를 실시하되, 그 이후부터 2년마다(공정안전보고서를 제출하여 확인을 받은 압력용기는 4년마다)

② 법 제93조제3항에 따른 안전검사의 합격표시 및 표시방법은 별표 16과 같다

시행규칙 제126조(안전검사의 주기와 합격표시 및 표시방법) ① 법 제93조제3항에 따른 안전검사대상기계등의 안전검사 주기는 다음 각 호와 같다. 〈개정 2024. 6. 28.〉

1. 크레인(이동식 크레인은 제외한다), 리프트(이삿짐운반용 리프트는 제외한다) 및 곤돌라 : 사업장에 설치가 끝난 날부터 3년 이내에 최초 안전검사를 실시하되, 그 이후부터 2년마다(건설현장에서 사용하는 것은 최초로 설치한 날부터 6개월마다)
2. 이동식 크레인, 이삿짐운반용 리프트 및 고소작업대 : 「자동차관리법」 제8조에 따른 신규등록 이후 3년 이내에 최초 안전검사를 실시하되, 그 이후부터 2년마다
3. 프레스, 전단기, 압력용기, 국소 배기장치, 원심기, 롤러기, 사출성형기, 컨베이어, 산업용 로봇, **혼합기, 파쇄기 또는 분쇄기** : 사업장에 설치가 끝난 날부터 3년 이내에 최초 안전검사를 실시하되, 그 이후부터 2년마다(공정안전보고서를 제출하여 확인을 받은 압력용기는 4년마다)

② 법 제93조제3항에 따른 안전검사의 합격표시 및 표시방법은 별표 16과 같다

[시행일 : 2026. 6. 26.] 제126조 제1항 제3호

정답 ⑤

유제 1

산업안전보건법령상 안전검사 주기가 다른 하나는?

① 건설현장에서 사용하는 곤돌라
② 건설현장에서 사용하는 압력용기
③ 건설현장에서 사용하는 이삿짐운반용 리프트
④ 건설현장에서 사용하는 이동식 크레인
⑤ 건설현장에서 사용하는 고소작업대

해설

정답 ①

유제 2

산업안전보건법령상 안전검사대상 기계 등에 해당하는 것은?

① 이동식 국소배기장치
② 형 체결력 274KN(킬로뉴튼)인 사출성형기
③ 산업용 원심기
④ 밀폐형 구조의 롤러기
⑤ 정격하중 1.5톤인 크레인

해설

정답 ③

06 산업안전보건법령상 제조 또는 사용허가를 받아야 하는 유해물질을 모두 고른 것은? (단, 고용노동부장관의 승인을 받은 경우는 제외함) [2022년 기출]

ㄱ. 크롬산 아연	ㄴ. β –나프틸아민과 그 염
ㄷ. o–톨리딘 및 그 염	ㄹ. 폴리클로리네이티드 터페닐
ㅁ. 콜타르피치 휘발물	

① ㄱ, ㄴ, ㄷ

② ㄱ, ㄷ, ㅁ

③ ㄱ, ㄹ, ㅁ

④ ㄴ, ㄷ, ㄹ

⑤ ㄴ, ㄹ, ㅁ

해설

제117조(유해·위험물질의 제조 등 금지) ① 누구든지 다음 각 호의 어느 하나에 해당하는 물질로서 대통령령으로 정하는 물질(이하 "제조등금지물질"이라 한다)을 제조·수입·양도·제공 또는 사용해서는 아니 된다.

1. 직업성 암을 유발하는 것으로 확인되어 근로자의 건강에 특히 해롭다고 인정되는 물질
2. 제105조제1항에 따라 유해성·위험성이 평가된 유해인자나 제109조에 따라 유해성·위험성이 조사된 화학물질 중 근로자에게 중대한 건강장해를 일으킬 우려가 있는 물질

② 제1항에도 불구하고 시험·연구 또는 검사 목적의 경우로서 다음 각 호의 어느 하나에 해당하는 경우에는 제조등금지물질을 제조·수입·양도·제공 또는 사용할 수 있다.

1. 제조·수입 또는 사용을 위하여 고용노동부령으로 정하는 요건을 갖추어 고용노동부장관의 승인을 받은 경우
2. 「화학물질관리법」 제18조제1항 단서에 따른 금지물질의 판매 허가를 받은 자가 같은 항 단서에 따라 판매 허가를 받은 자나 제1호에 따라 사용 승인을 받은 자에게 제조등금지물질을 양도 또는 제공하는 경우

③ 고용노동부장관은 제2항제1호에 따른 승인을 받은 자가 같은 호에 따른 승인요건에 적합하지 아니하게 된 경우에는 승인을 취소하여야 한다.

④ 제2항제1호에 따른 승인 절차, 승인 취소 절차, 그 밖에 필요한 사항은 고용노동부령으로 정한다.

제118조(유해·위험물질의 제조 등 허가) ① 제117조제1항 각 호의 어느 하나에 해당하는 물질로서 대체물질이 개발되지 아니한 물질 등 대통령령으로 정하는 물질(이하 "허가대상물질"이라 한다)을 제조하거나 사용하려는 자는 고용노동부장관의 허가를 받아야 한다. 허가받은 사항을 변경할 때에도 또한 같다.

② 허가대상물질의 제조·사용설비, 작업방법, 그 밖의 허가기준은 고용노동부령으로 정한다.

③ 제1항에 따라 허가를 받은 자(이하 "허가대상물질제조·사용자"라 한다)는 그 제조·사용설비를 제2항에 따른 허가기준에 적합하도록 유지하여야 하며, 그 기준에 적합한 작업방법으로 허가대상물질을 제조·사용하여야 한다.

④ 고용노동부장관은 허가대상물질제조·사용자의 제조·사용설비 또는 작업방법이 제2항에 따른 허가기준에 적합하지 아니하다고 인정될 때에는 그 기준에 적합하도록 제조·사용설비를 수리·개조 또는 이전하도록 하거나 그 기준에 적합한 작업방법으로 그 물질을 제조·사용하도록 명할 수 있다.

⑤ 고용노동부장관은 허가대상물질제조·사용자가 다음 각 호의 어느 하나에 해당하면 그 허가를 취소하거나 6개월 이내의 기간을 정하여 영업을 정지하게 할 수 있다. 다만, 제1호에 해당할 때에는 그 허가를 취소하여야 한다.

1. 거짓이나 그 밖의 부정한 방법으로 허가를 받은 경우
2. 제2항에 따른 허가기준에 맞지 아니하게 된 경우
3. 제3항을 위반한 경우
4. 제4항에 따른 명령을 위반한 경우
5. 자체검사 결과 이상을 발견하고도 즉시 보수 및 필요한 조치를 하지 아니한 경우

⑥ 제1항에 따른 허가의 신청절차, 그 밖에 필요한 사항은 고용노동부령으로 정한다.

영 제87조(제조 등이 금지되는 유해물질) 법 제117조제1항 각 호 외의 부분에서 "대통령령으로 정하는 물질"이란 다음 각 호의 물질을 말한다. → **(암기법 : 4/β /백벤/PCT/황린/석면)**

1. β -나프틸아민[91-59-8]과 그 염(β -Naphthylamine and its salts)
2. 4-니트로디페닐[92-93-3]과 그 염(4-Nitrodiphenyl and its salts)
3. 백연[1319-46-6]을 포함한 페인트(포함된 중량의 비율이 2퍼센트 이하인 것은 제외한다)
4. 벤젠[71-43-2]을 포함하는 고무풀(포함된 중량의 비율이 5퍼센트 이하인 것은 제외한다)
5. **석면(Asbestos**; 1332-21-4 등)
6. **폴리클로리네이티드 터페닐**(Polychlorinated terphenyls; 61788-33-8 등)
7. 황린(黃燐)[12185-10-3] 성냥(Yellow phosphorus match)
8. 제1호, 제2호, 제5호 또는 제6호에 해당하는 물질을 포함한 혼합물(포함된 중량의 비율이 1퍼센트 이하인 것은 제외한다)
9. 「화학물질관리법」 제2조제5호에 따른 금지물질(같은 법 제3조제1항제1호부터 제12호까지의 규정에 해당하는 화학물질은 제외한다)
10. 그 밖에 보건상 해로운 물질로서 산업재해보상보험및예방심의위원회의 심의를 거쳐 고용노동부장관이 정하는 유해물질

영 제88조(허가 대상 유해물질) 법 제118조제1항 전단에서 "대체물질이 개발되지 아니한 물질 등 대통령령으로 정하는 물질"이란 다음 각 호의 물질을 말한다. → **(암기법 : α /디아디클/베트비염/콜크O황)**

1. α -나프틸아민[134-32-7] 및 그 염(α -Naphthylamine and its salts)
2. 디아니시딘[119-90-4] 및 그 염(Dianisidine and its salts)
3. 디클로로벤지딘[91-94-1] 및 그 염(Dichlorobenzidine and its salts)
4. 베릴륨(Beryllium; 7440-41-7)
5. 벤조트리클로라이드(Benzotrichloride; 98-07-7)
6. 비소[7440-38-2] 및 그 무기화합물(Arsenic and its inorganic compounds)
7. 염화비닐(Vinyl chloride; 75-01-4)
8. 콜타르피치[65996-93-2] 휘발물(Coal tar pitch volatiles)
9. 크롬광 가공(열을 가하여 소성 처리하는 경우만 해당한다)(Chromite ore processing)

10. 크롬산 아연(Zinc chromates; 13530-65-9 등)
11. **o-톨리딘**[119-93-7] 및 그 염(o-Tolidine and its salts)
12. 황화니켈류(Nickel sulfides; 12035-72-2, 16812-54-7)
13. 제1호부터 제4호까지 또는 제6호부터 제12호까지의 어느 하나에 해당하는 물질을 포함한 혼합물(포함된 중량의 비율이 1퍼센트 이하인 것은 제외한다)
14. 제5호의 물질을 포함한 혼합물(포함된 중량의 비율이 0.5퍼센트 이하인 것은 제외한다)
15. 그 밖에 보건상 해로운 물질로서 산업재해보상보험및예방심의위원회의 심의를 거쳐 고용노동부장관이 정하는 유해물질

정답 ②

유제 **산업안전보건법령상 제조 등 금지물질에 해당하는 것은?**

① 황린을 0.5% 포함한 성냥
② 백연을 1% 포함한 페인트
③ 벤젠을 5% 포함한 고무풀
④ β -나프틸아민을 1% 포함한 혼합물
⑤ 4-니트로디페닐을 1% 포함한 혼합물

해설

정답 ①

07 산업안전보건법령상 중대재해에 속하는 경우를 모두 고른 것은? [2022년 기출]

ㄱ. 사망자가 1명 발생한 재해
ㄴ. 3개월 이상의 요양이 필요한 부상자가 동시에 2명 발생한 재해
ㄷ. 부상자가 동시에 5명 발생한 재해
ㄹ. 직업성 질병자가 동시에 10명 발생한 재해

① ㄱ
② ㄴ, ㄷ
③ ㄷ, ㄹ
④ ㄱ, ㄴ, ㄹ
⑤ ㄱ, ㄴ, ㄷ, ㄹ

해설

제2조(정의) 이 법에서 사용하는 용어의 뜻은 다음과 같다. 〈개정 2023. 8. 8.〉

1. "산업재해"란 노무를 제공하는 사람이 업무에 관계되는 건설물·설비·원재료·가스·증기·분진 등에 의하거나 작업 또는 그 밖의 업무로 인하여 사망 또는 부상하거나 질병에 걸리는 것을 말한다.
2. "중대재해"란 산업재해 중 사망 등 재해 정도가 심하거나 다수의 재해자가 발생한 경우로서 고용노동부령으로 정하는 재해를 말한다.
3. "근로자"란 「근로기준법」 제2조제1항 제1호에 따른 근로자를 말한다.

> ○ **근로기준법**
>
> **제2조(정의)** ① 이 법에서 사용하는 용어의 뜻은 다음과 같다.
>
> 1. **"근로자"란 직업의 종류와 관계없이 임금을 목적으로 사업이나 사업장에 근로를 제공하는 사람을 말한다.**

4. "사업주"란 근로자를 사용하여 사업을 하는 자를 말한다.
5. "근로자대표"란 근로자의 과반수로 조직된 노동조합이 있는 경우에는 그 노동조합을, 근로자의 과반수로 조직된 노동조합이 없는 경우에는 근로자의 과반수를 대표하는 자를 말한다.
6. "도급"이란 명칭에 관계없이 물건의 제조·건설·수리 또는 서비스의 제공, 그 밖의 업무를 타인에게 맡기는 계약을 말한다.
7. "도급인"이란 물건의 제조·건설·수리 또는 서비스의 제공, 그 밖의 업무를 도급하는 사업주를 말한다. 다만, 건설공사발주자는 제외한다.
8. "수급인"이란 도급인으로부터 물건의 제조·건설·수리 또는 서비스의 제공, 그 밖의 업무를 도급받은 사업주를 말한다.
9. "관계수급인"이란 도급이 여러 단계에 걸쳐 체결된 경우에 각 단계별로 도급받은 사업주 전부를 말한다.
10. "건설공사발주자"란 건설공사를 도급하는 자로서 건설공사의 시공을 주도하여 총괄·관리하지 아니하는 자를 말한다. 다만, 도급받은 건설공사를 다시 도급하는 자는 제외한다.
11. "건설공사"란 다음 각 목의 어느 하나에 해당하는 공사를 말한다.
    가. 「건설산업기본법」 제2조제4호에 따른 건설공사
    나. 「전기공사업법」 제2조제1호에 따른 전기공사
    다. 「정보통신공사업법」 제2조제2호에 따른 정보통신공사
    라. 「소방시설공사업법」에 따른 소방시설공사
    마. 「국가유산수리 등에 관한 법률」에 따른 국가유산 수리공사
12. "안전보건진단"이란 산업재해를 예방하기 위하여 잠재적 위험성을 발견하고 그 개선대책을 수립할 목적으로 조사·평가하는 것을 말한다.
13. "작업환경측정"이란 작업환경 실태를 파악하기 위하여 해당 근로자 또는 작업장에 대하여 사업주가 유해인자에 대한 측정계획을 수립한 후 시료(試料)를 채취하고 분석·평가하는 것을 말한다.

시행규칙 제3조(중대재해의 범위) 법 제2조제2호에서 "고용노동부령으로 정하는 재해"란 다음 각 호의 어느 하나에 해당하는 재해를 말한다.

1. 사망자가 1명 이상 발생한 재해
2. 3개월 이상의 요양이 필요한 부상자가 동시에 2명 이상 발생한 재해
3. 부상자 또는 직업성 질병자가 동시에 10명 이상 발생한 재해

정답 ④

08 산업안전보건법령상 안전인증에 관한 설명으로 옳은 것은? [2022년 기출]

① 안전인증 심사 중 유해·위험기계 등이 서면심사 내용과 일치하는지와 유해·위험기계 등의 안전에 관한 성능이 안전인증기준에 적합한지에 대한 심사는 기술능력 및 생산체계 심사에 해당한다.

② 거짓이나 그 밖의 부정한 방법으로 안전인증을 받은 사유로 안전인증이 취소된 자는 안전인증이 취소된 날로부터 3년 이내에는 취소된 유해·위험기계 등에 대하여 안전인증을 신청할 수 없다.

③ 크레인, 리프트, 곤돌라는 설치·이전하는 경우뿐만 아니라 주요 구조 부분을 변경하는 경우에도 안전인증을 받아야 한다.

④ 안전인증기관은 안전인증을 받은 자가 최근 2년 동안 안전인증표시의 사용금지를 받은 사실이 없는 경우에는 안전인증기준을 지키고 있는지를 3년에 1회 이상 확인해야 한다.

⑤ 안전인증대상기계 등이 아닌 유해·위험기계 등을 제조하는 자는 그 유해·위험기계 등의 안전에 관한 성능을 평가받기 위하여 고용노동부장관에게 안전인증을 신청할 수 없다.

해설

제6장 유해·위험 기계 등에 대한 조치

제2절 안전인증

제83조(안전인증기준) ① 고용노동부장관은 유해하거나 위험한 기계·기구·설비 및 방호장치·보호구(이하 "유해·위험기계등"이라 한다)의 안전성을 평가하기 위하여 그 안전에 관한 성능과 제조자의 기술 능력 및 생산 체계 등에 관한 기준(이하 "안전인증기준"이라 한다)을 정하여 고시하여야 한다.

② 안전인증기준은 유해·위험기계등의 종류별, 규격 및 형식별로 정할 수 있다.

제84조(안전인증) ① 유해·위험기계등 중 근로자의 안전 및 보건에 위해(危害)를 미칠 수 있다고 인정되어 대통령령으로 정하는 것(이하 "안전인증대상기계등"이라 한다)을 제조하거나 수입하는 자(고용노동부령으로 정하는 안전인증대상기계등을 설치·이전하거나 주요 구조 부분을 변경하는 자를 포함한다. 이하 이 조 및 제85조부터 제87조까지의 규정에서 같다)는 안전인증대상기계등

이 안전인증기준에 맞는지에 대하여 고용노동부장관이 실시하는 안전인증을 받아야 한다.

② 고용노동부장관은 다음 각 호의 어느 하나에 해당하는 경우에는 고용노동부령으로 정하는 바에 따라 제1항에 따른 안전인증의 전부 또는 일부를 면제할 수 있다.

1. 연구·개발을 목적으로 제조·수입하거나 수출을 목적으로 제조하는 경우
2. 고용노동부장관이 정하여 고시하는 외국의 안전인증기관에서 인증을 받은 경우
3. 다른 법령에 따라 안전성에 관한 검사나 인증을 받은 경우로서 고용노동부령으로 정하는 경우

③ 안전인증대상기계등이 아닌 유해·위험기계등을 제조하거나 수입하는 자가 그 유해·위험기계등의 안전에 관한 성능 등을 평가받으려면 고용노동부장관에게 안전인증을 신청할 수 있다. 이 경우 고용노동부장관은 안전인증기준에 따라 안전인증을 할 수 있다.

④ 고용노동부장관은 제1항 및 제3항에 따른 안전인증(이하 "안전인증"이라 한다)을 받은 자가 안전인증기준을 지키고 있는지를 3년 이하의 범위에서 고용노동부령으로 정하는 주기마다 확인하여야 한다. 다만, 제2항에 따라 안전인증의 일부를 면제받은 경우에는 고용노동부령으로 정하는 바에 따라 확인의 전부 또는 일부를 생략할 수 있다.

⑤ 제1항에 따라 안전인증을 받은 자는 안전인증을 받은 안전인증대상기계등에 대하여 고용노동부령으로 정하는 바에 따라 제품명·모델명·제조수량·판매수량 및 판매처 현황 등의 사항을 기록하여 보존하여야 한다.

⑥ 고용노동부장관은 근로자의 안전 및 보건에 필요하다고 인정하는 경우 안전인증대상기계등을 제조·수입 또는 판매하는 자에게 고용노동부령으로 정하는 바에 따라 해당 안전인증대상기계등의 제조·수입 또는 판매에 관한 자료를 공단에 제출하게 할 수 있다.

⑦ 안전인증의 신청 방법·절차, 제4항에 따른 확인의 방법·절차, 그 밖에 필요한 사항은 고용노동부령으로 정한다.

영 제74조(안전인증대상기계등) ① 법 제84조제1항에서 "대통령령으로 정하는 것"이란 다음 각 호의 어느 하나에 해당하는 것을 말한다.

1. 다음 각 목의 어느 하나에 해당하는 기계 또는 설비
   가. 프레스
   나. 전단기 및 절곡기(折曲機)
   다. 크레인
   라. 리프트
   마. 압력용기
   바. 롤러기
   사. 사출성형기(射出成形機)
   아. 고소(高所) 작업대
   자. 곤돌라
2. 다음 각 목의 어느 하나에 해당하는 방호장치
   가. 프레스 및 전단기 방호장치
   나. 양중기용(揚重機用) 과부하 방지장치
   다. 보일러 압력방출용 안전밸브

라. 압력용기 압력방출용 안전밸브

마. 압력용기 압력방출용 파열판

바. 절연용 방호구 및 활선작업용(活線作業用) 기구

사. 방폭구조(防爆構造) 전기기계·기구 및 부품

아. 추락·낙하 및 붕괴 등의 위험 방지 및 보호에 필요한 가설기자재로서 고용노동부장관이 정하여 고시하는 것

자. 충돌·협착 등의 위험 방지에 필요한 산업용 로봇 방호장치로서 고용노동부장관이 정하여 고시하는 것

3. 다음 각 목의 어느 하나에 해당하는 보호구

가. 추락 및 감전 위험방지용 안전모

나. 안전화

다. 안전장갑

라. 방진마스크

마. 방독마스크

바. 송기(送氣)마스크

사. 전동식 호흡보호구

아. 보호복

자. 안전대

차. 차광(遮光) 및 비산물(飛散物) 위험방지용 보안경

카. 용접용 보안면

타. 방음용 귀마개 또는 귀덮개

② 안전인증대상기계등의 세부적인 종류, 규격 및 형식은 고용노동부장관이 정하여 고시한다.

시행규칙 제107조(안전인증대상기계등) 법 제84조제1항에서 "고용노동부령으로 정하는 안전인증대상기계등"이란 다음 각 호의 기계 및 설비를 말한다.

1. 설치·이전하는 경우 안전인증을 받아야 하는 기계

가. 크레인

나. 리프트

다. 곤돌라

2. 주요 구조 부분을 변경하는 경우 안전인증을 받아야 하는 기계 및 설비

가. 프레스

나. 전단기 및 절곡기(折曲機)

다. 크레인

라. 리프트

마. 압력용기

바. 롤러기

사. 사출성형기(射出成形機)

아. 고소(高所)작업대

자. 곤돌라

시행규칙 제109조(안전인증의 면제) ① 법 제84조제1항에 따른 안전인증대상기계등(이하 "안전인증대상기계등" 이라 한다)이 다음 각 호의 어느 하나에 해당하는 경우에는 법 제84조제1항에 따른 안전인증을 전부 면제한다. 〈개정 2024. 6. 28.〉

1. 연구·개발을 목적으로 제조·수입하거나 수출을 목적으로 제조하는 경우
2. 「건설기계관리법」 제13조제1항제1호부터 제3호까지에 따른 검사를 받은 경우 또는 같은 법 제18조에 따른 형식승인을 받거나 같은 조에 따른 형식신고를 한 경우
3. 「고압가스 안전관리법」 제17조제1항에 따른 검사를 받은 경우
4. 「광산안전법」 제9조에 따른 검사 중 광업시설의 설치공사 또는 변경공사가 완료되었을 때에 받는 검사를 받은 경우
5. **「방위사업법」 제28조제1항에 따른 품질보증을 받은 경우**
6. 「선박안전법」 제7조에 따른 검사를 받은 경우
7. 「에너지이용 합리화법」 제39조제1항 및 제2항에 따른 검사를 받은 경우
8. 「원자력안전법」 제16조제1항에 따른 검사를 받은 경우
9. 「위험물안전관리법」 제8조제1항 또는 제20조제3항에 따른 검사를 받은 경우
10. **「전기사업법」 제63조 또는 「전기안전관리법」 제9조에 따른 검사를 받은 경우**
11. 「항만법」 제33조제1항제1호·제2호 및 제4호에 따른 검사를 받은 경우
12. 「소방시설 설치 및 관리에 관한 법률」 제37조제1항에 따른 형식승인을 받은 경우

② 안전인증대상기계등이 다음 각 호의 어느 하나에 해당하는 인증 또는 시험을 받았거나 그 일부 항목이 법 제83조제1항에 따른 안전인증기준(이하 "안전인증기준"이라 한다)과 같은 수준 이상인 것으로 인정되는 경우에는 **해당 인증 또는 시험이나 그 일부 항목에 한정하여 법 제84조제1항에 따른 안전인증을 면제한다**.

1. 고용노동부장관이 정하여 고시하는 외국의 안전인증기관에서 인증을 받은 경우
2. 국제전기기술위원회(IEC)의 국제방폭전기기계·기구 상호인정제도(IECEx Scheme)에 따라 인증을 받은 경우
3. 「국가표준기본법」에 따른 시험·검사기관에서 실시하는 시험을 받은 경우
4. 「산업표준화법」 제15조에 따른 인증을 받은 경우
5. 「전기용품 및 생활용품 안전관리법」 제5조에 따른 안전인증을 받은 경우

③ 법 제84조제2항제1호에 따라 안전인증이 면제되는 안전인증대상기계등을 제조하거나 수입하는 자는 해당 공산품의 출고 또는 통관 전에 별지 제43호서식의 안전인증 면제신청서에 다음 각 호의 서류를 첨부하여 안전인증기관에 제출해야 한다.

1. 제품 및 용도설명서
2. 연구·개발을 목적으로 사용되는 것임을 증명하는 서류

④ 안전인증기관은 제3항에 따라 안전인증 면제신청을 받으면 이를 확인하고 별지 제44호서식의 안전인증 면제확인서를 발급해야 한다.

제89조(자율안전확인의 신고) ① 안전인증대상기계등이 아닌 유해·위험기계등으로서 대통

령령으로 정하는 것(이하 "자율안전확인대상기계등"이라 한다)을 제조하거나 수입하는 자는 자율안전확인대상기계등의 안전에 관한 성능이 고용노동부장관이 정하여 고시하는 안전기준(이하 "자율안전기준"이라 한다)에 맞는지 확인(이하 "자율안전확인"이라 한다)하여 고용노동부장관에게 신고(신고한 사항을 변경하는 경우를 포함한다)하여야 한다. **다만, 다음 각 호의 어느 하나에 해당하는 경우에는 신고를 면제할 수 있다.**

1. 연구·개발을 목적으로 제조·수입하거나 수출을 목적으로 제조하는 경우
2. 제84조제3항에 따른 안전인증을 받은 경우(제86조제1항에 따라 안전인증이 취소되거나 안전인증표시의 사용 금지 명령을 받은 경우는 제외한다)
3. 다른 법령에 따라 안전성에 관한 검사나 인증을 받은 경우로서 고용노동부령으로 정하는 경우

② 고용노동부장관은 제1항 각 호 외의 부분 본문에 따른 신고를 받은 경우 그 내용을 검토하여 이 법에 적합하면 신고를 수리하여야 한다.

③ 제1항 각 호 외의 부분 본문에 따라 신고를 한 자는 자율안전확인대상기계등이 자율안전기준에 맞는 것임을 증명하는 서류를 보존하여야 한다.

④ 제1항 각 호 외의 부분 본문에 따른 신고의 방법 및 절차, 그 밖에 필요한 사항은 고용노동부령으로 정한다.

제93조(안전검사) ① 유해하거나 위험한 기계·기구·설비로서 대통령령으로 정하는 것(이하 "안전검사대상기계등"이라 한다)을 사용하는 사업주(근로자를 사용하지 아니하고 사업을 하는 자를 포함한다. 이하 이 조, 제94조, 제95조 및 제98조에서 같다)는 안전검사대상기계등의 안전에 관한 성능이 고용노동부장관이 정하여 고시하는 검사기준에 맞는지에 대하여 고용노동부장관이 실시하는 검사(이하 "안전검사"라 한다)를 받아야 한다. 이 경우 안전검사대상기계등을 사용하는 사업주와 소유자가 다른 경우에는 안전검사대상기계등의 소유자가 안전검사를 받아야 한다.

② **제1항에도 불구하고 안전검사대상기계등이 다른 법령에 따라 안전성에 관한 검사나 인증을 받은 경우로서 고용노동부령으로 정하는 경우에는 안전검사를 면제할 수 있다.**

③ 안전검사의 신청, 검사 주기 및 검사합격 표시방법, 그 밖에 필요한 사항은 고용노동부령으로 정한다. 이 경우 검사 주기는 안전검사대상기계등의 종류, 사용연한(使用年限) 및 위험성을 고려하여 정한다.

시행규칙 제119조(신고의 면제) 법 제89조 제1항 제3호에서 "고용노동부령으로 정하는 경우"란 다음 각 호의 어느 하나에 해당하는 경우를 말한다.

1. 「농업기계화촉진법」 제9조에 따른 검정을 받은 경우
2. 「산업표준화법」 제15조에 따른 인증을 받은 경우
3. 「전기용품 및 생활용품 안전관리법」 제5조 및 제8조에 따른 안전인증 및 안전검사를 받은 경우
4. 국제전기기술위원회의 국제방폭전기기계·기구 상호인정제도에 따라 인증을 받은 경우

시행규칙 제125조(안전검사의 면제) 법 제93조 제2항에서 "고용노동부령으로 정하는 경우"란 다음 각 호의 어느 하나에 해당하는 경우를 말한다. 〈개정 2024. 6. 28.〉

1. 「건설기계관리법」 제13조제1항제1호·제2호 및 제4호에 따른 검사를 받은 경우(안전

검사 주기에 해당하는 시기의 검사로 한정한다)

2. 「고압가스 안전관리법」 제17조제2항에 따른 검사를 받은 경우
3. 「광산안전법」 제9조에 따른 검사 중 광업시설의 설치·변경공사 완료 후 일정한 기간이 지날 때마다 받는 검사를 받은 경우
4. 「선박안전법」 제8조부터 제12조까지의 규정에 따른 검사를 받은 경우
5. 「에너지이용 합리화법」 제39조제4항에 따른 검사를 받은 경우
6. 「원자력안전법」 제22조제1항에 따른 검사를 받은 경우
7. 「위험물안전관리법」 제18조에 따른 정기점검 또는 정기검사를 받은 경우
8. **「전기안전관리법」 제11조에 따른 검사를 받은 경우**
9. 「항만법」 제33조제1항제3호에 따른 검사를 받은 경우
10. 「소방시설 설치 및 관리에 관한 법률」 제22조제1항에 따른 자체점검을 받은 경우
11. 「화학물질관리법」 제24조제3항 본문에 따른 정기검사를 받은 경우

시행규칙 제110조(안전인증 심사의 종류 및 방법) ① 유해·위험기계등이 안전인증기준에 적합한지를 확인하기 위하여 안전인증기관이 하는 심사는 다음 각 호와 같다.

1. 예비심사 : 기계 및 방호장치·보호구가 유해·위험기계등 인지를 확인하는 심사(법 제84조제3항에 따라 안전인증을 신청한 경우만 해당한다)
2. 서면심사 : 유해·위험기계등의 종류별 또는 형식별로 설계도면 등 유해·위험기계등의 제품기술과 관련된 문서가 안전인증기준에 적합한지에 대한 심사
3. 기술능력 및 생산체계 심사 : 유해·위험기계등의 안전성능을 지속적으로 유지·보증하기 위하여 사업장에서 갖추어야 할 기술능력과 생산체계가 안전인증기준에 적합한지에 대한 심사. 다만, 다음 각 목의 어느 하나에 해당하는 경우에는 기술능력 및 생산체계 심사를 생략한다.
   가. 영 제74조제1항제2호 및 제3호에 따른 방호장치 및 보호구를 고용노동부장관이 정하여 고시하는 수량 이하로 수입하는 경우
   나. 제4호가목의 개별 제품심사를 하는 경우
   다. 안전인증(제4호나목의 형식별 제품심사를 하여 안전인증을 받은 경우로 한정한다)을 받은 후 같은 공정에서 제조되는 같은 종류의 안전인증대상기계등에 대하여 안전인증을 하는 경우
4. 제품심사 : 유해·위험기계등이 서면심사 내용과 일치하는지와 유해·위험기계등의 안전에 관한 성능이 안전인증기준에 적합한지에 대한 심사. 다만, 다음 각 목의 심사는 유해·위험기계등별로 고용노동부장관이 정하여 고시하는 기준에 따라 어느 하나만을 받는다.
   가. 개별 제품심사 : 서면심사 결과가 안전인증기준에 적합할 경우에 유해·위험기계등 모두에 대하여 하는 심사(안전인증을 받으려는 자가 서면심사와 개별 제품심사를 동시에 할 것을 요청하는 경우 병행할 수 있다)
   나. 형식별 제품심사 : 서면심사와 기술능력 및 생산체계 심사 결과가 안전인증기준에 적합할 경우에 유해·위험기계등의 형식별로 표본을 추출하여 하는 심사(안전인증을 받으려는 자가 서면심사, 기술능력 및 생산체계 심사와 형식별 제품심사를 동시에

할 것을 요청하는 경우 병행할 수 있다)

② 제1항에 따른 유해·위험기계등의 종류별 또는 형식별 심사의 절차 및 방법은 고용노동부장관이 정하여 고시한다.

③ 안전인증기관은 제108조제1항에 따라 안전인증 신청서를 제출받으면 다음 각 호의 구분에 따른 심사 종류별 기간 내에 심사해야 한다. 다만, 제품심사의 경우 처리기간 내에 심사를 끝낼 수 없는 부득이한 사유가 있을 때에는 15일의 범위에서 심사기간을 연장할 수 있다.

1. 예비심사 : 7일
2. 서면심사 : 15일(외국에서 제조한 경우는 30일)
3. 기술능력 및 생산체계 심사 : 30일(외국에서 제조한 경우는 45일)
4. 제품심사
   가. 개별 제품심사 : 15일
   나. 형식별 제품심사 : 30일(영 제74조제1항제2호사목의 방호장치와 같은 항 제3호가목부터 아목까지의 보호구는 60일)

④ 안전인증기관은 제3항에 따른 심사가 끝나면 안전인증을 신청한 자에게 별지 제45호서식의 심사결과 통지서를 발급해야 한다. 이 경우 해당 심사 결과가 모두 적합한 경우에는 별지 제46호서식의 안전인증서를 함께 발급해야 한다.

⑤ 안전인증기관은 안전인증대상기계등이 특수한 구조 또는 재료로 제조되어 안전인증기준의 일부를 적용하기 곤란할 경우 해당 제품이 안전인증기준과 같은 수준 이상의 안전에 관한 성능을 보유한 것으로 인정(안전인증을 신청한 자의 요청이 있거나 필요하다고 판단되는 경우를 포함한다)되면 「산업표준화법」 제12조에 따른 한국산업표준 또는 관련 국제규격 등을 참고하여 안전인증기준의 일부를 생략하거나 추가하여 제1항제2호 또는 제4호에 따른 심사를 할 수 있다.

⑥ 안전인증기관은 제5항에 따라 안전인증대상기계등이 안전인증기준과 같은 수준 이상의 안전에 관한 성능을 보유한 것으로 인정되는지와 해당 안전인증대상기계등에 생략하거나 추가하여 적용할 안전인증기준을 심의·의결하기 위하여 안전인증심의위원회를 설치·운영해야 한다. 이 경우 안전인증심의위원회의 구성·개최에 걸리는 기간은 제3항에 따른 심사기간에 산입하지 않는다.

⑦ 제6항에 따른 안전인증심의위원회의 구성·기능 및 운영 등에 필요한 사항은 고용노동부장관이 정하여 고시한다.

시행규칙 제111조(확인의 방법 및 주기 등) ① 안전인증기관은 법 제84조 제4항에 따라 안전인증을 받은 자에 대하여 다음 각 호의 사항을 확인해야 한다.

1. 안전인증서에 적힌 제조 사업장에서 해당 유해·위험기계등을 생산하고 있는지 여부
2. 안전인증을 받은 유해·위험기계등이 안전인증기준에 적합한지 여부(심사의 종류 및 방법은 제110조제1항제4호를 준용한다)
3. 제조자가 안전인증을 받을 당시의 기술능력·생산체계를 지속적으로 유지하고 있는지 여부
4. 유해·위험기계등이 서면심사 내용과 같은 수준 이상의 재료 및 부품을 사용하고 있는지 여부

② 법 제84조 제4항에 따라 안전인증기관은 안전인증을 받은 자가 안전인증기준을 지키고 있

는지를 2년에 1회 이상 확인해야 한다. 다만, **다음 각 호의 모두에 해당하는 경우에는 3년에 1회 이상 확인할 수 있다**.

1. 최근 3년 동안 법 제86조제1항에 따라 안전인증이 취소되거나 안전인증표시의 사용금지 또는 시정명령을 받은 사실이 없는 경우
2. 최근 2회의 확인 결과 기술능력 및 생산체계가 고용노동부장관이 정하는 기준 이상인 경우

③ 안전인증기관은 제1항 및 제2항에 따라 확인한 경우에는 별지 제47호서식의 안전인증확인 통지서를 제조자에게 발급해야 한다.

④ 안전인증기관은 제1항 및 제2항에 따라 확인한 결과 법 제87조제1항 각 호의 어느 하나에 해당하는 사실을 확인한 경우에는 그 사실을 증명할 수 있는 서류를 첨부하여 유해·위험기계등을 제조하는 사업장의 소재지(제품의 제조자가 외국에 있는 경우에는 그 대리인의 소재지로 하되, 대리인이 없는 경우에는 그 안전인증기관의 소재지로 한다)를 관할하는 지방고용노동관서의 장에게 지체 없이 알려야 한다.

⑤ 안전인증기관은 제109조제2항제1호에 따라 일부 항목에 한정하여 안전인증을 면제한 경우에는 외국의 해당 안전인증기관에서 실시한 안전인증 확인의 결과를 제출받아 고용노동부장관이 정하는 바에 따라 법 제84조제4항에 따른 확인의 전부 또는 일부를 생략할 수 있다.

제85조(안전인증의 표시 등) ① 안전인증을 받은 자는 안전인증을 받은 유해·위험기계등이나 이를 담은 용기 또는 포장에 고용노동부령으로 정하는 바에 따라 안전인증의 표시(이하 "안전인증표시"라 한다)를 하여야 한다.

② 안전인증을 받은 유해·위험기계등이 아닌 것은 안전인증표시 또는 이와 유사한 표시를 하거나 안전인증에 관한 광고를 해서는 아니 된다.

③ 안전인증을 받은 유해·위험기계등을 제조·수입·양도·대여하는 자는 안전인증표시를 임의로 변경하거나 제거해서는 아니 된다.

④ 고용노동부장관은 다음 각 호의 어느 하나에 해당하는 경우에는 안전인증표시나 이와 유사한 표시를 제거할 것을 명하여야 한다.

1. 제2항을 위반하여 안전인증표시나 이와 유사한 표시를 한 경우
2. 제86조제1항에 따라 안전인증이 취소되거나 안전인증표시의 사용 금지 명령을 받은 경우

제86조(안전인증의 취소 등) ① 고용노동부장관은 안전인증을 받은 자가 다음 각 호의 어느 하나에 해당하면 안전인증을 취소하거나 6개월 이내의 기간을 정하여 안전인증표시의 사용을 금지하거나 안전인증기준에 맞게 시정하도록 명할 수 있다. 다만, 제1호의 경우에는 안전인증을 취소하여야 한다.

1. 거짓이나 그 밖의 부정한 방법으로 안전인증을 받은 경우
2. 안전인증을 받은 유해·위험기계등의 안전에 관한 성능 등이 안전인증기준에 맞지 아니하게 된 경우
3. 정당한 사유 없이 제84조제4항에 따른 확인을 거부, 방해 또는 기피하는 경우

② 고용노동부장관은 제1항에 따라 안전인증을 취소한 경우에는 고용노동부령으로 정하는 바에 따라 그 사실을 관보 등에 공고하여야 한다.

③ 제1항에 따라 안전인증이 취소된 자는 안전인증이 취소된 날부터 1년 이내에는 취소된 유해·위험기계등에 대하여 안전인증을 신청할 수 없다.

제87조(안전인증대상기계등의 제조 등의 금지 등) ① 누구든지 다음 각 호의 어느 하나에 해당하는 안전인증대상기계등을 제조·수입·양도·대여·사용하거나 양도·대여의 목적으로 진열할 수 없다.

1. 제84조제1항에 따른 안전인증을 받지 아니한 경우(같은 조 제2항에 따라 안전인증이 전부 면제되는 경우는 제외한다)
2. 안전인증기준에 맞지 아니하게 된 경우
3. 제86조제1항에 따라 안전인증이 취소되거나 안전인증표시의 사용 금지 명령을 받은 경우

② 고용노동부장관은 제1항을 위반하여 안전인증대상기계등을 제조·수입·양도·대여하는 자에게 고용노동부령으로 정하는 바에 따라 그 안전인증대상기계등을 수거하거나 파기할 것을 명할 수 있다.

제88조(안전인증기관) ① 고용노동부장관은 제84조에 따른 안전인증 업무 및 확인 업무를 위탁받아 수행할 기관을 안전인증기관으로 지정할 수 있다.

② 제1항에 따라 안전인증기관으로 지정받으려는 자는 대통령령으로 정하는 인력·시설 및 장비 등의 요건을 갖추어 고용노동부장관에게 신청하여야 한다.

③ 고용노동부장관은 제1항에 따라 지정받은 안전인증기관(이하 "안전인증기관"이라 한다)에 대하여 평가하고 그 결과를 공개할 수 있다. 이 경우 평가의 기준·방법 및 결과의 공개에 필요한 사항은 고용노동부령으로 정한다.

④ 안전인증기관의 지정 신청 절차, 그 밖에 필요한 사항은 고용노동부령으로 정한다.

⑤ 안전인증기관에 관하여는 제21조제4항 및 제5항을 준용한다. 이 경우 "안전관리전문기관 또는 보건관리전문기관"은 "안전인증기관"으로 본다.

안전인증 일부 면제한다	자율안전확인신고 면제할 수 있다
1. 고용노동부장관이 정하여 고시하는 외국의 안전인증기관에서 인증을 받은 경우 2. 국제전기기술위원회(IEC)의 국제방폭전기기계·기구 상호인정제도(IECEx Scheme)에 따라 인증을 받은 경우 3. 「국가표준기본법」에 따른 시험·검사기관에서 실시하는 시험을 받은 경우 4. 「산업표준화법」 제15조에 따른 인증을 받은 경우 5. 「전기용품 및 생활용품 안전관리법」 제5조에 따른 안전인증을 받은 경우 → **(암기법 : 외국/국/산/전기용품/방폭)**	1. 연구·개발을 목적으로 제조·수입하거나 수출을 목적으로 제조하는 경우 2. 제84조제3항에 따른 안전인증을 받은 경우(제86조제1항에 따라 안전인증이 취소되거나 안전인증표시의 사용 금지 명령을 받은 경우는 제외한다) 3. 「농업기계화촉진법」 제9조에 따른 검정을 받은 경우 4. 「산업표준화법」 제15조에 따른 인증을 받은 경우 5. 「전기용품 및 생활용품 안전관리법」 제5조 및 제8조에 따른 안전인증 및 안전검사를 받은 경우 6. 국제전기기술위원회의 국제방폭전기기계·기구 상호인정제도에 따라 인증을 받은 경우 → **(암기법 : 연구·개발·수출/인증//농/산/전기용품/방폭)**

정답 ③

09 산업안전보건법령상 상시근로자 1,000명인 A회사(「상법」제170조에 따른 주식회사)의 대표이사 甲이 수립해야 하는 회사의 안전 및 보건에 관한 계획에 포함되어야 하는 내용이 아닌 것은? [2022년 기출]

① 안전 및 보건에 관한 경영방침

② 안전·보건관리 업무 위탁에 관한 사항

③ 안전·보건관리 조직의 구성·인원 및 역할

④ 안전·보건 관련 예산 및 시설 현황

⑤ 안전 및 보건에 관한 전년도 활동실적 및 다음 연도 활동계획

해설

제14조(이사회 보고 및 승인 등) ①「상법」 제170조에 따른 주식회사 중 대통령령으로 정하는 회사의 대표이사는 대통령령으로 정하는 바에 따라 매년 회사의 안전 및 보건에 관한 계획을 수립하여 이사회에 보고하고 승인을 받아야 한다.

② 제1항에 따른 대표이사는 제1항에 따른 안전 및 보건에 관한 계획을 성실하게 이행하여야 한다.

③ 제1항에 따른 안전 및 보건에 관한 계획에는 안전 및 보건에 관한 비용, 시설, 인원 등의 사항을 포함하여야 한다.

영 제13조(이사회 보고·승인 대상 회사 등) ① 법 제14조제1항에서 "대통령령으로 정하는 회사"란 다음 각 호의 어느 하나에 해당하는 회사를 말한다.

1. **상시근로자 500명 이상을 사용하는 회사**
2. 「건설산업기본법」 제23조에 따라 평가하여 공시된 **시공능력**(같은 법 시행령 별표 1의 종합공사를 시공하는 업종의 건설업종란 제3호에 따른 토목건축공사업에 대한 평가 및 공시로 한정한다)의 **순위 상위 1천위 이내의 건설회사**

② 법 제14조제1항에 따른 회사의 대표이사(「상법」 제408조의2제1항 후단에 따라 대표이사를 두지 못하는 회사의 경우에는 같은 법 제408조의5에 따른 대표집행임원을 말한다)는 회사의 정관에서 정하는 바에 따라 다음 각 호의 내용을 포함한 회사의 안전 및 보건에 관한 계획을 수립해야 한다.

1. 안전 및 보건에 관한 경영방침
2. 안전·보건관리 조직의 구성·인원 및 역할
3. 안전·보건 관련 예산 및 시설 현황
4. 안전 및 보건에 관한 전년도 활동실적 및 다음 연도 활동계획

정답 ②

10 산업안전보건법령상 안전관리전문기관에 대해 그 지정을 취소하여야 하는 경우는? [2022년 기출]

① 업무정지 기간 중에 업무를 수행한 경우
② 안전관리 업무 관련 서류를 거짓으로 작성한 경우
③ 정당한 사유 없이 안전관리 업무의 수탁을 거부한 경우
④ 안전관리 업무 수행과 관련한 대가 외에 금품을 받은 경우
⑤ 법에 따른 관계 공무원의 지도·감독을 거부·방해 또는 기피한 경우

해설

제21조(안전관리전문기관 등) ① 안전관리전문기관 또는 보건관리전문기관이 되려는 자는 대통령령으로 정하는 인력·시설 및 장비 등의 요건을 갖추어 고용노동부장관의 지정을 받아야 한다.
② 고용노동부장관은 안전관리전문기관 또는 보건관리전문기관에 대하여 평가하고 그 결과를 공개할 수 있다. 이 경우 평가의 기준·방법 및 결과의 공개에 필요한 사항은 고용노동부령으로 정한다.
③ 안전관리전문기관 또는 보건관리전문기관의 지정 절차, 업무 수행에 관한 사항, 위탁받은 업무를 수행할 수 있는 지역, 그 밖에 필요한 사항은 고용노동부령으로 정한다.
④ 고용노동부장관은 안전관리전문기관 또는 보건관리전문기관이 다음 각 호의 어느 하나에 해당할 때에는 그 지정을 취소하거나 6개월 이내의 기간을 정하여 그 업무의 정지를 명할 수 있다. 다만, 제1호 또는 제2호에 해당할 때에는 그 지정을 취소하여야 한다.
1. 거짓이나 그 밖의 부정한 방법으로 지정을 받은 경우
2. 업무정지 기간 중에 업무를 수행한 경우
3. 제1항에 따른 지정 요건을 충족하지 못한 경우
4. 지정받은 사항을 위반하여 업무를 수행한 경우
5. 그 밖에 대통령령으로 정하는 사유에 해당하는 경우

⑤ 제4항에 따라 지정이 취소된 자는 지정이 취소된 날부터 2년 이내에는 각각 해당 안전관리전문기관 또는 보건관리전문기관으로 지정받을 수 없다.

영 제28조(안전관리전문기관 등의 지정 취소 등의 사유) 법 제21조 제4항 제5호에서 “대통령령으로 정하는 사유에 해당하는 경우”란 다음 각 호의 경우를 말한다.
1. 안전관리 또는 보건관리 업무 관련 서류를 거짓으로 작성한 경우
2. 정당한 사유 없이 안전관리 또는 보건관리 업무의 수탁을 거부한 경우
3. 위탁받은 안전관리 또는 보건관리 업무에 차질을 일으키거나 업무를 게을리한 경우
4. 안전관리 또는 보건관리 업무를 수행하지 않고 위탁 수수료를 받은 경우
5. 안전관리 또는 보건관리 업무와 관련된 비치서류를 보존하지 않은 경우
6. 안전관리 또는 보건관리 업무 수행과 관련한 대가 외에 금품을 받은 경우
7. 법에 따른 관계 공무원의 지도·감독을 거부·방해 또는 기피한 경우

정답 ①

11 **산업안전보건법령상 통합공표 대상 사업장 등에 관한 내용이다. (   )에 들어갈 사업으로 옳지 않은 것은? [2022년 기출]**

> 고용노동부장관이 도급인의 사업장에서 관계수급인 근로자가 작업을 하는 경우에 도급인의 산업재해발생건수등에 관계수급인의 산업재해발생건수 등을 포함하여 공표하여야 하는 사업장이란 (   )에 해당하는 사업이 이루어지는 사업장으로서 도급인이 사용하는 상시근로자 수가 500명 이상이고 도급인 사업장의 사고사망만인율보다 관계수급인의 근로자를 포함하여 산출한 사고사망만인율이 높은 사업장을 말한다. 단, 여기서 사고사망만인율은 질병으로 인한 사망재해자를 제외하고 산출한 사망만인율을 말한다.

① 제조업

② 철도운송업

③ 도시철도운송업

④ 도시가스업

⑤ 전기업

해설

제10조(산업재해 발생건수 등의 공표) ① 고용노동부장관은 산업재해를 예방하기 위하여 대통령령으로 정하는 사업장의 근로자 산업재해 발생건수, 재해율 또는 그 순위 등(이하 "산업재해발생건수등"이라 한다)을 공표하여야 한다.

② 고용노동부장관은 도급인의 사업장(도급인이 제공하거나 지정한 경우로서 도급인이 지배·관리하는 대통령령으로 정하는 장소를 포함한다. 이하 같다) 중 대통령령으로 정하는 사업장에서 관계수급인 근로자가 작업을 하는 경우에 도급인의 산업재해발생건수등에 관계수급인의 산업재해발생건수등을 포함하여 제1항에 따라 공표하여야 한다.

③ 고용노동부장관은 제2항에 따라 산업재해발생건수등을 공표하기 위하여 도급인에게 관계수급인에 관한 자료의 제출을 요청할 수 있다. 이 경우 요청을 받은 자는 정당한 사유가 없으면 이에 따라야 한다.

④ 제1항 및 제2항에 따른 공표의 절차 및 방법, 그 밖에 필요한 사항은 고용노동부령으로 정한다.

영 제10조(공표대상 사업장) ① 법 제10조제1항에서 "대통령령으로 정하는 사업장"이란 다음 각 호의 어느 하나에 해당하는 사업장을 말한다.

1. 산업재해로 인한 사망자(이하 "사망재해자"라 한다)가 연간 2명 이상 발생한 사업장
2. 사망만인율(死亡萬人率 : 연간 상시근로자 1만명당 발생하는 사망재해자 수의 비율을 말한다)이 규모별 같은 업종의 평균 사망만인율 이상인 사업장
3. 법 제44조제1항 전단에 따른 중대산업사고가 발생한 사업장
4. 법 제57조제1항을 위반하여 산업재해 발생 사실을 은폐한 사업장
5. 법 제57조제3항에 따른 산업재해의 발생에 관한 보고를 최근 3년 이내 2회 이상 하지 않은 사업장

② 제1항제1호부터 제3호까지의 규정에 해당하는 사업장은 해당 사업장이 관계수급인의 사업장으로서 법 제63조에 따른 도급인이 관계수급인 근로자의 산업재해 예방을 위한 조치의무를 위반하여 관계수급인 근로자가 산업재해를 입은 경우에는 도급인의 사업장(도급인이 제공하거나 지정한 경우로서 도급인이 지배·관리하는 제11조 각 호에 해당하는 장소를 포함한다. 이하 같다)의 법 제10조제1항에 따른 산업재해발생건수등을 함께 공표한다.

영 제11조(도급인이 지배·관리하는 장소) 법 제10조제2항에서 "대통령령으로 정하는 장소"란 다음 각 호의 어느 하나에 해당하는 장소를 말한다.

1. 토사(土砂)·구축물·인공구조물 등이 붕괴될 우려가 있는 장소
2. 기계·기구 등이 넘어지거나 무너질 우려가 있는 장소
3. 안전난간의 설치가 필요한 장소
4. 비계(飛階) 또는 거푸집을 설치하거나 해체하는 장소
5. 건설용 리프트를 운행하는 장소
6. 지반(地盤)을 굴착하거나 발파작업을 하는 장소
7. 엘리베이터홀 등 근로자가 추락할 위험이 있는 장소
8. 석면이 붙어 있는 물질을 파쇄하거나 해체하는 작업을 하는 장소
9. 공중 전선에 가까운 장소로서 시설물의 설치·해체·점검 및 수리 등의 작업을 할 때 감전의 위험이 있는 장소
10. 물체가 떨어지거나 날아올 위험이 있는 장소
11. 프레스 또는 전단기(剪斷機)를 사용하여 작업을 하는 장소
12. 차량계(車輛系) 하역운반기계 또는 차량계 건설기계를 사용하여 작업하는 장소
13. 전기 기계·기구를 사용하여 감전의 위험이 있는 작업을 하는 장소
14. 「철도산업발전기본법」 제3조제4호에 따른 철도차량(「도시철도법」에 따른 도시철도차량을 포함한다)에 의한 충돌 또는 협착의 위험이 있는 작업을 하는 장소
15. 그 밖에 화재·폭발 등 사고발생 위험이 높은 장소로서 고용노동부령으로 정하는 장소

영 제12조(통합공표 대상 사업장 등) 법 제10조제2항에서 "대통령령으로 정하는 사업장"이란 다음 각 호의 어느 하나에 해당하는 사업이 이루어지는 사업장으로서 도급인이 사용하는 상시근로자 수가 500명 이상이고 도급인 사업장의 사고사망만인율(질병으로 인한 사망재해자를 제외하고 산출한 사망만인율을 말한다. 이하 같다)보다 관계수급인의 근로자를 포함하여 산출한 사고사망만인율이 높은 사업장을 말한다.

1. 제조업
2. 철도운송업
3. 도시철도운송업
4. 전기업

시행규칙 제7조(도급인과 관계수급인의 통합 산업재해 관련 자료 제출) ① 지방고용노동관서의 장은 법 제10조제2항에 따라 도급인의 산업재해 발생건수, 재해율 또는 그 순위 등(이하 "산업재해발생건수등"이라 한다)에 관계수급인의 산업재해발생건수등을 포함하여 공표하기 위하여 필요하면 법 제10조 제3항에 따라 영 제12조 각 호의 어느 하나에 해당하는 사업이 이루어지는 사업장으로서 해당 사업장의 상시근로자 수가 500명 이상인 사업장의 도급인에게 도급인의 사업장(도급인이 제공하거나 지정한 경우로서 도급인이 지배·관리하는 영 제11조 각 호에 해당하는 장소를

포함한다. 이하 같다)에서 작업하는 관계수급인 근로자의 산업재해 발생에 관한 자료를 제출하도록 공표의 대상이 되는 연도의 다음 연도 3월 15일까지 요청해야 한다.

② 제1항에 따라 자료의 제출을 요청받은 도급인은 그 해 4월 30일까지 별지 제1호서식의 통합 산업재해 현황 조사표를 작성하여 지방고용노동관서의 장에게 제출(전자문서로 제출하는 것을 포함한다)해야 한다.

③ 제1항에 따른 도급인은 그의 관계수급인에게 별지 제1호서식의 통합 산업재해 현황 조사표의 작성에 필요한 자료를 요청할 수 있다.

시행규칙 제8조(공표방법) 법 제10조제1항 및 제2항에 따른 공표는 관보, 「신문 등의 진흥에 관한 법률」 제9조제1항에 따라 그 보급지역을 전국으로 하여 등록한 일반일간신문 또는 인터넷 등에 게재하는 방법으로 한다.

정답 ④

12 산업안전보건법령상 자율안전확인의 신고에 관한 설명으로 옳지 않은 것은? [2022년 기출]

① 자율안전확인대상기계 등을 제조하는 자가「산업표준화법」제15조에 따른 인증을 받은 경우 고용노동부장관은 자율안전확인신고를 면제할 수 있다.

② 산업용 로봇, 혼합기, 파쇄기, 컨베이어는 자율안전확인대상기계 등에 해당한다.

③ 자율안전확인대상기계 등을 수입하는 자로서 자율안전확인신고를 하여야 하는 자는 수입하기 전에 신고서에 제품의 설명서, 자율안전확인대상기계 등의 자율안전기준을 충족함을 증명하는 서류를 첨부하여 한국산업안전보건공단에 제출해야 한다.

④ 자율안전확인의 표시를 하는 경우 인체에 상해를 입힐 우려가 있는 재질이나 표면이 거친 재질을 사용해서는 안 된다.

⑤ 고용노동부장관은 신고된 자율안전확인대상기계 등의 안전에 관한 성능이 자율안전기준에 맞지 아니하게 된 경우 신고한 자에게 1년 이내의 기간을 정하여 자율안전기준에 맞게 시정하도록 명할 수 있다.

해설

제89조(자율안전확인의 신고) ① 안전인증대상기계등이 아닌 유해·위험기계등으로서 대통령령으로 정하는 것(이하 "자율안전확인대상기계등"이라 한다)을 제조하거나 수입하는 자는 자율안전확인대상기계등의 안전에 관한 성능이 고용노동부장관이 정하여 고시하는 안전기준(이하 "자율안전기준"이라 한다)에 맞는지 확인(이하 "자율안전확인"이라 한다)하여 고용노동부장관에게 신고(신고한 사항을 변경하는 경우를 포함한다)하여야 한다. 다만, 다음 각 호의 어느 하나에 해당하는 경우에는 신고를 면제할 수 있다.

1. 연구·개발을 목적으로 제조·수입하거나 수출을 목적으로 제조하는 경우

2. 제84조제3항에 따른 안전인증을 받은 경우(제86조제1항에 따라 안전인증이 취소되거나 안전인증표시의 사용 금지 명령을 받은 경우는 제외한다)

3. 다른 법령에 따라 안전성에 관한 검사나 인증을 받은 경우로서 고용노동부령으로 정하는 경우

② 고용노동부장관은 제1항 각 호 외의 부분 본문에 따른 신고를 받은 경우 그 내용을 검토하여 이 법에 적합하면 신고를 수리하여야 한다.

③ 제1항 각 호 외의 부분 본문에 따라 신고를 한 자는 자율안전확인대상기계등이 자율안전기준에 맞는 것임을 증명하는 서류를 보존하여야 한다.

④ 제1항 각 호 외의 부분 본문에 따른 신고의 방법 및 절차, 그 밖에 필요한 사항은 고용노동부령으로 정한다.

제90조(자율안전확인의 표시 등) ① 제89조제1항 각 호 외의 부분 본문에 따라 신고를 한 자는 자율안전확인대상기계등이나 이를 담은 용기 또는 포장에 고용노동부령으로 정하는 바에 따라 자율안전확인의 표시(이하 "자율안전확인표시"라 한다)를 하여야 한다.

② 제89조제1항 각 호 외의 부분 본문에 따라 신고된 자율안전확인대상기계등이 아닌 것은 자율안전확인표시 또는 이와 유사한 표시를 하거나 자율안전확인에 관한 광고를 해서는 아니 된다.

③ 제89조제1항 각 호 외의 부분 본문에 따라 신고된 자율안전확인대상기계등을 제조·수입·양도·대여하는 자는 자율안전확인표시를 임의로 변경하거나 제거해서는 아니 된다.

④ 고용노동부장관은 다음 각 호의 어느 하나에 해당하는 경우에는 자율안전확인표시나 이와 유사한 표시를 제거할 것을 명하여야 한다.

1. 제2항을 위반하여 자율안전확인표시나 이와 유사한 표시를 한 경우
2. 거짓이나 그 밖의 부정한 방법으로 제89조제1항 각 호 외의 부분 본문에 따른 신고를 한 경우
3. 제91조제1항에 따라 자율안전확인표시의 사용 금지 명령을 받은 경우

제91조(자율안전확인표시의 사용 금지 등) ① 고용노동부장관은 제89조제1항 각 호 외의 부분 본문에 따라 신고된 자율안전확인대상기계등의 안전에 관한 성능이 **자율안전기준에 맞지 아니하게 된 경우에는 같은 항 각 호 외의 부분 본문에 따라 신고한 자에게 6개월 이내의 기간을 정하여 자율안전확인표시의 사용을 금지하거나 자율안전기준에 맞게 시정하도록 명할 수 있다**.

② 고용노동부장관은 제1항에 따라 자율안전확인표시의 사용을 금지하였을 때에는 그 사실을 관보 등에 공고하여야 한다.

③ 제2항에 따른 공고의 내용, 방법 및 절차, 그 밖에 필요한 사항은 고용노동부령으로 정한다.

제92조(자율안전확인대상기계등의 제조 등의 금지 등) ① 누구든지 다음 각 호의 어느 하나에 해당하는 자율안전확인대상기계등을 제조·수입·양도·대여·사용하거나 양도·대여의 목적으로 진열할 수 없다.

1. 제89조제1항 각 호 외의 부분 본문에 따른 신고를 하지 아니한 경우(같은 항 각 호 외의 부분 단서에 따라 신고가 면제되는 경우는 제외한다)
2. 거짓이나 그 밖의 부정한 방법으로 제89조제1항 각 호 외의 부분 본문에 따른 신고를 한 경우
3. 자율안전확인대상기계등의 안전에 관한 성능이 자율안전기준에 맞지 아니하게 된 경우
4. 제91조제1항에 따라 자율안전확인표시의 사용 금지 명령을 받은 경우

② 고용노동부장관은 제1항을 위반하여 자율안전확인대상기계등을 제조·수입·양도·대여하는 자에게 고용노동부령으로 정하는 바에 따라 그 자율안전확인대상기계등을 수거하거나 파기할 것을 명할 수 있다.

영 제77조(자율안전확인대상기계등) ① 법 제89조제1항 각 호 외의 부분 본문에서 "대통령령으로 정하는 것"이란 다음 각 호의 어느 하나에 해당하는 것을 말한다.

1. 다음 각 목의 어느 하나에 해당하는 기계 또는 설비
   가. 연삭기(研削機) 또는 연마기. 이 경우 휴대형은 제외한다.
   나. 산업용 로봇
   다. 혼합기
   라. 파쇄기 또는 분쇄기
   마. 식품가공용 기계(파쇄·절단·혼합·제면기만 해당한다)
   바. 컨베이어
   사. 자동차정비용 리프트
   아. 공작기계(선반, 드릴기, 평삭·형삭기, 밀링만 해당한다)
   자. 고정형 목재가공용 기계(둥근톱, 대패, 루타기, 띠톱, 모떼기 기계만 해당한다)
   차. 인쇄기
2. 다음 각 목의 어느 하나에 해당하는 방호장치
   가. 아세틸렌 용접장치용 또는 가스집합 용접장치용 안전기
   나. 교류 아크용접기용 자동전격방지기
   다. 롤러기 급정지장치
   라. 연삭기 덮개
   마. 목재 가공용 둥근톱 반발 예방장치와 날 접촉 예방장치
   바. 동력식 수동대패용 칼날 접촉 방지장치
   사. 추락·낙하 및 붕괴 등의 위험 방지 및 보호에 필요한 가설기자재(제74조제1항제2호아목의 가설기자재는 제외한다)로서 고용노동부장관이 정하여 고시하는 것
3. 다음 각 목의 어느 하나에 해당하는 보호구
   가. 안전모(제74조제1항제3호가목의 안전모는 제외한다)
   나. 보안경(제74조제1항제3호차목의 보안경은 제외한다)
   다. 보안면(제74조제1항제3호카목의 보안면은 제외한다)

② 자율안전확인대상기계등의 세부적인 종류, 규격 및 형식은 고용노동부장관이 정하여 고시한다.

시행규칙 제119조(신고의 면제) 법 제89조 제1항 제3호에서 "고용노동부령으로 정하는 경우"란 다음 각 호의 어느 하나에 해당하는 경우를 말한다.

1. 「농업기계화촉진법」 제9조에 따른 검정을 받은 경우
2. 「산업표준화법」 제15조에 따른 인증을 받은 경우
3. 「전기용품 및 생활용품 안전관리법」 제5조 및 제8조에 따른 안전인증 및 안전검사를 받은 경우
4. 국제전기기술위원회의 국제방폭전기기계·기구 상호인정제도에 따라 인증을 받은 경우

시행규칙 제120조(자율안전확인대상기계등의 신고방법) ① 법 제89조제1항 본문에 따라 신고해야 하는 자는 같은 규정에 따른 자율안전확인대상기계등(이하 "자율안전확인대상기계등"이라 한다)을 출고하거나 수입하기 전에 별지 제48호서식의 자율안전확인 신고서에 다음 각 호의 서류를 첨부하여 공단에 제출(전자문서로 제출하는 것을 포함한다)해야 한다.

1. 제품의 설명서

2. 자율안전확인대상기계등의 자율안전기준을 충족함을 증명하는 서류

② 공단은 제1항에 따른 신고서를 제출받은 경우 「전자정부법」 제36조제1항에 따른 행정정보의 공동이용을 통하여 다음 각 호의 어느 하나에 해당하는 서류를 확인해야 한다. 다만, 제2호의 서류에 대해서는 신청인이 확인에 동의하지 않는 경우에는 그 사본을 첨부하도록 해야 한다.

1. 법인 : 법인등기사항증명서

2. 개인 : 사업자등록증

③ 공단은 제1항에 따라 자율안전확인의 신고를 받은 날부터 15일 이내에 별지 제49호서식의 자율안전확인 신고증명서를 신고인에게 발급해야 한다.

정답 ⑤

13 산업안전보건법령상 공정안전보고서에 포함되어야 하는 사항을 모두 고른 것은? [2022년 기출]

ㄱ. 공정위험성 평가서	ㄴ. 안전운전계획
ㄷ. 비상조치계획	ㄹ. 공정안전자료

① ㄱ

② ㄴ, ㄹ

③ ㄷ, ㄹ

④ ㄱ, ㄴ, ㄷ

⑤ ㄱ, ㄴ, ㄷ, ㄹ

해설

제44조(공정안전보고서의 작성·제출) ① 사업주는 사업장에 대통령령으로 정하는 유해하거나 위험한 설비가 있는 경우 그 설비로부터의 위험물질 누출, 화재 및 폭발 등으로 인하여 사업장 내의 근로자에게 즉시 피해를 주거나 사업장 인근 지역에 피해를 줄 수 있는 사고로서 대통령령으로 정하는 사고(이하 "중대산업사고"라 한다)를 예방하기 위하여 대통령령으로 정하는 바에 따라 공정안전보고서를 작성하고 고용노동부장관에게 제출하여 심사를 받아야 한다. 이 경우 공정안전보고서의 내용이 중대산업사고를 예방하기 위하여 적합하다고 통보받기 전에는 관련된 유해하거나 위험한 설비를 가동해서는 아니 된다.

② 사업주는 제1항에 따라 공정안전보고서를 작성할 때 산업안전보건위원회의 심의를 거쳐야 한다. 다만, 산업안전보건위원회가 설치되어 있지 아니한 사업장의 경우에는 근로자대표의 의견을 들어야 한다.

영 제43조(공정안전보고서의 제출 대상) ① 법 제44조제1항 전단에서 "대통령령으로 정하는 유해하

거나 위험한 설비"란 다음 각 호의 어느 하나에 해당하는 사업을 하는 사업장의 경우에는 그 보유설비를 말하고, 그 외의 사업을 하는 사업장의 경우에는 별표 13에 따른 유해·위험물질 중 하나 이상의 물질을 같은 표에 따른 규정량 이상 제조·취급·저장하는 설비 및 그 설비의 운영과 관련된 모든 공정설비를 말한다.

1. 원유 정제처리업
2. 기타 석유정제물 재처리업
3. 석유화학계 기초화학물질 제조업 또는 합성수지 및 기타 플라스틱물질 제조업. 다만, 합성수지 및 기타 플라스틱물질 제조업은 별표 13 제1호 또는 제2호에 해당하는 경우로 한정한다.
4. 질소 화합물, 질소·인산 및 칼리질 화학비료 제조업 중 질소질 비료 제조
5. 복합비료 및 기타 화학비료 제조업 중 복합비료 제조(단순혼합 또는 배합에 의한 경우는 제외한다)
6. 화학 살균·살충제 및 농업용 약제 제조업[농약 원제(原劑) 제조만 해당한다]
7. 화약 및 불꽃제품 제조업

② 제1항에도 불구하고 다음 각 호의 설비는 유해하거나 위험한 설비로 보지 않는다.

1. 원자력 설비
2. 군사시설
3. 사업주가 해당 사업장 내에서 직접 사용하기 위한 난방용 연료의 저장설비 및 사용설비
4. 도매·소매시설
5. 차량 등의 운송설비
6. 「액화석유가스의 안전관리 및 사업법」에 따른 액화석유가스의 충전·저장시설
7. 「도시가스사업법」에 따른 가스공급시설
8. 그 밖에 고용노동부장관이 누출·화재·폭발 등의 사고가 있더라도 그에 따른 피해의 정도가 크지 않다고 인정하여 고시하는 설비

③ 법 제44조제1항 전단에서 "대통령령으로 정하는 사고"란 다음 각 호의 어느 하나에 해당하는 사고를 말한다.

1. 근로자가 사망하거나 부상을 입을 수 있는 제1항에 따른 설비(제2항에 따른 설비는 제외한다. 이하 제2호에서 같다)에서의 누출·화재·폭발 사고
2. 인근 지역의 주민이 인적 피해를 입을 수 있는 제1항에 따른 설비에서의 누출·화재·폭발 사고

영 제44조(공정안전보고서의 내용) ① 법 제44조제1항 전단에 따른 공정안전보고서에는 다음 각 호의 사항이 포함되어야 한다.

1. **공정안전자료**
2. **공정위험성 평가서**
3. **안전운전계획**
4. **비상조치계획**
5. 그 밖에 공정상의 안전과 관련하여 고용노동부장관이 필요하다고 인정하여 고시하는 사항

② 제1항 제1호부터 제4호까지의 규정에 따른 사항에 관한 세부 내용은 고용노동부령으로 정한다.

시행규칙 제50조(공정안전보고서의 세부 내용 등) ① 영 제44조에 따라 공정안전보고서에 포함해야 할 세부내용은 다음 각 호와 같다.

1. 공정안전자료

가. 취급·저장하고 있거나 취급·저장하려는 유해·위험물질의 종류 및 수량

나. 유해·위험물질에 대한 물질안전보건자료

다. 유해하거나 위험한 설비의 목록 및 사양

라. 유해하거나 위험한 설비의 운전방법을 알 수 있는 공정도면

마. 각종 건물·설비의 배치도

바. 폭발위험장소 구분도 및 전기단선도

사. 위험설비의 안전설계·제작 및 설치 관련 지침서

2. 공정위험성평가서 및 잠재위험에 대한 사고예방·피해 최소화 대책(공정위험성평가서는 공정의 특성 등을 고려하여 다음 각 목의 위험성평가 기법 중 한 가지 이상을 선정하여 위험성평가를 한 후 그 결과에 따라 작성해야 하며, 사고예방·피해최소화 대책은 위험성평가 결과 잠재위험이 있다고 인정되는 경우에만 작성한다)

가. 체크리스트(Check List)

나. 상대위험순위 결정(Dow and Mond Indices)

다. 작업자 실수 분석(HEA)

라. 사고 예상 질문 분석(What-if)

마. 위험과 운전 분석(HAZOP)

바. 이상위험도 분석(FMECA)

사. 결함 수 분석(FTA)

아. 사건 수 분석(ETA)

자. 원인결과 분석(CCA)

차. 가목부터 자목까지의 규정과 같은 수준 이상의 기술적 평가기법

3. 안전운전계획

가. 안전운전지침서

나. 설비점검·검사 및 보수계획, 유지계획 및 지침서

다. 안전작업허가

라. 도급업체 안전관리계획

마. 근로자 등 교육계획

바. 가동 전 점검지침

사. 변경요소 관리계획

아. 자체감사 및 사고조사계획

자. 그 밖에 안전운전에 필요한 사항

4. 비상조치계획

가. 비상조치를 위한 장비·인력 보유현황

나. 사고발생 시 각 부서·관련 기관과의 비상연락체계

다. 사고발생 시 비상조치를 위한 조직의 임무 및 수행 절차

라. 비상조치계획에 따른 교육계획

마. 주민홍보계획

바. 그 밖에 비상조치 관련 사항

② 공정안전보고서의 세부내용별 작성기준, 작성자 및 심사기준, 그 밖에 심사에 필요한 사항은 고용노동부장관이 정하여 고시한다.

정답 ⑤

14 산업안전보건법령상 사업장의 상시근로자 수가 50명인 경우에 산업안전보건위원회를 구성해야 할 사업은? [2022년 기출]

① 컴퓨터 프로그래밍, 시스템 통합 및 관리업

② 소프트웨어 개발 및 공급업

③ 비금속 광물제품 제조업

④ 정보서비스업

⑤ 금융 및 보험업

해설

제15조(안전보건관리책임자) ① 사업주는 사업장을 실질적으로 총괄하여 관리하는 사람에게 해당 사업장의 다음 각 호의 업무를 총괄하여 관리하도록 하여야 한다.

1. 사업장의 산업재해 예방계획의 수립에 관한 사항
2. 제25조 및 제26조에 따른 안전보건관리규정의 작성 및 변경에 관한 사항
3. 제29조에 따른 안전보건교육에 관한 사항
4. 작업환경측정 등 작업환경의 점검 및 개선에 관한 사항
5. 제129조부터 제132조까지에 따른 근로자의 건강진단 등 건강관리에 관한 사항
6. 산업재해의 원인 조사 및 재발 방지대책 수립에 관한 사항
7. 산업재해에 관한 통계의 기록 및 유지에 관한 사항
8. 안전장치 및 보호구 구입 시 적격품 여부 확인에 관한 사항
9. 그 밖에 근로자의 유해·위험 방지조치에 관한 사항으로서 고용노동부령으로 정하는 사항

② 제1항 각 호의 업무를 총괄하여 관리하는 사람(이하 "안전보건관리책임자"라 한다)은 제17조에 따른 안전관리자와 제18조에 따른 보건관리자를 지휘·감독한다.

③ 안전보건관리책임자를 두어야 하는 사업의 종류와 사업장의 상시근로자 수, 그 밖에 필요한 사항은 대통령령으로 정한다.

제24조(산업안전보건위원회) ① 사업주는 사업장의 안전 및 보건에 관한 중요 사항을 심의·의결하기 위하여 사업장에 근로자위원과 사용자위원이 같은 수로 구성되는 산업안전보건위원회를 구성·운영하여야 한다.

② 사업주는 다음 각 호의 사항에 대해서는 제1항에 따른 산업안전보건위원회(이하 "산업안전보건위원회"라 한다)의 심의·의결을 거쳐야 한다.

1. 제15조제1항제1호부터 제5호까지 및 제7호에 관한 사항
2. 제15조제1항제6호에 따른 사항 중 중대재해에 관한 사항
3. 유해하거나 위험한 기계·기구·설비를 도입한 경우 안전 및 보건 관련 조치에 관한 사항
4. 그 밖에 해당 사업장 근로자의 안전 및 보건을 유지·증진시키기 위하여 필요한 사항

③ 산업안전보건위원회는 대통령령으로 정하는 바에 따라 회의를 개최하고 그 결과를 회의록으로 작성하여 보존하여야 한다.

④ 사업주와 근로자는 제2항에 따라 산업안전보건위원회가 심의·의결한 사항을 성실하게 이행하여야 한다.

⑤ 산업안전보건위원회는 이 법, 이 법에 따른 명령, 단체협약, 취업규칙 및 제25조에 따른 안전보건관리규정에 반하는 내용으로 심의·의결해서는 아니 된다.

⑥ 사업주는 산업안전보건위원회의 위원에게 직무 수행과 관련한 사유로 불리한 처우를 해서는 아니 된다.

⑦ 산업안전보건위원회를 구성하여야 할 사업의 종류 및 사업장의 상시근로자 수, 산업안전보건위원회의 구성·운영 및 의결되지 아니한 경우의 처리방법, 그 밖에 필요한 사항은 대통령령으로 정한다.

영 제34조(산업안전보건위원회 구성 대상) 법 제24조제1항에 따라 산업안전보건위원회를 구성해야 할 사업의 종류 및 사업장의 상시근로자 수는 별표 9와 같다.

영 제35조(산업안전보건위원회의 구성) ① 산업안전보건위원회의 근로자위원은 다음 각 호의 사람으로 구성한다.

1. 근로자대표
2. 명예산업안전감독관이 위촉되어 있는 사업장의 경우 근로자대표가 지명하는 1명 이상의 명예산업안전감독관
3. 근로자대표가 지명하는 9명(근로자인 제2호의 위원이 있는 경우에는 9명에서 그 위원의 수를 제외한 수를 말한다) 이내의 해당 사업장의 근로자

② 산업안전보건위원회의 사용자위원은 다음 각 호의 사람으로 구성한다. 다만, 상시근로자 50명 이상 100명 미만을 사용하는 사업장에서는 제5호에 해당하는 사람을 제외하고 구성할 수 있다.

1. 해당 사업의 대표자(같은 사업으로서 다른 지역에 사업장이 있는 경우에는 그 사업장의 안전보건관리책임자를 말한다. 이하 같다)
2. 안전관리자(제16조제1항에 따라 안전관리자를 두어야 하는 사업장으로 한정하되, 안전관리자의 업무를 안전관리전문기관에 위탁한 사업장의 경우에는 그 안전관리전문기관의 해당 사업장 담당자를 말한다) 1명
3. 보건관리자(제20조제1항에 따라 보건관리자를 두어야 하는 사업장으로 한정하되, 보건관리자의 업무를 보건관리전문기관에 위탁한 사업장의 경우에는 그 보건관리전문기관의 해당 사업장 담당자를 말한다) 1명
4. 산업보건의(해당 사업장에 선임되어 있는 경우로 한정한다)
5. 해당 사업의 대표자가 지명하는 9명 이내의 해당 사업장 부서의 장

③ 제1항 및 제2항에도 불구하고 법 제69조제1항에 따른 건설공사도급인(이하 "건설공사도급인"이라 한다)이 법 제64조제1항제1호에 따른 안전 및 보건에 관한 협의체를 구성한 경우에는 산업안전보건위원회의 위원을 다음 각 호의 사람을 포함하여 구성할 수 있다.

1. 근로자위원 : 도급 또는 하도급 사업을 포함한 전체 사업의 근로자대표, 명예산업안전감독관

및 근로자대표가 지명하는 해당 사업장의 근로자

2. 사용자위원 : 도급인 대표자, 관계수급인의 각 대표자 및 안전관리자

영 제36조(산업안전보건위원회의 위원장) 산업안전보건위원회의 위원장은 위원 중에서 호선(互選)한다. 이 경우 근로자위원과 사용자위원 중 각 1명을 공동위원장으로 선출할 수 있다.

영 제37조(산업안전보건위원회의 회의 등) ① 법 제24조제3항에 따라 산업안전보건위원회의 회의는 정기회의와 임시회의로 구분하되, 정기회의는 분기마다 산업안전보건위원회의 위원장이 소집하며, 임시회의는 위원장이 필요하다고 인정할 때에 소집한다.

② 회의는 근로자위원 및 사용자위원 각 과반수의 출석으로 개의(開議)하고 출석위원 과반수의 찬성으로 의결한다.

③ 근로자대표, 명예산업안전감독관, 해당 사업의 대표자, 안전관리자 또는 보건관리자는 회의에 출석할 수 없는 경우에는 해당 사업에 종사하는 사람 중에서 1명을 지정하여 위원으로서의 직무를 대리하게 할 수 있다.

④ 산업안전보건위원회는 다음 각 호의 사항을 기록한 회의록을 작성하여 갖추어 두어야 한다.

1. 개최 일시 및 장소
2. 출석위원
3. 심의 내용 및 의결·결정 사항
4. 그 밖의 토의사항

영 제38조(의결되지 않은 사항 등의 처리) ① 산업안전보건위원회는 다음 각 호의 어느 하나에 해당하는 경우에는 근로자위원과 사용자위원의 합의에 따라 산업안전보건위원회에 중재기구를 두어 해결하거나 제3자에 의한 중재를 받아야 한다.

1. 법 제24조제2항 각 호에 따른 사항에 대하여 산업안전보건위원회에서 의결하지 못한 경우
2. 산업안전보건위원회에서 의결된 사항의 해석 또는 이행방법 등에 관하여 의견이 일치하지 않는 경우

② 제1항에 따른 중재 결정이 있는 경우에는 산업안전보건위원회의 의결을 거친 것으로 보며, 사업주와 근로자는 그 결정에 따라야 한다.

영 제39조(회의 결과 등의 공지) 산업안전보건위원회의 위원장은 산업안전보건위원회에서 심의·의결된 내용 등 회의 결과와 중재 결정된 내용 등을 사내방송이나 사내보(社內報), 게시 또는 자체 정례조회, 그 밖의 적절한 방법으로 근로자에게 신속히 알려야 한다.

■ 산업안전보건법 시행령 [별표 9] 〈개정 2024. 6. 25.〉

산업안전보건위원회를 구성해야 할 사업의 종류 및 사업장의 상시근로자 수(제34조 관련)

사업의 종류	사업장의 상시근로자 수
1. 토사석 광업 2. 목재 및 나무제품 제조업; 가구제외 3. 화학물질 및 화학제품 제조업; 의약품 제외(세제, 화장품 및 광택제 제조업과 화학섬유 제조업은 제외한다) 4. 비금속 광물제품 제조업 5. 1차 금속 제조업	상시근로자 50명 이상

6. 금속가공제품 제조업; 기계 및 가구 제외 7. 자동차 및 트레일러 제조업 8. 기타 기계 및 장비 제조업(사무용 기계 및 장비 제조업은 제외한다) 9. 기타 운송장비 제조업(전투용 차량 제조업은 제외한다)	
10. 농업 11. 어업 12. 소프트웨어 개발 및 공급업 13. 컴퓨터 프로그래밍, 시스템 통합 및 관리업 **13의2. 영상·오디오물 제공 서비스업** 14. 정보서비스업 15. 금융 및 보험업 16. 임대업; 부동산 제외 17. 전문, 과학 및 기술 서비스업(연구개발업은 제외한다) 18. 사업지원 서비스업 19. 사회복지 서비스업	상시근로자 300명 이상
20. 건설업	공사금액 120억원 이상(「건설산업기본법 시행령」 별표 1의 종합공사를 시공하는 업종의 건설업종란 제1호에 따른 토목공사업의 경우에는 150억원 이상)
21. 제1호부터 제13호까지, 제13호의2 및 제14호부터 제20호까지의 사업을 제외한 사업	상시근로자 100명 이상

정답 ③

유제 **산업안전보건법령상 산업안전보건위원회를 구성해야 할 사업의 종류와 사업장의 상시근로자 수가 올바르게 짝지어진 것은?**

① 화학물질 및 화학제품 제조업(의약품 포함) : 상시근로자 50명 이상
② 1차 금속 제조업 : 100명 이상
③ 금속가공제품 제조업(기계 및 가구 포함) : 50명 이상
④ 사무용 기계 및 장비 제조업 : 100명 이상
⑤ 전투용 차량 제조업 : 50명 이상

해설

정답 ④

15 산업안전보건법령상 사업주가 관리감독자에게 수행하게 하여야 하는 산업안전 및 보건에 관한 업무로 명시되지 않은 것은? [2022년 기출]

① 산업재해에 관한 통계의 기록 및 유지에 관한 사항
② 사업장 내 관리감독자가 지휘·감독하는 작업과 관련된 기계·기구 또는 설비의 안전·보건 점검 및 이상 유무의 확인
③ 관리감독자에게 소속된 근로자의 작업복·보호구 및 방호장치의 점검과 그 착용·사용에 관한 교육·지도
④ 해당작업에서 발생한 산업재해에 관한 보고 및 이에 대한 응급조치
⑤ 해당작업의 작업장 정리·정돈 및 통로 확보에 대한 확인·감독

해설

제16조(관리감독자) ① 사업주는 사업장의 생산과 관련되는 업무와 그 소속 직원을 직접 지휘·감독하는 직위에 있는 사람(이하 "관리감독자"라 한다)에게 산업 안전 및 보건에 관한 업무로서 대통령령으로 정하는 업무를 수행하도록 하여야 한다.

② 관리감독자가 있는 경우에는 「건설기술 진흥법」 제64조제1항제2호에 따른 안전관리책임자 및 같은 항 제3호에 따른 안전관리담당자를 각각 둔 것으로 본다.

영 제15조(관리감독자의 업무 등) ① 법 제16조제1항에서 "대통령령으로 정하는 업무"란 다음 각 호의 업무를 말한다.

1. 사업장 내 법 제16조제1항에 따른 관리감독자(이하 "관리감독자"라 한다)가 지휘·감독하는 작업(이하 이 조에서 "해당작업"이라 한다)과 관련된 기계·기구 또는 설비의 안전·보건 점검 및 이상 유무의 확인
2. 관리감독자에게 소속된 근로자의 작업복·보호구 및 방호장치의 점검과 그 착용·사용에 관한 교육·지도
3. 해당작업에서 발생한 **산업재해에 관한 보고 및 이에 대한 응급조치**
4. 해당작업의 **작업장 정리·정돈 및 통로 확보에 대한 확인·감독**
5. 사업장의 다음 각 목의 어느 하나에 해당하는 사람의 지도·조언에 대한 협조
   가. 법 제17조제1항에 따른 안전관리자(이하 "안전관리자"라 한다) 또는 같은 조 제5항에 따라 안전관리자의 업무를 같은 항에 따른 안전관리전문기관(이하 "안전관리전문기관"이라 한다)에 위탁한 사업장의 경우에는 그 안전관리전문기관의 해당 사업장 담당자
   나. 법 제18조제1항에 따른 보건관리자(이하 "보건관리자"라 한다) 또는 같은 조 제5항에 따라 보건관리자의 업무를 같은 항에 따른 보건관리전문기관(이하 "보건관리전문기관"이라 한다)에 위탁한 사업장의 경우에는 그 보건관리전문기관의 해당 사업장 담당자
   다. 법 제19조제1항에 따른 안전보건관리담당자(이하 "안전보건관리담당자"라 한다) 또는 같은 조 제4항에 따라 안전보건관리담당자의 업무를 안전관리전문기관 또는 보건관리전문기관에 위탁한 사업장의 경우에는 그 안전관리전문기관 또는 보건관리전문기관의 해당 사업장 담당자

라. 법 제22조제1항에 따른 산업보건의(이하 “산업보건의”라 한다)

6. 법 제36조에 따라 실시되는 **위험성평가에 관한 다음 각 목의 업무**

가. 유해·위험요인의 **파악**에 대한 참여

나. **개선조치의 시행**에 대한 참여

7. 그 밖에 해당작업의 안전 및 보건에 관한 사항으로서 고용노동부령으로 정하는 사항

② 관리감독자에 대한 지원에 관하여는 제14조제2항을 준용한다. 이 경우 “안전보건관리책임자”는 “관리감독자”로, “법 제15조제1항”은 “제1항”으로 본다.

정답 ①

16

산업안전보건법령상 도급승인 대상 작업에 관한 것으로 “급성 독성, 피부 부식성 등이 있는 물질의 취급 등 대통령령으로 정하는 작업”에 관한 내용이다. ( )에 들어갈 내용을 순서대로 옳게 나열한 것은? [2022년 기출]

- 중량비율 (ㄱ)퍼센트 이상의 황산, 불화수소, 질산 또는 염화수소를 취급하는 설비를 개조·분해·해체·철거하는 작업 또는 해당 설비의 내부에서 이루어지는 작업. 다만, 도급인이 해당 화학물질을 모두 제거한 후 증명자료를 첨부하여 (ㄴ)에게 신고한 경우는 제외한다.
- 그 밖에「산업재해보상보험법」제8조제1항에 따른 (ㄷ)의 심의를 거쳐 고용노동부장관이 정하는 작업

① ㄱ : 1, ㄴ : 고용노동부장관, ㄷ : 산업재해보상보험및예방심의위원회

② ㄱ : 1, ㄴ : 한국산업안전보건공단 이사장, ㄷ : 산업재해보상보험및예방심의위원회

③ ㄱ : 2, ㄴ : 고용노동부장관, ㄷ : 산업재해보상보험및예방심의위원회

④ ㄱ : 2, ㄴ : 지방고용노동관서의 장, ㄷ : 산업안전보건심의위원회

⑤ ㄱ : 3, ㄴ : 고용노동부장관, ㄷ : 산업안전보건심의위원회

해설

제58조(유해한 작업의 도급금지) ① 사업주는 근로자의 안전 및 보건에 유해하거나 위험한 작업으로서 다음 각 호의 어느 하나에 해당하는 작업을 도급하여 자신의 사업장에서 수급인의 근로자가 그 작업을 하도록 해서는 아니 된다.

1. 도금작업
2. 수은, 납 또는 카드뮴을 제련, 주입, 가공 및 가열하는 작업
3. 제118조제1항에 따른 허가대상물질을 제조하거나 사용하는 작업

② 사업주는 제1항에도 불구하고 다음 각 호의 어느 하나에 해당하는 경우에는 제1항 각 호에 따른 작업을 도급하여 자신의 사업장에서 수급인의 근로자가 그 작업을 하도록 할 수 있다.

1. 일시·간헐적으로 하는 작업을 도급하는 경우
2. 수급인이 보유한 기술이 전문적이고 사업주(수급인에게 도급을 한 도급인으로서의 사업주를 말한다)의 사업 운영에 필수 불가결한 경우로서 고용노동부장관의 승인을 받은 경우

③ 사업주는 제2항제2호에 따라 고용노동부장관의 승인을 받으려는 경우에는 고용노동부령으로 정하는 바에 따라 고용노동부장관이 실시하는 안전 및 보건에 관한 평가를 받아야 한다.

④ 제2항 제2호에 따른 승인의 유효기간은 3년의 범위에서 정한다.

⑤ 고용노동부장관은 제4항에 따른 유효기간이 만료되는 경우에 사업주가 유효기간의 연장을 신청하면 승인의 유효기간이 만료되는 날의 다음 날부터 3년의 범위에서 고용노동부령으로 정하는 바에 따라 그 기간의 연장을 승인할 수 있다. 이 경우 사업주는 제3항에 따른 안전 및 보건에 관한 평가를 받아야 한다.

⑥ 사업주는 제2항제2호 또는 제5항에 따라 승인을 받은 사항 중 고용노동부령으로 정하는 사항을 변경하려는 경우에는 고용노동부령으로 정하는 바에 따라 변경에 대한 승인을 받아야 한다.

⑦ 고용노동부장관은 제2항제2호, 제5항 또는 제6항에 따라 승인, 연장승인 또는 변경승인을 받은 자가 제8항에 따른 기준에 미달하게 된 경우에는 승인, 연장승인 또는 변경승인을 취소하여야 한다.

⑧ 제2항제2호, 제5항 또는 제6항에 따른 승인, 연장승인 또는 변경승인의 기준·절차 및 방법, 그 밖에 필요한 사항은 고용노동부령으로 정한다.

제59조(도급의 승인) ① 사업주는 자신의 사업장에서 안전 및 보건에 유해하거나 위험한 작업 중 **급성 독성, 피부 부식성 등이 있는 물질**의 취급 등 대통령령으로 정하는 작업을 도급하려는 경우에는 고용노동부장관의 승인을 받아야 한다. 이 경우 사업주는 고용노동부령으로 정하는 바에 따라 안전 및 보건에 관한 평가를 받아야 한다.

② 제1항에 따른 승인에 관하여는 제58조제4항부터 제8항까지의 규정을 준용한다.

영 제51조(도급승인 대상 작업) 법 제59조제1항 전단에서 "급성 독성, 피부 부식성 등이 있는 물질의 취급 등 대통령령으로 정하는 작업"이란 다음 각 호의 어느 하나에 해당하는 작업을 말한다.

1. 중량비율 1퍼센트 이상의 황산, 불화수소, 질산 또는 염화수소를 취급하는 설비를 개조·분해·해체·철거하는 작업 또는 해당 설비의 내부에서 이루어지는 작업. 다만, 도급인이 해당 화학물질을 모두 제거한 후 증명자료를 첨부하여 고용노동부장관에게 신고한 경우는 제외한다.
2. 그 밖에 「산업재해보상보험법」 제8조제1항에 따른 산업재해보상보험및예방심의위원회(이하 "산업재해보상보험및예방심의위원회"라 한다)의 심의를 거쳐 고용노동부장관이 정하는 작업

정답 ①

17 산업안전보건법령상 보건관리자에 관한 설명으로 옳지 않은 것은? [2022년 기출]

① 상시근로자 300명 이상을 사용하는 사업장의 사업주는 보건관리자에게 그 업무만을 전담하도록 하여야 한다.

② 안전인증대상기계등과 자율안전확인대상기계등 중 보건과 관련된 보호구(保護具) 구입 시 적격품 선정에 관한 보좌 및 지도·조언은 보건관리자의 업무에 해당한다.

③ 외딴곳으로서 고용노동부장관이 정하는 지역에 있는 사업장의 사업주는 보건관리전문기관에 보건관리자의 업무를 위탁할 수 있다.

④ 보건관리자의 업무를 위탁할 수 있는 보건관리전문기관은 지역별 보건관리전문기관과 업종별·유해인자별 보건관리전문기관으로 구분한다.

⑤ 「의료법」에 따른 간호사는 보건관리자가 될 수 없다.

해설

제18조(보건관리자) ① 사업주는 사업장에 제15조제1항 각 호의 사항 중 보건에 관한 기술적인 사항에 관하여 사업주 또는 안전보건관리책임자를 보좌하고 관리감독자에게 지도·조언하는 업무를 수행하는 사람(이하 "보건관리자"라 한다)을 두어야 한다.

② 보건관리자를 두어야 하는 사업의 종류와 사업장의 상시근로자 수, 보건관리자의 수·자격·업무·권한·선임방법, 그 밖에 필요한 사항은 대통령령으로 정한다.

③ 대통령령으로 정하는 사업의 종류 및 사업장의 상시근로자 수에 해당하는 사업장의 사업주는 보건관리자에게 그 업무만을 전담하도록 하여야 한다.

④ 고용노동부장관은 산업재해 예방을 위하여 필요한 경우로서 고용노동부령으로 정하는 사유에 해당하는 경우에는 사업주에게 보건관리자를 제2항에 따라 대통령령으로 정하는 수 이상으로 늘리거나 교체할 것을 명할 수 있다.

⑤ 대통령령으로 정하는 사업의 종류 및 사업장의 상시근로자 수에 해당하는 사업장의 사업주는 제21조에 따라 지정받은 보건관리 업무를 전문적으로 수행하는 기관(이하 "보건관리전문기관"이라 한다)에 보건관리자의 업무를 위탁할 수 있다.

영 제20조(보건관리자의 선임 등) ① 법 제18조제1항에 따라 보건관리자를 두어야 하는 사업의 종류와 사업장의 상시근로자 수, 보건관리자의 수 및 선임방법은 별표 5와 같다.

② 법 제18조제3항에서 "대통령령으로 정하는 사업의 종류 및 사업장의 상시근로자 수에 해당하는 사업장"이란 상시근로자 300명 이상을 사용하는 사업장을 말한다.

③ 보건관리자의 선임 등에 관하여는 제16조제3항부터 제6항까지의 규정을 준용한다. 이 경우 "별표 3"은 "별표 5"로, "안전관리자"는 "보건관리자"로, "안전관리"는 "보건관리"로, "법 제17조제5항"은 "법 제18조제5항"으로, "안전관리전문기관"은 "보건관리전문기관"으로 본다.

영 제21조(보건관리자의 자격) 보건관리자의 자격은 별표 6과 같다.

영 제22조(보건관리자의 업무 등) ① 보건관리자의 업무는 다음 각 호와 같다.

1. 산업안전보건위원회 또는 노사협의체에서 심의·의결한 업무와 안전보건관리규정 및 취업규칙에서 정한 업무

2. 안전인증대상기계등과 자율안전확인대상기계등 중 보건과 관련된 보호구(保護具) 구입 시 적격품 선정에 관한 보좌 및 지도·조언
3. 법 제36조에 따른 위험성평가에 관한 보좌 및 지도·조언
4. 법 제110조에 따라 작성된 물질안전보건자료의 게시 또는 비치에 관한 보좌 및 지도·조언
5. 제31조제1항에 따른 산업보건의의 직무(보건관리자가 별표 6 제2호에 해당하는 사람인 경우로 한정한다)
6. 해당 사업장 보건교육계획의 수립 및 보건교육 실시에 관한 보좌 및 지도·조언
7. **해당 사업장의 근로자를 보호하기 위한 다음 각 목의 조치에 해당하는 의료행위(보건관리자가 별표 6 제2호 또는 제3호에 해당하는 경우로 한정한다)**
   가. 자주 발생하는 가벼운 부상에 대한 치료
   나. 응급처치가 필요한 사람에 대한 처치
   다. 부상·질병의 악화를 방지하기 위한 처치
   라. 건강진단 결과 발견된 질병자의 요양 지도 및 관리
   마. 가목부터 라목까지의 의료행위에 따르는 의약품의 투여
8. 작업장 내에서 사용되는 전체 환기장치 및 국소 배기장치 등에 관한 설비의 점검과 작업방법의 공학적 개선에 관한 보좌 및 지도·조언
9. 사업장 순회점검, 지도 및 조치 건의
10. 산업재해 발생의 원인 조사·분석 및 재발 방지를 위한 기술적 보좌 및 지도·조언
11. 산업재해에 관한 통계의 유지·관리·분석을 위한 보좌 및 지도·조언
12. 법 또는 법에 따른 명령으로 정한 보건에 관한 사항의 이행에 관한 보좌 및 지도·조언
13. 업무 수행 내용의 기록·유지
14. 그 밖에 보건과 관련된 작업관리 및 작업환경관리에 관한 사항으로서 고용노동부장관이 정하는 사항

② 보건관리자는 제1항 각 호에 따른 업무를 수행할 때에는 안전관리자와 협력해야 한다.

③ 사업주는 보건관리자가 제1항에 따른 업무를 원활하게 수행할 수 있도록 권한·시설·장비·예산, 그 밖의 업무 수행에 필요한 지원을 해야 한다. 이 경우 보건관리자가 별표 6 제2호 또는 제3호에 해당하는 경우에는 고용노동부령으로 정하는 시설 및 장비를 지원해야 한다.

④ 보건관리자의 배치 및 평가·지도에 관하여는 제18조제2항 및 제3항을 준용한다. 이 경우 "안전관리자"는 "보건관리자"로, "안전관리"는 "보건관리"로 본다.

영 제23조(보건관리자 업무의 위탁 등) ① 법 제18조제5항에 따라 보건관리자의 업무를 위탁할 수 있는 보건관리전문기관은 지역별 보건관리전문기관과 업종별·유해인자별 보건관리전문기관으로 구분한다.

② 법 제18조 제5항에서 "대통령령으로 정하는 사업의 종류 및 사업장의 상시근로자 수에 해당하는 사업장"이란 다음 각 호의 어느 하나에 해당하는 사업장을 말한다.

1. **건설업을 제외**한 사업(업종별·유해인자별 보건관리전문기관의 경우에는 고용노동부령으로 정하는 사업을 말한다)으로서 상시근로자 300명 미만을 사용하는 사업장
2. 외딴곳으로서 고용노동부장관이 정하는 지역에 있는 사업장

③ 보건관리자 업무의 위탁에 관하여는 제19조제2항을 준용한다. 이 경우 "법 제17조제5항 및 이 조 제1항"은 "법 제18조제5항 및 이 조 제2항"으로, "안전관리자"는 "보건관리자"로, "안전관리

전문기관”은 “보건관리전문기관”으로 본다.

■ 산업안전보건법 시행령 [별표 5] 〈개정 2024. 6. 25.〉

보건관리자를 두어야 하는 사업의 종류, 사업장의 상시근로자 수, 보건관리자의 수 및 선임방법(제20조제1항 관련)

<table>
<tr><th>사업의 종류</th><th>사업장의 상시근로자 수</th><th>보건관리자의 수</th><th>보건관리자의 선임방법</th></tr>
<tr><td rowspan="3">1. 광업(광업 지원 서비스업은 제외한다)
2. 섬유제품 염색, 정리 및 마무리 가공업
3. 모피제품 제조업
4. 그 외 기타 의복액세서리 제조업(모피 액세서리에 한정한다)
5. 모피 및 가죽 제조업(원피가공 및 가죽 제조업은 제외한다)
6. 신발 및 신발부분품 제조업
7. 코크스, 연탄 및 석유정제품 제조업
8. 화학물질 및 화학제품 제조업; 의약품 제외
9. 의료용 물질 및 의약품 제조업
10. 고무 및 플라스틱제품 제조업
11. 비금속 광물제품 제조업
12. 1차 금속 제조업
13. 금속가공제품 제조업; 기계 및 가구 제외
14. 기타 기계 및 장비 제조업
15. 전자부품, 컴퓨터, 영상, 음향 및 통신장비 제조업
16. 전기장비 제조업
17. 자동차 및 트레일러 제조업
18. 기타 운송장비 제조업
19. 가구 제조업
20. 해체, 선별 및 원료 재생업
21. 자동차 종합 수리업, 자동차 전문 수리업
22. 제88조 각 호의 어느 하나에 해당하는 유해물질을 제조하는 사업과 그 유해물질을 사용하는 사업 중 고용노동부장관이 특히 보건관리를 할 필요가 있다고 인정하여 고시하는 사업</td><td>상시근로자 50명 이상 500명 미만</td><td>1명 이상</td><td>별표 6 각 호의 어느 하나에 해당하는 사람을 선임해야 한다.</td></tr>
<tr><td>상시근로자 500명 이상 2천명 미만</td><td>2명 이상</td><td>별표 6 각 호의 어느 하나에 해당하는 사람을 선임해야 한다.</td></tr>
<tr><td>상시근로자 2천명 이상</td><td>2명 이상</td><td>별표 6 각 호의 어느 하나에 해당하는 사람을 선임하되, 같은 표 제2호 또는 제3호에 해당하는 사람이 1명 이상 포함되어야 한다.</td></tr>
</table>

23. 제2호부터 제22호까지의 사업을 제외한 제조업	상시근로자 50명 이상 1천명 미만	1명 이상	별표 6 각 호의 어느 하나에 해당하는 사람을 선임해야 한다.
	상시근로자 1천명 이상 3천명 미만	2명 이상	별표 6 각 호의 어느 하나에 해당하는 사람을 선임해야 한다.
	상시근로자 3천명 이상	2명 이상	별표 6 각 호의 어느 하나에 해당하는 사람을 선임하되, 같은 표 제2호 또는 제3호에 해당하는 사람이 1명 이상 포함되어야 한다.
24. 농업, 임업 및 어업 25. 전기, 가스, 증기 및 공기조절공급업 26. 수도, 하수 및 폐기물 처리, 원료재생업(제20호에 해당하는 사업은 제외한다) 27. 운수 및 창고업 28. 도매 및 소매업 29. 숙박 및 음식점업 30. 서적, 잡지 및 기타 인쇄물 출판업 31. 라디오 방송업 및 텔레비전 방송업 32. 우편 및 통신업 33. 부동산업 34. 연구개발업 35. 사진 처리업 36. 사업시설 관리 및 조경 서비스업 37. 공공행정(청소, 시설관리, 조리 등 현업업무에 종사하는 사람으로서 고용노동부장관이 정하여 고시하는 사람으로 한정한다) 38. 교육서비스업 중 초등·중등·고등 교육기관, 특수학교·외국인학교 및 대안학교(청소, 시설관리, 조리 등 현업업무에 종사하는 사람으로서 고	상시근로자 50명 이상 5천명 미만. 다만, 제35호의 경우에는 상시근로자 100명 이상 5천명 미만으로 한다.	1명 이상	별표 6 각 호의 어느 하나에 해당하는 사람을 선임해야 한다.
	상시 근로자 5천명 이상	2명 이상	별표 6 각 호의 어느 하나에 해당하는 사람을 선임하되, 같은 표 제2호 또는 제3호에 해당하는 사람이 1명 이상 포함되어야 한다.

용노동부장관이 정하여 고시하는 사람으로 한정한다) 39. 청소년 수련시설 운영업 40. 보건업 41. 골프장 운영업 42. 개인 및 소비용품수리업(제21호에 해당하는 사업은 제외한다) 43. 세탁업			
44. 건설업	**공사금액 800억원** 이상(「건설산업기본법 시행령」 별표 1의 종합공사를 시공하는 업종의 건설업종란 제1호에 따른 토목공사업에 속하는 공사의 경우에는 1천억 이상) **또는 상시 근로자 600명 이상**	1명 이상[공사금액 800억원(「건설산업기본법 시행령」 별표 1의 종합공사를 시공하는 업종의 건설업종란 제1호에 따른 토목공사업은 1천억원)을 기준으로 1,400억원이 증가할 때마다 또는 상시 근로자 600명을 기준으로 600명이 추가될 때마다 1명씩 추가한다]	별표 6 각 호의 어느 하나에 해당하는 사람을 선임해야 한다.

■ 산업안전보건법 시행령 [별표 6]

> **보건관리자의 자격(제21조 관련)**
>
> 보건관리자는 다음 각 호의 어느 하나에 해당하는 사람으로 한다.
> 1. 법 제143조제1항에 따른 산업보건지도사 자격을 가진 사람
> 2. **「의료법」에 따른 의사**
> 3. **「의료법」에 따른 간호사**
> 4. 「국가기술자격법」에 따른 산업위생관리산업기사 또는 대기환경산업기사 이상의 자격을 취득한 사람
> 5. 「국가기술자격법」에 따른 인간공학기사 이상의 자격을 취득한 사람
> 6. 「고등교육법」에 따른 전문대학 이상의 학교에서 산업보건 또는 산업위생 분야의 학위를 취득한 사람(법령에 따라 이와 같은 수준 이상의 학력이 있다고 인정되는 사람을 포함한다)

정답 ⑤

유제 **산업안전보건법령상 보건관리자의 자격요건에 관한 설명으로 옳지 않은 것은?**

① 「의료법」에 따른 의사
② 「의료법」에 따른 간호사
③ 「국가기술자격법」에 따른 산업위생관리산업기사 이상의 자격을 취득한 사람
④ 「국가기술자격법」에 따른 대기환경기사 이상의 자격을 취득한 사람
⑤ 「국가기술자격법」에 따른 인간공학기사 이상의 자격을 취득한 사람

해설

정답 ④

18 산업안전보건법령상 안전보건관리규정(이하 "규정"이라 함)에 관한 설명으로 옳은 것은? [2022년 기출]

① 안전 및 보건에 관한 관리조직은 규정에 포함되어야 하는 사항이 아니다.

② 규정 중 취업규칙에 반하는 부분에 관하여는 규정으로 정한 기준이 취업규칙에 우선하여 적용된다.

③ 산업안전보건위원회가 설치되어 있지 아니한 사업장의 사업주가 규정을 작성할 때에는 지방고용노동관서의 장의 승인을 받아야 한다.

④ 사업주가 규정을 작성할 때에는 산업안전보건위원회의 심의·의결을 거쳐야 하나, 변경할 때에는 심의만 거치면 된다.

⑤ 규정을 작성해야 하는 사업의 사업주는 규정을 작성해야 할 사유가 발생한 날부터 30일 이내에 작성해야 한다.

해설

제25조(안전보건관리규정의 작성) ① 사업주는 사업장의 안전 및 보건을 유지하기 위하여 다음 각 호의 사항이 포함된 안전보건관리규정을 작성하여야 한다.

1. 안전 및 보건에 관한 관리조직과 그 직무에 관한 사항
2. 안전보건교육에 관한 사항
3. 작업장의 안전 및 보건 관리에 관한 사항
4. 사고 조사 및 대책 수립에 관한 사항
5. 그 밖에 안전 및 보건에 관한 사항

② 제1항에 따른 안전보건관리규정(이하 "안전보건관리규정"이라 한다)은 단체협약 또는 취업규칙에 반할 수 없다. 이 경우 안전보건관리규정 중 단체협약 또는 취업규칙에 반하는 부분에 관하여는 그 단체협약 또는 취업규칙으로 정한 기준에 따른다.

③ 안전보건관리규정을 작성하여야 할 사업의 종류, 사업장의 상시근로자 수 및 안전보건관리규정에 포함되어야 할 세부적인 내용, 그 밖에 필요한 사항은 고용노동부령으로 정한다.

제26조(안전보건관리규정의 작성·변경 절차) 사업주는 안전보건관리규정을 **작성하거나 변경할 때에는 산업안전보건위원회의 심의·의결**을 거쳐야 한다. 다만, 산업안전보건위원회가 설치되어 있지 아니한 사업장의 경우에는 **근로자대표의 동의**를 받아야 한다.

제27조(안전보건관리규정의 준수) 사업주와 근로자는 안전보건관리규정을 지켜야 한다.

제28조(다른 법률의 준용) 안전보건관리규정에 관하여 이 법에서 규정한 것을 제외하고는 그 성질에 반하지 아니하는 범위에서 「근로기준법」 중 취업규칙에 관한 규정을 준용한다.

시행규칙 제25조(안전보건관리규정의 작성) ① 법 제25조제3항에 따라 안전보건관리규정을 작성해야 할 사업의 종류 및 상시근로자 수는 별표 2와 같다.

② 제1항에 따른 사업의 사업주는 안전보건관리규정을 작성해야 할 사유가 발생한 날부터 **30일 이내**에 별표 3의 내용을 포함한 안전보건관리규정을 작성해야 한다. 이를 변경할 사유가 발생한 경우에도 또한 같다.

③ 사업주가 제2항에 따라 안전보건관리규정을 작성할 때에는 소방·가스·전기·교통 분야 등의 다른

법령에서 정하는 안전관리에 관한 규정과 통합하여 작성할 수 있다.

■ 산업안전보건법 시행규칙 [별표 2] 〈개정 2024. 6. 28.〉

안전보건관리규정을 작성해야 할 사업의 종류 및 상시근로자 수(제25조제1항 관련)

사업의 종류	상시근로자 수
1. 농업 2. 어업 3. 소프트웨어 개발 및 공급업 4. 컴퓨터 프로그래밍, 시스템 통합 및 관리업 4의2. 영상·오디오물 제공 서비스업 5. 정보서비스업 6. 금융 및 보험업 7. 임대업; 부동산 제외 8. 전문, 과학 및 기술 서비스업(연구개발업은 제외한다) 9. 사업지원 서비스업 10. 사회복지 서비스업	300명 이상
11. 제1호부터 제4호까지, 제4호의2 및 제5호부터 제10호까지의 사업을 제외한 사업	100명 이상

■ 산업안전보건법 시행규칙 [별표 3]

안전보건관리규정의 세부 내용(제25조제2항 관련)

1. 총칙
   가. 안전보건관리규정 작성의 목적 및 적용 범위에 관한 사항
   나. 사업주 및 근로자의 재해 예방 책임 및 의무 등에 관한 사항
   다. 하도급 사업장에 대한 안전·보건관리에 관한 사항
2. 안전·보건 관리조직과 그 직무
   가. 안전·보건 관리조직의 구성방법, 소속, 업무 분장 등에 관한 사항
   나. 안전보건관리책임자(안전보건총괄책임자), 안전관리자, 보건관리자, 관리감독자의 직무 및 선임에 관한 사항
   다. 산업안전보건위원회의 설치·운영에 관한 사항
   라. 명예산업안전감독관의 직무 및 활동에 관한 사항
   마. 작업지휘자 배치 등에 관한 사항
3. 안전·보건교육
   가. 근로자 및 관리감독자의 안전·보건교육에 관한 사항
   나. 교육계획의 수립 및 기록 등에 관한 사항
4. **작업장 안전관리**
   가. 안전·보건관리에 관한 계획의 수립 및 시행에 관한 사항
   나. 기계·기구 및 설비의 방호조치에 관한 사항
   다. 유해·위험기계등에 대한 자율검사프로그램에 의한 검사 또는 안전검사에 관한 사항

라. 근로자의 안전수칙 준수에 관한 사항
마. 위험물질의 보관 및 출입 제한에 관한 사항
바. 중대재해 및 중대산업사고 발생, 급박한 산업재해 발생의 위험이 있는 경우 작업중지에 관한 사항
사. 안전표지·안전수칙의 종류 및 게시에 관한 사항과 그 밖에 안전관리에 관한 사항

5. **작업장 보건관리**
가. 근로자 건강진단, 작업환경측정의 실시 및 조치절차 등에 관한 사항
나. 유해물질의 취급에 관한 사항
다. 보호구의 지급 등에 관한 사항
라. 질병자의 근로 금지 및 취업 제한 등에 관한 사항
마. 보건표지·보건수칙의 종류 및 게시에 관한 사항과 그 밖에 보건관리에 관한 사항

6. 사고 조사 및 대책 수립
가. **산업재해 및 중대산업사고**의 발생 시 처리 절차 및 긴급조치에 관한 사항
나. 산업재해 및 중대산업사고의 발생원인에 대한 조사 및 분석, 대책 수립에 관한 사항
다. 산업재해 및 중대산업사고 발생의 기록·관리 등에 관한 사항

7. **위험성평가에 관한 사항**
가. 위험성평가의 실시 시기 및 방법, 절차에 관한 사항
나. 위험성 감소대책 수립 및 시행에 관한 사항

8. 보칙
가. 무재해운동 참여, 안전·보건 관련 제안 및 포상·징계 등 산업재해 예방을 위하여 필요하다고 판단하는 사항
나. 안전·보건 관련 문서의 보존에 관한 사항
다. 그 밖의 사항
사업장의 규모·업종 등에 적합하게 작성하며, 필요한 사항을 추가하거나 그 사업장에 관련되지 않는 사항은 제외할 수 있다.

정답 ⑤

19 산업안전보건법령상 고용노동부장관이 안전관리전문기관 또는 보건관리전문기관의 지정을 취소하거나 6개월 이내의 기간을 정하여 그 업무의 정지를 명할 수 있도록 하는 규정이 준용되는 기관이 아닌 것은? [2022년 기출]

① 안전보건교육기관

② 안전보건진단기관

③ 건설재해예방전문지도기관

④ 역학조사 실시 업무를 위탁받은 기관

⑤ 석면조사기관

해설

제21조(안전관리전문기관 등) ① 안전관리전문기관 또는 보건관리전문기관이 되려는 자는 대통령령으로 정하는 인력·시설 및 장비 등의 요건을 갖추어 고용노동부장관의 지정을 받아야 한다.

② 고용노동부장관은 안전관리전문기관 또는 보건관리전문기관에 대하여 평가하고 그 결과를 공개할 수 있다. 이 경우 평가의 기준·방법 및 결과의 공개에 필요한 사항은 고용노동부령으로 정한다.

③ 안전관리전문기관 또는 보건관리전문기관의 지정 절차, 업무 수행에 관한 사항, 위탁받은 업무를 수행할 수 있는 지역, 그 밖에 필요한 사항은 고용노동부령으로 정한다.

④ 고용노동부장관은 안전관리전문기관 또는 보건관리전문기관이 다음 각 호의 어느 하나에 해당할 때에는 그 지정을 취소하거나 6개월 이내의 기간을 정하여 그 업무의 정지를 명할 수 있다. 다만, 제1호 또는 제2호에 해당할 때에는 그 지정을 취소하여야 한다.

1. 거짓이나 그 밖의 부정한 방법으로 지정을 받은 경우
2. 업무정지 기간 중에 업무를 수행한 경우
3. 제1항에 따른 지정 요건을 충족하지 못한 경우
4. 지정받은 사항을 위반하여 업무를 수행한 경우
5. 그 밖에 대통령령으로 정하는 사유에 해당하는 경우

⑤ 제4항에 따라 지정이 취소된 자는 지정이 취소된 날부터 2년 이내에는 각각 해당 안전관리전문기관 또는 보건관리전문기관으로 지정받을 수 없다.

영 제27조(안전관리전문기관 등의 지정 요건) ① 법 제21조제1항에 따라 안전관리전문기관으로 지정받을 수 있는 자는 다음 각 호의 어느 하나에 해당하는 자로서 별표 7에 따른 인력·시설 및 장비를 갖춘 자로 한다.

1. 법 제145조제1항에 따라 등록한 산업안전지도사(건설안전 분야의 산업안전지도사는 제외한다)
2. 안전관리 업무를 하려는 법인

② 법 제21조제1항에 따라 보건관리전문기관으로 지정받을 수 있는 자는 다음 각 호의 어느 하나에 해당하는 자로서 별표 8에 따른 인력·시설 및 장비를 갖춘 자로 한다.

1. 법 제145조제1항에 따라 등록한 산업보건지도사
2. 국가 또는 지방자치단체의 소속기관
3. 「의료법」에 따른 종합병원 또는 병원

4. 「고등교육법」 제2조제1호부터 제6호까지의 규정에 따른 대학 또는 그 부속기관
5. 보건관리 업무를 하려는 법인

영 제28조(안전관리전문기관 등의 지정 취소 등의 사유) 법 제21조제4항제5호에서 "대통령령으로 정하는 사유에 해당하는 경우"란 다음 각 호의 경우를 말한다.

1. 안전관리 또는 보건관리 업무 관련 서류를 거짓으로 작성한 경우
2. 정당한 사유 없이 안전관리 또는 보건관리 업무의 수탁을 거부한 경우
3. 위탁받은 안전관리 또는 보건관리 업무에 차질을 일으키거나 업무를 게을리한 경우
4. 안전관리 또는 보건관리 업무를 수행하지 않고 위탁 수수료를 받은 경우
5. 안전관리 또는 보건관리 업무와 관련된 비치서류를 보존하지 않은 경우
6. 안전관리 또는 보건관리 업무 수행과 관련한 대가 외에 금품을 받은 경우
7. 법에 따른 관계 공무원의 지도·감독을 거부·방해 또는 기피한 경우

○ 산업안전보건법령상 안전관리전문기관·보건관리전문기관의 지정 취소와 업무정지 조항인 법 제21조 4항과 5항을 준용하는 경우

① 안전보건교육기관
② 안전보건진단기관
③ 건설재해예방전문지도기관
④ 타워크레인 설치·해체업으로 고용노동부장관에게 등록한 자
⑤ 안전인증기관
⑥ 안전검사기관
⑦ 자율안전검사기관
⑧ 석면조사기관
⑨ 석면해체·제거업으로 고용노동부장관에게 등록한 자
⑩ 작업환경측정기관
⑪ 특수건강진단기관
⑫ 고용노동부장관이 지정한 자격의 취득 또는 근로자의 기능 습득을 위하여 지정한 교육기관
* 작업환경전문연구기관(유해인자별·업종별) → (×)
* 유해인자별 특수건강진단 전문연구기관 → (×)
* 역학조사 실시 업무를 위탁받은 기관 → (×)

정답 ④

20 산업안전보건법령상 사업주가 작업환경측정을 할 때 지켜야 할 사항으로 옳은 것을 모두 고른 것은? [2022년 기출]

ㄱ. 작업환경측정을 하기 전에 예비조사를 할 것
ㄴ. 일출 후 일몰 전에 실시할 것
ㄷ. 모든 측정은 지역 시료채취방법으로 하되, 지역 시료채취방법이 곤란한 경우에는 개인 시료채취방법으로 실시할 것
ㄹ. 작업환경측정기관에 위탁하여 실시하는 경우에는 해당 작업환경측정기관에 공정별 작업내용, 화학물질의 사용실태 및 물질안전보건자료 등 작업환경측정에 필요한 정보를 제공할 것

① ㄱ, ㄹ
② ㄴ, ㄷ
③ ㄷ, ㄹ
④ ㄱ, ㄴ, ㄹ
⑤ ㄱ, ㄴ, ㄷ, ㄹ

해설

제8장 근로자 보건관리
제1절 근로환경의 개선
제125조(작업환경측정) ① 사업주는 유해인자로부터 근로자의 건강을 보호하고 쾌적한 작업환경을 조성하기 위하여 인체에 해로운 작업을 하는 작업장으로서 고용노동부령으로 정하는 작업장에 대하여 고용노동부령으로 정하는 자격을 가진 자로 하여금 작업환경측정을 하도록 하여야 한다.
② 제1항에도 불구하고 도급인의 사업장에서 관계수급인 또는 관계수급인의 근로자가 작업을 하는 경우에는 도급인이 제1항에 따른 자격을 가진 자로 하여금 작업환경측정을 하도록 하여야 한다.
③ 사업주(제2항에 따른 도급인을 포함한다. 이하 이 조 및 제127조에서 같다)는 제1항에 따른 작업환경측정을 제126조에 따라 지정받은 기관(이하 "작업환경측정기관"이라 한다)에 위탁할 수 있다. 이 경우 필요한 때에는 작업환경측정 중 시료의 분석만을 위탁할 수 있다.
④ 사업주는 근로자대표(관계수급인의 근로자대표를 포함한다. 이하 이 조에서 같다)가 요구하면 작업환경측정 시 근로자대표를 참석시켜야 한다.
⑤ 사업주는 작업환경측정 결과를 기록하여 보존하고 고용노동부령으로 정하는 바에 따라 고용노동부장관에게 보고하여야 한다. 다만, 제3항에 따라 사업주로부터 작업환경측정을 위탁받은 작업환경측정기관이 작업환경측정을 한 후 그 결과를 고용노동부령으로 정하는 바에 따라 고용노동부장관에게 제출한 경우에는 작업환경측정 결과를 보고한 것으로 본다.
⑥ 사업주는 작업환경측정 결과를 해당 작업장의 근로자(관계수급인 및 관계수급인 근로자를 포함한다. 이하 이 항, 제127조 및 제175조제5항제15호에서 같다)에게 알려야 하며, 그 결과에 따라 근로자의 건강을 보호하기 위하여 해당 시설·설비의 설치·개선 또는 건강진단의 실시 등의 조치를 하여야 한다.

⑦ 사업주는 산업안전보건위원회 또는 근로자대표가 요구하면 작업환경측정 결과에 대한 설명회 등을 개최하여야 한다. 이 경우 제3항에 따라 작업환경측정을 위탁하여 실시한 경우에는 작업환경측정기관에 작업환경측정 결과에 대하여 설명하도록 할 수 있다.

⑧ 제1항 및 제2항에 따른 작업환경측정의 방법·횟수, 그 밖에 필요한 사항은 고용노동부령으로 정한다.

제126조(작업환경측정기관) ① 작업환경측정기관이 되려는 자는 대통령령으로 정하는 인력·시설 및 장비 등의 요건을 갖추어 고용노동부장관의 지정을 받아야 한다.

② 고용노동부장관은 작업환경측정기관의 측정·분석 결과에 대한 정확성과 정밀도를 확보하기 위하여 작업환경측정기관의 측정·분석능력을 확인하고, 작업환경측정기관을 지도하거나 교육할 수 있다. 이 경우 측정·분석능력의 확인, 작업환경측정기관에 대한 교육의 방법·절차, 그 밖에 필요한 사항은 고용노동부장관이 정하여 고시한다.

③ 고용노동부장관은 작업환경측정의 수준을 향상시키기 위하여 필요한 경우 작업환경측정기관을 평가하고 그 결과(제2항에 따른 측정·분석능력의 확인 결과를 포함한다)를 공개할 수 있다. 이 경우 평가기준·방법 및 결과의 공개, 그 밖에 필요한 사항은 고용노동부령으로 정한다.

④ 작업환경측정기관의 유형, 업무 범위 및 지정 절차, 그 밖에 필요한 사항은 고용노동부령으로 정한다.

⑤ 작업환경측정기관에 관하여는 제21조제4항 및 제5항을 준용한다. 이 경우 "안전관리전문기관 또는 보건관리전문기관"은 "작업환경측정기관"으로 본다.

제127조(작업환경측정 신뢰성 평가) ① 고용노동부장관은 제125조제1항 및 제2항에 따른 작업환경측정 결과에 대하여 그 신뢰성을 평가할 수 있다.

② 사업주와 근로자는 고용노동부장관이 제1항에 따른 신뢰성을 평가할 때에는 적극적으로 협조하여야 한다.

③ 제1항에 따른 신뢰성 평가의 방법·대상 및 절차, 그 밖에 필요한 사항은 고용노동부령으로 정한다.

제128조(작업환경전문연구기관의 지정) ① 고용노동부장관은 작업장의 유해인자로부터 근로자의 건강을 보호하고 작업환경관리방법 등에 관한 전문연구를 촉진하기 위하여 유해인자별·업종별 작업환경전문연구기관을 지정하여 예산의 범위에서 필요한 지원을 할 수 있다.

② 제1항에 따른 유해인자별·업종별 작업환경전문연구기관의 지정기준, 그 밖에 필요한 사항은 고용노동부장관이 정하여 고시한다.

제128조의2(휴게시설의 설치) ① 사업주는 근로자(관계수급인의 근로자를 포함한다. 이하 이 조에서 같다)가 신체적 피로와 정신적 스트레스를 해소할 수 있도록 휴식시간에 이용할 수 있는 휴게시설을 갖추어야 한다.

② 사업주 중 사업의 종류 및 사업장의 상시 근로자 수 등 대통령령으로 정하는 기준에 해당하는 사업장의 사업주는 제1항에 따라 휴게시설을 갖추는 경우 크기, 위치, 온도, 조명 등 고용노동부령으로 정하는 설치·관리기준을 준수하여야 한다.

제8장 근로자 보건관리

제1절 근로환경의 개선

시행규칙 제186조(작업환경측정 대상 작업장 등) ① 법 제125조제1항에서 "고용노동부령으로 정하는 작업장"이란 별표 21의 **작업환경측정 대상 유해인자에 노출되는 근로자가 있는 작업장**을 말한다. 다만, 다음 각 호의 어느 하나에 해당하는 경우에는 작업환경측정을 하지 않을 수 있다. → 유

해인자가 있는 작업장(×)

1. 안전보건규칙 제420조제1호에 따른 관리대상 유해물질의 허용소비량을 초과하지 않는 작업장(그 관리대상 유해물질에 관한 작업환경측정만 해당한다)
2. 안전보건규칙 제420조제8호에 따른 임시 작업 및 같은 조 제9호에 따른 단시간 작업을 하는 작업장(고용노동부장관이 정하여 고시하는 물질을 취급하는 작업을 하는 경우는 제외한다)
3. 안전보건규칙 제605조제2호에 따른 분진작업의 적용 제외 작업장(분진에 관한 작업환경측정만 해당한다)
4. 그 밖에 작업환경측정 대상 유해인자의 노출 수준이 노출기준에 비하여 현저히 낮은 경우로서 고용노동부장관이 정하여 고시하는 작업장

② 안전보건진단기관이 안전보건진단을 실시하는 경우에 제1항에 따른 작업장의 유해인자 전체에 대하여 고용노동부장관이 정하는 방법에 따라 작업환경을 측정하였을 때에는 사업주는 법 제125조에 따라 해당 측정주기에 실시해야 할 해당 작업장의 작업환경측정을 하지 않을 수 있다.

시행규칙 제187조(작업환경측정자의 자격) 법 제125조제1항에서 "고용노동부령으로 정하는 자격을 가진 자"란 그 사업장에 소속된 사람 중 산업위생관리산업기사 이상의 자격을 가진 사람을 말한다.

시행규칙 제188조(작업환경측정 결과의 보고) ① 사업주는 법 제125조제1항에 따라 작업환경측정을 한 경우에는 별지 제82호서식의 작업환경측정 결과보고서에 별지 제83호서식의 작업환경측정 결과표를 첨부하여 제189조제1항제3호에 따른 시료채취방법으로 시료채취(이하 이 조에서 "시료채취"라 한다)를 마친 날부터 30일 이내에 관할 지방고용노동관서의 장에게 제출해야 한다. 다만, 시료분석 및 평가에 상당한 시간이 걸려 시료채취를 마친 날부터 30일 이내에 보고하는 것이 어려운 사업장의 사업주는 고용노동부장관이 정하여 고시하는 바에 따라 그 사실을 증명하여 관할 지방고용노동관서의 장에게 신고하면 30일의 범위에서 제출기간을 연장할 수 있다.

② 법 제125조제5항 단서에 따라 작업환경측정기관이 작업환경측정을 한 경우에는 시료채취를 마친 날부터 30일 이내에 작업환경측정 결과표를 전자적 방법으로 지방고용노동관서의 장에게 제출해야 한다. 다만, 시료분석 및 평가에 상당한 시간이 걸려 시료채취를 마친 날부터 30일 이내에 보고하는 것이 어려운 작업환경측정기관은 고용노동부장관이 정하여 고시하는 바에 따라 그 사실을 증명하여 관할 지방고용노동관서의 장에게 신고하면 30일의 범위에서 제출기간을 연장할 수 있다.

③ 사업주는 작업환경측정 결과 노출기준을 초과한 작업공정이 있는 경우에는 법 제125조제6항에 따라 해당 시설·설비의 설치·개선 또는 건강진단의 실시 등 적절한 조치를 하고 시료채취를 마친 날부터 60일 이내에 해당 작업공정의 개선을 증명할 수 있는 서류 또는 개선 계획을 관할 지방고용노동관서의 장에게 제출해야 한다.

④ 제1항 및 제2항에 따른 작업환경측정 결과의 보고내용, 방식 및 절차에 관한 사항은 고용노동부장관이 정하여 고시한다.

시행규칙 제189조(작업환경측정방법) ① 사업주는 법 제125조제1항에 따른 작업환경측정을 할 때에는 다음 각 호의 사항을 지켜야 한다.

1. 작업환경측정을 하기 전에 예비조사를 할 것
2. 작업이 정상적으로 이루어져 작업시간과 유해인자에 대한 근로자의 노출 정도를 정확히 평가할 수 있을 때 실시할 것
3. 모든 측정은 개인 시료채취방법으로 하되, 개인 시료채취방법이 곤란한 경우에는 지역 시료

채취방법으로 실시할 것. 이 경우 그 사유를 별지 제83호서식의 작업환경측정 결과표에 분명하게 밝혀야 한다.

4. 법 제125조제3항에 따라 작업환경측정기관에 위탁하여 실시하는 경우에는 해당 작업환경측정기관에 공정별 작업내용, 화학물질의 사용실태 및 물질안전보건자료 등 작업환경측정에 필요한 정보를 제공할 것

② 사업주는 근로자대표 또는 해당 작업공정을 수행하는 근로자가 요구하면 제1항제1호에 따른 예비조사에 참석시켜야 한다.

③ 제1항에 따른 측정방법 외에 유해인자별 세부 측정방법 등에 관하여 필요한 사항은 고용노동부장관이 정한다.

시행규칙 제190조(작업환경측정 주기 및 횟수) ① **사업주는 작업장 또는 작업공정이 신규로 가동되거나 변경되는 등으로 제186조에 따른 작업환경측정 대상 작업장이 된 경우에는 그 날부터 30일 이내에 작업환경측정을 하고**, 그 후 반기(半期)에 1회 이상 정기적으로 작업환경을 측정해야 한다. 다만, 작업환경측정 결과가 다음 각 호의 어느 하나에 해당하는 작업장 또는 작업공정은 해당 유해인자에 대하여 그 측정일부터 3개월에 1회 이상 작업환경측정을 해야 한다.

1. 별표 21 제1호에 해당하는 화학적 인자(고용노동부장관이 정하여 고시하는 물질만 해당한다)의 측정치가 노출기준을 초과하는 경우
2. 별표 21 제1호에 해당하는 화학적 인자(고용노동부장관이 정하여 고시하는 물질은 제외한다)의 측정치가 노출기준을 2배 이상 초과하는 경우

② 제1항에도 불구하고 사업주는 최근 1년간 작업공정에서 공정 설비의 변경, 작업방법의 변경, 설비의 이전, 사용 화학물질의 변경 등으로 작업환경측정 결과에 영향을 주는 변화가 없는 경우로서 다음 각 호의 어느 하나에 해당하는 경우에는 해당 유해인자에 대한 작업환경측정을 연(年) 1회 이상 할 수 있다. 다만, 고용노동부장관이 정하여 고시하는 물질을 취급하는 작업공정은 그렇지 않다.

1. 작업공정 내 소음의 작업환경측정 결과가 최근 2회 연속 85데시벨(dB) 미만인 경우
2. 작업공정 내 소음 외의 다른 모든 인자의 작업환경측정 결과가 최근 2회 연속 노출기준 미만인 경우

시행규칙 제191조(작업환경측정기관의 평가 등) ① 공단이 법 제126조제3항에 따라 작업환경측정기관을 평가하는 기준은 다음 각 호와 같다.

1. 인력·시설 및 장비의 보유 수준과 그에 대한 관리능력
2. 작업환경측정 및 시료분석 능력과 그 결과의 신뢰도
3. 작업환경측정 대상 사업장의 만족도

② 제1항에 따른 작업환경측정기관에 대한 평가 방법 및 평가 결과의 공개에 관하여는 제17조제2항부터 제8항까지의 규정을 준용한다. 이 경우 "안전관리전문기관 또는 보건관리전문기관"은 "작업환경측정기관"으로 본다.

시행규칙 제192조(작업환경측정기관의 유형과 업무 범위) 작업환경측정기관의 유형 및 유형별 작업환경측정기관이 작업환경측정을 할 수 있는 사업장의 범위는 다음 각 호와 같다.

1. 사업장 위탁측정기관 : 위탁받은 사업장
2. 사업장 자체측정기관 : 그 사업장(계열회사 사업장을 포함한다) 또는 그 사업장 내에서 사업의 일부가 도급계약에 의하여 시행되는 경우에는 수급인의 사업장

시행규칙 제193조(작업환경측정기관의 지정신청 등) ① 법 제126조제1항에 따른 작업환경측정기관으로 지정받으려는 자는 같은 조 제2항에 따라 작업환경측정·분석 능력이 적합하다는 고용노동부장관의 확인을 받은 후 별지 제6호서식의 작업환경측정기관 지정신청서에 다음 각 호의 서류를 첨부하여 측정을 하려는 지역을 관할하는 지방고용노동관서의 장에게 제출해야 한다. 다만, 사업장 부속기관의 경우에는 작업환경측정기관으로 지정받으려는 사업장의 소재지를 관할하는 지방고용노동관서의 장에게 제출해야 한다.

1. 정관
2. 정관을 갈음할 수 있는 서류(법인이 아닌 경우만 해당한다)
3. 법인등기사항증명서를 갈음할 수 있는 서류(법인이 아닌 경우만 해당한다)
4. 영 별표 29에 따른 인력기준에 해당하는 사람의 자격과 채용을 증명할 수 있는 자격증(국가기술자격증은 제외한다), 경력증명서 및 재직증명서 등의 서류
5. 건물임대차계약서 사본이나 그 밖에 사무실의 보유를 증명할 수 있는 서류와 시설·장비 명세서
6. 최초 1년간의 측정사업계획서(사업장 부속기관의 경우에는 측정대상 사업장의 명단 및 최종 작업환경측정 결과서 사본)

② 제1항에 따른 신청서를 제출받은 지방고용노동관서의 장은 「전자정부법」 제36조제1항에 따른 행정정보의 공동이용을 통하여 법인등기사항증명서(법인인 경우만 해당한다) 및 국가기술자격증을 확인해야 한다. 다만, 신청인이 국가기술자격증의 확인에 동의하지 않는 경우에는 그 사본을 첨부하도록 해야 한다.

③ 작업환경측정기관에 대한 지정서의 발급, 지정받은 사항의 변경, 지정서의 반납 등에 관하여는 제16조제3항부터 제6항까지의 규정을 준용한다. 이 경우 "고용노동부장관 또는 지방고용노동청장"은 "지방고용노동관서의 장"으로, "안전관리전문기관 또는 보건관리전문기관"은 "작업환경측정기관"으로 본다.

④ 작업환경측정기관의 수, 담당 지역, 그 밖에 필요한 사항은 고용노동부장관이 정하여 고시한다.

시행규칙 제194조(작업환경측정 신뢰성평가의 대상 등) ① 공단은 다음 각 호의 어느 하나에 해당하는 경우에는 법 제127조제1항에 따른 작업환경측정 신뢰성평가(이하 "신뢰성평가"라 한다)를 할 수 있다.

1. 작업환경측정 결과가 노출기준 미만인데도 직업병 유소견자가 발생한 경우
2. 공정설비, 작업방법 또는 사용 화학물질의 변경 등 작업 조건의 변화가 없는데도 유해인자 노출수준이 현저히 달라진 경우
3. 제189조에 따른 작업환경측정방법을 위반하여 작업환경측정을 한 경우 등 신뢰성평가의 필요성이 인정되는 경우

② 공단이 제1항에 따라 신뢰성평가를 할 때에는 법 제125조제5항에 따른 작업환경측정 결과와 법 제164조제4항에 따른 작업환경측정 서류를 검토하고, 해당 작업공정 또는 사업장에 대하여 작업환경측정을 해야 하며, 그 결과를 해당 사업장의 소재지를 관할하는 지방고용노동관서의 장에게 보고해야 한다.

③ 지방고용노동관서의 장은 제2항에 따른 작업환경측정 결과 노출기준을 초과한 경우에는 사업주로 하여금 법 제125조제6항에 따라 해당 시설·설비의 설치·개선 또는 건강진단의 실시 등 적절한 조치를 하도록 해야 한다.

시행규칙 제194조의2(휴게시설의 설치·관리기준) 법 제128조의2제2항에서 "크기, 위치, 온도, 조명

등 고용노동부령으로 정하는 설치·관리기준"이란 별표 21의2의 휴게시설 설치·관리기준을 말한다.

■ **산업안전보건법 시행규칙 [별표 21]**

작업환경측정 대상 유해인자(제186조제1항 관련)

1. 화학적 인자

가. 유기화합물(114종)

1) 글루타르알데히드(Glutaraldehyde; 111-30-8)
2) 니트로글리세린(Nitroglycerin; 55-63-0)
3) 니트로메탄(Nitromethane; 75-52-5)
4) 니트로벤젠(Nitrobenzene; 98-95-3)
5) p-니트로아닐린(p-Nitroaniline; 100-01-6)
6) p-니트로클로로벤젠(p-Nitrochlorobenzene; 100-00-5)
7) 디니트로톨루엔(Dinitrotoluene; 25321-14-6 등)
8) N,N-디메틸아닐린(N,N-Dimethylaniline; 121-69-7)
9) 디메틸아민(Dimethylamine; 124-40-3)
10) N,N-디메틸아세트아미드(N,N-Dimethylacetamide; 127-19-5)
11) 디메틸포름아미드(Dimethylformamide; 68-12-2)
12) 디에탄올아민(Diethanolamine; 111-42-2)
13) 디에틸 에테르(Diethyl ether; 60-29-7)
14) 디에틸렌트리아민(Diethylenetriamine; 111-40-0)
15) 2-디에틸아미노에탄올(2-Diethylaminoethanol; 100-37-8)
16) 디에틸아민(Diethylamine; 109-89-7)
17) 1,4-디옥산(1,4-Dioxane; 123-91-1)
18) 디이소부틸케톤(Diisobutylketone; 108-83-8)
19) 1,1-디클로로-1-플루오로에탄(1,1-Dichloro-1-fluoroethane; 1717-00-6)
20) 디클로로메탄(Dichloromethane; 75-09-2)
21) o-디클로로벤젠(o-Dichlorobenzene; 95-50-1)
22) 1,2-디클로로에탄(1,2-Dichloroethane; 107-06-2)
23) 1,2-디클로로에틸렌(1,2-Dichloroethylene; 540-59-0 등)
24) 1,2-디클로로프로판(1,2-Dichloropropane; 78-87-5)
25) 디클로로플루오로메탄(Dichlorofluoromethane; 75-43-4)
26) p-디히드록시벤젠(p-Dihydroxybenzene; 123-31-9)
27) 메탄올(Methanol; 67-56-1)
28) 2-메톡시에탄올(2-Methoxyethanol; 109-86-4)
29) 2-메톡시에틸 아세테이트(2-Methoxyethyl acetate; 110-49-6)
30) 메틸 n-부틸 케톤(Methyl n-butyl ketone; 591-78-6)
31) 메틸 n-아밀 케톤(Methyl n-amyl ketone; 110-43-0)
32) 메틸 아민(Methyl amine; 74-89-5)
33) 메틸 아세테이트(Methyl acetate; 79-20-9)
34) 메틸 에틸 케톤(Methyl ethyl ketone; 78-93-3)
35) 메틸 이소부틸 케톤(Methyl isobutyl ketone; 108-10-1)

36) 메틸 클로라이드(Methyl chloride; 74-87-3)
37) 메틸 클로로포름(Methyl chloroform; 71-55-6)
38) 메틸렌 비스(페닐 이소시아네이트)[Methylene bis(phenyl isocyanate); 101-68-8 등]
39) o-메틸시클로헥사논(o-Methylcyclohexanone; 583-60-8)
40) 메틸시클로헥사놀(Methylcyclohexanol; 25639-42-3 등)
41) 무수 말레산(Maleic anhydride; 108-31-6)
42) 무수 프탈산(Phthalic anhydride; 85-44-9)
43) 벤젠(Benzene; 71-43-2)
44) 1,3-부타디엔(1,3-Butadiene; 106-99-0)
45) n-부탄올(n-Butanol; 71-36-3)
46) 2-부탄올(2-Butanol; 78-92-2)
47) 2-부톡시에탄올(2-Butoxyethanol; 111-76-2)
48) 2-부톡시에틸 아세테이트(2-Butoxyethyl acetate; 112-07-2)
49) n-부틸 아세테이트(n-Butyl acetate; 123-86-4)
50) 1-브로모프로판(1-Bromopropane; 106-94-5)
51) 2-브로모프로판(2-Bromopropane; 75-26-3)
52) 브롬화 메틸(Methyl bromide; 74-83-9)
53) 비닐 아세테이트(Vinyl acetate; 108-05-4)
54) 사염화탄소(Carbon tetrachloride; 56-23-5)
55) 스토다드 솔벤트(Stoddard solvent; 8052-41-3)
56) 스티렌(Styrene; 100-42-5)
57) 시클로헥사논(Cyclohexanone; 108-94-1)
58) 시클로헥사놀(Cyclohexanol; 108-93-0)
59) 시클로헥산(Cyclohexane; 110-82-7)
60) 시클로헥센(Cyclohexene; 110-83-8)
61) 아닐린[62-53-3] 및 그 동족체(Aniline and its homologues)
62) 아세토니트릴(Acetonitrile; 75-05-8)
63) 아세톤(Acetone; 67-64-1)
64) 아세트알데히드(Acetaldehyde; 75-07-0)
65) 아크릴로니트릴(Acrylonitrile; 107-13-1)
66) 아크릴아미드(Acrylamide; 79-06-1)
67) 알릴 글리시딜 에테르(Allyl glycidyl ether; 106-92-3)
68) 에탄올아민(Ethanolamine; 141-43-5)
69) 2-에톡시에탄올(2-Ethoxyethanol; 110-80-5)
70) 2-에톡시에틸 아세테이트(2-Ethoxyethyl acetate; 111-15-9)
71) 에틸 벤젠(Ethyl benzene; 100-41-4)
72) 에틸 아세테이트(Ethyl acetate; 141-78-6)
73) 에틸 아크릴레이트(Ethyl acrylate; 140-88-5)
74) 에틸렌 글리콜(Ethylene glycol; 107-21-1)
75) 에틸렌 글리콜 디니트레이트(Ethylene glycol dinitrate; 628-96-6)
76) 에틸렌 클로로히드린(Ethylene chlorohydrin; 107-07-3)
77) 에틸렌이민(Ethyleneimine; 151-56-4)

78) 에틸아민(Ethylamine; 75-04-7)
79) 2,3-에폭시-1-프로판올(2,3-Epoxy-1-propanol; 556-52-5 등)
80) 1,2-에폭시프로판(1,2-Epoxypropane; 75-56-9 등)
81) 에피클로로히드린(Epichlorohydrin; 106-89-8 등)
82) 요오드화 메틸(Methyl iodide; 74-88-4)
83) 이소부틸 아세테이트(Isobutyl acetate; 110-19-0)
84) 이소부틸 알코올(Isobutyl alcohol; 78-83-1)
85) 이소아밀 아세테이트(Isoamyl acetate; 123-92-2)
86) 이소아밀 알코올(Isoamyl alcohol; 123-51-3)
87) 이소프로필 아세테이트(Isopropyl acetate; 108-21-4)
88) 이소프로필 알코올(Isopropyl alcohol; 67-63-0)
89) 이황화탄소(Carbon disulfide; 75-15-0)
90) 크레졸(Cresol; 1319-77-3 등)
91) 크실렌(Xylene; 1330-20-7 등)
92) 클로로벤젠(Chlorobenzene; 108-90-7)
93) 1,1,2,2-테트라클로로에탄(1,1,2,2-Tetrachloroethane; 79-34-5)
94) 테트라히드로푸란(Tetrahydrofuran; 109-99-9)
95) 톨루엔(Toluene; 108-88-3)
96) 톨루엔-2,4-디이소시아네이트(Toluene-2,4-diisocyanate; 584-84-9 등)
97) 톨루엔-2,6-디이소시아네이트(Toluene-2,6-diisocyanate; 91-08-7 등)
98) 트리에틸아민(Triethylamine; 121-44-8)
99) 트리클로로메탄(Trichloromethane; 67-66-3)
100) 1,1,2-트리클로로에탄(1,1,2-Trichloroethane; 79-00-5)
101) 트리클로로에틸렌(Trichloroethylene; 79-01-6)
102) 1,2,3-트리클로로프로판(1,2,3-Trichloropropane; 96-18-4)
103) 퍼클로로에틸렌(Perchloroethylene; 127-18-4)
104) 페놀(Phenol; 108-95-2)
105) 펜타클로로페놀(Pentachlorophenol; 87-86-5)
106) 포름알데히드(Formaldehyde; 50-00-0)
107) 프로필렌이민(Propyleneimine; 75-55-8)
108) n-프로필 아세테이트(n-Propyl acetate; 109-60-4)
109) 피리딘(Pyridine; 110-86-1)
110) 헥사메틸렌 디이소시아네이트(Hexamethylene diisocyanate; 822-06-0)
111) n-헥산(n-Hexane; 110-54-3)
112) n-헵탄(n-Heptane; 142-82-5)
113) 황산 디메틸(Dimethyl sulfate; 77-78-1)
114) 히드라진(Hydrazine; 302-01-2)
115) 1)부터 114)까지의 물질을 용량비율 1퍼센트 이상 함유한 혼합물

나. 금속류(24종)
1) 구리(Copper; 7440-50-8) (분진, 미스트, 흄)
2) 납[7439-92-1] 및 그 무기화합물(Lead and its inorganic compounds)
3) 니켈[7440-02-0] 및 그 무기화합물, 니켈 카르보닐[13463-39-3](Nickel and its inorganic compounds, Nickel carbonyl)

4) 망간[7439-96-5] 및 그 무기화합물(Manganese and its inorganic compounds)
5) 바륨[7440-39-3] 및 그 가용성 화합물(Barium and its soluble compounds)
6) 백금[7440-06-4] 및 그 가용성 염(Platinum and its soluble salts)
7) 산화마그네슘(Magnesium oxide; 1309-48-4)
8) 산화아연(Zinc oxide; 1314-13-2) (분진, 흄)
9) 산화철(Iron oxide; 1309-37-1 등) (분진, 흄)
10) 셀레늄[7782-49-2] 및 그 화합물(Selenium and its compounds)
11) 수은[7439-97-6] 및 그 화합물(Mercury and its compounds)
12) 안티몬[7440-36-0] 및 그 화합물(Antimony and its compounds)
13) 알루미늄[7429-90-5] 및 그 화합물(Aluminum and its compounds)
14) 오산화바나듐(Vanadium pentoxide; 1314-62-1) (분진, 흄)
15) 요오드[7553-56-2] 및 요오드화물(Iodine and iodides)
16) 인듐[7440-74-6] 및 그 화합물(Indium and its compounds)
17) 은[7440-22-4] 및 그 가용성 화합물(Silver and its soluble compounds)
18) 이산화티타늄(Titanium dioxide; 13463-67-7)
19) 주석[7440-31-5] 및 그 화합물(Tin and its compounds)(수소화 주석은 제외한다)
20) 지르코늄[7440-67-7] 및 그 화합물(Zirconium and its compounds)
21) 카드뮴[7440-43-9] 및 그 화합물(Cadmium and its compounds)
22) 코발트[7440-48-4] 및 그 무기화합물(Cobalt and its inorganic compounds)
23) 크롬[7440-47-3] 및 그 무기화합물(Chromium and its inorganic compounds)
24) 텅스텐[7440-33-7] 및 그 화합물(Tungsten and its compounds)
25) 1)부터 24)까지의 규정에 따른 물질을 중량비율 1퍼센트 이상 함유한 혼합물

다. 산 및 알칼리류(17종)
1) 개미산(Formic acid; 64-18-6)
2) 과산화수소(Hydrogen peroxide; 7722-84-1)
3) 무수 초산(Acetic anhydride; 108-24-7)
4) 불화수소(Hydrogen fluoride; 7664-39-3)
5) 브롬화수소(Hydrogen bromide; 10035-10-6)
6) 수산화 나트륨(Sodium hydroxide; 1310-73-2)
7) 수산화 칼륨(Potassium hydroxide; 1310-58-3)
8) 시안화 나트륨(Sodium cyanide; 143-33-9)
9) 시안화 칼륨(Potassium cyanide; 151-50-8)
10) 시안화 칼슘(Calcium cyanide; 592-01-8)
11) 아크릴산(Acrylic acid; 79-10-7)
12) 염화수소(Hydrogen chloride; 7647-01-0)
13) 인산(Phosphoric acid; 7664-38-2)
14) 질산(Nitric acid; 7697-37-2)
15) 초산(Acetic acid; 64-19-7)
16) 트리클로로아세트산(Trichloroacetic acid; 76-03-9)
17) 황산(Sulfuric acid; 7664-93-9)
18) 1)부터 17)까지의 물질을 중량비율 1퍼센트 이상 함유한 혼합물

라. 가스 상태 물질류(15종)
1) 불소(Fluorine; 7782-41-4)

2) 브롬(Bromine; 7726-95-6)
3) 산화에틸렌(Ethylene oxide; 75-21-8)
4) 삼수소화 비소(Arsine; 7784-42-1)
5) 시안화 수소(Hydrogen cyanide; 74-90-8)
6) 암모니아(Ammonia; 7664-41-7 등)
7) 염소(Chlorine; 7782-50-5)
8) 오존(Ozone; 10028-15-6)
9) 이산화질소(nitrogen dioxide; 10102-44-0)
10) 이산화황(Sulfur dioxide; 7446-09-5)
11) 일산화질소(Nitric oxide; 10102-43-9)
12) 일산화탄소(Carbon monoxide; 630-08-0)
13) 포스겐(Phosgene; 75-44-5)
14) 포스핀(Phosphine; 7803-51-2)
15) 황화수소(Hydrogen sulfide; 7783-06-4)
16) 1)부터 15)까지의 물질을 용량비율 1퍼센트 이상 함유한 혼합물

마. 영 제88조에 따른 허가 대상 유해물질(12종)
1) α -나프틸아민[134-32-7] 및 그 염(α -naphthylamine and its salts)
2) 디아니시딘[119-90-4] 및 그 염(Dianisidine and its salts)
3) 디클로로벤지딘[91-94-1] 및 그 염(Dichlorobenzidine and its salts)
4) 베릴륨[7440-41-7] 및 그 화합물(Beryllium and its compounds)
5) 벤조트리클로라이드(Benzotrichloride; 98-07-7)
6) 비소[7440-38-2] 및 그 무기화합물(Arsenic and its inorganic compounds)
7) 염화비닐(Vinyl chloride; 75-01-4)
8) 콜타르피치[65996-93-2] 휘발물(Coal tar pitch volatiles as benzene soluble aerosol)
9) 크롬광 가공[열을 가하여 소성(변형된 형태 유지) 처리하는 경우만 해당한다](Chromite ore processing)
10) 크롬산 아연(Zinc chromates; 13530-65-9 등)
11) o-톨리딘[119-93-7] 및 그 염(o-Tolidine and its salts)
12) 황화니켈류(Nickel sulfides; 12035-72-2, 16812-54-7)
13) 1)부터 4)까지 및 6)부터 12)까지의 어느 하나에 해당하는 물질을 중량비율 1퍼센트 이상 함유한 혼합물
14) 5)의 물질을 중량비율 0.5퍼센트 이상 함유한 혼합물

바. 금속가공유[Metal working fluids(MWFs), 1종]

2. 물리적 인자(2종)
가. 8시간 시간가중평균 80dB 이상의 소음
나. 안전보건규칙 제558조에 따른 고열

3. 분진(7종)
가. 광물성 분진(Mineral dust)
1) 규산(Silica)
가) 석영(Quartz; 14808-60-7 등)
나) 크리스토발라이트(Cristobalite; 14464-46-1)
다) 트리디마이트(Trydimite; 15468-32-3)

2) 규산염(Silicates, less than 1% crystalline silica)
가) 소우프스톤(Soapstone; 14807-96-6)
나) 운모(Mica; 12001-26-2)
다) 포틀랜드 시멘트(Portland cement; 65997-15-1)
라) 활석(석면 불포함)[Talc(Containing no asbestos fibers); 14807-96-6]
마) 흑연(Graphite; 7782-42-5)
3) 그 밖의 광물성 분진(Mineral dusts)
나. 곡물 분진(Grain dusts)
다. 면 분진(Cotton dusts)
라. 목재 분진(Wood dusts)
마. 석면 분진(Asbestos dusts; 1332-21-4 등)
바. 용접 흄(Welding fume)
사. 유리섬유(Glass fibers)
4. 그 밖에 고용노동부장관이 정하여 고시하는 인체에 해로운 유해인자

비고 "등"이란 해당 화학물질에 이성질체 등 동일 속성을 가지는 2개 이상의 화합물이 존재할 수 있는 경우를 말한다.

■ **산업안전보건법 시행규칙 [별표 22]**

특수건강진단 대상 유해인자(제201조 관련)

1. 화학적 인자
가. 유기화합물(109종)
1) 가솔린(Gasoline; 8006-61-9)
2) 글루타르알데히드(Glutaraldehyde; 111-30-8)
3) β-나프틸아민(β-Naphthylamine; 91-59-8)
4) 니트로글리세린(Nitroglycerin; 55-63-0)
5) 니트로메탄(Nitromethane; 75-52-5)
6) 니트로벤젠(Nitrobenzene; 98-95-3)
7) p-니트로아닐린(p-Nitroaniline; 100-01-6)
8) p-니트로클로로벤젠(p-Nitrochlorobenzene; 100-00-5)
9) 디니트로톨루엔(Dinitrotoluene; 25321-14-6 등)
10) N,N-디메틸아닐린(N,N-Dimethylaniline; 121-69-7)
11) p-디메틸아미노아조벤젠(p-Dimethylaminoazobenzene; 60-11-7)
12) N,N-디메틸아세트아미드(N,N-Dimethylacetamide; 127-19-5)
13) 디메틸포름아미드(Dimethylformamide; 68-12-2)
14) 디에틸 에테르(Diethyl ether; 60-29-7)
15) 디에틸렌트리아민(Diethylenetriamine; 111-40-0)
16) 1,4-디옥산(1,4-Dioxane; 123-91-1)
17) 디이소부틸케톤(Diisobutylketone; 108-83-8)
18) 디클로로메탄(Dichloromethane; 75-09-2)
19) o-디클로로벤젠(o-Dichlorobenzene; 95-50-1)
20) 1,2-디클로로에탄(1,2-Dichloroethane; 107-06-2)

21) 1,2-디클로로에틸렌(1,2-Dichloroethylene; 540-59-0 등)
22) 1,2-디클로로프로판(1,2-Dichloropropane; 78-87-5)
23) 디클로로플루오로메탄(Dichlorofluoromethane; 75-43-4)
24) p-디히드록시벤젠(p-dihydroxybenzene; 123-31-9)
25) 마젠타(Magenta; 569-61-9)
26) 메탄올(Methanol; 67-56-1)
27) 2-메톡시에탄올(2-Methoxyethanol; 109-86-4)
28) 2-메톡시에틸 아세테이트(2-Methoxyethyl acetate; 110-49-6)
29) 메틸 n-부틸 케톤(Methyl n-butyl ketone; 591-78-6)
30) 메틸 n-아밀 케톤(Methyl n-amyl ketone; 110-43-0)
31) 메틸 에틸 케톤(Methyl ethyl ketone; 78-93-3)
32) 메틸 이소부틸 케톤(Methyl isobutyl ketone; 108-10-1)
33) 메틸 클로라이드(Methyl chloride; 74-87-3)
34) 메틸 클로로포름(Methyl chloroform; 71-55-6)
35) 메틸렌 비스(페닐 이소시아네이트)[Methylene bis(phenyl isocyanate); 101-68-8 등]
36) 4,4'-메틸렌 비스(2-클로로아닐린)[4,4'-Methylene bis(2-chloroaniline); 101-14-4]
37) o-메틸시클로헥사논(o-Methylcyclohexanone; 583-60-8)
38) 메틸시클로헥사놀(Methylcyclohexanol; 25639-42-3 등)
39) 무수 말레산(Maleic anhydride; 108-31-6)
40) 무수 프탈산(Phthalic anhydride; 85-44-9)
41) 벤젠(Benzene; 71-43-2)
42) 벤지딘 및 그 염(Benzidine and its salts; 92-87-5)
43) 1,3-부타디엔(1,3-Butadiene; 106-99-0)
44) n-부탄올(n-Butanol; 71-36-3)
45) 2-부탄올(2-Butanol; 78-92-2)
46) 2-부톡시에탄올(2-Butoxyethanol; 111-76-2)
47) 2-부톡시에틸 아세테이트(2-Butoxyethyl acetate; 112-07-2)
48) 1-브로모프로판(1-Bromopropane; 106-94-5)
49) 2-브로모프로판(2-Bromopropane; 75-26-3)
50) 브롬화 메틸(Methyl bromide; 74-83-9)
51) 비스(클로로메틸) 에테르(bis(Chloromethyl) ether; 542-88-1)
52) 사염화탄소(Carbon tetrachloride; 56-23-5)
53) 스토다드 솔벤트(Stoddard solvent; 8052-41-3)
54) 스티렌(Styrene; 100-42-5)
55) 시클로헥사논(Cyclohexanone; 108-94-1)
56) 시클로헥사놀(Cyclohexanol; 108-93-0)
57) 시클로헥산(Cyclohexane; 110-82-7)
58) 시클로헥센(Cyclohexene; 110-83-8)
59) 아닐린[62-53-3] 및 그 동족체(Aniline and its homologues)
60) 아세토니트릴(Acetonitrile; 75-05-8)
61) 아세톤(Acetone; 67-64-1)

62) 아세트알데히드(Acetaldehyde; 75-07-0)
63) 아우라민(Auramine; 492-80-8)
64) 아크릴로니트릴(Acrylonitrile; 107-13-1)
65) 아크릴아미드(Acrylamide; 79-06-1)
66) 2-에톡시에탄올(2-Ethoxyethanol; 110-80-5)
67) 2-에톡시에틸 아세테이트(2-Ethoxyethyl acetate; 111-15-9)
68) 에틸 벤젠(Ethyl benzene; 100-41-4)
69) 에틸 아크릴레이트(Ethyl acrylate; 140-88-5)
70) 에틸렌 글리콜(Ethylene glycol; 107-21-1)
71) 에틸렌 글리콜 디니트레이트(Ethylene glycol dinitrate; 628-96-6)
72) 에틸렌 클로로히드린(Ethylene chlorohydrin; 107-07-3)
73) 에틸렌이민(Ethyleneimine; 151-56-4)
74) 2,3-에폭시-1-프로판올(2,3-Epoxy-1-propanol; 556-52-5 등)
75) 에피클로로히드린(Epichlorohydrin; 106-89-8 등)
76) 염소화비페닐(Polychlorobiphenyls; 53469-21-9, 11097-69-1)
77) 요오드화 메틸(Methyl iodide; 74-88-4)
78) 이소부틸 알코올(Isobutyl alcohol; 78-83-1)
79) 이소아밀 아세테이트(Isoamyl acetate; 123-92-2)
80) 이소아밀 알코올(Isoamyl alcohol; 123-51-3)
81) 이소프로필 알코올(Isopropyl alcohol; 67-63-0)
82) 이황화탄소(Carbon disulfide; 75-15-0)
83) 콜타르(Coal tar; 8007-45-2)
84) 크레졸(Cresol; 1319-77-3 등)
85) 크실렌(Xylene; 1330-20-7 등)
86) 클로로메틸 메틸 에테르(Chloromethyl methyl ether; 107-30-2)
87) 클로로벤젠(Chlorobenzene; 108-90-7)
88) 테레빈유(Turpentine oil; 8006-64-2)
89) 1,1,2,2-테트라클로로에탄(1,1,2,2-Tetrachloroethane; 79-34-5)
90) 테트라히드로푸란(Tetrahydrofuran; 109-99-9)
91) 톨루엔(Toluene; 108-88-3)
92) 톨루엔-2,4-디이소시아네이트(Toluene-2,4-diisocyanate; 584-84-9 등)
93) 톨루엔-2,6-디이소시아네이트(Toluene-2,6-diisocyanate; 91-08-7 등)
94) 트리클로로메탄(Trichloromethane; 67-66-3)
95) 1,1,2-트리클로로에탄(1,1,2-Trichloroethane; 79-00-5)
96) 트리클로로에틸렌(Trichloroethylene(TCE); 79-01-6)
97) 1,2,3-트리클로로프로판(1,2,3-Trichloropropane; 96-18-4)
98) 퍼클로로에틸렌(Perchloroethylene; 127-18-4)
99) 페놀(Phenol; 108-95-2)
100) 펜타클로로페놀(Pentachlorophenol; 87-86-5)
101) 포름알데히드(Formaldehyde; 50-00-0)
102) β -프로피오락톤(β -Propiolactone; 57-57-8)
103) o-프탈로디니트릴(o-Phthalodinitrile; 91-15-6)
104) 피리딘(Pyridine; 110-86-1)

105) 헥사메틸렌 디이소시아네이트(Hexamethylene diisocyanate; 822-06-0)
106) n-헥산(n-Hexane; 110-54-3)
107) n-헵탄(n-Heptane; 142-82-5)
108) 황산 디메틸(Dimethyl sulfate; 77-78-1)
109) 히드라진(Hydrazine; 302-01-2)
110) 1)부터 109)까지의 물질을 용량비율 1퍼센트 이상 함유한 혼합물

나. 금속류(20종)
1) 구리(Copper; 7440-50-8)(분진, 미스트, 흄)
2) 납[7439-92-1] 및 그 무기화합물(Lead and its inorganic compounds)
3) 니켈[7440-02-0] 및 그 무기화합물, 니켈 카르보닐[13463-39-3](Nickel and its inorganic compounds, Nickel carbonyl)
4) 망간[7439-96-5] 및 그 무기화합물(Manganese and its inorganic compounds)
5) 사알킬납(Tetraalkyl lead; 78-00-2 등)
6) 산화아연(Zinc oxide; 1314-13-2)(분진, 흄)
7) 산화철(Iron oxide; 1309-37-1 등)(분진, 흄)
8) 삼산화비소(Arsenic trioxide; 1327-53-3)
9) 수은[7439-97-6] 및 그 화합물(Mercury and its compounds)
10) 안티몬[7440-36-0] 및 그 화합물(Antimony and its compounds)
11) 알루미늄[7429-90-5] 및 그 화합물(Aluminum and its compounds)
12) 오산화바나듐(Vanadium pentoxide; 1314-62-1)(분진, 흄)
13) 요오드[7553-56-2] 및 요오드화물(Iodine and iodides)
14) 인듐[7440-74-6] 및 그 화합물(Indium and its compounds)
15) 주석[7440-31-5] 및 그 화합물(Tin and its compounds)
16) 지르코늄[7440-67-7] 및 그 화합물(Zirconium and its compounds)
17) 카드뮴[7440-43-9] 및 그 화합물(Cadmium and its compounds)
18) 코발트(Cobalt; 7440-48-4)(분진, 흄)
19) 크롬[7440-47-3] 및 그 화합물(Chromium and its compounds)
20) 텅스텐[7440-33-7] 및 그 화합물(Tungsten and its compounds)
21) 1)부터 20)까지의 물질을 중량비율 1퍼센트 이상 함유한 혼합물

다. 산 및 알카리류(8종)
1) 무수 초산(Acetic anhydride; 108-24-7)
2) 불화수소(Hydrogen fluoride; 7664-39-3)
3) 시안화 나트륨(Sodium cyanide; 143-33-9)
4) 시안화 칼륨(Potassium cyanide; 151-50-8)
5) 염화수소(Hydrogen chloride; 7647-01-0)
6) 질산(Nitric acid; 7697-37-2)
7) 트리클로로아세트산(Trichloroacetic acid; 76-03-9)
8) 황산(Sulfuric acid; 7664-93-9)
9) 1)부터 8)까지의 물질을 중량비율 1퍼센트 이상 함유한 혼합물

라. 가스 상태 물질류(14종)
1) 불소(Fluorine; 7782-41-4)
2) 브롬(Bromine; 7726-95-6)
3) 산화에틸렌(Ethylene oxide; 75-21-8)

4) 삼수소화 비소(Arsine; 7784-42-1)
5) 시안화 수소(Hydrogen cyanide; 74-90-8)
6) 염소(Chlorine; 7782-50-5)
7) 오존(Ozone; 10028-15-6)
8) 이산화질소(nitrogen dioxide; 10102-44-0)
9) 이산화황(Sulfur dioxide; 7446-09-5)
10) 일산화질소(Nitric oxide; 10102-43-9)
11) 일산화탄소(Carbon monoxide; 630-08-0)
12) 포스겐(Phosgene; 75-44-5)
13) 포스핀(Phosphine; 7803-51-2)
14) 황화수소(Hydrogen sulfide; 7783-06-4)
15) 1)부터 14)까지의 규정에 따른 물질을 용량비율 1퍼센트 이상 함유한 혼합물

마. 영 제88조에 따른 허가 대상 유해물질(12종)
1) α -나프틸아민[134-32-7] 및 그 염(α -naphthylamine and its salts)
2) 디아니시딘[119-90-4] 및 그 염(Dianisidine and its salts)
3) 디클로로벤지딘[91-94-1] 및 그 염(Dichlorobenzidine and its salts)
4) 베릴륨[7440-41-7] 및 그 화합물(Beryllium and its compounds)
5) 벤조트리클로라이드(Benzotrichloride; 98-07-7)
6) 비소[7440-38-2] 및 그 무기화합물(Arsenic and its inorganic compounds)
7) 염화비닐(Vinyl chloride; 75-01-4)
8) 콜타르피치[65996-93-2] 휘발물(코크스 제조 또는 취급업무)(Coal tar pitch volatiles)
9) 크롬광 가공[열을 가하여 소성(변형된 형태 유지) 처리하는 경우만 해당한다](Chromite ore processing)
10) 크롬산 아연(Zinc chromates; 13530-65-9 등)
11) o-톨리딘[119-93-7] 및 그 염(o-Tolidine and its salts)
12) 황화니켈류(Nickel sulfides; 12035-72-2, 16812-54-7)
13) 1)부터 4)까지 및 6)부터 11)까지의 물질을 중량비율 1퍼센트 이상 함유한 혼합물
14) 5)의 물질을 중량비율 0.5퍼센트 이상 함유한 혼합물

바. 금속가공유(Metal working fluids); 미네랄 오일 미스트(광물성 오일, Oil mist, mineral)

2. 분진(7종)
가. 곡물 분진(Grain dusts)
나. 광물성 분진(Mineral dusts)
다. 면 분진(Cotton dusts)
라. 목재 분진(Wood dusts)
마. 용접 흄(Welding fume)
바. 유리 섬유(Glass fiber dusts)
사. 석면 분진(Asbestos dusts; 1332-21-4 등)

3. 물리적 인자(8종)
가. 안전보건규칙 제512조제1호부터 제3호까지의 규정의 소음작업, 강렬한 소음작업 및 충격소음작업에서 발생하는 소음
나. 안전보건규칙 제512조제4호의 진동작업에서 발생하는 진동

다. 안전보건규칙 제573조제1호의 방사선
라. 고기압
마. 저기압
바. 유해광선
  1) 자외선
  2) 적외선
  3) 마이크로파 및 라디오파

4. 야간작업(2종)
  가. 6개월간 밤 12시부터 오전 5시까지의 시간을 포함하여 계속되는 8시간 작업을 월 평균 4회 이상 수행하는 경우
  나. 6개월간 오후 10시부터 다음날 오전 6시 사이의 시간 중 작업을 월 평균 60시간 이상 수행하는 경우

비고 "등"이란 해당 화학물질에 이성질체 등 동일 속성을 가지는 2개 이상의 화합물이 존재할 수 있는 경우를 말한다.

구분	작업환경측정 대상 유해인자	특수건강진단 대상 유해인자
화학적 인자	유기화합물 114종	유기화합물 109종
	금속류 24종	금속류 20종
	산 및 알칼리류 17종	산 및 알칼리류 8종
	가스 상태 물질류 15종	가스상태류 14종
	허가 대상 유해물질 12종	허가 대상 유해물질 12종
물리적 인자	2종 - 8시간 시간가중평균 80dB 이상의 소음 - 안전보건규칙 제558조에 따른 고열	8종 - 소음 - 진동 -방사선 -고기압 -저기압 -자외선 -적외선 -마이크로파 및 라디오파
분진	7종	7종
야간작업	-	2종

특수건강진단 대상 유해인자에만 해당	작업환경측정 대상 유해인자에만 해당
가솔린 β −나프틸아민 마젠타 벤지딘 및 그 염 비스(클로로메닐) 에테르 아우라민 콜타르 클로로메틸 메틸 에테르 테레빈유 β −프로피오락토 o−프탈로니트릴	디에틸아민 1,1−디클로로−1−플루오르에탄 메틸아민 메틸 아세테이트 n−부틸아세테이트 비리 아세테이트 알릴 글리시딜 에테르 에틸 아세테이트 에밀아민 이소프로필 아세테이트 트리에틸아민 푸로필렌이민 n−프로필 아세테이트

정답 ①

21 산업안전보건법령상 같은 유해인자에 노출되는 근로자들에게 유사한 질병의 증상이 발생한 경우에 고용노동부장관은 근로자의 건강을 보호하기 위하여 사업주에게 특정 근로자에 대해 건강진단을 실시할 것을 명할 수 있다. 이에 해당하는 건강진단은? [2022년 기출]

① 일반건강진단
② 특수건강진단
③ 배치전건강진단
④ 임시건강진단
⑤ 수시건강진단

해설

제8장 근로자 보건관리

제2절 건강진단 및 건강관리

제129조(일반건강진단) ① 사업주는 상시 사용하는 근로자의 건강관리를 위하여 건강진단(이하 "일반건강진단"이라 한다)을 실시하여야 한다. 다만, 사업주가 고용노동부령으로 정하는 건강진단을 실시한 경우에는 그 건강진단을 받은 근로자에 대하여 일반건강진단을 실시한 것으로 본다.

② 사업주는 제135조제1항에 따른 특수건강진단기관 또는 「건강검진기본법」 제3조제2호에 따른 건강검진기관(이하 "건강진단기관"이라 한다)에서 일반건강진단을 실시하여야 한다.

③ 일반건강진단의 주기·항목·방법 및 비용, 그 밖에 필요한 사항은 고용노동부령으로 정한다.

제130조(특수건강진단 등) ① 사업주는 다음 각 호의 어느 하나에 해당하는 근로자의 건강관리를 위하여 건강진단(이하 "특수건강진단"이라 한다)을 실시하여야 한다. 다만, 사업주가 고용노동부령으로 정하는 건강진단을 실시한 경우에는 그 건강진단을 받은 근로자에 대하여 해당 유해인자에 대한 특수건강진단을 실시한 것으로 본다.

1. 고용노동부령으로 정하는 유해인자에 노출되는 업무(이하 "특수건강진단대상업무"라 한다)에 종사하는 근로자
2. 제1호, 제3항 및 제131조에 따른 건강진단 실시 결과 직업병 소견이 있는 근로자로 판정받아 작업 전환을 하거나 작업 장소를 변경하여 해당 판정의 원인이 된 특수건강진단대상업무에 종사하지 아니하는 사람으로서 해당 유해인자에 대한 건강진단이 필요하다는 「의료법」 제2조에 따른 의사의 소견이 있는 근로자

② 사업주는 특수건강진단대상업무에 종사할 근로자의 배치 예정 업무에 대한 적합성 평가를 위하여 건강진단(이하 "배치전건강진단"이라 한다)을 실시하여야 한다. 다만, 고용노동부령으로 정하는 근로자에 대해서는 배치전건강진단을 실시하지 아니할 수 있다.

③ 사업주는 특수건강진단대상업무에 따른 유해인자로 인한 것이라고 의심되는 건강장해 증상을 보이거나 의학적 소견이 있는 근로자 중 보건관리자 등이 사업주에게 건강진단 실시를 건의하는 등 고용노동부령으로 정하는 근로자에 대하여 건강진단(이하 "수시건강진단"이라 한다)을 실시하여야 한다.

④ 사업주는 제135조제1항에 따른 특수건강진단기관에서 제1항부터 제3항까지의 규정에 따른 건강진단을 실시하여야 한다.

⑤ 제1항부터 제3항까지의 규정에 따른 건강진단의 시기·주기·항목·방법 및 비용, 그 밖에 필요한 사항은 고용노동부령으로 정한다.

제131조(임시건강진단 명령 등) ① 고용노동부장관은 같은 유해인자에 노출되는 근로자들에게 유사한 질병의 증상이 발생한 경우 등 고용노동부령으로 정하는 경우에는 근로자의 건강을 보호하기 위하여 사업주에게 특정 근로자에 대한 건강진단(이하 "임시건강진단"이라 한다)의 실시나 작업 전환, 그 밖에 필요한 조치를 명할 수 있다.

② 임시건강진단의 항목, 그 밖에 필요한 사항은 고용노동부령으로 정한다.

제132조(건강진단에 관한 사업주의 의무) ① 사업주는 제129조부터 제131조까지의 규정에 따른 건강진단을 실시하는 경우 근로자대표가 요구하면 근로자대표를 참석시켜야 한다.

② 사업주는 산업안전보건위원회 또는 근로자대표가 요구할 때에는 직접 또는 제129조부터 제131조까지의 규정에 따른 건강진단을 한 건강진단기관에 건강진단 결과에 대하여 설명하도록 하여야 한다. 다만, 개별 근로자의 건강진단 결과는 본인의 동의 없이 공개해서는 아니 된다.

③ 사업주는 제129조부터 제131조까지의 규정에 따른 건강진단의 결과를 근로자의 건강 보호 및 유지 외의 목적으로 사용해서는 아니 된다.

④ 사업주는 제129조부터 제131조까지의 규정 또는 다른 법령에 따른 건강진단의 결과 근로자의 건강을 유지하기 위하여 필요하다고 인정할 때에는 **작업장소 변경, 작업 전환, 근로시간 단축, 야간근로(오후 10시부터 다음 날 오전 6시까지 사이의 근로를 말한다)의 제한, 작업환경측정 또는 시설·설비의 설치·개선** 등 고용노동부령으로 정하는 바에 따라 적절한 조치를 하여야 한다.

⑤ 제4항에 따라 적절한 조치를 하여야 하는 사업주로서 고용노동부령으로 정하는 사업주는 그 조치 결과를 고용노동부령으로 정하는 바에 따라 고용노동부장관에게 제출하여야 한다.

제137조(건강관리카드) ① 고용노동부장관은 고용노동부령으로 정하는 건강장해가 발생할 우려가 있는 업무에 종사하였거나 종사하고 있는 사람 중 고용노동부령으로 정하는 요건을 갖춘 사람의 직업병 조기발견 및 지속적인 건강관리를 위하여 건강관리카드를 발급하여야 한다.

② 건강관리카드를 발급받은 사람이 「산업재해보상보험법」 제41조에 따라 요양급여를 신청하는 경우에는 건강관리카드를 제출함으로써 해당 재해에 관한 의학적 소견을 적은 서류의 제출을 대신할 수 있다.

③ 건강관리카드를 발급받은 사람은 그 건강관리카드를 타인에게 양도하거나 대여해서는 아니 된다.

④ 건강관리카드를 발급받은 사람 중 제1항에 따라 건강관리카드를 발급받은 업무에 종사하지 아니하는 사람은 고용노동부령으로 정하는 바에 따라 특수건강진단에 준하는 건강진단을 받을 수 있다.

⑤ 건강관리카드의 서식, 발급 절차, 그 밖에 필요한 사항은 고용노동부령으로 정한다.

제8장 근로자 보건관리

제2절 건강진단 및 건강관리

시행규칙 제195조(근로자 건강진단 실시에 대한 협력 등) ① 사업주는 법 제135조제1항에 따른 특수건강진단기관 또는 「건강검진기본법」 제3조제2호에 따른 건강검진기관(이하 "건강진단기관"이라 한다)이 근로자의 건강진단을 위하여 다음 각 호의 정보를 요청하는 경우 해당 정보를 제공하는 등 근로자의 건강진단이 원활히 실시될 수 있도록 적극 협조해야 한다.

1. 근로자의 작업장소, 근로시간, 작업내용, 작업방식 등 근무환경에 관한 정보
2. 건강진단 결과, 작업환경측정 결과, 화학물질 사용 실태, 물질안전보건자료 등 건강진단에 필요한 정보

② 근로자는 사업주가 실시하는 건강진단 및 의학적 조치에 적극 협조해야 한다.

③ 건강진단기관은 사업주가 법 제129조부터 제131조까지의 규정에 따라 건강진단을 실시하기 위하여 출장검진을 요청하는 경우에는 출장검진을 할 수 있다.

시행규칙 제196조(일반건강진단 실시의 인정) 법 제129조제1항 단서에서 "고용노동부령으로 정하는 건강진단"이란 다음 각 호 어느 하나에 해당하는 건강진단을 말한다.

1. 「국민건강보험법」에 따른 건강검진
2. 「선원법」에 따른 건강진단
3. 「진폐의 예방과 진폐근로자의 보호 등에 관한 법률」에 따른 정기 건강진단
4. 「학교보건법」에 따른 건강검사
5. 「항공안전법」에 따른 신체검사
6. 그 밖에 제198조제1항에서 정한 법 제129조제1항에 따른 일반건강진단(이하 "일반건강진단"이라 한다)의 검사항목을 모두 포함하여 실시한 건강진단

시행규칙 제197조(일반건강진단의 주기 등) ① 사업주는 상시 사용하는 근로자 중 사무직에 종사하는 근로자(공장 또는 공사현장과 같은 구역에 있지 않은 사무실에서 서무·인사·경리·판매·설계 등의 사무업무에 종사하는 근로자를 말하며, 판매업무 등에 직접 종사하는 근로자는 제외한다)에 대해서는 2년에 1회 이상, 그 밖의 근로자에 대해서는 1년에 1회 이상 일반건강진단을 실시해야 한다.

② 법 제129조에 따라 일반건강진단을 실시해야 할 사업주는 일반건강진단 실시 시기를 안전보건관리규정 또는 취업규칙에 규정하는 등 일반건강진단이 정기적으로 실시되도록 노력해야 한다.

시행규칙 제198조(일반건강진단의 검사항목 및 실시방법 등) ① 일반건강진단의 제1차 검사항목은

다음 각 호와 같다.

1. 과거병력, 작업경력 및 자각·타각증상(시진·촉진·청진 및 문진)
2. 혈압·혈당·요당·요단백 및 빈혈검사
3. 체중·시력 및 청력
4. 흉부방사선 촬영
5. AST(SGOT) 및 ALT(SGPT), γ -GTP 및 총콜레스테롤

② 제1항에 따른 제1차 검사항목 중 혈당·γ -GTP 및 총콜레스테롤 검사는 고용노동부장관이 정하는 근로자에 대하여 실시한다.

③ 제1항에 따른 검사 결과 질병의 확진이 곤란한 경우에는 제2차 건강진단을 받아야 하며, 제2차 건강진단의 범위, 검사항목, 방법 및 시기 등은 고용노동부장관이 정하여 고시한다.

④ 제196조 각 호 및 제200조 각 호에 따른 법령과 그 밖에 다른 법령에 따라 제1항부터 제3항까지의 규정에서 정한 검사항목과 같은 항목의 건강진단을 실시한 경우에는 해당 항목에 한정하여 제1항부터 제3항에 따른 검사를 생략할 수 있다.

⑤ 제1항부터 제4항까지의 규정에서 정한 사항 외에 일반건강진단의 검사방법, 실시방법, 그 밖에 필요한 사항은 고용노동부장관이 정한다.

시행규칙 제199조(일반건강진단 결과의 제출) 지방고용노동관서의 장은 근로자의 건강 유지를 위하여 필요하다고 인정되는 사업장의 경우 해당 사업주에게 별지 제84호서식의 일반건강진단 결과표를 제출하게 할 수 있다.

시행규칙 제200조(특수건강진단 실시의 인정) 법 제130조제1항 단서에서 "고용노동부령으로 정하는 건강진단"이란 다음 각 호의 어느 하나에 해당하는 건강진단을 말한다. 〈개정 2024. 6. 28.〉

1. 「원자력안전법」에 따른 건강진단(방사선만 해당한다)
2. 「진폐의 예방과 진폐근로자의 보호 등에 관한 법률」에 따른 정기 건강진단(광물성 분진만 해당한다)
3. 「진단용 방사선 발생장치의 안전관리에 관한 규칙」에 따른 건강진단(방사선만 해당한다)

3의2. 「동물 진단용 방사선발생장치의 안전관리에 관한 규칙」에 따른 건강진단(방사선만 해당한다)

4. 그 밖에 다른 법령에 따라 별표 24에서 정한 법 제130조제1항에 따른 특수건강진단(이하 "특수건강진단"이라 한다)의 검사항목을 모두 포함하여 실시한 건강진단(해당하는 유해인자만 해당한다)

시행규칙 제201조(특수건강진단 대상업무) 법 제130조제1항제1호에서 "고용노동부령으로 정하는 유해인자"는 별표 22와 같다.

시행규칙 제202조(특수건강진단의 실시 시기 및 주기 등) ① 사업주는 법 제130조제1항제1호에 해당하는 근로자에 대해서는 별표 23에서 특수건강진단 대상 유해인자별로 정한 시기 및 주기에 따라 특수건강진단을 실시해야 한다.

② 제1항에도 불구하고 법 제125조에 따른 사업장의 작업환경측정 결과 또는 특수건강진단 실시 결과에 따라 다음 각 호의 어느 하나에 해당하는 근로자에 대해서는 다음 회에 한정하여 관련 유해인자별로 특수건강진단 주기를 2분의 1로 단축해야 한다.

1. 작업환경을 측정한 결과 노출기준 이상인 작업공정에서 해당 유해인자에 노출되는 모든 근로자
2. 특수건강진단, 법 제130조제3항에 따른 수시건강진단(이하 "수시건강진단"이라 한다) 또는 법 제131조제1항에 따른 임시건강진단(이하 "임시건강진단"이라 한다)을 실시한 결과 직업병

유소견자가 발견된 작업공정에서 해당 유해인자에 노출되는 모든 근로자. 다만, 고용노동부장관이 정하는 바에 따라 특수건강진단·수시건강진단 또는 임시건강진단을 실시한 의사로부터 특수건강진단 주기를 단축하는 것이 필요하지 않다는 소견을 받은 경우는 제외한다.

3. 특수건강진단 또는 임시건강진단을 실시한 결과 해당 유해인자에 대하여 특수건강진단 실시 주기를 단축해야 한다는 의사의 소견을 받은 근로자

③ 사업주는 법 제130조제1항제2호에 해당하는 근로자에 대해서는 직업병 유소견자 발생의 원인이 된 유해인자에 대하여 해당 근로자를 진단한 의사가 필요하다고 인정하는 시기에 특수건강진단을 실시해야 한다.

④ 법 제130조제1항에 따라 특수건강진단을 실시해야 할 사업주는 특수건강진단 실시 시기를 안전보건관리규정 또는 취업규칙에 규정하는 등 특수건강진단이 정기적으로 실시되도록 노력해야 한다.

시행규칙 제203조(배치전건강진단 실시의 면제) 법 제130조제2항 단서에서 "고용노동부령으로 정하는 근로자"란 다음 각 호의 어느 하나에 해당하는 근로자를 말한다. 〈개정 2024. 6. 28.〉

1. 다른 사업장에서 해당 유해인자에 대하여 다음 각 목의 어느 하나에 해당하는 건강진단을 받고 6개월(별표 23 제4호부터 제6호까지의 유해인자에 대하여 건강진단을 받은 경우에는 12개월로 한다)이 지나지 않은 근로자로서 건강진단 결과를 적은 서류(이하 "건강진단개인표"라 한다) 또는 그 사본을 제출한 근로자

   가. 법 제130조제2항에 따른 배치전건강진단(이하 "배치전건강진단"이라 한다)

   나. 배치전건강진단의 제1차 검사항목을 포함하는 특수건강진단, 수시건강진단 또는 임시건강진단

   다. 배치전건강진단의 제1차 검사항목 및 제2차 검사항목을 포함하는 건강진단

2. 해당 사업장에서 해당 유해인자에 대하여 제1호 각 목의 어느 하나에 해당하는 건강진단을 받고 6개월(별표 23 제4호부터 제6호까지의 유해인자에 대하여 건강진단을 받은 경우에는 12개월로 한다)이 지나지 않은 근로자

시행규칙 제204조(배치전건강진단의 실시 시기) 사업주는 특수건강진단대상업무에 근로자를 배치하려는 경우에는 해당 작업에 배치하기 전에 배치전건강진단을 실시해야 하고, 특수건강진단기관에 해당 근로자가 담당할 업무나 배치하려는 작업장의 특수건강진단 대상 유해인자 등 관련 정보를 미리 알려 주어야 한다.

시행규칙 제205조(수시건강진단 대상 근로자 등) ① 법 제130조제3항에서 "고용노동부령으로 정하는 근로자"란 특수건강진단대상업무로 인하여 해당 유해인자로 인한 것이라고 의심되는 **직업성 천식, 직업성 피부염**, 그 밖에 건강장해 증상을 보이거나 의학적 소견이 있는 근로자로서 다음 각 호의 어느 하나에 해당하는 근로자를 말한다. 다만, 사업주가 직전 특수건강진단을 실시한 특수건강진단기관의 의사로부터 수시건강진단이 필요하지 않다는 소견을 받은 경우는 제외한다.

1. 산업보건의, 보건관리자, 보건관리 업무를 위탁받은 기관이 필요하다고 판단하여 사업주에게 수시건강진단을 건의한 근로자
2. 해당 근로자나 근로자대표 또는 법 제23조에 따라 위촉된 명예산업안전감독관이 사업주에게 수시건강진단을 요청한 근로자

② 사업주는 제1항에 해당하는 근로자에 대해서는 지체 없이 수시건강진단을 실시해야 한다.

③ 제1항 및 제2항에서 정한 사항 외에 수시건강진단의 실시방법, 그 밖에 필요한 사항은 고용노동부장관이 정한다.

시행규칙 제206조(특수건강진단 등의 검사항목 및 실시방법 등) ① 법 제130조에 따른 특수건강진단·배치전건강진단 및 수시건강진단의 검사항목은 제1차 검사항목과 제2차 검사항목으로 구분하며, 각 세부 검사항목은 별표 24와 같다.

② 제1항에 따른 제1차 검사항목은 특수건강진단, 배치전건강진단 및 수시건강진단의 대상이 되는 근로자 모두에 대하여 실시한다.

③ 제1항에 따른 제2차 검사항목은 제1차 검사항목에 대한 검사 결과 건강수준의 평가가 곤란하거나 질병이 의심되는 사람에 대하여 고용노동부장관이 정하여 고시하는 바에 따라 실시해야 한다. 다만, 건강진단 담당 의사가 해당 유해인자에 대한 근로자의 노출 정도, 병력 등을 고려하여 필요하다고 인정하면 제2차 검사항목의 일부 또는 전부에 대하여 제1차 검사항목을 검사할 때에 추가하여 실시할 수 있다.

④ 제196조 각 호 및 제200조 각 호에 따른 법령과 그 밖에 다른 법령에 따라 제1항 및 제2항에서 정한 검사항목과 같은 항목의 건강진단을 실시한 경우에는 해당 항목에 한정하여 제1항 및 제2항에 따른 검사를 생략할 수 있다.

⑤ 제1항부터 제4항까지의 규정에서 정한 사항 외에 특수건강진단·배치전건강진단 및 수시건강진단의 검사방법, 실시방법, 그 밖에 필요한 사항은 고용노동부장관이 정한다.

시행규칙 제207조(임시건강진단 명령 등) ① 법 제131조제1항에서 "고용노동부령으로 정하는 경우"란 특수건강진단 대상 유해인자 또는 그 밖의 유해인자에 의한 중독 여부, 질병에 걸렸는지 여부 또는 질병의 발생원인 등을 확인하기 위하여 필요하다고 인정되는 경우로서 다음 각 호에 어느 하나에 해당하는 경우를 말한다.

1. 같은 부서에 근무하는 근로자 또는 같은 유해인자에 노출되는 근로자에게 **유사한 질병의 자각·타각 증상이 발생**한 경우
2. 직업병 **유소견자가 발생하거나 여러 명이 발생할 우려**가 있는 경우
3. 그 밖에 지방고용노동관서의 장이 필요하다고 판단하는 경우

② 임시건강진단의 검사항목은 별표 24에 따른 특수건강진단의 검사항목 중 전부 또는 일부와 건강진단 담당 의사가 필요하다고 인정하는 검사항목으로 한다.

③ 제2항에서 정한 사항 외에 임시건강진단의 검사방법, 실시방법, 그 밖에 필요한 사항은 고용노동부장관이 정한다.

시행규칙 제208조(건강진단비용) 일반건강진단, 특수건강진단, 배치전건강진단, 수시건강진단, 임시건강진단의 비용은 「국민건강보험법」에서 정한 기준에 따른다.

시행규칙 제209조(건강진단 결과의 보고 등) ① 건강진단기관이 법 제129조부터 제131조까지의 규정에 따른 건강진단을 실시하였을 때에는 그 결과를 고용노동부장관이 정하는 건강진단개인표에 기록하고, 건강진단을 실시한 날부터 30일 이내에 근로자에게 송부해야 한다.

② 건강진단기관은 건강진단을 실시한 결과 질병 유소견자가 발견된 경우에는 건강진단을 실시한 날부터 30일 이내에 해당 근로자에게 의학적 소견 및 사후관리에 필요한 사항과 업무수행의 적합성 여부(특수건강진단기관인 경우만 해당한다)를 설명해야 한다. 다만, 해당 근로자가 소속한 사업장의 의사인 보건관리자에게 이를 설명한 경우에는 그렇지 않다.

③ 건강진단기관은 건강진단을 실시한 날부터 30일 이내에 다음 각 호의 구분에 따라 건강진단 결과표를 사업주에게 송부해야 한다.

1. 일반건강진단을 실시한 경우 : 별지 제84호서식의 일반건강진단 결과표

2. 특수건강진단·배치전건강진단·수시건강진단 및 임시건강진단을 실시한 경우 : 별지 제85호서식의 특수·배치전·수시·임시건강진단 결과표

④ 특수건강진단기관은 특수건강진단·배치전건강진단·수시건강진단 또는 임시건강진단을 실시한 경우에는 법 제134조제1항에 따라 건강진단을 실시한 날부터 30일 이내에 건강진단 결과표를 지방고용노동관서의 장에게 제출해야 한다. 다만, 건강진단개인표 전산입력자료를 고용노동부장관이 정하는 바에 따라 공단에 송부한 경우에는 그렇지 않다. 〈개정 2024. 6. 28.〉

⑤ 법 제129조제1항 단서에 따른 건강진단을 한 기관은 사업주가 근로자의 건강보호를 위하여 건강진단 결과를 요청하는 경우 별지 제84호서식의 일반건강진단 결과표를 사업주에게 송부해야 한다.

시행규칙 제210조(건강진단 결과에 따른 사후관리 등) ① 사업주는 제209조제3항에 따른 건강진단 결과표에 따라 근로자의 건강을 유지하기 위하여 필요하면 법 제132조 제4항에 따른 조치를 하고, 근로자에게 해당 조치 내용에 대하여 설명해야 한다.

② 고용노동부장관은 사업주가 제1항에 따른 조치를 하는 데 필요한 사항을 정하여 고시할 수 있다.

③ 법 제132조제5항에서 "고용노동부령으로 정하는 사업주"란 특수건강진단, 수시건강진단, 임시건강진단의 결과 특정 근로자에 대하여 근로 금지 및 제한, 작업전환, 근로시간 단축, 직업병 확진 의뢰 안내의 조치가 필요하다는 건강진단을 실시한 의사의 소견이 있는 건강진단 결과표를 송부받은 사업주를 말한다.

④ 제3항에 따른 사업주는 건강진단 결과표를 송부받은 날부터 30일 이내에 별지 제86호서식의 사후관리 조치결과 보고서에 건강진단 결과표, 제3항에 따른 조치의 실시를 증명할 수 있는 서류 또는 실시 계획 등을 첨부하여 관할 지방고용노동관서의 장에게 제출해야 한다.

⑤ 그 밖에 제4항에 따른 사후관리 조치결과 보고서 등의 제출에 필요한 사항은 고용노동부장관이 정한다.

시행규칙 제211조(특수건강진단기관의 지정신청 등) ① 법 제135조제1항에 따라 특수건강진단기관으로 지정받으려는 자는 별지 제6호서식의 특수건강진단기관 지정신청서에 다음 각 호의 구분에 따라 서류를 첨부하여 주된 사무소의 소재지를 관할하는 지방고용노동관서의 장에게 제출(전자문서로 제출하는 것을 포함한다)해야 한다.

1. 영 제97조제1항에 따라 특수건강진단기관으로 지정받으려는 경우에는 다음 각 목의 서류
   가. 영 별표 30에 따른 인력기준에 해당하는 사람의 자격과 채용을 증명할 수 있는 자격증(국가기술자격증, 의료면허증 또는 전문의자격증은 제외한다), 경력증명서 및 재직증명서 등의 서류
   나. 건물임대차계약서 사본이나 그 밖에 사무실의 보유를 증명할 수 있는 서류와 시설·장비 명세서
   다. 최초 1년간의 건강진단사업계획서
   라. 법 제135조제3항에 따라 최근 1년 이내에 건강진단기관의 건강진단·분석 능력 평가 결과 적합판정을 받았음을 증명하는 서류(건강진단·분석 능력 평가 결과 적합판정을 받은 건강진단기관과 생물학적 노출지표 분석의뢰계약을 체결한 경우에는 그 계약서를 말한다)
2. 영 제97조제2항에 따라 특수건강진단기관으로 지정을 받으려는 경우에는 다음 각 목의 서류
   가. 일반검진기관 지정서 및 일반검진기관으로서의 지정요건을 갖추었음을 입증할 수 있는 서류
   나. 영 제97조제2항에 따른 인력기준에 해당하는 사람의 자격과 채용을 증명할 수 있는 자격증(의료면허증은 제외한다) 및 재직증명서 등의 서류

다. 소속 의사가 특수건강진단과 관련하여 고용노동부장관이 정하는 교육을 이수하였음을 입증할 수 있는 서류

라. 최초 1년간의 건강진단사업계획서

② 영 제97조제2항에 따른 "고용노동부령으로 정하는 유해인자"란 별표 22 제4호를 말한다.

③ 영 제97조제2항에 따른 "고용노동부령으로 정하는 건강검진기관"이란 「건강검진기본법 시행규칙」 제4조제1항제1호에 따른 일반검진기관으로서 해당 지정요건을 갖추고 있는 기관을 말한다.

④ 제1항에 따라 특수건강진단기관 지정신청을 받은 지방고용노동관서의 장은 같은 항 제2호에 따른 지정신청의 경우 「전자정부법」 제36조제1항에 따라 행정정보의 공동이용을 통하여 국가기술자격증, 의료면허증 또는 전문의자격증을 확인해야 한다. 다만, 신청인이 확인에 동의하지 않는 경우에는 해당 서류의 사본을 첨부하도록 해야 한다.

⑤ 지방고용노동관서의 장은 제1항에 따른 지정신청을 받아 같은 항 제2호에 따른 특수건강진단기관을 지정하는 경우에는 다음 각 호의 기준을 모두 갖추도록 해야 한다. 〈개정 2024. 6. 28.〉

1. 의사 1명당 연간 특수건강진단 실시 인원이 1만명을 초과하지 않을 것
2. 의사 1명당 연간 특수건강진단 및 배치전건강진단의 실시 인원의 합이 1만3천명을 초과하지 않을 것

⑥ 특수건강진단기관에 대한 지정서의 발급, 지정받은 사항의 변경, 지정서의 반납 등에 관하여는 제16조제3항부터 제6항까지의 규정을 준용한다. 이 경우 "고용노동부장관 또는 지방고용노동청장"은 "지방고용노동관서의 장"으로, "안전관리전문기관 또는 보건관리전문기관"은 "특수건강진단기관"으로 본다.

⑦ 제1항부터 제6항까지의 규정에서 정한 사항 외에 특수건강진단기관의 지정방법, 관할지역, 그 밖에 특수건강진단기관의 지정·관리에 필요한 사항은 고용노동부장관이 정하여 고시한다.

시행규칙 제212조(특수건강진단기관의 평가 등) ① 공단이 법 제135조제4항에 따라 특수건강진단기관을 평가하는 기준은 다음 각 호와 같다.

1. 인력·시설·장비의 보유 수준과 그에 관한 관리 능력
2. 건강진단·분석 능력, 건강진단 결과 및 판정의 신뢰도 등 건강진단 업무 수행능력
3. 건강진단을 받은 사업장과 근로자의 만족도 및 그 밖에 필요한 사항

② 제1항에 따른 특수건강진단기관에 대한 평가 방법 및 평가 결과의 공개 등에 관하여는 제17조제2항부터 제8항까지의 규정을 준용한다. 이 경우 "안전관리전문기관 또는 보건관리전문기관"은 "특수건강진단기관"으로 본다.

시행규칙 제213조(특수건강진단 전문연구기관 지원업무의 대행) 고용노동부장관은 법 제136조제1항에 따른 특수건강진단 전문연구기관의 지원에 필요한 업무를 공단으로 하여금 대행하게 할 수 있다.

시행규칙 제214조(건강관리카드의 발급 대상) 법 제137조제1항에서 "고용노동부령으로 정하는 건강장해가 발생할 우려가 있는 업무" 및 "고용노동부령으로 정하는 요건을 갖춘 사람"은 별표 25와 같다.

시행규칙 제215조(건강관리카드 소지자의 건강진단) ① 법 제137조제1항에 따른 건강관리카드(이하 "카드"라 한다)를 발급받은 근로자가 카드의 발급 대상 업무에 더 이상 종사하지 않는 경우에는 공단 또는 특수건강진단기관에서 실시하는 건강진단을 매년(카드 발급 대상 업무에서 종사하지 않게 된 첫 해는 제외한다) 1회 받을 수 있다. 다만, 카드를 발급받은 근로자(이하 "카드소지자"

라 한다)가 카드의 발급 대상 업무와 같은 업무에 재취업하고 있는 기간 중에는 그렇지 않다.

② 공단은 제1항 본문에 따라 건강진단을 받는 카드소지자에게 교통비 및 식비를 지급할 수 있다.

③ 카드소지자는 건강진단을 받을 때에 해당 건강진단을 실시하는 의료기관에 카드 또는 주민등록증 등 신분을 확인할 수 있는 증명서를 제시해야 한다.

④ 제3항에 따른 의료기관은 건강진단을 실시한 날부터 30일 이내에 건강진단 실시 결과를 카드소지자 및 공단에 송부해야 한다.

⑤ 제3항에 따른 의료기관은 건강진단 결과에 따라 카드소지자의 건강 유지를 위하여 필요하면 건강상담, 직업병 확진 의뢰 안내 등 고용노동부장관이 정하는 바에 따른 조치를 하고, 카드소지자에게 해당 조치 내용에 대하여 설명해야 한다.

⑥ 카드소지자에 대한 건강진단의 실시방법과 그 밖에 필요한 사항은 고용노동부장관이 정하여 고시한다.

■ 산업안전보건법 시행규칙 [별표 23]

특수건강진단의 시기 및 주기(제202조제1항 관련)

구분	대상 유해인자	시기 (배치 후 첫 번째 특수 건강진단)	주기
1	N,N-디메틸아세트아미드 디메틸포름아미드	1개월 이내	6개월
2	벤젠	2개월 이내	6개월
3	1,1,2,2-테트라클로로에탄 사염화탄소 아크릴로니트릴 염화비닐	3개월 이내	6개월
4	석면, 면 분진	12개월 이내	12개월
5	광물성 분진 목재 분진 소음 및 충격소음	12개월 이내	24개월
6	제1호부터 제5호까지의 대상 유해인자를 제외한 별표22의 모든 대상 유해인자	6개월 이내	12개월

■ 산업안전보건법 시행규칙 [별표 25]

건강관리카드의 발급 대상(제214조 관련)

구분	건강장해가 발생할 우려가 있는 업무	대상 요건
1	베타-나프틸아민 또는 그 염(같은 물질이 함유된 화합물의 중량 비율이 1퍼센트를 초과하는 제제를 포함한다)을 제조하거나 취급하는 업무	3개월 이상 종사한 사람
2	벤지딘 또는 그 염(같은 물질이 함유된 화합물의 중량 비율이 1퍼센트를 초과하는 제제를 포함한다)을 제조하거나 취급하는 업무	3개월 이상 종사한 사람
3	베릴륨 또는 그 화합물(같은 물질이 함유된 화합물의 중량 비율이 1퍼센트를 초과하는 제제를 포함한다) 또는 그 밖에 베릴륨 함유물질(베릴륨이 함유된 화합물의 중량 비율이 3퍼센트를 초과하는 물질만 해당한다)을 제조하거나 취급하는 업무	제조하거나 취급하는 업무에 종사한 사람 중 양쪽 폐부분에 베릴륨에 의한 만성 결절성 음영이 있는 사람
4	비스-(클로로메틸)에테르(같은 물질이 함유된 화합물의 중량 비율이 1퍼센트를 초과하는 제제를 포함한다)를 제조하거나 취급하는 업무	3년 이상 종사한 사람
5	가. 석면 또는 석면방직제품을 제조하는 업무	3개월 이상 종사한 사람
	나. 다음의 어느 하나에 해당하는 업무 1) 석면함유제품(석면방직제품은 제외한다)을 제조하는 업무 2) 석면함유제품(석면이 1퍼센트를 초과하여 함유된 제품만 해당한다. 이하 다목에서 같다)을 절단하는 등 석면을 가공하는 업무 3) 설비 또는 건축물에 분무된 석면을 해체·제거 또는 보수하는 업무 4) 석면이 1퍼센트 초과하여 함유된 보온재 또는 내화피복제(耐火被覆劑)를 해체·제거 또는 보수하는 업무	1년 이상 종사한 사람
	다. 설비 또는 건축물에 포함된 석면시멘트, 석면마찰제품 또는 석면개스킷제품 등 석면함유제품을 해체·제거 또는 보수하는 업무	10년 이상 종사한 사람
	라. 나목 또는 다목 중 하나 이상의 업무에 중복하여 종사한 경우	다음의 계산식으로 산출한 숫자가 120을 초과하는 사람 : (나목의 업무에 종사한 개월 수)×10+(다목의 업무에 종사한 개월 수)
	마. 가목부터 다목까지의 업무로서 가목부터 다목까지의 규	흉부방사선상 석면으로 인한

	정에서 정한 종사기간에 해당하지 않는 경우	질병 징후(흉막반 등)가 있는 사람
6	벤조트리클로라이드를 제조(태양광선에 의한 염소화반응에 의하여 제조하는 경우만 해당한다)하거나 취급하는 업무	3년 이상 종사한 사람
7	가. 갱내에서 동력을 사용하여 토석(土石)·광물 또는 암석(습기가 있는 것은 제외한다. 이하 "암석등"이라 한다)을 굴착 하는 작업 나. 갱내에서 동력(동력 수공구(手工具)에 의한 것은 제외한다)을 사용하여 암석 등을 파쇄(破碎)·분쇄 또는 체질하는 장소에서의 작업 다. 갱내에서 암석 등을 차량계 건설기계로 싣거나 내리거나 쌓아두는 장소에서의 작업 라. 갱내에서 암석 등을 컨베이어(이동식 컨베이어는 제외한다)에 싣거나 내리는 장소에서의 작업 마. 옥내에서 동력을 사용하여 암석 또는 광물을 조각 하거나 마무리하는 장소에서의 작업 바. 옥내에서 연마재를 분사하여 암석 또는 광물을 조각하는 장소에서의 작업 사. 옥내에서 동력을 사용하여 암석·광물 또는 금속을 연마·주물 또는 추출하거나 금속을 재단하는 장소에서의 작업 아. 옥내에서 동력을 사용하여 암석등·탄소원료 또는 알미늄박을 파쇄·분쇄 또는 체질하는 장소에서의 작업 자. 옥내에서 시멘트, 티타늄, 분말상의 광석, 탄소원료, 탄소제품, 알미늄 또는 산화티타늄을 포장하는 장소에서의 작업 차. 옥내에서 분말상의 광석, 탄소원료 또는 그 물질을 함유한 물질을 혼합·혼입 또는 살포하는 장소에서의 작업 카. 옥내에서 원료를 혼합하는 장소에서의 작업 중 다음의 어느 하나에 해당하는 작업 1) 유리 또는 법랑을 제조하는 공정에서 원료를 혼합하는 작업이나 원료 또는 혼합물을 용해로에 투입하는 작업(수중에서 원료를 혼합하는 작업은 제외한다) 2) 도자기·내화물·형상토제품(형상을 본떠 흙으로 만든 제품) 또는 연마재를 제조하는 공정에서 원료를 혼합 또는 성형하거나, 원료 또는 반제품을 건조하거나, 반제품을 차에 싣거나 쌓아 두는 장소에서의 작업 또는 가마 내부에서의 작업(도자기를 제조하는 공정에서 원료를 투입 또는 성형하여 반제품을 완성하거나 제품을 내리고 쌓아 두는 장소에서의 작업과 수중에서 원료를 혼합하는 장소에서의 작업	3년 이상 종사한 사람으로서 흉부방사선 사진 상 진폐증이 있다고 인정되는 사람(「진폐의 예방과 진폐근로자의 보호 등에 관한 법률」에 따라 건강관리수첩을 발급받은 사람은 제외한다). 다만, 너목의 업무에 대해서는 5년 이상 종사한 사람(「진폐의 예방과 진폐근로자의 보호 등에 관한 법률」에 따라 건강관리수첩을 발급받은 사람은 제외한다)으로 한다.

	은 제외한다) 3) 탄소제품을 제조하는 공정에서 탄소원료를 혼합하거나 성형하여 반제품을 노(爐 : 가공할 원료를 녹이거나 굽는 시설)에 넣거나 반제품 또는 제품을 노에서 꺼내거나 제작하는 장소에서의 작업 타. 옥내에서 내화 벽돌 또는 타일을 제조하는 작업 중 동력을 사용하여 원료(습기가 있는 것은 제외한다)를 성형하는 장소에서의 작업 파. 옥내에서 동력을 사용하여 반제품 또는 제품을 다듬질하는 장소에서의 작업 중 다음의 의 어느 하나에 해당하는 작업 1) 도자기·내화물·형상토제품 또는 연마재를 제조하는 공정에서 원료를 혼합 또는 성형하거나, 원료 또는 반제품을 건조하거나, 반제품을 차에 싣거나 쌓은 장소에서의 작업또는 가마 내부에서의 작업(도자기를 제조하는 공정에서 원료를 투입 또는 성형하여 반제품을 완성하거나 제품을 내리고 쌓아 두는 장소에서의 작업과 수중에서 원료를 혼합하는 장소에서의 작업은 제외한다) 2) 탄소제품을 제조하는 공정에서 탄소원료를 혼합하거나 성형하여 반제품을 노에 넣거나 반제품 또는 제품을 노에서 꺼내거나 제작하는 장소에서의 작업 하. 옥내에서 거푸집을 해체하거나, 분해장치를 이용하여 사형(似形 : 광물의 결정형태)을 부수거나, 모래를 털어 내거나 동력을 사용하여 주물모래를 재생하거나 혼련(열과 기계를 사용하여 내용물을 고르게 섞는 것)하거나 주물품을 절삭(切削)하는 장소에서의 작업 거. 옥내에서 수지식(手指式) 용융분사기를 이용하지 않고 금속을 용융분사하는 장소에서의 작업 너. 석탄을 원료로 사용하는 발전소에서 발전을 위한 공정[하역, 이송, 저장, 혼합, 분쇄, 연소, 집진(集塵), 재처리 등의 과정을 말한다] 및 관련 설비의 운전·정비가 이루어지는 장소에서의 작업	
8	가. 염화비닐을 중합(결합 화합물화)하는 업무 또는 밀폐되어 있지 않은 원심분리기를 사용하여 폴리염화비닐(염화비닐의 중합체를 말한다)의 현탁액(懸濁液)에서 물을 분리시키는 업무 나. 염화비닐을 제조하거나 사용하는 석유화학설비를 유지·보수하는 업무	4년 이상 종사한 사람
9	크롬산·중크롬산 또는 이들 염(같은 물질이 함유된 화합물의 중량 비율이 1퍼센트를 초과하는 제제를 포함한다)을 광석으로부터 추출하여 제조하거나 취급하는 업무	4년 이상 종사한 사람

10	삼산화비소를 제조하는 공정에서 배소(낮은 온도로 가열하여 변화를 일으키는 과정) 또는 정제를 하는 업무나 비소가 함유된 화합물의 중량 비율이 3퍼센트를 초과하는 광석을 제련하는 업무	5년 이상 종사한 사람
11	니켈(니켈카보닐을 포함한다) 또는 그 화합물을 광석으로부터 추출하여 제조하거나 취급하는 업무	5년 이상 종사한 사람
12	카드뮴 또는 그 화합물을 광석으로부터 추출하여 제조하거나 취급하는 업무	5년 이상 종사한 사람
13	가. 벤젠을 제조하거나 사용하는 업무(석유화학 업종만 해당한다) 나. 벤젠을 제조하거나 사용하는 석유화학설비를 유지·보수하는 업무	6년 이상 종사한 사람
14	제철용 코크스 또는 제철용 가스발생로를 제조하는 업무(코크스로 또는 가스발생로 상부에서의 업무 또는 코크스로에 접근하여 하는 업무만 해당한다)	6년 이상 종사한 사람
15	비파괴검사(X-선) 업무	1년이상 종사한 사람 또는 연간 누적선량이 20mSv 이상이었던 사람

정답 ④

유제 1

직무 배치 후 유해인자에 대한 첫 번째 특수건강진단의 시기 및 주기로 옳지 않은 것은? [2015년 기출]

구분	유해인자	첫 번째 진단 시기	주기
①	목재 분진	6개월 이내	12개월
②	N,N-디메틸아세트아미드	1개월 이내	6개월
③	벤젠	2개월 이내	6개월
④	면 분진	12개월 이내	12개월
⑤	충격소음	12개월 이내	24개월

해설

정답 ①

유제 2

다음 중 특수건강진단 대상 유해인자가 아닌 것은? [2016년 기출]

① 염화비닐
② 트리클로로에틸렌
③ 니켈
④ 수산화나트륨
⑤ 자외선

해설

④ 수산화나트륨은 농도가 40% 이상일 경우 부식성 염기류(수산화나트륨, 수산화칼륨)에 해당한다. 원자흡광광도법(AAS)으로 분석할 수 있는 유해인자 10종 중 하나이기도 하다.

정답 ④

유제 3

근로자 건강진단에 관한 설명으로 옳지 않은 것은? [2020년 기출]

① 납땜 후 기판에 묻어 있는 이물질을 제거하기 위하여 아세톤을 취급하는 근로자는 특수건강진단 대상자이다.
② 우레탄수지 코팅공정에 디메틸포름아미드 취급 근로자의 배치 후 첫 번째 특수건강진단 시기는 3개월 이내이다.
③ 6개월간 오후 10시부터 다음날 오전 6시 사이의 시간 중 작업을 월 평균 60시간 이상 수행하는 근로자는 야간작업 특수건강진단 대상자이다.
④ 직업성 천식 및 직업성 피부염이 의심되는 근로자에 대한 수시건강진단의 검사항목이 있다.
⑤ 정밀기계 가공작업에서 금속가공유 취급 시 노출되는 근로자는 배치전특수건강진단 대상자이다.

해설

정답 ②

22 산업안전보건법령상 유해성·위험성 조사 제외 화학물질로 규정되어 있지 않은 것은? (단, 고용노동부장관이 공표하거나 고시하는 물질은 고려하지 않음) [2022년 기출]

① 「의료기기법」제2조제1항에 따른 의료기기

② 「약사법」제2조제4호 및 제7호에 따른 의약품 및 의약외품(醫藥外品)

③ 「건강기능식품에 관한 법률」제3조제1호에 따른 건강기능식품

④ 「첨단재생의료 및 첨단바이오의약품 안전 및 지원에 관한 법률」제2조제5호에 따른 첨단바이오의약품

⑤ 천연으로 산출된 화학물질

해설

영 제85조(유해성·위험성 조사 제외 화학물질) 법 제108조제1항 각 호 외의 부분 본문에서 "대통령령으로 정하는 화학물질"이란 다음 각 호의 어느 하나에 해당하는 화학물질을 말한다.

1. **원소**
2. **천연으로 산출된 화학물질**
3. 「건강기능식품에 관한 법률」 제3조제1호에 따른 건강기능식품
4. **「군수품관리법」 제2조 및 「방위사업법」 제3조 제2호에 따른 군수품**[「군수품관리법」 제3조에 따른 통상품(痛常品)은 제외한다]
5. 「농약관리법」 제2조제1호 및 제3호에 따른 농약 및 원제
6. 「마약류 관리에 관한 법률」 제2조제1호에 따른 마약류
7. 「비료관리법」 제2조제1호에 따른 비료
8. 「사료관리법」 제2조제1호에 따른 사료
9. 「생활화학제품 및 살생물제의 안전관리에 관한 법률」 제3조제7호 및 제8호에 따른 살생물물질 및 살생물제품
10. 「식품위생법」 제2조제1호 및 제2호에 따른 식품 및 식품첨가물
11. 「약사법」 제2조제4호 및 제7호에 따른 의약품 및 의약외품(醫藥外品)
12. 「원자력안전법」 제2조제5호에 따른 방사성물질
13. 「위생용품 관리법」 제2조제1호에 따른 위생용품
14. 「의료기기법」 제2조제1항에 따른 의료기기
15. 「총포·도검·화약류 등의 안전관리에 관한 법률」 제2조제3항에 따른 화약류
16. 「화장품법」 제2조제1호에 따른 화장품과 화장품에 사용하는 원료
17. 법 제108조제3항에 따라 고용노동부장관이 명칭, 유해성·위험성, 근로자의 건강장해 예방을 위한 조치 사항 및 연간 제조량·수입량을 공표한 물질로서 공표된 연간 제조량·수입량 이하로 제조하거나 수입한 물질
18. 고용노동부장관이 환경부장관과 협의하여 고시하는 화학물질 목록에 기록되어 있는 물질

영 제86조(물질안전보건자료의 작성·제출 제외 대상 화학물질 등) 법 제110조제1항 각 호 외의 부분 전단에서 "대통령령으로 정하는 것"이란 다음 각 호의 어느 하나에 해당하는 것을 말한다.

1. 「건강기능식품에 관한 법률」 제3조제1호에 따른 건강기능식품
2. 「농약관리법」 제2조제1호에 따른 농약
3. 「마약류 관리에 관한 법률」 제2조제2호 및 제3호에 따른 마약 및 향정신성의약품
4. 「비료관리법」 제2조제1호에 따른 비료
5. 「사료관리법」 제2조제1호에 따른 사료
6. **「생활주변방사선 안전관리법」 제2조제2호에 따른 원료물질**
7. 「생활화학제품 및 살생물제의 안전관리에 관한 법률」 제3조제4호 및 제8호에 따른 안전확인대상생활화학제품 및 살생물제품 중 일반소비자의 생활용으로 제공되는 제품
8. 「식품위생법」 제2조제1호 및 제2호에 따른 식품 및 식품첨가물
9. 「약사법」 제2조제4호 및 제7호에 따른 의약품 및 의약외품
10. 「원자력안전법」 제2조제5호에 따른 방사성물질
11. 「위생용품 관리법」 제2조제1호에 따른 위생용품
12. 「의료기기법」 제2조제1항에 따른 의료기기
12의2. 「첨단재생의료 및 첨단바이오의약품 안전 및 지원에 관한 법률」 제2조제5호에 따른 **첨단바이오의약품**
13. 「총포·도검·화약류 등의 안전관리에 관한 법률」 제2조제3항에 따른 화약류
14. **「폐기물관리법」 제2조제1호에 따른 폐기물**
15. 「화장품법」 제2조제1호에 따른 화장품
16. 제1호부터 제15호까지의 규정 외의 화학물질 또는 혼합물로서 일반소비자의 생활용으로 제공되는 것(일반소비자의 생활용으로 제공되는 화학물질 또는 혼합물이 사업장 내에서 취급되는 경우를 포함한다)
17. 고용노동부장관이 정하여 고시하는 연구·개발용 화학물질 또는 화학제품. 이 경우 법 제110조제1항부터 제3항까지의 규정에 따른 자료의 제출만 제외된다.
18. 그 밖에 고용노동부장관이 독성·폭발성 등으로 인한 위해의 정도가 적다고 인정하여 고시하는 화학물질

정답 ④

23 산업안전보건법령상 작업환경측정 또는 건강진단의 실시 결과만으로 직업성 질환에 걸렸는지를 판단하기 곤란한 근로자의 질병에 대하여 한국산업안전보건공단에 역학조사를 요청할 수 있는 자로 규정되어 있지 않은 자는? [2022년 기출]

① 사업주
② 근로자대표
③ 보건관리자
④ 건강진단기관의 의사
⑤ 산업안전보건위원회의 위원장

해설

제141조(역학조사) ① 고용노동부장관은 직업성 질환의 진단 및 예방, 발생 원인의 규명을 위하여 필요하다고 인정할 때에는 근로자의 질환과 작업장의 유해요인의 상관관계에 관한 역학조사(이하 "역학조사"라 한다)를 할 수 있다. 이 경우 **사업주 또는 근로자대표, 그 밖에 고용노동부령으로 정하는 사람**이 요구할 때 고용노동부령으로 정하는 바에 따라 역학조사에 참석하게 할 수 있다.

② 사업주 및 근로자는 고용노동부장관이 역학조사를 실시하는 경우 적극 협조하여야 하며, 정당한 사유 없이 역학조사를 거부·방해하거나 기피해서는 아니 된다.

③ 누구든지 제1항 후단에 따라 역학조사 참석이 허용된 사람의 역학조사 참석을 거부하거나 방해해서는 아니 된다.

④ 제1항 후단에 따라 역학조사에 참석하는 사람은 역학조사 참석과정에서 알게 된 비밀을 누설하거나 도용해서는 아니 된다.

⑤ 고용노동부장관은 역학조사를 위하여 필요하면 제129조부터 제131조까지의 규정에 따른 근로자의 건강진단 결과, 「국민건강보험법」에 따른 요양급여기록 및 건강검진 결과, 「고용보험법」에 따른 고용정보, 「암관리법」에 따른 질병정보 및 사망원인 정보 등을 관련 기관에 요청할 수 있다. 이 경우 자료의 제출을 요청받은 기관은 특별한 사유가 없으면 이에 따라야 한다.

⑥ 역학조사의 방법·대상·절차, 그 밖에 필요한 사항은 고용노동부령으로 정한다.

시행규칙 제222조(역학조사의 대상 및 절차 등) ① 공단은 법 제141조제1항에 따라 다음 각 호의 어느 하나에 해당하는 경우에는 역학조사를 할 수 있다.

1. 법 제125조에 따른 작업환경측정 또는 법 제129조부터 제131조에 따른 건강진단의 실시 결과만으로 직업성 질환에 걸렸는지를 판단하기 곤란한 근로자의 질병에 대하여 **사업주·근로자대표·보건관리자(보건관리전문기관을 포함한다) 또는 건강진단기관의 의사가 역학조사를 요청**하는 경우
2. 「산업재해보상보험법」 제10조에 따른 **근로복지공단**이 고용노동부장관이 정하는 바에 따라 업무상 질병 여부의 결정을 위하여 역학조사를 **요청**하는 경우
3. **공단이 직업성 질환의 예방을 위하여 필요하다고 판단하여 제224조제1항에 따른 역학조사평가위원회의 심의를 거친 경우**
4. 그 밖에 직업성 질환에 걸렸는지 여부로 사회적 물의를 일으킨 질병에 대하여 작업장 내 유해요인과의 연관성 규명이 필요한 경우 등으로서 **지방고용노동관서의 장이 요청**하는 경우

② 제1항제1호에 따라 사업주 또는 근로자대표가 역학조사를 요청하는 경우에는 산업안전보건위원회의 의결을 거치거나 각각 상대방의 동의를 받아야 한다. 다만, 관할 지방고용노동관서의 장이 역학조사의 필요성을 인정하는 경우에는 그렇지 않다.

③ 제1항에서 정한 사항 외에 역학조사의 방법 등에 필요한 사항은 고용노동부장관이 정하여 고시한다.

시행규칙 제223조(역학조사에의 참석) ① 법 제141조제1항 후단에서 "고용노동부령으로 정하는 사람"이란 해당 질병에 대하여 「산업재해보상보험법」 제36조제1항 제1호 및 제5호에 따른 **요양급여 및 유족급여를 신청한 자 또는 그 대리인**(**제222조 제1항 제2호에 따른 역학조사에 한한다**)을 말한다.

② 공단은 법 제141조 제1항 후단에 따라 역학조사 참석을 요구받은 경우 사업주, 근로자대표 또는 제1항에 해당하는 사람에게 참석 시기와 장소를 통지한 후 해당 역학조사에 참석시킬 수 있다.

시행규칙 제224조(역학조사평가위원회) ① 공단은 역학조사 결과의 공정한 평가 및 그에 따른 근로자 건강보호방안 개발 등을 위하여 역학조사평가위원회를 설치·운영해야 한다.

② 제1항에 따른 역학조사평가위원회의 구성·기능 및 운영 등에 필요한 사항은 고용노동부장관이 정한다.

정답 ⑤

유제 **산업안전보건법령상 역학조사 및 자격 등에 의한 취업제한 등에 관한 설명으로 옳지 않은 것은? [2021년 기출]**

① 사업주는 유해하거나 위험한 작업으로 상당한 지식이나 숙련도가 요구되는 고용노동부령으로 정하는 작업의 경우 그 작업에 필요한 자격·면허·경험 또는 기능을 가진 근로자가 아닌 사람에게 그 작업을 하게 해서는 아니 된다.

② 사업주 및 근로자는 고용노동부장관이 역학조사를 실시하는 경우 적극 협조하여야 하며, 정당한 사유 없이 역학조사를 거부·방해하거나 기피해서는 아니 된다.

③ 한국산업안전보건공단이 업무상 질병 여부의 결정을 위하여 역학조사를 요청하는 경우 근로복지공단은 역학조사를 실시하여야 한다.

④ 고용노동부장관은 역학조사를 위하여 필요하면 「산업안전보건법」에 따른 근로자의 건강진단 결과, 「국민건강보험법」에 따른 요양급여기록 및 건강검진 결과, 「고용보험법」에 따른 고용정보, 「암관리법」에 따른 질병정보 및 사망원인정보 등을 관련 기관에 요청할 수 있다.

⑤ 유해하거나 위험한 작업으로 상당한 지식이나 숙련도가 요구되는 고용노동부령으로 정하는 작업의 경우 고용노동부장관은 자격·면허의 취득 또는 근로자의 기능 습득을 위하여 교육기관을 지정할 수 있다.

해설

정답 ③

24 산업안전보건법령상 징역 또는 벌금에 처해질 수 있는 자는? [2022년 기출]

① 작업환경측정 결과를 해당 작업장 근로자에게 알리지 아니한 사업주

② 등록하지 아니하고 타워크레인을 설치·해체한 자

③ 석면이 포함된 건축물이나 설비를 철거하거나 해체하면서 고용노동부령으로 정하는 석면해체·제거의 작업기준을 준수하지 아니한 자

④ 역학조사 참석이 허용된 사람의 역학조사 참석을 방해한 자

⑤ 물질안전보건자료대상물질을 양도하면서 이를 양도받는 자에게 물질안전보건자료를 제공하지 아니한 자

해설

제123조(석면해체·제거 작업기준의 준수) ① 석면이 포함된 건축물이나 설비를 철거하거나 해체하는 자는 고용노동부령으로 정하는 석면해체·제거의 작업기준을 준수하여야 한다.

② 근로자는 석면이 포함된 건축물이나 설비를 철거하거나 해체하는 자가 제1항의 작업기준에 따라 근로자에게 한 조치로서 고용노동부령으로 정하는 조치 사항을 준수하여야 한다.

제169조(벌칙) 다음 각 호의 어느 하나에 해당하는 자는 3년 이하의 징역 또는 3천만원 이하의 벌금에 처한다.

1. 제44조제1항 후단, 제63조(제166조의2에서 준용하는 경우를 포함한다), 제76조, 제81조, 제82조제2항, 제84조제1항, 제87조제1항, 제118조제3항, **제123조제1항**, 제139조제1항 또는 제140조제1항(제166조의2에서 준용하는 경우를 포함한다)을 위반한 자
2. 제45조제1항 후단, 제46조제5항, 제53조제1항(제166조의2에서 준용하는 경우를 포함한다), 제87조제2항, 제118조제4항, 제119조제4항 또는 제131조제1항(제166조의2에서 준용하는 경우를 포함한다)에 따른 명령을 위반한 자
3. 제58조제3항 또는 같은 조 제5항 후단(제59조제2항에 따라 준용되는 경우를 포함한다)에 따른 안전 및 보건에 관한 평가 업무를 제165조제2항에 따라 위탁받은 자로서 그 업무를 거짓이나 그 밖의 부정한 방법으로 수행한 자
4. 제84조제1항 및 제3항에 따른 안전인증 업무를 제165조제2항에 따라 위탁받은 자로서 그 업무를 거짓이나 그 밖의 부정한 방법으로 수행한 자
5. 제93조제1항에 따른 안전검사 업무를 제165조제2항에 따라 위탁받은 자로서 그 업무를 거짓이나 그 밖의 부정한 방법으로 수행한 자
6. 제98조에 따른 자율검사프로그램에 따른 안전검사 업무를 거짓이나 그 밖의 부정한 방법으로 수행한 자

제175조(과태료) ① **다음 각 호의 어느 하나에 해당하는 자에게는 5천만원 이하의 과태료를 부과한다.**

1. 제119조제2항에 따라 기관석면조사를 하지 아니하고 건축물 또는 설비를 철거하거나 해체한 자
2. 제124조제3항을 위반하여 건축물 또는 설비를 철거하거나 해체한 자

② **다음 각 호의 어느 하나에 해당하는 자에게는 3천만원 이하의 과태료를 부과한다.**

1. 제29조제3항(제166조의2에서 준용하는 경우를 포함한다) 또는 제79조제1항을 위반한 자

2. 제54조제2항(제166조의2에서 준용하는 경우를 포함한다)을 위반하여 중대재해 발생 사실을 보고하지 아니하거나 거짓으로 보고한 자

③ 다음 각 호의 어느 하나에 해당하는 자에게는 1천500만원 이하의 과태료를 부과한다.

1. 제47조제3항 전단을 위반하여 안전보건진단을 거부·방해하거나 기피한 자 또는 같은 항 후단을 위반하여 안전보건진단에 근로자대표를 참여시키지 아니한 자
2. 제57조제3항(제166조의2에서 준용하는 경우를 포함한다)에 따른 보고를 하지 아니하거나 거짓으로 보고한 자

2의2. 제64조제1항제6호를 위반하여 위생시설 등 고용노동부령으로 정하는 시설의 설치 등을 위하여 필요한 장소의 제공을 하지 아니하거나 도급인이 설치한 위생시설 이용에 협조하지 아니한 자

2의3. 제128조의2제1항을 위반하여 휴게시설을 갖추지 아니한 자(같은 조 제2항에 따른 대통령령으로 정하는 기준에 해당하는 사업장의 사업주로 한정한다)

3. 제141조제2항을 위반하여 정당한 사유 없이 역학조사를 거부·방해하거나 기피한 자
4. 제141조제3항을 위반하여 역학조사 참석이 허용된 사람의 역학조사 참석을 거부하거나 방해한 자

④ **다음 각 호의 어느 하나에 해당하는 자에게는 1천만원 이하의 과태료를 부과한다.**

1. 제10조제3항 후단을 위반하여 관계수급인에 관한 자료를 제출하지 아니하거나 거짓으로 제출한 자
2. 제14조제1항을 위반하여 안전 및 보건에 관한 계획을 이사회에 보고하지 아니하거나 승인을 받지 아니한 자
3. 제41조제2항(제166조의2에서 준용하는 경우를 포함한다), 제42조제1항·제5항·제6항, 제44조제1항 전단, 제45조제2항, 제46조제1항, 제67조제1항·제2항, 제70조제1항, 제70조제2항 후단, 제71조제3항 후단, 제71조제4항, 제72조제1항·제3항·제5항(건설공사도급인만 해당한다), 제77조제1항, 제78조, 제85조제1항, 제93조제1항 전단, 제95조, 제99조제2항 또는 제107조제1항 각 호 외의 부분 본문을 위반한 자
4. 제47조제1항 또는 제49조제1항에 따른 명령을 위반한 자
5. 제82조제1항 전단을 위반하여 등록하지 아니하고 타워크레인을 설치·해체하는 자
6. 제125조제1항·2항에 따라 작업환경측정을 하지 아니한 자

6의2. 제128조의2제2항을 위반하여 휴게시설의 설치·관리기준을 준수하지 아니한 자

7. 제129조제1항 또는 제130조제1항부터 제3항까지의 규정에 따른 근로자 건강진단을 하지 아니한 자
8. 제155조제1항(제166조의2에서 준용하는 경우를 포함한다) 또는 제2항(제166조의2에서 준용하는 경우를 포함한다)에 따른 근로감독관의 검사·점검 또는 수거를 거부·방해 또는 기피한 자

⑤ **다음 각 호의 어느 하나에 해당하는 자에게는 500만원 이하의 과태료를 부과한다.**

1. 제15조제1항, 제16조제1항, 제17조제1항·제3항, 제18조제1항·제3항, 제19조제1항 본문, 제22조제1항 본문, 제24조제1항·제4항, 제25조제1항, 제26조, 제29조제1항·제2항(제166조의2에서 준용하는 경우를 포함한다), 제31조제1항, 제32조제1항(제1호부터 제4호까지의 경우만 해당한다), 제37조제1항, 제44조제2항, 제49조제2항, 제50조제3항, 제62조제1항, 제66조, 제68조제1항, 제75조제6항, 제77조제2항, 제90조제1항, 제94조제2항, 제122조제2항,

제124조제1항(증명자료의 제출은 제외한다), 제125조제7항, 제132조제2항, 제137조제3항 또는 제145조제1항을 위반한 자
2. 제17조제4항, 제18조제4항 또는 제19조제3항에 따른 명령을 위반한 자
3. 제34조 또는 제114조제1항을 위반하여 이 법 및 이 법에 따른 명령의 요지, 안전보건관리규정 또는 물질안전보건자료를 게시하지 아니하거나 갖추어 두지 아니한 자
4. 제53조제2항(제166조의2에서 준용하는 경우를 포함한다)을 위반하여 고용노동부장관으로부터 명령받은 사항을 게시하지 아니한 자
4의2. 제108조제1항에 따른 유해성·위험성 조사보고서를 제출하지 아니하거나 제109조제1항에 따른 유해성·위험성 조사 결과 또는 유해성·위험성 평가에 필요한 자료를 제출하지 아니한 자
5. 제110조제1항부터 제3항까지의 규정을 위반하여 물질안전보건자료, 화학물질의 명칭·함유량 또는 변경된 물질안전보건자료를 제출하지 아니한 자
6. 제110조제2항제2호를 위반하여 국외제조자로부터 물질안전보건자료에 적힌 화학물질 외에는 제104조에 따른 분류기준에 해당하는 화학물질이 없음을 확인하는 내용의 서류를 거짓으로 제출한 자
7. 제111조제1항을 위반하여 물질안전보건자료를 제공하지 아니한 자
8. 제112조제1항 본문을 위반하여 승인을 받지 아니하고 화학물질의 명칭 및 함유량을 대체자료로 적은 자
9. 제112조제1항 또는 제5항에 따른 비공개 승인 또는 연장승인 신청 시 영업비밀과 관련되어 보호사유를 거짓으로 작성하여 신청한 자
10. 제112조제10항 각 호 외의 부분 후단을 위반하여 대체자료로 적힌 화학물질의 명칭 및 함유량 정보를 제공하지 아니한 자
11. 제113조제1항에 따라 선임된 자로서 같은 항 각 호의 업무를 거짓으로 수행한 자
12. 제113조제1항에 따라 선임된 자로서 같은 조 제2항에 따라 고용노동부장관에게 제출한 물질안전보건자료를 해당 물질안전보건자료대상물질을 수입하는 자에게 제공하지 아니한 자
13. 제125조제1항 및 제2항에 따른 작업환경측정 시 고용노동부령으로 정하는 작업환경측정의 방법을 준수하지 아니한 사업주(같은 조 제3항에 따라 작업환경측정기관에 위탁한 경우는 제외한다)
14. 제125조제4항 또는 제132조제1항을 위반하여 근로자대표가 요구하였는데도 근로자대표를 참석시키지 아니한 자
15. 제125조제6항을 위반하여 작업환경측정 결과를 해당 작업장 근로자에게 알리지 아니한 자
16. 제155조제3항(제166조의2에서 준용하는 경우를 포함한다)에 따른 명령을 위반하여 보고 또는 출석을 하지 아니하거나 거짓으로 보고한 자

⑥ 다음 각 호의 어느 하나에 해당하는 자에게는 300만원 이하의 과태료를 부과한다.
1. 제32조제1항(제5호의 경우만 해당한다)을 위반하여 소속 근로자로 하여금 같은 항 각 호 외의 부분 본문에 따른 안전보건교육을 이수하도록 하지 아니한 자
2. 제35조를 위반하여 근로자대표에게 통지하지 아니한 자
3. 제40조(제166조의2에서 준용하는 경우를 포함한다), 제108조제5항, 제123조제2항, 제132조제3항, 제133조 또는 제149조를 위반한 자

4. 제42조제2항을 위반하여 자격이 있는 자의 의견을 듣지 아니하고 유해위험방지계획서를 작성·제출한 자
5. 제43조제1항 또는 제46조제2항을 위반하여 확인을 받지 아니한 자
6. 제73조제1항을 위반하여 지도계약을 체결하지 아니한 자
6의2. 제73조제2항을 위반하여 지도를 실시하지 아니한 자 또는 지도에 따라 적절한 조치를 하지 아니한 자
7. 제84조제6항에 따른 자료 제출 명령을 따르지 아니한 자
8. 삭제
9. 제111조제2항 또는 제3항을 위반하여 물질안전보건자료의 변경 내용을 반영하여 제공하지 아니한 자
10. 제114조제3항(제166조의2에서 준용하는 경우를 포함한다)을 위반하여 해당 근로자를 교육하는 등 적절한 조치를 하지 아니한 자
11. 제115조제1항 또는 같은 조 제2항 본문을 위반하여 경고표시를 하지 아니한 자
12. 제119조제1항에 따라 일반석면조사를 하지 아니하고 건축물이나 설비를 철거하거나 해체한 자
13. 제122조제3항을 위반하여 고용노동부장관에게 신고하지 아니한 자
14. 제124조제1항에 따른 증명자료를 제출하지 아니한 자
15. 제125조제5항, 제132조제5항 또는 제134조제1항·제2항에 따른 보고, 제출 또는 통보를 하지 아니하거나 거짓으로 보고, 제출 또는 통보한 자
16. 제155조제1항(제166조의2에서 준용하는 경우를 포함한다)에 따른 질문에 대하여 답변을 거부·방해 또는 기피하거나 거짓으로 답변한 자
17. 제156조제1항(제166조의2에서 준용하는 경우를 포함한다)에 따른 검사·지도 등을 거부·방해 또는 기피한 자
18. 제164조제1항부터 제6항까지의 규정을 위반하여 서류를 보존하지 아니한 자

⑦ 제1항부터 제6항까지의 규정에 따른 과태료는 대통령령으로 정하는 바에 따라 고용노동부장관이 부과·징수한다.

정답 ③

25 산업안전보건법령상 근로의 금지 및 제한에 관한 설명으로 옳은 것은? [2022년 기출]

① 사업주가 잠수 작업에 종사하는 근로자에게 1일 6시간, 1주 36시간 근로하게 하는 것은 허용된다.
② 사업주는 알코올중독의 질병이 있는 근로자를 고기압 업무에 종사하도록 해서는 안 된다.
③ 사업주가 조현병에 걸린 사람에 대해 근로를 금지하는 경우에는 미리 보건관리자(의사가 아닌 보건관리자 포함), 산업보건의 또는 건강검진을 실시한 의사의 의견을 들어야 한다.
④ 사업주는 마비성 치매에 걸릴 우려가 있는 사람에 대해 근로를 금지해야 한다.
⑤ 사업주는 전염될 우려가 있는 질병에 걸린 사람이 있는 경우 전염을 예방하기 위한 조치를 한 후에도 그 사람의 근로를 금지해야 한다.

해설

제138조(질병자의 근로 금지·제한) ① 사업주는 감염병, 정신질환 또는 근로로 인하여 병세가 크게 악화될 우려가 있는 질병으로서 고용노동부령으로 정하는 질병에 걸린 사람에게는 「의료법」 제2조에 따른 의사의 진단에 따라 근로를 금지하거나 제한하여야 한다.
② 사업주는 제1항에 따라 근로가 금지되거나 제한된 근로자가 건강을 회복하였을 때에는 지체 없이 근로를 할 수 있도록 하여야 한다.

제139조(유해·위험작업에 대한 근로시간 제한 등) ① 사업주는 유해하거나 위험한 작업으로서 높은 기압에서 하는 작업 등 대통령령으로 정하는 작업에 종사하는 근로자에게는 **1일 6시간, 1주 34시간을 초과하여 근로하게 해서는 아니 된다**.
② 사업주는 대통령령으로 정하는 유해하거나 위험한 작업에 종사하는 근로자에게 필요한 **안전조치 및 보건조치 외에 작업과 휴식의 적정한 배분 및 근로시간과 관련된 근로조건의 개선을 통하여 근로자의 건강 보호를 위한 조치**를 하여야 한다.

영 제99조(유해·위험작업에 대한 근로시간 제한 등) ① 법 제139조제1항에서 **"높은 기압에서 하는 작업 등 대통령령으로 정하는 작업"이란 잠함(潛函) 또는 잠수 작업 등 높은 기압에서 하는 작업**을 말한다.
② 제1항에 따른 작업에서 잠함·잠수 작업시간, 가압·감압방법 등 해당 근로자의 안전과 보건을 유지하기 위하여 필요한 사항은 고용노동부령으로 정한다.
③ **법 제139조제2항에서 "대통령령으로 정하는 유해하거나 위험한 작업"이란 다음 각 호의 어느 하나에 해당하는 작업을 말한다.**
1. 갱(坑) 내에서 하는 작업
2. 다량의 고열물체를 취급하는 작업과 현저히 덥고 뜨거운 장소에서 하는 작업
3. 다량의 저온물체를 취급하는 작업과 현저히 춥고 차가운 장소에서 하는 작업
4. 라듐방사선이나 엑스선, 그 밖의 유해 방사선을 취급하는 작업
5. 유리·흙·돌·광물의 먼지가 심하게 날리는 장소에서 하는 작업
6. 강렬한 소음이 발생하는 장소에서 하는 작업
7. 착암기(바위에 구멍을 뚫는 기계) 등에 의하여 신체에 강렬한 진동을 주는 작업
8. 인력(人力)으로 중량물을 취급하는 작업

9. 납·수은·크롬·망간·카드뮴 등의 중금속 또는 이황화탄소·유기용제, 그 밖에 고용노동부령으로 정하는 특정 화학물질의 먼지·증기 또는 가스가 많이 발생하는 장소에서 하는 작업

시행규칙 제220조(질병자의 근로금지) ① 법 제138조제1항에 따라 사업주는 다음 각 호의 어느 하나에 해당하는 사람에 대해서는 근로를 금지해야 한다.

1. 전염될 우려가 있는 질병에 걸린 사람. 다만, 전염을 예방하기 위한 조치를 한 경우는 제외한다.
2. 조현병, 마비성 치매에 걸린 사람
3. 심장·신장·폐 등의 질환이 있는 사람으로서 근로에 의하여 병세가 악화될 우려가 있는 사람
4. 제1호부터 제3호까지의 규정에 준하는 질병으로서 고용노동부장관이 정하는 질병에 걸린 사람

② 사업주는 제1항에 따라 근로를 금지하거나 근로를 다시 시작하도록 하는 경우에는 미리 보건관리자(의사인 보건관리자만 해당한다), 산업보건의 또는 건강진단을 실시한 의사의 의견을 들어야 한다.

시행규칙 제221조(질병자 등의 근로 제한) ① 사업주는 법 제129조부터 제130조에 따른 건강진단 결과 유기화합물·금속류 등의 유해물질에 중독된 사람, 해당 유해물질에 중독될 우려가 있다고 의사가 인정하는 사람, 진폐의 소견이 있는 사람 또는 방사선에 피폭된 사람을 해당 유해물질 또는 방사선을 취급하거나 해당 유해물질의 분진·증기 또는 가스가 발산되는 업무 또는 해당 업무로 인하여 근로자의 건강을 악화시킬 우려가 있는 업무에 종사하도록 해서는 안 된다.

② 사업주는 다음 각 호의 어느 하나에 해당하는 질병이 있는 근로자를 **고기압 업무에 종사하도록 해서는 안 된다.**

1. 감압증이나 그 밖에 고기압에 의한 장해 또는 그 후유증
2. 결핵, 급성상기도감염, 진폐, 폐기종, 그 밖의 호흡기계의 질병
3. 빈혈증, 심장판막증, 관상동맥경화증, 고혈압증, 그 밖의 혈액 또는 순환기계의 질병
4. 정신신경증, 알코올중독, 신경통, 그 밖의 정신신경계의 질병
5. 메니에르씨병, 중이염, 그 밖의 이관(耳管)협착을 수반하는 귀 질환
6. 관절염, 류마티스, 그 밖의 운동기계의 질병
7. 천식, 비만증, 바세도우씨병, 그 밖에 알레르기성·내분비계·물질대사 또는 영양장해 등과 관련된 질병

③ 사업주는 다음 각 호의 어느 하나에 해당하는 경우에는 미리 보건관리자(의사인 보건관리자만 해당한다), 산업보건의 또는 건강진단을 실시한 의사의 의견을 들어야 한다. 〈신설 2023. 9. 27.〉

1. 제1항 또는 제2항에 따라 근로를 제한하려는 경우
2. 제1항 또는 제2항에 따라 근로가 제한된 근로자 중 건강이 회복된 근로자를 다시 근로하게 하려는 경우

정답 ②

유제 **산업안전보건법령상 근로의 금지 및 제한에 관한 설명으로 옳은 것은? [2019년 기출]**

① 사업주는 신장 질환이 있는 근로자가 근로에 의하여 병세가 악화될 우려가 있는 경우에 근로자의 동의가 없으면 근로를 금지할 수 없다.

② 사업주는 질병자의 근로를 다시 시작하도록 하는 경우에는 미리 보건관리자(의사가 아닌 보건관리자도 포함한다), 산업보건의 또는 건강진단을 실시한 의사의 의견을 들어야 한다.

③ 사업주는 관절염에 해당하는 질병이 있는 근로자를 고기압 업무에 종사시킬 수 있다.

④ 사업주는 갱내에서 하는 작업에 종사하는 근로자에게는 1일 6시간, 1주 34시간을 초과하여 근로하게 하여서는 아니 된다.

⑤ 사업주는 인력(人力)으로 중량물을 취급하는 작업에서 안전·보건조치 외에 작업과 휴식의 적정한 배분, 그 밖에 근로시간과 관련된 근로조건의 개선을 통하여 근로자의 건강 보호를 위한 조치를 하여야 한다.

해설

정답 ⑤

26 리스크 관리의 용어 정의에 관한 지침에서 "가능성과 결과에 대한 범위를 구분하여 리스크 등급을 표시하고, 리스크 우선순위를 정하기 위한 도구"로 정의되는 용어는? [2022년 기출]

① 리스크 통합(Risk aggregation)
② 리스크 프로파일(Risk profile)
③ 리스크 수준 판정(Risk evaluation)
④ 리스크 기준(Risk criteria)
⑤ 리스크 매트릭스(Risk matrix)

해설

○ KOSHA-GUIDE X-1-2014 리스크 관리의 용어 정의에 관한 지침

1. 리스크(Risk)
특정 목적에 영향을 주는 긍정 또는 부정적인 상황의 발생 기회에 대한 불확실성

2. 리스크 통합(Risk aggregation)
전체 리스크 수준을 이해하기 위해 다수의 리스크를 하나의 리스크로 통합시키는 것

3. 리스크 프로파일(Risk profile)
조직 또는 단체에서 관리 대상이 되는 리스크의 우선순위 및 그에 관한 설명

4. 리스크 수준 판정(Risk evaluation)
리스크 또는 리스크 경감이 수용할만한 수준인지 결정하기 위하여 주어진 리스크 기준과 리스크 분석의 결과를 비교하는 과정. 리스크 수준 판정은 리스크 처리 결정을 위해 보조적으로 활용

5. 리스크 기준(Risk criteria)
리스크의 유의성(Significance)을 판단하기 위한 기준 항목

6. 리스크 매트릭스(Risk matrix)
가능성과 결과에 대한 범위를 구분하여 리스크 등급을 표시하고, 리스크 우선순위를 정하기 위한 도구

정답 ⑤

27 안전교육의 단계별 과정 중 태도교육의 내용이 아닌 것은? [2022년 기출]

① 작업동작 및 표준작업방법의 습관화
② 공구·보호구 등의 관리 및 취급태도의 확립
③ 작업 전후 점검 및 검사요령의 정확화 및 습관화
④ 작업지시·전달 등의 언어·태도의 정확화 및 습관화
⑤ 작업에 필요한 안전규정 숙지

해설

1. 교육의 3단계
   1) 1단계－지식교육(지식의 습득과 전달)
      강의 및 시청 교육을 통해 지식을 전달

   2) 2단계－기능교육(경험과 적응)
      현장실습 교육 등을 통해 경험을 체득하는 단계

   3) 3단계－태도교육(습관과 형성)
      행동을 습관화하는 단계

2. 안전교육 단계별 교육내용
   1) 지식교육
      안전의식 향상, 안전의 책임감 주입, 기능·태도 교육에 필요한 기초지식 주입, 작업에 필요한 안전규정의 숙지, 공정 속에 잠재된 위험요소 이해

   2) 기능교육
      전문적 기술 기능, 안전기술 기능, 방호장치 관리 기능 등

   3) 태도교육
      표준작업방법의 습관화, 공구·보호구의 관리 및 취급태도의 확립, 작업 전후 점검 및 검사요령의 정확화 및 습관화, 안전작업의 지시·전달·확인 등 언어태도의 습관화 및 정확화

정답 ⑤

28 학습지도원리에 해당하지 않는 것은? [2022년 기출]

① 자발성의 원리
② 개별화의 원리
③ 사회화의 원리
④ 도미노 이론의 원리
⑤ 직관의 원리

해설

○ **학습지도의 원리 → (암기법 : 통/과/목/사/직//자연/자발/개별)**

1. 자기 활동의 원리(자발성의 원리) : 학습자 스스로 능동적으로 학습 활동에 의욕을 가지고 참여하도록 하는 원리. 즉, 내적 동기가 유발된 학습을 시켜야 한다는 원리

2. 개별화의 원리 : 학습지도를 할 때, 개인차를 감안하여 학습의 내용과 진도 등을 학습자의 능력, 수준, 개성 등에 맞추어서 진행해야 한다는 원리

3. 사회화의 원리 : 학생이 하나의 독립된 인간으로서 그들이 소속한 각종 사회에 참여하여 원만한 사회관계를 맺어 가고, 개인적으로 만족하고, 사회적으로 유용한 일원이 되도록 학습을 지도해야 한다.

4. 통합의 원리 : 학습을 통해 지적능력만 향상시키는 것이 아니라, 정의적, 기능적 분야로 확대하여 학습자를 전인적으로 성장하도록 하는 것에 중점을 둔다.

5. 직관의 원리(직접 경험의 원리) : 언어 위주의 설명보다 구체적 사물을 제시하거나 학습자가 직접 경험해보는 교육을 통해 학습의 효과를 높일 수 있다는 원리

6. 목적의 원리 : 학습자는 학습목표가 분명하게 인식되었을 때, 자발적이고 학습활동을 하게 된다는 원리

7. 과학성의 원리 : 자연이나, 사회에 관한 기초적인 지식, 법칙 등을 적절하게 지도하여 학습자의 논리적 사고력을 충분히 발달시키는 것을 목표로 하는 원리

8. 자연성의 원리 : 학습지도에서는 자유로운 분위기를 존중하고 학습자에게 어떤 압박감과 구속감을 주지 않도록 애써야 하는 원리

정답 ④

29 산업안전보건법령상 안전보건교육에서 다음 작업의 특별교육 교육내용이 아닌 것은? (단, 그 밖에 안전·보건관리에 필요한 사항은 고려하지 않는다.) [2022년 기출]

작업명 : 동력에 의하여 작동되는 프레스기계를 5대 이상 보유한 사업장에서 해당 기계로 하는 작업

① 프레스의 특성과 위험성에 관한 사항

② 방호장치 종류와 취급에 관한 사항

③ 안전작업방법에 관한 사항

④ 국소배기장치 및 안전설비에 관한 사항

⑤ 프레스 안전기준에 관한 사항

해설

■ **산업안전보건법 시행규칙 [별표 5]**

라. 특별교육 대상 작업별 교육

작업 명	교육내용
11. 동력에 의하여 작동되는 프레스기계를 5대 이상 보유한 사업장에서 해당 기계로 하는 작업	○ 프레스의 특성과 위험성에 관한 사항 ○ 방호장치 종류와 취급에 관한 사항 ○ 안전작업방법에 관한 사항 ○ 프레스 안전기준에 관한 사항 ○ 그 밖에 안전·보건관리에 필요한 사항

정답 ④

30 OJT(on the job training)에 비하여 Off JT(off the job training)의 장점으로 옳은 것을 모두 고른 것은? [2022년 기출]

ㄱ. 다수의 근로자에게 조직적 훈련이 가능하다.
ㄴ. 개개인에 적합한 지도훈련이 가능하다.
ㄷ. 훈련에만 전념할 수 있다.
ㄹ. 전문가를 강사로 초청할 수 있다.

① ㄱ, ㄴ
② ㄴ, ㄷ
③ ㄱ, ㄷ, ㄹ
④ ㄴ, ㄷ, ㄹ
⑤ ㄱ, ㄴ, ㄷ, ㄹ

해설

OJT(on the job training)	Off JT(off the job training)
직장 내 교육훈련. 직무를 수행하는 과정에서 부서 내 직속 상사나 선임에게 직접적으로 직무교육을 받는 방식.	직장 외 교육훈련(외부 강사, 연수원, 전문교육기관 등)

구분	장점	단점
OJT	• 훈련이 실제적이고 구체적이다. (전문성, 업무능력 향상) • 실시가 Off JT보다 용이하다. • 훈련으로 학습 및 기술진보를 알 수 있어 구성원의 동기를 유발할 수 있다. • 상사나 동료간의 이해와 협조정신을 강화, 촉진시킨다. • 저비용으로 할 수 있다. • 훈련을 하면서 일을 할 수 있다. • 종업원의 습득도와 능력에 따라 훈련을 할 수 있다.	• 우수한 상사가 반드시 우수한 교사는 아니다. • 일과 훈련 모두를 소홀히 할 가능성이 있다. • 다수의 종업원을 한꺼번에 훈련할 수 없다. • 통일된 내용·정도의 훈련을 할 수 없다.(객관적이고 표준화 된 교육이 어려움) • 전문적인 고도의 지식과 기능을 가르칠 수 없다. • 원재료의 낭비를 초래할 수 있다.
Off JT	• 현장작업과는 관계없이 예정된 계획에 따라 실시할 수 있다. • 다수의 종업원을 동시에 교육시킬 수 있다. • 전문적인 지도자가 실시하므로 교육	• 교육훈련결과를 바로 현장직무에 활용하기가 어렵다. • 교육훈련 기간 동안 자신의 업무를 하지 않음으로써 기회비용이 발생한다.(교육을 위한 업무 중단, 인력 부

	의 질이 높고 체계적이다. • 수강자는 업무부담에서 벗어나 훈련에만 전념하므로 훈련효과가 높다.	족 현상 등) • 실시하는데 많은 교육비용이 든다. • 일방적 커뮤니케이션이 주로 이루어진다.

정답 ③

31 사업장 위험성평가에 관한 지침에서 사업주는 위험성평가를 효과적으로 실시하기 위하여 위험성평가 실시규정을 작성하고 관리하여야 한다. 이 때, 실시규정에 포함되어야 할 사항이 아닌 것은? [2022년 기출]

① 평가의 목적 및 방법
② 인정심사위원회의 구성·운영
③ 평가담당자 및 책임자의 역할
④ 평가시기 및 절차
⑤ 주지방법 및 유의사항

해설

○ 사업장 위험성평가에 관한 지침 〈시행 : 2025. 1. 2〉

제1장 총칙

제1조(목적) 이 고시는 「산업안전보건법」제36조에 따라 사업주가 스스로 사업장의 유해·위험요인에 대한 실태를 파악하고 이를 평가하여 관리·개선하는 등 필요한 조치를 통해 산업재해를 예방할 수 있도록 지원하기 위하여 위험성평가 방법, 절차, 시기 등에 대한 기준을 제시하고, 위험성평가 활성화를 위한 시책의 운영 및 지원사업 등 그 밖에 필요한 사항을 규정함을 목적으로 한다.

제2조(적용범위) 이 고시는 위험성평가를 실시하는 모든 사업장에 적용한다.

제3조(정의) ① 이 고시에서 사용하는 용어의 뜻은 다음과 같다.

1. "유해·위험요인"이란 유해·위험을 일으킬 잠재적 가능성이 있는 것의 고유한 특징이나 속성을 말한다.
2. "위험성"이란 유해·위험요인이 사망, 부상 또는 질병으로 이어질 수 있는 가능성과 중대성 등을 고려한 위험의 정도를 말한다.
3. "위험성평가"란 사업주가 스스로 유해·위험요인을 파악하고 해당 유해·위험요인의 위험성 수준을 결정하여, 위험성을 낮추기 위한 적절한 조치를 마련하고 실행하는 과정을 말한다.
4. "근로자"란 기간제, 단시간, 파견 등 고용형태 및 국적과 관계없이 「산업안전보건법」 제2조 제3호에 따른 근로자를 말한다.

② 그 밖에 이 고시에서 사용하는 용어의 뜻은 이 고시에 특별히 정한 것이 없으면 「산업안전보건

법」(이하 "법"이라 한다), 같은 법 시행령(이하 "영"이라 한다), 같은 법 시행규칙(이하 "규칙"이라 한다) 및「산업안전보건기준에 관한 규칙」(이하 "안전보건규칙"이라 한다)에서 정하는 바에 따른다.

제4조(정부의 책무) ① 고용노동부장관(이하 "장관"이라 한다)은 사업장 위험성평가가 효과적으로 추진되도록 하기 위하여 다음 각 호의 사항을 강구하여야 한다.

1. 정책의 수립·집행·조정·홍보
2. 위험성평가 기법의 연구·개발 및 보급
3. 사업장 위험성평가 활성화 시책의 운영
4. 위험성평가 실시의 지원
5. 조사 및 통계의 유지·관리
6. 그 밖에 위험성평가에 관한 정책의 수립 및 추진

② 장관은 제1항 각 호의 사항 중 필요한 사항을 한국산업안전보건공단(이하 "공단"이라 한다)으로 하여금 수행하게 할 수 있다.

제2장 사업장 위험성평가

제5조(위험성평가 실시주체) ① 사업주는 스스로 사업장의 유해·위험요인을 파악하고 이를 평가하여 관리 개선하는 등 위험성평가를 실시하여야 한다.

② 법 제63조에 따른 작업의 일부 또는 전부를 도급에 의하여 행하는 사업의 경우는 도급을 준 도급인(이하 "도급사업주"라 한다)과 도급을 받은 수급인(이하 "수급사업주"라 한다)은 각각 제1항에 따른 위험성평가를 실시하여야 한다.

③ 제2항에 따른 도급사업주는 수급사업주가 실시한 위험성평가 결과를 검토하여 도급사업주가 개선할 사항이 있는 경우 이를 개선하여야 한다.

제5조의2(위험성평가의 대상) ① 위험성평가의 대상이 되는 유해·위험요인은 업무 중 근로자에게 노출된 것이 확인되었거나 노출될 것이 합리적으로 예견 가능한 모든 유해·위험요인이다. 다만, 매우 경미한 부상 및 질병만을 초래할 것으로 명백히 예상되는 유해·위험요인은 평가 대상에서 제외할 수 있다.

② 사업주는 사업장 내 부상 또는 질병으로 이어질 가능성이 있었던 상황(이하 "아차사고"라 한다)을 확인한 경우에는 해당 사고를 일으킨 유해·위험요인을 위험성평가의 대상에 포함시켜야 한다.

③ 사업주는 사업장 내에서 법 제2조제2호의 중대재해가 발생한 때에는 지체 없이 중대재해의 원인이 되는 유해·위험요인에 대해 제15조제2항의 위험성평가를 실시하고, 그 밖의 사업장 내 유해·위험요인에 대해서는 제15조제3항의 위험성평가 재검토를 실시하여야 한다.

제6조(근로자 참여) 사업주는 위험성평가를 실시할 때, 법 제36조제2항에 따라 다음 각 호에 해당하는 경우 해당 작업에 종사하는 근로자를 참여시켜야 한다.

1. 유해·위험요인의 위험성 수준을 판단하는 기준을 마련하고, 유해·위험요인별로 허용 가능한 위험성 수준을 정하거나 변경하는 경우
2. 해당 사업장의 유해·위험요인을 파악하는 경우
3. 유해·위험요인의 위험성이 허용 가능한 수준인지 여부를 결정하는 경우
4. 위험성 감소대책을 수립하여 실행하는 경우
5. 위험성 감소대책 실행 여부를 확인하는 경우

제7조(위험성평가의 방법) ① 사업주는 다음과 같은 방법으로 위험성평가를 실시하여야 한다.

1. 안전보건관리책임자 등 해당 사업장에서 사업의 실시를 총괄 관리하는 사람에게 위험성평가의 실시를 총괄 관리하게 할 것
2. 사업장의 안전관리자, 보건관리자 등이 위험성평가의 실시에 관하여 안전보건관리책임자를 보좌하고 지도·조언하게 할 것
3. 유해·위험요인을 파악하고 그 결과에 따른 개선조치를 시행할 것
4. 기계·기구, 설비 등과 관련된 위험성평가에는 해당 기계·기구, 설비 등에 전문 지식을 갖춘 사람을 참여하게 할 것
5. 안전·보건관리자의 선임의무가 없는 경우에는 제2호에 따른 업무를 수행할 사람을 지정하는 등 그 밖에 위험성평가를 위한 체제를 구축할 것

② 사업주는 제1항에서 정하고 있는 자에 대해 위험성평가를 실시하기 위해 필요한 교육을 실시하여야 한다. 이 경우 위험성평가에 대해 외부에서 교육을 받았거나, 관련학문을 전공하여 관련 지식이 풍부한 경우에는 필요한 부분만 교육을 실시하거나 교육을 생략할 수 있다.

③ 사업주가 위험성평가를 실시하는 경우에는 산업안전·보건 전문가 또는 전문기관의 컨설팅을 받을 수 있다.

④ 사업주가 다음 각 호의 어느 하나에 해당하는 제도를 이행한 경우에는 그 부분에 대하여 이 고시에 따른 위험성평가를 실시한 것으로 본다.
1. 위험성평가 방법을 적용한 안전·보건진단(법 제47조)
2. 공정안전보고서(법 제44조). 다만, 공정안전보고서의 내용 중 공정위험성 평가서가 최대 4년 범위 이내에서 정기적으로 작성된 경우에 한한다.
3. 근골격계부담작업 유해요인조사(안전보건규칙 제657조부터 제662조까지)
4. 그 밖에 법과 이 법에 따른 명령에서 정하는 위험성평가 관련 제도

⑤ 사업주는 사업장의 규모와 특성 등을 고려하여 다음 각 호의 위험성평가 방법 중 한 가지 이상을 선정하여 위험성평가를 실시할 수 있다.
1. 위험 가능성과 중대성을 조합한 빈도·강도법
2. 체크리스트(Checklist)법
3. 위험성 수준 3단계(저·중·고) 판단법
4. 핵심요인 기술(One Point Sheet)법
5. 그 외 규칙 제50조제1항 제2호 각 목의 방법

제8조(위험성평가의 절차) 사업주는 위험성평가를 다음의 절차에 따라 실시하여야 한다. 다만, 상시 근로자 5인 미만 사업장(건설공사의 경우 1억 원 미만)의 경우 제1호의 절차를 생략할 수 있다.
1. **사전준비**
2. 유해·위험요인 파악
3. 삭제
4. 위험성 결정
5. 위험성 감소대책 수립 및 실행
6. 위험성평가 실시내용 및 결과에 관한 기록 및 보존

제9조(사전준비) ① 사업주는 위험성평가를 효과적으로 실시하기 위하여 최초 위험성평가시 다음 각 호의 사항이 포함된 **위험성평가 실시규정을 작성**하고, 지속적으로 관리하여야 한다.
1. **평가의 목적 및 방법**

2. **평가담당자 및 책임자의 역할**

3. **평가시기 및 절차**

4. **근로자에 대한 참여·공유방법 및 유의사항**

5. **결과의 기록·보존**

② 사업주는 위험성평가를 실시하기 전에 다음 각 호의 사항을 확정하여야 한다.

1. 위험성의 수준과 그 수준을 판단하는 기준
2. 허용 가능한 위험성의 수준(이 경우 법에서 정한 기준 이상으로 위험성의 수준을 정하여야 한다)

③ 사업주는 다음 각 호의 사업장 안전보건정보를 사전에 조사하여 위험성평가에 활용할 수 있다.

1. 작업표준, 작업절차 등에 관한 정보
2. 기계·기구, 설비 등의 사양서, 물질안전보건자료(MSDS) 등의 유해·위험요인에 관한 정보
3. 기계·기구, 설비 등의 공정 흐름과 작업 주변의 환경에 관한 정보
4. 법 제63조에 따른 작업을 하는 경우로서 같은 장소에서 사업의 일부 또는 전부를 도급을 주어 행하는 작업이 있는 경우 혼재 작업의 위험성 및 작업 상황 등에 관한 정보
5. 재해사례, 재해통계 등에 관한 정보
6. 작업환경측정결과, 근로자 건강진단결과에 관한 정보
7. 그 밖에 위험성평가에 참고가 되는 자료 등

제10조(유해·위험요인 파악) 사업주는 사업장 내의 제5조의2에 따른 유해·위험요인을 파악하여야 한다. 이때 업종, 규모 등 사업장 실정에 따라 다음 각 호의 방법 중 어느 하나 이상의 방법을 사용하되, 특별한 사정이 없으면 제1호에 의한 방법을 포함하여야 한다.

1. 사업장 순회점검에 의한 방법
2. 근로자들의 상시적 제안에 의한 방법
3. 설문조사·인터뷰 등 청취조사에 의한 방법
4. 물질안전보건자료, 작업환경측정결과, 특수건강진단결과 등 안전보건 자료에 의한 방법
5. 안전보건 체크리스트에 의한 방법
6. 그 밖에 사업장의 특성에 적합한 방법

제11조(위험성 결정) ① 사업주는 제10조에 따라 파악된 유해·위험요인이 근로자에게 노출되었을 때의 위험성을 제9조제2항제1호에 따른 기준에 의해 판단하여야 한다.

② 사업주는 제1항에 따라 판단한 위험성의 수준이 제9조제2항제2호에 의한 허용 가능한 위험성의 수준인지 결정하여야 한다.

제12조(위험성 감소대책 수립 및 실행) ① 사업주는 제11조제2항에 따라 허용 가능한 위험성이 아니라고 판단한 경우에는 위험성의 수준, 영향을 받는 근로자 수 및 다음 각 호의 순서를 고려하여 위험성 감소를 위한 대책을 수립하여 실행하여야 한다. 이 경우 법령에서 정하는 사항과 그 밖에 근로자의 위험 또는 건강장해를 방지하기 위하여 필요한 조치를 반영하여야 한다.

1. 위험한 작업의 폐지·변경, 유해·위험물질 대체 등의 조치 또는 설계나 계획 단계에서 위험성을 제거 또는 저감하는 조치
2. 연동장치, 환기장치 설치 등의 공학적 대책
3. 사업장 작업절차서 정비 등의 관리적 대책
4. 개인용 보호구의 사용

② 사업주는 위험성 감소대책을 실행한 후 해당 공정 또는 작업의 위험성의 수준이 사전에 자체 설정한 허용 가능한 위험성의 수준인지를 확인하여야 한다.

③ 제2항에 따른 확인 결과, 위험성이 자체 설정한 허용 가능한 위험성 수준으로 내려오지 않는 경우에는 허용 가능한 위험성 수준이 될 때까지 추가의 감소대책을 수립·실행하여야 한다.

④ 사업주는 중대재해, 중대산업사고 또는 심각한 질병이 발생할 우려가 있는 위험성으로서 제1항에 따라 수립한 위험성 감소대책의 실행에 많은 시간이 필요한 경우에는 즉시 잠정적인 조치를 강구하여야 한다.

제13조(위험성평가의 공유) ① 사업주는 위험성평가를 실시한 결과 중 다음 각 호에 해당하는 사항을 근로자에게 게시, 주지 등의 방법으로 알려야 한다.

1. 근로자가 종사하는 작업과 관련된 유해·위험요인
2. 제1호에 따른 유해·위험요인의 위험성 결정 결과
3. 제1호에 따른 유해·위험요인의 위험성 감소대책과 그 실행 계획 및 실행 여부
4. 제3호에 따른 위험성 감소대책에 따라 근로자가 준수하거나 주의하여야 할 사항

② 사업주는 위험성평가 결과 법 제2조제2호의 중대재해로 이어질 수 있는 유해·위험요인에 대해서는 작업 전 안전점검회의(TBM : Tool Box Meeting) 등을 통해 근로자에게 상시적으로 주지시키도록 노력하여야 한다.

제14조(기록 및 보존) ① 규칙 제37조제1항제4호에 따른 "그 밖에 위험성평가의 실시내용을 확인하기 위하여 필요한 사항으로서 고용노동부장관이 정하여 고시하는 사항"이란 다음 각 호에 관한 사항을 말한다.

1. 위험성평가를 위해 사전조사 한 안전보건정보
2. 그 밖에 사업장에서 필요하다고 정한 사항

② 시행규칙 제37조제2항의 기록의 최소 보존기한은 제15조에 따른 실시 시기별 위험성평가를 완료한 날부터 기산한다.

제15조(위험성평가의 실시 시기) ① 사업주는 사업이 성립된 날(사업 개시일을 말하며, 건설업의 경우 실착공일을 말한다)로부터 1개월이 되는 날까지 제5조의2 제1항에 따라 위험성평가의 대상이 되는 유해·위험요인에 대한 최초 위험성평가의 실시에 착수하여야 한다. 다만, 1개월 미만의 기간 동안 이루어지는 작업 또는 공사의 경우에는 특별한 사정이 없는 한 작업 또는 공사 개시 후 지체 없이 최초 위험성평가를 실시하여야 한다.

② 사업주는 다음 각 호의 어느 하나에 해당하여 추가적인 유해·위험요인이 생기는 경우에는 해당 유해·위험요인에 대한 수시 위험성평가를 실시하여야 한다. 다만, 제5호에 해당하는 경우에는 재해발생 작업을 대상으로 작업을 재개하기 전에 실시하여야 한다.

1. 사업장 건설물의 설치·이전·변경 또는 해체
2. 기계·기구, 설비, 원재료 등의 신규 도입 또는 변경
3. 건설물, 기계·기구, 설비 등의 정비 또는 보수(주기적·반복적 작업으로서 이미 위험성평가를 실시한 경우에는 제외)
4. 작업방법 또는 작업절차의 신규 도입 또는 변경
5. 중대산업사고 또는 산업재해(휴업 이상의 요양을 요하는 경우에 한정한다) 발생
6. 그 밖에 사업주가 필요하다고 판단한 경우

③ 사업주는 다음 각 호의 사항을 고려하여 제1항에 따라 실시한 위험성평가의 결과에 대한 적정성

을 1년마다 정기적으로 재검토(이때, 해당 기간 내 제2항에 따라 실시한 위험성평가의 결과가 있는 경우 함께 적정성을 재검토하여야 한다)하여야 한다. 재검토 결과 허용 가능한 위험성 수준이 아니라고 검토된 유해·위험요인에 대해서는 제12조에 따라 위험성 감소대책을 수립하여 실행하여야 한다.

1. 기계·기구, 설비 등의 기간 경과에 의한 성능 저하
2. 근로자의 교체 등에 수반하는 안전·보건과 관련되는 지식 또는 경험의 변화
3. 안전·보건과 관련되는 새로운 지식의 습득
4. 현재 수립되어 있는 위험성 감소대책의 유효성 등

④ 사업주가 사업장의 상시적인 위험성평가를 위해 다음 각 호의 사항을 이행하는 경우 제2항과 제3항의 수시평가와 정기평가를 실시한 것으로 본다.

1. 매월 1회 이상 근로자 제안제도 활용, 아차사고 확인, 작업과 관련된 근로자를 포함한 사업장 순회점검 등을 통해 사업장 내 유해·위험요인을 발굴하여 제11조의 위험성결정 및 제12조의 위험성 감소대책 수립·실행을 할 것
2. 매주 안전보건관리책임자, 안전관리자, 보건관리자, 관리감독자 등(도급사업주의 경우 수급사업장의 안전·보건 관련 관리자 등을 포함한다)을 중심으로 제1호의 결과 등을 논의·공유하고 이행상황을 점검할 것
3. 매 작업일마다 제1호와 제2호의 실시결과에 따라 근로자가 준수하여야 할 사항 및 주의하여야 할 사항을 작업 전 안전점검회의 등을 통해 공유·주지할 것

정답 ②

32

산업안전보건법령상 고용노동부장관이 사업주에게 안전보건진단을 받아 안전보건개선계획을 수립하여 시행할 것을 명할 수 있는 사업장으로 옳지 않은 것은? [2022년 기출]

① 산업재해율이 같은 업종 평균 산업재해율의 1.5배인 사업장
② 사업주가 필요한 안전조치를 이행하지 아니하여 중대재해가 발생한 사업장
③ 직업성 질병자가 연간 2명 발생한 상시근로자 900명인 사업장
④ 직업성 질병자가 연간 3명 발생한 상시근로자 1,500명인 사업장
⑤ 작업환경 불량, 화재·폭발 또는 누출 사고 등으로 사업장 주변까지 피해가 확산된 사업장으로서 고용노동부령으로 정하는 사업장

해설

제47조(안전보건진단) ① 고용노동부장관은 추락·붕괴, 화재·폭발, 유해하거나 위험한 물질의 누출 등 산업재해 발생의 위험이 현저히 높은 사업장의 사업주에게 제48조에 따라 지정받은 기관(이하 "안전보건진단기관"이라 한다)이 실시하는 안전보건진단을 받을 것을 명할 수 있다.

제49조(안전보건개선계획의 수립·시행 명령) ① 고용노동부장관은 다음 각 호의 어느 하나에 해당하는 사업장으로서 산업재해 예방을 위하여 종합적인 개선조치를 할 필요가 있다고 인정되는 사업장의 사업주에게 고용노동부령으로 정하는 바에 따라 그 사업장, 시설, 그 밖의 사항에 관한 안전 및 보건에 관한 개선계획(이하 "안전보건개선계획"이라 한다)을 수립하여 시행할 것을 명할 수 있다. 이 경우 대통령령으로 정하는 사업장의 사업주에게는 제47조에 따라 안전보건진단을 받아 안전보건개선계획을 수립하여 시행할 것을 명할 수 있다.

1. 산업재해율이 같은 업종의 규모별 평균 산업재해율보다 높은 사업장
2. 사업주가 필요한 안전조치 또는 보건조치를 이행하지 아니하여 중대재해가 발생한 사업장
3. 대통령령으로 정하는 수 이상의 직업성 질병자가 발생한 사업장
4. 제106조에 따른 유해인자의 노출기준을 초과한 사업장

② 사업주는 안전보건개선계획을 수립할 때에는 산업안전보건위원회의 심의를 거쳐야 한다. 다만, 산업안전보건위원회가 설치되어 있지 아니한 사업장의 경우에는 근로자대표의 의견을 들어야 한다.

영 제46조(안전보건진단의 종류 및 내용) ① 법 제47조제1항에 따른 안전보건진단(이하 "안전보건진단"이라 한다)의 종류 및 내용은 별표 14와 같다.

② 고용노동부장관은 법 제47조제1항에 따라 안전보건진단 명령을 할 경우 기계·화공·전기·건설 등 분야별로 한정하여 진단을 받을 것을 명할 수 있다.

③ 안전보건진단 결과보고서에는 산업재해 또는 사고의 발생원인, 작업조건·작업방법에 대한 평가 등의 사항이 포함되어야 한다.

영 제49조(안전보건진단을 받아 안전보건개선계획을 수립할 대상) 법 제49조제1항 각 호 외의 부분 후단에서 "대통령령으로 정하는 사업장"이란 다음 각 호의 사업장을 말한다.

1. 산업재해율이 같은 업종 평균 산업재해율의 2배 이상인 사업장
2. 법 제49조 제1항 제2호에 해당하는 사업장 → 사업주가 필요한 안전조치 또는 보건조치를 이행하지 아니하여 중대재해가 발생한 사업장
3. **직업성 질병자가 연간 2명 이상(상시근로자 1천명 이상 사업장의 경우 3명 이상) 발생한 사업장**
4. 그 밖에 작업환경 불량, 화재·폭발 또는 누출 사고 등으로 사업장 주변까지 피해가 확산된 사업장으로서 고용노동부령으로 정하는 사업장

영 제50조(안전보건개선계획 수립 대상) 법 제49조제1항 제3호에서 "대통령령으로 정하는 수 이상의 직업성 질병자가 발생한 사업장"이란 직업성 질병자가 연간 2명 이상 발생한 사업장을 말한다.

시행규칙 제61조(안전보건개선계획의 제출 등) ① 법 제50조제1항에 따라 안전보건개선계획서를 제출해야 하는 사업주는 법 제49조제1항에 따른 안전보건개선계획서 수립·시행 명령을 받은 날부터 (　　)일 이내에 관할 지방고용노동관서의 장에게 해당 계획서를 제출(전자문서로 제출하는 것을 포함한다)해야 한다.

② 제1항에 따른 안전보건개선계획서에는 시설, 안전보건관리체제, 안전보건교육, 산업재해 예방 및 작업환경의 개선을 위하여 필요한 사항이 포함되어야 한다.

시행규칙 제62조(안전보건개선계획서의 검토 등) ① 지방고용노동관서의 장이 제61조에 따른 안전보건개선계획서를 접수한 경우에는 접수일부터 (　　)일 이내에 심사하여 사업주에게 그 결과를 알려야 한다.

② 법 제50조제2항에 따라 지방고용노동관서의 장은 안전보건개선계획서에 제61조제2항에서 정한

사항이 적정하게 포함되어 있는지 검토해야 한다. 이 경우 지방고용노동관서의 장은 안전보건개선계획서의 적정 여부 확인을 공단 또는 (　　)에게 요청할 수 있다.

* 정답 : 60일, 15일, 지도사

정답 ①

33

작업장의 도구, 부품, 조종장치 배치에서 작업의 효율성 향상을 위해 적용하는 원리가 아닌 것은? [2022년 기출]

① 일관성 원리
② 중요도 원리
③ 독창성 원리
④ 사용 순서의 원리
⑤ 사용 빈도의 원리

해설

○ 작업공간의 배치에 있어 구성요소(부품) 배치의 4원칙

1. 중요성의 원칙
2. 사용 빈도의 원칙
3. 기능별 배치(기능성)의 원칙 : 기능적으로 유사한 것은 모아서(집중) 배치
4. 사용 순서의 원칙

→ 암기법(중사기사 빈도와 순서!)

○ 요소 배열(component array)

작업자나 업무의 특성상 최적의 상태로 요소(parts, 제어장치, 장비, 도구, 부품)를 배열함은 작업의 효율성과 작업관련 근골격계 신체부담을 최소화하고, 라인 밸런싱(line balancing) 등의 주요한 변수이다.

1) 사용빈도의 원리 : 사용빈도가 많은 요소들을 가장 사용하기 편리한 곳에 배치되어야 한다.
2) 중요도 원리 : 시스템의 목적을 달성하는데 상대적으로 더 중요한 요소들은 사용하기 편리한 지점에 위치해야 한다. 공정 중요도의 수준에 따라 모니터와 제어장치들의 배치·위치가 적절해야 한다.
3) 사용 순서의 원리 : 공급되는 부품상자의 위치와 조립공정의 순서에 적절하게 배치되어야 한다.
4) 일관성 원리 : 동일한 요소들은 기억이나 탐색 요구를 최소화하기 위해서 같은 지점에 위치해야 한다.
5) 동일 위치를 통한 control-display 부합성 원리 : control-display의 구분이 명확하고, 조

작의 편리성과 실수를 최소화하는 시스템 일체의 형태로 배치되어야 한다.
6) 혼잡성 회피 원리 : 제어장치들의 배열에서도 혼잡성의 회피는 중요한 문제이다. 실수에 의해 제어장치들을 잘못 작동시키지 않기 위해서 배치간격, 표식, 조작기능 등의 세밀한 검토가 요구된다.
7) 기능적 집단화 원리 : 기능이 밀접하게 관련된 요소들은 상호 가까운 곳에 위치해야 한다.

정답 ③

34 인간-기계 시스템에서 표시장치(display)와 조종장치(control)의 설계에 관한 내용으로 옳지 않은 것은? [2022년 기출]

① 작업자의 즉각적 행동이 필요한 경우에 청각적 표시장치가 시각적 표시장치보다 유리하다.
② 330m 이상 정도의 장거리에 신호를 전달하고자 할 때는 청각 신호의 주파수를 1,000Hz 이하로 하는 것이 좋다.
③ 광삼현상으로 인해 음각(검은 바탕의 흰 글씨)의 글자 획폭(stroke width)은 양각(흰 바탕의 검은 글씨)보다 작은 값이 권장된다.
④ 조종-반응 비(C/R 비)가 작을수록 조종장치와 표시장치의 민감도가 낮아져 미세조종에 유리하다.
⑤ 공간적 양립성은 표시장치와 조종장치의 배치와 관련된다.

해설

○ **조종-반응비율(C/R비)**
1. C/R : 조종장치(제어기기)의 이동거리 ÷ 표시장치(표시기기)의 반응거리
2. C/R비가 작을수록 이동시간(수행시간)은 짧고, 조종시간은 길고, 조종은 어려워서 민감한 조정 장치이다.
3. C/R비가 클수록 이동시간(수행시간)은 길고, 조종시간은 짧으며, 조종은 쉬운 둔감한 조정 장치이다.

- 낮은 C/R비 : 높은 Gain, 이동시간 최소화, 원하는 위치에 갖다 놓기가 힘들다.
- 높은 C/R비 : 낮은 Gain, 미세조정시간을 최소화, 정확하게 맞출 수 있다.
- Gain : 이익, 민감도, 반응의 크기로 C/R의 역수를 말한다.

○ **양립성** : 자극들 간의, 반응들 간의, 혹은 자극-반응 조합에 대하여 공간, 운동, 개념 혹은 양태(modality) 관계가 **인간의 기대와 모순되지 않는 것**으로 양립성의 정도가 높을수록 학습이 더 빨리 진행되고, 반응시간이 더 짧아지며, 오류가 줄어들고, 정신적 부하가 감소된다. 그리고 양립성의 생성은 본질적(본능적)으로 습득되거나, 문화적으로 습득된다.

○ **양립성의 종류**

1) 공간적 양립성 : 표시장치나 조종장치에서 물리적 형태 및 공간적 배치
2) 운동 양립성 : 표시장치의 움직이는 방향과 조종장치의 방향이 사용자의 기대와 일치
3) 개념적 양립성 : 이미 사람들이 학습을 통해 알고 있는 개념적 연상(청색 시동버튼, 적색 정지 버튼)
4) 양식 양립성 : 직무에 알맞은 자극과 응답의 양식 존재에 대한 양립성.

예를 들어, 소리로 제시된 정보는 말로 반응하게 하고, 시각 정보는 손으로 반응하는 것이다.

인간의 감각 중 청각이 가장 빠르고 통각이 가장 느리다. '눈은 속여도 귀는 못 속인다.'는 속담을 기억하라.

저주파는 파장이 더 길고, 장거리를 이동할 수 있다.

장거리용(약 300m 이상)으로는 1,000Hz 이하를 사용한다.

광삼현상이란 흰 글씨가 주위의 검은 배경으로 번져 보이는 현상을 말한다. 즉, 배경보다 밝은 색이 실제보다 더 크게 느껴지는 현상을 의미한다. 즉, 음각에서는 양각에서보다 글자가 크게 보이므로 조금 작게 써야 원래 원하는 크기가 된다.

양립성의 종류에는 공간적 양립성, 운동적 양립성, 개념적 양립성, 양식(modality)양립성이 있다. 여기서 양식(양태) 양립성이란 소리로 제시된 정보는 말로 반응하게 하는 것이, 시각으로 제시된 정보는 손으로 반응하는 것이 양립성이 높다는 것을 의미한다.

○ **표시장치의 선택 – 청각장치와 시각 장치의 비교**

청각장치	시각장치
• 전언이 간단하거나 짧다 • 전언이 후에 재참조 되지 않는다 • 전언이 시간적 사상을 다룬다 • 전언이 즉각적인 행동을 요구한다 (긴급할 때) • 수신장소가 너무 밝거나 암조응 유지가 필요 시 • 직무상 수신자가 자주 움직일 때 • 수신자가 시각계통이 과부하 상태일 때	• 전언이 복잡하거나 길다 • 전언이 후에 재참조된다 • 전언이 공간적인 위치를 다룬다 • 전언이 즉각적인 행동을 요구하지 않는다 • 수신장소가 너무 시끄러울 때 • 직무상 수신자가 한곳에 머물 때 • 수신자의 청각 계통이 과부하 상태일 때

정답 ④

35 인간-컴퓨터 상호작용에서 닐슨(J. Nielsen)이 정의한 사용성의 세부 속성에 해당하지 않는 것은? [2022년 기출]

① 적합성(conformity)
② 학습 용이성(learn ability)
③ 기억 용이성(memorability)
④ 주관적 만족도(subjective satisfaction)
⑤ 오류의 빈도와 정도(error frequency and severity)

해설

○ **제이콥 닐슨(Jakob Nielsen)의 사용성 평가 기준 → [암기법 : 학습/사/기/적은(오류)/만족]**

사용성 요인	정의 및 측정방법
학습 용이성(Learn ability)	이용자가 웹사이트를 이용하여 작업을 수행하기 위해 시스템을 얼마나 쉽게 배울 수 있는가에 대한 정도를 의미하며, 처음 이용자가 작업을 수행하는데 걸리는 시간으로 측정함
사용 능률성(Efficiency)	숙련된 이용자가 보다 높은 수준의 작업을 수행할 수 있도록 웹사이트를 효율적으로 디자인하는 것을 의미하며, 숙련된 이용자가 전문적인 기술이 필요한 작업을 수행하는데 걸리는 시간으로 측정함
기억 용이성(Memorability)	웹사이트를 가끔 활용하는 이용자가 전체 기능을 다시 익히지 않더라도 기억하기 쉬워야 함을 의미하며, 이는 웹사이트에 오랜만에 방문한 이용자가 표준이 되는 작업을 수행하는데 걸리는 시간으로 측정함
적은 오류(Errors)	웹사이트를 사용하는 동안 오류가 적어야 하고 이용자가 실수를 할 경우에도 쉽게 회복할 수 있어야 함을 의미하며, 이는 어떤 특별한 작업을 수행하는 동안 이용자에 의해 발생한 크고 작은 오류의 횟수로 측정함
만족도(Satisfaction)	웹사이트를 이용하면서 만족할 수 있도록 사용하는데 즐거움을 줄 수 있어야 함을 의미하며 이는 작업 수행 이후에 이용자의 주관적인 의견을 물어 측정함

정답 ①

36 사업장 위험성 평가에 관한 지침에서 위험성평가의 실시에 관한 내용으로 옳지 않은 것은? [2022년 기출]

① 위험성평가는 최초평가 및 수시평가, 정기평가로 구분하여 실시하여야 한다.

② 최초평가 및 정기평가는 전체작업을 대상으로 한다.

③ 중대산업사고 또는 산업재해(휴업 이상의 요양을 요하는 경우에 한정한다) 발생 시에는 재해발생 작업을 대상으로 작업을 재개하기 전에 수시평가를 실시하여야 한다.

④ 사업장 건설물의 설치·이전·변경 또는 해체 계획이 있는 경우에는 해당 계획의 실행을 착수하기 전에 수시평가를 실시하여야 한다.

⑤ 정기평가는 최초평가 후 2년에 1회 실시하여야 한다.

해설

⑤ 정기평가는 1년마다 실시하여야 한다.

제15조(위험성평가의 실시 시기) ① 사업주는 사업이 성립된 날(사업 개시일을 말하며, 건설업의 경우 실착공일을 말한다)로부터 1개월이 되는 날까지 제5조의2 제1항에 따라 위험성평가의 대상이 되는 유해·위험요인에 대한 최초 위험성평가의 실시에 착수하여야 한다. 다만, 1개월 미만의 기간 동안 이루어지는 작업 또는 공사의 경우에는 특별한 사정이 없는 한 작업 또는 공사 개시 후 지체 없이 최초 위험성평가를 실시하여야 한다.

② 사업주는 다음 각 호의 어느 하나에 해당하여 추가적인 유해·위험요인이 생기는 경우에는 해당 유해·위험요인에 대한 수시 위험성평가를 실시하여야 한다. 다만, 제5호에 해당하는 경우에는 재해발생 작업을 대상으로 작업을 재개하기 전에 실시하여야 한다.

1. 사업장 건설물의 설치·이전·변경 또는 해체
2. 기계·기구, 설비, 원재료 등의 신규 도입 또는 변경
3. 건설물, 기계·기구, 설비 등의 정비 또는 보수(주기적·반복적 작업으로서 이미 위험성평가를 실시한 경우에는 제외)
4. 작업방법 또는 작업절차의 신규 도입 또는 변경
5. 중대산업사고 또는 산업재해(휴업 이상의 요양을 요하는 경우에 한정한다) 발생
6. 그 밖에 사업주가 필요하다고 판단한 경우

③ 사업주는 다음 각 호의 사항을 고려하여 제1항에 따라 실시한 위험성평가의 결과에 대한 적정성을 1년마다 정기적으로 재검토(이때, 해당 기간 내 제2항에 따라 실시한 위험성평가의 결과가 있는 경우 함께 적정성을 재검토하여야 한다)하여야 한다. 재검토 결과 허용 가능한 위험성 수준이 아니라고 검토된 유해·위험요인에 대해서는 제12조에 따라 위험성 감소대책을 수립하여 실행하여야 한다.

1. 기계·기구, 설비 등의 기간 경과에 의한 성능 저하
2. 근로자의 교체 등에 수반하는 안전·보건과 관련되는 지식 또는 경험의 변화
3. 안전·보건과 관련되는 새로운 지식의 습득
4. 현재 수립되어 있는 위험성 감소대책의 유효성 등

④ 사업주가 사업장의 상시적인 위험성평가를 위해 다음 각 호의 사항을 이행하는 경우 제2항과 제3항의 수시평가와 정기평가를 실시한 것으로 본다.

1. 매월 1회 이상 근로자 제안제도 활용, 아차사고 확인, 작업과 관련된 근로자를 포함한 사업장 순회점검 등을 통해 사업장 내 유해·위험요인을 발굴하여 제11조의 위험성결정 및 제12조의 위험성 감소대책 수립·실행을 할 것
2. 매주 안전보건관리책임자, 안전관리자, 보건관리자, 관리감독자 등(도급사업주의 경우 수급사업장의 안전·보건 관련 관리자 등을 포함한다)을 중심으로 제1호의 결과 등을 논의·공유하고 이행상황을 점검할 것
3. 매 작업일마다 제1호와 제2호의 실시결과에 따라 근로자가 준수하여야 할 사항 및 주의하여야 할 사항을 작업 전 안전점검회의 등을 통해 공유·주지할 것

정답 ⑤

37 재해 조사 과정에서 수행해야 할 절차 내용을 순서대로 옳게 나열한 것은? [2022년 기출]

ㄱ. 근본적 문제점 결정
ㄴ. 4M 모델에 따른 기본 원인 파악
ㄷ. 5W1H 원칙에 따른 사실 확인
ㄹ. 불안전 상태와 불안전 행동에 해당하는 직접 원인 파악

① ㄱ → ㄴ → ㄷ → ㄹ
② ㄴ → ㄱ → ㄷ → ㄹ
③ ㄷ → ㄴ → ㄹ → ㄱ
④ ㄷ → ㄹ → ㄴ → ㄱ
⑤ ㄹ → ㄷ → ㄱ → ㄴ

해설

④ 반복 출제되는 문제 유형이다.

○ 재해조사

1. 작업개시부터 사고발생까지의 경과 및 인적·물적 피해상황을 5W1H의 원칙에 준해 객관적으로 상세하게 파악, 아래사항은 문서 기록한다.
   ① 언제
   ② 누가
   ③ 어디서
   ④ 어떠한 작업을 하고 있을 때

⑤ 어떠한 불안전 상태 또는 불안전한 행동이 있었기에

⑥ 어떻게 해서 사고가 발생하였는가?

* 언제, 어디서, 누가, 어떻게, 왜, 무엇을 이렇게 여섯 글자를 따서 5W1H라고도 한다.

2. 사실을 수집한다. (이유와 원인은 뒤에 확인)
3. 목격자 등이 증언하는 사실이외의 추측이나 본인의 의견 등은 분리하고 참고로만 한다.
4. 조사는 신속히 실시하고, 2차재해 방지를 위한 안전조치를 한다.
5. 인적, 물적 요인에 대한 조사를 병행한다.
6. 객관적인 입장에서 2인 이상 실시한다.
7. 책임추궁보다 재발방지에 역점을 둔다.
8. 피해자에 대한 구급조치를 우선한다.
9. 위험에 대비해 보호구를 착용한다.

○ 재해조사 순서 5단계

1) 전제조건(0단계) : 재해 상황의 파악
2) 제1단계 : 사실의 확인(5W1H)
3) 제2단계 : 직접원인(물적 원인, 인적 원인)과 문제점 발견
4) 제3단계 : 기본원인(4M)과 근본적 문제점 결정
5) 제4단계 : 동종 및 유사재해 예방대책의 수립

정답 ④

38 산업재해 연구에 관한 내용으로 옳은 것을 모두 고른 것은? [2022년 기출]

ㄱ. 시몬즈(Simonds)는 평균치법을 적용해 재해손실비용을 산출하였다.
ㄴ. 하인리히(Heinrich)는 재해손실비용의 직접비와 간접비 비율을 약 1 : 4로 제시하였다.
ㄷ. 버드(Bird)는 1건의 중상이 발생할 때 10건의 경상, 300건의 아차사고가 발생한다고 하였다.

① ㄱ
② ㄷ
③ ㄱ, ㄴ
④ ㄴ, ㄷ
⑤ ㄱ, ㄴ, ㄷ

해설

○ **직접비와 간접비 하인리히 방식(1:4원칙)**

1) 총재해 코스트 = 직접비 + 간접비

2) 직접손실비용 : 간접손실비용 = 1 : 4

○ **시몬즈(Simonds)와 하인리히(Heinrich) 방식의 차이점**

1) 시몬즈는 보험코스트와 비보험코스트로, 하인리히는 직접비와 간접비로 구분하였다.

2) 산재보험료와 보상금을 시몬즈는 보험 코스트에 가산하였지만 하인리히는 가산하지 않았다.

3) 간접비와 비보험코스트는 같은 개념이나 구성 항목에 있어 차이가 있다.

4) 시몬즈는 하인리히의 1:4 방식을 전면 부정하고 새로운 산정방식인 평균치법을 채택하였다. 일본의 노구찌는 이를 따라 손실비용을 산정하였다.

○ **하인리히(Heinrich)와 버드(Bird)의 재해구성 비율**

1) 하인리히의 재해비율은 중상 : 경상 : 무상해 = 1 : 29 : 300 이다.

2) 버드의 재해비율은

중상 : 경상 : 무상해사고(물적 손실) : 무상해(아차사고) = 1 : 10 : 30 : 600으로 하인리히보다 재해의 구성비율을 좀 더 세부적으로 구분하였다.

잠재적 위험비율은 사고가 일어나기 이전에 항상 어떤 신호(상해는 없지만)가 있다는 것이다. 하인리히의 잠재적 위험비율은 300/330이며, 버드는 630/641이다.

* 아차사고(Near miss) : 사고가 발생할 수 있었지만 직접적으로 인적·물적 피해 등이 발생하지 않은 사고.

정답 ③

유제 1

프랭크 버드 주니어(F. E. Bird. Jr)의 재해구성비율에서 잠재적 위험비율은 얼마인가?

① 29/330

② 300/330

③ 10/641

④ 41/641

⑤ 630/641

해설

정답 ⑤

유제 2

하인리히(H. W. Heinrich)의 재해손실비용 산정에서 직접비에 해당하는 것은?

① 기계, 재료 등의 손해

② 제3자의 시간적 손실

③ 생산작업 중단에 의한 생산량 감소 등의 손실

④ 법령에 따라 피해자에게 지급되는 산재 보상비

⑤ 사기 저하 등의 손실

해설

○ 재해비용 계산방식

1. 하인리히(H. W. Heinrich)

1) 직접비와 간접비를 1:4로 제시

2) 직접비 항목 : 재해보상비로 치료비, 휴업보상비, 장해보상비, 유족보상비, 장례비

3) 간접비 항목 : 인적시간 손실(부상자의 시간 손실, 작업중단에 의한 인적 시간손실, 기타 인원 시간 손실), 기타 재산 손실(기계·공구·재료·생산 손실, 납기 지연 손실), 부수적 손실(사기 저하 등 손실)

2. 버드(Bird)

1) 재해비용은 보험비, 비보험재산비용, 비보험 기타 재산비용의 비율로 1:5~50:1~3을 제시

2) 하인리히보다 간접비 비율이 높다.

3) 비보험재산(손실)비용은 쉽게 측정이 가능한 항목으로 건물손실, 기구 및 장비손실, 제품 및 재료손실, 조업중단 및 지연손실로 구성되고, 비보험 기타 (손실)재산비용은 측정이 곤란한 비용으로 시간, 교육, 임대 등의 기타 항목이다.

3. 시몬즈(R. H. Simonds)

1) 재해손실비용 산출에 대하여 평균치법을 적용

2) 사업체가 지불한 총 산재보험료와 근로자 지급보상금의 차이를 가산한다.

3) 재해비용은 보험비용과 비보험비용으로 구성되며, 비보험비용은 평균치법을 이용한다.

4) 비보험비용은 휴업상해건수, 통원상해건수, 무상해사고건수, 응급(구급)조치건수를 각 재해에 대한 평균 비보험비용을 곱하여 산정한다.

5) 사망, 영구전노동불능 재해에 대해서는 별도로 계산하여 포함시켜야 한다.

6) 하인리히 방식인 1:4에 대해서는 전면적으로 부정하고, 새로운 산정방식인 평균치법을 채택하였다.

총재해비용 산출방식=보험비용+비보험비용

=보험비용+[A×휴업상해건수+B×통원상해건수+C×무상해사고건수+D×응급처치건수]

* A, B, C, D는 상수(금액)이며 각 재해에 대한 평균 비보험비용이다.

4. 콤페스(Compes)

1) 재해손실비용은 불변값을 갖는 공동비용과 값이 변화되는 개별비용의 합으로 계산
2) 공동비용은 보험료, 안전보건팀 유지경비, 기타 비용(기업의 신뢰도, 안정감 등)
3) 개별비용은 작업중단, 치료, 사고조사, 수리대책 경비, 사고조사 비용을 포함

5. 노구찌

1) 노구찌는 근본적으로 Simonds(시몬즈)의 재해비용 산정방식인 평균치법에 근거를 두고 일본의 상황에 맞는 방법을 제시하였다.
2) 재해손실비용을 법정보상비, 법정 외 보상비, 인적손실, 물적손실, 생산손실, 특수손실로 분류한다.
3) 비용의 요소에 대한 금액을 집계하면 재해 1건당 비용이 산출된다고 한다.

즉, 재해 1건당 코스트 M은 다음과 같다.

M=A(또는 1.15a+b)+B+C+E+F

여기서 a는 하인리히의 직접비용에 대응되는 요소이며, 1.15a는 시몬즈의 보험비용과 같은 것이다.

정답 ④

유제 3 **프랭크 버드 주니어(F. Bird. Jr)의 사고연쇄반응이론에 대한 설명으로 옳지 않은 것은?**

① 1(사망 및 중상):10(경상):30(무상해사고):600(무상해·무손실)의 재해발생비율을 제시하였다.
② 기본원인으로 개인적인 요인과 작업상의 요인을 제시하였다.
③ 직접적인 원인으로 불안전한 행동과 불안전한 상태를 제시하였다.
④ 사고 발생의 5단계를 '제어의 부족→기본원인→직접원인→사고→재해'로 제시하였다.
⑤ 잠재적 위험비율이 하인리히보다 낮다.

해설

정답 ⑤

39 시력이 1.2인 사람이 6m 떨어진 곳에서 구분할 수 있는 벌어진 틈의 최소 크기(mm)는? (단, 소수점 둘째자리에서 반올림하여 소수점 첫째자리까지 구하시오.) [2022년 기출]

① 1.0
② 1.3
③ 1.5
④ 1.7
⑤ 1.9

해설

○ 최소가분시력

최소가분시력이란 정확히 식별할 수 있는 최소의 세부공간을 볼 때, 생기는 시각의 역수로 측정된다. 즉, 눈이 파악할 수 있는 표적 사이의 최소공간을 최소 분간 시력(minimum separable acuity)이라고 한다.

그럼 먼저 시각을 계산하고 나서 시력을 알아봐야 한다.

1) 시각 = (180°/π)×60×(물체의 크기/물체와의 거리)
= **57.3°×60**×(물체의 크기/물체와의 거리)
= 3438°×(물체의 크기/물체와의 거리) → 시각 구하는 공식 암기!

$$\text{시각}=\frac{1}{\text{시력}}=3438\times\frac{\text{물체의 크기}}{\text{물체와의 거리}}$$

2) 시력=1/시각 → 시각과 시력은 역수 관계
- 분은 각도를 재는 단위이다. 1분은 1°를 60등분한 각도.
- 1rad=180°/π

풀이 $3438°\times(\frac{\text{물체의 크기}}{6000(mm)}) = \frac{1}{1.2}(\text{시각})$

→ 3438° × 물체의 크기 = 5000

→ 물체의 크기 = $\frac{5000}{3438}$

→ 1.45433..... ≒ 1.5(mm)

정답 ③

40 근골격계부담작업 유해성 평가를 위한 인간공학적 도구에 관한 내용으로 옳지 않은 것은? [2022년 기출]

① RULA는 하지 자세를 평가에 반영한다.
② REBA는 동작의 반복성을 평가에 반영한다.
③ QEC는 작업자의 주관적 평가 과정이 포함되어 있다.
④ OWAS는 중량물 취급 정도를 평가에 반영한다.
⑤ NLE는 중량물의 수평 이동거리를 평가에 반영한다.

해설

○ 작업자세 평가기법

1. OWAS(Ovako Working Analysis System)
핀란드 제철회사(Ovako)에서 1973년 개발되었다. 4가지 항목(팔, 다리, 허리, 하중 또는 무게)을 조사하였다.
특별한 기구 없이 관찰에 의해서만 작업자세를 평가한다.
현장에서 기록 및 해석이 용이하다. 현장성이 강하면서도 상지와 하지의 작업분석이 가능하며 작업 대상물의 무게를 분석요인에 포함시킨다.
단점으로는 상지나 하지 등 몸의 일부의 움직임이 적으면서도 반복하여 사용하는 작업에서는 차이를 파악하기 어렵다. 수준1에서 수준 4까지로 구분하며 수준1은 작업자세에 아무런 조치도 필요하지 않지만 수준4의 경우 즉각적인 작업자세의 교정이 필요한 근골격계에 매우 심각한 해를 끼치는 것으로 본다.

2. RULA(Rapid Upper Limb Assessment)
1993년 신체부위 중 상지부의 작업자세를 평가하기 위해 개발된 것이다.
RULA는 비교적 사용이 용이하고 작업분석을 수행하는데 인간공학 전문가의 정확한 분석 이전에 일차적인 분석도구로 유용하다.
RULA는 작업자세 평가, 근육의 사용여부, 힘과 부하량의 평가 3부분으로 나누어 평가한다.
작업자세 평가는 신체를 크게 두 부분(A군, B군)으로 나누어 평가하는데
- A군 : 상완, 전완, 손목
- B군 : 목, **다리**, 허리 → 상지부를 주로 평가하지만 하지 자세도 평가

3. REBA(Rapid Entire Body Assessment)
RULA와 비교하여 간호사 등과 같이 예측하기 힘든 다양한 자세에서 이루어지는 서비스업에서의 전체적인 신체에 대한 부담정도와 위해인자에의 노출 정도를 분석한다. 평가대상이 되는 주요 작업 요소로는 **반복성**, 정적작업, 힘, 작업자세, 연속작업시간 등이 고려된다. 평가방법은 신체부위별로 A와 B그룹으로 나누고, 각 그룹별로 작업자세 그리고 근육과 힘에 대한 평가로 이루어진다.
- A군 : 몸통, 목, 다리+무게(힘)

- B군 : 위팔(상완), 아래팔(전완), 손목+손잡이

상기 두 개의 평가기법은 4개의 조치단계인데 반해 REBA의 평가결과는 1에서 15점 사이의 총점으로 나타내며 점수에 따라 5개의 조치단계로 분류된다.

4. QEC(Quick Exposure Check)

직업성 근골격계 질환을 유발하는 위험인자에 대한 특정 작업자의 노출 정도를 평가하기 위해 영국의 Guangyan Li와 Peter Buckle에 의해 개발되었다.

QEC의 특징으로는 평가자와 **작업자가 같이 평가에 참여**하는 점이 가장 큰 특징이고, 다양한 위험인자를 평가하는 특징도 있다. 즉, 작업 자세, 작업 반복성, 취급 중량물 무게, 작업 수행시간, 손 작업 시 발휘 힘, 진동, 시각적 정밀도, 스트레스 등을 포함한다. 장점으로는 간단하고, 사용하기 쉽고, 신속(10~20분) 한 평가, 다양한 위험 인자를 평가, 다양한 작업장 환경에서 적용가능, 보건안전 실무자와 작업자가 함께 평가에 참여하는 점이다. 관찰자는 허리, 어깨/팔, 손목/손, 목의 4개 항목에 대해서 평가를 수행한다.

구분	OWAS	RULA	REBA	NLE	JSI
장점	현장에서 쉽고 빠르게 사용 가능	주로 상체와 상지 측정에 유리. 작업률과 공구 무게 고려	몸 전체 자세를 분석	들기작업 평가	상지 말단(손, 손목, 팔꿈치)를 주로 사용하는 작업에 대한 자세, 노동량 측정
단점	정밀한 자세는 평가 힘들다.	상지 평가에 편중	평가 결과에 추가 검증이 필요	밀기, 당기기에 대한 평가 미흡	평가방법이 다소 복잡

정답 ⑤

41

신뢰도 이론의 욕조곡선(bathtube curve)을 나타낸 것으로 옳은 것은? (단, t : 시간, h(t) : 고장률, f(t) : 확률밀도함수, F(t) : 불신뢰도이다.) [2022년 기출]

①
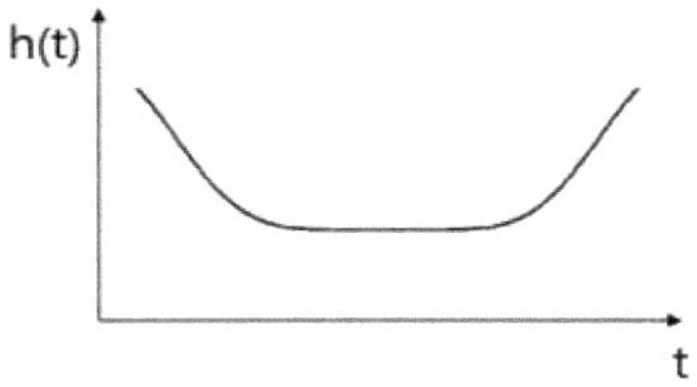

②
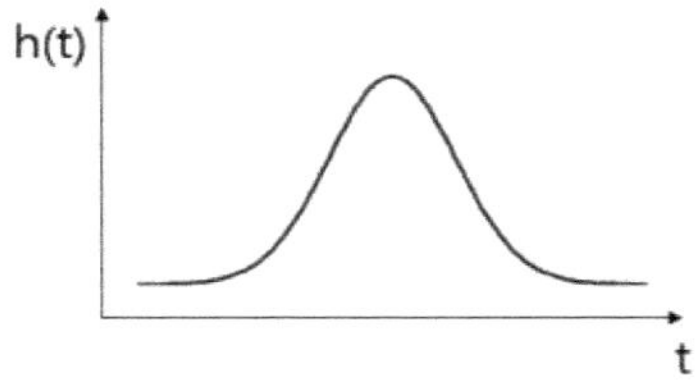

③
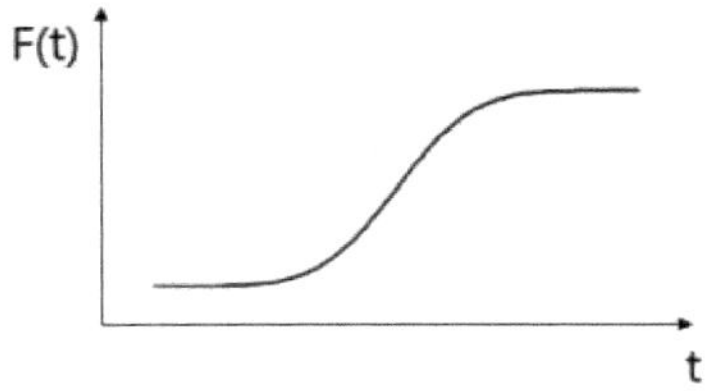

④
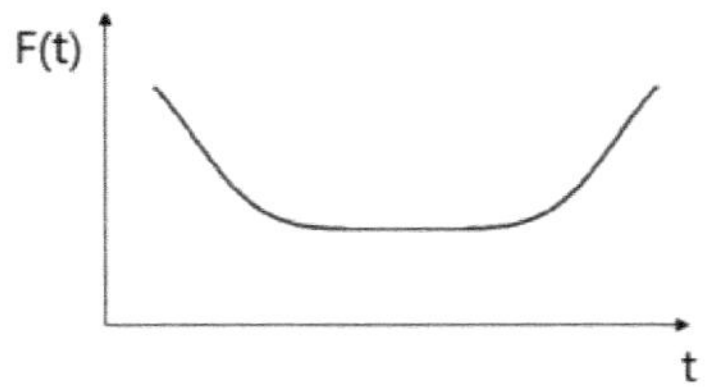

⑤
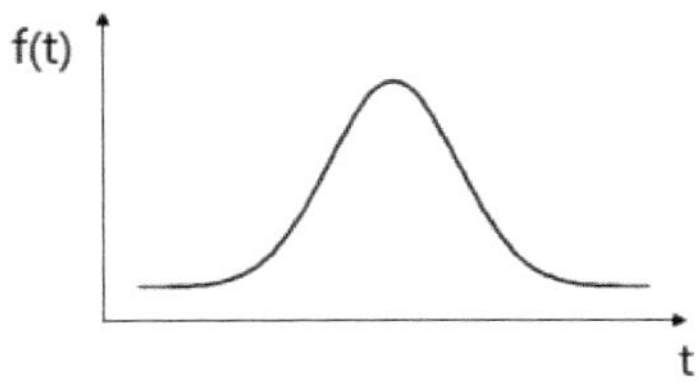

해설

○ 욕조곡선(bathtube curve) : 사용 중에 나타나는 고장률을 시간의 함수로 나타낸 곡선

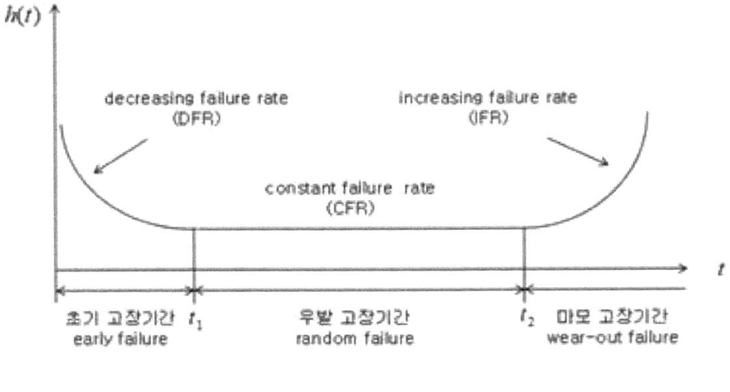

1) DFR(Decreasing Failure Rate) : 고장률이 시간에 따라 감소
2) CFR(Constant Failure Rate) : 고장률이 시간에 따라 일정
3) IFR(Increasing Failure Rate) : 고장률이 시간에 따라 증가

정답 ①

42 2,500명의 근로자가 근무하는 사업장의 재해율(천인율)은 1.6, 도수율은 0.8, 강도율은 1.2이었다. 이 사업장의 연간 재해발생건수와 근로손실일수로 옳은 것은? (단, 1일 8시간, 연간 250일 근무하는 것으로 가정한다) [2022년 기출]

① 재해발생건수 : 4건, 근로손실일수 : 4,000일
② 재해발생건수 : 4건, 근로손실일수 : 6,000일
③ 재해발생건수 : 6건, 근로손실일수 : 6,000일
④ 재해발생건수 : 6건, 근로손실일수 : 8,000일
⑤ 재해발생건수 : 8건, 근로손실일수 : 8,000일

해설

○ 도수율(빈도율) : (재해발생건수 / 연 근로시간 수) × 1,000,000
○ 강도율 : (총 근로손실일수 / 연 근로시간 수) × 1,000
○ 연천인율 : (재해자 수 / 연 평균근로자수) × 1,000

풀이 $0.8(\text{도수율}) = \frac{x}{2500 \cdot 8 \cdot 250} \times 1000000$

$0.8 = \frac{x}{5000000} \times 1000000$

∴ 재해발생건수(x) = 4

풀이 $1.2(\text{강도율}) = \frac{y}{2500 \cdot 8 \cdot 250} \times 1000$

$1.2 = \frac{y}{5000000} \times 1000$

∴ 근로손실일수(y) = 6000

참고 '도수율×2.4=연천인율' 환산공식은 한 사람의 연간근로시간이 8시간×300일=2,400시간 기준에서 나온 식이고, 재해건수와 재해자의 수가 동일할 경우에 적용. 그 외에는 적용될 수 없는 공식이다.

정답 ②

43 라스무센(Rasmussen)의 SRK 모델을 근거로 리전(J. Reason)이 제안한 인적오류 분류에 관한 내용으로 옳은 것을 모두 고른 것은? [2022년 기출]

ㄱ. 실수(slip)와 망각(lapse)은 비의도적 행동으로 분류되는 숙련 기반 오류이다.

ㄴ. 잘못된 규칙을 적용하는 것은 비의도적 행동으로 분류되는 규칙 기반 착오(mistake)이다.

ㄷ. 불충분한 정보로 인해 잘못된 결정을 내리는 것은 의도적 행동으로 분류되는 지식 기반 착오(mistake)이다.

① ㄱ

② ㄴ

③ ㄱ, ㄷ

④ ㄴ, ㄷ

⑤ ㄱ, ㄴ, ㄷ

해설

○ 라스무센(Rasmussen)의 SRK 기반 프로세스

1) Skill-based behavior (숙련기반 행동 모델)

2) Rule-based behavior (규칙기반 행동 모델)

3) Knowledge-based behavior (지식기반 행동 모델)

○ Rasmussen 행동모델에 의한 Reason의 에러분류

불안전한 행동			
비의도적 행동		의도적 행동	
숙련기반에러		착오(mistake)	고의 (위반, violation)
실수(slip)	건망증(lapse)	1) 규칙기반착오 2) 지식기반착오	1) 일상적 위반 2) 상황적 위반 3) 예외적 위반

- 실수(Slip) : 행동실수로 상황을 잘 해석하고 목표도 잘 이해했으나 의도와는 달리 다른 행동을 하는 것을 말한다.

- 건망증(Lapse) : 기억실수로 여러 과정이 연계적으로 일어나는 행동들 중에서 일부를 잊어버리고 하지 않은 것을 말한다. 기억의 실패에서 발생하는 오류이다.

- 착오(Mistake) : 행위는 계획대로 이루어졌지만 계획이 부적절하여 실패한 경우를 말한다. 상황에 대한 해석을 잘못하거나 목표에 대한 이해를 잘못하고 착각하여 행하는 오류(규칙기반 착오, 지식기반 착오)

- 규칙기반착오(Rule-based mistake) : 적절한 규칙의 오용 및 부적절한 규칙의 적용, 처음부터 잘못된 규칙을 알고 있거나 좌우측 통행의 규칙 등 문화의 차이로 인한 오류(사례 : 좌측 운행 하는 일본에서 우측 운행을 하다 사고)

- 지식기반착오(Knowledge-based mistake) : 지식이 부정확했거나, 무지한 상태에서 추론·추정 등을 통해서 판단할 경우(사례 : 외국에서 운전 시 표지판의 문자를 몰라 교통 규칙을 위반)

- 고의(Violation, 위반) : 작업수행방법과 절차를 알고 있으면서도 의식적으로 이를 따르지 않는 에러

일상적 위반	상황적 위반	예외적 위반
평소에 다들 그렇게 해요!	시간이 없어 그랬어요!	생소한 상황에서 문제를 해결하고자 규칙을 위반하는 경우로 "이렇게라도 해보려고 그랬어요!" 예를 들어, 전기 작업 시 A형 안전모를 착용하면 안 되는 것을 알지만, AE, ABE형이 없어 우선 급한 대로 A형 안전모를 착용하는 경우이다.

정답 ③

44 신뢰성 수명분포 중 지수분포에 관한 내용으로 옳은 것을 모두 고른 것은? [2022년 기출]

ㄱ. 우발적인 고장을 다루는 데 적합하다.
ㄴ. 무기억성(memoryless property)을 갖는다.
ㄷ. 평균(mean)이 중앙값(median)보다 작다.

① ㄱ
② ㄷ
③ ㄱ, ㄴ
④ ㄴ, ㄷ
⑤ ㄱ, ㄴ, ㄷ

해설

○ 지수분포의 특징

1. 신뢰성 공학에서 가장 널리 이용되는 확률분포로 전자제품의 신뢰도 예측에 사용
2. 지수분포는 고장률 함수가 일정한 분포(우발고장 구간)
3. 무기억성(Memoryless Property) : 이산형에서 기하분포가 무기억성을 가지는 것처럼 연속형 분포에서는 지수분포가 무기억성을 가짐. 어떤 장치가 고장 나지 않았다는 조건하에서 나머지 수명은, 그 시간 이전의 그 장치의 수명에 대한 확률밀도함수와 같아짐. 즉, 그 시간이 경과한 후에 마치 처음 시점에서 새로 시작하는 것처럼 행동하기 때문에 지수분포를 따르는 제품은 작동하는 동안 항상 새것과 같다.
4. 제품의 노후화가 이루어지지 않은 상태에서 우연요인(chance cause)에 의해서 고장이 발생하는 상황(우발적 고장)을 모형화 하는데 적절
5. 모든 특징들에 대한 수학적 유도가 용이(이론적 결과와 비교가능)
6. 적용분야
   1) 고장률이 변하지 않는 제품 (전자제품)
   2) 여러 개의 다른 각 종류로 되어 만들어진 제품
   3) 일정한 시험(Burn-in Test)을 통과하여 안정된 상태의 제품

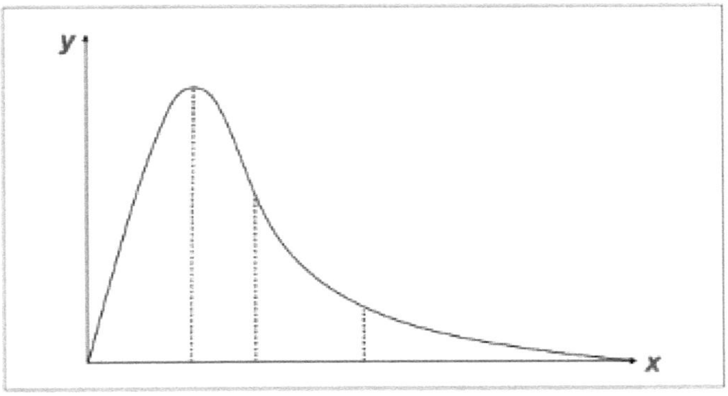

7. 지수분포 그림은 오른쪽 꼬리 그림이다.
   최빈값 ≤ 중앙값 ≤ 평균값

○ 욕조곡선과 신뢰성 분포

고장구분	척도	f(t)	λ (t)	표기	고장 대책
초기고장	m〈1	와이블분포	감소	DFR	보전예방(MP) 디버깅테스트 번-인테스트
우발고장	m=1	지수분포	일정	CFR	사후보전
마모고장	m〉1	정규분포	증가	IFR	예방보전(PM)

○ 용어정리

1. 디버깅(debugging)

기계의 결함을 찾아내어 수정하는 것으로 단시간 내 고장률을 안정

2. 번인(burn-in) 테스트

기계를 장시간 가동하여 그동안 고장 난 것을 제거

3. 스크리닝(screening)

기계의 신뢰성을 높이기 위해 품질이 떨어지는 것이나 고장 발생 초기의 것을 선별하여 제거하는 것

정답 ③

45 예방보전에 해당하지 않는 것은? [2022년 기출]

① 기회보전

② 고장보전

③ 수명기반보전

④ 시간기반보전

⑤ 상태기반보전

해설

○ 보전활동

보전활동을 대별하면 예방보전(PM : Preventive Maintenance)과 사후보전(BM : Breakdown Maintenance)으로 분류할 수 있다.

1. 예방보전

보전을 계획적으로 실행하는 것으로 보전주기에 의거하여 실시하는 시간기반보전(TBM : Time Based Maintenance), 설비의 상태에 의거하여 보전주기나 보전방법을 결정하는 상태기반보전(CBM : Condition Based Maintenance), 또한 생산 상황이나 설비의 노후 정도 등의 주변 환경도 고려하여 설비 상태를 파악, 보전을 실행하는 적응보전(AM : Adaptive Maintenance)으로 분류할 수 있다.

2. 사후보전

보전주기를 기다리지 않고 고장이 발생한 경우에 보전활동으로 들어가는 것이다. 사후보전이라고 해도 전혀 아무것도 하지 않는 것은 아니고 리스크가 큰 것은 예비품을 준비하여 생산 장애를 최소로 하는 관리된 사후보전이 보통이다.

3. 시간기반보전과 상태기반보전의 비교

1) 시간기반보전(TBM : Time Based Maintenance)

정기보전을 중심으로 한다. 즉 설비가 열화에 도달하는 변수(생산대수, 톤수, 사용일수 등)로 보전주기를 결정하고 주기까지 사용하면 무조건으로 수리를 하는 방식이다.

① 장점 : 점검 등이 수월하고 실제적으로 고장도 적게 발생하는 편이다.

② 단점 : 과보전(Over Maintenance)이 되기 쉽고 따라서 보전비가 커진다.

2) 상태기반보전(CBM : Condition Based Maintenance)

예지보전의 중심이 된다. 설비의 열화 상태를 각 측정 데이터와 그 해석에 의하여 정상 또는 정기적으로 파악하여 열화를 나타내는 값이 미리 정해진 열화 기준치에 달하면 수리를 한다.

용어정리

○ 예방보전(Preventive Maintenance : PM) – 설비의 건강상태를 유지하고 고장이 일어나지 않도록 열화를 방지하기 위한 일상보전, 열화를 측정하기 위한 정기검사 또는 설비진단, 열화를 조기에 복원시키기 위한 정비 등을 하는 것

○ 일상보전(Routine Maintenance : RM) – 매일, 매주로 점검·급유·청소 등의 작업을 함으로서 열화나 마모를 가능한 한 방지하도록 하는 것

○ 개량보전(Corrective Maintenance : cm) – 교정보전이라고도 하는데, 이는 설비고장 시에 단지 수리하는 것뿐만 아니라 보다 좋은 부품교체 등을 통하여 설비의 열화, 마모의 방지는 물론 수명의 연장을 기하도록 하는 활동

○ 사후보전(Breakdown Maintenance : BM) – 고장이 발생한 후 기계나 설비를 운영이 가능한 상태로 회복하기 위하여 필요한 부품을 수리하거나 교환하는 것. 고장보전은 사후보전에 속한다.

○ 보전예방(Maintenance Prevention : MP) – 설비를 새로 계획, 설계하는 단계에서 보전정보나 새로운 기술을 도입하여 신뢰성, 보전성, 경제성, 조작성, 안전성 등을 고려함으로써 보전비나 열화손실을 줄이는 활동으로 궁극적으로는 보전이 불필요한 설비를 목표로 하는 것

○ 기회보전(Opportunity Maintenance : OM) – 계획된 설비의 정기보전, 예지보전, 개량보전을 계획일 전이라도 해당설비가 돌발고장이나 부분교체, 원재료 대기, 인원 대기 등으로 정지했을 때 이를 이용하여 실시하며, 생산에 영향을 주지 않고 효과적으로 보전 작업을 하

는 방법. 이를 위해서는 해당 보전항목에 대한 자재의 준비와 보전계획과 설비가동정보를 한 눈에 알 수 있는 보전계획의 관리가 전제된다.

정답 ②

46

어떤 사고의 발생건수는 연평균 1회로 포아송(Poisson) 분포를 따른다. 이 사고가 3년 동안 한 건도 발생하지 않을 확률은 얼마인가? (단, 소수점 셋째자리에서 반올림하여 소수점 둘째자리까지 구하시오.) [2022년 기출]

① 0.05

② 0.15

③ 0.25

④ 0.33

⑤ 0.50

해설

○ 포아송(Poisson) 분포 : 단위 시간 안에 어떤 사건이 몇 번 발생할 것인지를 표현하는 이산 확률 분포. 한정된 특정 시간 또는 공간 내에서 사건 발생수가 따르는 확률분포로 주로 시간적이나 공간적으로 발생빈도가 낮은 희귀한 사건의 수 등이 잘 설명된다. 예를 들면, 월간 기계의 고장 횟수, 단위 길이 당 균열의 발생 개수 등과 같이 지정된 시간 또는 장소에서의 사건이 발생할 확률을 예측하는 것이다.

○ 포아송 확률함수(공식을 암기해야 풀 수 있다!)

$$f(x) = \frac{\lambda^x e^{-\lambda}}{x!}$$

$f(x)$: 한 구간(단위 시간)에서 x건의 **사건발생 확률**

x : **사건수**

λ : 한 구간(단위 시간)에서 **사건발생 평균 횟수**

e : 자연상수(2.71828)

풀이 λ : 연 평균 1회 발생 × 3년의 기간 = 3회

$f(x)$: 한 건도 발생하지 않을 확률 → x : 0회

$$f(0) = \frac{3^0 \cdot e^{-3}}{0!}$$

$$= \frac{1 \cdot e^{-3}}{1}$$

$$= e^{-3}$$

$$= 0.0497870.... \fallingdotseq 0.05$$

정답 ①

47 다음에서 설명하고 있는 위험성평가 기법은? [2022년 기출]

> ○ 초기 개발 단계에서 시스템 고유의 위험성을 파악하고 예상되는 재해의 위험수준을 결정한다.
> ○ 시스템 내의 위험요소가 어떤 위험 상태에 있는가를 평가하는 정성적인 기법이다.

① CA
② FMEA
③ MORT
④ THERP
⑤ PHA

해설

○ PHA(예비위험분석)

PHA는 시스템 개발단계에 있어서 최초로 고유의 위험상태를 식별하고 예상되는 재해의 위험수준을 결정하는 것으로 시스템의 모든 주요한 사고를 식별하고 대략적인 말로 표시하는 정성적 기법이다.

○ PHA의 4가지 주요 목표

① 시스템에 대한 모든 주요한 사고를 식별하고 대충의 말로 표시하며 사고 발생 확률은 식별 초기에는 고려되지 않는다.
② 사고를 유발하는 요인을 식별할 것
③ 사고가 발생한다고 가정하고 시스템에 생기는 결과를 식별하고 평가

④ 식별된 사고를 다음의 범주(category)로 분류할 것

구분	내용
파국적(catastrophic)	사망, 시스템 손상
위기적(critical)	심각한 상해, 시스템의 중대 손상
한계적(marginal)	경미한 상해, 시스템 성능 저하
무시가능(negligible)	경미한 상해 및 시스템 저하 없음

정답 ⑤

48 시스템 안전성 확보를 위한 방법이 아닌 것은? [2022년 기출]

① 위험상태 존재의 최소화
② 중복설계(redundancy)의 배제
③ 안전장치의 채용
④ 경보장치의 채택
⑤ 인간공학적 설계의 적용

해설

○ 중복설계(Redundancy) : 장치 하나의 고장이 설비 전체의 고장으로 이어지지 않도록 같은 장치를 중복해 설치하는 것

○ 시스템의 안전성 확보책(MIL-STD-882B, 1984) - 미국 국방부 시스템 안전 표준
1단계 : 위험상태의 존재 최소화 설계
2단계 : 안전장치의 설계
3단계 : 경보장치의 설치
4단계 : 특수 수단 개발과 표식 등 규격화

정답 ②

49 서로 독립인 기본사상 a, b, c로 구성된 아래의 결함수(Fault Tree)에서 정상사상 T에 관한 최소절단집합(minimal cut set)을 모두 구하면? [2022년 기출]

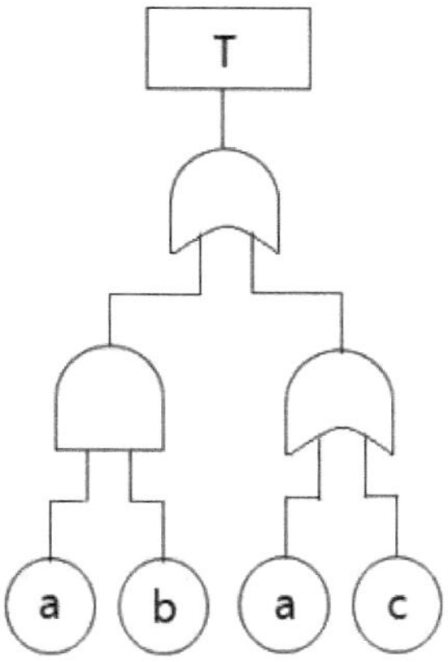

① {a} ② {a, b} ③ {a, c} ④ {a}, {b} ⑤ {a}, {c}

해설

1. 절단집합(cut set)

사건 발생 시 정상사건(top event)이 발생하게 되는 사건들의 목록

2. 최소절단집합(minimal cut set)

사건 발생 시 정상사건이 발생하게 되는 사건들의 최소목록

1) 정상 사건으로부터 아래 방향으로 전개한다. top-down 방식으로 계산할 것.
2) 정상 사건 아래의 게이트들 중 AND게이트는 옆 방향(횡)으로 OR게이트는 아래 방향(종)으로 전개한다.
3) 정상사건이 오직 기초사건이나 생략 사건으로만 표현되면 전개를 마친다.
 최종 전개된 개별 행 안에 동일한 사건들이 있으면 집합의 동일성 원칙에 의해 하나는 제거한다. A·A=A 이렇게 정리된 후에 행 별로 나타난 사건들의 집합을 절단집합(cut set)이라 한다.
4) 이번에는 행과 행을 비교해 어느 한 행이 다른 행의 다른 행의 부분집합이 되는지를 판단해 부분집합에 해당하는 행은 절단집합에서 제거한다(흡수법칙). 이렇게 정리한 후 행 별로 나타난 집합을 최소절단집합(minimal cut set)이라 한다. 주의할 것은 최소절단집합은 반드시 '또는'을 붙여 주어야 한다.

○ 문제풀이

처음에는 병렬로 연결되어 있다. 종으로 기입한다.

절단집합(cut set)을 구하면 {ab}, {a}, {c}가 된다.

흡수법칙에 의하면 최소절단집합(minimal cut set)을 구할 수 있다.

{a}또는 {c}가 된다.

유제 **아래의 FT도에서 최소 컷셋을 올바르게 구한 것은?**

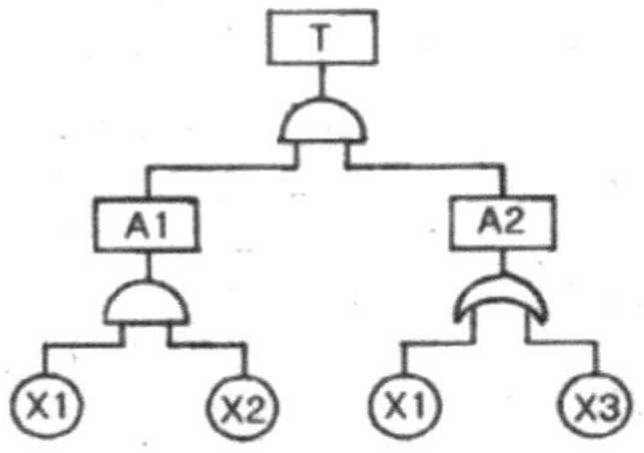

① (X1, X2)
② (X1, X3)
③ (X2, X3)
④ (X1, X2, X3)
⑤ (X1, X2) 또는 (X1, X2, X3)

해설

정답 ①

정답 ⑤

50 안전성평가 종류 중 기술개발의 종합평가(technology assessment)에서 단계별 내용으로 옳지 않은 것은? [2022년 기출]

① 1단계 : 생산성 및 보전성
② 2단계 : 실현가능성
③ 3단계 : 안전성 및 위험성
④ 4단계 : 경제성
⑤ 5단계 : 종합 평가

해설

○ Technology Assessment(기술개발의 종합평가)

새로운 기술개발을 하는 경우에 그 개발과정 및 결과가 사회나 환경에 미치는 위험성 및 악영향을 사전에 충분히 검토·평가하여 기술개발로 인해 사회·환경에 미치는 영향을 최소화하기 위한 것을 말한다.

Technology Assessment(기술개발의 종합평가)의 5단계는 다음과 같다.

→ (암기법 : 사/실/안/경/종합)

제1단계 : 사회적 복리 기여도(기술개발이 사회 및 환경에 미치는 영향 검토)
제2단계 : 실현 가능성(기술의 잠재능력을 명확히 하여 실용화를 촉진단계)
제3단계 : 안전성과 위험성의 비교 평가(합리성과 비합리성의 비교 평가에 의한 대체 계획)
제4단계 : 경제성 검토(신제품 개발에 따른 경제적 허용성 및 경제성 검토)
제5단계 : 종합평가 및 조정(대안으로서 가장 바람직한 것을 선택하고 그것을 실시)

1단계	2단계	3단계	4단계	5단계
사회복리 기여도	실현가능성	위험성과 안전성	경제성	종합평가(조정)

정답 ①

유제 **기술개발과정에서 효율성과 위험성을 종합적으로 분석·판단할 수 있는 평가방법은?**

① Risk Assessment
② Risk Management
③ Safety Assessment
④ Technology Assessment
⑤ Human Assessment

해설

Assessment란 설비나 제품의 설계, 제조, 사용에 있어서 기술적, 관리적 측면에서 종합적인 안전성을 사전에 평가하여 개선책을 시정하는 것을 말한다.
Technology Assessment는 새로운 기술개발을 하는 경우에 그 개발과정 및 결과가 사회나 환경에 미치는 위험성 및 악영향을 사전에 충분히 검토·평가하여 기술개발로 인해 사회·환경에 미치는 영향을 최소화하기 위한 것을 말한다.

정답 ④

26 산업위생 활동에 관한 내용으로 옳은 것은? [2022년 기출]

① 관리의 최우선순위는 보호구 착용이다.
② 인지(인식)란 현재 상황에서 존재 또는 잠재하고 있는 유해인자의 파악이다.
③ 유해인자에 대한 평가는 특수건강진단의 결과만을 사용한다.
④ 처음으로 요구되는 것은 근로자 건강진단이다.
⑤ 사업장 근로자만의 건강을 보호하는 것이다.

해설

1. 산업위생의 목적
   작업환경개선 및 직업병의 근원적 예방, 작업환경 및 작업조건의 인간공학적 개선, 작업자의 건강보호 및 생산성에 있다. 산업위생 활동의 궁극적인 목적은 '노동자나 일반대중의 건강을 보호하는 것'이다. 따라서 산업위생의 대상에는 사업장에서 일하는 사람들뿐만 아니라 노동활동을 하는 모든 사람(서비스업, 농업인 등)이 포함되며 일반대중도 사업장에서 이루어지는 생산 활동이나 일반 환경에서 발생되는 유해인자에 노출되므로 산업위생의 대상이 된다.

2. 산업위생 활동 단계
   1) 예측 : 산업위생 활동에서 가장 먼저 필요한 활동. 기존의 작업환경은 물론이고 새로운 물질, 공정, 기계의 도입 등으로 인한 근로자들의 건강장애, 영향을 사전에 예측함
   2) 인지(인식) : 현재 상황에서 존재 혹은 잠재하고 있는 유해인자(물리적, 화학적, 생물학적, 인간공학적 등)를 구체적으로 파악하는 것. 위험성 평가(Risk assessment)가 필요
   3) 측정 : 작업환경 및 작업조건의 유해 정도를 정성적 또는 정량적으로 계측하는 것
   4) 평가 : 유해인자에 대한 양, 정도, 중요성, 상태 등을 근거로 노출의 타당성을 결정하는 단계. 넓은 의미에서는 측정 단계까지도 포함시킴
      ※ 평가의 주요 과정 – 예비조사의 목적과 범위 결정, 현장조사로 정량적인 유해인자의 양 측정, 시료의 채취와 분석, 노출정도를 노출기준과 통계적인 근거로 비교하여 판정
   5) 관리(대책) : 바람직한 작업환경을 만드는 최종적인 단계. 유해인자로부터 근로자를 보호하는 모든 수단

3. 관리의 우선순위
   1) 공학적 관리 : 대체, 격리, 포위, 환기
   2) 행정적 관리 : 작업시간, 작업배치의 조정, 교육 등
   3) 개인 보호구 착용 : 호흡기, 보호구, 장갑, 안전벨트

정답 ②

27 다음에서 설명하고 있는 가스크로마토그래피 검출기는? [2022년 기출]

- 원리 : 수소/공기로 시료를 태워 전하를 띤 이온 생성
- 감도 : 대부분의 화합물에 대해 높은 강도
- 특징 : 큰 범위의 직선성

① 질소인검출기(NPD)

② 전자포획검출기(ECD)

③ 열전도도검출기(TCD)

④ 불꽃광도검출기(FPD)

⑤ 불꽃이온화검출기(FID)

해설

검출기 종류	특징
불꽃이온화검출기(FID)	• 시료를 운반기체와 함께 수소/공기로 태워 생기는 이온의 증가를 이용 • 대부분의 유기용제 분석 시 사용하는 검출기(가장 많이 사용됨) • 큰 범위의 직선성, 비선택성, 높은 민감성 → FID(Flame Ionization Detector)는 높은 감도, 넓은 직선성 범위, 높은 검출 능력 때문에 보편적으로 사용된다. 작동원리는 유기물이 수소-공기 불꽃에서 연소될 때 양이온과 전자과 생성되는 불꽃 이온화 현상에 바탕을 둔 것이다.
불꽃광도검출기(FPD)	• 시료의 연소과정에서 화합물들의 특정한 불꽃 발광현상을 이용 • 이황화탄소, 유기인, 유기황 화합물 등의 분석에 유용
전자포획검출기(ECD)	• 시료와 운반기체가 β 선을 방출하는 검출기를 지나며 나오는 전자를 이용 • 불순물 및 온도에 민감

정답 ⑤

28 작업환경측정에 관한 내용으로 옳지 않은 것은? [2022년 기출]

① 단위작업 장소에서 11명이 작업할 때 시료 채취 수는 3개 이상이다.
② 산화아연 분진은 호흡성 분진을 채취할 수 있는 여과채취방법으로 측정한다.
③ 시료채취 시에는 예상되는 측정대상물질의 농도, 방해물, 시료채취 시간 등을 종합적으로 고려한다.
④ 불화수소의 경우 최고노출기준(Ceiling)과 시간가중평균노출기준(TWA)에 대하여 병행 측정한다.
⑤ 관리대상 유해물질의 취급 장소가 실내인 경우 공기의 최대부피를 120세제곱미터로 하여 허용소비량 초과여부를 판단한다.

해설

○ 산업안전보건기준에 관한 규칙

제1장 관리대상 유해물질에 의한 건강장해의 예방

제421조(적용 제외) ① 사업주가 관리대상 유해물질의 취급업무에 근로자를 종사하도록 하는 경우로서 **작업시간 1시간당 소비하는 관리대상 유해물질의 양(그램)이 작업장 공기의 부피(세제곱미터)를 15로 나눈 양(이하 "허용소비량"이라 한다) 이하**인 경우에는 이 장의 규정을 적용하지 아니한다. 다만, 유기화합물 취급 특별장소, 특별관리물질 취급 장소, 지하실 내부, 그 밖에 환기가 불충분한 실내작업장인 경우에는 그러하지 아니하다.

② 제1항 본문에 따른 작업장 공기의 부피는 바닥에서 4미터가 넘는 높이에 있는 공간을 제외한 세제곱미터를 단위로 하는 실내작업장의 공간부피를 말한다. **다만, 공기의 부피가 150세제곱미터를 초과하는 경우에는 150세제곱미터를 그 공기의 부피로 한다.**

○ 작업환경측정 및 정도관리 등에 관한 고시

제18조(노출기준의 종류별 측정시간) ①「화학물질 및 물리적 인자의 노출기준(고용노동부 고시, 이하 '노출기준 고시'라 한다)」에 시간가중평균기준(TWA)이 설정되어 있는 대상물질을 측정하는 경우에는 1일 작업시간동안 6시간 이상 연속 측정하거나 작업시간을 등간격으로 나누어 6시간 이상 연속분리하여 측정하여야 한다. 다만, 다음 각호의 어느 하나에 해당하는 경우에는 대상물질의 발생시간 동안 측정 할 수 있다.

1. 대상물질의 발생시간이 6시간 이하인 경우
2. 불규칙작업으로 6시간 이하의 작업을 하는 경우
3. 발생원에서 발생시간이 간헐적인 경우

② 노출기준 고시에 단시간 노출기준(STEL)이 설정되어 있는 물질로서 노출이 균일하지 않은 작업특성으로 인하여 단시간 노출평가가 필요하다고 자격자(규칙 제187조에 따른 작업환경측정자의 자격을 가진 자를 말한다.) 또는 작업환경측정기관이 판단하는 경우에는 제1항의 측정에 추가하여 단시간 측정을 할 수 있다. 이 경우 1회에 15분간 측정하되 유해인자 노출특성을 고려하여 측정횟수를 정할 수 있다.

③ 노출기준 고시에 최고노출기준(Ceiling, C)이 설정되어 있는 대상물질을 측정하는 경우에는 최고노출 수준을 평가할 수 있는 최소한의 시간동안 측정하여야 한다. **다만 시간가중평균기준**

(TWA)이 함께 설정되어 있는 경우에는 제1항에 따른 측정을 병행하여야 한다. → 시간가중평균(TWA)과 최고노출기준(C)이 함께 설정되어 있는 경우는 불화수소(HF)가 유일하다.

제19조(시료채취 근로자수) ① 단위작업 장소에서 최고 노출근로자 2명 이상에 대하여 동시에 개인 시료채취 방법으로 측정하되, 단위작업 장소에 근로자가 1명인 경우에는 그러하지 아니하며, 동일 작업근로자수가 10명을 초과하는 경우에는 매 5명당 1명 이상 추가하여 측정하여야 한다. 다만, 동일 작업근로자수가 100명을 초과하는 경우에는 최대 시료채취 근로자수를 20명으로 조정할 수 있다.

② 지역 시료채취 방법으로 측정을 하는 경우 단위작업장소 내에서 2개 이상의 지점에 대하여 동시에 측정하여야 한다. 다만, 단위작업 장소의 넓이가 50평방미터 이상인 경우에는 매 30평방미터마다 1개 지점 이상을 추가로 측정하여야 한다.

○ 화학물질의 노출기준 731종 중(中)에서

흡입성	호흡성
1. 곡분분진(예로는 밀가루, 쌀가루) → 곡물분진(×)	1. 내화성세라믹섬유
2. 목재분진	2. 산화규소(결정체 모두, 비결정체는 용융된 경우만)
3. 석고	3. 산화아연 분진
4. 소석고	4. 석탄분진
5. 아스팔트 흄(벤젠 추출물)	5. 소우프스톤
6. 아연 스테아린산	6. 운모
7. 오산화바나듐	7. 인듐 및 그 화합물
8. 요오드 및 요오드화물	8. 카드뮴 및 그 화합물
9. 카본블랙	9. 텅스텐
10. 캡탄	10. 활석(석면 불포함) → 석면은 발암성1A만 표기됨.
11. 크레졸(모든 이성체)	11. 흑연(천연 및 합성, Graphite 섬유제외)
12. 펜타클로로페놀	

정답 ⑤

유제 **화학물질 및 물리적 인자의 노출기준에서 "흡입성"으로 표시되지 않은 화학물질은?**

① 곡분분진
② 목재분진
③ 소석고
④ 인듐 및 그 화합물
⑤ 요오드 및 요오드화물

해설

정답 ④

29

다음은 도장 작업자들을 대상으로 한 벤젠(노출기준 0.5ppm)의 작업환경측정 결과이다. 노출기준을 초과할 확률은 약 얼마인가? [2022년 기출] (단, 정규분포곡선의 z값에 따른 확률은 다음 표와 같다.)

구분	z값			
	−0.42	−0.38	0.32	1.25
확률	0.337	0.352	0.626	0.894

〈 작업환경측정 결과(ppm) 〉

0.03, 0.22, 1.85, 0.04, 0.1, 0.22, 7.5, 0.05, 2, 0.3

① 0.663
② 0.374
③ 0.337
④ 0.147
⑤ 0.106

해설

○ **표준정규분포**

- $z값 = \frac{노출기준 - 평균}{표준편차}$

- 평균= $\frac{0.03+0.22+1.85+0.04+0.1+0.22+7.5+0.05+2+0.3}{10}$ =1.231

- 표준편차 $s=\sqrt{\frac{\Sigma(\text{각각의 표본}-\text{평균})^2}{\text{총 표본개수}-1}}$

$\sqrt{}[\frac{(0.03-1.231)^2+(0.22-1.231)^2+....+(0.3-1.231)^2}{10-1}]$=2.3266..... ≒2.327

z값= $\frac{0.5-1.231}{2.327}$ =−0.314... → 분포상의 떨어진 정도이기 때문에 −, +에 관계없이

가장 가까운 근사값 0.32의 확률값은 0.626이다.
노출기준 0.5ppm을 초과할 확률은 1−0.626=0.374

정답 ②

30 화학물질 및 물리적 인자의 노출기준에 관한 설명으로 옳지 않은 것은? [2022년 기출]

① 발암성, 생식세포 변이원성 및 생식독성 정보는 산업안전보건법상 규제목적으로 표시한다.
② 내화성세라믹섬유의 노출기준 표시단위는 세제곱센티미터당 개수(개/㎤)를 사용한다.
③ 노출기준은 작업장의 유해인자에 대한 작업환경개선기준과 작업환경측정결과의 평가기준으로 사용할 수 있다.
④ "최고노출기준(C)"이란 근로자가 1일 작업시간동안 잠시라도 노출되어서는 아니 되는 기준을 말하며, 노출기준 앞에 "C"를 붙여 표시한다.
⑤ 혼재하는 물질 간에 유해성이 인체의 서로 다른 부위에 유해작용을 하는 경우, 혼재하는 물질 중 어느 한 가지라도 노출기준을 넘을 때는 노출기준을 초과하는 것으로 한다.

해설

○ **화학물질 및 물리적 인자의 노출기준**

제1조(목적) 이 고시는 「산업안전보건법」 제106조 및 제125조, 「산업안전보건법 시행규칙」제144조에 따라 인체에 유해한 가스, 증기, 미스트, 흄이나 분진과 소음 및 고온 등 화학물질 및 물리적 인자(이하 "유해인자"라 한다)에 대한 작업환경평가와 근로자의 보건상 유해하지 아니한 기준

을 정함으로써 유해인자로부터 근로자의 건강을 보호하는데 기여함을 목적으로 한다.

제2조(정의) ① 이 고시에서 사용하는 용어의 뜻은 다음과 같다.

1. "노출기준"이란 근로자가 유해인자에 노출되는 경우 노출기준 이하 수준에서는 거의 모든 근로자에게 건강상 나쁜 영향을 미치지 아니하는 기준을 말하며, 1일 작업시간동안의 시간가중평균노출기준(Time Weighted Average, TWA), 단시간노출기준(Short Term Exposure Limit, STEL) 또는 최고노출기준(Ceiling, C)으로 표시한다.
2. "시간가중평균노출기준(TWA)"이란 1일 8시간 작업을 기준으로 하여 유해인자의 측정치에 발생시간을 곱하여 8시간으로 나눈 값을 말하며, 다음 식에 따라 산출한다.

TWA 환산값= $\frac{C1\,T1 + C2\,T2 + \ldots + Cn\,Tn}{8}$

주) C : 유해인자의 측정치(단위 : ppm, mg/m³ 또는 개/㎤)
주) T : 유해인자의 발생시간(단위 : 시간)

3. "단시간노출기준(STEL)"이란 15분간의 시간가중평균노출값으로서 노출농도가 시간가중평균노출기준(TWA)을 초과하고 단시간노출기준(STEL) 이하인 경우에는 1회 노출 지속시간이 15분 미만이어야 하고, 이러한 상태가 1일 4회 이하로 발생하여야 하며, 각 노출의 간격은 60분 이상이어야 한다.
4. "최고노출기준(C)"이란 근로자가 1일 작업시간동안 잠시라도 노출되어서는 아니 되는 기준을 말하며, 노출기준 앞에 "C"를 붙여 표시한다.

② 이 고시에서 특별히 규정하지 아니한 용어는 「산업안전보건법」(이하 "법"이라 한다), 「산업안전보건법 시행령」(이하 "영"이라 한다), 「산업안전보건법 시행규칙」(이하 "규칙"이라 한다) 및 「산업안전보건기준에 관한 규칙」(이하 "안전보건규칙"이라 한다)이 정하는 바에 따른다.

제3조(노출기준 사용상의 유의사항) ① 각 유해인자의 노출기준은 해당 유해인자가 단독으로 존재하는 경우의 노출기준을 말하며, 2종 또는 그 이상의 유해인자가 혼재하는 경우에는 각 유해인자의 상가 작용으로 유해성이 증가할 수 있으므로 제6조에 따라 산출하는 노출기준을 사용하여야 한다.

② 노출기준은 1일 8시간 작업을 기준으로 하여 제정된 것이므로 이를 이용할 경우에는 근로시간, 작업의 강도, 온열조건, 이상기압 등이 노출기준 적용에 영향을 미칠 수 있으므로 이와 같은 제반요인을 특별히 고려하여야 한다.

③ 유해인자에 대한 감수성은 개인에 따라 차이가 있고, 노출기준 이하의 작업환경에서도 직업성 질병에 이환되는 경우가 있으므로 노출기준은 직업병진단에 사용하거나 노출기준 이하의 작업환경이라는 이유만으로 직업성질병의 이환을 부정하는 근거 또는 반증자료로 사용하여서는 아니 된다.

④ 노출기준은 대기오염의 평가 또는 관리상의 지표로 사용하여서는 아니 된다.

제4조(적용범위) ① 노출기준은 법 제39조에 따른 작업장의 유해인자에 대한 작업환경개선기준과 법 제125조에 따른 작업환경측정결과의 평가기준으로 사용할 수 있다.

② 이 고시에 유해인자의 노출기준이 규정되지 아니하였다는 이유로 법, 영, 규칙 및 안전보건규칙의 적용이 배제되지 아니하며, 이와 같은 유해인자의 노출기준은 미국산업위생전문가협회(American Conference of Governmental Industrial Hygienists, ACGIH)에서 매년 채택하

는 노출기준(TLVs)을 준용한다.

제2장 노출기준

제5조(화학물질) ① 화학물질의 노출기준은 별표 1과 같다.

② 별표 1의 발암성, 생식세포 변이원성 및 생식독성 정보는 **법상 규제 목적이 아닌 정보제공 목적으로 표시**하는 것으로서 발암성은 국제암연구소(International Agency for Research on Cancer, IARC), 미국산업위생전문가협회(American Conference of Governmental Industrial Hygienists, ACGIH), 미국독성프로그램(National Toxicology Program, NTP), 「유럽연합의 분류·표시에 관한 규칙(European Regulation on the Classification, Labelling and Packaging of substances and mixtures, EU CLP)」 또는 미국산업안전보건청(American Occupational Safety & Health Administration, OSHA)의 분류를 기준으로, 생식세포 변이원성 및 생식독성은 유럽연합의 분류·표시에 관한 규칙(European Regulation on the Classification, Labelling and Packaging of substances and mixtures, EU CLP)을 기준으로 「화학물질의 분류·표시 및 물질안전보건자료에 관한 기준」에 따라 분류한다.

제6조(혼합물) ① 화학물질이 2종 이상 혼재하는 경우에 혼재하는 물질 간에 유해성이 인체의 서로 다른 부위에 작용한다는 증거가 없는 한 유해 작용은 가중되므로 노출기준은 다음 식에 따라 산출하되, 산출되는 수치가 1을 초과하지 아니하는 것으로 한다.

$$\frac{C1}{T1}+\frac{C2}{T2}+\dots+\frac{Cn}{Tn}$$

주) C : 화학물질 각각의 측정치

주) T : 화학물질 각각의 노출기준

② 제1항의 경우와는 달리 혼재하는 물질 간에 유해성이 인체의 서로 다른 부위에 유해작용을 하는 경우에 유해성이 각각 작용하므로 혼재하는 물질 중 어느 한 가지라도 노출기준을 넘는 경우 노출기준을 초과하는 것으로 한다.

제7조(분진) 삭제

제8조(용접분진) 삭제

제9조(소음) ① 소음수준별 노출기준은 별표 2-1과 같다.

② 충격소음의 노출기준은 별표 2-2와 같다.

제10조(고온) 작업의 강도에 따른 고온의 노출기준은 별표 3과 같다.

제10조의2(라돈) 라돈의 노출기준은 별표 4와 같다.

제11조(표시단위) ① 가스 및 증기의 노출기준 표시단위는 피피엠(ppm)을 사용한다.

② 분진 및 미스트 등 에어로졸(Aerosol)의 노출기준 표시단위는 세제곱미터당 밀리그램(mg/m^3)을 사용한다. 다만, 석면 및 내화성세라믹섬유의 노출기준 표시단위는 세제곱센티미터당 개수(개/cm^3)를 사용한다.

③ 고온의 노출기준 표시단위는 습구흑구온도지수(이하"WBGT"라 한다)를 사용하며 다음 각 호의 식에 따라 산출한다.

1. 태양광선이 내리쬐는 옥외 장소 : WBGT(℃) = 0.7 × 자연습구온도 + 0.2 × 흑구온도

+ 0.1 × 건구온도

2. 태양광선이 내리쬐지 않는 옥내 또는 옥외 장소 : WBGT(℃) = 0.7 × 자연습구온도 + 0.3 × 흑구온도

정답 ①

31 ACGIH에서 권고하고 있는 유해물질과 기준(TLV) 설정 근거가 된 건강영향의 연결로 옳지 않은 것은? [2022년 기출]

① 벤젠(TWA 0.5ppm, STEL 2.5ppm) : 백혈병

② 카본블랙(TWA 3mg/㎥) : 기관지염

③ 톨루엔(TWA 20ppm) : 혈액학적 악영향

④ 이산화탄소(TWA 5,000ppm, STEL 30,000ppm) : 질식

⑤ 노말-헥산(TWA 50ppm) : 중추신경계 손상, 말초신경염, 눈 염증

해설

○ 톨루엔

호흡기, 피부 및 눈의 자극물질로서 중추신경계통 억제 및 신경 이상[진정, 흥분, 혼미한 상태, 떨림, 이명(귀울림), 복시, 환각, 말더듬, 보행실조, 경련과 혼수상태 등]을 초래한다.

○ 납

납중독은 혈액학적 악영향으로 빈혈을 유발할 수 있다. 납에 의해 적혈구 생존기간이 단축되고 파괴가 촉진되기 때문이다. 납중독은 하루아침에 발병하는 것은 아니며 혈액에 오랜 시간 동안 축적돼야 증상이 나타나거나 심각한 수준에 이르러 병증을 보일 수 있다.

정답 ③

32 60℃, 1기압인 탈지조에서 TCE(분자량 131.4, 비중 1.466) 2L를 사용하였다. 공기 중으로 모두 증발하였다고 가정할 때, 발생한 증기량(㎥)은 약 얼마인가? [2022년 기출]

① 0.34

② 0.50

③ 0.54

④ 0.61

⑤ 0.82

해설

모든 기체의 0℃, 1기압 일 때 1분자량(1mol)의 체적은 22.4L이다.

비중 단위는 g/㎖이다.

중량=체적(부피)×비중

중량(g)= 2L × 1.466g/㎖ × 1,000㎖/L = 2,932g

60°C, 1기압의 부피= $22.4L \times \frac{273+60}{273} = 27.32L$

분자량 : 현재부피= 증발 질량 : 증발 부피

131.4g : 27.32L = 2,932g : 증발 부피

부피는 609.60...(L)이다. 여기서 '**1㎥=1,000L**'임을 알고 문제의 답을 찾으면 된다.

발생한 증기량(㎥)= $\frac{27.32L \times 2{,}932g \times m^3/1{,}000L}{131.4g} = 0.61m^3$

정답 ④

유제 1

21℃, 1기압에서 벤젠 1.37L가 증발할 때 발생하는 증기의 용량은 약 몇 L정도가 되는가? (단, 벤젠의 분자량은 78.11, 비중은 0.879이다)

① 298.5

② 327.5

③ 372.6

④ 438.4

⑤ 524.8

해설

1. 벤젠 사용량(질량)=부피×비중(g/mℓ)이므로 구해본다.
2. 벤젠 발생부피

분자량 : 24.1L= 벤젠 사용량(질량) : 증발된 부피

* 21℃, 1기압에서의 부피를 구할 수 있어야 한다.
  예를 들면 25℃라고 하면 샤를의 법칙(압력이 일정할 때 기체의 부피는 종류에 관계없이 온도가 1℃ 올라갈 때마다 0℃일 때 부피의 1/273씩 증가한다)에 따라
  22.4×[(273+25)/273]=24.45가 된다.
* $1m^3$=1,000L

풀이 먼저 벤젠의 사용질량을 구하면 "부피×비중"이다.
사용질량=1.37L×비중(0.879g/mℓ)=1207.746g
그 다음 "분자량 : 24.1L= 벤젠 사용량(질량) : 부피"
부피=372.6370... (L)

○ 다른 풀이

1. 사용질량을 구한다.
2. 몰수(사용질량/분자량)를 구한다.
3. 이상기체방정식을 이용하여 부피를 구한다.

PV=nRT여기서 보통 압력은 1기압으로 주어지므로, V=nRT이다.

* n=몰수, R(기체상수)=0.08206 T=절대온도이므로 273+주어진 온도(℃)

정답 ③

유제 2

공기 100L 중에서 A유기용제(분자량=92, 비중=0.87) 1mℓ가 모두 증발하였다면 공기 중 A유기용제의 농도는 몇 ppm인가? (단, 25℃, 1기압 기준이다)

① 약 230
② 약 2,300
③ 약 270
④ 약 2,700
⑤ 약 2,900

해설

1. 농도(mg/㎥)

$\frac{1mL}{100L}\times 0.87g/m\ell$

2. 1g=1,000mg을 이용한다.

3. 8,700(mg/㎥)

4. 농도(ppm)=8,700(mg/㎥)$\times\frac{24.45L}{92}$

=2,312ppm

정답 ②

유제 3

표준상태(25℃, 1기압)에서 벤젠(분자량=78, 비중=0.879) 2L가 증발할 때 발생하는 증기의 양은?

① 202.2L
② 303.2L
③ 454.2L
④ 551.2L
⑤ 606.2L

해설

1. 증발된 질량을 먼저 구한다.
2. 분자량 : 24.45L= 증발된 질량 : 증발된 부피

정답 ④

유제 4

근로자가 벤젠을 취급하다가 실수로 작업장 바닥에 1.8L를 흘렸다. 작업장을 표준상태(25℃, 1기압)라고 가정한다면, 공기 중으로 증발한 벤젠의 증기량은? (단, 벤젠의 분자량은 78.11, 비중은 0.879이며 바닥의 벤젠은 모두 증발한다)

① 101.9

② 158.3

③ 264.8

④ 354.8

⑤ 495.3

해설

정답 ⑤

유제 5

온도 25℃, 1기압 하에서 분당 100㎖씩 60분 동안 채취한 공기 중에서 벤젠이 5㎎ 검출되었다면 검출된 벤젠은 약 몇 ppm인가? (단, 벤젠의 분자량은 78이다)

① 15.7

② 26.1

③ 157

④ 261

⑤ 305

해설

○ mg/㎥과 ppm 환산 문제

온도 0℃, 1기압이라면 물질 1mol의 부피는 22.4L이다.

그러나 기체 1mol의 부피인 22.4L는 온도보정이 필요하다.

온도 25℃, 1기압이라면 물질 1mol의 부피는 24.45L

mg/㎥=ppm×(분자량/24.45L)

예를 들면 25℃라고 하면 샤를의 법칙(압력이 일정할 때 기체의 부피는 종류에 관계없이 온도가 1℃ 올라갈 때마다 0℃일 때 부피의 1/273씩 증가한다)에 따라 22.4×[(273+25)/273]=24.45가 된다.

○ 문제해결(25℃, 1기압 기준)

mg/m³=ppm×[분자량÷(24.45L)]

$$ppm = mg/m^3 \times \frac{24.45}{분자량}$$

정답 ④

유제 6

온도가 15℃이고, 1기압인 작업장에 톨루엔이 200㎎/㎥으로 존재할 경우 이를 ppm으로 환산하면 얼마인가? (단, 톨루엔의 분자량은 92.13이다)

① 53.1

② 51.2

③ 48.6

④ 11.3

⑤ 7.1

해설

0℃이고, 1기압은 약 22.4L이다.

정답 ②

33 국소배기장치 설계에 관한 설명으로 옳지 않은 것은? [2022년 기출]

① 송풍기에서 가장 먼 쪽의 후드부터 설계한다.

② 설계 시 먼저 후드의 형식과 송풍량을 결정한다.

③ 1차 계산된 덕트 직경의 이론치보다 더 큰 크기의 시판 덕트를 선정한다.

④ 합류관 연결부에서 정압은 가능한 같아지게 한다.

⑤ 합류관 연결부의 정압비(SP_{high}/SP_{low})가 1.05 이내이면 정압 차를 무시하고 다음 단계 설계를 계속한다.

해설

○ **국소배기장치 설계절차 중 덕트**

1) 오염물질을 덕트 내에 침적 혹은 막힘 현상 없이 운반할 수 있는 공정에 맞는 덕트의 최소설계속도를 결정한다.
2) 덕트 직경 계산 : 필요환기량(송풍량)을 덕트 최소설계속도로 나누어서 덕트의 면적을 구한다. (이 면적으로 직경을 구함)
3) 시판되는 덕트의 규격(직경크기)을 결정한다. 이 때 위에서 구한 덕트 최소설계속도보다는 덕트 내 실제속도가 커야 되므로 **시판용 덕트의 직경은 계산된 덕트의 직경보다 더 작은 것을 선정해야 한다**.
4) 시판용 덕트의 단면적을 가지고 다시 역으로 계산하여 실제 덕트 속도를 구한다.

○ **정압비(SP_{high}/SP_{low} → 절대값이 큰 정압 / 절대값이 작은 정압)**

1) 정압비가 1.05보다 작은 경우 - 특별한 조치를 취하지 않고 다음 단계 설계
2) 정압비가 1.2보다 작고 1.05보다 큰 경우 - 작은 정압 분지관의 유량 보정
3) 정압비가 1.2 또는 이보다 큰 경우 - 작은 정압 분지관을 재설계(Redesign)

정답 ③

34 입자상 물질에 관한 설명으로 옳은 것을 모두 고른 것은? [2022년 기출]

ㄱ. 호흡성 분진(RPM)은 가스 교환 부위에 침착될 때 독성을 일으키는 물질이다.
ㄴ. 석면이나 유리규산은 대식세포의 용해효소로 쉽게 제거된다.
ㄷ. 우리나라 노출기준에는 산화규소 결정체 4종이 있으며, 모두 발암성 1A이다.
ㄹ. 입자상 물질의 침강속도는 스토크 법칙(Stokes' law)을 따르며, 입자의 밀도와 입경에 반비례한다.

① ㄱ, ㄴ
② ㄱ, ㄷ
③ ㄴ, ㄹ
④ ㄴ, ㄷ, ㄹ
⑤ ㄱ, ㄴ, ㄷ, ㄹ

해설

○ 입자상물질의 크기별 분류(ACGIH)

1. 흡입성 먼지(Inhalable particulate mass - IPM)
   1) 입자크기 0~100㎛
   2) 50%가 침착되는 평균입자크기 : 100㎛
   3) 호흡기계의 어느 부위에 침착하더라도 독성을 나타냄
   4) 목재먼지, 크롬 등

2. 흉곽성 먼지(Thoracic Particulate Mass - TPM)
   1) 입자크기 0~25 ㎛
   2) 50%가 침착되는 평균입자크기 : 10㎛
   3) 폐포나 폐기도에 침착되었을 때 독성을 나타냄

3. 호흡성 먼지(Respirable Particulate Mass - RPM)
   1) 입자크기 0~10 ㎛
   2) 50%가 침착되는 평균입자크기 : 4㎛
   3) 폐포에 침착될 때 독성을 나타냄(폐포 - 산소와 이산화탄소의 가스 교환)

○ 입자의 축적기전

입자는 충돌(impaction), 침전(sedimentation), 확산(diffusion), 차단(interception) 현상에 의해 호흡기계에 축적된다.

1. 충돌
   비강, 인후두 부위 등 공기흐름의 방향이 바뀌는 경우, 내포된 입자는 공기 흐름을 따라 순행하지 못하고 입자의 관성 때문에 원래 방향대로 이동하다가 공기 흐름의 방향이 변환되는 부위에 부딪혀 침착될 가능성이 크다. 주로 5~30um 크기의 입자가 충돌현상에 의해 침착된다.

2. 침전
   기관지, 세기관지, 종말세기관지 등 폐의 심층부에서는 공기 흐름이 느려지는데 이 경우 입자는 중력에 의하여 자연스럽게 낙하한다. 보통 1~5um 크기의 입자가 침전 현상에 의해 축적된다.

3. 확산
   미세입자들이 주위에 있는 기체분자와 충돌하여 무질서한 운동을 하다가 주위 세포의 표면에 침착되는 현상을 말한다. 비강에서 폐포에 이르기까지 1㎛ 이하 미세입자 축적에 중요한 현상이다.

4. 차단
   길이가 긴 입자가 호흡기계로 들어오면 그 입자의 가장자리가 기도의 표면을 스치게 되어 침착

하는 현상이다. 지름에 비해 길이가 긴 석면섬유와 같은 경우 차단현상에 의해 기관지, 세기관지 등에 침착될 가능성이 크다.

○ **인체 내 방어기전**

1. 점액 섬모운동 – 섬모(纖毛)를 일정한 방향으로 물결 모양으로 움직여서 노폐물을 배출
   1) 가장 기초적인 방어기전(가래 등)
   2) 섬모운동을 방해하는 물질 : 니켈, 카드뮴, 황화합물, 수은, 암모니아 등

2. 대식세포 작용
   1) 대식세포는 면역담당 세포로서 세균, 이물질 등을 포식, 소화하는 역할
   2) 대식세포가 방출하는 효소의 용해작용으로 제거
   3) **대식세포 효소에 제거되지 않는 물질 : 석면, 유리규산** 등

○ **화학물질 및 물리적 인자의 노출기준 – 〈별표 1〉 화학물질의 노출기준**

269	산화규소(결정체 석영)	Silica(Crystalline quartz) (Respirable fraction)	[14808-60-7] 발암성 1A, 호흡성
270	산화규소 (결정체 크리스토바라이트)	Silica(Crystalline cristobalite) (Respirable fraction)	[14464-46-1] 발암성 1A, 호흡성
271	산화규소 (결정체 트리디마이트)	Silica(Crystalline tridymite) (Respirable fraction)	[15468-32-3] 발암성 1A, 호흡성
272	산화규소 (결정체 트리폴리)	Silica(Crystalline tripoli) (Respirable fraction)	[1317-95-9] 발암성 1A, 호흡성

○ **스토크(Stokes' law) 법칙에 의한 침강속도**

$$V_g(cm/\sec) = \frac{d_p^2(\rho_p - \rho)g}{18\mu}$$

V_g : 침강속도, g : 중력가속도(980$cm/\sec$), d_p : 입자직경(cm)

ρ_p : 입자밀도(g/cm^3), ρ : 밀도(g/cm^3), μ : 공기점성계수($g/cm\,\sec$)

→ 침강속도(V)는 (입자직경)^{2}에 비례하며, 밀도에 비례한다.

정답 ②

유제 1

입경이 50㎛이고 입자비중이 1.32인 입자의 침강속도는? (단, 입경이 1~50㎛인 먼지의 침강속도를 구하기 위한 것으로 스토크 법칙을 따른다)

① 8.6㎝/sec

② 9.9㎝/sec

③ 11.9㎝/sec

④ 13.6㎝/sec

⑤ 15.6㎝/sec

해설

침강속도(V, ㎝/sec) = 0.003×밀도(비중, ρ)×입경^2(=d^2)

= 0.003×1.32×50^2

= 9.9

정답 ②

유제 2

공장의 높이가 3m인 작업장에서 입자의 비중이 1.00이고, 직경이 1.0㎛인 구형 먼지가 바닥으로 모두 가라앉는 데 걸리는 시간은 이론적으로 얼마인가?

① 약 0.8시간

② 약 8시간

③ 약 18시간

④ 약 28시간

⑤ 약 38시간

해설

1. 침강속도(㎝/sec)를 먼저 구한다.

2. $\text{시간(hr)} = \dfrac{\text{높이(거리)}}{\text{침강속도}}$

* 단위에 주의할 것!

정답 ④

유제 3

입경이 14㎛이고, 밀도가 1.5g/㎤인 입자의 침강속도는?

① 0.55cm/sec
② 0.59cm/sec
③ 0.68cm/sec
④ 0.75cm/sec
⑤ 0.88cm/sec

해설

정답 ⑤

유제 4

미국산업위생전문가협의회(ACGIH)의 발암물질 구분으로 '동물 발암성 확인물질, 인체 발암성 모름'에 해당하는 Group은?

① A1
② A2
③ A3
④ A4
⑤ A5

해설

○ 미국산업위생전문가협의회(ACGIH)의 발암물질 구분

A1 : 인체 발암 확인(확정) 물질 → 석면, 6가 크롬, 벤지딘, 아크릴로니트릴, 염화비닐, 콜타르피치 휘발물질

A2 : 인체 발암 추정물질(인체 발암이 의심되는 물질) → 벤젠, 베릴륨, 카드뮴, 포름알데히드, 하이드라진, 클로로포름, O-톨루엔, 비소(arsenic, AS), 납·아연·크롬의 크롬화합물

A3 : 동물 발암성 확인물질, 인체 발암성을 모름

A4 : 인체 발암성 미분류 물질(인체 발암성이 확인되지 않은 물질)

A5 : 인체 발암성 미의심 물질

정답 ③

유제 5

다음 중 먼지가 호흡기계로 들어올 때 인체가 가지고 있는 방어기전으로 가장 적정하게 조합된 것은?

① 면역작용과 폐 내의 대사작용
② 폐포의 활발한 가스교환과 대사작용
③ 점액 섬모운동과 가스교환에 의한 정화
④ 점액 섬모운동과 폐포의 대식세포 작용
⑤ 점액 섬모운동과 폐 내의 대사작용

해설

정답 ④

유제 6

화학물질 및 물리적 인자의 노출기준에서 발암성 정보물질 중 '사람에게 충분한 발암성 증거가 있는 물질'에 대한 표기방법으로 옳은 것은?

① 1
② 1A
③ 1B
④ 2
⑤ 2A

해설

○ 발암성 정보물질의 표기는 「화학물질의 분류·표시 및 물질안전보건자료에 관한 기준」에 따라 다음과 같이 표기함

가. 1A : 사람에게 충분한 발암성 증거가 있는 물질
나. 1B : 시험동물에서 발암성 증거가 충분히 있거나, 시험동물과 사람 모두에서 제한된 발암성 증거가 있는 물질
다. 2 : 사람이나 동물에서 제한된 증거가 있지만, 구분1로 분류하기에는 증거가 충분하지 않은 물질

○ 국제암연구소(IARC)

IARC는 WHO(세계보건기구)의 산하 기구로서 가장 널리 통용되는 발암성분류 시스템을 개발하였다.
1. Group1(1급) : 인체 발암성 물질
2. Group2A(2A급) : 인체 발암 추정 물질

3. Group2B(2B급) : 인체 발암 가능 물질
4. Group3(3급) : 인체 발암성 비분류 물질
5. Group4(4급) : 인체 비발암성 추정 물질

구분	우리나라 (GHS : 국제적 조화시스템)	IARC	ACGIH
인간에게 발암 확정 인자	구분1A	Group1	A1
인간에게 발암 우려 인자	구분1B	Group2A	A2
인간에게 발암 가능 인자	구분2	Group2B	A3
인간에게 발암여부 확실히 구분할 수 없는 물질(발암 가능하나 자료 부족 상태)	-	Group3	A4
발암성 물질로 의심되지 않는 인자	-	Group4	A5

정답 ②

유제 7

다음 중 ACGIH의 발암성 분류 및 유해물질을 올바르게 나열한 것은?

① A1 : 벤젠, asbestos(아스베스토스, 석면)
② A2 : 비소, 6가 크롬
③ A3 : 베릴륨, 납
④ A4 : 카드뮴, 카본
⑤ A5 : O-톨루엔, 콜타르피치 화합물

해설

○ 미국산업위생전문가협의회(ACGIH)의 발암물질 구분

A1 : 인체 발암 확인(확정) 물질 → 석면, 6가 크롬, 벤젠, 아크릴로니트릴, 염화비닐, 콜타르피치 휘발물질

A2 : 인체 발암 추정물질(인체 발암이 의심되는 물질)→ 베릴륨, 카드뮴, 포름알데히드, 하이드라진, 클로로포름, O-톨루엔, 비소(arsenic, AS), 납·아연·크롬의 크롬화합물,

A3 : 동물 발암성 확인물질, 인체 발암성을 모름

A4 : 인체 발암성 미분류 물질(인체 발암성이 확인되지 않은 물질)
A5 : 인체 발암성 미의심 물질

정답 ①

35 화학물질 및 물리적 인자의 노출기준에서 "발암성 1A"가 아닌 중금속은? [2022년 기출]

① 비소 및 그 무기화합물
② 니켈(가용성 화합물)
③ 니켈(불용성 무기화합물)
④ 수은 및 무기형태(아릴 및 알킬 화합물 제외)
⑤ 카드뮴 및 그 화합물

해설

주 : 1. Skin 표시 물질은 점막과 눈 그리고 경피로 흡수되어 전신 영향을 일으킬 수 있는 물질을 말함(피부자극성을 뜻하는 것이 아님)
2. 발암성 정보물질의 표기는 「화학물질의 분류·표시 및 물질안전보건자료에 관한 기준」에 따라 다음과 같이 표기함
가. 1A : 사람에게 충분한 발암성 증거가 있는 물질
나. 1B : 시험동물에서 발암성 증거가 충분히 있거나, 시험동물과 사람 모두에서 제한된 발암성 증거가 있는 물질
다. 2 : 사람이나 동물에서 제한된 증거가 있지만, 구분1로 분류하기에는 증거가 충분하지 않은 물질

일련번호	유해물질의 명칭		비 고 (CAS번호 등)
	국문표기	영문표기	
324	수은 및 무기형태 (아릴 및 알킬 화합물 제외)	Mercury elemental and inorganic form(All forms except aryl & alkyl compounds)	[7439-97-6] 생식독성 1B, Skin

〈별표 1〉 화학물질의 노출기준

일련번호	유해물질의 명칭		비 고 (CAS번호 등)
	국문표기	영문표기	
43	<u>**니켈(가용성화합물)**</u>	Nickel (Soluble compounds, as Ni)	[7440-02-0] 발암성 1A
44	<u>**니켈(불용성 무기화합물)**</u>	Nickel(Insoluble Inorganic compounds, as Ni)	[7440-02-0] 발암성 1A
46	니켈 카르보닐	Nickel carbonyl, as Ni	[13463-39-3] 발암성 1A, 생식독성 1B
129	1,2-디클로로프로판	1,2-Dichloropropane	[78-87-5] 발암성 1A
151	린데인	Lindane	[58-89-9] 발암성 1A, 수유독성, Skin
174	4,4'-메틸렌비스 (2-클로로아닐린)	4,4'-Methylenebis (2-chloroaniline)	[101-14-4] 발암성 1A, Skin
210	목재분진(적삼목)	Wood dust (Western red cedar, Inhalable fraction)	흡입성, 발암성 1A
211	목재분진 (적삼목외 기타 모든 종)	Wood dust (All other species, Inhalable fraction)	흡입성, 발암성 1A
222	베릴륨 및 그 화합물	Beryllium & Compounds	[7440-41-7] 발암성 1A, Skin
223	베타-나프틸아민	β -Naphthylamine	[91-59-8] 발암성 1A
226	벤젠	Benzene	[71-43-2] 발암성 1A, 생식세포 변이원성 1B, Skin
231	벤조 피렌	Benzo(a) pyrene	[50-32-8] 발암성 1A, 생식세포 변이원성 1B, 생식독성 1B
232	벤지딘	Benzidine	[92-87-5] 발암성 1A, Skin
234	1,3-부타디엔	1,3-Butadiene	[106-99-0] 발암성 1A, 생식세포 변이원성 1B

일련번호	유해물질의 명칭		비 고 (CAS번호 등)
	국문표기	영문표기	
235	부탄(이성체)	Butane, isomers	[75-28-5][106-97-8] 발암성 1A, 생식세포 변이원성 1B (부타디엔 0.1% 이상인 경우에 한정함)
262	**비소 및 그 무기화합물**	Arsenic & inorganic compounds, as As	[7440-38-2] 발암성 1A
263	비스-(클로로메틸)에테르	bis-(Chloromethyl)ether	[542-88-1] 발암성 1A
269	산화규소(결정체 석영)	Silica(Crystalline quartz) (Respirable fraction)	[14808-60-7] 발암성 1A, 호흡성
270	산화규소 (결정체 크리스토바라이트)	Silica (Crystalline cristobalite) (Respirable fraction)	[14464-46-1] 발암성 1A, 호흡성
271	산화규소 (결정체 트리디마이트)	Silica (Crystalline tridymite) (Respirable fraction)	[15468-32-3] 발암성 1A, 호흡성
272	산화규소 (결정체 트리폴리)	Silica(Crystalline tripoli) (Respirable fraction)	[1317-95-9] 발암성 1A, 호흡성
283	산화 에틸렌	Ethylene oxide	[75-21-8] 발암성 1A, 생식세포 변이원성 1B
289	삼차부틸크롬산	tert-Butyl chromate, as CrO_3	[1189-85-1] 발암성 1A, Skin
298	석면(모든 형태)	Asbestos(All forms)	발암성 1A
327	스트론티움크로메이트	Strontium chromate	[7789-06-2] 발암성 1A
354	4-아미노디페닐	4-Aminodiphenyl	[92-67-1] 발암성 1A, Skin
358	아세네이트 연	Lead arsenate, as $Pb(AsO_4)_2$	[7784-40-9] 발암성 1A, 생식독성 1A
372	아황화니켈	Nickel subsulfide (Inhalable fraction)	[12035-72-2] 발암성 1A, 생식세포 변이원성 2, 흡입성

일련번호	유해물질의 명칭		비 고 (CAS번호 등)
	국문표기	영문표기	
390	액화 석유가스	L.P.G (Liquified petroleum gas)	[68476-85-7] 발암성 1A, 생식세포 변이원성 1B (부타디엔 0.1%이상인 경우에 한정함)
413	에틸 알코올	Ethyl alcohol	[64-17-5] 발암성 1A (알코올 음주에 한정함)
441	오쏘-톨루이딘	o-Toluidine	[95-53-4] 발암성 1A, Skin
456	우라늄 (가용성 및 불용성 화합물)	Uranium(Soluble & insoluble compounds, as U)	[7440-61-1] 발암성 1A
512	**카드뮴 및 그 화합물**	Cadmium and compounds, as Cd (Respirable fraction)	[7440-43-9] 발암성 1A, 생식세포 변이원성 2, 생식독성 2, 호흡성
535	크로밀 클로라이드	Chromyl chloride	[14977-61-8] 발암성 1A, 생식세포 변이원성 1B
537	크롬광 가공(크롬산)	Chromite ore processing (Chromate), as Cr	[7440-47-3] 발암성 1A
539	크롬(6가)화합물 (불용성무기화합물)	Chromium(Ⅵ) compounds(Water insoluble inorganic compounds)	[18540-29-9] 발암성 1A
540	크롬(6가)화합물 (수용성)	Chromium(Ⅵ)compounds (Water soluble)	[18540-29-9] 발암성 1A
541	크롬산 연	Lead chromate, as Cr	[7758-97-6] 발암성 1A, 생식독성 1A
542	크롬산 연	Lead chromate, as Pb	[7758-97-6] 발암성 1A, 생식독성 1A
543	크롬산 아연	Zinc chromates, as Cr	[13530-65-9][11103-86-9][37300-23-5] 발암성 1A
554	클로로메틸 메틸에테르	Chloromethyl methylether	[107-30-2] 발암성 1A
563	클로로에틸렌	Chloroethylene	[75-01-4] 발암성 1A

일련번호	유해물질의 명칭		비 고 (CAS번호 등)
	국문표기	영문표기	
617	트리클로로에틸렌	Trichloroethylene	[79-01-6] 발암성 1A, 생식세포 변이원성 2
626	입자상다환식방향족 탄화수소(벤젠에 가용성)	Particulate polycyclicaromatic hydrocarbons(as benzene solubles)	발암성 1A~2 (물질의 종류에 따라 발암성 등급 차이가 있음)
669	포름알데히드	Formaldehyde	[50-00-0] 발암성 1A, 생식세포 변이원성 2
723	황산	Sulfuric acid (Thoracic fraction)	[7664-93-9] 발암성 1A (강산 Mist에 한정함), 흉곽성
727	황화니켈 (흄 및 분진)	Nickel sulfide roasting (Fume & dust, as Ni)	[16812-54-7] 발암성 1A, 생식세포 변이원성 2
729	휘발성 콜타르피치 (벤젠에 가용물)	Coal tar pitch volatiles (Benzene solubles)	[65996-93-2] 발암성 1A, 생식독성 1B
731	기타 분진 (산화규소 결정체 1% 이하)	Particulates not otherwise regulated(no more than 1% crystalline silica)	발암성 1A (산화규소 결정체 0.1% 이상에 한함)
731	기타 분진 (산화규소 결정체 1% 이하)	Particulates not otherwise regulated(no more than 1% crystalline silica)	발암성 1A (산화규소 결정체 0.1% 이상에 한함)

정답 ④

36 물리적 유해인자의 관리방법으로 옳지 않은 것은? [2022년 기출]

① 고압환경에서는 질소 대신 헬륨으로 대치한 공기를 흡입한다.

② 고온순화(순응)는 노출 후 4~7일부터 시작하여 12~14일에 완성된다.

③ 자유공간(점음원)에서 거리가 2배 증가하면 소음은 6dB 감소한다.

④ 진동공구 작업자는 금연하는 것이 바람직하다.

⑤ 전리방사선의 강도는 거리의 제곱근에 비례한다.

해설

고압 환경에서 작업할 때에는 질소를 헬륨으로 대치한 공기를 호흡시키는 것이 좋다. 수중에서 압력 변화와 감압증은 헨리의 법칙(Henru's law)과 달톤의 법칙(Dalton's law)에 따른다. 헨리의 법칙에 의하면 특정 온도에서 액체상태로 용해될 가스의 양은 가스의 부분압에 직접적으로 비례하고, 달톤의 법칙에 의하면 특정 가스의 분압은 현존하는 모든 가스의 부분압의 합이다. 즉, 대기가스의 78%를 차지하는 불활성가스인 질소는 스크버 다이버의 혈관이나 기관에서 가스법칙을 따를 때 부작용을 유발하는 가스이다. 탱크의 가스로 호흡을 하면서 하강할 때 증가된 압력으로 수면에서 보다 더 많은 질소가 조직 속으로 스며들게 된다. 충분한 질소가 신체조직에 용해된 상태에서 수면으로 급상승하게 될 때 가스는 폐에서 서서히 배출하지 못하고, 질소는 용해된 상태에서 가스형태로 변화하여 신체의 혈관과 조직에서 버블을 형성하게 된다. 이 때 발생한 버블이 감압증(DCS)이라 부르는 실체이다.

○ 방사선 피폭의 최소화 방안

방사선 피폭을 줄이기 위해서는 시간, 거리, 차폐의 외부 피폭의 3대 방어원칙을 적절히 병행하여 합리적으로 피폭선량을 가능한 한 낮게 유지해야 한다.

1) 시간 : 방사선에 피폭되는 시간을 의미하며 방사선 피폭 량은 시간에 비례하게 된다. 따라서 방사선 테스트 작업 시간을 가능한 한 짧게 하고 작업 전 반드시 고지한다. 필요 이상으로 선원이나 조사장치 근처에 오래 머무르지 않는다.
2) 거리 : 방사선량의 강도는 선원으로부터 거리 제곱에 반비례하여 감소하기 때문에 작업 시 가능한 한 거리를 멀리 해야 한다.
3) 차폐 : 차폐체의 재질은 일반적으로 원자 번호 및 밀도가 클수록 방사선에 대한 차폐효과가 크며 차폐체는 선원체 가까이 할수록 크기를 줄일 수 있어 경제적이다.

방사선원과 인체 사이에 방사선의 에너지를 대신 흡수할 수 있는 물체를 두어 방사선 피폭 강도를 감소시키는 것으로 납 또는 콘크리트를 이용하여 적절한 차폐체를 설치한다. 차폐체가 두꺼울수록 후방에서 피폭되는 선량이 줄어든다.

○ 고온순화

고온작업환경에서도 잘 적응할 수 있도록 순화된 신체상태. 고온순화가 이루어진 상태에서는 기온이 낮은 환경온도에서도 땀이 나기 시작하며, 발한량이 증가해도 땀 속의 염분량이 감소하고, 혈장량이 증가해 맥박수가 감소해도 심장의 박출량이 증가한다.

1. 생리적 변화

   근육의 최대산소 섭취량 증가, 혈장량 증가, 심박출량과 수축력 증가, 심박소 감소, 땀을 빨리 배출, 최대 땀분비량 증가, 땀의 나트륨 농도는 감소(알도스테론 분비의 증가로 인해), 사구체 여과율 증가

2. 시기

   노출된 지 4~7일 후 시작하여 12~14일에 완성. 그러나 고온 노출 중지 후 2주 지속되다가 1개월 뒤 완전 소실된다. 고온 순화는 개인의 감수성에 따라 다르다.

니코틴은 혈관을 수축시키기 때문에 진동공구를 조작하는 동안 금연한다.

1. 웨버와 피히너의 법칙(Weber–Fencher's law)
   심리적 감각량은 자극의 강도가 아니라 로그(log)에 비례하여 지각된다.

2. 실체파(점음원 : 종파, 횡파)
   역 2승 법칙으로 거리가 2배가 될수록 $10\times\log(\text{거리})^2=10\times\log(2)^2=20\times\log(\text{거리})=6\text{dB}$

3. 표면파(면음원 : R파, L파)
   역 1승 법칙으로 거리가 2배가 될수록 $10\times\log(\text{거리})1=3\text{dB}$

4. 음의 세기(W/m^2)

   $$I=10\times\log\frac{I}{I0}$$

   $I0=10^{-12}$이다. 사람의 최소 가청음의 세기이다.

5. 음압레벨(SPL, 소음레벨, N/m^2) → **음압레벨과 점음원이 20×log이다.**

   $$SPL=20\times\log\frac{P(\text{음압})}{P0(\text{기준음압})}$$

   여기서 $P0=2\times10^{-5}N/m^2$

6. 음향파워레벨(PWL, sound power level)

   $$PWL=10\times\log\frac{W(\text{대상음원의 음향파워})}{W0(\text{기준음향파워})}$$

   여기서 $W_0=10^{-12}$이다.

정답 ⑤

유제 1

소음의 음압수준단위인 dB의 계산식은? (단, P : 음압, P_0 : 기준음압)

① $dB=10\times\log(P/P_0)$

② $dB=20\times\log(P/P_0)$

③ $dB=20\log P+\log P_0$

④ $dB=\log(P/P_0)+10$

⑤ $dB=\log(P/P_0)+20$

해설

정답 ②

유제 2

공장 내 지면에 설치된 한 기계에서 10m 떨어진 지점에서의 소음이 70dB(A)이었다. 기계의 소음이 50dB(A)로 들리는 지점은 기계에서 몇 m 떨어진 곳인가? (단, 점음원 기준이며, 기타 조건은 고려하지 않음)

① 50 ② 100

③ 150 ④ 200

⑤ 250

해설

음압이 점음원일 때의 음압레벨

SPL_1 : r_1에서의 음압레벨(dB)

SPL_2 : r_2에서의 음압레벨(dB)

$$SPL_1-SPL_2=20\times\log\frac{r2}{r1}$$

음압이 점음원일 때의 음압레벨을 위 식에 대입하여 구하면 된다.

$$70-50=20\times\log\frac{X}{10}$$

$X=100(m)$

정답 ②

유제 3

점음원의 거리 감쇠에서 음원으로부터 거리가 2배 멀어지면 음압레벨의 감쇠치는?

① 3dB 감소

② 4dB 감소

③ 5dB 감소

④ 6dB 감소

⑤ 7dB 감소

해설

점음원의 경우 $SPL_1 - SPL_2 = 20 \times \log\frac{r2}{r1}$

r_1이 $2r_1$이 되는 경우이다. 6dB 감소한다. 만일, 선음원의 경우라면 거리가 2배 멀어지면 3dB 감소한다.

정답 ④

유제 4

현재 총흡음량이 2,000sabins인 작업장의 천장에 흡음물질을 첨가하여 3,000sabins을 더할 경우 소음감소는 어느 정도로 예측되는가?

① 4dB

② 6dB

③ 7dB

④ 10dB

⑤ 20dB

해설

소음저감량(dB)$=10\times\log\frac{2,000+3,000}{2,000}=3.97...$

정답 ①

유제 5

자유공간(free field)에서 거리가 5배 멀어지면 소음수준은 초기보다 몇 dB 감소하는가? (단, 점음원 기준)

① 11dB

② 14dB

③ 17dB

④ 19dB

⑤ 21dB

해설

점음원의 경우 $SPL_1 - SPL_2 = 20 \times \log\frac{r2}{r1}$

r_1이 $2r_1$이 되는 경우이다. 거리가 5배 멀어지면 13.97dB 감소한다.

정답 ②

유제 6

어떤 소음의 음압이 20N/㎡일 때, 음압수준(dB)은?

① 80

② 100

③ 120

④ 140

⑤ 160

해설

③ 기준음압을 암기하고 있어야 한다.

○ 음압레벨(SPL, 소음레벨, N/㎡)

$$SPL = 20 \times \log\frac{P(\text{음압})}{P0(\text{기준음압})}$$

여기서 $P_0 = 2 \times 10^{-5}$N/㎡

정답 ③

37 다음 조건을 고려하여 공기 중 섬유상물질의 농도(개/㎤)를 구하면 약 얼마인가? [2022년 기출]

- 직경 25mm 여과지(유효직경 22.1mm)
- 시료채취 시간 : 1시간 30분
- 공기시료 채취기의 유량보정 : 뷰렛의 용량 0.90ℓ
  채취 전(초) : 15.2, 15.35, 15.6
  채취 후(초) : 16.3, 16.35, 16.45
- 위상차현미경을 이용하여 섬유상 물질을 계수한 결과
  공시료 : 0.02개/시야
  시　료 : 150개/30시야
  (단, Walton-Beckett Field(시야)의 직경은 100㎛)

① 0.2
② 0.4
③ 0.6
④ 0.8
⑤ 1.0

해설

- 1시야당 실제 섬유상 물질의 개수(공시료 제외) : $\frac{5개}{시야}-\frac{0.02개}{시야}=4.98개/시야$

- 여과지의 유효면적 : $(\frac{\pi\times22.1^2}{4})mm^2=383.4mm^2$

- 공기채취량(L) = 시료채취pump용량(L/분) × 시료채취시간(분)
- 채취유량(L/분)= 뷰렛용량(L) ÷ 걸린시간(분)
- 채취전pump용량 : $\frac{0.90L}{(\frac{15.2+15.35+15.6}{3})\sec}$=0.0585L/sec×60(s/min)= 3.51L/min

- 채취후pump용량 : $\frac{0.90L}{(\frac{16.3+16.35+16.45}{3})\sec}$=0.0549L/sec×60(s/min)= 3.3L/min

- 평균 pump 용량 : $\frac{3.51L/\text{min}+3.3L/\text{min}}{2}$ = 3.4L/min

공기채취량 = 3.4L/min(pump용량) × 90min(시료채취시간) = 306L

100㎛ 직경의 원형 시야(시야면적 : 0.00785mm^2)를 가지는 월톤-버켓 그래티큘 (Walton-Beckett Field)

- 여과지의 유효면적인 383.4mm^2에 채취된 총 섬유상 물질의 개수

$$\frac{4.98개}{0.00785mm^2} \times 383.4mm^2 = 243.227개$$

- 공기 중 섬유상 물질의 농도 = $\frac{243.227개}{306L} \times \frac{1L}{1000cc}$ = 0.8개/cc = 0.8개/㎤

정답 ④

유제 1

위상차현미경을 이용하여 석면시료를 분석하였더니 시료는 1시야당 3.1개(3.1개/시야)이고, 공시료는 1시야당 0.05개(0.05개/시야)였다. 25mm여과지(유효직경 22.14mm)를 사용하여 2.4L/분으로 1.5시간을 시료채취 하였을 때, 공기 중 석면농도(개/cc)는 얼마인가?

① 0.59개/cc
② 0.69개/cc
③ 0.79개/cc
④ 0.89개/cc
⑤ 0.99개/cc

해설

○ 섬유상물질의 농도(개/㎤=개/cc) 구하기

1. 1시야당 섬유상 개수
2. 여과지의 유효면적(π D^2/4) → D는 유효직경
3. 1시야의 면적은 0.00785㎟이다. 단, Walton-Beckett Field(시야)의 직경은 100㎛
   여과지 유효면적(카세트에 의하여 눌리는 면적을 제외한 실제 시료가 채취되는 면적)에 채취된 **총섬유상 물질의 개수** = 여과지유효면적 × $\frac{1시야당 개수}{0.00785}$

여기서 구한 섬유상 물질의 개수가 공기 중에 포함되어 있다는 의미가 공기 중 농도이다. 한편 1L=1,000cc이고 1㎖=1cc=1㎤도 알아두도록 하자.

○ **위상차현미경**

월톤-베켓 눈금자가 있는 위상차현미경으로 분석한다.

월톤-베켓 눈금자는 원형으로 되어 있는데, 직경이 100㎛이므로 면적, 즉 1시야의 면적은 0.00785㎟이다.

섬유상 물질에서 '섬유'란 길이가 5㎛ 이상이고, 길이 대 너비의 비가 3:1 이하인 것을 의미한다. 석면의 경우 대표적인 섬유상 물질로 폐암, 중피종, 석면폐 등을 일으키는 물질이다. 석면은 카세트의 위 뚜껑을 제거한 오픈페이스(open face) 상태로 시료를 채취하여 위상차현미경으로 분석한다.

문제풀이

1. 1시야당 섬유상 개수=3.1개/시야−0.05개/시야=3.05개/시야
2. 여과지의 유효면적(π $D^2/4$)→D는 유효직경=385㎟
3. 1시야의 면적은 0.00785㎟이다.

채취된 **총섬유상 물질의 개수** = $\text{여과지유효면적} \times \dfrac{\text{1시야당 개수}}{0.00785}$

여기에 대입하면 섬유상 물질의 개수를 구할 수 있다.

섬유상 물질의 개수=$385 \times \dfrac{3.05}{0.00785}$ =149585.987261

공기 중 농도를 구하면 2.4L/분으로 1.5시간(90분)이므로 216L의 공기 중에 섬유상 물질의 개수가 있는 것이므로 $\dfrac{149585.99}{216L} \times \dfrac{1L}{1{,}000cc}$ =0.6925...(개/cc)

정답 ②

유제 2

월톤-베켓 눈금자가 삽입된 위상차현미경을 이용하여 100시야(100field)당 백석면을 분석하였던 1개로 계수된 섬유가 50개, 0.5개로 계수된 섬유가 30개(즉, 15개)였다. 여과지 단위면적(㎟)당 섬유 개수는?

① 8.28개
② 82.8개
③ 828개
④ 10.19개
⑤ 101.9개

해설

월톤-베켓 눈금자 위상차현미경에서 계수에 이용된 면적은 1시야당 0.00785㎟이다.
문제에서는 100시야이므로 0.00785㎟×100=0.785㎟임을 알 수 있다.
한편, 섬유의 총 개수는 65개(50개+15개)이다.
따라서 65개:0.785㎟=x개:1㎟
이 식을 풀면 x=82.8개/㎟이다.

정답 ②

유제 3

작업환경측정 및 정도관리 등에 관한 고시에 의하여 공기 중 석면을 위상차현미경으로 분석할 경우 그 길이가 얼마 이상인 것을 계수하는가?

① 0.1㎛
② 1㎛
③ 5㎛
④ 10㎛
⑤ 15㎛

해설

공기 중 석면을 위상차현미경으로 분석할 경우 길이가 5㎛ 이상인 것을 계수하며, 길이 대 지름의 비가 3:1 이상인 섬유를 계수한다.

정답 ③

유제 4 **유기용제 취급 사업장의 메탄올 농도 측정 결과가 100, 89, 94, 99, 120ppm일 때, 이 사업장의 메탄올 농도 기하평균(ppm)은?**

① 99.4
② 99.9
③ 100.4
④ 102.3

해설

$\sqrt[5]{(100 \times 89 \times 94 \times 99 \times 120)} = 99.877...$

기하평균은 곱의 평균을 의미한다.

정답 ②

유제 5 **특정 상황에서는 측정기구 없이 수학적인 모델링 또는 공식을 이용하여 공기 중 해당물질의 농도를 추정할 수 있다. 온도가 25℃, 1기압인 밀폐된 공간에서 수은증기가 포화상태에 도달했을 때의 공기 중 수은의 농도는?(단, 수은의 원자량 201의 증기압은 25℃, 1기압에서 0.002mmHg이다)**

① 26.3ppm
② 26.3mg/m³
③ 21.6ppm
④ 21.6mg/m³
⑤ 216mg/m³

해설

$$포화농도(ppm) = \frac{물질의 증기압(mmHg)}{대기압(mmHg)} \times 10^6$$

이 식에 대입하면 된다. 2.63ppm

$$mg/m^3 = ppm \times \frac{분자량}{24.45}$$

이 식에 대입하면 21.6mg/m³

* 참고로 1기압은 760mmHg이다. 25℃, 1기압에서의 부피는 24.45L이다.

정답 ④

38 실험실로 I-131(반감기 8.04일)이 들어있는 보관함이 배달되었으며, 방사능을 측정한 결과 500pCi였다. 30일 후 방사능(pCi)은 약 얼마인가? [2022년 기출]

① 37.6

② 32.6

③ 27.6

④ 22.6

⑤ 17.6

해설

반감기(1차 반응식)

'반감기'란 농도(질량)가 정확히 반으로 되는데 걸리는 시간으로 예를 들면, 코발트의 반감기는 5.3년이라 할 때, 코발트의 질량이 20%가 되는데 걸리는 시간을 구해보자.

ln(나중질량)−ln(처음질량)=−k×t

여기서 k는 반응속도 상수, t는 시간이다.

ln(1/2)=−k×5.3(년)

반감기를 통해 k(반응속도 상수)를 구한다. k=0.1307...

문제는 코발트의 질량이 20%가 되는 것이므로

ln(20/100)=−k×t

여기서 t(시간)를 구하면 된다. t=12.31....(년)

문제풀이

ln(나중질량)−ln(처음질량)=−k×t

ln(0.5)=−k×(8.04일)

k=0.08621...

ln(x/500)=−k×(30일)

$x=500\times e^{(-0.08621\times 30)}$=37.6490....

정답 ①

유제 1

어떤 물질의 1차 반응에서 반감기가 10분이었다. 반응물이 1/10 농도로 감소할 때까지 얼마의 시간(분)이 걸리겠는가?

① 6.9

② 33.2

③ 169

④ 693

⑤ 3,323

해설

○ 반감기(1차 반응식)

ln(나중질량)−ln(처음질량)=−k×t

여기서 k는 반응속도 상수, t는 시간이다.

ln(1/2)=−k×10(분)

k를 먼저 구하면 아주 쉽게 해결된다.

정답 ②

유제 2

다음 중 생물학적 모니터링을 위한 시료채취시간에 제한이 없는 것은?

① 소변 중 카드뮴

② 소변 중 아세톤

③ 호기 중 일산화탄소

④ 소변 중 6가 크롬

⑤ 소변 중 톨루엔

해설

중금속(납, 망간, 수은, 비소, 카드뮴)은 일반적으로 반감기가 길기 때문에 시료의 채취시간 제한이 없다.

정답 ①

39 개인보호구에 관한 설명으로 옳은 것을 모두 고른 것은? [2022년 기출]

ㄱ. 유기화합물용 정화통은 습도가 높을수록 수명은 길어진다.
ㄴ. 산소결핍장소에서는 전동식 호흡보호구를 착용한다.
ㄷ. 보호구 안전인증 고시에서 액체 차단 보호복은 3형식, 분진 차단 보호복은 5형식이다.
ㄹ. 보호구 안전인증 고시에서 귀마개 등급은 1종과 2종으로 구분한다.

① ㄱ, ㄴ
② ㄷ, ㄹ
③ ㄱ, ㄷ, ㄹ
④ ㄴ, ㄷ, ㄹ
⑤ ㄱ, ㄴ, ㄷ, ㄹ

해설

○ KOSHA-Guide H-82-2020 호흡보호구의 선정·사용 및 관리에 관한 지침

〈표 1〉 호흡보호구의 종류

분류	공기정화식		공기공급식	
종류	비전동식	전동식	송기식	자급식
안면부 등의 형태	전면형, 반면형	전면형, 반면형	전면형, 반면형, 페이스실드, 후드	전면형
보호구 명칭	방진마스크, 방독마스크, 겸용 방독마스크(방진+방독)	전동기 부착 방진마스크, 방독마스크, 겸용 방독마스크(방진+방독)	호스 마스크, 에어라인 마스크, 복합식 에어라인 마스크	공기호흡기 (개방식), 산소호흡기 (폐쇄식)

* 송기마스크 : 호흡용 보호구 중에서 공기호스 등으로 호흡용 공기를 공급할 수 있도록 만들어진 호흡용 보호구를 말한다. 산소결핍장소에서 사용한다(송기식, 자급식 호흡보호구)

* 유기화합물용(유기용제) 정화통은 습도가 낮을수록 수명이 길어진다.

○ 보호구 안전인증 고시

[별표 8의2] 화학물질용 보호복의 성능기준(제25조 관련) → **(암기법 : 차/비/액/무/진/미)**

형식		형식구분 기준
1형식	1a형식	보호복 내부에 개방형 공기호흡기와 같은 대기와 독립적인 호흡용 공기공급이 있는 가스 차단 보호복

	1a형식 (긴급용)	긴급용 1a 형식 보호복
	1b형식	보호복 외부에 개방형 공기호흡기와 같은 호흡용 공기공급이 있는 가스 차단 보호복
	1b형식 (긴급용)	긴급용 1b 형식 보호복
	1c형식	공기라인과 같은 양압의 호흡용 공기가 공급되는 가스 차단 보호복
2형식		공기라인과 같은 양압의 호흡용 공기가 공급되는 가스 비차단 보호복
3형식		액체 차단 성능을 갖는 보호복. 만일 후드, 장갑, 부츠, 안면창(visor) 및 호흡용보호구가 연결되는 경우에도 액체 차단 성능을 가져야 한다.
4형식		분무 차단 성능을 갖는 보호복. 만일 후드, 장갑, 부츠, 안면창(visor) 및 호흡용보호구가 연결되는 경우에도 분무 차단 성능을 가져야 한다.
5형식		분진 등과 같은 에어로졸에 대한 차단 성능을 갖는 보호복
6형식		미스트에 대한 차단 성능을 갖는 보호복

비고 **3, 4, 6 형식은 부분 보호복을 인정**한다.

나. 보호복의 등급은 투과저항 화학물질과 그 성능수준으로 한다.

다. 1, 2형식 보호복은 안전장갑과 안전화를 포함하는 일체형이야 한다.

[별표 12] 방음용 귀마개 또는 귀덮개의 성능기준(제33조 관련)

종류	등급	기호	성능	비고
귀마개	1종	EP-1	저음부터 고음까지 차음하는 것	귀마개의 경우 재사용 여부를 제조특성으로 표기
	2종	EP-2	주로 고음을 차음하고 저음(회화음영역)은 차음하지 않는 것	
귀덮개	–	EM		

정답 ②

40 톨루엔 노출 작업자의 호흡보호구에 적합한 정성적 밀착도 검사(QLFT) 방법은? [2022년 기출]

① 초산이소아밀법

② 사카린법

③ 자극성 스모그법

④ 공기 중 에어로졸법(Condensation Nucleus Counter)

⑤ 통제음압모니터법(Controlled Negative-Pressure Monitor)

해설

O Kosha Guide H-82-2020 호흡보호구의 선정·사용 및 관리에 관한 지침

〈부록 2〉 밀착도 검사 방법

1. 방진마스크
   1) 정성적 밀착도 검사 방법 : 사카린(Saccharin) 에어로졸법
   2) 정량적 밀착도 검사 방법 : 공기 중 에어로졸 측정법(Condensation Nucleus Counter)

2. 방독마스크
   1) 정성적 밀착도 검사 방법 - 초산이소아밀법(Isoamyl acetate)

   * 유해한 분진, 흄 등의 입자상 물질에 대해서는 방진마스크가 사용되며, 가스상 물질에는 방독마스크가 사용된다. 톨루엔 호흡보호구는 방독마스크이다.

정답 ①

41 산업안전보건기준에 관한 규칙에서 밀폐공간과 관련된 용어의 정의로 옳지 않은 것은? [2022년 기출]

① "밀폐공간"이란 산소결핍, 유해가스로 인한 질식·화재·폭발 등의 위험이 있는 장소이다.

② "유해가스"란 이산화탄소·일산화탄소·황화수소 등의 기체로서 인체에 유해한 영향을 미치는 물질을 말한다.

③ "적정공기"란 산소농도의 범위가 18퍼센트 이상 23.5퍼센트 미만, 이산화탄소의 농도가 1.5퍼센트 미만, 일산화탄소의 농도가 30피피엠 미만, 황화수소의 농도가 10피피엠 미만인 수준의 공기를 말한다.

④ "산소결핍"이란 공기 중의 산소농도가 18퍼센트 이하인 상태를 말한다.

⑤ "산소결핍증"이란 산소가 결핍된 공기를 들이마심으로써 생기는 증상을 말한다.

해설

제618조(정의) 이 장에서 사용하는 용어의 뜻은 다음과 같다. 〈개정 2023. 11. 14.〉

1. "밀폐공간"이란 산소결핍, 유해가스로 인한 질식·화재·폭발 등의 위험이 있는 장소로서 별표 18에서 정한 장소를 말한다.
2. "유해가스"란 이산화탄소·일산화탄소·황화수소 등의 기체로서 인체에 유해한 영향을 미치는 물질을 말한다.
3. "적정공기"란 산소농도의 범위가 18퍼센트 이상 23.5퍼센트 미만, 이산화탄소의 농도가 1.5퍼센트 미만, 일산화탄소의 농도가 30피피엠 미만, 황화수소의 농도가 10피피엠 미만인 수준의 공기를 말한다.
4. "산소결핍"이란 공기 중의 산소농도가 18퍼센트 미만인 상태를 말한다.
5. "산소결핍증"이란 산소가 결핍된 공기를 들이마심으로써 생기는 증상을 말한다.

정답 ④

42 유해화학물질 또는 공정에 적합한 호흡보호구의 연결이 옳지 않은 것은? [2022년 기출]

① 석면 : 특급 방진마스크
② 스프레이 도장작업 : 방진방독 겸용 마스크
③ 베릴륨 : 1급 방진마스크
④ 포스겐 : 송기마스크
⑤ 금속흄 : 배기밸브가 있는 안면부여과식 마스크

해설

○ 보호구 안전인증 고시

별표 4 – 방진마스크의 성능기준(제12조 관련)

방진마스크의 등급은 사용 장소에 따라 표 1과 같이 한다.

〈표 1〉 방진마스크의 등급

등급	특급	1급	2급
사용장소	• **베릴륨** 등과 같이 독성이 강한 물질들을 함유한 분진 등 발생장소 • **석면** 취급장소	• 특급마스크 착용장소를 제외한 분진 등 발생장소 • 금속흄 등과 같이 열적으로 생기는 분진 등 발생장소	• 특급 및 1급 마스크 착용장소를 제외한 분진 등 발생장소

		• 기계적으로 생기는 분진 등 발생 장소(규소등과 같이 2급 방진마스크를 착용하여도 무방한 경우는 제외한다)	
	배기밸브가 없는 안면부여과식 마스크는 특급 및 1급 장소에 사용해서는 안 된다.		

• 특급의 경우 석면이나 베릴륨과 같은 발암성 물질에 노출되는 작업 시 착용하며 1급은 용접과 같은 금속작업, 2급은 일반 분진이 일어나는 작업에 사용된다.

정답 ③

유제 1 **방진마스크의 구비요건에 대한 설명으로 옳지 않은 것은?**

① 안면에 밀착하는 부분은 피부에 장해를 주지 않아야 한다.
② 여과재 여과성능이 우수하고 인체에 장해를 주지 않아야 한다.
③ 방진마스크에 사용하는 금속부품은 부식되지 않아야 한다.
④ 경량성을 확보하기 위해 알루미늄, 마그네슘, 티타늄 또는 이의 합금 재질로 구비하여야 한다.
⑤ 흡기·배기저항이 낮아야 한다.

해설

사용할 때 충격을 받을 수 있는 부품은 충격 시 마찰 스파크가 발생하여 가연성의 가스혼합물을 점화시킬 수 있는 알루미늄, 마그네슘, 티타늄 또는 이의 합금을 사용하지 않아야 한다.

정답 ④

유제 2 **다음 중 허용농도(TLV-TWA)가 가장 낮은 것은?**

① 황화수소 ② 암모니아
③ 일산화탄소 ④ 포스겐
⑤ 포름알데히드

해설

○ 화학물질 및 물리적 인자의 노출기준[별표1 : 화학물질의 노출기준 참조]

황화수소 : 10ppm

암모니아 : 25ppm

일산화탄소 : 30ppm

포스겐 : 0.1ppm

포름알데히드 : 0.3ppm

정답 ④

43 고용노동부가 발표한 2020년 산업재해 현황 분석에서, 2020년에 발생한 직업병 중 발생자 수가 가장 많은 것은? [2022년 기출]

① 진폐 ② 난청
③ 금속 및 중금속 중독 ④ 유기화합물 중독
⑤ 기타 화학물질 중독

해설

② 2023년 통계에서도 1위는 변함이 없었다.

○ 2020년 고용노동부 산업재해 현황 발표자료

직업병 1위	직업관련성 질병 1위
난청 * 직업병은 작업환경 중 유해인자와 관련성이 뚜렷한 질병(진폐, 난청, 금속 및 중금속중독, 유기화합물중독, 기타화학물질중독으로 구분한다)	신체부담작업 * 직업관련성 질병은 업무적 요인과 개인 질병 등 업무 외적 요인이 복합적으로 적용하여 발생하는 질병으로 뇌·심혈관질환, 신체부담작업, 요통 등으로 구분한다.

정답 ②

44 호흡기계의 구조와 기능에 관한 설명으로 옳지 않은 것은? [2022년 기출]

① 폐포는 가스교환 작용이 일어나는 곳이다.

② 해부학적으로 상부와 하부 호흡기계로 구분한다.

③ 내호흡은 폐포와 혈액 사이에서 발생하는 산소와 이산화탄소의 교환작용을 말한다.

④ 비강(nasal cavity)은 호흡공기의 온·습도를 조절하고 오염물질을 제거하는 등의 기능을 한다.

⑤ 기관지는 세기관지(bronchiole)에 가까울수록 섬모세포의 수는 줄어들고 섬모가 없는 클라라세포(clara cell)가 주종을 이룬다.

해설

호흡기 상부	호흡기 하부
1) 코와 비강 2) 인두	1) 후두 2) 기관 3) 기관지 4) 폐포

- 상부기도의 역할 : 여과, 습윤, 호흡 공기의 온도 조절(공기를 데워줌) 등
- 분지가 진행될수록 조직세포의 특성 변화. 세기관지로 분지될수록 섬모세포와 배상세포의 수는 감소하고 클라라세포(섬모가 없는 상피세포)가 출현한다.
- 분지과정은 "세기관지→종말기관지→폐포"로 이어진다.
- 내호흡(조직호흡) : 동맥혈 → 정맥혈, 산소와 이산화탄소의 분압 차에 의해 확산이 일어나는데 이는 **모세혈관 내에서** 이루어진다.
- 외호흡(폐호흡) : 정맥혈 → 동맥혈, 폐포의 산소농도는 모세혈관보다 높고 모세혈관은 산소농도가 낮다. 이러한 분압 차이에 의해 **이산화탄소와 산소의 가스교환**이 일어난다.

정답 ③

45 메탄올의 생체 내 대사과정 중 (   )에 들어갈 내용으로 옳은 것은? [2022년 기출]

메탄올 → (ㄱ) → (ㄴ) → 이산화탄소

① ㄱ : 포름산　　ㄴ : 산화아렌
② ㄱ : 포름알데히드　　ㄴ : 아세트산
③ ㄱ : 포름알데히드　　ㄴ : 포름산
④ ㄱ : 아세트알데히드　　ㄴ : 포름산
⑤ ㄱ : 아세트알데히드　　ㄴ : 아세트산

해설

메탄올이 체내에 들어가면 '간'에서 분해과정을 거치게 되고 이 때 메탄올이 포름알데히드를 거쳐 포름산이 만들어진다. 포름알데히드와 포름산은 특히 시신경과 중추신경계를 손상시키는 효과가 있고, 포름알데히드나 포름산은 물에 잘 녹기 때문에 수분이 많아 레티놀 산화효소가 많은 안구에 가장 큰 피해를 준다.

정답 ③

유제 메탄올에 대한 설명으로 틀린 것은?

① 무색·투명한 액체이다.
② 완전연소하면 이산화탄소와 물이 생성된다.
③ 비중 값이 물보다 작다.
④ 산화하면 포름산을 거쳐 최종적으로 포름알데히드가 된다.
⑤ 간에서 주로 분해된다.

해설

비중=(물질의 밀도)÷(4℃ 물의 밀도), 단위는 없다. 액체의 경우 비중은 물질의 밀도를 물의 밀도로 나누어 준 값이므로 밀도에서 단위만 없다고 보면 된다.
메탄올의 비중은 0.79이다. 참고로 물의 비중은 1이다.

정답 ④

46 신체부위별 동작 유형에 관한 내용으로 옳은 것을 모두 고른 것은? [2022년 기출]

ㄱ. 굴곡(flexion) : 관절에서의 각도가 증가하는 동작
ㄴ. 신전(extension) : 관절에서의 각도가 감소하는 동작
ㄷ. 내전(adduction) : 몸의 중심선으로 향하는 이동 동작
ㄹ. 외전(abduction) : 몸의 중심선에서 멀어지는 이동 동작
ㅁ. 내선(medial rotation) : 몸의 중심선을 향하여 안쪽으로 회전하는 동작

① ㄱ, ㄴ
② ㄴ, ㄷ
③ ㄴ, ㄷ, ㅁ
④ ㄷ, ㄹ, ㅁ
⑤ ㄱ, ㄴ, ㄷ, ㄹ, ㅁ

해설

- 굴곡(flexion) : 관절에서의 각도가 감소하는 동작
- 신전(extension) : 관절에서의 각도가 증가하는 동작
- 내전(adduction) : 몸의 중심선으로 향하는 이동 동작
- 외전(abduction) : 몸의 중심선에서 멀어지는 이동 동작
- 내선(medial rotation) : 몸의 중심선을 향하여 안쪽으로 회전하는 동작

정답 ④

47 재해의 직접원인 중 불안전한 행동에 해당하지 않는 것은? [2022년 기출]

① 안전장치의 부적합
② 위험장소 접근
③ 개인보호구의 잘못 착용
④ 불안전한 속도 조작
⑤ 감독 및 연락 불충분

해설

○ 불안전한 상태 : 사고, 재해를 일으킬 것 같은 또는 그 요인을 만들어 낸 물리적 상태 또는 환경
○ 불안전한 행동 : 사고, 재해를 일으킬 것 같은 또는 그 요인을 만들어 낸 작업자의 행동

불안전한 상태(물적 요인)	불안전한 행동(인적 요인)
1. 물(物) 자체의 결함	1. 안전장치의 무효화(기능 제거)
2. 방호조치의 결함(안전장치의 부적합)	2. 안전조치의 불이행
3. 물건의 배치방법, 작업장소의 결함	3. 불안전한 상태 방치
4. 보호구·복장 등의 결함	4. 불안전한 자세 동작
5. 작업환경의 결함	5. 불안전한 속도 조작(운전의 실패 등)
6. 작업방법의 결함	6. 기계, 장치 등의 잘못된 사용
7. 경계표시, 설비의 결함	7. 보호구, 복장 등의 잘못된 사용
8. 생산공정의 결함	8. 위험장소 접근
	9. 위험물 취급 부주의
	10. 감독 및 연락 불충분

정답 ①

48 힐(A. Hill)이 주장한 인과 관계를 결정하는 기준에 관한 설명으로 옳지 않은 것은? [2022년 기출]

① 어떤 원인에 대한 노출과 특정 질병 발생 간에 관련성은 보이지만, 다른 질병과의 연관성도 함께 관찰된다면 인과 관계의 가능성은 작아진다.
② 원인에 대한 노출이 질병 발생 시점보다 시간적으로 앞설 때 인과 관계의 가능성이 커진다.
③ 의심되는 원인에 노출되어 질병이 발생하는 기전에 대해 기존 지식이 아닌 새로운 이론으로 해석될 때 인과 관계의 가능성이 커진다.
④ 원인에 대한 노출 정도가 커질수록 질병 발생 확률도 높아지는 용량-반응 관계가 나타날 경우 인과 관계의 가능성이 커진다.
⑤ 연관성의 강도가 클수록 인과 관계의 가능성이 커진다.

해설

○ 질병과 요인간의 인과적 관련성을 부여하는 9가지 기준(Hill, 1965)

1. 관련성의 강도(strength of the association)
상대위험도 또는 대응위험도 등으로 표시되는 관련정도의 크기가 클수록 인과관계 가능성이 강함

2. 관련성의 일관성(consistency)
두 변수 간 관련성이 연구대상 집단, 연구방법, 연구시점이 다를 때도 여전히 존재하거나 연구대상 내의 여러 특성별로 볼 때도 관련성이 계속 존재하면 일관성이 있다고 한다. 일관성이 있으면 두 변수 간에 인과관계 가능성 있음
예) 흡연과 폐암, 혈중콜레스테롤과 허혈성심질환등은 모두 이런 일관성이 관찰된 예.

3. 관련성의 특이성(specificity of association)
1대 1의 관계, 요인과 질병이 1:1로 특이적으로 발생하는 경우. 그러나 어떤 변수가 한 가지 이상의 질병과 관련성이 있으면 이 변수는 특이성을 보이기 어렵다(인과 관계의 가능성이 낮아짐)
즉, 특이성이 없다고 인과관계가 없다고 속단할 수 없다.

4. 요인 노출과 질병발생과의 시간적 선후관계(appropriate temporal relationship)
인과관계 판정에 가장 중요한 것으로 원인요인이 질병 발생보다 선행하는 선후관계를 말하며 원인에 노출된 후 질병 발생이 뒤따른다면 인과 관계의 가능성은 커진다. 일반적으로 시간적 선후관계의 입증은 조사하는 질병이 오랜 잠복기간 가지거나 시간이 지나면서 변화하는 요인을 가지는 질병일 때 어려워진다.

5. 용량-반응관계(생물학적 정도, biologic gradient or dose-response relationship)
요인에 노출되는 정도가 증가할수록 질병의 발생도 증가된다면 인과 관계의 가능성은 커진다.

6. 생물학적 설명력(biological plausibility)
두 변수 간 관련성이 그 분야 전문지식으로 설명 가능해야 한다.

7. 기존학설과 일관성(coherence of the evidence)
연구결과 추정된 요인이 기존지식, 소견과 일치할수록 인과적 연관성의 가능성이 높아진다.

8. 실험적 증거(experimental evicence)
원인요인에 대한 인위적 조작 또는 연구를 통해 관련성의 변동을 관찰함으로써 인과성에 대한 증거를 제시하게 된다. 때로는 자연실험에 의해 확인되기도 함.

9. 기존의 다른 인과관계와의 유사성(analogy)
다른 조건에서도 비슷한 기전이 증명될 때 인과관계 가능성 높다.

정답 ③

49 유해인자별 건강관리에 관한 설명으로 옳지 않은 것은? [2022년 기출]

① 도장작업자는 유기화합물에 의한 급성중독, 접촉성 피부염 등에 대해 관리하여야 한다.

② 진동작업자의 경우 정기적인 특수건강진단이 필요하다.

③ 금속가공유 취급자는 폐기능의 변화, 피부질환 등에 대해 관리하여야 한다.

④ "사후관리 조치"란 사업주가 건강관리 실시결과에 따른 작업장소 변경, 작업전환, 건강상담, 근무 중 치료 등 근로자의 건강관리를 위하여 실시하는 조치를 말한다.

⑤ 전(前) 사업장에서 황산에 대한 건강진단을 받고 6개월이 지난 작업자의 경우 배치전건강진단 실시를 면제할 수 있다.

해설

시행규칙 제203조(배치전건강진단 실시의 면제) 법 제130조제2항 단서에서 "고용노동부령으로 정하는 근로자"란 다음 각 호의 어느 하나에 해당하는 근로자를 말한다. 〈개정 2024. 6. 28.〉

1. 다른 사업장에서 해당 유해인자에 대하여 다음 각 목의 어느 하나에 해당하는 건강진단을 받고 6개월(별표 23 제4호부터 제6호까지의 유해인자에 대하여 건강진단을 받은 경우에는 12개월로 한다)이 지나지 않은 근로자로서 건강진단 결과를 적은 서류(이하 "건강진단개인표"라 한다) 또는 그 사본을 제출한 근로자
   가. 법 제130조제2항에 따른 배치전건강진단(이하 "배치전건강진단"이라 한다)
   나. 배치전건강진단의 제1차 검사항목을 포함하는 특수건강진단, 수시건강진단 또는 임시건강진단
   다. 배치전건강진단의 제1차 검사항목 및 제2차 검사항목을 포함하는 건강진단
2. 해당 사업장에서 해당 유해인자에 대하여 제1호 각 목의 어느 하나에 해당하는 건강진단을 받고 6개월(**별표 23 제4호부터 제6호까지의 유해인자에 대하여 건강진단을 받은 경우에는 12개월로 한다**)이 지나지 않은 근로자

○ 근로자 건강진단 실시기준

제2조(정의) 이 고시에서 사용하는 용어의 뜻은 다음 각 호와 같으며, 그 밖의 용어는 이 고시에 특별한 규정이 없으면 「산업안전보건법」(이하 "법"이라 한다), 「산업안전보건법 시행령」(이하 "영"이라 한다) 및 「산업안전보건법 시행규칙」(이하 "규칙"이라 한다)에서 정하는 바에 따른다.

1. "사후관리 조치"란 법 제132조제4항에 따라 사업주가 건강진단 실시결과에 따른 작업장소 변경, 작업전환, 근로시간 단축, 야간근무 제한, 작업환경측정, 시설·설비의 설치 또는 개선, 건강상담, 보호구 지급 및 착용 지도, 추적검사, 근무 중 치료 등 근로자의 건강관리를 위하여 실시하는 조치를 말한다.

■ 산업안전보건법 시행규칙 [별표 23]

특수건강진단의 시기 및 주기

구분	대상 유해인자	시기 (배치 후 첫 번째 특수 건강진단)	주기
1	N,N-디메틸아세트아미드 디메틸포름아미드	1개월 이내	6개월
2	벤젠	2개월 이내	6개월
3	1,1,2,2-테트라클로로에탄 사염화탄소 아크릴로니트릴 염화비닐	3개월 이내	6개월
4	**석면, 면 분진**	**12개월 이내**	**12개월**
5	**광물성 분진 목재 분진 소음 및 충격소음**	**12개월 이내**	**24개월**
6	**제1호부터 제5호까지의 대상 유해인자를 제외한 별표22의 모든 대상 유해인자(*야간작업)**	**6개월 이내**	**12개월**

○ **읽기자료 – 직종별 건강장해(한국노동안전보건연구소)**

1. 금속가공유로 인한 건강장해들

금속가공유로 인한 건강장해는 광범위한 피부접촉으로 인하여 모낭이나 땀구멍을 막아 여드름과 같은 염증을 일으키고, 피부나 호흡기를 자극하여 접촉성 피부염과 호흡기 장해가 발생할 수 있으며, 발암성이 있는 것으로 알려져 있다. 또한 간 질환의 발생이 금속기계 가공작업자들에게 증가할 수 있다는 보고도 있다.

피부질환은 주로 비수용성 금속가공유에 의해 많이 발생된다. 금속가공업은 접촉피부염을 가장 잘 일으킬 수 있는 직종으로 알려져 있으며, 일반인들이 손에 접촉성 피부염을 가질 확률이 2~5%로 보고되는 반면에 금속가공업에 종사하는 사람들은 10~30%나 된다고 한다. 예방을 위해서 작업장 환경을 개선하고 목욕과 세면시설 등을 확충하는 것이 필요하다.

금속가공유로 인한 호흡기 장해는 화학물질 첨가제들에 의한 자극증상 및 천식과 금속가공유의 부패로 인해 발생한 미생물에 의한 과민성 폐장염, 폐렴 등을 들 수 있다. 작업자들은 기침, 가래, 호흡곤란 등의 증세를 느낀다면 금속가공유에 의한 것을 한번 쯤 의심해 보아야 한다. 연구결과에 따르면 현재의 허용농도 수준이거나 그 이하의 금속가공유에 노출된 작업자들의 천식 발생위험도가 증가한다고 한다. 수용성유와 합성유가 특히 천식 발생 위험도를 2배 증가시키는 것으로 보고되었다.

2. 유기용제에 의한 건강장해

도장작업에서 주로 노출되는 물질은 페인트이다. 우리가 흔히 말하는 페인트는 각종 안료(색소)와 수지(피막형성제), 유기용제, 첨가제 등으로 구성되어 있다. 먼저 유해물질이 우리 몸에 흡수되는 경로를 보면, 금속흄과 유기용제의 가스, 증기 형태는 주로 코(호흡)를 통해 폐에 흡수되어 건강장해를 일으키고, 유기용제의 경우 기름때나 지방을 잘 녹이는 성질이 있어 피부에 묻으면 지방질을 녹이며 몸에 잘 흡수된다. 유기용제에 의한 중독증상 중 급성중독에 의해 나타나는 증상은 보통 마취작용으로 인해 술에 취한 듯한 느낌을 호소하는 경우가 많다. 반면, 만성중독의 경우는 피로·권태감이 가장 많이 느끼는 증상이며 잘 흥분하게 된다. 또 두통, 구토증세, 배가 더부룩하고, 식욕감소, 가슴이 두근거리고 어지럽고 숨이 차며, 사지가 저리고 통증을 느끼기도 한다. 이러한 증상들은 일반적으로 피로하고 허약해서 오는 증상이나 다른 질병에 의한 증상과 잘 구분되지 않아, 의사가 작업 내용을 충분하게 알고 있지 않으면 유기용제 중독으로 진단하기가 어렵다. 유기용제에 의한 신체부위별 건강장해는 다음과 같다.

신경장해(급성, 만성중독), 피부 및 점막에 대한 작용, 호흡기장해, 간장해, 혈액장해, 생식기장해

정답 ⑤

50 산업안전보건법 시행규칙 중 납에 대한 특수건강진단 시 제2차 검사항목에 해당하는 생물학적 노출지표를 모두 고른 것은? [2022년 기출]

ㄱ. 혈중 납	ㄴ. 소변 중 납
ㄷ. 혈중 징크프로토포피린	ㄹ. 소변 중 델타아미노레블린산

① ㄱ

② ㄴ

③ ㄱ, ㄷ

④ ㄴ, ㄷ, ㄹ

⑤ ㄱ, ㄴ, ㄷ, ㄹ

해설

■ 산업안전보건법 시행규칙 [별표 24]

번호	유해인자	제1차 검사항목	제2차 검사항목
2	납[7439-92-1] 및 그 무기화합물	(1) 직업력 및 노출력 조사 (2) 주요 표적기관과 관련된 병력조사 (3) 임상검사 및 진찰 ① 조혈기계 : 혈색소량, 혈구용적치, 적혈구 수, 백혈구 수, 혈	(1) 임상검사 및 진찰 ① 조혈기계 : 혈액도말검사, 철, 총철결합능력, 혈청페리틴 ② 비뇨기계 : 단백뇨정량, 혈

	(Lead and its inorganic compounds)	소판 수, 백혈구 백분율 ② 비뇨기계 : 요검사 10종, 혈압 측정 ③ 신경계 및 위장관계 : 관련 증상 문진, 진찰 (4) 생물학적 노출지표 검사 : 혈중 납	청 크레아티닌, 요소질소, 베타 2 마이크로글로불린 ③ 신경계 : 근전도검사, 신경전도검사, 신경행동검사, 임상심리검사, 신경학적 검사 (2) 생물학적 노출지표 검사 ① 혈중 징크프로토포피린 ② 소변 중 델타아미노레불린산 ③ 소변 중 납

※ 검사항목 중 "생물학적 노출지표 검사"는 해당 작업에 처음 배치되는 근로자에 대해서는 실시하지 않는다.

정답 ④

51 **균형성과표(BSC : Balanced Score Card)에서 조직의 성과를 평가하는 관점이 아닌 것은? [2022년 기출]**

① 재무 관점
② 고객 관점
③ 내부 프로세스 관점
④ 학습과 성장 관점
⑤ 공정성 관점

해설

○ Kaplan & Norton의 BSC(Balanced Score card : **균형성과표**)
BSC 관점은 크게 재무, 고객, 내부 프로세스, 학습과 성장의 네 가지로 나눠진다.
'전략이 추구하고자 하는 궁극적인 목표는 무엇인가?'에 대한 답은 재무 관점
'어디서 경쟁하고 차별화된 가치를 제공할 것인가?'에 대한 답은 고객 관점
'어떻게 경쟁할 것인가?'에 대한 답은 내부 프로세스 관점
'경쟁을 위해 무엇을 준비할 것인가?'에 대한 답은 학습과 성장 관점으로 접근한다.

정답 ⑤

52 노사관계에서 숍제도(shop system)를 기본적인 형태와 변형적인 형태로 구분할 때, 기본적인 형태를 모두 고른 것은? [2022년 기출]

ㄱ. 클로즈드 숍(closed shop)
ㄴ. 에이전시 숍(agency shop)
ㄷ. 유니온 숍(union shop)
ㄹ. 오픈 숍(open shop)
ㅁ. 프레퍼렌셜 숍(preferential shop)
ㅂ. 메인터넌스 숍(maintenance shop)

① ㄱ, ㄴ, ㄷ
② ㄱ, ㄷ, ㄹ
③ ㄱ, ㄷ, ㅂ
④ ㄴ, ㄹ, ㅁ
⑤ ㄴ, ㅁ, ㅂ

해설

○ 숍(shop) 제도

숍 제도는 노동조합의 가입방법으로 노동조합의 안정을 유지하기 위한 제도이며 노동조합의 가입과 취업을 관련시키는 것이다. 조합원에 대한 통제력 강화를 목적으로 하는 제도이다.

① 기본적 제도 : 오픈 숍(open shop), 유니언 숍(union shop), 클로즈드 숍(closed shop)
② 변형적 제도 : 에이전시 숍(agency shop), 프리퍼렌셜 숍(preferential shop), 메인터넌스 숍(maintenance shop)

○ 기업에 대한 노동조합의 통제력이 강한 순서

1. 클로즈드 숍(closed shop)
2. 유니언 숍(union shop)
3. 메인터넌스 숍(maintenance shop)
4. 프리퍼렌셜 숍(preferential shop)
5. 에이전시 숍(agency shop)
6. 오픈 숍(open shop)

→ 클로즈드 숍〉유니온 숍〉메인터넌스 숍〉프레퍼렌셜 숍〉에이전시 숍〉오픈 숍

숍 구분	내용
오픈 숍	가입이 자유로운 노동조합
유니온 숍	채용 후 일정 기간이 지나면 노동조합 가입이 의무

클로즈드 숍	노조원이 아니면 채용 불가
에이전시 숍	조합원과 비조합원 모두에게 조합비 징수, agency shop
프레퍼렌셜 숍	노조원을 우선적으로 채용하는 제도, preferential shop
메이터넌스 숍	한 번 가입 시 일정 기간 조합원 지위 유지

정답 ②

53 홉스테드(G. Hofstede)가 국가 간 문화차이를 비교하는 데 이용한 차원이 아닌 것은? [2022년 기출]

① 성과지향성(performance orientation)
② 개인주의 대 집단주의(individualism vs collectivism)
③ 권력격차(power distance)
④ 불확실성 회피성향(uncertainty avoidance)
⑤ 남성적 성향 대 여성적 성향(masculinity vs feminity)

해설

○ 홉스테드(G. Hofstede)가 제시한 문화차원(cultural dimensions)

1. 권력거리 또는 권력격차(power distance)
2. 집단주의(collectivism) 대 개인주의(individualism)
3. 남성성-여성성(masculinity-femininity)
4. 불확실성 회피(uncertainty avoidance)
5. 단기 지향성 대 장기 지향성

장기 지향적 사회는 미래에 대해 더 많은 중요성을 부여한다. 이런 사회에서는 지속성, 절약, 적응능력 등 보상을 지향하는 가치를 조성하고, 단기 지향적 사회에서는 끈기, 전통에 대한 존중, 호혜성, 사회적 책임의 준수 등 과거와 현재에 관련된 가치가 고취된다.

정답 ①

54 레윈(K. Lewin)의 조직변화의 과정으로 옳은 것은? [2022년 기출]

① 점검(checking) - 비전(vision) 제시 - 교육(education) - 안정(stability)
② 구조적 변화 - 기술적 변화 - 생각의 변화
③ 진단(diagnosis) - 전환(transformation) - 적응(adaptation) - 유지(maintenance)
④ 해빙(unfreezing) - 변화(changing) - 재동결(refreezing)
⑤ 필요성 인식 - 전략수립 - 실행 - 해결 - 정착

해설

○ 세력-장 이론(force-field theory)

레윈(Kurt Lewin)은 세력-장이론을 통해 조직변화의 과정을 3단계로 구성한 모델을 제시한다. 조직변화는 해빙(unfreezing), 변화(changing), 재동결(refreezing)의 3단계를 거쳐 이루어진다고 한다.

1. 해빙단계

변화를 추진하는 세력과 변화에 저항하는 세력이 힘겨루기를 하게 된다. 현재의 위치와 혜택을 영구화하려는 현상유지세력이 변화의 필요성을 인식하고 조직변화를 시도하려는 세력에 제동을 걸게 됨으로써 갈등이 발생하게 되는 단계이다.

레빈은 이들 양대 세력을 추진세력(driving forces)과 저항세력(resisting forces)이라고 부르고 '세력-장 분석'이라는 기법을 통해 각 세력의 구체적인 요인들을 분석하였다.

2. 변화의 단계

여러 가지 기법 들을 사용하여 계획된 변화를 실천에 옮기는 과정이다.

3. 재동결 단계

바람직한 상태로 변화된 조직의 새로운 국면을 유지·안정화시키는 단계이다. 변화된 상태는 본래의 상태로 회귀하려는 성향이 있기 때문이다. 재동결을 성공시키기 위해서는 최고경영자의 지원, 적절한 보상과 강화 그리고 체계적인 계획 등이 필요하다.

정답 ④

55 하우스(R. House)의 경로-목표 이론(path-goal theory)에서 제시되는 리더십 유형이 아닌 것은? [2022년 기출]

① 지시적 리더십(directive leadership)
② 지원적 리더십(supportive leadership)
③ 참여적 리더십(participative leadership)
④ 성취지향적 리더십(achievement-oriented leadership)
⑤ 거래적 리더십(transactional leadership)

해설

○ 하우스(R. House)의 경로-목표 이론 : 4가지 리더십 유형 + 2가지 상황변수
4가지 리더십 유형 : 지시적, 지원적, 참여적, 성취지향적
2가지 상황변수 : 부하특성(부하의 욕구, 과업 수행능력, 성격특성), 과업특성(과업구조, 공식적인 권한관계, 작업절차)

정답 ⑤

56 재고관리에 관한 설명으로 옳은 것은? [2022년 기출]

① 재고비용은 재고유지비용과 재고부족비용의 합이다.
② 일반적으로 재고는 많이 비축할수록 좋다.
③ 경제적주문량(EOQ) 모형에서 재고유지비용은 주문량에 비례한다.
④ 1회 주문량을 Q라고 할 때, 평균재고는 Q/3이다.
⑤ 경제적주문량(EOQ) 모형에서 발주량에 따른 총 재고비용선은 역U자 모양이다.

해설

○ 경제적 주문량(EOQ) 모형 - 총재고비용을 최소화시키는 1회 주문량
1. 기본적 EOQ 모형
1) 가정
① 단위당 재고유지비용과 고정비용(주문비용, 준비비용)은 일정하며 이 두 비용만이 EOQ 계산과 관계가 있다.
② 단위 기간 중 수요량은 확정적이며 일정하고 소비량은 시간에 비례한다(정확하게 연간 수요가 예측됨).

③ 평균재고비율은 주문량 Q의 반이다(이는 안전재고는 없고 재고는 다음 주문이 도착할 때까지 사용됨을 의미).

④ 재고부족비용이 없다(재고부족현상은 발생하지 않는다).

⑤ 가격할인이 고려되지 않는다(구입단가는 주문량과 관계없이 일정하다).

⑥ 재고조달기간(리드타임)을 알 수 있으며 일정하다.

2. 모델요소 정의

D = 연간 수요량

Q = 주문량(모델 공식화 과정의 지금 단계에서는 알 수 없음)

Q / 2 = 평균재고량 → **재고수준이 Q에서 0까지 일정하게 감소할 경우 평균재고는 (Q+0)/2, 즉 Q/2가 된다.**

S = 주문시 소요되는 비용(주문비용)

TC(연간 총비용) = 연간 재고유지비용 + 연간 주문비용

EOQ = $\sqrt{\frac{2DS}{H}}$

D : 수요량

S : 주문비용

H : 재고유지비용(단위당 단가 × 재고유지비율)

※ 그래프를 그려 이해할 것!

연간 총재고유지비용= $\frac{Q}{2} \times H$

이때, H는 연간 단위당 재고유지비용이다.

예제 연간수요가 12,000단위, 1회 주문량이 1,000단위라면 연간 주문횟수는? 12번
만일, 1회 주문량이 2,000단위라면 6번의 주문을 할 것이다.

연간 주문비용= $\frac{D}{Q} \times S$

여기서 $\frac{D}{Q}$는 주문횟수, S는 주문비용이다.

위 두 식을 이용해서 그래프를 그려보자!

정답 ③

57 품질경영에 관한 설명으로 옳은 것은? [2022년 기출]

① 품질비용은 실패비용과 예방비용의 합이다.
② R-관리도는 검사한 물품을 양품과 불량품으로 나누어서 불량의 비율을 관리하고자 할 때 이용한다.
③ ABC품질관리는 품질규격에 적합한 제품을 만들어 내기 위해 통계적 방법에 의해 공정을 관리하는 기법이다.
④ TQM은 고객의 입장에서 품질을 정의하고 조직 내의 모든 구성원이 참여하여 품질을 향상하고자 하는 기법이다.
⑤ 6시그마운동은 최초로 미국의 애플이 혁신적인 품질개선을 목적으로 개발한 기업경영전략이다.

해설

- 품질비용 : 예방비용 + 평가비용 + 실패비용(내부, 외부)
- R-관리도 : 범위관리도로 변동성을 관찰하는 데 사용되며 프로세스의 산포 정도를 측정하는 데 사용되는 관리도이다.
- 전사적 품질경영(TQM - Total Quality Management) : 기업 모든 구성원들이 품질향상과 내·외부 고객만족을 달성하기 위해 지속적으로 노력하는 품질혁신 철학.
- 6시그마 : 최고 경영자의 리더십 아래 시그마라는 통계 척도를 사용하여 모든 품질 수준을 정량적으로 평가하고, 문제해결 과정 및 전문가 양성 등의 효율적인 품질 문화를 조성하며, 품질 혁신과 고객만족을 달성하기 위하여 전사적으로 실행하는 종합적인 기업의 경영 전략. 1987년 미국 Motorola에서 처음으로 시작.

○ 관리도의 종류와 구분

1. 계량형 관리도(연속형) → **정규분포**
   길이, 무게, 강도, 화학성분, 압력, 비율, 생산량 등의 자료
2. 계수형 관리도(이산형)
   1) 제품의 불량률(p관리도), 제품의 불량 개수(np관리도) → **이항분포**
   2) 결점수(샘플 크기가 같을 때, c관리도), 단위당 결점수(단위가 다를 때, u관리도)
   → **포아송분포**

※ p관리도는 측정이 불가능하거나, 양품/불량품으로 나타낼 수밖에 없는 품질특성을 지니고 있거나, 합격여부 판정만이 목적인 경우 사용한다.

○ ABC 재고관리

ABC 재고관리는 '가치의 크기에 대응한 노력의 투입'에 의해서 효과를 올리는 방법으로 재고관리의 기법이며 1951년 미국 G. E사의 데키(Deckie)가 개발하였다. 이탈리아 경제학자인 파레토가 주장했던 사고방식을 기본으로 하기 때문에 '파레토(Pareto)법칙' 또는 '80대 20 법칙' 또는 '통계적 선택법'이라고도 한다.

등급	품목비율	매출액(사용액) 비율	발주시스템
A(고가품)	15~30	70~80	정기발주
B(일반제품)	20~40	15~20	정량발주
C(저가품)	50	5~10	Two-bin 시스템

* 투-빈 시스템(Two-Bin System)이란 재고관리법의 하나로 2개의 bin(상자·선반)에 같은 상품을 같은 수량 장치하여 넣어, 한쪽 선반이 비게 되면, 1bin을 발주함과 동시에 2bin의 출고로 바꾸는 방법이다.

정답 : ④

58 JIT(Just In Time) 생산시스템의 특징에 해당하지 않는 것은? [2022년 기출]

① 부품 및 공정의 표준화
② 공급자와의 원활한 협력
③ 채찍효과 발생
④ 다기능 작업자 필요
⑤ 칸반시스템 활용

해설

○ JIT(just-in-time : 적시생산시스템)의 특징

1. 칸반(kanban)을 이용한 풀(pull) 시스템
2. 생산준비시간 단축과 소(小)로트 생산
3. U자형 라인 등 유연한 설비배치
4. 여러 설비를 다룰 수 있는 다기능 작업자 활용
5. 불필요한 재고와 과잉생산 배제
6. 생산의 평준화

* 채찍효과(bullwhip effect)는 공급사슬망관리(Scm)에서 수요왜곡으로 나타나는 문제점이다.

정답 ③

59 1년 중 여름에 아이스크림의 매출이 증가하고 겨울에는 스키 장비의 매출이 증가한다고 할 때, 이를 설명하는 변동은? [2022년 기출]

① 추세변동
② 공간변동
③ 순환변동
④ 계절변동
⑤ 우연변동

해설

○ 시계열자료의 구성요소

시계열자료는 일반적으로 추세변동, 순환변동, 계절적변동, 불규칙변동 등 4가지로 구성된다.

1. 추세변동 : 장기적인 관점에서 시계열 자료의 증가 또는 감소의 경향
2. 순환변동 : 1년 이상의 주기로 곡선을 그리며 추세변동에 따라 변동
3. 계절변동 : 1년 이내의 기간 중 주기적으로 나타나는 변동
4. 불규칙변동 : 우발적 원인에 의해 영향을 받는 부분

정답 ④

60 업무를 수행 중인 종업원들로부터 현재의 생산성 자료를 수집한 후 즉시 그들에게 검사를 실시하여 그 검사 점수들과 생산성 자료들과의 상관을 구하는 타당도는? [2022년 기출]

① 내적 타당도(internal validity)
② 동시 타당도(concurrent validity)
③ 예측 타당도(predictive validity)
④ 내용 타당도(content validity)
⑤ 안면 타당도(face validity)

해설

○ 타당도(Validity)

그 검사가 측정하고자 의도하는 속성을 얼마나 정확하게 측정하고 있는가를 의미

1. 내용타당도 : 검사의 문항들이 측정하고자 하는 내용영역을 얼마나 잘 반영하고 있는지를 말한다. 해당 분야의 전문가들의 주관적 판단들을 토대로 결정한다.

2. 안면타당도 : 검사문항을 전문가가 아닌 일반인이 읽고 그 검사가 얼마나 타당해 보이는지를 평가하는 것이다. 즉 수검자에게 그 검사가 타당한 것처럼 보이는 것인가를 뜻하는 것이다

3. 준거관련타당도 : 어떤 심리검사가 특정 준거와 어느 정도 관련성이 있는가를 나타내는 것이다. 예언타당도(예측타당도)는 미래에 동시타당도(공인타당도)는 현재에 초점을 맞춘 것이다.

1) 예측타당도 : 선발도구의 측정치가 지원자의 미래 직무성과를 어느 정도 예측할 수 있는지의 정도. 준거치와 예측치의 적용 시점은 상이하다.
(예) 신입사원의 선발점수와 입사 후 일정 시간 경과 후 그들의 직무성과를 서로 비교

2) 동시타당도 : 선발도구의 측정치가 그 직무를 담당하는 현직 종업원들의 직무성과와 관련되어 있는 정도. 준거치와 예측치의 적용 시점은 동일.
(예) 신입사원의 선발에 적용하려는 선발도구를 현직 종업원에게 실시하여 그들의 획득 점수와 평가 자료들과의 상관관계를 조사

4. 구성타당도 : '구인타당도'라고도 하는데 검사가 이론적 구성 개념이나 특성을 잘 측정하는 정도를 말한다.

1) 수렴타당도(집중적 타당도)
같은 개념을 상이한 방법으로 측정했을 때 그 측정값 사이의 상관관계가 높으면 타당성이 높다.
(예) 지능검사를 지필과 구두로 측정했을 때, 두 검사 결과가 높게 나오면 수렴 타당도 높다고 할 수 있다

2) 변별타당도(차별적 타당도)
다른 개념을 같은 방법으로 측정했을 때, 측정지표들 간 상관관계가 낮은 경우 차별적 타당도가 높다고 할 수 있다.
(예) 매연측정과 음주측정을 혈액검사로 측정, 측정지표들 간 상관관계 낮게 나오면 타당성이 높다. 관련 없는 변인들과는 상관성이 낮아야 하기 때문이다.

3) 요인분석법(이해타당도)
구성타당도 분석 위해 가장 많이 사용하며 문항들 간 상관관계 분석 서로 상관이 높은 문항끼리 묶어 주는 방법으로 각 변인들의 잠재 특성을 밝히기 위해 개념들 간 관계 체계적 법칙에 부합되면 이해타당도가 높다고 본다.

내용타당도	안면타당도	기준타당도	구성타당도
합리	감정	경험	이론

정답 ②

61 직무분석에 관한 설명으로 옳지 않은 것은? [2022년 기출]

① 직무분석가는 여러 직무 간의 관계에 관하여 정확한 정보를 주는 정보 제공자이다.

② 작업자 중심 직무분석은 직무를 성공적으로 수행하는데 요구되는 인적 속성들을 조사함으로써 직무를 파악하는 접근 방법이다.

③ 작업자 중심 직무분석에서 인적 속성은 지식, 기술, 능력, 기타 특성 등으로 분류할 수 있다.

④ 과업 중심 직무분석 방법의 대표적인 예는 직위분석질문지(Position Analysis Questionnaire)이다.

⑤ 직무분석의 정보 수집 방법 중 설문조사는 효율적이며 비용이 적게 드는 장점이 있다.

해설

○ 직위분석설문지(PAQ : Position Analysis Questionnaire) : 작업자 중심적인 직무분석기법 중 대표적인 것으로 표준화된 분석도구이면서, 직무를 수행하는 데 요구되는 인간의 재능들에 초점을 두어서 지식, 기술, 능력, 경험과 같은 작업자의 개인적 요건(인적속성)들에 의해 직무를 표현한다. 직위분석설문지(PAQ)는 과업(task)보다는 작업행동, 작업조건 혹은 작업특성을 다루기 때문에 작업자 중심 직무분석에 속한다. PAQ는 맥코믹(MaCormick) 등이 개발한 표준화된 직무분석 설문지로 총 194개의 문항으로 구성되어 있으며 이 중 187문항은 작업활동 및 작업상황과 관련된 것이고, 7문항은 임금과 관련되어 있다.

○ 기능적 직무분석 : 과업 중심적 직무분석 기법
- 직무정보를 자료(Data)-사람(People)-사물(Thing)의 기능으로 분석하는 기법
- 직무에서 수행하는 과제나 활동이 어떤 것들인지를 파악하는데 초점을 둔다.(기능적 분석 방법의 대표적 특징)
- 직무기술서를 작성하는데 중요한 정보를 제공한다.

○ 직무분석은 목적에 따라 과업(직무, task) 중심이나 사람(작업자) 중심의 정보를 수집하기 위해 사용된다.

1. 과업(직무)중심 접근방식

직무 중심 직무분석은 직무에서 수행되는 과업의 본질에 대한 정보를 제공한다.

직무 중심 직무분석은 요소들의 모임인 활동, 활동들의 모임인 과업, 과업의 모임인 임무, 임무의 모임인 직책으로 구성이 된다.

1) 직책 : 한 개인이 수행하는 임무의 집합을 말한다. 직위라고도 한다.
2) 임무 : 직무의 주요 구성요소이다.
3) 과업 : 어떤 특정한 목적 달성을 위한 하나의 온전한 업무이다.
4) 활동 : 각 과업은 이를 구성하는 활동들로 나뉜다.
5) 요소 : 활동을 완수하기 위한 구체적인 요소이다.

2. 사람(작업자) 중심 접근방식
특정한 직무를 성공적으로 수행하기 위해 필요한 특질, 특성 혹은 KSAO에 대한 기술을 제공

3. KSAO의 구성
1. 지식(Knowledge) : 특정한 직무를 수행하기 위해 알아야 할 것들
예) 목수는 지역의 건축법과 전동공구 안전에 대한 지식이 있어야 한다.
2. 기술(Skill) : 특정한 직무에서 수행할 수 있는 것들을 말한다.
예) 목수는 청사진을 읽고 전동공구를 사용하는 기술을 가지고 있어야 한다.
3. 능력(Ability) : 직무과업을 할 수 있거나 배울 수 있는 적성이나 재능이다.
예) 전동공구를 사용하는 기술은 눈-손의 협응을 비롯한 여러 능력을 필요로 한다.
4. 기타 개인 특성(Other personal characteristic)은 위 세 가지 이외에 직무와 관련된 모든 것을 포함한다.

○ 직무분석의 정보 수집 방법

1. 관찰법 : 훈련된 직무분석가가 직무수행자를 직접 관찰함으로써 직무에 관한 정보를 수집하는 방법이다. 관찰법은 직무담당자가 상황에 따라 현저하게 바뀌지 않는 것을 전제로 하기에 정신작업 작업과 집중을 요하는 직무보다는 생산직이나 기능직에 더 적합한 방법이다. 이 방법을 사용할 경우 관찰로 인하여 직무수행이 영향 받지 않도록 유의해야 한다. 관찰법은 ① 사무직이나 관리직이라고 하는 지적·정신적인 노동을 주로 하는 직무에는 적당치 않다 ② 조사에 비교적 시간이 걸리는 등의 단점이 있으나 직무분석원이 직접 자신들의 눈으로 실제 직무활동을 확인할 수 있다는 장점이 있다. 관찰법은 면접법과 함께 병행하여 사용된다.
2. 면접법 : 직무담당자로부터 직접 정보를 얻을 수 있다.
3. 질문지법 : 면접담당자가 필요 없고, 시간과 노력이 많이 절약된다.
4. 경험법 : 직무분석자가 직접 직무를 수행해 봄으로써 정보를 수집한다.

정답 ④

62 리전(J. Reason)의 불안전행동에 관한 설명으로 옳지 않은 것은? [2022년 기출]

① 위반(violation)은 고의성 있는 위험한 행동이다.
② 실책(mistake)은 부적절한 의도(계획)에서 발생한다.
③ 실수(slip)는 의도하지 않았고 어떤 기준에 맞지 않는 것이다.
④ 착오(lapse)는 의도를 가지고 실행한 행동이다.
⑤ 불안전행동 중에는 실제 행동으로 나타나지 않고 당사자만 인식하는 것도 있다.

해설

④ 학자마다 영어 해석이 다르기 때문에 영어 원문을 기억할 것.

○ Rasmussen 행동모델에 의한 Reason의 에러분류

불안전한 행동			
비의도적 행동		의도적 행동	
숙련기반에러		착오(mistake)	고의(violation)
실수(slip)	건망증(lapse)	1) 규칙기반착오 2) 지식기반착오	1) 일상적 위반 2) 상황적 위반 3) 예외적 위반

○ 실수(Slip) : 행동실수. 상황을 잘 해석하고 목표도 잘 이해했으나 의도와는 달리 다른 행동을 하는 것을 말한다.

○ 건망증(Lapse) : 기억실수. 여러 과정이 연계적으로 일어나는 행동들 중에서 일부를 잊어버리고 하지 않은 것을 말한다. 기억의 실패에서 발생하는 오류이다.

○ 착오(Mistake) : 행위는 계획대로 이루어졌지만 계획이 부적절하여 실패한 경우를 말한다. 상황에 대한 해석을 잘못하거나 목표에 대한 이해를 잘못하고 착각하여 행하는 오류(규칙기반 착오, 지식기반 착오)

1) 규칙기반착오(Rule-based mistake) : 적절한 규칙의 오용 및 부적절한 규칙의 적용, 처음부터 잘못된 규칙을 알고 있거나 좌우측 통행의 규칙 등 문화의 차이로 인한 오류(사례 : 좌측 운행 하는 일본에서 우측 운행을 하다 사고)
2) 지식기반착오(Knowledge-based mistake) : 지식이 부정확했거나, 무지한 상태에서 추론·추정 등을 통해서 판단할 경우(사례 : 외국에서 운전 시 표지판의 문자를 몰라 교통 규칙을 위반)

○ 고의(Violation) : 작업수행방법과 절차를 알고 있으면서도 의식적으로 이를 따르지 않는 에러

정답 ④

63 작업동기 이론에 관한 설명으로 옳은 것을 모두 고른 것은? [2022년 기출]

ㄱ. 기대 이론(expectancy theory)에서 노력이 수행을 이끌어 낼 것이라는 믿음을 도구성(instrumentality)이라고 한다.
ㄴ. 형평 이론(equity theory)에 의하면 개인이 자신의 투입에 대산 성과의 비율과 다른 사람의 투입에 대한 성과의 비율이 일치하지 않는다고 느낀다면 이러한 불형평을 줄이기 위해 동기가 발생한다.
ㄷ. 목표설정 이론(goal-setting theory)의 기본 전제는 명확하고 구체적이며 도전적인 목표를 설정하면 수행동기가 증가하여 더 높은 수준의 과업수행을 유발한다는 것이다.
ㄹ. 작업설계 이론(work design theory)은 열심히 노력하도록 만드는 직무의 차원이나 특성에 관한 이론으로, 직무를 적절하게 설계하면 작업 자체가 개인의 동기를 촉진할 수 있다고 주장한다.
ㅁ. 2요인 이론(two-factor theory)은 동기가 외부의 보상이나 직무 조건으로부터 발생하는 것이지 직무 자체의 본질에서 발생하는 것이 아니라고 주장한다.

① ㄱ, ㄴ, ㅁ
② ㄱ, ㄷ, ㄹ
③ ㄴ, ㄷ, ㄹ
④ ㄴ, ㄹ, ㅁ
⑤ ㄷ, ㄹ, ㅁ

해설

○ 동기이론의 분류

내용이론	과정이론
• 매슬로우 욕구 5단계 • 엘더퍼 ERG이론 • 아지리스 성숙-미성숙이론 • 맥클랜드 성취동기이론 (권력/성취/친교욕구)	• 학습이론 • 목표설정이론 • 기대이론 • 공정성(공평)이론 • 직무특성모형

○ 브룸(V. Vroom)의 기대이론

세 가지 요인이 동기 부여를 결정하며 경영자는 이 요소들을 극대화시켜야 한다고 주장하였다. 세 가지 요소는 다음과 같다.

- 기대감(Expectancy) : 열심히 일하면 높은 성과를 올릴 것이라고 생각하는 정도(노력-성과의 관계)
- 수단성(Instrumentality) : 직무 수행의 결과로써 보상이 주어질 것이라고 믿는 정도(성과-보

상의 관계)
- 유의성(Valence) : 직무 결과에 대해 개인이 느끼는 가치(보상-개인목표의 관계)

○ 허츠버그(Herzberg)의 2요인 이론(동기-위생 이론)

1. 동기요인 - 성취감, 인정감, 책임감, 직무 자체, 승진, 성장 가능성
2. 위생요인 - 보수, 대인관계, 근무환경, 회사 정책과 관리, 감독 등

* 허츠버그는 위생요인(불만족 요인)의 충족은 개인의 불만족 요소를 해소할 수 있을 뿐 동기유발을 하지 못하며, 동기요인의 만족을 통한 직무만족 등이 동기유발을 만들어 낼 수 있다고 보았다. 즉, 조직에서 작업조건의 개선이나 임금의 인상 등은 조직원의 욕구만 증가시킬 뿐 성과의 향상에는 한계가 나타나게 되며 이를 극복하기 위해는 직무충실화 등의 개인의 성취감 향상 및 발전을 추구하는 목적을 달성해야 한다고 보았다.

○ 맥클랜드(McClelland)의 성취동기이론

맥클랜드는 매슬로우의 욕구단계이론 중 상위 3개의 욕구를 세 가지 범주로 관찰하게 되면 인간 행동의 80% 이상을 설명할 수 있다고 하였다.

이는 욕구이론의 분류인 내용이론과 과정이론 중에서 내용이론에 속하는 것으로 특정인에게 목표달성을 향해 행동하도록 자극하여 동기를 유발하게 하고 구체적인 행동을 유도하게 하며 그 행동을 지속하게 하는 것을 말한다.

1. 성취욕구(need for achievement)
   높은 기준을 설정하고 이를 달성하고자 하는 욕구
2. 권력욕구(need for power)
   다른 사람에게 영향력을 행사하고 통제하려는 욕구
3. 친교욕구(need for affiliation)
   대인관계에서 밀접하고 친밀한 관계를 맺고자 하는 욕구

○ 작업 동기

작업 동기는 개인의 작업관련 행동을 일으키며, 작업관련 행동의 형태, 방향, 강도, 지속기간을 결정하는 역동적 힘의 집합으로서 개인 내에서 자생적으로 발생할 수도 있고, 외부 자극에 의해 발생할 수도 있다(Pinder, 1998).

1. 작업동기의 중요 구성요소
   1) 방향(direction)
   2) 강도(intensity)
   3) 지속기간(duration)

○ 작업설계 이론(work design theory, 직무특성이론)

Oldham & Hackman이 주장한 것(직무특성모델)으로 동기를 유발하는 근원이 개인 내에 있는 것이 아니라 작업이 수행되는 환경에 있다고 주장한다. 이 이론은 직무가 적절하게 설계되어 있다면

작업 자체가 개인의 동기를 촉진시킬 수 있다고 한다. 동기유발 잠재력을 지니도록 직무를 설계하는 과정을 '직무확충(job enrichment)'이라고 한다.

1. 5가지 직무특성
   1) 기술 다양성(skill variety)
      직무에서 요구되는 다양한 활동, 기술, 재능의 수

   2) 과업 정체성(task identity)
      직무가 하나의 완전하고 확인 가능한 작업을 완수하도록 요구하는 정도. 즉, 직무를 시작부터 끝까지 수행하고 가시적인 결과를 볼 수 있는 정도

   3) 과업 중요성(task signification)
      직무가 조직 안팎의 다른 사람들의 생활이나 작업에 영향을 미치는 정도

   4) 자율성(autonomy)
      자유, 독립성, 작업에서의 시간계획과 직무절차를 결정하는데 있어 재량권을 발휘하는 정도. 작업결과에 대한 책임감을 경험하게 된다.

   5) 과업 피드백(task feedback)
      요구된 활동의 수행 효과성에 관하여 직접적이고 분명한 정보를 주는 정도. 작업활동 결과에 대한 지식을 얻게 된다.

이론에 대한 평가로서 작업설계이론(직무특성이론)에서는 동기는 사람마다 그 강도를 다르게 지니고 있는 개인의 지속적인 속성이나 특성이 아니라, 작업환경을 적절하게 그리고 의도적으로 잘 설계한다면 향상시킬 수 있는 변화 가능한 속성이라고 주장한다. 그러나 이 모델은 주관적 평가에 지나치게 의존(직무의 특성 수준은 그 직무를 어떻게 지각하느냐에 의해 특정)하므로 평정오류 등의 문제로 인해 타당도가 침해될 수 있다. 시사점은 동기가 높은 종업원을 선발하는 수동적 대처 이외에 직무설계를 통해 원하는 높은 수준의 동기를 끌어낼 수 있다는 점이다.

○ 직무만족 측정

1. JDI(job descriptive index)
   5개 요인으로 나누어 작업자체, 승진, 임금, 동료관계, 상사로 구성된 형용사 문항에 '예, 아니오'로 대답하는 전체 72개 문항이다.

2. 미네소타 만족질문지
   20개 요인으로 구성되어 5점 척도로 되어 있다.

3. 안면척도(face scale)
   단일 문항(직무에 대해서 어떻게 생각 : 작업, 임금, 감독, 승진기회, 동료 등을 포함해서 전반적 만족도 측정)에 대한 반응을 얼굴 표정으로 제시

4. 단면적 직무만족척도
단면적 직무만족을 측정하기 위한 것이다.

○ 조직몰입(OC : Organizational Committment)

조직몰입이란 조직에 대한 개인의 정서적, 감정적 애착이라고 정의한다.

조직몰입의 3요인인 정서적, 계속적(지속적), 규범적 조직몰입은 다른 직무 및 조직태도 변수와 깊은 연관성을 맺고 있다.

1. 정서적 조직몰입
조직을 감정적 애착이나 조직에 대한 정서적 유대감의 관점에서 조직몰입을 바라본다.

2. 계속적(지속적) 조직몰입
조직 이직과 연관된 비용의 관점에서 조직몰입을 바라본다.

3. 규범적 조직몰입
한 개인이 재직기간에 따른 지위 상승이나 회사가 그에게 주는 만족이나 보상과는 상관없이 그 회사에 계속 재직하는 것이 옳다고 믿거나 도덕적인 규범 때문에 나타나게 된다고 본다.

정답 ③

유제 **동기이론에 대한 설명으로 가장 옳지 않은 것은?**

① 브룸(Vroom)의 기대이론-개인은 투입한 노력 대비 결과의 비율을 준거 인물의 그것과 비교하여 불균형이 발생했을 때 이를 조정하려 한다.

② 엘더퍼(Elderfer)의 ERG이론-개인의 욕구 동기는 생존욕구, 관계욕구, 성장욕구의 세 단계로 구분된다.

③ 맥클랜드(McClelland)의 성취동기이론-개인의 욕구는 성취욕구, 친교욕구, 권력욕구로 구분되며, 성취욕구의 중요성을 강조한다. 성취동기란 어려운 문제를 해결함으로써 만족을 얻고자 하는 욕구에서 나오는 동기이다. 머레이(Murray)가 처음 소개하였고 맥클랜드(McClelland)가 체계화한 것으로 주제통각검사(TAT)에 의해 측정한다.

④ 허즈버그(Herzberg)의 2요인이론-개인은 서로 별개인 만족과 불만족의 감정을 가지는데, 위생요인은 개인의 불만족을 방지해주는 요인이며, 동기요인은 개인의 만족을 제고해주는 요인이다.

⑤ 아담스(Adams)의 공정성이론-공정성의 정도는 자기와 타인의 투입과 노력에 대한 성과를 비교해서 느끼게 되는 작업 동기이다.

해설

주제통각검사(TAT, Thematic Apperception Test)란 1935년 미국의 심리학자인 헨리 머레이(Henry A. Murray)와 크리스티아나 모건(Christiana D. Morgan)이 발표한 심리 검사법으로 이 검사법은 특정한 **그림을 검사 대상자에게 제시**하고, 그 그림에 대한 대상자의 반응을 분석하고 해석하는 방법인데, 대상자가 제시된 그림으로부터 받은 자극을 이야기로 표현하는 과정에서 투사하는 자신의 상상, 경험, 바람 및 의식적, 무의식적 갈등, 충동, 억압 등을 분석, 해석함으로써 대상자가 가진 인격의 내용을 파악하는 데 목적을 두고 있다.

정답 ①

64 직업 스트레스 모델에 관한 설명으로 옳지 않은 것은? [2022년 기출]

① 노력-보상 불균형 모델(Effort-Reward Imbalance Model)은 직장에서 제공하는 보상이 종업원의 노력에 비례하지 않을 때 종업원이 많은 스트레스를 느낀다고 주장한다.

② 요구-통제 모델(Demands-Control Model)에 따르면 작업장에서 스트레스가 가장 높은 상황은 종업원에 대한 업무 요구가 높고 동시에 종업원 자신이 가지는 업무통제력이 많을 때이다.

③ 직무요구-자원 모델(Job Demands-Resources Model)은 업무량 이외에도 다양한 요구가 존재한다는 점을 인식하고, 이러한 다양한 요구가 종업원의 안녕과 동기에 미치는 영향을 연구한다.

④ 자원보존 모델(Conservation of Resources Model)은 자원의 실제적 손실 또는 손실의 위협이 종업원에게 스트레스를 경험하게 한다고 주장한다.

⑤ 사람-환경 적합 모델(Person-Environment Fit Model)에 의하면 종업원은 개인과 환경 간의 적합도가 낮은 업무 환경을 스트레스원(stressor)으로 지각한다.

해설

○ 직무 스트레스 모델

1. 사람-환경 적합 모델(Person-Environment fit model)
   직무스트레스는 개인의 욕구·기술·능력·적성 등의 개인적인 특성과 직무를 수행하는 환경적인 특성(직무·역할·조직 특성 등)이 상호 일치하지 않을 경우에 발생된다.

2. 노력-보상 불균형 모델(Effort-reward imbalance model)
   자신의 노력을 많이 요구하는 업무환경에서 일할 경우, 합당한 보상을 제공받지 않으면 높은 수준의 스트레스를 경험하게 된다.

3. 요구–통제 모델(Demands–control model)

구성원에게 부여되는 신속성, 정확성 등의 직무 수행상의 요구(job–demand)에 대비하여 직무 관련 의사결정을 할 수 있는 권한과 자원 동원력 등 직무통제권한(job–control)이 부족하면 스트레스를 경험한다.

구분	직무요구도 낮을 때	직무요구도 높을 때
의사결정 범위 낮을 때	수동적 집단	**고긴장집단(high strain)**
의사결정 범위 높을 때	저긴장집단(low strain)	능동적 집단

4. 직무요구–자원 모델(Job Demands–Resources Model)

기존의 직무통제 요인 이외에 직무요구와 상호작용하여 직무스트레스 등을 경감, 완화시켜 줄 수 있는 다양한 조절변인을 규명해보고자 하는 시도에서 비롯되었다. 이 모형에 의하면 일반적으로 직무자원이란 직무담당자가 자신의 직무요구에 효과적으로 대처해 가고 직무긴장 등 부정적인 영향을 적절히 감소시켜 가는데 기능적인 역할을 하는 일체의 직무맥락 요인들을 말한다. 따라서 실제 업무 상황에서 이러한 직무자원으로 사용할 수 있는 다양한 변인들이 있을 수 있다. 직무요구에 대해 종업원들의 외적요인(조직의 지원, 의사결정과정에 대한 참여)과 내적요인(자신의 업무요구에 대한 종업원의 정신적 접근방법) 등 다양한 요구가 존재한다는 점을 인식하고, 이러한 다양한 요구가 종업원에게 미치는 영향을 연구한다.

5. 자원보존 모델(Conservation of resource model)

업무량이 많고 역할모호성과 역할 갈등이 있는 등 직무요구가 많은 상황에서 의사결정 참여나 보상 등 직무의 효과적인 수행에 필요한 직무자원을 충분하게 보유하지 못하는 경우 스트레스를 경험하게 된다. 직무요구통제 모델과의 차이점은 직무요구가 많아서 자신이 보유하는 직무자원을 상실하는 것을 더 싫어하는 경향이 있기 때문에 가급적 직무자원을 지키려는 방향으로 행동하게 된다.

정답 ②

65 산업재해의 인적 요인이라고 볼 수 없는 것은? [2022년 기출]

① 작업 환경
② 불안전행동
③ 인간 오류
④ 사고 경향성
⑤ 직무 스트레스

해설

○ 재해의 원인

1. 재해의 직접적인 원인 : 불안전한 상태(물적) + 불안전한 행동(인적)
   1) 불안전한 상태 : 사고, 재해를 일으킬 것 같은 또는 그 요인을 만들어 낸 물리적 상태 또는 환경
   2) 불안전한 행동 : 사고, 재해를 일으킬 것 같은 또는 그 요인을 만들어 낸 작업자의 행동

2. 재해의 간접적인 원인 : 기술적 원인, 교육적 원인, 작업관리상 원인, 신체적 원인, 정신적 원인

불안전한 상태(물적 요인)	불안전한 행동(인적 요인)
1. 물(物) 자체의 결함 2. 방호조치의 결함(안전장치의 부적합) 3. 물건의 배치방법, 작업장소의 결함 4. 보호구·복장 등의 결함 5. 작업환경의 결함 6. 작업방법의 결함 7. 경계표시, 설비의 결함 8. 생산공정의 결함	1. 안전장치의 무효화(기능 제거) 2. 안전조치의 불이행 3. 불안전한 상태 방치 4. 불안전한 자세 동작 5. 불안전한 속도 조작(운전의 실패 등) 6. 기계, 장치 등의 잘못된 사용 7. 보호구, 복장 등의 잘못된 사용 8. 위험장소 접근 9. 위험물 취급 부주의 10. 감독 및 연락 불충분

정답 ①

66 인간의 일반적인 정보처리 순서에서 행동실행 바로 전 단계에 해당하는 것은? [2022년 기출]

① 자극　　② 지각
③ 주의　　④ 감각
⑤ 결정

해설

○ 정보량(단위, bit)의 계산

발생확률이 동일한 신호의 정보량(엔트로피, H로 표시한다) 계산=$\log_2 N$

여기서 N은 발생할 수 있는 신호의 개수이다.

예를 들어 신호등(적, 녹, 황)의 발생확률이 같다면 이때의 정보량은?

$H=\log_2 3=1.59$(bit)

예제 1

1에서 15까지 수의 집합에서 무작위로 선택할 때, 어떤 숫자가 나올지 알려주는 경우의 정보량은 몇 bit인가?

풀이

정보량(H)=$\log_2 15=3.906...$=약 3.91(bit)

만일, 발생확률이 동일하지 않은 신호의 정보량은 평균 정보량(엔트로피)으로 계산해야 한다.

예제 2

빨강, 노랑, 파랑의 3가지 색으로 구성된 교통신호등이 있다. 신호등은 항상 3가지 색으로 구성된 교통신호등이다. 신호등은 항상 3가지 색 중 하나가 켜지도록 되어 있다. 1시간 동안 조사한 결과, 파란등은 총 30분, 빨간등과 노란등은 각각 총 15분 동안 켜진 것으로 나타났다. 이 신호등의 총 정보량은 몇 bit인가?

풀이

정보량을 먼저 계산하고, 각각의 정보량이 다른 경우이므로 확률값과 기댓값의 곱의 합을 구하면 된다. $H(x)=\Sigma P(x)\cdot\log_2 N$

파란등=30분/60분=1/2

노란등, 빨간등은 각각=15분/60분=1/4

$H(x)=\Sigma P(x)\cdot\log_2 N=0.5+0.5+0.5=1.5$(bit)

○ **Wickens의 인간 정보처리 모델**
자극(stimulus) → **감각(sensing)** → **지각(perception)** → **인지(cognition, 의사결정)** → 실행

○ 지각(perception)이란 감각기관을 통해 들어온 정보를 기존의 기억된 정보 등과 비교해 의미를 알아차리는 과정으로 '선택-조직-해석'의 과정을 거친다.
* 지각의 착시현상이 자주 출제된다.

○ 인지(cognition)란 특정 상황에 대해 기존의 기억을 동원해 추론(inference), 유추(analogy) 등의 정신작용을 하는 과정을 말한다.

정답 ⑤

67 조명의 측정단위에 관한 설명으로 옳은 것을 모두 고른 것은? [2022년 기출]

ㄱ. 광도는 광원의 밝기 정도이다.
ㄴ. 조도는 물체의 표면에 도달하는 빛의 양이다.
ㄷ. 휘도는 단위 면적당 표면에서 반사 혹은 방출되는 빛의 양이다.
ㄹ. 반사율은 조도와 광도간의 비율이다.

① ㄱ, ㄷ
② ㄴ, ㄹ
③ ㄱ, ㄴ, ㄷ
④ ㄱ, ㄷ, ㄹ
⑤ ㄱ, ㄴ, ㄷ, ㄹ

해설

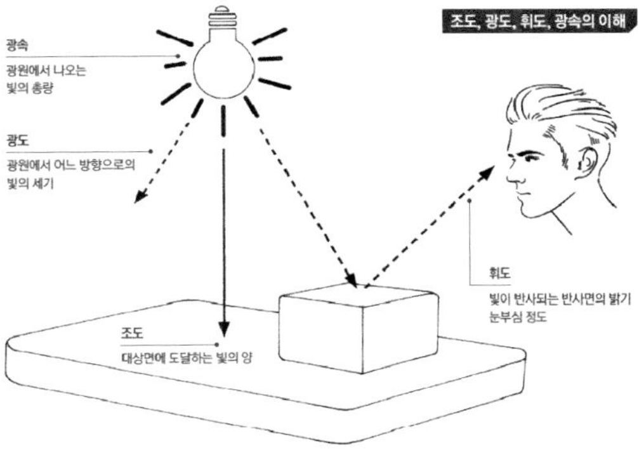

반사율(reflectance)은 조도와 광속발산도(π ×휘도)의 비율을 말한다.
조도는 '광도/(거리)^2'이다.
여기서 광속발산도란 발광면의 단위 면적당 발산 광속으로 단위는 'lm/㎡=radlux'이다.

완전 확산면의 휘도(B)와 광속발산도(R)의 관계는 다음과 같다.

광속발산도(R)=π ×휘도(B)

$$반사율(\%) = \frac{광속발산도}{조도} \times 100$$

예제 **휘도(luminance)가 10cd/㎡이고, 조도(illuminance)가 100lx일 때, 반사율(reflection, %)은?**

풀이

반사율=[π ×10cd/㎡]÷100lx×100=10π (%)

정답 ③

유제 **100cd 점광원의 하방 1m 되는 곳에 있는 반사율이 70%인 백색판의 광속발산도(rlx)는?**

① 70

② 7

③ 0.7

④ 20

⑤ 0.2

해설

정답 ①

68 아래의 그림에서 a에서 b까지의 선분 길이와 c에서 d까지의 선분 길이가 다르게 보이지만 실제로는 같다. 이러한 현상을 나타내는 용어는? [2022년 기출]

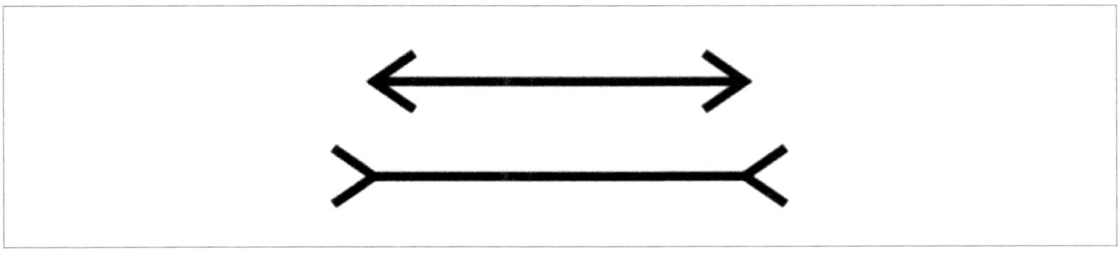

① 포겐도르프 착시현상
② 뮬러-라이어 착시현상
③ 폰조 착시현상
④ 죌러 착시현상
⑤ 티체너 착시현상

해설

정답 ② 그림으로 이해한 후 반드시 암기할 것!

69 유해인자와 주요 건강 장해의 연결이 옳지 않은 것은? [2022년 기출]

① 감압환경 : 관절 통증
② 일산화탄소 : 재생불량성 빈혈
③ 망간 : 파킨슨병 유사 증상
④ 납 : 조혈기능 장해
⑤ 사염화탄소 : 간독성

해설

○ **일산화탄소**

무색, 무취의 기체이다. 사람의 몸은 산소를 필요로 하는데, 산소는 혈액 속의 헤모글로빈이라는 혈액세포와 결합하여 몸 구석구석의 세포로 이동. 그런데 일산화탄소는 헤모글로빈과 결합하는 능력이 산소보다 약 200배나 우수하여 일산화탄소가 많은 환경에 장시간 노출되면 헤모글로빈이 산소 대신 일산화탄소와 더 많이 결합하여 몸의 세포에 산소를 공급할 수 없게 되고 이 결과로 나타나는 현상을 일산화탄소 중독이라고 한다. 혈액의 산소운반능력이 상실되어 내부적 질식 상태(저산소증)에 빠지게 된다. 두통, 구토, 어지러움증 등을 시작으로 심해지면 호흡장애, 운동실조, 발작, 실신 등 신경학적인 증상이 초래되고, 치료가 되지 않고 진행할 경우 심정지로 인한 사망에도 이를 수 있다.

○ **벤젠**

재생불량성 빈혈은 만성적인 벤젠 중독의 고전적인 사인이다. 최근에는 전자파로 인한 발병가능성이 제기되고 있다. 우리나라에서는 1960년대 말에 벤젠에 의한 재생불량성빈혈이 보고되고, 1993년 제철업의 용수 처리공에서 발생한 급성골수성백혈병의 업무관련성이 인정받은 이래 벤젠 또는 유기용제나 솔벤트에 함유된 벤젠에 의한 조혈기질환의 사례가 증가하고 있다.

○ **납**

몸속으로 들어온 납은 대부분이 뼈 속에 축적되었다가 아주 서서히 혈액으로 녹아 나오게 되는데 뼈를 포함한 신체 조직에 납이 축적되는 것을 방치하게 되면, 조혈기관의 기능 장애로 빈혈, 신장기능 및 생식기능 장애 등의 심각한 중독 증상이 발생할 수 있다.

○ **감압병(케이슨병, 잠수병)**

감압병은 압력이 감소하면서 고압이 공기방울을 형성하여 혈액 및 조직의 질소가 용해되는 질병으로 증상으로는 피로 및 근육과 관절 통증이 있다.

정답 ②

유제 **흡입을 통하여 노출되는 유해인자로 인해 발생되는 질병의 종류를 틀리게 짝지은 것은?**

① 비소-폐암
② 결정형 실리카-폐암
③ 베릴륨-간암
④ 6가 크롬-비강암
⑤ 망간-신장염

해설

○ 베릴륨 : 육아종양, 화학적 폐렴 및 폐암
○ 이상기압 : 폐수종
○ 석면 : 악성중피종
○ 수은 : 신경독성
○ 디메틸포름아미드(DMF) : 간독성
○ 트리클로로에틸렌(TCE) : 피부질환으로 대표적인 질환인 스티븐슨증후군(독성 간염 및 피부질환)
○ 노멀헥산(n-헥산) : 말초신경계 질환(팔, 다리 마비)
○ 2-브로모프로판 : 생식독성

정답 ③

70 우리나라에서 발생한 대표적인 직업병 집단 발생 사례들이다. 가장 먼저 발생한 것부터 연도순으로 나열한 것은? [2022년 기출]

ㄱ. 경남 소재 에어컨 부속 제조업체의 세척 작업 중 트리클로로메탄에 의한 간독성 사례
ㄴ. 전자부품 업체의 2-bromopropane에 의한 생식독성 사례
ㄷ. 휴대전화 부품 협력업체의 메탄올에 의한 시신경 장해 사례
ㄹ. 노말-헥산에 의한 외국인 근로자들의 다발성 말초신경계 장해 사례
ㅁ. 원진레이온에서 발생한 이황화탄소 중독 사례

① ㄱ → ㄴ → ㄷ → ㄹ → ㅁ
② ㄱ → ㅁ → ㄹ → ㄷ → ㄴ
③ ㄹ → ㄷ → ㄴ → ㄱ → ㅁ
④ ㅁ → ㄴ → ㄹ → ㄷ → ㄱ
⑤ ㅁ → ㄹ → ㄷ → ㄴ → ㄱ

해설

○ 한국의 직업병 집단 발병 사례

연도	내용
1991	원진레이온(주) 이황화탄소(CS_2) 중독 사회문제화. 노동부에서 직업병 예방 종합대책 마련
1995	전자부품 업체의 전자제품 스위치 조립공정에서 솔벤트 5200 유기용제 내 2-브로모프로판(2-bromopropane)에 과다노출되어 노동자 33명이 생식독성과 악성빈혈 등의 직업병 판정을 받음
2004	경기도 화성 소재 모 디지털 회사에서 근무하는 외국인(태국) 노동자 8명이 노말-헥산에 과다노출되어 다발성 말초신경염에 걸림
2016	부천 소재 휴대전화 부품을 납품하는 3차 협력업체의 20대 노동자 5명이 메탄올 급성 중독으로 시력을 잃는 사고 발생
2022	경남 창원 소재의 모 에어컨 부속 자재 제조업체 세척 공정 중 트리클로로메탄(Tcm)에 의한 급성 중독자 16명 발생

정답 ④

71 국소배기장치에 관한 설명으로 옳은 것을 모두 고른 것은? [2022년 기출]

ㄱ. 공기보다 무거운 증기가 발생하더라도 발생원보다 낮은 위치에 후드를 설치해서는 안 된다.
ㄴ. 오염물질을 가능한 모두 제거하기 위해 필요환기량을 최대화한다.
ㄷ. 공정에 지장을 받지 않으면 후드 개구부에 플랜지를 부착하여 오염원 가까이 설치한다.
ㄹ. 주관과 분지관 합류점의 정압 차이를 크게 한다.

① ㄱ, ㄴ
② ㄱ, ㄷ
③ ㄴ, ㄹ
④ ㄷ, ㄹ
⑤ ㄱ, ㄴ, ㄷ, ㄹ

해설

○ 국소배기장치 구입 및 사용시 안전보건 기술지침(KOSHA-GUIDE)

일반적인 국소배기장치 설치 원칙은 다음과 같다.

1. 국소배기장치는 반드시 후드→덕트→공기정화장치→송풍기→배기구의 순서대로 설치한다.
2. 국소배기장치의 작동이 잘되기 위해서는 보충용 공기를 공급하여 작업장 안을 양압(+압력)으로 유지시켜야 한다.
3. 공정에 지장을 받지 않는 한 후드는 유해물질 배출원에 가능한 가깝게 설치한다.
4. 처리조에서 공기보다 무거운 유해물질이 배출된다고 하더라도 후드의 위치는 바닥이 아닌 오염원의 상방 혹은 측방이어야 한다.
5. 덕트는 사각형이 아닌 원형관이어야 한다.

○ 국소배기장치에서 후드로 들어가는 공기량(필요환기량)은 최소화해야한다. 시설 설치비용뿐 아니라 운영비용(전기, 냉난방비용 등)에 영향을 미치기 때문이다. 후드 설계 시 발견될 수 있는 오류는 공기보다 비중이 무거운 기체는 작업장 바닥으로 가라앉으므로 후드를 바닥에 설치하면 된다고 생각하는 것이다. 그러나 공기와 혼합된 오염물질은 공기와 비중이 거의 같아지게 되며 작업장 내 방해기류는 오염물질을 공기 중으로 비산시키고 바닥으로 가라앉게 하지는 않는다. 따라서 후드를 설치할 때 발생원의 위나 측면에 설치해야 한다.
플랜지를 부착하면 동일한 환기량으로 더 먼 거리에 있는 오염물질을 후드 내로 끌어들일 수 있다(필요환기량 감소, 제어거리와 제어속도 증가, 장치 가동비용 절감 등)
* 플랜지 : 후드의 가장자리에 부착된 판

○ 덕트의 주관과 분지관을 연결 시 두 개의 덕트의 정압의 차이가 없는 것이 가장 이상적이다. 합류각이 클수록 분지관의 압력손실은 증가하며 분지관의 수를 가급적 적게 하여 압력손실을 줄여야 한다.

정답 ②

72 수동식 시료채취기(passive sampler)에 관한 설명으로 옳지 않은 것은? [2022년 기출]

① 간섭의 원리로 채취한다.
② 장점은 간편성과 편리성이다.
③ 작업장 내 최소한의 기류가 있어야 한다.
④ 시료채취시간, 기류, 온도, 습도 등의 영향을 받는다.
⑤ 매우 낮은 농도를 측정하려면 능동식에 비하여 더 많은 시간이 소요된다.

해설

○ 수동식 시료채취기(passive sampler)
- 최대 장점은 간편성과 편리성(펌프로 개인시료를 채취할 경우 근로자가 작업시간 내내 펌프를 착용하고 있어야 하므로 작업에 방해가 되고 근로자가 착용을 거부하는 일이 생길 수 있다. 또한 펌프의 보정이나 충전에 드는 시간과 노동력을 절약할 수 있다)
- 확산포집기, 확산 모니터, 수동식 모니터, 수동식 뱃지라는 용어로도 사용
- 수동식 시료채취기에 적용되는 이론은 확산과 투과의 원리(Fick의 확산 제1법칙)
- 정확도와 정밀도는 시료채취시간, 기류, 온도, 습도 등의 영향을 많이 받는다.
- 작업장 내 최소한의 기류가 필요 → 결핍(starvation) 현상 방지
- 능동식에 비해 시료채취속도가 매우 낮기 때문에 아주 낮은 농도를 측정하려면 능동식에 비하여 더 많은 시간을 채취해야 한다. 또한 채취여재의 청정도·채취 전·채취 동안·채취 후에 오염이 일어나지 않도록 세심한 주의를 기울여야 한다.

정답 ①

유제 가스상 물질의 측정을 위한 수동식 시료채취(기)에 관한 설명으로 옳지 않은 것은?

① 수동식 시료채취기는 능동식에 비해 시료채취속도가 매우 낮다.
② 오염물질의 확산, 투과를 이용하므로 농도 구배에 영향을 받지 않는다.
③ 수동식 시료채취기의 원리는 Fick's의 확산 제1법칙으로 나타낼 수 있다.
④ 산업위생전문가의 입장에서는 펌프의 보정이나 충전에 드는 시간과 노동력을 절약할 수 있다.
⑤ 정상상태에서의 단위면적당 물질의 이동속도는 농도차에 비례하며, 이동거리에 반비례한다.

해설

수동식 시료채취기는 공기채취펌프가 필요 없고 공기층을 통한 확산 또는 투과되는 현상을 이용하여 수동적으로 농도구배(기울기)에 따라 가스나 증기를 포집하는 장치이며 확산포집방법이라고도 한다. 정상작업상태에서의 단위면적당 물질의 이동속도는 농도 차에 비례하며, 이동거리에 반비례한다.

1. 수동식 시료채취기에 포집되는 유해물질의 양에 영향을 주는 요인

최소한의 기류가 있어야 하는데 최소기류가 없어 채취가 표면에서 일단 확산에 의해 오염물질이 제거되면 농도가 없어지거나 감소하는 현상(starvation)이 발생한다. 표면에서 나타나는 결핍현상을 제거하는데 필요한 가장 중요한 요소는 최소한의 기류를 유지하는 것이다.

2. 능동식 대비 수동식 시료채취기의 장·단점

1) 장점

편리하고 간편하다.

2) 단점

능동식 시료채취기에 비해 시료채취속도가 매우 낮기 때문에 저농도 측정 시에는 장시간에 걸쳐 시료채취를 해야 한다. 따라서 대상오염물질이 일정한 확산계수로 확산되도록 하여야 한다. 또한 채취오염물질이 적어 재현성이 좋지 않은 것이 단점으로 지적된다.

O 여과포집기전

1. 직접차단(간섭)
2. 관성충돌
3. 확산
4. 중력침강
5. 정전기침강
6. 체질

정답 ②

73 화학물질 및 물리적 인자의 노출기준에서 STEL에 관한 설명이다. (   )안의 ㄱ, ㄴ, ㄷ을 모두 합한 값은? [2022년 기출]

"단시간노출기준(STEL)"이란 (ㄱ)분간의 시간가중평균노출값으로서 노출농도가 시간가중평균노출기준(TWA)을 초과하고 단시간노출기준 이하인 경우에는 1회 노출 지속시간이 (ㄴ)분 미만이어야 하고, 이러한 상태가 1일 4회 이하로 발생하여야 하며, 각 노출의 간격은 (ㄷ) 분 이상이어야 한다.

① 15

② 30

③ 65

④ 90

⑤ 105

해설

○ 화학물질 및 물리적 인자의 노출기준

제2조(정의) ① 이 고시에서 사용하는 용어의 뜻은 다음과 같다.

1. "노출기준"이란 근로자가 유해인자에 노출되는 경우 노출기준 이하 수준에서는 거의 모든 근로자에게 건강상 나쁜 영향을 미치지 아니하는 기준을 말하며, 1일 작업시간동안의 시간가중평균노출기준(Time Weighted Average, TWA), 단시간노출기준(Short Term Exposure Limit, STEL) 또는 최고노출기준(Ceiling, C)으로 표시한다.
2. "시간가중평균노출기준(TWA)"이란 1일 8시간 작업을 기준으로 하여 유해인자의 측정치에 발생시간을 곱하여 8시간으로 나눈 값을 말하며, 다음 식에 따라 산출한다.
3. "단시간노출기준(STEL)"이란 15분간의 시간가중평균노출값으로서 노출농도가 시간가중평균노출기준(TWA)을 초과하고 단시간노출기준(STEL) 이하인 경우에는 1회 노출 지속시간이 15분 미만이어야 하고, 이러한 상태가 1일 4회 이하로 발생하여야 하며, 각 노출의 간격은 60분 이상이어야 한다.
4. "최고노출기준(C)"이란 근로자가 1일 작업시간동안 잠시라도 노출되어서는 아니 되는 기준을 말하며, 노출기준 앞에 "C"를 붙여 표시한다.

정답 ④

74 라돈에 관한 설명으로 옳지 않은 것은? [2022년 기출]

① 색, 냄새, 맛이 없는 방사성 기체이다.
② 밀도는 9.73g/L로 공기보다 무겁다.
③ 국제암연구기구(IARC)에서는 사람에게서 발생하는 폐암에 대하여 제한적 증거가 있는 group 2A로 분류하고 있다.
④ 고용노동부에서는 작업장에서의 노출기준으로 600Bq/m^3를 제시하고 있다.
⑤ 미국 환경보호청(EPA)에서는 4pCi/L를 규제기준으로 제시하고 있다.

해설

○ 라돈(Radon)

라돈은 세계보건기구(WHO) 산하 국제암연구소(IARC)에서 발암성 1등급(Group1)으로 등록한 천연 방사성 물질이다. 라돈은 바위·토양·공기·물에 존재하는 천연 방사성 물질로 우라늄과 토륨이 붕괴되어 생성되는 가스 형태의 물질이다. 화학적으로 불활성이기 때문에 다른 물질과 화학적으로 반응하지는 않지만 무색, 무취이고 방사선을 방출한다. 라돈은 공기보다 9배 정도 무거워

지표에 가깝게 존재한다. (밀도 9.73g/L)
라돈은 폐암을 유발하는 것으로 알려져 있다. 라돈은 밀폐된 실내공간에서 쉽게 농집되는 특성이 있기 때문에 환기를 적절히 하면 라돈농도를 저감시킬 수 있다.
우리나라 고용노동부는 2018년 고시 제2018-24호(2018. 3. 20) "화학물질 및 물리적인자의 노출기준"을 통하여 작업장 라돈 노출기준으로 600Bq/㎥을 제정, 고시하였다. 또한 지하상가 등 17개 다중이용시설군과 학교 등에 대하여 실내 라돈 권고기준을 4pCi/L로 설정하여 관리하고 있으며, 미국환경보호청(USEPA) 또한 실내 공간 기준치로 4pCi/L(148Bq/m^3) 이하를 규제 기준으로 제시하였다.(질병관리본부, 2016)

○ **국제암연구소(IARC, International Agency for Research on Cancer) 발암등급**

구분	발암성물질 분류 기준
Group1	인체**발암물질**, 혼합물, 노출환경 • 인간발암성의 충분한 증거가 있는 것
Group2A	인체**발암추정**물질, 혼합물, 노출환경 • 인간발암성의 제한된 증거와 동물실험에서 충분한 증거가 있는 것 • 인간발암성의 증거가 부적당하나 동물실험에서 충분한 증거가 있고, 동물의 발암기전이 사람에서도 작용한다는 유력한 증거가 있는 것
Group2B	인체**발암가능**물질, 혼합물, 노출환경 • 인간발암성의 증거가 제한적이고 동물실험에서 불충분한 증거가 있는 것
Group3	인체발암성 비분류 물질 • 인간발암성의 증거가 부적당하고 동물실험에서 부적당하거나 제한된 증거가 있는 것 • 발암성이 없는 것이 아니고 더 연구가 필요한 것을 의미함. • 1군, 2A군, 2B군, 4에 속하지 않는 것도 3군으로 분류함.
Group4	인체비발암성 추정물질 • 인간과 실험동물에서 발암성이 없다는 증거가 있는 것

정답 ③, ⑤(중복 정답 처리)

75 세균성 질환이 아닌 것은? [2022년 기출]

① 파상풍(tetanus)

② 탄저병(anthrax)

③ 레지오넬라증(legionnaires' disease)

④ 결핵(tuberculosis)

⑤ 광견병(rabies)

해설

○ 세균성 질환 : 결핵균, 나균(한센병), 매독균, 페스트균(흑사병), 탄저균, 살모넬라균(장티푸스), 레지오넬라균, 파상풍균 등

○ 바이러스성 질환 : 광견병, 노로바이러스(식중독 및 장염), 수두, 코로나바이러스(COVID-19), 인플루엔자, HIV바이러스(에이즈), 에볼라바이러스, 홍역, 바이러스성 간염(A·B·C) 등

정답 ⑤

* 51번~68번 산업안전지도사 기업진단·지도 문제와 공통 내용임.

69 다음에서 설명하고 있는 기계·설비의 위험점은? [2022년 기출]

서로 반대 방향으로 회전하는 두 개의 회전체에 물려 들어가는 위험점

① 협착점
② 절단점
③ 끼임점
④ 물림점
⑤ 회전 말림점

해설

○ 기계·기구 및 설비의 위험점

1. 협착점(Squeeze-Point) : 왕복운동을 하는 동작부분과 움직임이 없는 고정부분 사이에서 형성되는 위험점(프레스, 절단기, 성형기 등)
2. 끼임점(Shear-Point) : 고정부분과 회전하는 동작 부분 사이에 형성되는 위험점(요동 운동을 하는 기계, 연삭숫돌 등)
3. 절단점(Cutting-Point) : 회전하는 운동 부분 자체의 위험이나 운동하는 기계 부분 자체의 위험에서 초래되는 위험점(밀링 커터, 목재용 둥근톱, 띠톱 등)
4. 물림점(Nip-Point) : 서로 반대 방향으로 맞물려 회전하는 두 개의 회전체에 물려 들어가는 위험점(롤러와 롤러, 기어와 기어의 물림)
5. 접선물림점(Tangential Nip-Point) : 회전하는 부분의 접선방향으로 물려 들어가는 위험점(V벨트와 풀리, 체인과 스프로킷 등)
6. 회전말림점(Trapping-Point) : 회전하는 물체의 길이, 굵기, 속도 등의 불규칙 부위와 돌기 회전 부위에 의해 머리카락 등의 신체 일부와 장갑, 작업복 등이 말려 들어가는 위험점(축, 회전하는 공구, 드릴, 커플링 등)

정답 ④

70 제조물 책임법상 결함에 해당하는 것을 모두 고른 것은? [2022년 기출]

ㄱ. 설계상의 결함	ㄴ. 제조상의 결함	ㄷ. 표시상의 결함

① ㄱ

② ㄴ

③ ㄱ, ㄷ

④ ㄴ, ㄷ

⑤ ㄱ, ㄴ, ㄷ

해설

⑤ 반복 출제되고 있는 문제이다.

○ 제조물 책임법

제2조(정의) 이 법에서 사용하는 용어의 뜻은 다음과 같다.

1. "제조물"이란 제조되거나 가공된 동산(다른 동산이나 부동산의 일부를 구성하는 경우를 포함한다)을 말한다.
2. "결함"이란 해당 제조물에 다음 각 목의 어느 하나에 해당하는 제조상·설계상 또는 표시상의 결함이 있거나 그 밖에 통상적으로 기대할 수 있는 안전성이 결여되어 있는 것을 말한다.
   가. "제조상의 결함"이란 제조업자가 제조물에 대하여 제조상·가공상의 주의의무를 이행하였는지에 관계없이 제조물이 원래 의도한 설계와 다르게 제조·가공됨으로써 안전하지 못하게 된 경우를 말한다.
   나. "설계상의 결함"이란 제조업자가 합리적인 대체설계(代替設計)를 채용하였더라면 피해나 위험을 줄이거나 피할 수 있었음에도 대체설계를 채용하지 아니하여 해당 제조물이 안전하지 못하게 된 경우를 말한다.
   다. "표시상의 결함"이란 제조업자가 합리적인 설명·지시·경고 또는 그 밖의 표시를 하였더라면 해당 제조물에 의하여 발생할 수 있는 피해나 위험을 줄이거나 피할 수 있었음에도 이를 하지 아니한 경우를 말한다.

정답 ⑤

71 개인보호구의 사용 및 관리에 관한 기술지침에서 유해인자 취급 작업별 보호구 중 작업명과 보호구의 연결로 옳지 않은 것은? [2022년 기출]

① 석면 해체·제거 작업 - 송기마스크
② 환자의 가검물 처리 작업 - 보호마스크
③ 산소결핍 위험이 있는 밀폐 공간 작업 - 방독마스크
④ 허가 대상 유해물질을 제조·사용하는 작업 - 방독마스크
⑤ 혈액이 분출되거나 분무될 가능성이 있는 작업 - 보호마스크

해설

○ 개인보호구의 사용 및 관리에 관한 기술지침(Kosha Guide G-12-2013)
5.2 유해인자 취급 작업별 보호구 (산업안전보건기준에 관한 규칙 제3편)

유해인자	작 업 명	보호구	관련근거 (안전보건기준규칙)
관리대상 유해물질 (별표12)	1. 유기화합물을 넣었던 탱크(유기화합물의 증기가 발산할 우려가 없는 탱크는 제외) 내부에서의 세척 및 페인트칠 업무 2. 유기화합물 취급 특별장소에서 단시간 동안 유기화합물을 취급하는 업무	송기마스크	제450조 제1항
	1. 밀폐설비나 국소배기장치가 설치되지 아니한 장소에서의 유기화합물 취급업무 2. 유기화합물 취급 장소에 설치된 환기장치 내의 기류가 확산될 우려가 있는 물체를 다루는 유기화합물 취급업무 3. 유기화합물 취급 장소에서 유기화합물의 증기 발산원을 밀폐하는 설비(청소 등으로 유기화합물이 제	송기마스크 또는 방독마스크	제450조 제2항

	거된 설비는 제외)를 개방하는 업무		
	금속류, 산·알칼리류, 가스상태 물질류 등을 취급하는 작업	호흡용보호구	제450조 제4항
	피부 자극성 또는 부식성 관리대상 유해물질을 취급하는 작업	불침투성 보호복·안전장갑·안전장화, 피부보호용 약품	제451조 제1항
	관리대상 유해물질이 흩날리는 업무	보안경	제451조 제2항
허가대상 유해물질(영 제30조)	허가대상 유해물질을 제조·사용하는 작업	방진마스크 또는 방독마스크	제469조 제1항
	피부장해 등을 유발할 우려가 있는 허가대상 유해물질 취급업무	불침투성 보호복·안전장갑·안전장화, 피부보호용 약품	제470조 제1항
석면	석면해체·제거작업	방진마스크(특등급) 또는 송기마스크 또는 전동식 호흡보호구, 고글(Goggles)형 보안경, 신체를 감싸는 보호복·보호장갑·보호신발	제491조 제1항
금지유해물질(영 제29조)	금지유해물질을 취급하는 경우	불침투성 보호복·안전장갑, 별도의 정화통을 갖춘 호흡용보호구	제510조 제1항 제511조 제1항
소음	소음작업, 강렬한 소음작업 또는 충격소음작업	귀마개 또는 귀덮개	제516조 제1항
진동	진동작업	방진장갑 등 진동보호구	제518조 제1항
이상기압	고압작업	호흡용보호구, 섬유로프, 그 밖의 피난용구	제529조
고열	1. 다량의 고열물체 취급작업 2. 매우 더운 장소에서 작업	방열장갑, 방열복	제572조 제1항

저온	1. 다량의 저온물체 취급작업 2. 현저히 추운 장소에서 작업	방한모, 방한화, 방한장갑, 방한복	제572조 제1항
방사성물질	분말 또는 액체 상태의 방사성물질에 오염된 지역에서 작업	호흡용보호구	제587조 제1항
	방사성물질이 흩날림으로써 근로자의 신체가 오염될 우려가 있는 경우	보호복, 보호장갑, 신발덮개, 보호모	제587조 제2항
병원체	환자의 가검물 처리(검사·운반·청소 및 폐기) 작업	보호앞치마, 보호장갑, 보호마스크	제596조 제1항
혈액매개 감염	혈액이 분출되거나 분무될 가능성이 있는 작업	보안경, 보호마스크	제600조 제1항
	혈액 또는 혈액오염물을 취급하는 작업	보호장갑	
	다량의 혈액이 의복을 적시고 피부에 노출될 우려가 있는 작업	보호앞치마	
공기매개 감염	공기매개 감염병이 있는 환자와 접촉하는 경우	결핵균 등 방지용 보호마스크	제601조 제1항
곤충 및 동물매개 감염	곤충 및 동물매개 감염병 고위험작업	긴 소매의 옷, 긴 바지의 작업복	제603조
분진	분진작업	호흡용보호구	제617조
산소결핍	밀폐공간 작업	공기호흡기 또는 송기마스크, 사다리, 섬유로프	제625조
	밀폐공간에서 위급한 근로자를 구출하는 작업	공기호흡기 또는 송기마스크	제626조
	밀폐공간에서 산소결핍증이나 유해가스로 인하여 추락할 우려가 있는 경우	안전대, 구명밧줄, 공기호흡기 또는 송기마스크	제645조 제1항
유해가스	탱크·보일러 또는 반응탑의 내부 등 통풍이 충분	공기호흡기 또는 송기마스크	제629조

	하지 않은 장소에서 용접·용단 작업		
	지하실, 맨홀의 내부 또는 통풍이 불충분한 장소에서 가스배관공사	공기호흡기 또는 송기마스크	제634조 제1항
사무실 오염물질	냉난방장치 등 공기정화설비의 청소, 개·보수작업	보안경, 방진마스크	제654조 제1항

정답 ③

72 사업장 위험성평가에 관한 지침에서 명시하고 있는 유해·위험요인 파악의 방법이 아닌 것은? (단, 그 밖에 사업장의 특성에 적합한 방법은 고려하지 않음) [2022년 기출]

① 청취조사에 의한 방법
② 경영실적에 의한 방법
③ 안전보건 자료에 의한 방법
④ 사업장 순회점검에 의한 방법
⑤ 안전보건 체크리스트에 의한 방법

해설

제10조(유해·위험요인 파악) 사업주는 사업장 내의 제5조의2에 따른 유해·위험요인을 파악하여야 한다. 이때 업종, 규모 등 사업장 실정에 따라 다음 각 호의 방법 중 어느 하나 이상의 방법을 사용하되, 특별한 사정이 없으면 제1호에 의한 방법을 포함하여야 한다.
1. 사업장 순회점검에 의한 방법
2. 근로자들의 상시적 제안에 의한 방법
3. 설문조사·인터뷰 등 청취조사에 의한 방법
4. 물질안전보건자료, 작업환경측정결과, 특수건강진단결과 등 안전보건 자료에 의한 방법
5. 안전보건 체크리스트에 의한 방법
6. 그 밖에 사업장의 특성에 적합한 방법

정답 ②

73 사업장 위험성평가에 관한 지침에 따른 사업장 위험성평가 실시에 관한 내용으로 옳은 것을 모두 고른 것은? [2022년 기출 변형]

ㄱ. 사업주는 관리감독자가 유해·위험요인을 파악하고 그 결과에 따라 개선조치를 시행하게 한다.
ㄴ. 도급사업주는 수급사업주가 실시한 위험성평가 결과를 검토하여 도급사업주가 개선할 사항이 있는 경우 이를 개선하여야 한다.
ㄷ. 사업주가 위험성 감소대책을 수립하는 경우 해당 작업에 종사하는 근로자를 참여시켜야 한다.

① ㄱ
② ㄴ
③ ㄱ, ㄷ
④ ㄴ, ㄷ
⑤ ㄱ, ㄴ, ㄷ

해설

④ 기존 정답이 ⑤번 이었으나, 개정 법령에 의하면 ④번이 정답이 된다.

제5조(위험성평가 실시주체) ① 사업주는 스스로 사업장의 유해·위험요인을 파악하고 이를 평가하여 관리 개선하는 등 위험성평가를 실시하여야 한다.
② 법 제63조에 따른 작업의 일부 또는 전부를 도급에 의하여 행하는 사업의 경우는 도급을 준 도급인(이하 "도급사업주"라 한다)과 도급을 받은 수급인(이하 "수급사업주"라 한다)은 각각 제1항에 따른 위험성평가를 실시하여야 한다.
③ 제2항에 따른 도급사업주는 수급사업주가 실시한 위험성평가 결과를 검토하여 도급사업주가 개선할 사항이 있는 경우 이를 개선하여야 한다.

제5조의2(위험성평가의 대상) ① 위험성평가의 대상이 되는 유해·위험요인은 업무 중 근로자에게 노출된 것이 확인되었거나 노출될 것이 합리적으로 예견 가능한 모든 유해·위험요인이다. 다만, 매우 경미한 부상 및 질병만을 초래할 것으로 명백히 예상되는 유해·위험요인은 평가 대상에서 제외할 수 있다.
② 사업주는 사업장 내 부상 또는 질병으로 이어질 가능성이 있었던 상황(이하 "아차사고"라 한다)을 확인한 경우에는 해당 사고를 일으킨 유해·위험요인을 위험성평가의 대상에 포함시켜야 한다.
③ 사업주는 사업장 내에서 법 제2조제2호의 중대재해가 발생한 때에는 지체 없이 중대재해의 원인이 되는 유해·위험요인에 대해 제15조제2항의 위험성평가를 실시하고, 그 밖의 사업장 내 유해·위험요인에 대해서는 제15조제3항의 위험성평가 재검토를 실시하여야 한다.

제6조(근로자 참여) 사업주는 위험성평가를 실시할 때, 법 제36조제2항에 따라 다음 각 호에 해당하는 경우 해당 작업에 종사하는 근로자를 참여시켜야 한다.
1. 유해·위험요인의 위험성 수준을 판단하는 기준을 마련하고, 유해·위험요인별로 허용 가능한 위험성 수준을 정하거나 변경하는 경우
2. 해당 사업장의 유해·위험요인을 파악하는 경우
3. 유해·위험요인의 위험성이 허용 가능한 수준인지 여부를 결정하는 경우
4. 위험성 감소대책을 수립하여 실행하는 경우
5. 위험성 감소대책 실행 여부를 확인하는 경우

제7조(위험성평가의 방법) ① 사업주는 다음과 같은 방법으로 위험성평가를 실시하여야 한다.

1. 안전보건관리책임자 등 해당 사업장에서 사업의 실시를 총괄 관리하는 사람에게 위험성평가의 실시를 총괄 관리하게 할 것
2. 사업장의 안전관리자, 보건관리자 등이 위험성평가의 실시에 관하여 안전보건관리책임자를 보좌하고 지도·조언하게 할 것
3. **유해·위험요인을 파악하고 그 결과에 따른 개선조치를 시행할 것 → 기존 관리감독자에서 사업주로 주체가 바뀌었다.**
4. 기계·기구, 설비 등과 관련된 위험성평가에는 해당 기계·기구, 설비 등에 전문 지식을 갖춘 사람을 참여하게 할 것
5. 안전·보건관리자의 선임의무가 없는 경우에는 제2호에 따른 업무를 수행할 사람을 지정하는 등 그 밖에 위험성평가를 위한 체제를 구축할 것

② 사업주는 제1항에서 정하고 있는 자에 대해 위험성평가를 실시하기 위해 필요한 교육을 실시하여야 한다. 이 경우 위험성평가에 대해 외부에서 교육을 받았거나, 관련학문을 전공하여 관련 지식이 풍부한 경우에는 필요한 부분만 교육을 실시하거나 교육을 생략할 수 있다.

③ 사업주가 위험성평가를 실시하는 경우에는 산업안전·보건 전문가 또는 전문기관의 컨설팅을 받을 수 있다.

④ 사업주가 다음 각 호의 어느 하나에 해당하는 제도를 이행한 경우에는 그 부분에 대하여 이 고시에 따른 위험성평가를 실시한 것으로 본다.

1. 위험성평가 방법을 적용한 안전·보건진단(법 제47조)
2. 공정안전보고서(법 제44조). 다만, 공정안전보고서의 내용 중 공정위험성 평가서가 최대 4년 범위 이내에서 정기적으로 작성된 경우에 한한다.
3. 근골격계부담작업 유해요인조사(안전보건규칙 제657조부터 제662조까지)
4. 그 밖에 법과 이 법에 따른 명령에서 정하는 위험성평가 관련 제도

⑤ 사업주는 사업장의 규모와 특성 등을 고려하여 다음 각 호의 위험성평가 방법 중 한 가지 이상을 선정하여 위험성평가를 실시할 수 있다.

1. 위험 가능성과 중대성을 조합한 빈도·강도법
2. 체크리스트(Checklist)법
3. 위험성 수준 3단계(저·중·고) 판단법
4. 핵심요인 기술(One Point Sheet)법
5. 그 외 규칙 제50조제1항제2호 각 목의 방법

제8조(위험성평가의 절차) 사업주는 위험성평가를 다음의 절차에 따라 실시하여야 한다. 다만, 상시 근로자 5인 미만 사업장(건설공사의 경우 1억원 미만)의 경우 제1호의 절차를 생략할 수 있다.

1. 사전준비
2. 유해·위험요인 파악
3. 삭제
4. 위험성 결정
5. 위험성 감소대책 수립 및 실행
6. 위험성평가 실시내용 및 결과에 관한 기록 및 보존

정답 ④

74 국내 어느 사업장에서 경상이 15건 발생하였다. 이때 버드(Bird)의 재해구성비율을 적용한다면 무상해 사고는 몇 건이 발생할 수 있는가? [2022년 기출]

① 29
② 45
③ 290
④ 450
⑤ 900

해설

○ 버드의 재해비율

중상 : 경상 : 무상해·사고(물적 손실) : 무상해(아차사고) = 1 : 10 : 30 : 600

경상과 무상해사고의 비율은 1:3이므로 15×3=45이다.

참고로 아차사고(Near miss)는 사고가 발생할 뻔 했으나 직접적으로 인적·물적 피해 등이 발생하지 않은 사고를 말한다.

정답 ②

75 재해 조사 과정의 절차를 순서대로 옳게 나열한 것은? [2022년 기출]

ㄱ. 사실 확인　ㄴ. 직접 원인 파악　ㄷ. 대책 수립　ㄹ. 기본 원인 파악

① ㄱ → ㄴ → ㄹ → ㄷ
② ㄱ → ㄹ → ㄴ → ㄷ
③ ㄴ → ㄱ → ㄹ → ㄷ
④ ㄷ → ㄱ → ㄹ → ㄴ
⑤ ㄹ → ㄴ → ㄷ → ㄱ

해설

① 반복 출제되는 문제이다.

○ 재해조사 순서 5단계

1) 전제조건(0단계) : 재해 상황의 파악
2) 제1단계 : 사실의 확인
3) 제2단계 : 직접원인(물적 원인·인적 원인)과 문제점 발견
4) 제3단계 : 기본원인(4M)과 근본적 문제점 결정
5) 제4단계 : 동종 및 유사재해 예방대책의 수립

정답 ①

2025년 대비

산업안전지도사 및 산업보건지도사 3개년 기출문제집 (2024-2022)

2025년 개정·시행 법령 반영

초판 1쇄 발행 2025년 01월 10일

편저 정명재
발행인 공태현 **발행처** (주)법률저널
등록일자 2008년 9월 26일 **등록번호** 제15-605호
주소 151-862 서울 관악구 복은4길 50 (서림동 120-32)
대표전화 02)874-1144 **팩스** 02)876-4312
홈페이지 www.lec.co.kr
ISBN 978-89-6336-982-2 (13530)
정가 49,000원